从新手到高手

黑客攻防工具实战

从新手到高手（超值版）

网络安全技术联盟 编著

清华大学出版社
北京

内容简介

本书在剖析用户进行黑客防御中迫切需要用到或迫切想要用到的技术时，力求对其进行傻瓜式的讲解，使读者对网络防御技术形成系统了解，能够更好地防范黑客的攻击。全书共分为 15 章，包括计算机安全快速入门、常用的扫描与嗅探工具、系统漏洞防护工具、远程控制防守工具、文件加密、解密工具、账户/号及密码防守工具、U 盘病毒防御工具、计算机木马防守工具、计算机病毒查杀工具、局域网安全防护工具、后门入侵痕迹清理工具、数据备份与恢复工具、系统安全防护工具、系统备份与恢复工具、无线网络安全防御工具内容。

另外，本书还赠送海量王牌资源，包括 1000 分钟精品的教学视频、107 个黑客工具的速查手册、160 个常用黑客命令的速查手册、180 页的常见故障维修手册、191 页的 Windows 10 系统使用和防护技巧、8 大经典密码破解工具详解、加密与解密技术快速入门小白电子手册、网站入侵与黑客脚本编程电子书，黑客命令全方位详解电子书、教学用 PPT 课件以及黑客防守工具包，以帮助读者掌握黑客防守方方面面的知识。

本书内容丰富、图文并茂、深入浅出，不仅适用于网络安全从业人员及网络管理员，而且适用于广大网络爱好者，也可作为大、中专院校相关专业师生的参考书。

本书封面贴有清华大学出版社防伪标签，无标签者不得销售。
版权所有，侵权必究。举报：010-62782989，　beiqinquan@tup.tsinghua.edu.cn。

图书在版编目(CIP)数据

黑客攻防工具实战从新手到高手：超值版 / 网络安全技术联盟编著. —北京：—清华大学出版社，2018（2024.3 重印）
（从新手到高手）
ISBN 978-7-302-48975-7

Ⅰ ①黑… Ⅱ. ①网… Ⅲ. ①黑客—网络防御 Ⅳ. ①TP393.081

中国版本图书馆CIP数据核字（2017）第291349号

责任编辑： 张　敏　常建丽
封面设计： 杨玉兰
责任校对： 胡伟民
责任印制： 宋　林

出版发行： 清华大学出版社
网　　址： https://www.tup.com.cn, https://www.wqxuetang.com
地　　址： 北京清华大学学研大厦A座　　**邮　　编：** 100084
社 总 机： 010-83470000　　**邮　　购：** 010-83470235
投稿与读者服务： 010-62776969, c-service@tup.tsinghua.edu.cn
质量反馈： 010-62772015, zhiliang@tup.tsinghua.edu.cn
印 装 者： 涿州市般润文化传播有限公司
经　　销： 全国新华书店
开　　本： 185mm×260mm　　**印　　张：** 20　　**字　　数：** 490千字
版　　次： 2018年4月第1版　　**印　　次：** 2024年3月第9次印刷
定　　价： 69.80元

产品编号：074931-01

Preface
前 言

目前，网络安全问题已经日益突出。“工欲善其事，必先利其器”，所以选择合适的攻防工具，能起到事半功倍的作用。本书除了讲解有线端的攻防策略外，还把目前市场上流行的无线攻防等热点融入书中。

本书特色

知识丰富全面：知识点由浅入深，涵盖了所有黑客攻防的知识点，由浅入深地掌握黑客攻防方面的技能。

图文并茂：注重操作，图文并茂，在介绍案例的过程中，每一个操作均有对应的插图。这种图文结合的方式使读者在学习过程中能够直观、清晰地看到操作的过程以及效果，便于更快地理解和掌握知识。

案例丰富：把知识点融汇于系统的案例实训中，并且结合经典案例进行讲解和拓展，进而使读者达到“知其然，并知其所以然”的效果。

提示技巧贴心周到：本书对读者在学习过程中可能会遇到的疑难问题以“提示”的形式进行了说明，以免读者在学习过程中走弯路。

超值赠送

本书将赠送1000分钟精品教学视频、107个黑客工具的速查手册、160个常用黑客命令的速查手册、180页的常见故障维修手册、191页的Windows 10系统使用和防护技巧、8大经典密码破解工具详解、加密与解密技术快速入门小白电子手册、网站入侵与黑客脚本编程电子书，黑客命令全方位详解电子书，教学用PPT课件以及黑客防守工具包，读者可扫描图书二维码获得海量王牌资源，也可联系QQ群（563695466）获得赠送资源，掌握黑客方方面面的知识。

读者对象

本书不仅适用于网络安全从业人员及网络管理员，而且适用于广大网络爱好者，也可作为大、中专院校相关专业师生的参考书。

写作团队

本书由长期研究网络安全知识的网络安全技术联盟编著，另外，段萌、范向宇、娄源、白晓阳、裴雨龙、张麒、张文杰、程铖、王湖芳、王莉、张开保、李新新、方秦、程木香、李小威、刘辉、刘尧、任志杰、王朵朵、王猛、王婷婷、张芳、张桐嘉、王英英、王维维、肖品等人也参与了编写工作。在编写过程中，我们尽所能地将最好的讲解呈现给读者，但也难免有疏漏和不妥之处，敬请读者不吝指正。若您在学习中遇到困难或疑问，欢迎加入黑客安全技术交流QQ群（563695466），获得作者的在线指导和本书资源。

编 者

Contents

目录

第13章 系统安全防护工具 ······ 252

第14章 系统备份与恢复工具 ··· 271

第1章　计算机安全快速入门

作为计算机或网络终端设备的用户，要想使自己的设备不受或少受黑客的攻击，就必须了解一些计算机安全方面的基础知识，如什么是IP地址、什么是端口、什么是DOS命令等，从而追踪黑客的踪迹，提高个人计算机的安全。

1.1　IP地址

在互联网中，一台主机对应一个IP地址，因此，黑客要想攻击某台主机，只需找到这台主机的IP地址，然后进行入侵攻击即可。可以说，IP地址是黑客实施入侵攻击的“门牌号”。

1.1.1　认识IP地址

IP地址用于在TCP/IP通信协议中标记每台计算机的地址，通常使用十进制来表示，如192.168.1.100，但在计算机内部，IP地址是一个32位的二进制数值，如11000000 10101000 00000001 00000110（192.168.1.6）。

一个完整的IP地址由两部分组成，分别是网络号部分和主机号部分。网络号表示其所属的网络段编号，主机号则表示该网段中该主机的地址编号。

按照网络规模的大小，IP地址可以分为A、B、C、D、E五类，其中A、B、C类是三种主要的类型地址，D类是专供多目传送用的多目地址，E类用于扩展备用地址。

- A类IP地址。一个A类IP地址由1B的网络地址和3B的主机地址组成，网络地址的最高位必须是“0”，地址范围为1.0.0.0 ~126.0.0.0。
- B类IP地址。一个B类IP地址由2B的网络地址和2B的主机地址组成，网络地址的最高位必须是“10”，地址范围为128.0.0.0~191.255.255.255。
- C类IP地址。一个C类IP地址由3B的网络地址和1B的主机地址组成，网络地址的最高位必须是“110”。地址范围为192.0.0.0~223.255.255.255。
- D类地址用于多点广播（Multicast）。D类IP地址第一个字节以“1110”开始，它是一个专门保留的地址。它并不指向特定的网络，目前这类地址被用在多点广播中。多点广播地址用来一次寻址一组计算机，它标识共享同一协议的一组计算机。
- E类IP地址。以“11110”开始，为将来使用保留，全零（“0.0.0.0”）的IP地址对应于当前主机；全“1”的IP地址（“255.255.255.255”）是当前子网的广播地址。

具体来讲，一个完整的IP地址信息应该包括IP地址、子网掩码、默认网关和DNS 4部分。只有这4部分协同工作，才能与互联网中的计算机相互访问。

- 子网掩码：子网掩码是与IP地址结合使用的一种技术。主要作用有两个：一是用于确定IP地址中的网络号和主机号；二是用于将一个大的IP网络划分为若干小的子网络。
- 默认网关：一台主机如果找不到可用的网关，就把数据包发送给默认指定的网关，由这个网关来处理数据包。

- DNS：DNS服务用于将用户的域名请求转换为IP地址。

1.1.2 查看IP地址

计算机的IP地址一旦被分配，可以说是固定不变的，因此，查询出计算机的IP地址，在一定程度上就完成了黑客入侵的前提工作。使用ipconfig命令可以探知本地计算机的IP地址和物理地址。

具体操作步骤如下。

Step 01 单击【开始】按钮，从弹出的菜单中选择【运行】命令。

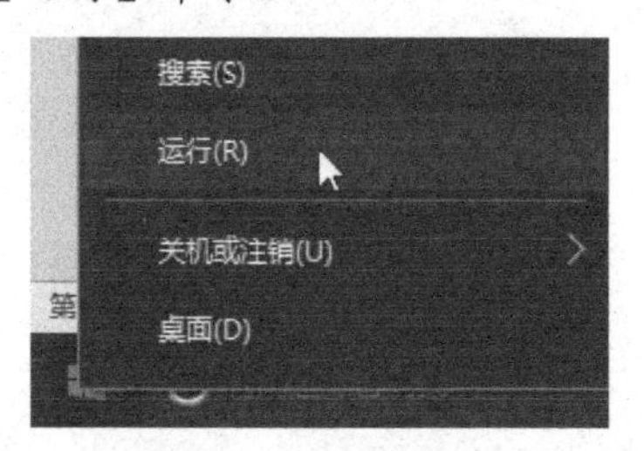

Step 02 打开【运行】对话框，在【打开】下拉列表框中输入“cmd”命令。

运行

Windows 将根据你所输入的名称，为你打开相应的程序、文件夹、文档或 Internet 资源。

打开(O): cmd

确定 取消 浏览(B)...

Step 03 单击【确定】按钮，打开【命令提示符】窗口，在【命令提示符】窗口中输入“ipconfig”，按【Enter】键，即可显示出本机的IP信息。

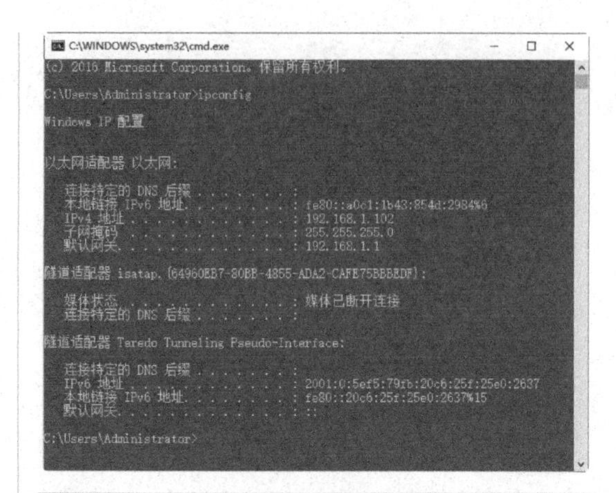

提示： 在【命令提示符】窗口中，192.168.1.102表示的是本机在局域网中的IP地址。

1.2 MAC地址

MAC地址就是在媒体接入层上使用的地址，也叫物理地址、硬件地址或链路地址，由网络设备制造商生产时写在硬件内部。MAC地址与网络无关，即无论将带有这个地址的硬件（如网卡、集线器、路由器等）接入到网络的何处，都是相同的MAC地址。

1.2.1 认识MAC地址

MAC地址通常表示为12个16进制数，每2个16进制数之间用冒号隔开，如08:00:20:0A:8C:6D就是一个MAC地址，其中前6位16进制数08:00:20代表网络硬件制造商的编号，由IEEE分配，后6位16进制数0A:8C:6D代表该制造商制造的某个网络产品（如网卡）的系列号。

每个网络制造商必须确保它制造的每个以太网设备都具有相同的前3个字节以及不同的后3个字节。这样，就可保证世界上每个以太网设备都具有唯一的MAC地址。

知识链接

IP地址与MAC地址的区别在于：IP地址基于逻辑，比较灵活，不受硬件限制，也容易记忆；MAC地址在一定程度上与硬件一致，基于物理，能够标识具体的硬件。这两种地址各有好处，使用时也因条件不同而采取不同的地址。

1.2.2 查看MAC地址

如果在【命令提示符】窗口中输入“ipconfig /all”命令，然后按下【Enter】键，就可以在显出的结果中看到一个物理地址：6C-0B-84-3E-F7-AB，这个就是用户自己计算机的网卡地址，它是唯一的。

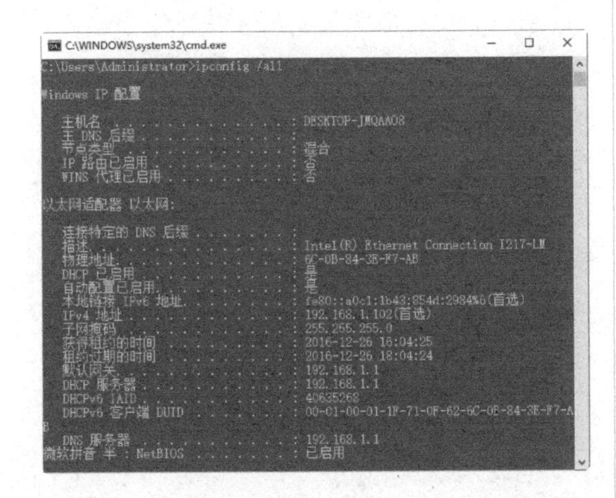

1.3 计算机端口

计算机与外界通信交流的出口可以认为是“端口”。一个IP地址的端口可以有65536（即256×256）个。端口是通过端口号来标记的，端口号只有整数，范围是0~65535（256×256–1）。

1.3.1 认识端口

端口的英文是port。在计算机领域中，端口可以认为是计算机与外界通信交流的出口。计算机领域又可分为硬件领域和软件领域。在硬件领域中，端口又被称为接口，如常见的USB端口、网卡接口、串行端口等；在软件领域中，端口一般指网络中面向连接服务和无连接服务的通信协议端口，是一种抽象的软件结构，包括一些数据结构和I/O（输入/输出）缓冲区。

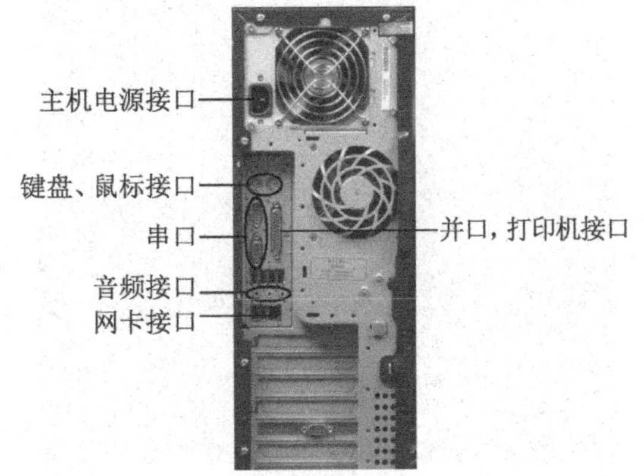

在网络技术中，端口又有好几种意思，一种是物理意义上的端口，如集线器、交换机、路由器等连接设备用于连接其他网络设备的接口，常见的有RJ-45端口、Serial端口等；另一种是逻辑意义上的端口，一般指TCP/IP中的端口，范围是0~65535（256×256–1）。

1.3.2 查看系统的开放端口

经常查看系统开放端口的状态变化，可以帮助计算机用户及时了解系统，防范黑客通过端口入侵计算机。用户可以使用netstat命令查看自己系统端口的状态。

具体操作步骤如下。

Step 01 打开【命令提示符】窗口，在其中输入“netstat –a –n”命令。

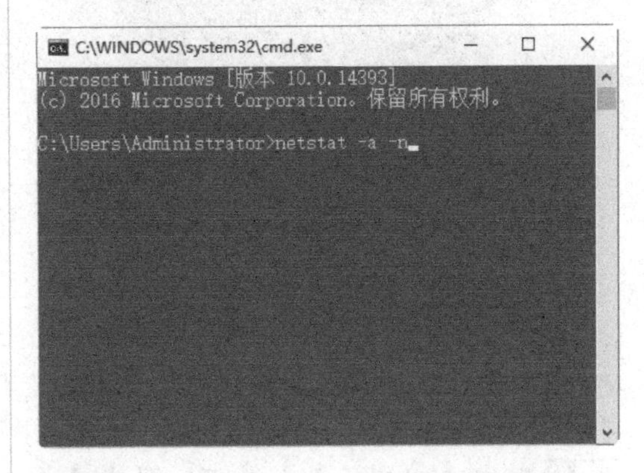

Step 02 按【Enter】键，即可看到以数字显示的TCP和UCP连接的端口号及其状态。

1.3.3 关闭不必要的端口

默认情况下，计算机系统中有很多没用到或不安全的端口是开启的，这些端口很容易被黑客利用。为保障系统的安全，可以将这些不用的端口关闭。关闭端口的方式有多种，这里通过关闭无用服务的方式来关闭不必要的端口。

下面以关闭Remote Desktop Help Session Manager（Windows远程协助服务）为例进行介绍，具体操作步骤如下。

Step 01 单击【开始】按钮，从弹出的菜单中选择【控制面板】命令。

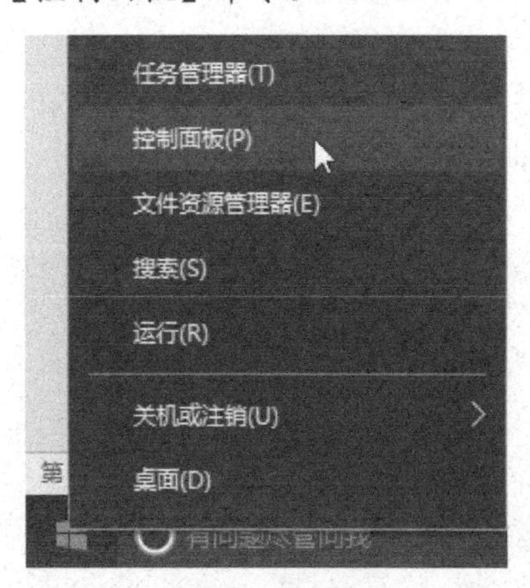

Step 02 打开【控制面板】窗口，双击【管理工具】图标。

Step 03 打开【管理工具】窗口，双击【服务】图标。

Step 04 打开【服务】窗口，找到Branch Cache服务项。

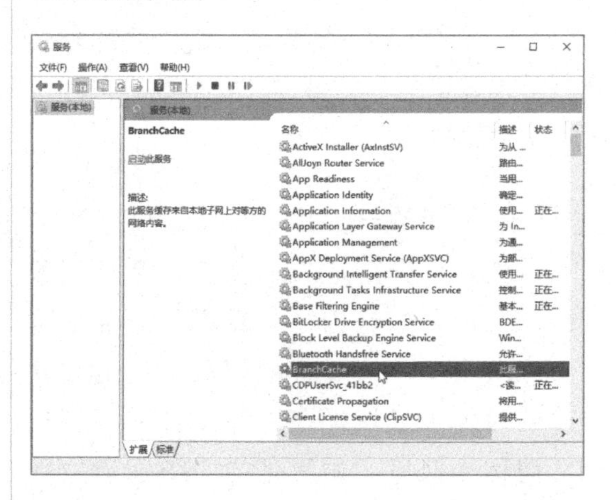

Step 05 双击该服务项，弹出【BranchCache的属性】对话框，在【启动类型】下拉列表框中选择【禁用】选项，然后单击【确定】按钮禁用该服务项的端口。

1.3.4　启动需要开启的端口

开启端口的操作与关闭端口的方法类似，下面具体介绍通过启动服务方式开启端口的具体操作步骤。

Step 01 这里以上述停止的BranchCache服务端口为例。在【BranchCache的属性】对话框中单击【启动类型】右侧的下拉按钮，从弹出的下拉列表框中选择【自动】。

Step 02 单击【应用】按钮，激活【启动】按钮。

Step 03 单击【启动】按钮，即可启动该项服务，再次单击【应用】按钮，在【BranchCache的属性】对话框中可以看到该服务的【服务状态】已经变为【正在运行】。

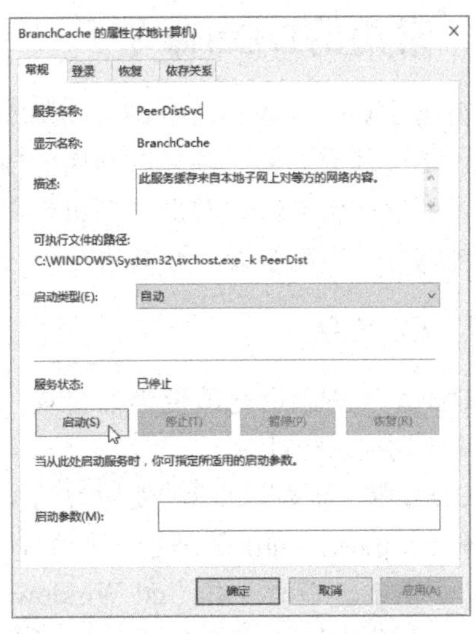

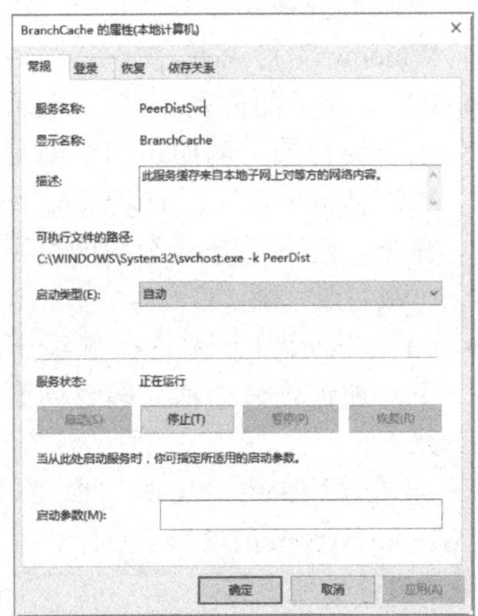

Step 04 单击【确定】按钮，返回到【服务】窗口中，此时即可发现BranchCache服务的【启用类型】被设置为【正在运行】，这样就成功开启Branch Cache服务对应的端口了。

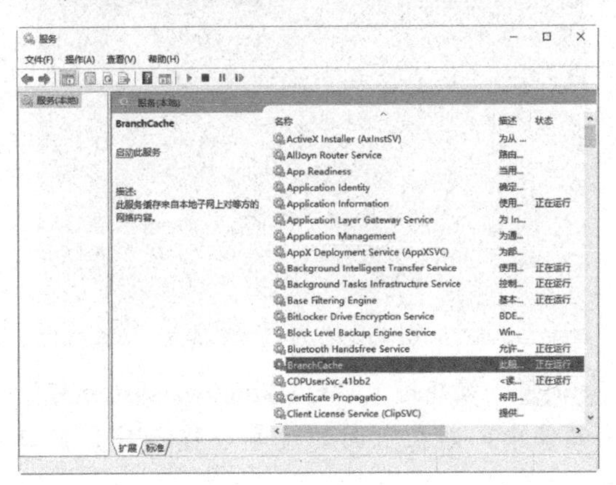

1.4 常用的DOS命令

熟练掌握一些DOS命令是一名黑客的基本功。下面就来介绍一些黑客常用的DOS命令，了解这些命令可以帮助计算机用户追踪黑客的踪迹，提高个人计算机的安全。

1.4.1 CD命令

CD命令的作用是改变当前目录，该命令常用于切换路径目录。

CD命令主要有以下3种使用方法：

- cd path：path是路径，例如，输入“cd c:\”命令和“cd Windows”命令即可分别切换到“C:\”和“C:\Windows”目录下。
- cd..：cd后面的两个“.”表示返回上一级目录。例如，当前的目录为“C:\Windows”，如果输入“cd..”命令，按下【Enter】键即可回到上一级目录，即“C:\”。
- cd\：表示当前无论在哪级子目录下，通过该命令都立即返回到根目录下。

下面介绍使用“cd”命令进入“C:\Windows\system32”子目录，并退回根目录的具体操作步骤。

Step 01 在【命令提示符】窗口中输入“cd c:\”命令，按下【Enter】键，即可将目录切换为“C:\”。

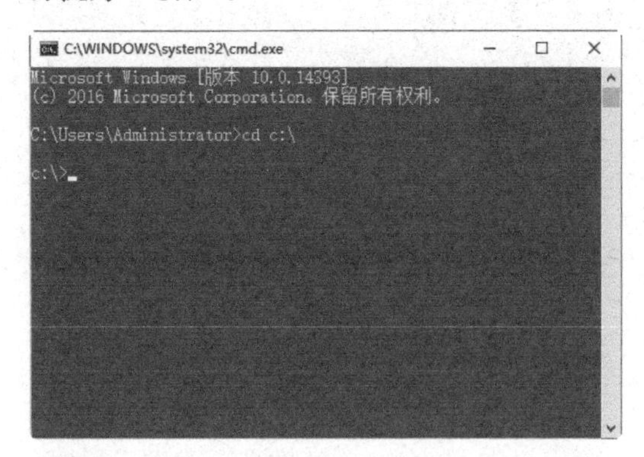

Step 02 如果想进入“C:\Windows\system32”目录中，则在上面的【命令提示符】窗口中输入“cd Windows\system32”命令，按下【Enter】键即可将目录切换为“C:\Windows\system32”。

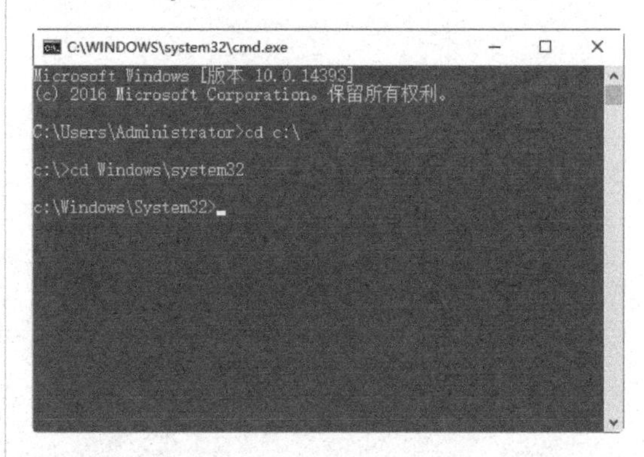

Step 03 如果想返回到上一级目录中，则在【命令提示符】窗口中输入“cd..”命令，按下【Enter】键即可返回到上一级目录下。

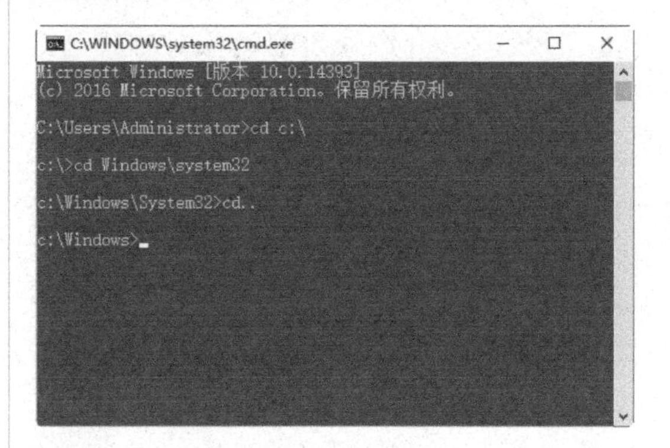

Step 04 如果想返回到根目录，可以在【命令提示符】窗口中输入“cd\”命令，按下【Enter】键即可返回到根目录下。

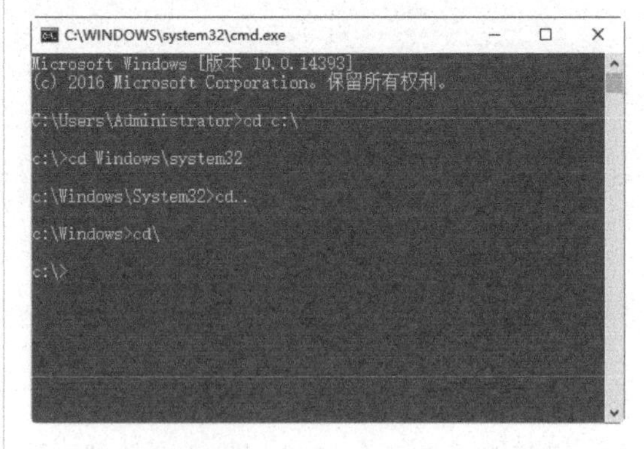

1.4.2 dir命令

dir命令的作用是列出磁盘上所有的或指定的文件目录。可以显示的内容包含卷标、文件名、文件大小、文件建立日期和时间、目录名、磁盘剩余空间等。

dir命令的格式如下。

dir [盘符][路径][文件名][/P][/W][/A:属性]

其中，各个参数的作用如下。

- /P：当显示的信息超过一屏时暂停显示，直至按任意键才继续显示。
- /W：以横向排列的形式显示文件名和目录名，每行5个（不显示文件大小、建立日期和时间）。
- /A:（属性）：仅显示指定属性的文件，无此参数时，dir显示除系统和隐含文件外的所有文件。“属性”可指定为以下几种形式：

（1）S：显示系统文件的信息。

（2）H：显示隐含文件的信息。

（3）R：显示只读文件的信息。

（4）A：显示归档文件的信息。

（5）D：显示目录信息。

下面介绍在【命令提示符】窗口中使用“dir”命令查看磁盘中的资源的具体操作步骤。

Step 01 在【命令提示符】窗口中输入“dir”命令，按下【Enter】键，即可查看当前目录下的资源列表。

Step 02 在【命令提示符】窗口中输入“dir e:/a:d”命令，按下【Enter】键即可查看E盘下的所有文件的目录。

Step 03 在【命令提示符】窗口中输入“dir c:\windows /a:h”命令，按下【Enter】键即可列出c:\windows目录下的隐藏文件。

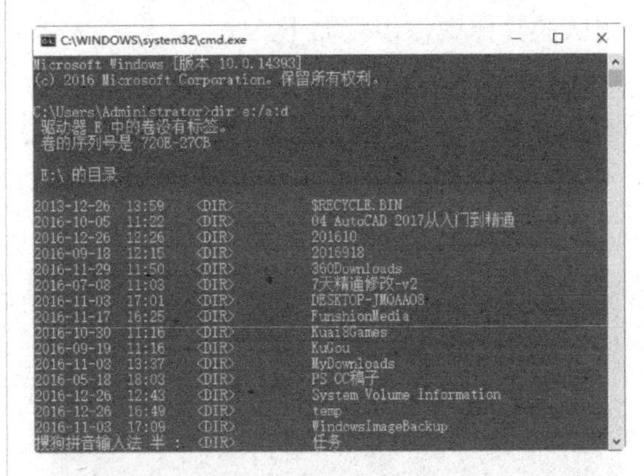

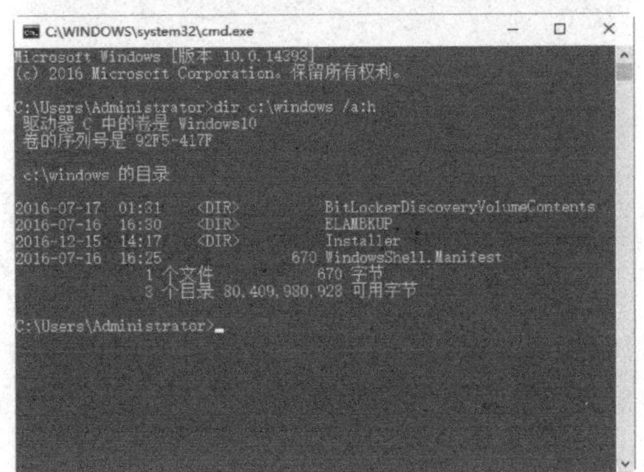

1.4.3　ping命令

ping命令是TCP/IP中最常用的命令之一，主要用来检查网络是否通畅或者网络连接的速度。作为一个黑客来说，ping命令是第一个必须掌握的DOS命令。在【命令提示符】窗口中输入“ping /?”，可以得到这条命令的帮助信息。

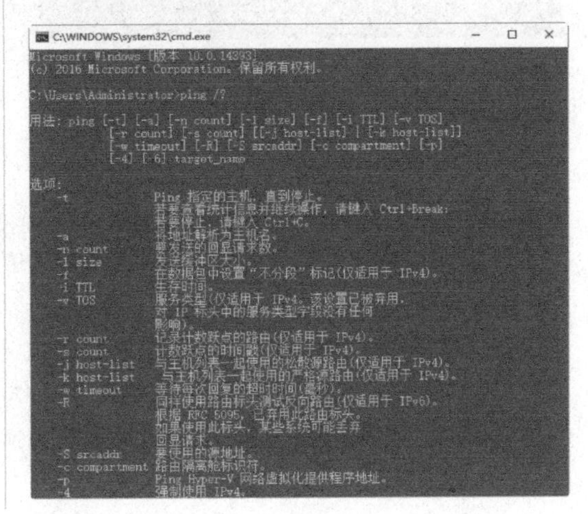

使用ping命令对计算机的连接状态进行测试的具体操作步骤如下。

Step 01 使用ping命令来判断计算机的操作系统类型。在【命令提示符】窗口中输入“192.168.1.102”命令，其运行结果如下。

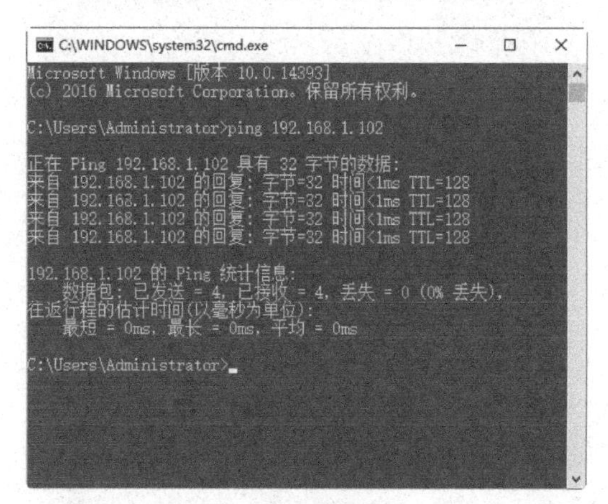

Step 02 在【命令提示符】窗口中输入“ping 192.168.1.102 –t –l 128”命令，可以不断向某台主机发出大量的数据包。

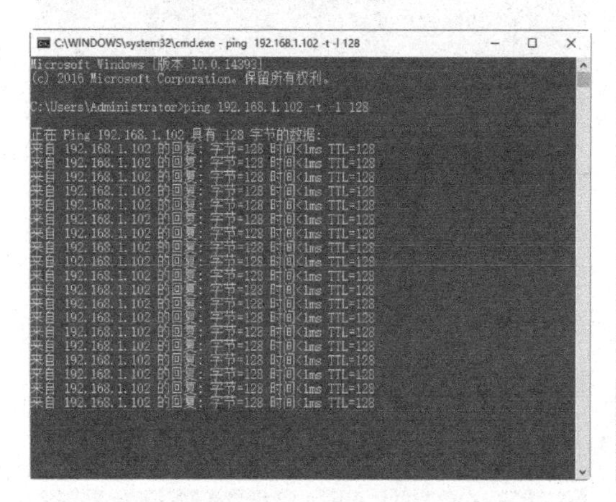

Step 03 判断本台计算机是否与外界网络连通。在【命令提示符】窗口中输入“ping www.baidu.com”命令，其运行结果如下图所示，说明本台计算机与外界网络连通。

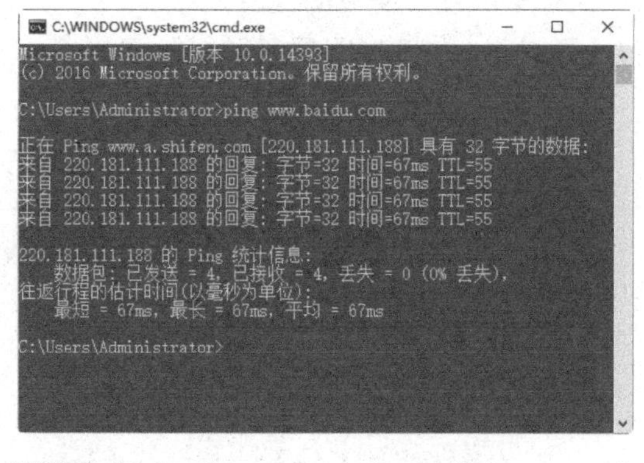

Step 04 解析某IP地址的计算机名。在【命令提示符】窗口中输入“ping -a 192.168.1.102”命令，其运行结果如下图所示，这台主机的名称为“DESKTOP-JMQAAO8”。

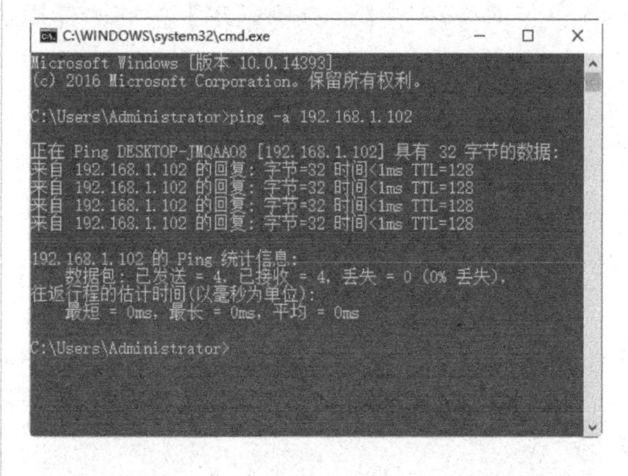

知识链接

利用TTL值判断操作系统类型。

由于不同操作系统的主机设置的TTL值是不同的，所以可以根据其中的TTL值来识别操作系统类型。一般情况下：

- TTL=32，则认为目标主机操作系统为Windows 95/98。
- TTL=64～128，则认为目标主机操作系统为Windows NT/2000/XP/7/10。
- TTL=128～255或者32～64，则认为目标主机操作系统是UNIX/Linux。

1.4.4 net命令

使用net命令可以查询网络状态、共享资源以及计算机开启的服务等，该命令的语法格式信息如下：

```
    NET[ACCOUNTS|COMPUTER|CONFIG| CON-
TINUE|FILE|GROUP|HELP|
    HELPMSG|LOCALGROUP|NAME|PAUSE|PRINT
|SEND|SESSION|
    SHARE|START|STATISTICS|STOP|TIME|
USE|USER|VIEW]
```

查询本台计算机已开启Windows服务的具体操作步骤如下。

Step 01 使用net命令查看网络状态。打开【命令提示符】窗口，在命令行下输入“net start”命令。

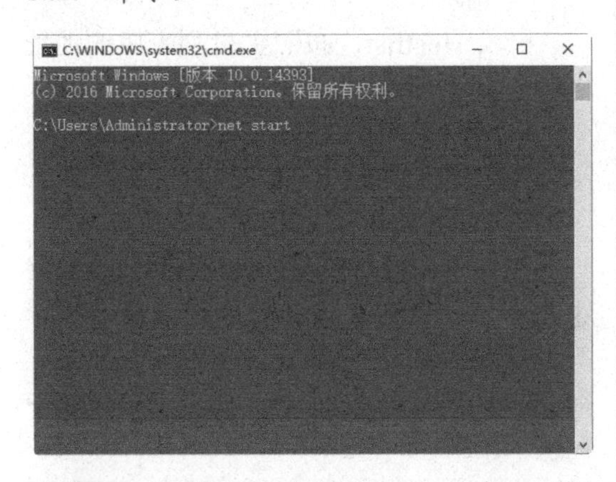

Step 02 按下【Enter】键，则可以在打开的【命令提示符】窗口中显示计算机启动的Windows服务。

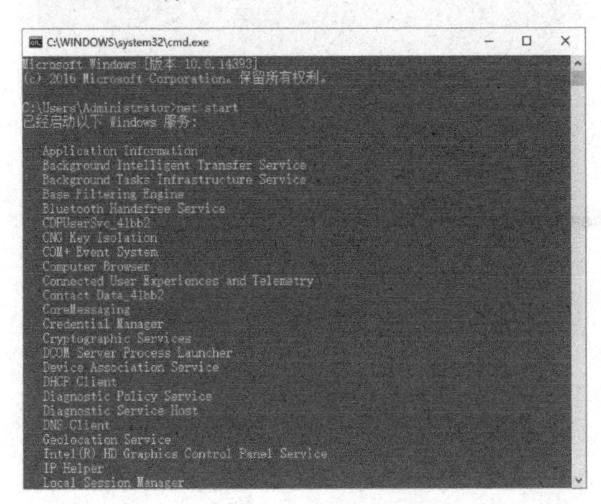

1.4.5 netstat命令

netstat命令主要用来显示网络连接的信息，包括显示活动的TCP连接、路由器和网络接口信息，是一个监控TCP/IP网络非常有用的工具，可以让用户得知系统中目前都有哪些网络连接正常。

在【命令提示符】窗口中输入“netstat /?”命令，可以得到这条命令的帮助信息。

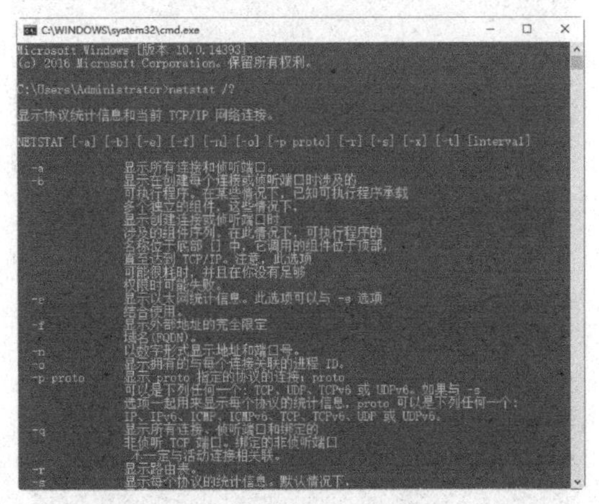

该命令的语法格式信息如下：

```
    NETSTAT [-a] [-b] [-e] [-n] [-o] [-p
proto] [-r] [-s] [-v] [interval]
```

其中比较重要的参数含义如下。

- -a：显示所有连接和监听端口。
- -n：以数字形式显示地址和端口号。

使用netstat命令查看网络连接的具体步骤如下。

Step 03 打开【命令提示符】窗口，在其中输入“netstat -n”或“netstat”命令，按下【Enter】键，即可查看服务器活动的TCP/IP连接。

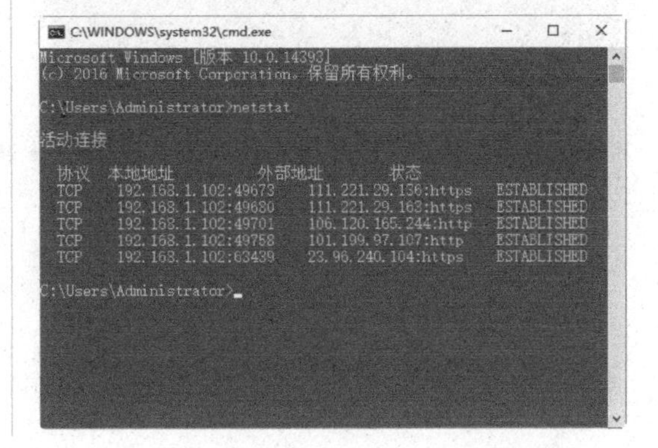

Step 04 在【命令提示符】窗口中输入“netstat –r”命令，按下【Enter】键，即可查看本机路由信息内容。

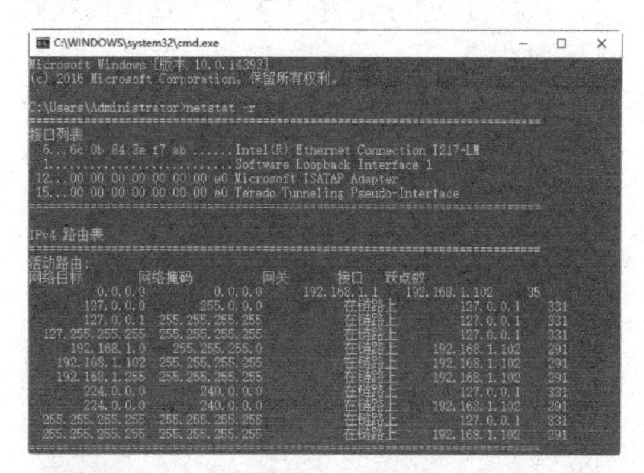

Step 05 在【命令提示符】窗口中输入“netstat –a”命令，按下【Enter】键，即可查看本机所有活动的TCP连接。

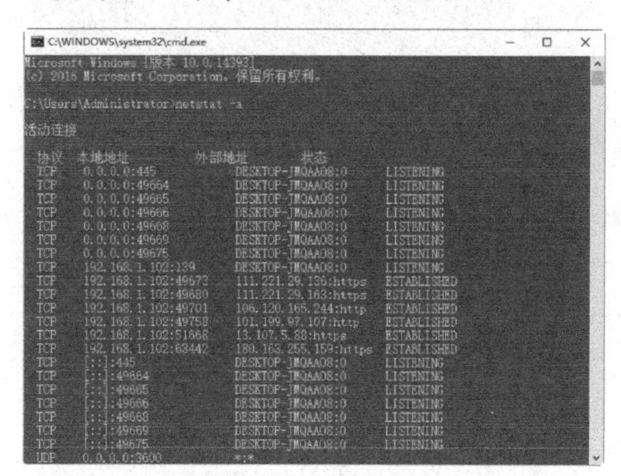

Step 06 在【命令提示符】窗口中输入“netstat –n –a”命令，按下【Enter】键，即可显示本机所有连接的端口及其状态。

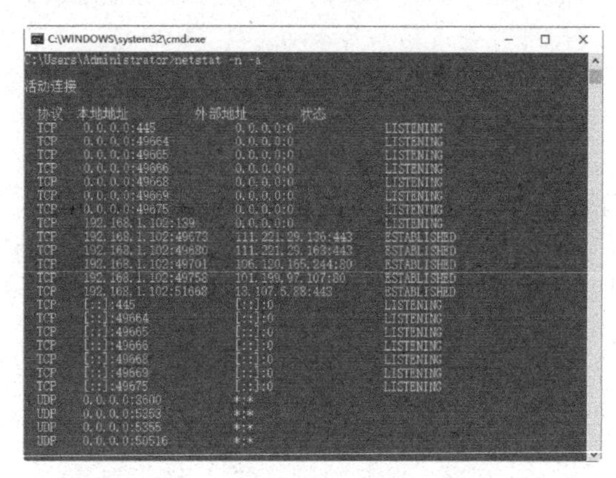

1.4.6　tracert命令

使用tracert命令可以查看网络中的路由节点信息，最常见的使用方法是在tracert命令后追加一个参数，表示检测和查看当前连接、当前主机经历了哪些路由节点，适合用于大型网络的测试。tracert命令的语法格式信息如下。

```
tracert [-d] [-h MaximumHops] [-j Hostlist] [-w Timeout] [TargetName]
```

其中，各个参数的含义如下。

- -d：防止解析目标主机的名字，可以加速显示tracert命令结果。
- -h MaximumHops：指定搜索到目标地址的最大跳跃数，默认值为30个跳跃点。
- -j Hostlist：按照主机列表中的地址释放源路由。
- -w Timeout：指定超时时间间隔，默认单位为ms。
- TargetName：指定目标计算机。

例如，如果想查看www.baidu.com的路由与局域网络连接情况，则在【命令提示符】窗口中输入“tracert www.baidu.com”命令，按下【Enter】键，其显示结果如下图所示。

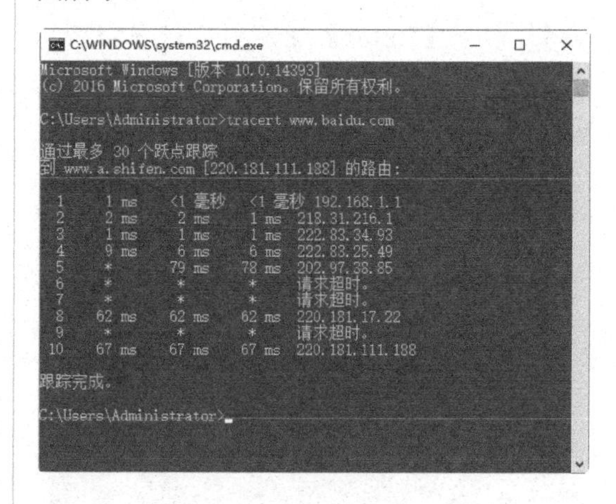

1.4.7　ipconfig命令

ipconfig命令用于诊断并显示所有TCP/

IP网络配置值，如IP地址、子网掩码及默认网关。没有参数的ipconfig命令，将向用户提供所有当前的TCP/IP配置值。

格式：ipconfig [/all] [/renew[adapter]] [/release[adapter]] [/displaydns] [/registerdns]

- /all：显示所有适配器的完整TCP/IP配置信息。
- /renew[adapter]：更新所有适配器的信息或指定适配器的DHCP配置。该选项只能在运行DHCP客户端服务的系统上使用。如果需要指定适配器，可通过不带参数的ipconfig命令来查看所有适配器名称。
- /release[adapter]：发布所有适配器的信息或指定DHCP配置。该选项不能使用本地系统上的TCP/IP，只能在DHCP客户端上运行。
- /displaydns：显示DNS客户解析缓存内容。其中包括从Local Hosts文件预装载的记录以及由计算机解析的名称查询而获得的最近的资源记录。DNS客户服务能够在查询配置的DNS服务器之前使用这些信息快速解析被频繁查询的名称。
- /registerdns：初始化计算机上配置的DNS名称和IP地址的手工动态注册。可以在不重启客户端计算机的情况下排除注册失败的DNS名称故障或解决客户和DNS服务器之间的动态更新问题。

使用ipconfig命令查看所有TCP/IP网络配置值的具体步骤如下。

Step 01 使用ipconfig命令查看计算机的IP地址信息。在【命令提示符】窗口中输入“ipconfig”命令，其运行结果如下。

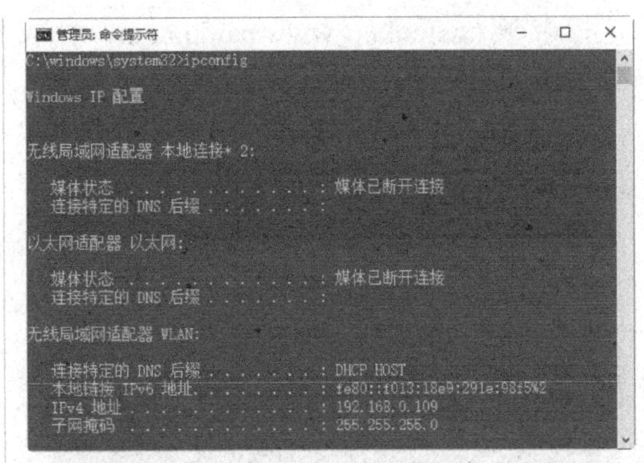

Step 02 查看计算机的所有适配器的完整TCP/IP配置信息。在【命令提示符】窗口中输入“ipconfig/all”命令，其运行结果如下。

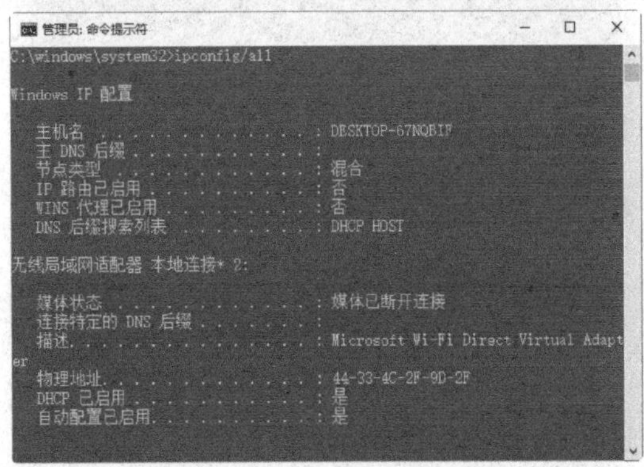

Step 03 排除DNS名称解析故障及清理DNS解析器缓存。在【命令提示符】窗口中输入“ipconfig /flushdns”命令，其运行结果如下。

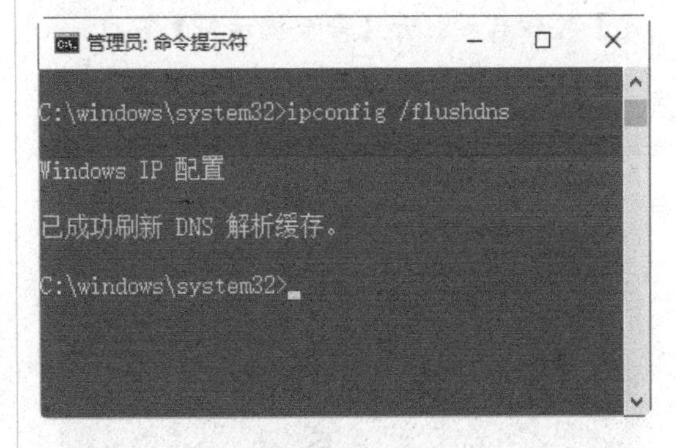

1.4.8　nslookup命令

nslookup命令用于检测网络中DNS服务器是否能正确实现域名。一般情况下，只要用户设置好域名服务器，就可以使用这个命令查看不同主机的IP地址对应的域名。

格式：nslookup [IP地址或域名]。

说明：nslookup命令必须在安装TCP/IP的网络环境中使用。

实例：查看www.baidu.com的IP地址。

运行命令：nslookup www.baidu.com，显示效果如下图所示。

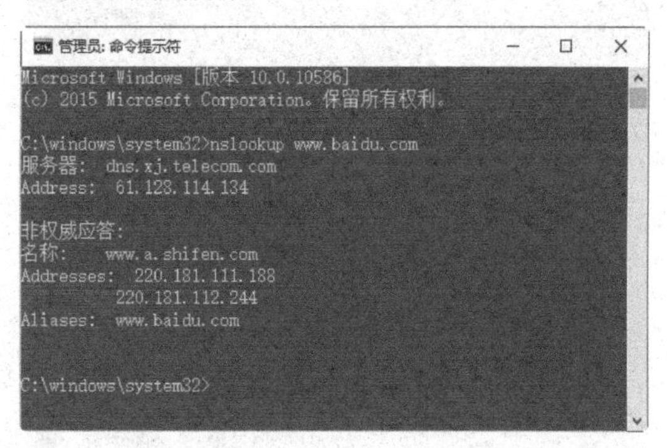

1.5 实战演练

1.5.1 实战演练1——使用netstat命令快速查找对方IP地址

使用Windows系统内置的网络命令“netstat”可以快速查出对方好友的IP地址，具体操作步骤如下。

Step 01 单击【开始】按钮，从弹出的菜单中选择【运行】命令，弹出【运行】对话框，在其中输入“cmd”命令，单击【确定】按钮后，打开【命令提示符】窗口。

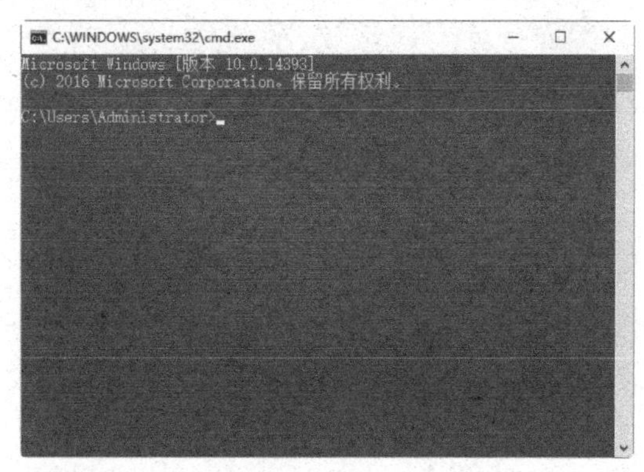

Step 02 找到一个QQ好友，并打开与之的聊天窗口，然后给对方发送一个图片。

Step 03 此时，在【命令提示符】窗口中输入“netstat -n”命令并执行，从弹出的界面中就能看到当前究竟有哪些地址已经和本地的计算机建立了连接。如果对应某个连接的状态为“Established”，就表明本地的计算机和对方计算机之间的连接是成功的，返回信息如下。

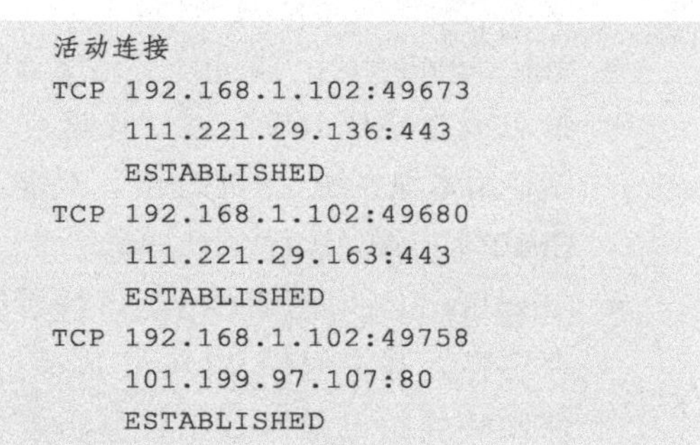

活动连接
TCP 192.168.1.102:49673
    111.221.29.136:443
    ESTABLISHED
TCP 192.168.1.102:49680
    111.221.29.163:443
    ESTABLISHED
TCP 192.168.1.102:49758
    101.199.97.107:80
    ESTABLISHED

Step 04 现在，可以看到一共有4个成功的连接，其中开放80端口服务的主机是QQ的服务器，剩下的就是“106.120.165.244”和“101.199.97.107”这两个IP地址了。

Step 05 现在，把“106.120.165.244”这个IP地址拿到http://www.123cha.com/去查询，可以看到已经成功查询出对方的地址了，另外一个IP地址经过查询是奇虎公司专属。

· **Ip地址定位查询** 【收藏起来】

您的查询:	106.120.165.244
本站主数据:	中国,北京市,,,电信
本站辅数据:	未收录(*欢迎点击*〖添加辅数据〗 *提供,谢谢!*)
参考数据一:	北京市,北京电信互联网数据中心节点
参考数据二:	北京市,北京市,,,
参考数据三:	中国,北京,北京,None,中国电信

· **Ip地址定位查询** 【收藏起来】

您的查询:	101.199.97.107
本站主数据:	中国,北京市,,奇虎公司专属,电信
本站辅数据:	未收录(*欢迎点击*〖添加辅数据〗 *提供,谢谢!*)
参考数据一:	北京市,奇虎360科技有限公司
参考数据二:	北京市,北京市,,,
参考数据三:	,,,,

Step 06 打开对方的【用户信息】窗口，可以看到，对方的地址信息的确和查询出来的一致。

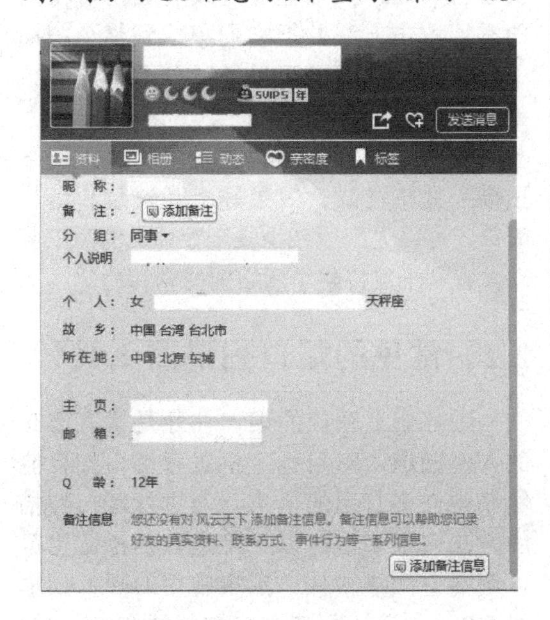

1.5.2 实战演练2——使用代码检查指定端口开放状态

一般的黑客高手可以利用记事本编写相应的代码，来查看目标机器的端口开放状态，具体操作步骤如下。

Step 01 启动【记事本】应用程序，并在其中输入可以实现检查指定端口开放状态的代码。

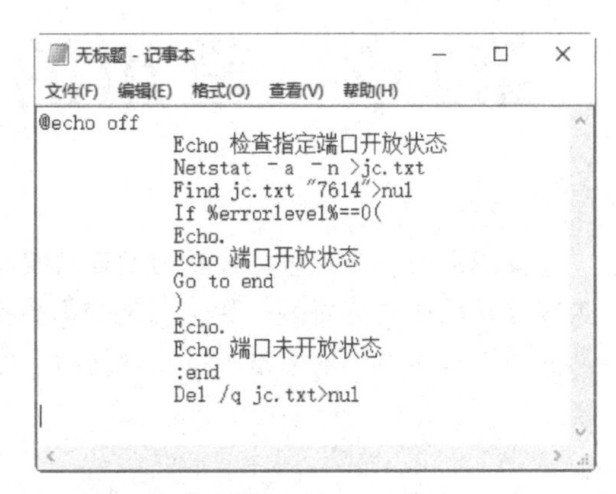

输入的代码如下。

```
@echo off
        Echo 检查指定端口开放状态
        Netstat -a -n >jc.txt
        Find jc.txt  "7614" >nul
        If %errorlevel%==0(
        Echo.
        Echo 端口开放状态
        Go to end
        )
        Echo.
        Echo 端口未开放状态
        :end
        Del /q jc.txt>nul
```

Step 02 将上面的代码保存为daima.bat文件，并在【命令提示符】窗口中切换到批处理文件所在路径，然后输入“daima.bat”命令，按下【Enter】键，即可进行检查指定端口开放状态的操作。

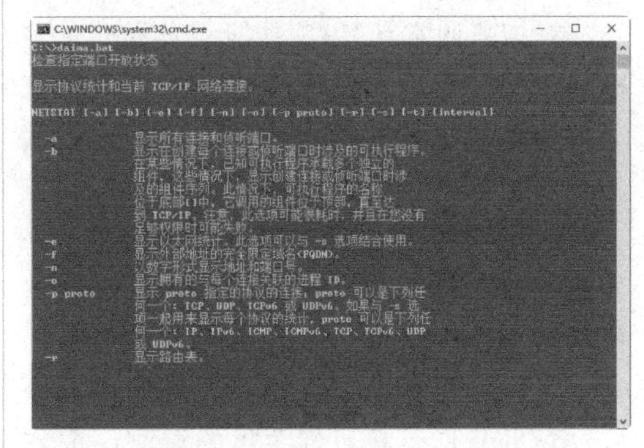

1.6 小试身手

练习1：查询IP地址。

练习2：查看系统开放的端口。

练习3：黑客常用的DOS命令。

第2章　常用的扫描与嗅探工具

要想成为一名黑客，常用的扫描与嗅探工具当然是不可缺少的。网络扫描与嗅探是黑客进行攻击之前的第一步，也是必备的操作武器。通过本章的学习，读者能够认识常见的端口扫描器、常见的多功能扫描器、常用的网络嗅探工具等。

2.1　了解扫描器工具

扫描器是一种自动检测远程或本地主机安全漏洞的程序。通过使用扫描器，可以不留痕迹地发现远程服务器的各种TCP端口的分配、提供的服务和它们的软件版本，这些信息可以让我们直接或间接地了解主机存在的安全问题。

2.1.1　扫描器的工作原理

扫描器采用模拟攻击的形式对工作站、服务器、交换机、数据库应用等各种扫描对象可能存在的已知安全漏洞进行逐项检查，然后根据扫描结果向系统管理员提供安全性分析报告，为提高网络安全水平提供重要依据。

扫描器通常具有3项功能：发现一台主机和网络的能力；发现哪些服务正运行在当前这台主机上的能力；通过测试这些服务，发现当前主机存在的漏洞的能力。

这里需要指出，扫描器并不是一个直接的攻击系统漏洞的程序，它仅仅能够帮助我们发现目标主机存在的某些弱点。一个好的扫描器能对它得到的数据进行分析，帮助我们查找目标主机的漏洞，但它不会提供进入一个系统的详细步骤。

2.1.2　扫描器的作用

扫描器对Internet安全很重要，因为它能够快速查找到网络的脆弱点。在当前任何一个操作系统中，都有很多我们所熟知的系统漏洞和设计缺陷，而这往往成为黑客入侵的一种便利途径。大多数情况下，这些脆弱点都是唯一的，仅影响一个网络服务。人工测试单台主机的脆弱点是一项极其烦琐的工作，而扫描程序能轻易地解决这些问题。扫描程序开发者利用可得到的常用攻击方法并把它们集成到整个扫描中，这样使用者就可以通过分析输出的结果发现系统的漏洞了。

在网络安全体系的建设中，使用网络扫描工具花费低、效果好，其安装、运行简单，可以大规模减少安全管理员的手工劳动，有利于保持整个网络的安全和稳定。

2.2　常见的端口扫描器工具

服务器上开放的端口往往是黑客潜在的入侵通道，对目标主机进行端口扫描能够获得许多有用的信息，而进行端口扫描的方法也很多，可以手工进行扫描，也可以用端口扫描软件。黑客常用的端口扫描器有Scanport、极速端口扫描器和Nmap扫描器等。

2.2.1　ScanPort

ScanPort软件不但可以用于网络扫描，同时还可以探测指定IP及端口，速度比传统软件快，且支持用户自设IP端口，又增加了其灵活性。

具体使用方法如下：

Step 01 下载并运行ScanPort程序，即可打开【ScanPort】主窗口，在其中设置起始IP、结束IP以及要扫描的端口号。

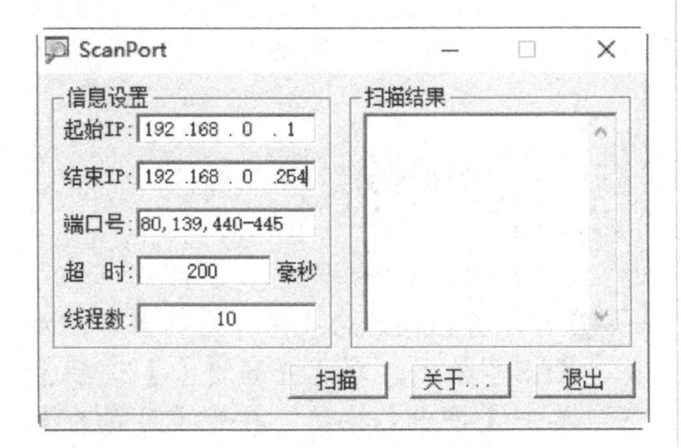

Step 02 单击【扫描】按钮，即可进行扫描，从扫描结果中可以看出设置的IP地址段中计算机开启的端口。

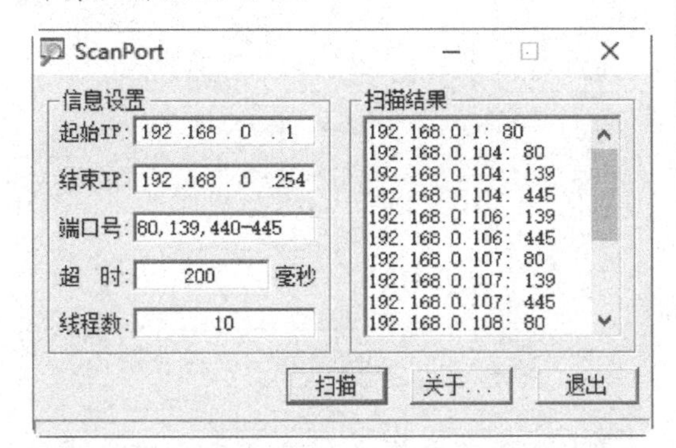

Step 03 如果扫描某台计算机中开启的端口，则将起始IP和结束IP都设置为该主机的IP地址。

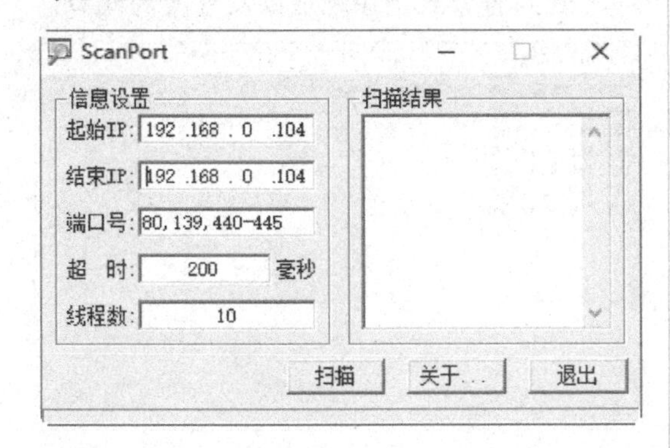

Step 04 设置完要扫描的端口号后，单击【扫描】按钮，即可扫描出该主机中开启的端口（设置端口范围之内）。

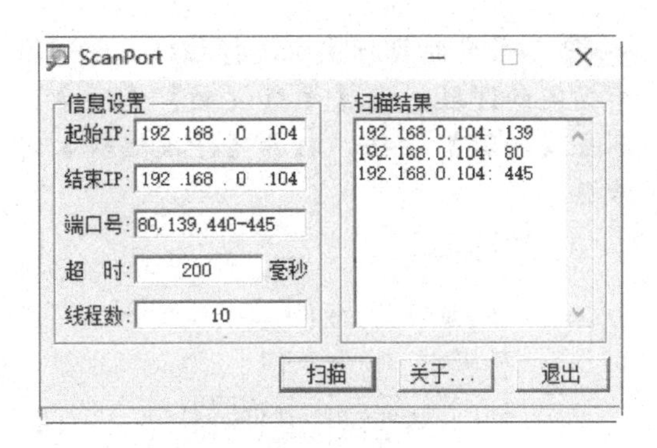

2.2.2　极速端口扫描器

极速端口扫描器是一款专门扫描端口的工具，利用该工具不仅可以扫描端口，还可以实现在线更新IP地址，另外还可以将扫描结果导出为记事本、网页以及XLS格式。

使用该工具扫描端口的具体操作步骤如下：

Step 01 下载并运行“极速端口扫描器V2.0.500”，即可打开【极速端口扫描器】主窗口。

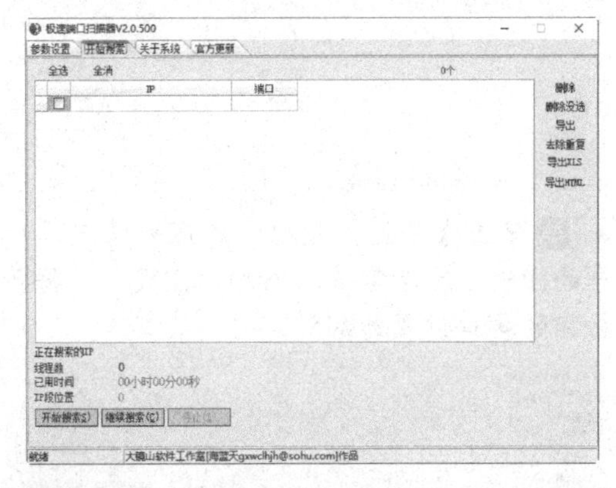

Step 02 切换到【参数设置】选项卡，在其中即可看到该工具自带的IP段以及各种参数。

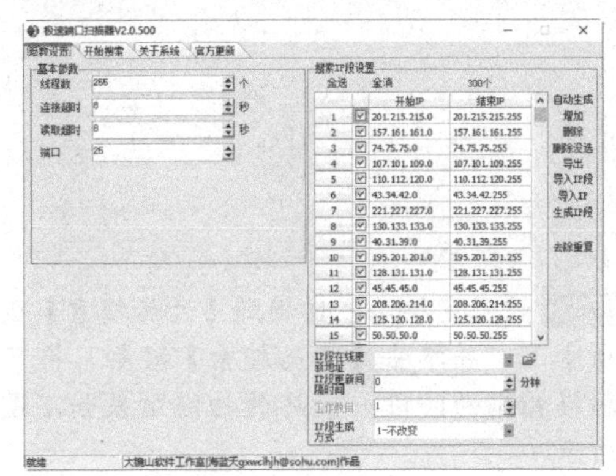

Step 03 如果要对目标主机进行扫描，则须添加指定的IP段。在【参数设置】选项卡下单击【增加】按钮，打开【IP段编辑】对话框。

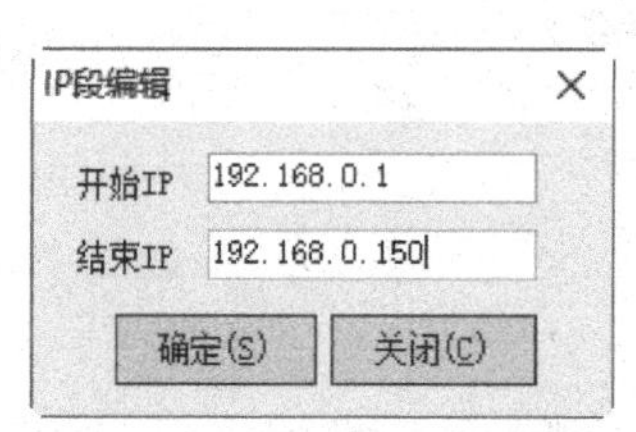

Step 04 在“开始IP”和“结束IP”文本框中分别输入IP地址后，单击【确定】按钮，即可将该IP段添加到“搜索IP段设置”列表中。

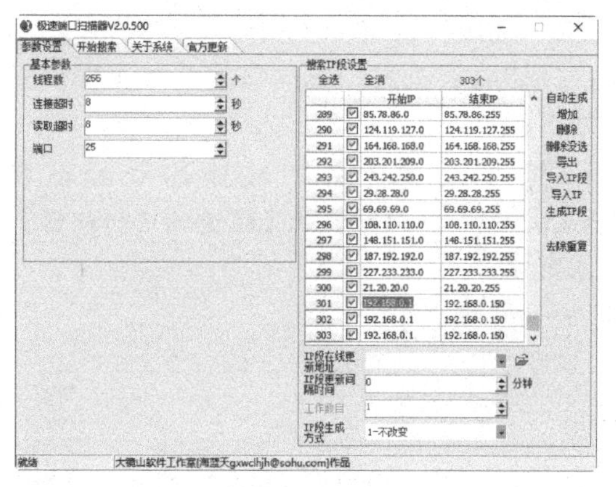

Step 05 单击【全消】按钮，即可取消选择所有的IP段，然后勾选刚添加的IP段，并将要扫描的端口设置为445。

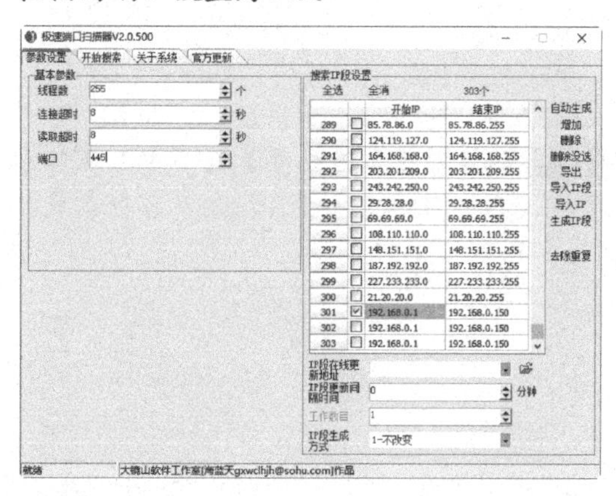

Step 06 设置完毕后，切换到【开始搜索】选项卡下，并单击【开始搜索】按钮，即可扫描指定的IP段，最终的扫描结果如下图所示。

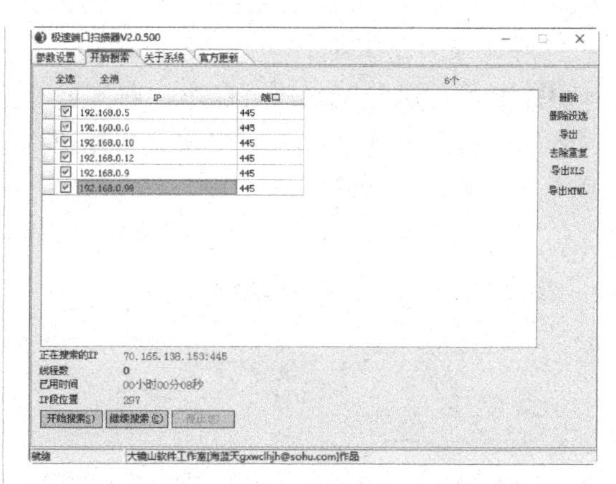

Step 07 可以将扫描的结果保存为记事本、网页、XLS等格式。在【开始搜索】选项卡下，单击【导出】按钮，打开【另存为】对话框。

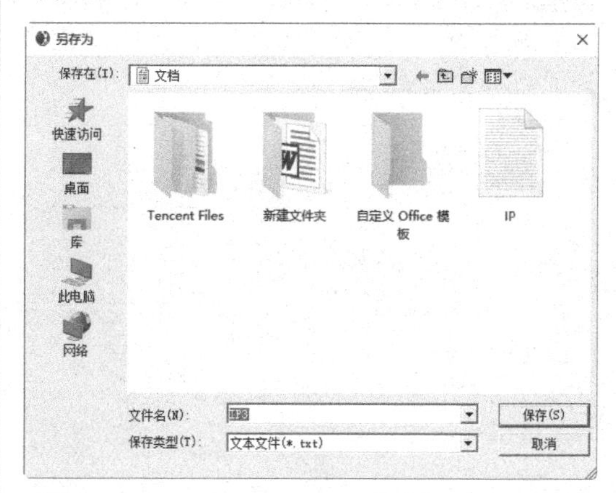

Step 08 设置完文件名和路径后，单击【保存】按钮，即可将扫描结果保存为记事本文件格式。打开保存的搜索结果，在其中即可看到搜索到的IP地址以及搜索的端口。

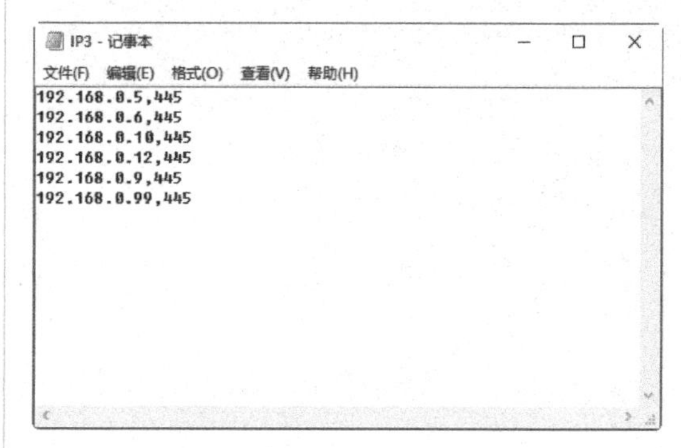

2.2.3 Nmap扫描器

Nmap扫描器是一款针对大型网络的端

口扫描工具，包含多种扫描选项，它对网络中被检测到的主机按照选择的扫描选项和显示节点进行探查。用户可以建立一个需要扫描的范围，这样就不需要再输入大量的IP地址和主机名了。

使用Nmap进行扫描的具体操作方法如下：

Step 01 在桌面上双击Nmap程序图标，即可打开Nmap操作界面。

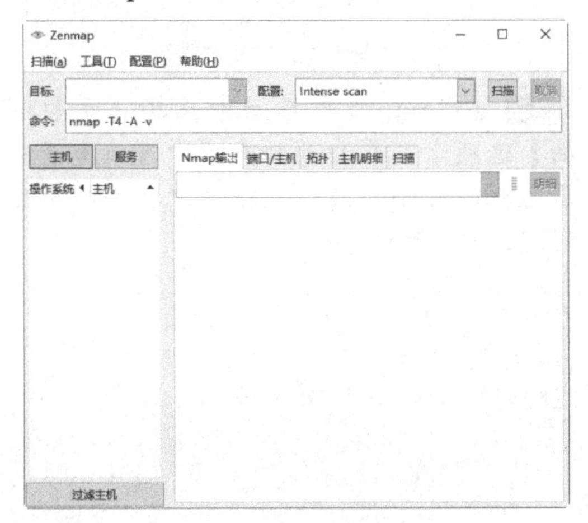

Step 02 要扫描单台主机，可以在【目标】后的文本框内输入主机的IP地址或网址，要扫描某个范围内的主机，可以在该文本框中输入“192.168.0.1-150”。

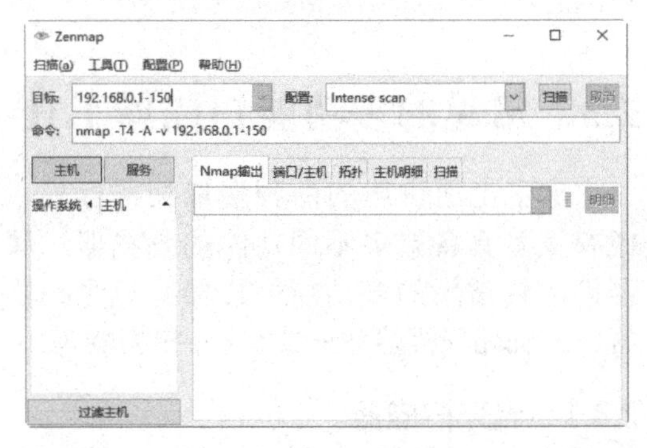

提示： 扫描时，还可以用“*”替换IP地址中的任何一部分，如“192.168.1.*”等同于“192.168.1.1-255”；要扫描一个更大范围内的主机，可以输入“192.168.1，2，3.*”，此时将扫描“192.168.1.0”“192.168.2.0”“192.168.3.0”3个网络中的所有地址。

Step 03 要设置网络扫描的不同配置文件，可以单击【配置】后的下拉列表框，从中选择Intense scan、Intense scan plus UDP、Ping scan、all TCP ports等选项，从而对网络主机进行不同方面的扫描。

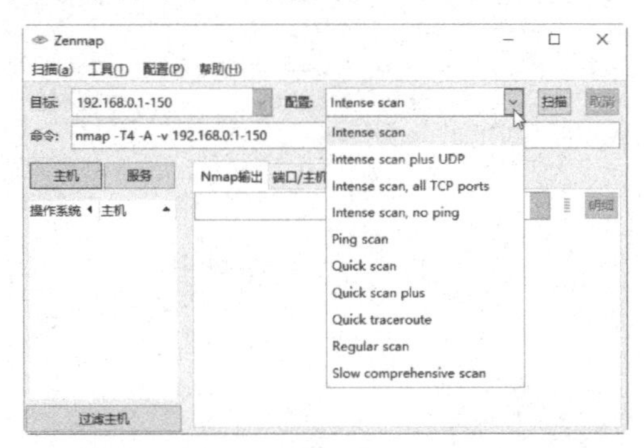

Step 04 单击【扫描】按钮开始扫描，稍等片刻，即可在【Nmap输出】选项卡中显示扫描信息。在扫描结果信息中可以看到扫描对象当前开放的端口。

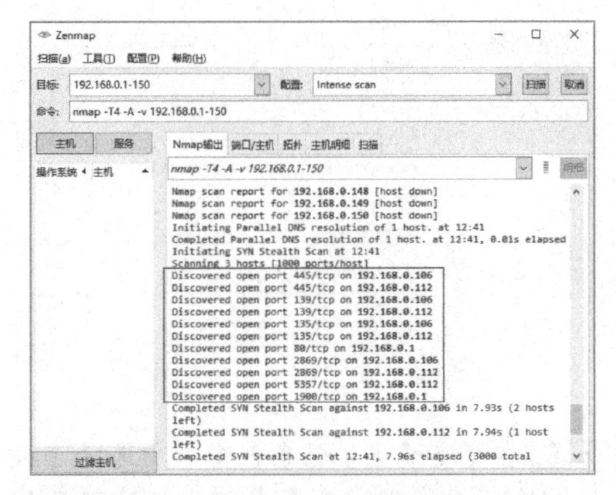

Step 05 选择【端口/主机】选项卡，在打开的界面中可以看到当前主机显示的端口、协议、状态、服务和版本信息。

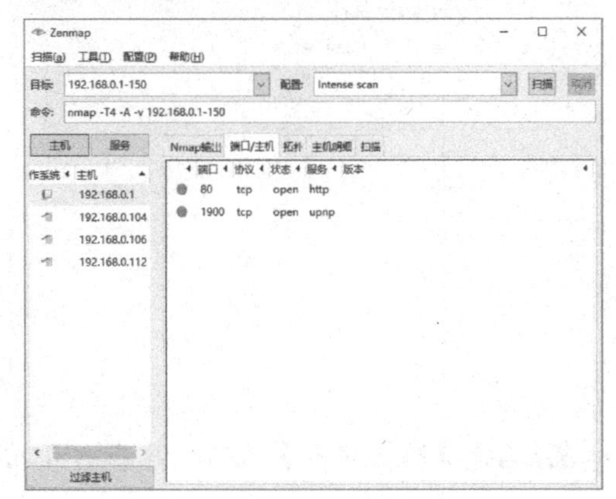

Step 06 选择【拓扑】选项卡，在打开的界面中可以查看当前网络中计算机的拓扑结构。

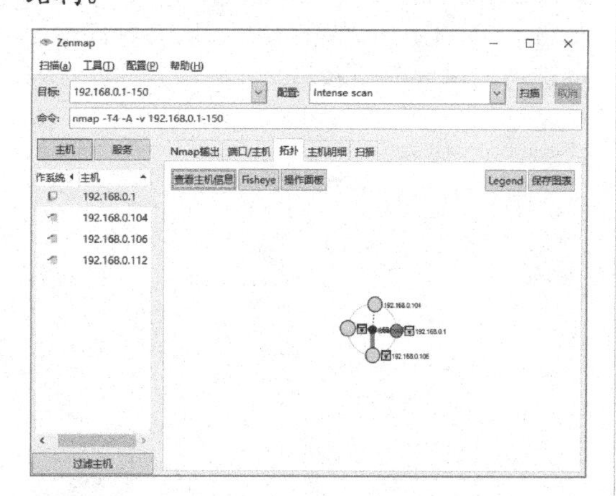

Step 07 单击【查看主机信息】按钮，打开【查看主机信息】窗口，在其中可以查看当前主机的一般信息、操作系统信息等。

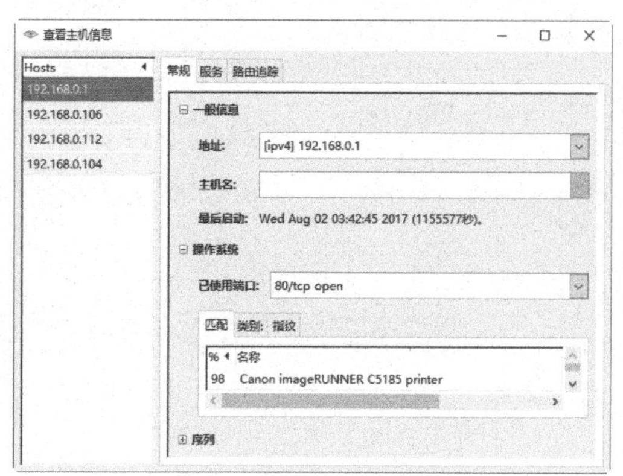

Step 08 在【查看主机信息】窗口中选择【服务】选项卡，可以查看当前主机的服务信息，如端口、协议、状态等。

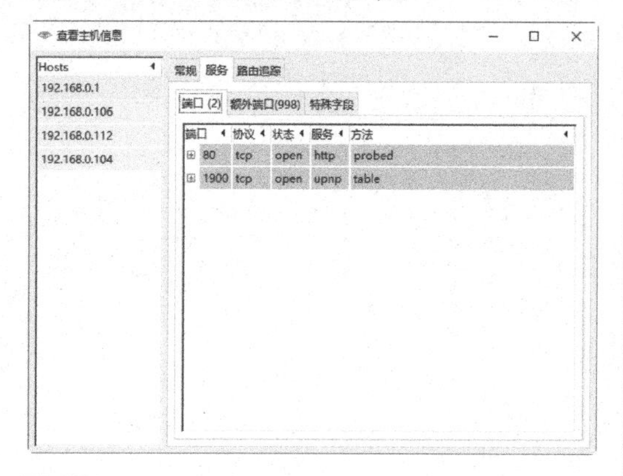

Step 09 选择【路由追踪】选项卡，在打开的界面中可以查看当前主机的路由器信息。

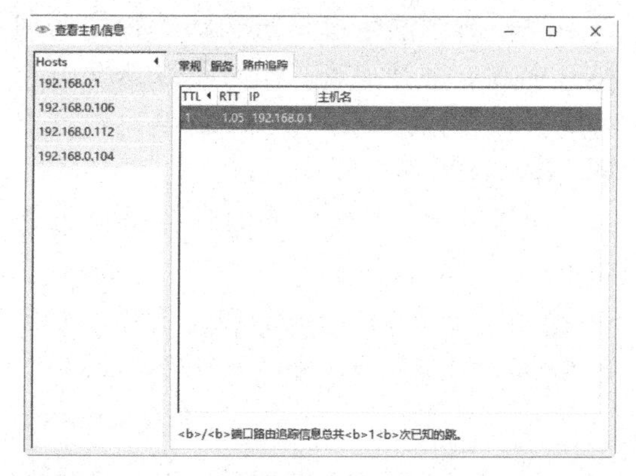

Step 10 在Nmap操作界面中选择【主机明细】选项卡，在打开的界面中可以查看当前主机的明细信息，包括主机状态、地址列表、操作系统等。

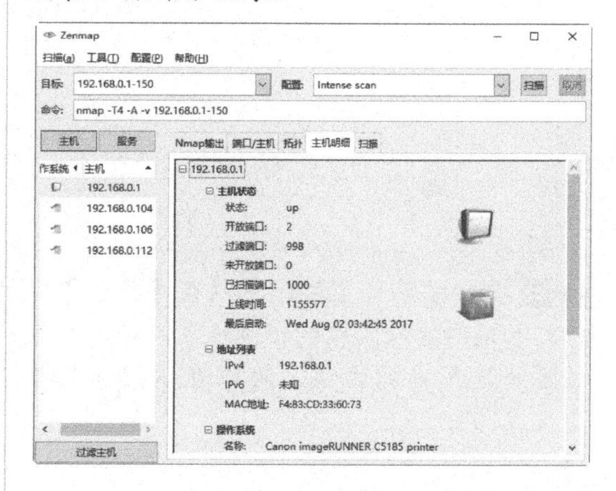

2.3 常见的多功能扫描器工具

除了上面讲述的两种端口扫描器外，还有很多具备诸多不同功能的扫描器。黑客们比较常用的多功能扫描器有流光扫描器、X-Scan扫描器和S-GUI Ver扫描器等。

2.3.1 流光扫描器

流光扫描器是一款非常出名的中文多功能专业扫描器，其功能强大、扫描速度快、可靠性强，为广大计算机黑客迷所钟爱。

流光扫描器可以探测POP3、FTP、HTTP、PROXY、FROM、SQL、SMTP和IPC等各种漏洞，并针对各种漏洞设计不同的破解方案。其主要功能如下：

- 用于检测POP3/FTP主机中的用户密码安全漏洞。
- 多线程检测，用于消除系统中的密码漏洞。
- 高效的用户流模式。
- 高效的服务器流模式，可以同时对多台POP3/FTP主机进行检测。
- 最多500个线程探测。
- 线程超时设置，阻塞线程具有自杀功能，不会影响其他线程。
- 支持10个字典同时检测。
- 检测设置可以作为项目保存，以便下次继续调用。

1. 探测开放端口

利用流光扫描器可以轻松探测目标主机的开放端口，下面将以探测POP3主机的开放端口为例进行介绍。

Step 01 单击桌面上的流光扫描器程序图标，启动流光扫描器。

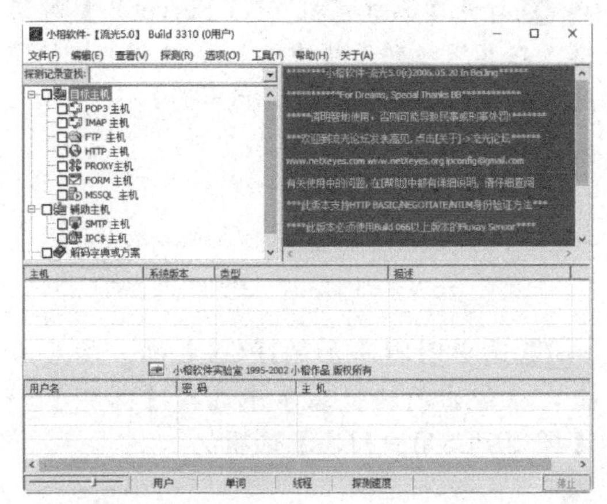

Step 02 单击【选项】→【系统设置】，打开【系统设置】对话框，对优先级、线程数、单词数/线程及端口进行设置。

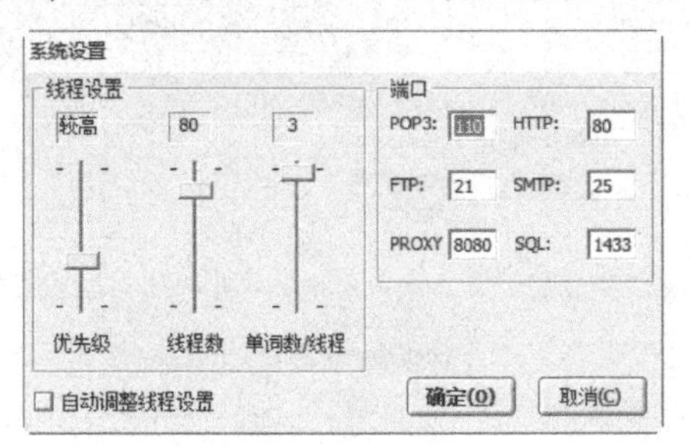

Step 03 在扫描器主窗口中勾选【HTTP主机】复选框，然后右击，从弹出的快捷菜单中选择【编辑】→【添加】选项。

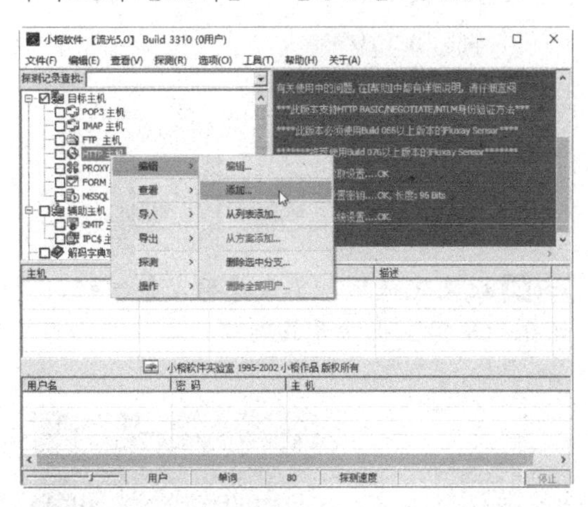

Step 04 打开【添加主机（HTTP）】对话框，在该对话框的下拉列表框中输入要扫描主机的IP地址（这里以192.168.0.105为例）。

Step 05 此时在主窗口中将显示出刚刚添加的HTTP主机，右击此主机，从弹出的快捷菜单中依次选择【探测】→【扫描主机端口】选项。

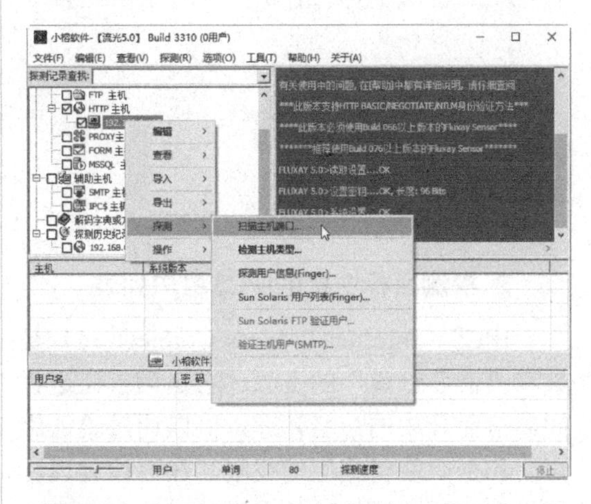

Step 06 打开【端口探测设置】对话框，在该对话框中勾选【自定义端口探测范围】复

选框，然后在【范围】选项区中设置要探测端口的范围。

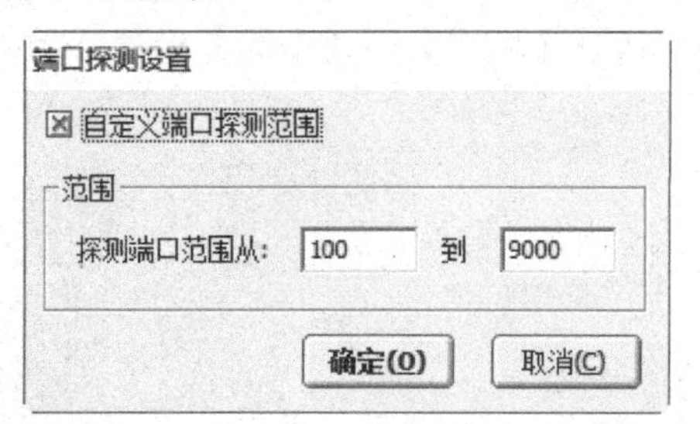

Step 07 设置完成后，单击【确定】按钮，开始探测目标主机的开放端口。

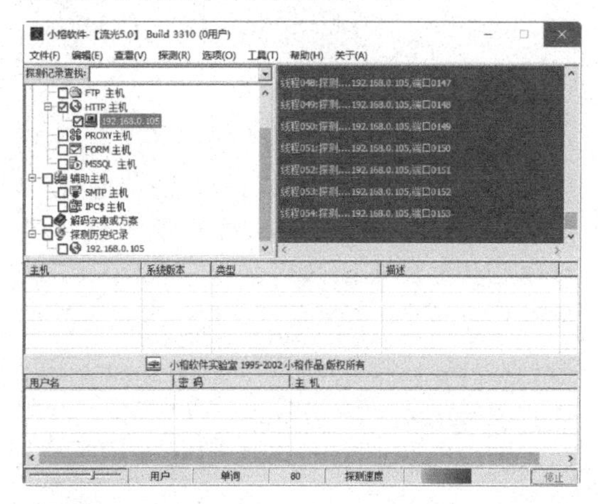

Step 08 扫描完毕后，将会自动弹出【探测结果】对话框，如果目标主机存在开放端口，就会在该对话框中显示出来。

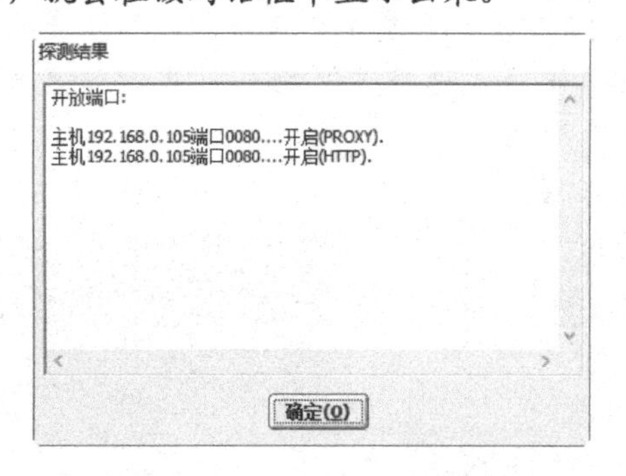

2. 探测目标主机的IPC$用户列表

IPC$（Internet Process Connection）是共享“命名管道”的资源，它是为了让进程间通信而开放的命名管道，可以通过验证用户名和密码获得相应的权限，在远程管理计算机和查看计算机的共享资源时使用。

利用IPC$可以与目标主机建立一个空的连接，利用这个空的连接，连接者可以获得目标主机上的用户列表，通过猜测密码或者穷举密码，从而获得管理员权限。利用流光扫描器探测目标主机的IPC$用户列表的具体操作步骤如下。

Step 01 在流光扫描器主窗口中勾选【IPC$主机】复选框，然后右击，从弹出的快捷菜单中选择【编辑】→【添加】选项。

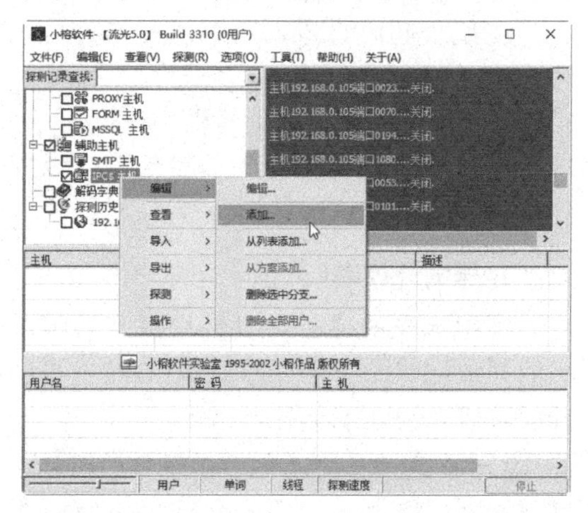

Step 02 打开【添加主机（NT Server）】对话框，在其下拉列表框中输入要扫描主机的IP地址（这里以192.168.0.105为例）。

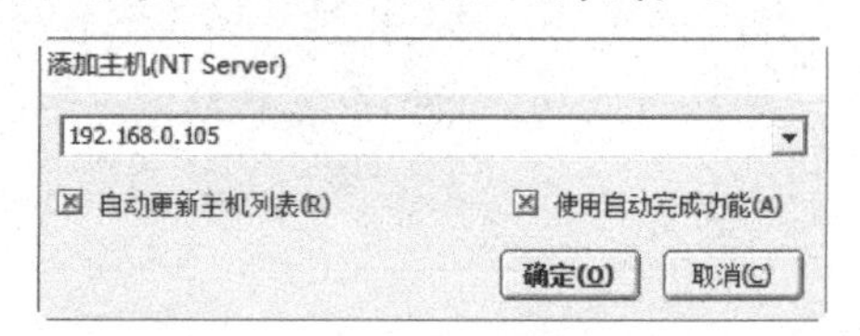

Step 03 选中刚刚添加的IPC$主机，然后右击，从弹出的快捷菜单中选择【探测】→【探测IPC$用户列表】选项。

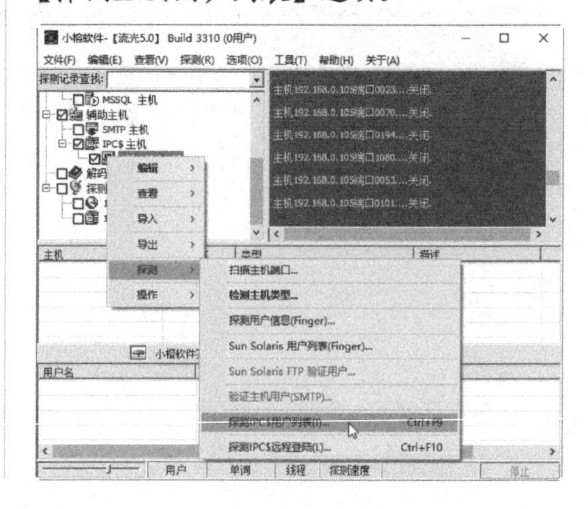

Step 04 打开【IPC自动探测】对话框，提示用户是否在成功获得用户名后立即开始简单模式探测。

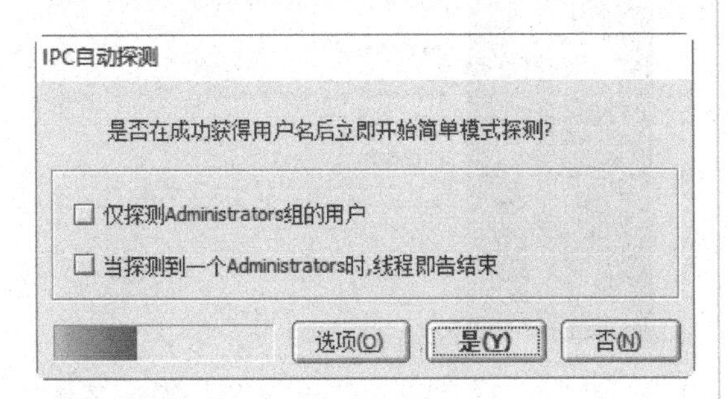

Step 05 单击【选项】按钮，在打开的【用户列表选项】对话框中进行设置。

用户列表选项
列出主机中所有用户 最多列出 20 个用户
如果主机不允许列出用户则强制从以下文件导入
文件名: C:\Program Files\Fluxay\IPCList.INI 浏览(B)
确定(O) 取消(C)

Step 06 单击【确定】按钮，程序开始自动探测目标主机。

开始接收扫描结果....
接收扫描结果....OK
连接被远程主机中断.
FLUXAY 5.0>探测主机192.168.0.108的用户列表线程开始(IPC$)...
FLUXAY 5.0>正在连接主机192.168.0.108...
正在连接主机192.168.0.108...
所有用户列表线程成功退出。
FLUXAY 5.0>探测主机192.168.0.105的用户列表线程开始(IPC$)...
FLUXAY 5.0>正在连接主机192.168.0.105...

3. 扫描指定地址范围内的目标主机

使用流光扫描器的高级扫描向导，可以快速地对指定地址范围内的目标主机进行扫描，具体操作步骤如下。

Step 01 在流光扫描器主窗口中单击【文件】→【高级扫描向导】。

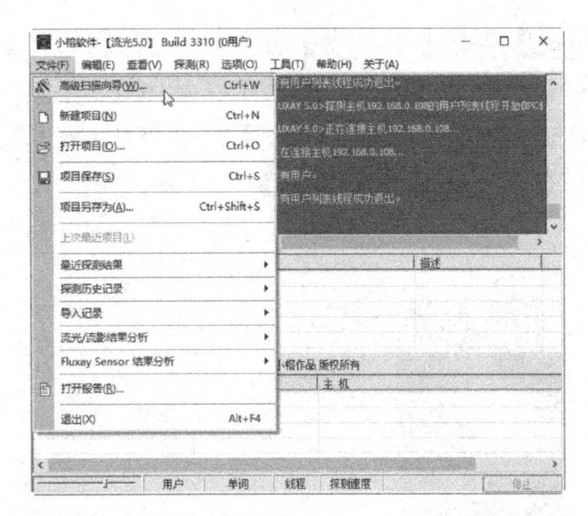

Step 02 打开【设置】对话框，在【起始地址】和【结束地址】文本框中分别输入指定地址范围的开始和结束IP地址，并勾选【获取主机名】和【PING检查】复选框。

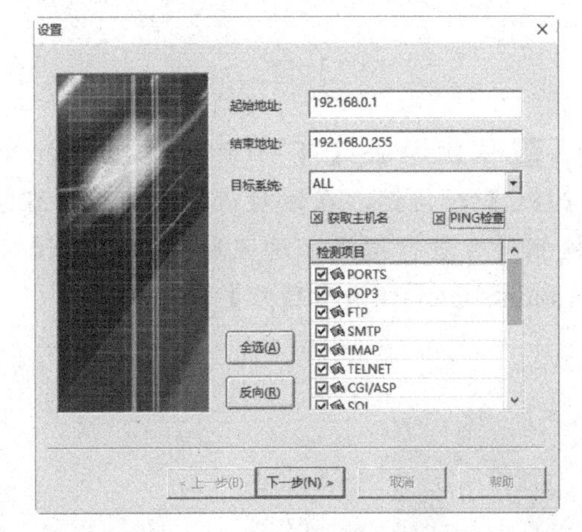

Step 03 单击【下一步】按钮，弹出PORTS对话框，在该对话框中可以对要扫描的端口范围进行设置，这里勾选【标准端口扫描】复选框。

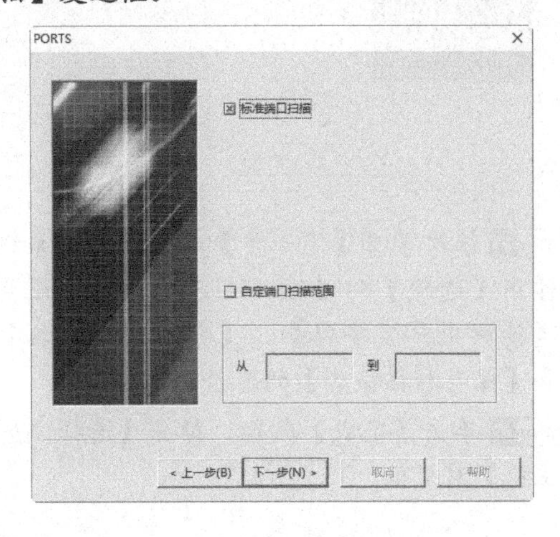

Step 04 单击【下一步】按钮，打开【POP3】对话框，在该对话框中可以对POP3检测项目进行设置，这里勾选【获取POP3版本信息】和【尝试猜解用户】复选框。

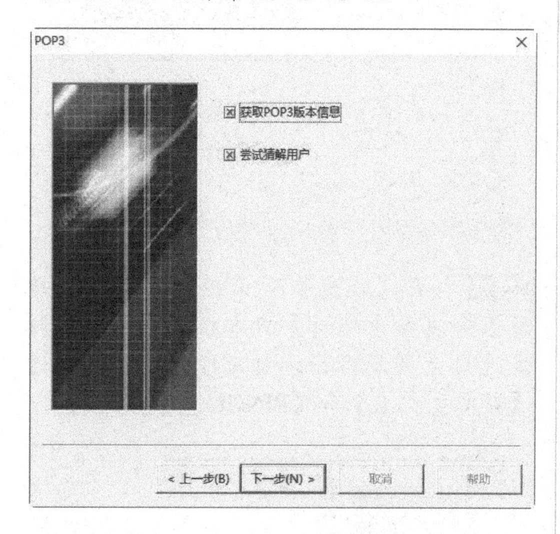

Step 05 依次单击【下一步】按钮，打开【IPC】对话框，在该对话框中可以对IPC检测项目进行设置，这里取消勾选【仅对Administrators组进行猜解】复选框。

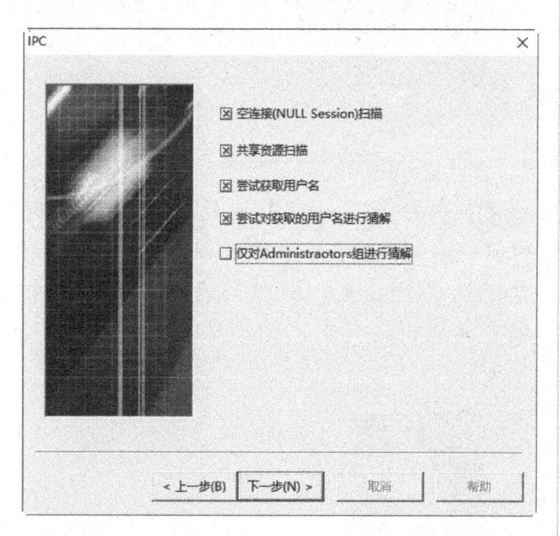

Step 06 依次单击【下一步】按钮，直至系统弹出【选项】对话框，在该对话框中设置【猜解用户名字典】、【猜解密码字典】和【保存扫描报告】的路径。

Step 07 单击【完成】按钮，弹出【选择流光主机】对话框。

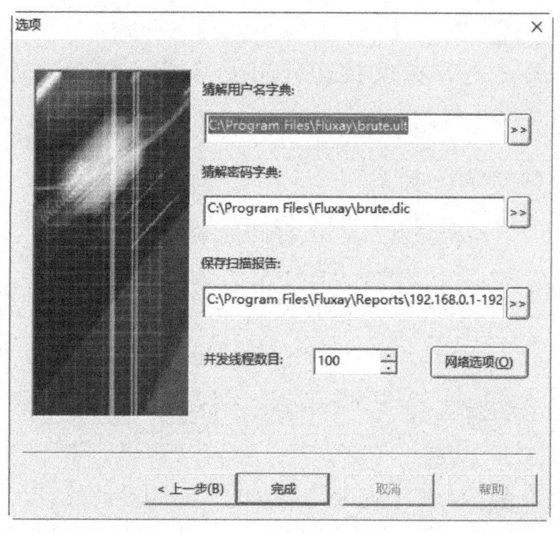

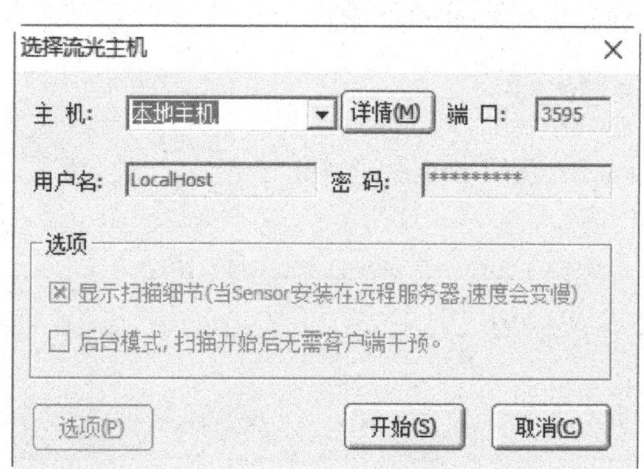

Step 08 单击【开始】按钮，程序开始扫描指定的地址范围，这可能需要较长时间，在扫描过程中还会打开【探测结果】对话框提示用户。

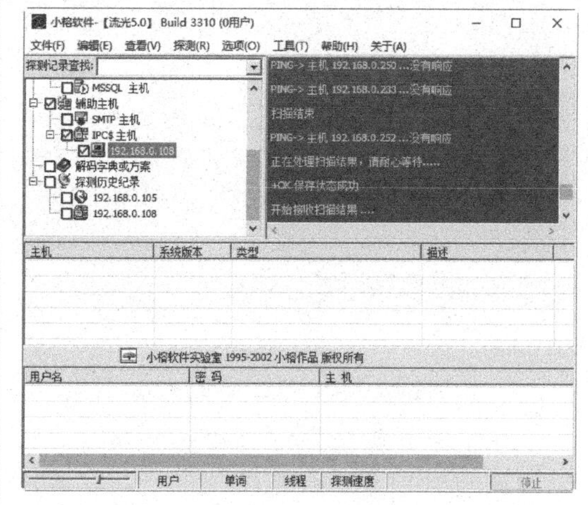

提示：扫描完毕后，系统会弹出【注意】提示信息框提醒用户是否需要查看扫描报告，单击【是】按钮，会打开一个

HTML格式的扫描报告，其中列出了扫描到的主机的详细信息。

2.3.2　X-Scan扫描器

X-Scan扫描器是国内最著名的综合扫描器之一，该工具采用多线程方式对指定IP地址段（或单机）进行安全漏洞检测，且支持插件功能。X-Scan扫描器可以扫描出操作系统类型及版本、标准端口状态及端口BANNER信息、CGI漏洞、IIS漏洞、RPC漏洞、SQL-SERVER、FTP-SERVER、SMTP-SERVER、POP3-SERVER、NT-SERVER弱口令用户、NT服务器NETBIOS等信息。

1. 设置X-Scan扫描器

在使用X-Scan扫描器扫描系统之前，需要先对该工具的一些属性进行设置，如扫描参数、检测范围等。

设置和使用X-Scan的具体操作步骤如下。

Step 01 在X-Scan文件夹中双击X-Scan_gui.exe应用程序，打开【X-Scan v3.3 GUI】主窗口，在其中可以浏览此软件的功能简介、所需文件等信息。

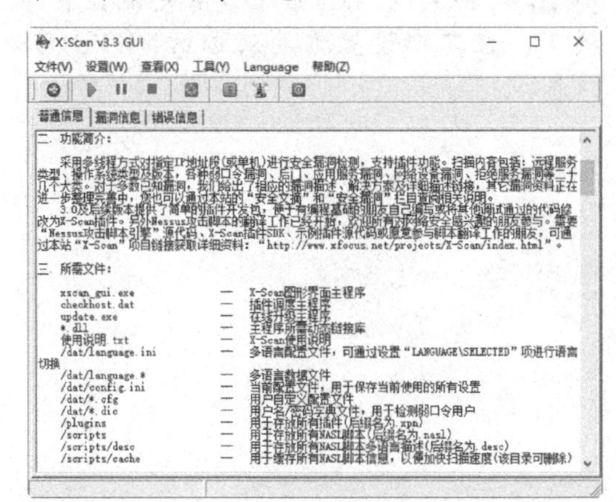

Step 02 单击工具栏中的【扫描参数】按钮，打开【扫描参数】窗口。

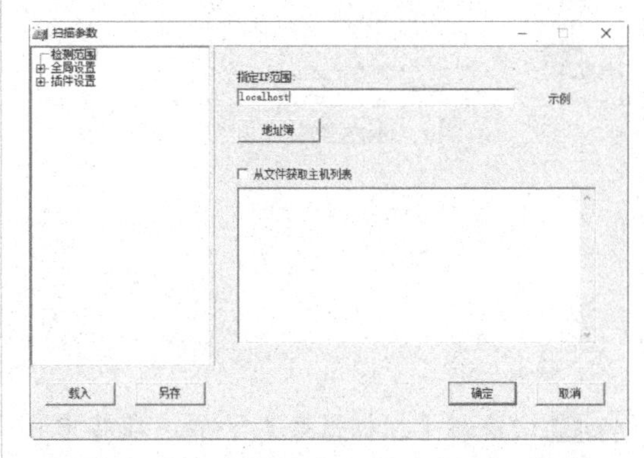

Step 03 在左边的列表中单击【检测范围】，然后在【指定IP范围】文本框中输入要扫描的IP地址范围。若不知道输入的格式，则可以单击【示例】按钮，打开【示例】对话框，在其中即可看到各种有效格式。

Step 04 切换到【全局设置】选项卡，并单击其中的【扫描模块】子项，在其中即可选择扫描过程中需要扫描的模块。在选择扫描模块的同时，可在右侧窗格中查看选择模块的相关说明。

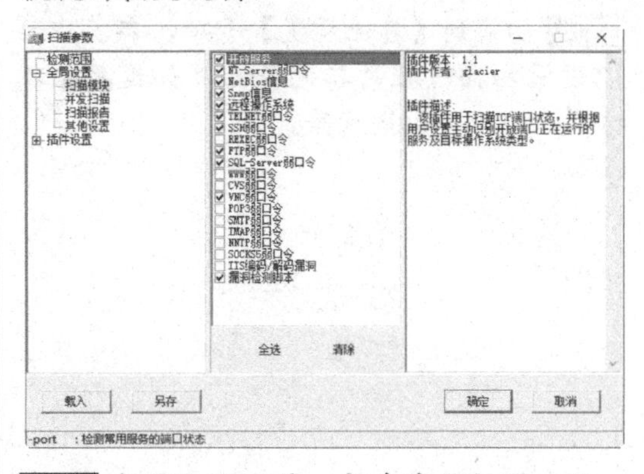

Step 05 由于X-Scan是一款多线程扫描工具，所以可以在【并发扫描】子项中设置扫描时的线程数量。

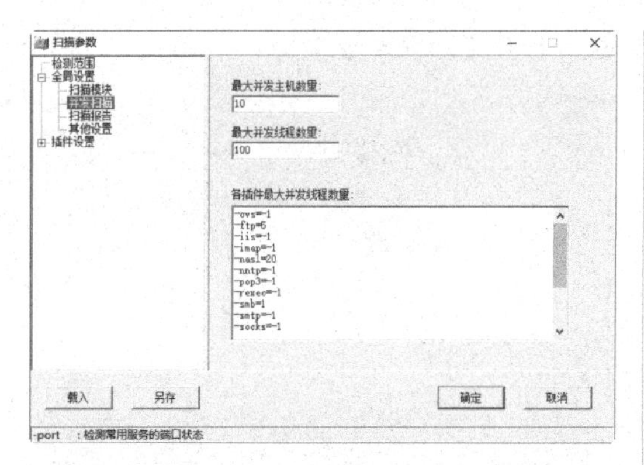

Step 06 切换到【扫描报告】子项，在其中可以设置扫描报告存放的路径和文件类型。

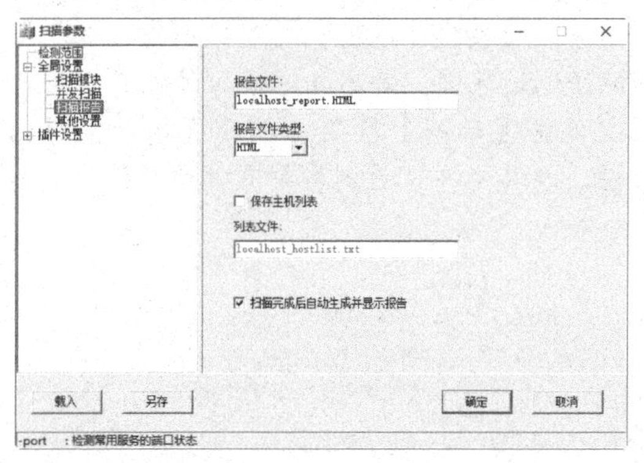

提示：如果需要保存自己设置的扫描IP地址范围，可在勾选【保存主机列表】复选框后，输入保存文件名称，这样以后就可以直接调用这些IP地址范围了；如果用户需要在扫描结束时自动生成报告文件并显示报告，则可勾选【扫描完成后自动生成并显示报告】复选框。

Step 07 切换到【其他设置】子项，在其中可以设置扫描过程的其他属性，如设置扫描方式、显示详细进度等。

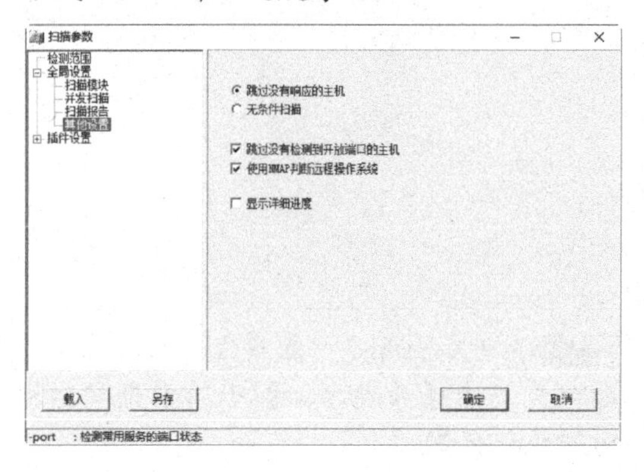

Step 08 切换到【插件设置】选项下，并单击【端口相关设置】子选项，在其中可设置待检测端口以及检测方式。X-Scan提供TCP和SYN两种检测方式；若要扫描某主机的所有端口，则在【待检测端口】文本框中输入“1~65535”即可。

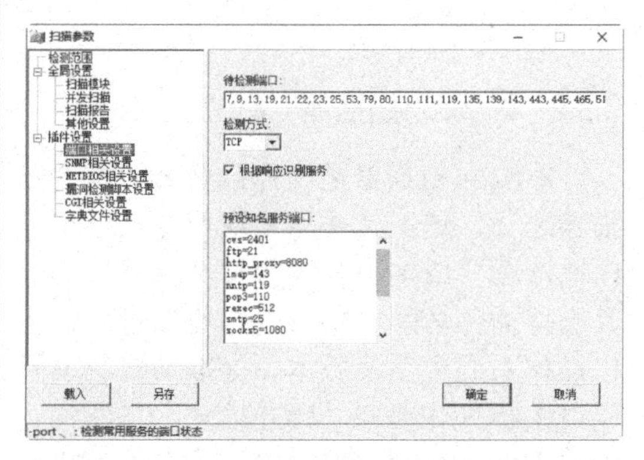

Step 09 切换到【SNMP相关设置】子项下，在其中勾选相应的复选框来设置扫描时获取SNMP信息的内容。

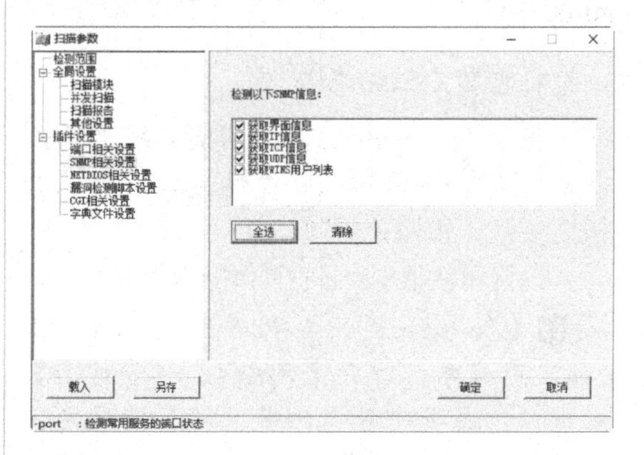

Step 10 切换到【NETBIOS相关设置】子项下，在其中设置需要获取的NETBIOS信息。

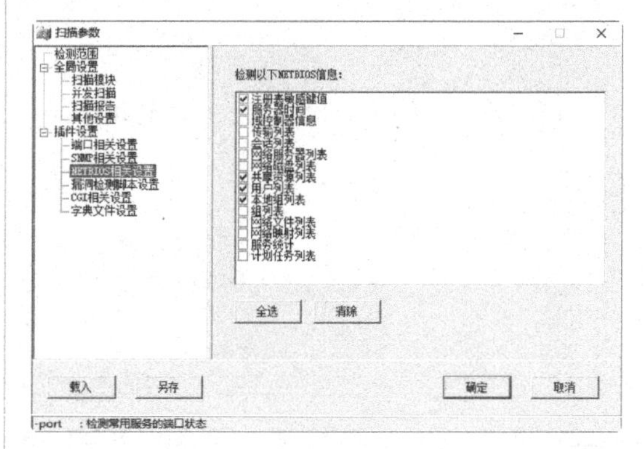

Step 11 切换到【漏洞检测脚本设置】子项下，取消勾选【全选】复选框之后，单击【选择脚本】按钮，打开【Select Scripts（选择脚本）】窗口。

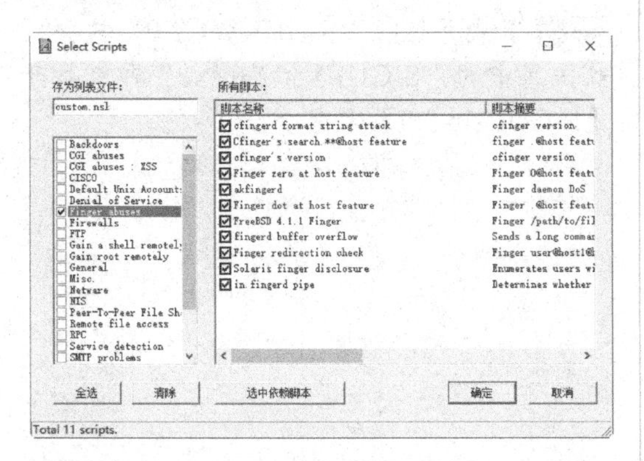

Step 12 选择检测的脚本文件后，单击【确定】按钮返回到【扫描参数】窗口，并分别设置脚本运行超时和网络读取超时等属性。

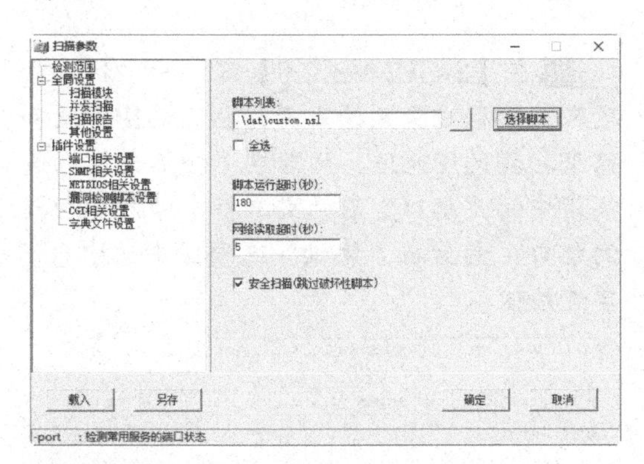

Step 13 切换到【CGI相关设置】子项下，在其中即可设置扫描时需要使用的CGI选项。

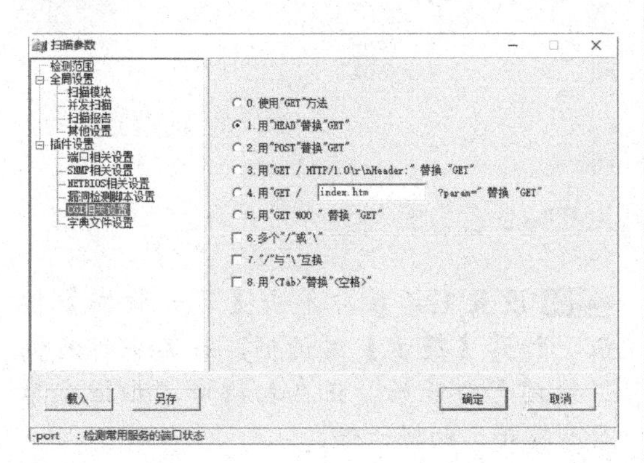

Step 14 切换到【字典文件设置】子项下，然后可以通过双击字典类型，打开【打开】对话框。

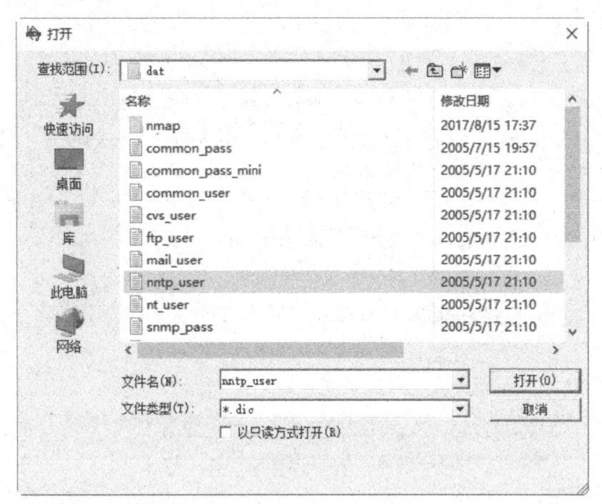

Step 15 在其中选择相应的字典文件后，单击【打开】按钮，返回到【扫描参数】窗口中即可看到选中的字典类型及字典文件名。设置好所有选项后，单击【确定】按钮，即可完成设置。

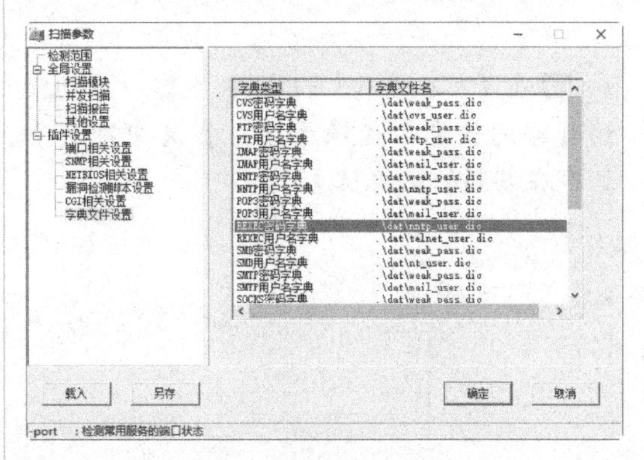

2. 使用X-Scan进行扫描

设置完X-Scan各个属性后，就可以利用该工具对指定IP地址范围内的主机进行扫描了。其具体操作步骤如下。

Step 01 在【X-Scan v3.3 GUI】主窗口中单击【开始扫描】按钮▶进行扫描，在扫描的同时显示扫描进程和扫描得到的信息。

Step 02 扫描完成后，可看到HTML格式的扫描报告。在其中即可看到活动主机的IP地址、存在的系统漏洞和其他安全隐患。

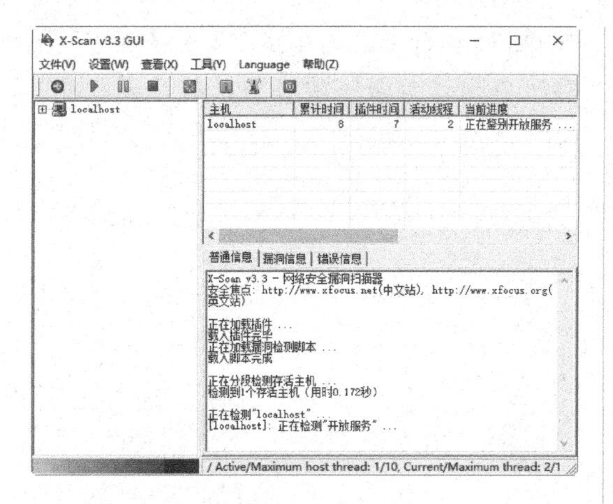

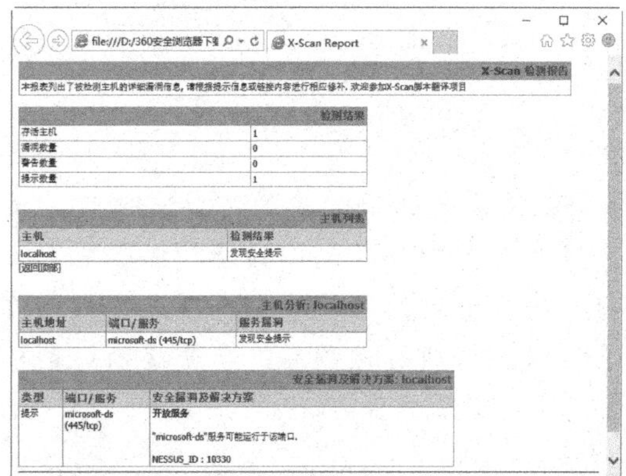

Step 03 在【X-Scan v3.3 GUI】主窗口中切换到【漏洞信息】选项卡下，在其中即可看到存在漏洞的主机信息。

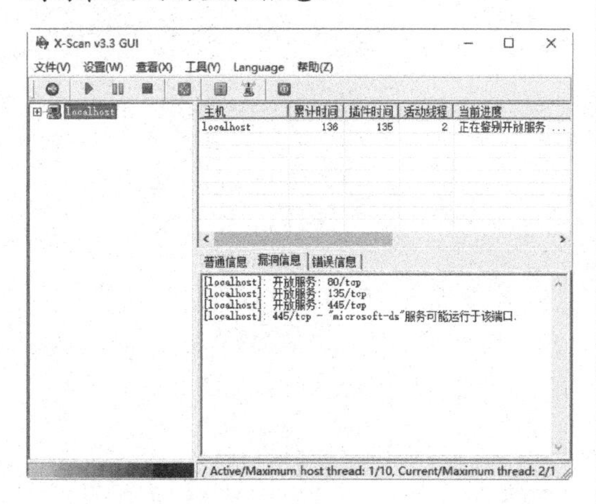

2.3.3 S-GUI Ver扫描器

S-GUI Ver扫描器是以S.EXE为核心的可视化的端口扫描工具，该工具支持多端口扫描、线程控制、隐藏扫描、扫描列表、去掉端口、自动整理扫描结果等，是一款使用起来比较方便的端口扫描工具。

使用S-GUI Ver扫描端口的具体操作步骤如下。

Step 01 下载并解压“S-GUI Ver 2.0”软件，双击其中的“S-GUI Ver 2.0.exe”即可打开【S-GUI Ver 2.0】主窗口。

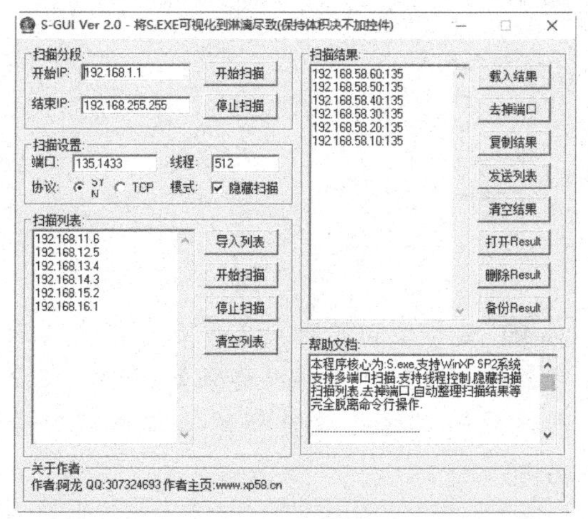

Step 02 在【S-GUI Ver 2.0】窗口的“扫描分段”选项框中分别输入开始扫描的IP地址和结束扫描的IP地址，然后在“扫描设置”选项框中的“端口”后的文本框中输入要扫描的端口，最后在“协议”选项区中选中TCP单选按钮。

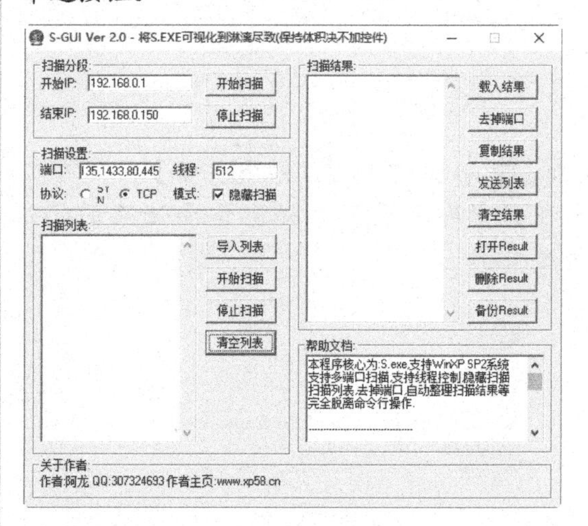

Step 03 设置完毕后，单击【开始扫描】按钮，打开【提示】对话框，在其中可看到“扫描已经开始，正在扫描中，扫描完毕后有提示”的提示信息。

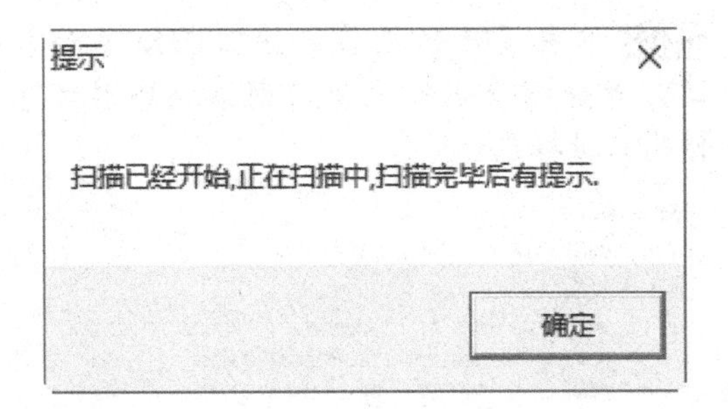

Step 04 单击【确定】按钮，打开【Windows Script Host】对话框，在其中可看到“扫描完毕，请载入扫描结果”的提示信息。

Step 05 单击【确定】按钮，返回【S-GUI Ver 2.0】主窗口，然后单击右侧的【载入结果】按钮，打开【提示】对话框，在其中可看到“你真的要[载入结果]吗？如果‘是’将会覆盖掉[扫描结果]中的原有数据”的提示信息。

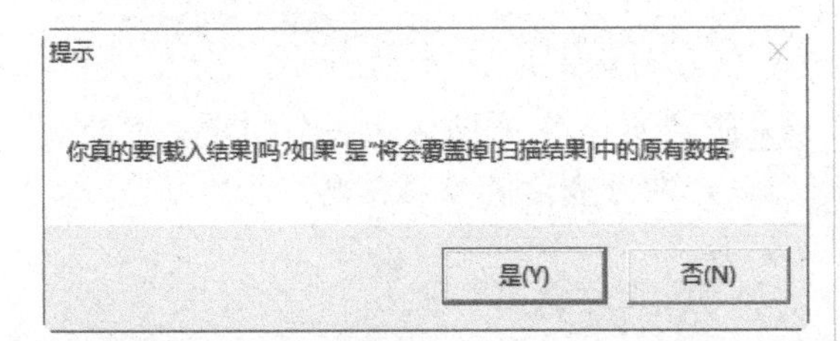

Step 06 单击【是】按钮，即可将扫描结果添加到“扫描结果”文本区域中，在其中可看到扫描到的开放指定端口主机的IP地址以及端口号。

Step 07 如果想将扫描结果的内容放到左侧扫描列表中，需要单击【发送列表】按钮，打开【提示】对话框，在其中可看到“你真的要将[扫描结果]发送到[扫描列表]吗？如果‘是’将会覆盖掉[扫描列表]中的原有数据”的提示信息。

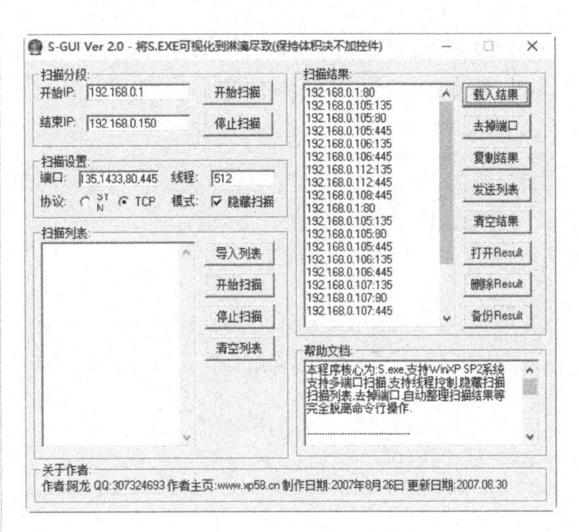

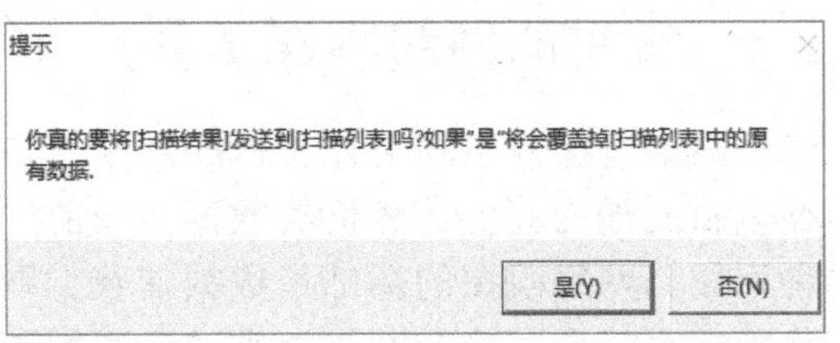

Step 08 单击【是】按钮，将看到【已经发送到[扫描列表]中并去掉了端口号】的提示信息。

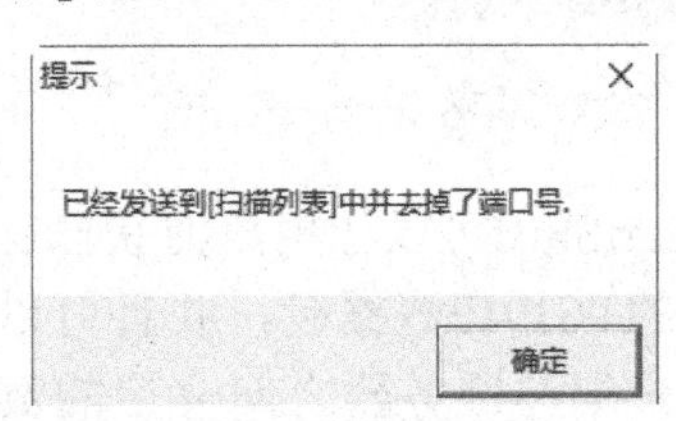

Step 09 单击【确定】按钮，即可在【S-GUI Ver 2.0】主窗口左侧的“扫描列表”中看到扫描到的主机列表。

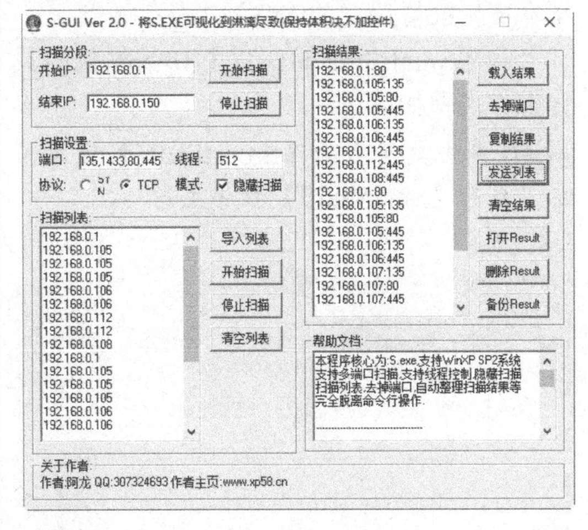

Step 10 单击【打开Result】按钮，即可以记

事本的形式打开“Result”记事本文件，在其中可看到具体的扫描信息。

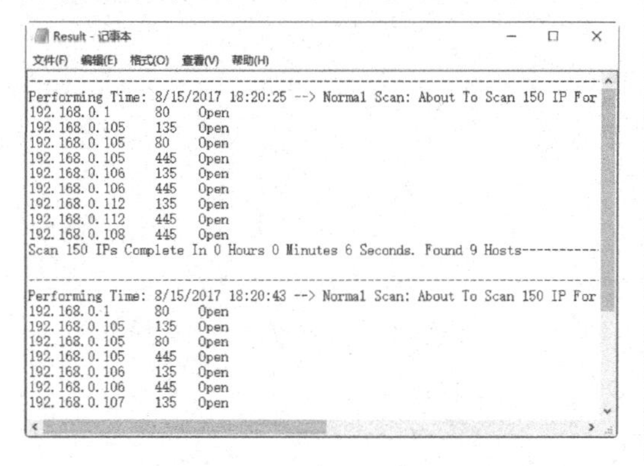

2.4 常用的网络嗅探工具

网络嗅探是指利用计算机的网络接口截获目的地为其他计算机的数据报文的一种手段。网络嗅探的基础是数据捕获。网络嗅探系统是并接在网络中来实现数据捕获的，这种方式和入侵检测系统相同，因此被称为网络嗅探。

2.4.1 嗅探利器SmartSniff

SmartSniff可以让用户捕获自己的网络适配器的TCP/IP数据包，并且可以按顺序查看客户端与服务器之间会话的数据。用户可以使用ASCII模式（用于基于文本的协议，如HTTP、SMTP、POP3与FTP）、十六进制模式来查看TCP/IP会话（用于基于非文本的协议，如DNS）。

利用SmartSniff捕获TCP/IP数据包的具体操作步骤如下。

Step 01 单击桌面上的【SmartSniff】程序图标，打开【SmartSniff】程序主窗口。

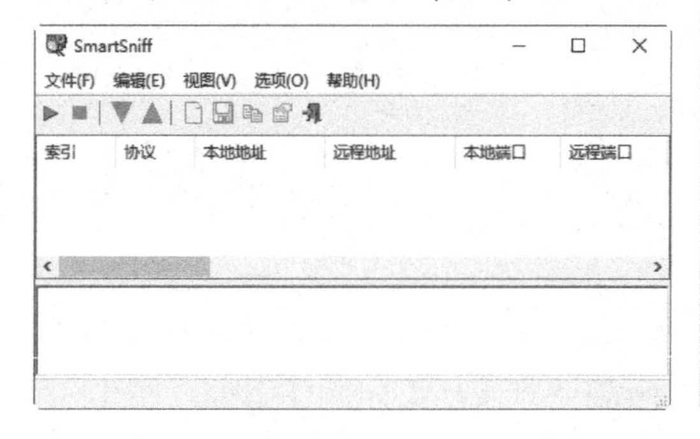

Step 02 单击【开始捕获】按钮或按【F5】键，开始捕获当前主机与网络服务器之间传输的数据包。

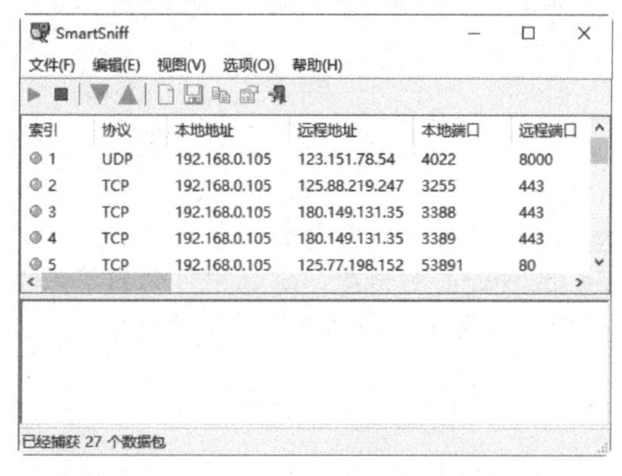

Step 03 单击【停止捕获】按钮或按【F6】键，停止捕获数据，在列表中选择任意一个UDP类型的数据包，即可查看其数据信息。

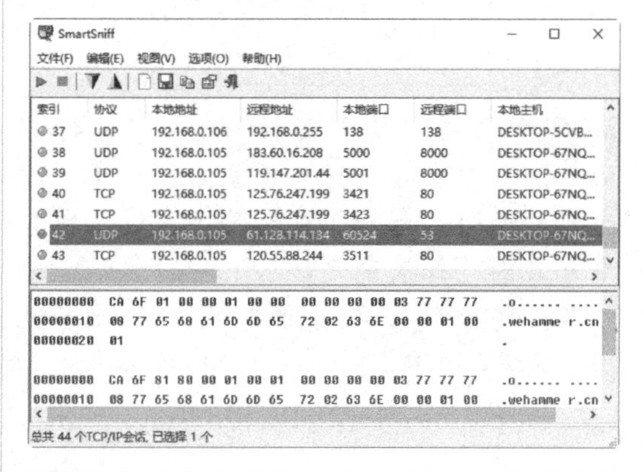

Step 04 在列表中选择任意一个UDP类型的数据包，即可查看其数据信息。

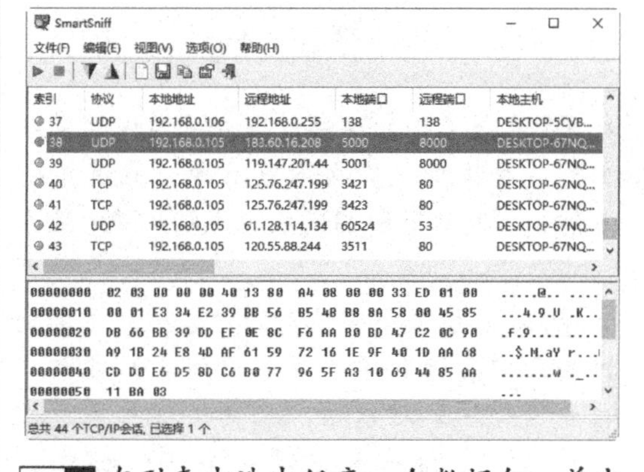

Step 05 在列表中选中任意一个数据包，单击【文件】→【属性】选项，从弹出的【属性】对话框中可以查看其属性信息。

属性

索引:	38
协议:	UDP
本地地址:	192.168.0.105
远程地址:	183.60.16.208
本地端口:	5000
远程端口:	8000
本地主机:	DESKTOP-67NQBIF.DHCP HOST
远程主机:	
服务名称:	
包:	2
数据大小:	126 字节
总大小:	293 字节
数据速率:	1.1 KB/秒
捕获时间:	2017/8/15 18:39:29:856
最后包体时间:	2017/8/15 18:39:29:966
进程ID:	
进程文件名:	
进程用户:	
加载MAC地址:	
远程MAC地址:	
本地IP国家:	
远程IP国家:	

确定

Step 06 在列表中选中任意一个数据包，单击【视图】→【网页报告-TCP/IP数据流】选项，即可以网页形式查看数据流报告。

数据流报告

索引	42
协议	UDP
本地地址	192.168.0.105
远程地址	61.128.114.134
本地端口	60524
远程端口	53
本地主机	DESKTOP-67NQBIF.DHCP HOST
远程主机	dns.xj.telecom.com

2.4.2 网络数据包嗅探专家

网络数据包嗅探专家是一款监视网络数据运行的嗅探器，它能够完整地捕捉到所处局域网中所有计算机的上行、下行数据包，用户可以将捕捉到的数据包保存下来，进行监视网络流量、分析数据包、查看网络资源利用、执行网络安全操作规则、鉴定分析网络数据，以及诊断并修复网络问题等操作。

使用网络数据包嗅探专家的具体操作步骤如下。

Step 01 打开网络数据包嗅探专家程序，其工作界面如下图所示。

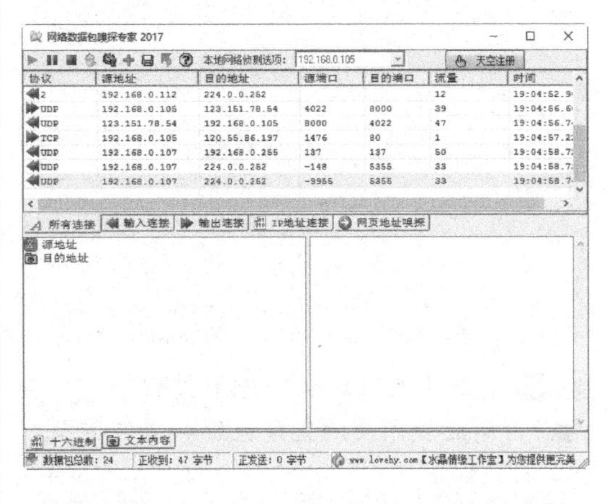

Step 02 单击【开始嗅探】按钮，开始捕获当前网络数据。

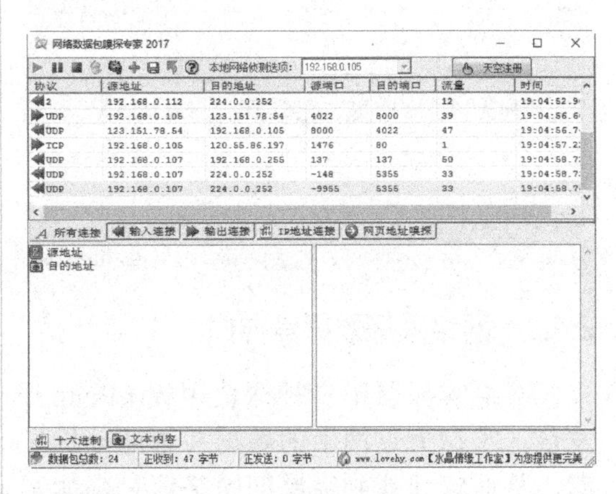

Step 03 单击【停止嗅探】按钮，停止捕获数据包，当前的所有网络连接数据将在下方显示出来。

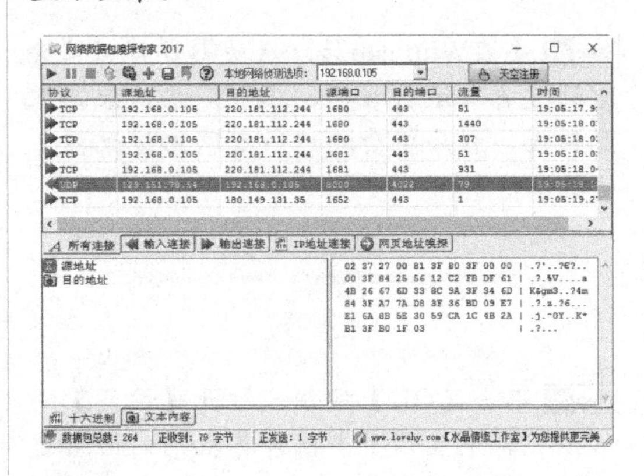

Step 04 单击【IP地址连接】按钮，将在上方窗格中显示前一段时间内输入与输出数据的源地址与目的地址。

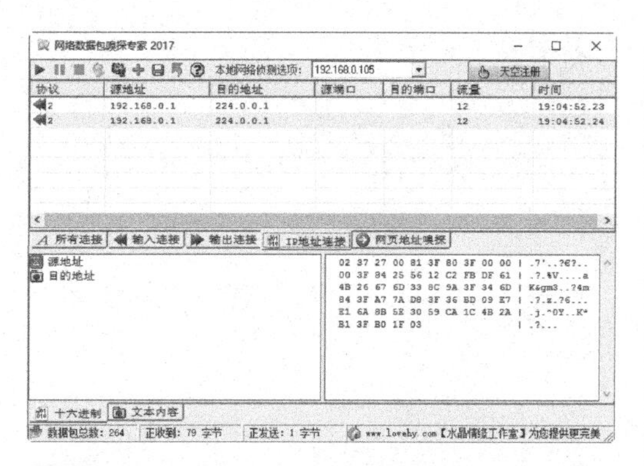

Step 05 单击【网页地址嗅探】按钮，即可查看当前所连接网页的完整地址和文件类型。

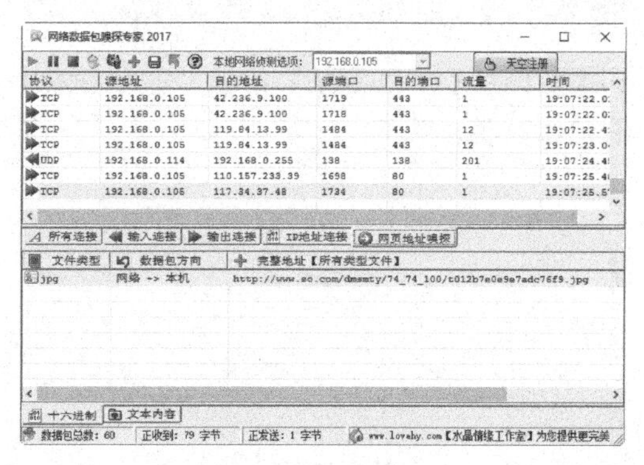

2.4.3 网络嗅探器影音神探

网络嗅探器影音神探使用WinPcap开发包，嗅探流过网卡的数据并智能分析过滤，从而快速找到需要的网络信息，如音乐、视频、图片、文件等。

设置和使用影音神探的具体操作步骤如下。

Step 01 安装WinPcap后，启动影音神探将会看到【首次运行程序，或者网络适配器配置错误，程序将会测试所有网络适配器】的提示信息。

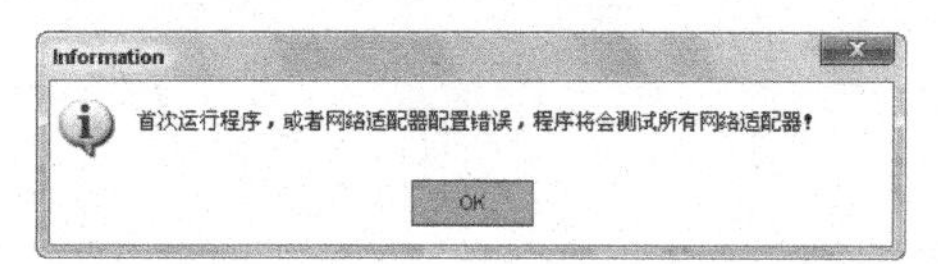

Step 02 单击【OK】按钮，打开【设置】对话框，其中显示了当前计算机中的网络适配器信息。

Step 03 如果计算机的网络适配器符合测试要求，则会看到【当前网络适配器可用，是否它作为默认适配器】的提示信息。

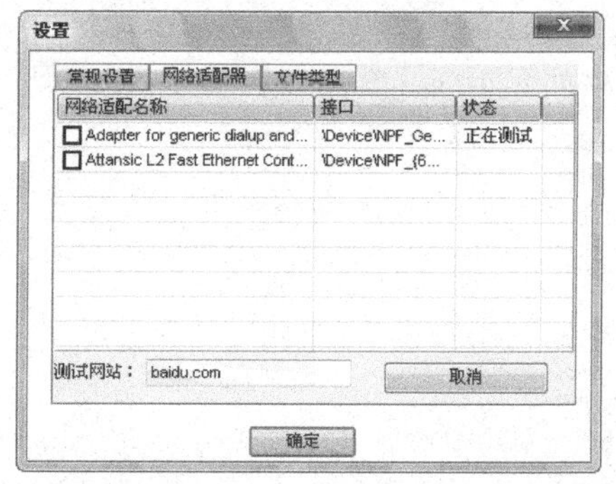

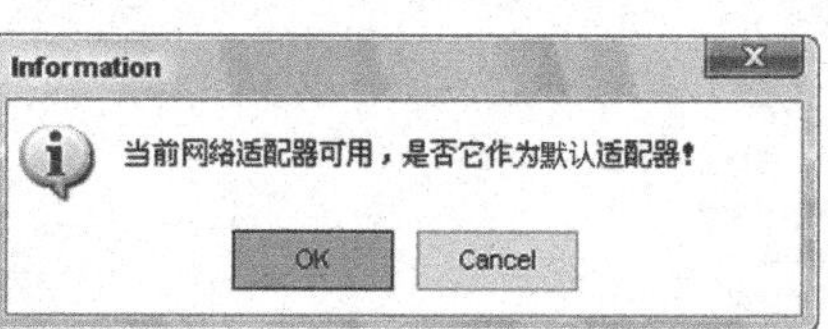

Step 04 单击【OK】按钮返回到【设置】对话框中，此时即可看到标识为“可用”的网路适配器已经被选中。

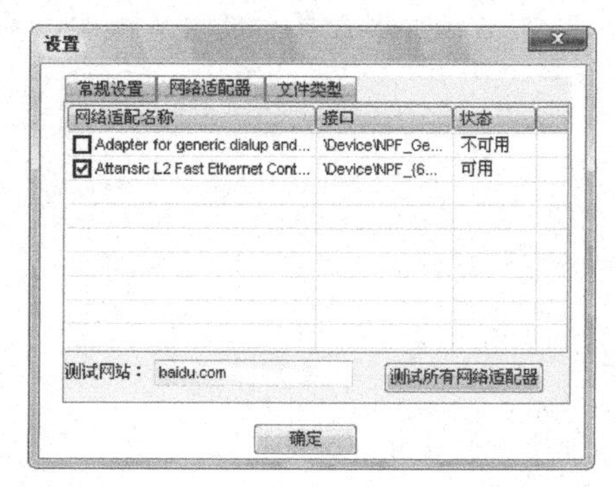

Step 05 单击【确定】按钮可完成对网络适配器的设置，并打开【网络嗅探器（影音神探）】主窗口。

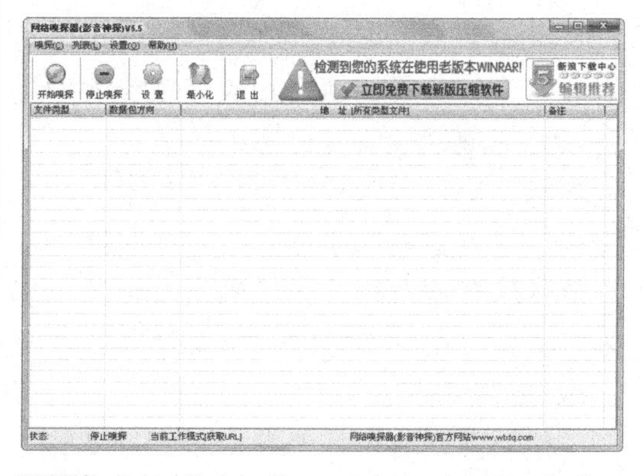

Step 06 选择【嗅探】→【开始嗅探】菜单项或者单击工具栏中的【开始嗅探】按钮

即可进行嗅探，并将嗅探到的信息显示在下面的列表中。

Step 07 在“文件类型”列表中选中要下载的文件，然后选择【列表】→【使用网际快车下载】菜单项，打开【新建任务】对话框。

Step 08 在其中设置保存路径、文件名等属性后，单击【确定】按钮返回到【网际快车】对话框中即可开始下载，待下载完成后可在“文件名”前面看到有一个对号。此下载过程和使用迅雷进行下载的过程相似。

Step 09 在【网络嗅探器（影音神探）】主窗口中选择【设置】→【综合设置】菜单项，打开【设置】对话框。切换到【常规设置】选项卡，勾选相应的复选框，同时还可以自定义网际快车的位置。

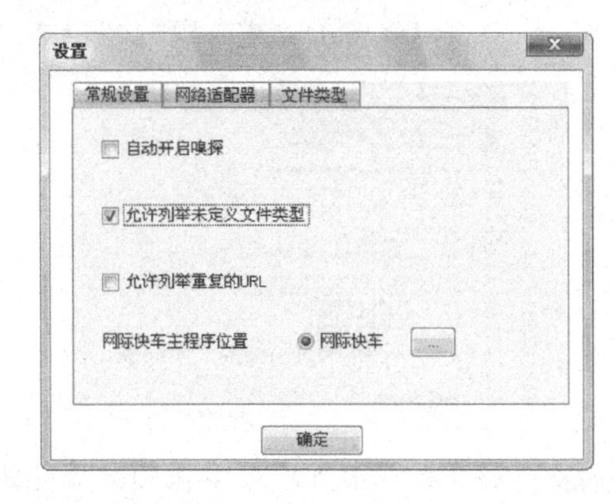

Step 10 切换到【文件类型】选项卡，在其中可以设置要下载文件的类型，这里勾选所有的复选框。

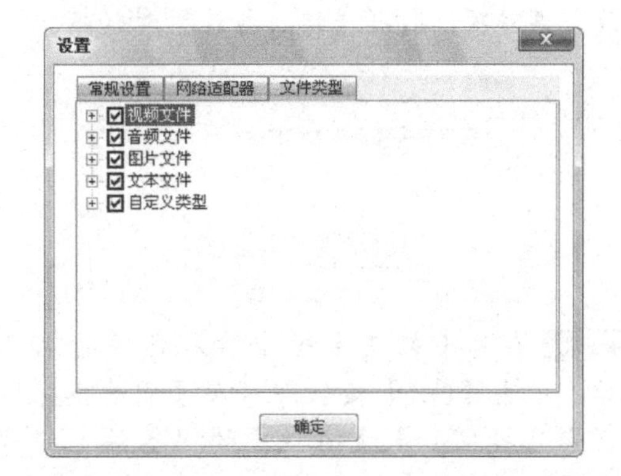

Step 11 在【网络嗅探器（影音神探）】主窗口中选择【嗅探】→【过滤设置】菜单项，打开【数据包过滤设置】对话框，在其中可指定网站的数据包进行过滤。

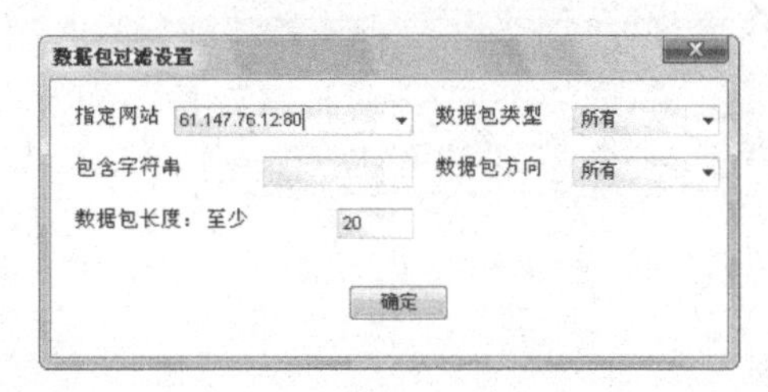

Step 12 “网络嗅探器（影音神探）”工具有“获取URL”和“列举数据包”两种模式，其默认的模式是“获取URL”。在

【网络嗅探器（影音神探）】主窗口中选择【嗅探】→【工作模式】→【列举数据包】菜单项，可将其模式设置为“列举数据包”模式。

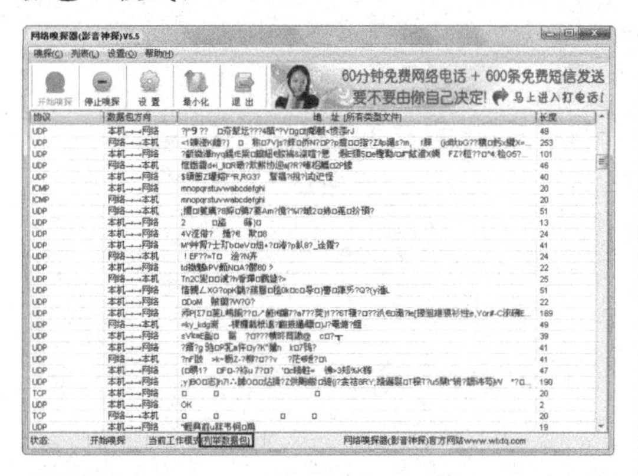

Step 13 在影音神探中可以给嗅探的数据包添加备注信息，在“文件类型”列表中选中要备注的数据包，然后在【网络嗅探器（影音神探）】主窗口中选择【列表】→【添加备注】菜单项，打开【编辑备注】对话框。

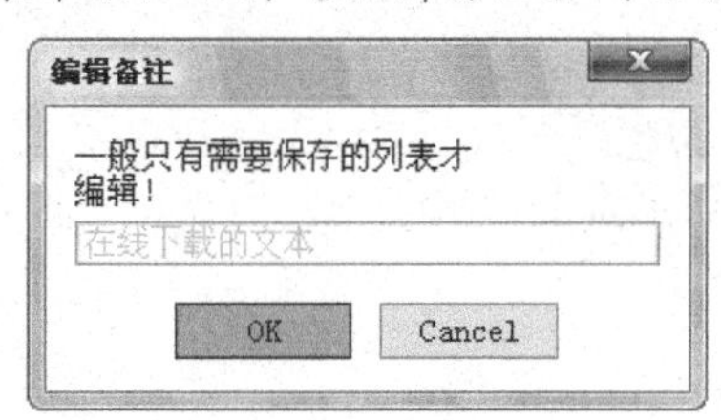

Step 14 在其中的文本框中输入备注的名称后，单击【OK】按钮即可在【网络嗅探器（影音神探）】主窗口中的“备注”栏目看到添加的备注。

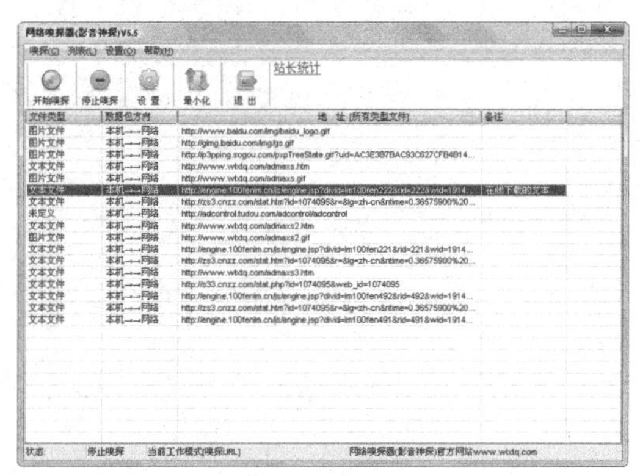

Step 15 如果想分类显示嗅探出的数据包，在【网络嗅探器（影音神探）】主窗口中的“数据包”列表中右击，从弹出的快捷菜单中选择【分类查看】→【图片文件】菜单项，即可只显示图片形式的数据包。

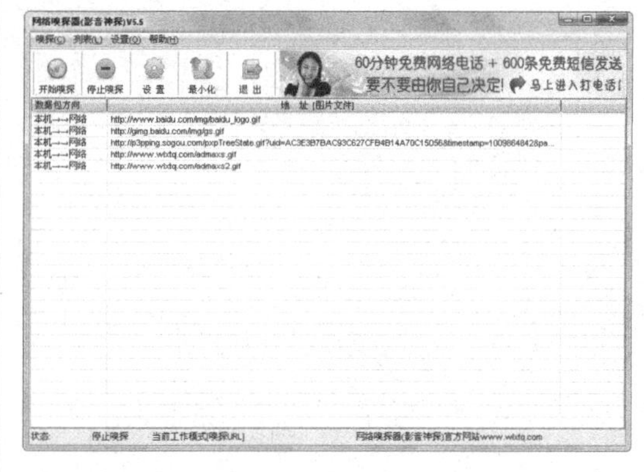

Step 16 如果想查看文本文件的数据包，则从弹出的快捷菜单中选择【分类查看】→【文本文件】菜单项，即可只显示文本文件形式的数据包。

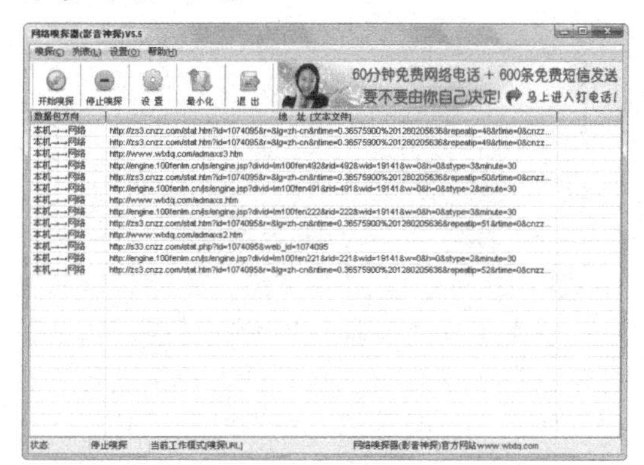

Step 17 从弹出的快捷菜单中选择【分类查看】→【未定义】菜单项，可显示出所有未定义的数据包。

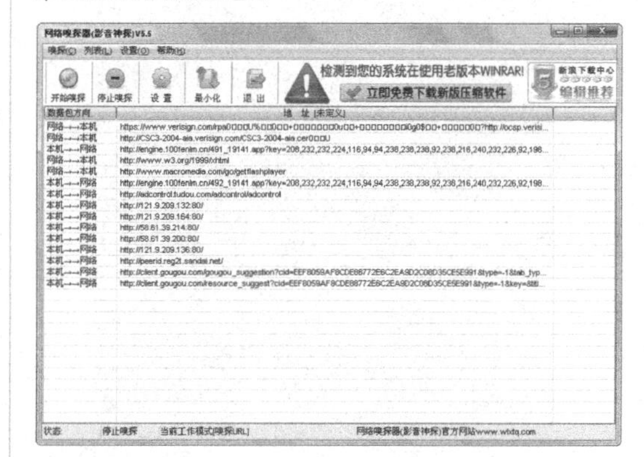

Step 18 如果想查看某个数据包的信息，则在【网络嗅探器（影音神探）】主窗口中的“数据包”列表中选中该数据包后，右

击，从弹出的快捷菜单中选择“查看数据包”选项，即可打开【数据包相关信息】对话框。在其中可看到选中数据包的详细信息。

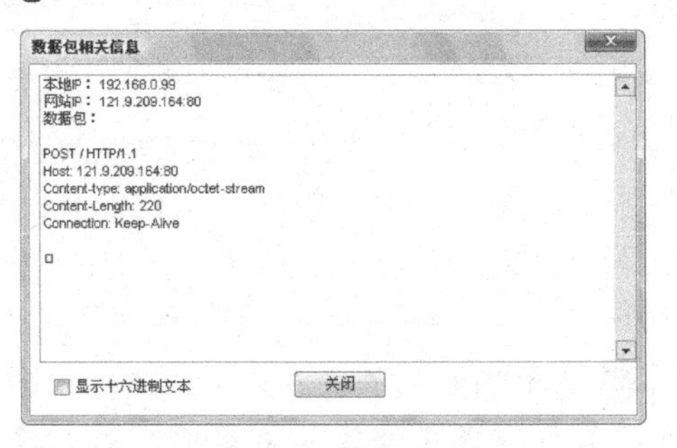

Step 19 在【网络嗅探器（影音神探）】主窗口中选择【列表】→【保存列表】菜单项，可打开【Save file（保存文件）】对话框。

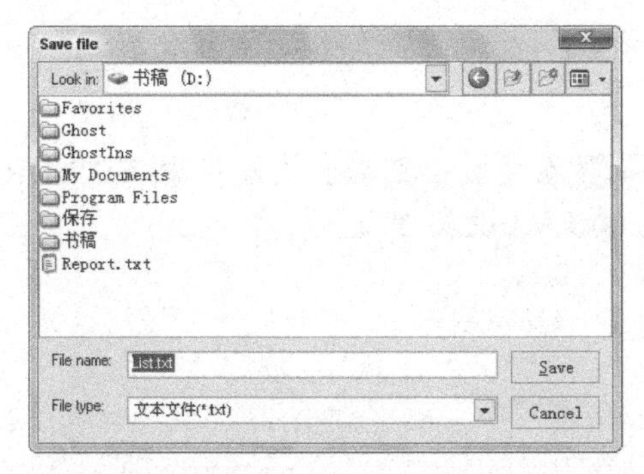

Step 20 在其中选择相应的保存位置后，单击【Save】按钮可看到【选择文件保存方式】的提示信息。

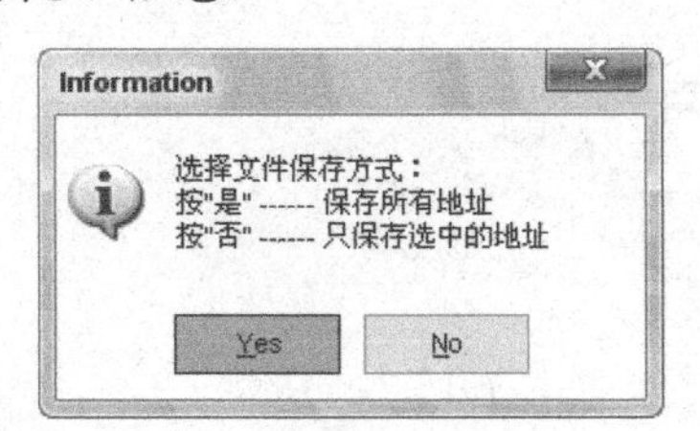

Step 21 单击【Yes】按钮保存全部地址，保存完成后可看到【保存完毕】的提示信息。

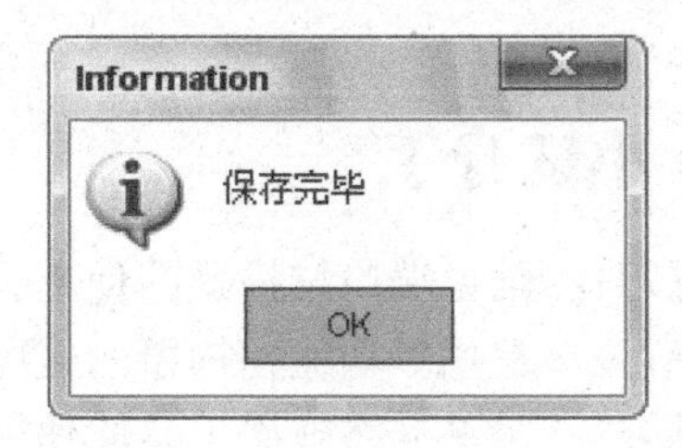

2.5 实战演练

2.5.1 实战演练1——查看系统中的ARP缓存表

在利用网络欺骗攻击的过程中经常用到的一种欺骗方式是ARP欺骗，但在实施ARP欺骗之前，需要查看ARP缓存表。那么，如何查看系统的ARP缓存表信息呢？

具体操作步骤如下。

Step 01 右击【开始】按钮，从弹出的快捷菜单中选择【运行】命令，打开【运行】对话框，在【打开】文本框中输入cmd命令。

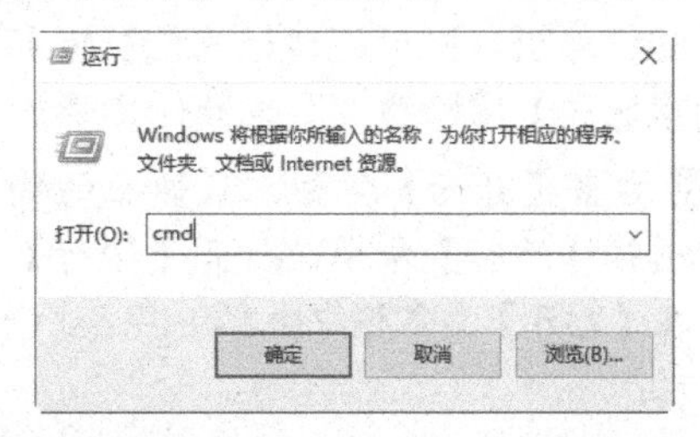

Step 02 单击【确定】按钮，打开【命令提示符】窗口。

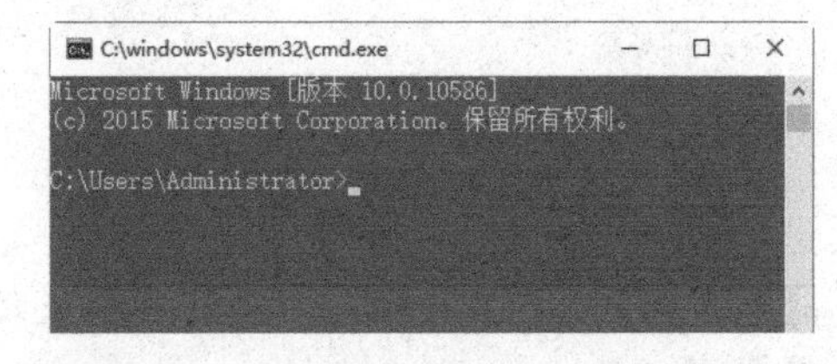

Step 03 在【命令提示符】窗口中输入“arp -a”命令，按下【Enter】键执行命令，可显示出本机系统的ARP缓存表中的内容。

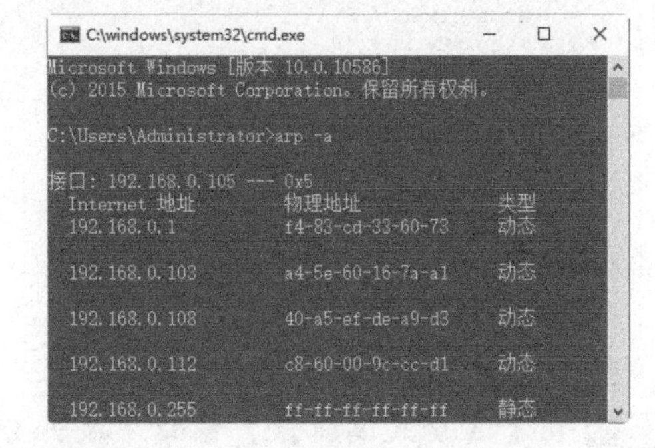

Step 04 在【命令提示符】窗口中输入“arp -d”命令，按【Enter】键执行命令，可删除ARP表中所有的内容。

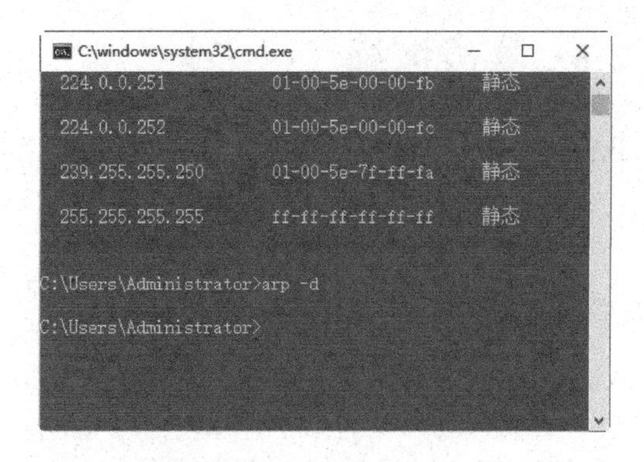

2.5.2 实战演练2——在【网络邻居】中隐藏自己

如果不想让别人在【网络邻居】中看到自己的计算机，则可把自己的计算机名称在【网络邻居】里隐藏，具体操作步骤如下。

Step 01 右击【开始】按钮，从弹出的快捷菜单中选择【运行】命令，打开【运行】对话框，在【打开】文本框中输入regedit命令。

Step 02 单击【确定】按钮，打开【注册表编辑器】窗口。

Step 03 在【注册表编辑器】窗口中展开分支到HKEY_LOCAL_MACHINE\System\CurrentControlSet\Services\LanManServer\Parameters子键下。

Step 04 选中Hidden子键并右击，从弹出的快捷菜单中选择【修改】菜单项，打开【编辑字符串】对话框。

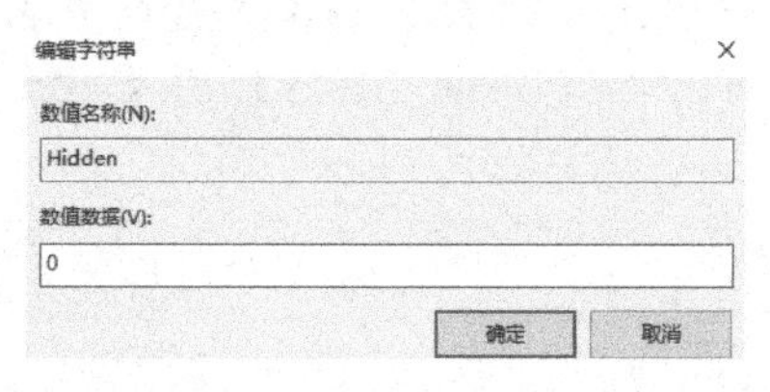

Step 05 在【数值数据】文本框中将DWORD类键值从0设置为1。

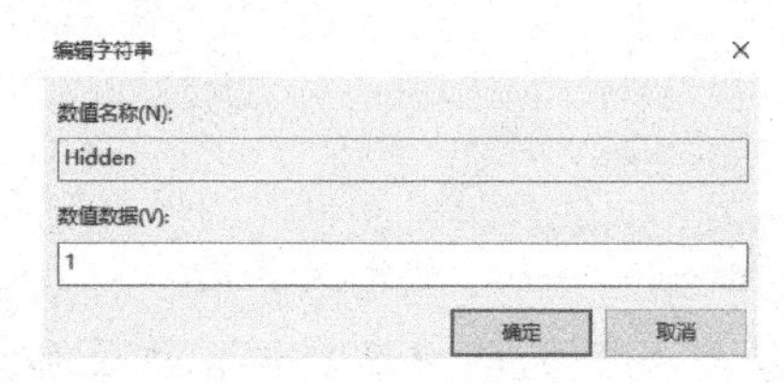

Step 06 单击【确定】按钮，就可以在【网络邻居】中隐藏自己的计算机了。

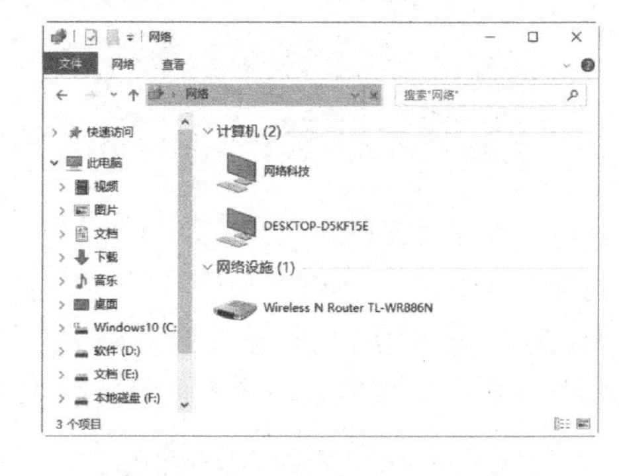

2.6 小试身手

练习1：常见端口扫描器的使用。

练习2：常见多功能扫描器的使用。

练习3：常见网络嗅探工具的使用。

第3章　系统漏洞防护工具

目前，用户普遍使用的操作系统为Window 10操作系统，不过，该系统也有这样或那样的系统漏洞，这就给了黑客入侵攻击的机会。计算机用户如何才能有效地防止黑客入侵攻击，就成了迫在眉睫的问题。

3.1　系统漏洞概述

计算机系统漏洞也被称为系统安全缺陷，这些安全缺陷会被技术高低不等的入侵者利用，从而达到控制目标主机或造成一些破坏的目的。

3.1.1　系统漏洞的定义

漏洞是指应用软件或操作系统软件在逻辑设计上的缺陷，或在编写时产生的错误。某个程序（包括操作系统）在设计时未被考虑周全，则这个缺陷或错误将可能被不法者或黑客利用，通过植入木马、病毒等方式来攻击或控制整个计算机，从而窃取计算机中的重要资料和信息，甚至破坏系统。

系统漏洞又称安全缺陷，可对用户造成不良后果。如漏洞被恶意用户利用，会造成信息泄漏；黑客攻击网站即利用网络服务器操作系统的漏洞，会对用户操作造成不便，如不明原因的死机和丢失文件等。

3.1.2　系统漏洞产生的原因

系统漏洞的产生不是安装不当的结果，也不是使用后的结果。归结起来，系统漏洞产生的原因主要有以下几个：

（1）人为因素：编程人员在编写程序过程中故意在程序代码的隐蔽位置保留了后门。

（2）硬件因素：因为硬件的原因，编程人员无法弥补硬件的漏洞，从而使硬件问题通过软件表现出来。

（3）客观因素：受编程人员的能力、经验和当时的安全技术及加密方法所限，在程序中不免存在不足之处，而这些不足恰恰会导致系统漏洞的产生。

3.1.3　常见的系统漏洞类型

Windows 10系统中最常见的系统类型如下：

1. CRLF 注入

CRLF 注入从基本层面来说，是一种更强大的攻击方式。在意想不到的位置添加行末命令，攻击者可以注入代码进行破坏。例如，劫持系统中的浏览器。

2. 加密问题

加密问题是最常见的系统安全漏洞之一，因为密码学隐藏了重要的数据：如果密码、支付信息或个人数据需要存储或者传输，它们必须通过某种方法进行加密。

3. 输入验证不足

简单地说，妥善地处理并检查输入信息能确保用户传给服务器的数据不造成意外的麻烦。反之，如果输入验证不足，就会导致许多常见的安全漏洞，诸如恶意读取或窃取数据、会话及浏览器劫持、恶意代码运行等。

4. 证书管理

当黑客未经授权进入安全系统时，会对系统的安全造成极大的威胁。这类入侵会泄露一些信息，导致更大的攻击。在准许读取重要信息时采取谨慎的措施以验证身份，永远都是一个明智的做法。

5. 时间与状态错误

由于分布式计算的兴起，多系统、多线程硬件等运行同步任务会造成时间与状态错误。攻击此漏洞与其他攻击一样，也有多种形式，若是被攻击者利用，执行未经授权的代码，也会造成严重的后果。因此，需要专业协作，才能防御这类漏洞。

3.2 RPC服务远程漏洞的防护

RPC协议是Windows操作系统使用的一种协议，提供了系统中进程之间的交互通信，允许在远程主机上运行任意程序。在Windows操作系统中使用的RPC协议，包括Microsoft其他一些特定的扩展，系统大多数的功能和服务都依赖于它，是操作系统中极重要的一个服务。

3.2.1 RPC服务远程漏洞的定义

RPC的全称是“Remote Procedure Call”，在操作系统默认是开启的，它为各种网络通信和管理提供了极大的方便，但也是危害极为严重的漏洞攻击点，曾经的冲击波、震荡波等大规模攻击和蠕虫病毒都是由于Windows系统的RPC服务漏洞造成的。可以说，每次RPC服务漏洞出现且被攻击后，都会给网络系统带来一场灾难。

启动RPC服务的具体操作步骤如下。

Step 01 在Windows操作界面中选择【开始】→【设置】→【控制面板】→【管理工具】菜单项，打开【管理工具】窗口。

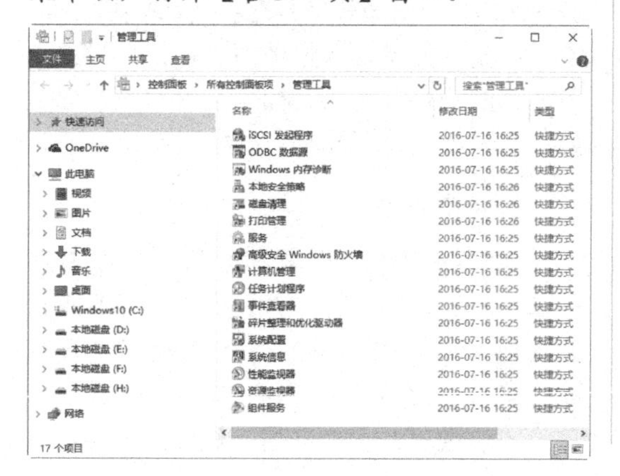

Step 02 在【管理工具】窗口中双击【服务】，打开【服务】窗口。

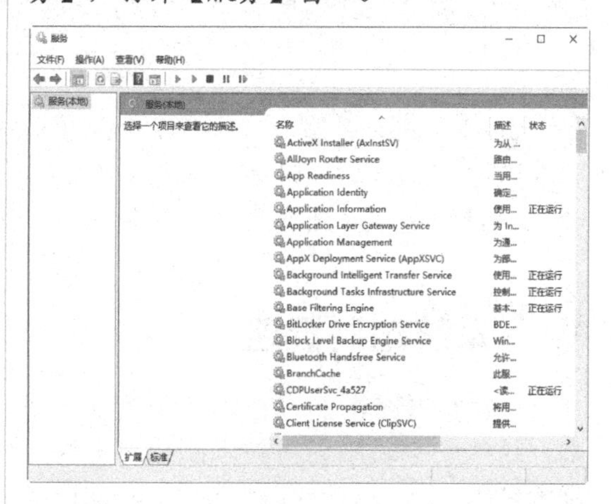

Step 03 在服务（本地）列表中双击【Remote Procedure Call（RPC）】服务项，打开【Remote Procedure Call（RPC）的属性（本地计算机）】对话框，在【常规】选项卡中可以查看该协议的启动类型。

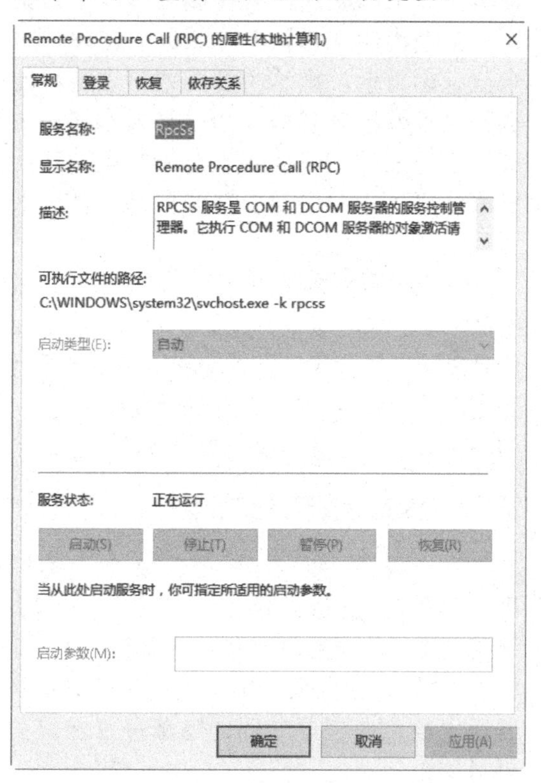

Step 04 选择【依存关系】选项卡，在打开的对话框中可以查看一些服务的依赖关系。

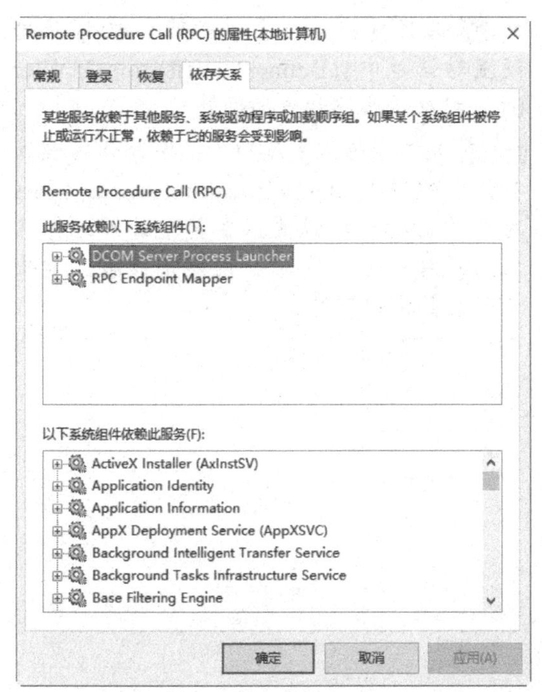

分析：从上图的显示服务可以看出，受其影响的系统组件有很多，其中包括DCOM接口服务。这个接口用于处理由客户端机器发送给服务器的DCOM对象激活请求（如UNC路径）。攻击者利用此漏洞可以以本地系统权限执行任意指令，还可以在系统上执行任意操作，如安装程序，查看或更改、删除数据，或建立系统管理员权限的账户。

若想对DCOM接口进行相应的配置，其具体操作步骤如下。

Step 01 选择【开始】→【运行】命令，从弹出的【运行】对话框中输入Dcomcnfg命令。

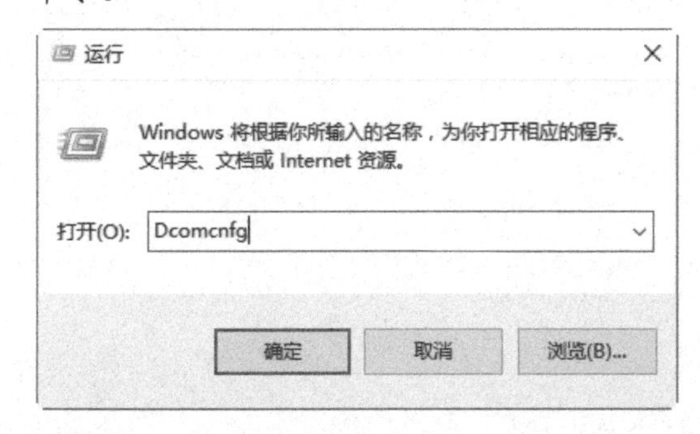

Step 02 单击【确定】按钮，弹出【组件服务】窗口，单击【组件服务】前面的“+”号，依次展开各项，直到出现【DCOM配置】子项，即可查看DCOM中的各个配置对象。

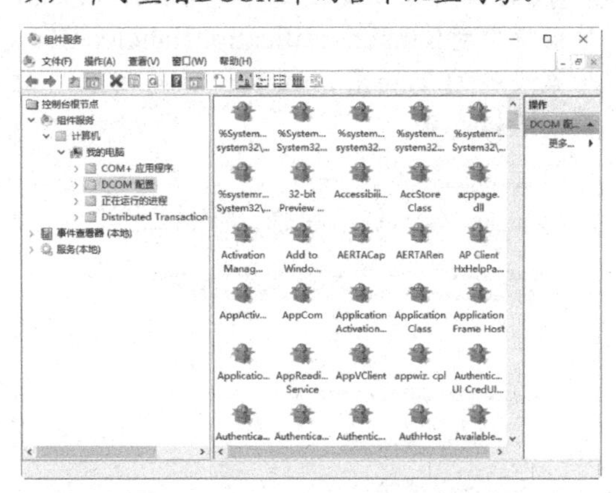

Step 03 根据需要选择DCOM配置的对象，如BannerNotificationHandler Class，并右击，从弹出的快捷菜单中选择【属性】命令，打开【BannerNotificationHandler Class属性】对话框，在【身份验证级别】下拉列表中根据需要选择相应的选项。

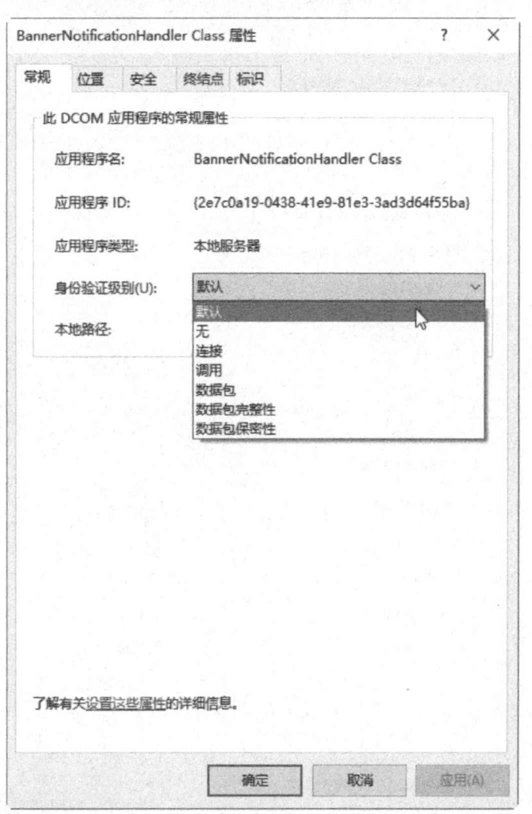

Step 04 选择【位置】选项卡，在打开的设置

对话框中对BannerNotificationHandler Class对象进行位置的设置。

Step 05 选择【安全】选项卡，在打开的设置对话框中对BannerNotificationHandler Class对象进行启动和激活权限、访问权限、配置权限的设置。

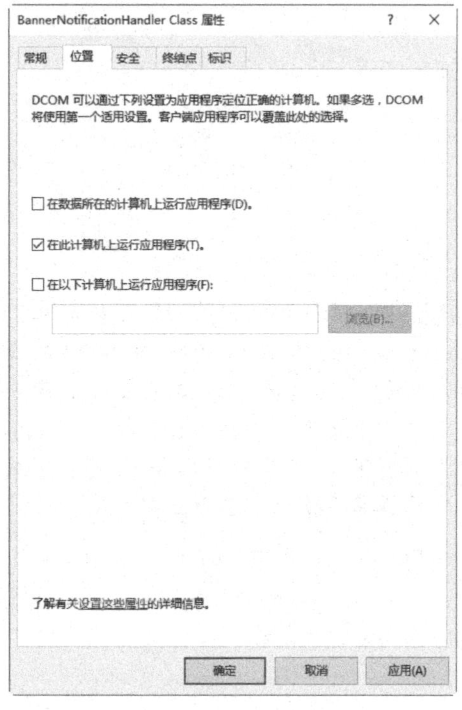

Step 06 选择【终结点】选项卡，在打开的设置对话框中对BannerNotificationHandler Class对象进行终结点的设置。

Step 07 选择【标识】选项卡，在打开的设置对话框中对BannerNotificationHandler Class对象进行标识的设置，在其中选择运行此应用程序的用户账户。设置完成后，单击【确定】按钮即可。

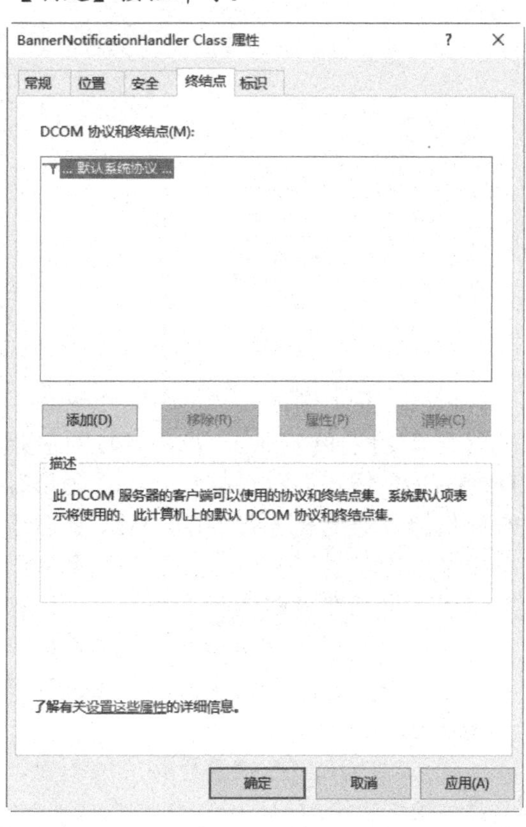

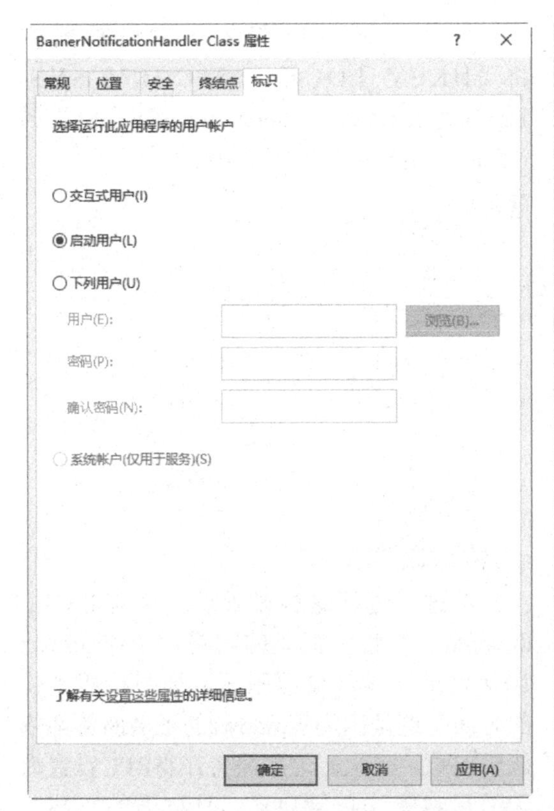

由于DCOM可以远程操作其他计算机中的DCOM程序，因此，利用这个漏洞，攻击者只需要发送特殊形式的请求到远程计算机上的135端口，轻则可以造成拒绝服务攻击，重则远程攻击者可以以本地管理员权限执行任何操作。

3.2.2　RPC服务远程漏洞入侵演示

DcomRpc接口漏洞对Windows操作系统乃至整个网络安全的影响，可以说超过了以往任何一个系统漏洞。其主要原因是DCOM是目前几乎所有Windows系统的基础组件，应用比较广泛。下面就以DcomRpc接口漏洞的溢出为例，详细讲述溢出的方法，其具体操作步骤如下。

Step 01 将下载好的DcomRpc.xpn插件复制到X-Scan的Plugin文件夹中，作为X-Scan插件。

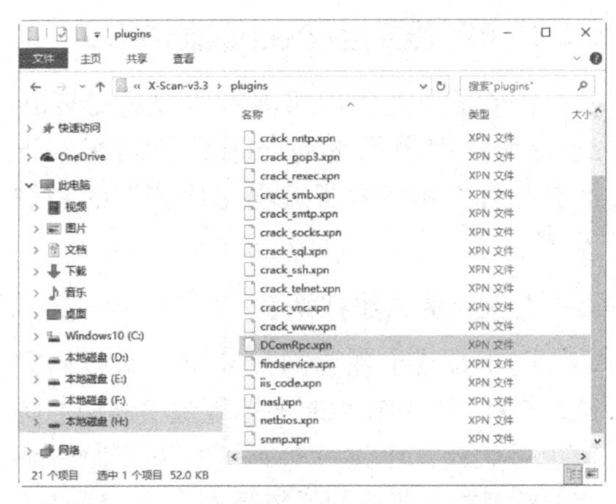

Step 02 运行X-Scan扫描工具，选择【设置】→【扫描参数】菜单项，打开【扫描参数】窗口，再选择【全局设置】→【扫描模块】选项，即可看到添加的【DcomRpc溢出漏洞】模块。

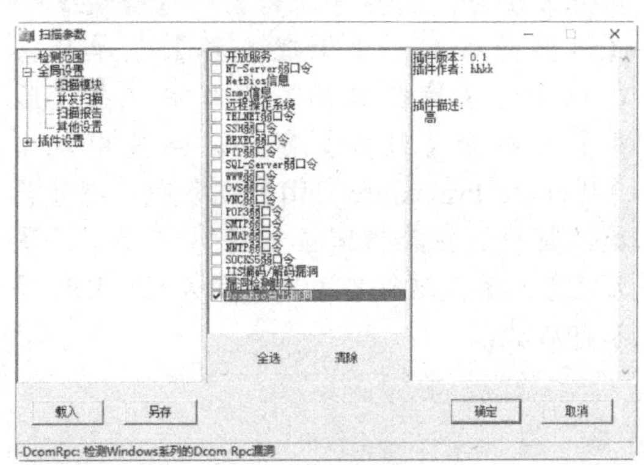

Step 03 使用X-Scan扫描到具有DcomRpc接口漏洞的主机时，可以看到在X-Scan中有明显的提示信息。如果使用RpcDcom.exe专用DcomRPC溢出漏洞扫描工具，则可先打开【命令提示符】窗口，进入RpcDcom.exe所在文件夹，执行“RpcDcom -d IP地址”命令后开始扫描并看到最终的扫描结果。

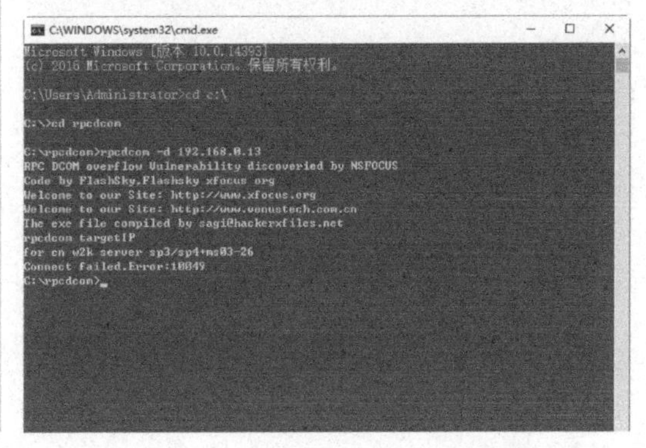

3.2.3 RPC服务远程溢出漏洞的防御

RPC服务远程溢出漏洞可以说是Windows系统中最严重的一个系统漏洞。下面介绍几个RPC服务远程溢出漏洞的防御方法。

1. 及时为系统打补丁

防止系统出现漏洞最直接、有效的方法是打补丁，对RPC服务远程溢出漏洞的防御也是如此。不过，对系统打补丁时，务必要注意补丁相应的系统版本。

2. 关闭RPC服务

关闭RPC服务也是防范DcomRpc漏洞攻击的方法之一，而且效果非常彻底。其具体方法为：选择【开始】→【设置】→【控制面板】→【管理工具】菜单项，在打开的【管理工具】窗口中双击【服务】，打开【服务】窗口。在其中双击【Remote Procedure Call】服务项，打开其属性窗口。在属性窗口中将启动类型设置为【禁用】，这样自下次启动开始，RPC将不再启动。

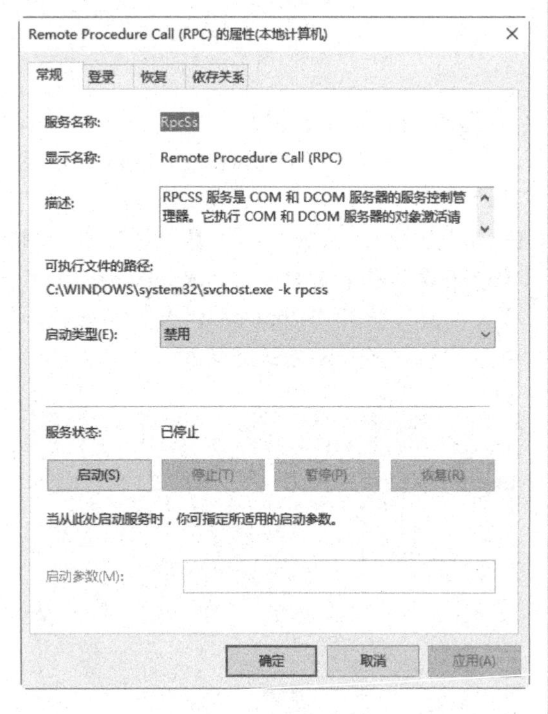

另外，还可以在注册表编辑器中将“HKEY_LOCAL_MACHINE\SYSTEM\CurrentControlSet\Services\RpcSs”的“Start”值由0X04改成0X02。

不过，进行这种设置后，将会给Windows的运行带来很大的影响。如Windows 10从登录到显示桌面画面，要等待相当长的时间。这是因为Windows的很多服务都依赖于RPC，因此，这些服务在将RPC设置为无效后将无法正常启动。这样做的弊端非常大，故一般不建议关闭RPC服务。

3. 手动为计算机启用（或禁用）DCOM

针对具体的RPC服务组件，用户还可以采用手动的方法进行设置。例如，禁用RPC服务组件中的DCOM服务。可以采用如下方式进行，这里以Windows 10为例，其具体操作步骤如下。

Step 01 选择【开始】→【运行】菜单项，打开【运行】对话框，在其中的【打开】文本框中输入Dcomcnfg命令，单击【确定】按钮，打开【组件服务】窗口，依次单击【控制台根目录】→【组件服务】→【计算机】→【我的电脑】命令项，进入【我的电脑】子文件夹，若对于本地计算机，则需要右击【我的电脑】子文件夹，从弹出的快捷菜单中选择【属性】菜单项。

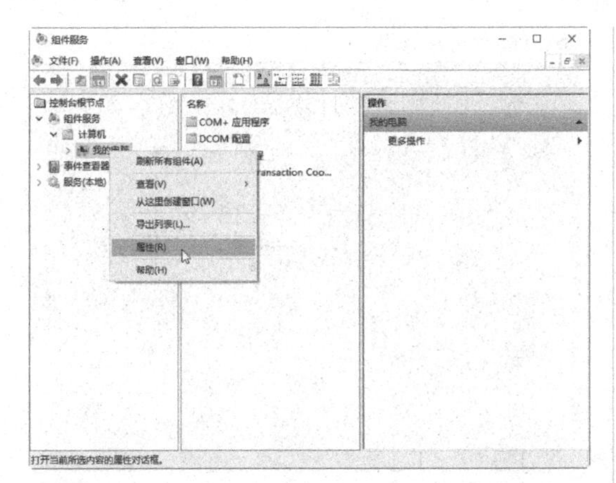

Step 02 打开【我的电脑 属性】对话框，选择【默认属性】选项卡，进入【默认属性】设置界面，取消【在此计算机上启用分布式COM（E）】复选框，然后单击【确定】按钮。

我的电脑 属性

常规　选项　默认属性　默认协议　COM 安全　MSDTC

☐ 在此计算机上启用分布式 COM(E)

☐ 在此计算机上启用 COM Internet 服务(N)

默认分布式 COM 通信属性

身份验证级别指定数据包级别上的安全。

默认身份验证级别(U):

连接

模拟级别指定应用程序是否可以确定其调用者，以及是否可以使用客户端标识进行操作。

默认模拟级别(I):

标识

如果使用身份验证且默认模拟级别不是匿名，则可以提供引用跟踪安全。

☐ 提供附加的引用跟踪安全(P)

了解有关设置这些属性的详细信息。

确定　取消　应用(A)

Step 03 若对于远程计算机，则需要右击【计算机】文件夹，从弹出的快捷菜单中选择【新建】下的【计算机】子项，打开【添加计算机】对话框。

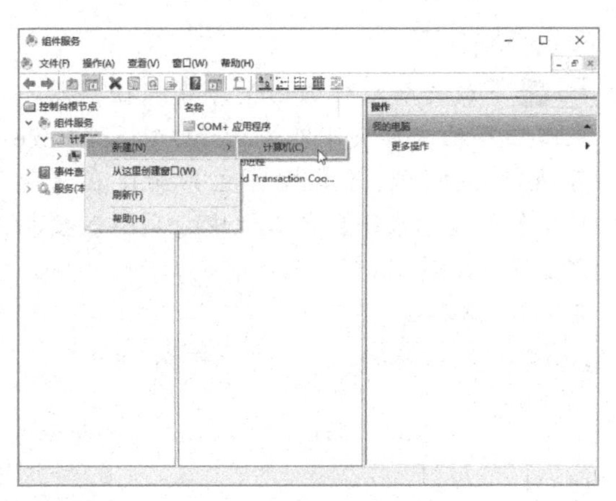

Step 04 在【添加计算机】对话框中直接输入计算机名称或单击右侧的【浏览】按钮搜索计算机。

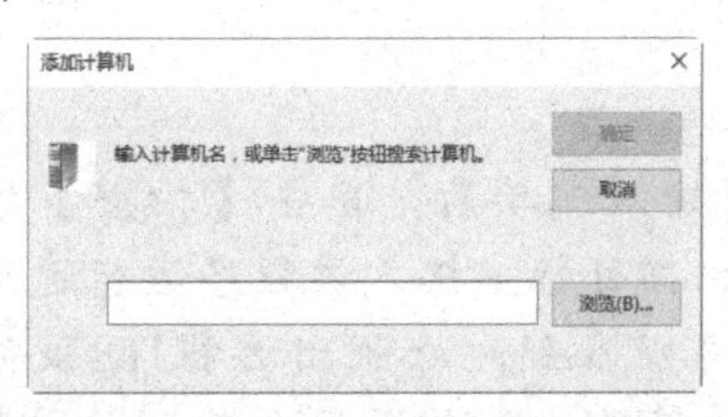

3.3　WebDAV漏洞的防护

WebDAV漏洞也是系统中常见的漏洞之一，黑客利用该漏洞进行攻击，可以获取系统管理员的最高权限。

3.3.1　WebDAV缓冲区溢出漏洞的定义

WebDAV缓冲区溢出漏洞出现的主要原因是IIS服务默认提供了对WebDAV的支持，WebDAV可以通过HTTP向用户提供远程文件存储的服务，但是该组件不能充分检查传递给部分系统组件的数据，这样远程攻击者利用这个漏洞就可以对WebDAV进行攻击，从而获得LocalSystem权限，完全控制目标主机。

3.3.2　WebDAV缓冲区溢出漏洞入侵演示

下面简单介绍一下WebDAV缓冲区溢出攻击的过程。入侵前，攻击者需要准备两个程序，即WebDAV漏洞扫描器WebDAVScan.exe 和溢出工具webdavx3.exe，其具体攻击步骤如下。

Step 01 下载并解压缩WebDAV漏洞扫描器，在解压后的文件夹中双击WebDAVScan.exe可执行文件，打开其操作主界面，在【起始IP】和【结束IP】文本框中分别输入要扫描的IP地址范围。

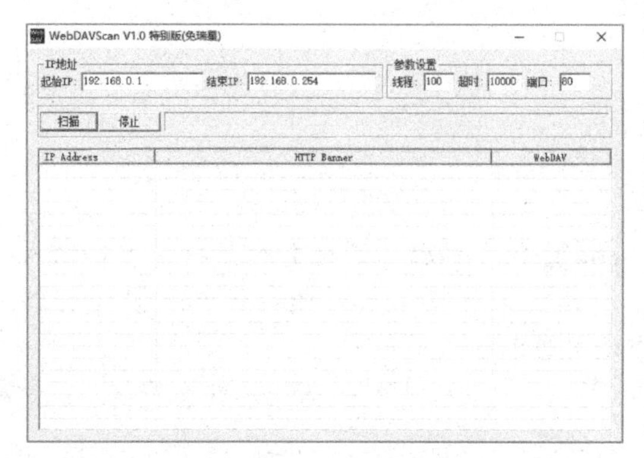

Step 02 输入完毕后，单击【扫描】按钮，开始扫描目标主机。该程序运行速度非常快，可以准确地检测出远程IIS服务器是否存在有WebDAV漏洞。在扫描列表中的【WebDAV】列中凡是标明【Enable】的都说明该主机存在漏洞（如下图中IP地址为192.168.0.10的主机）。

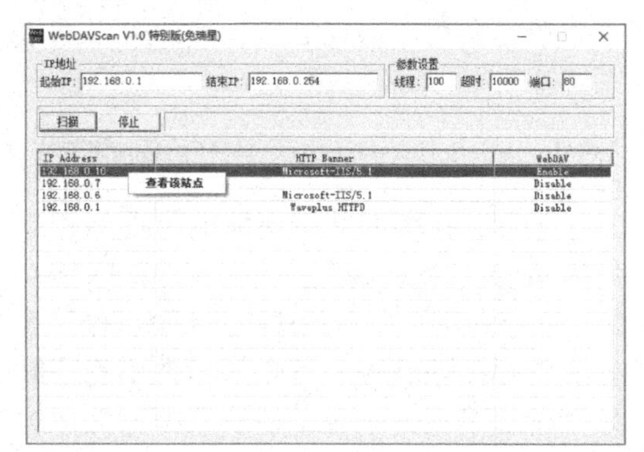

Step 03 选择【开始】→【运行】菜单项，在打开的【运行】对话框中输入cmd命令，单击【确定】按钮，打开【命令提示符】窗口，输入“cd c:\”命令进入C盘目录中。

Step 04 在C盘目录中输入命令“webdavx3.exe 192.168.0.10”，并按【Enter】键即可开始溢出攻击。

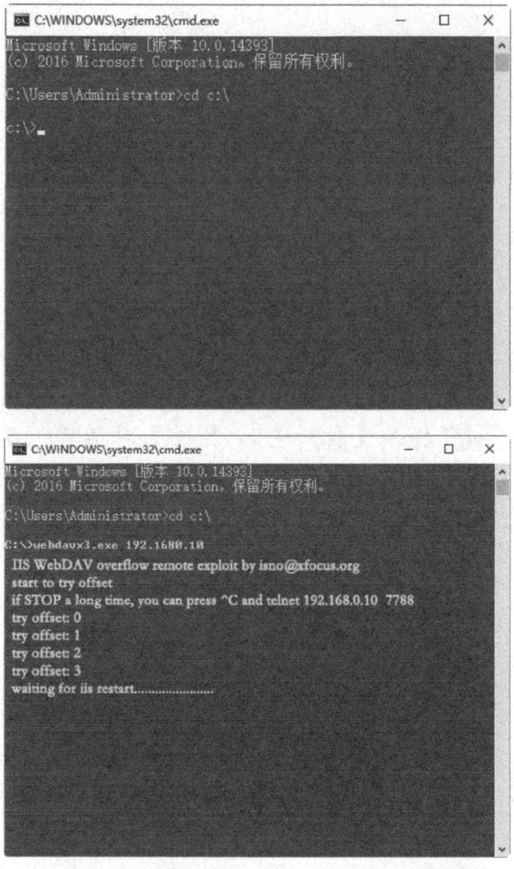

其运行结果如下。

```
    IIS WebDAV overflow remote exploit by
    sno@xfocus.org
    start to try offset
    if STOP a long time, you can press
^C and telnet 192.168.0.10  7788
    try offset: 0
    try offset: 1
    try offset: 2
    try offset: 3
    waiting for iis restart..................
```

Step 05 如果出现上面的结果，则表明溢出成功，2min后，按【Ctrl+C】组合键结束溢出，再在【命令提示符】窗口中输入如下命令：Telnet 192.168.0.10 7788，连接成功后，就可以拥有目标主机的系统管理员权限，即可对目标主机进行任意操作。

Step 06 例如，在【命令提示符】窗口中输入命令：“cd c:\”，即可进入目标主机的C盘目录下。

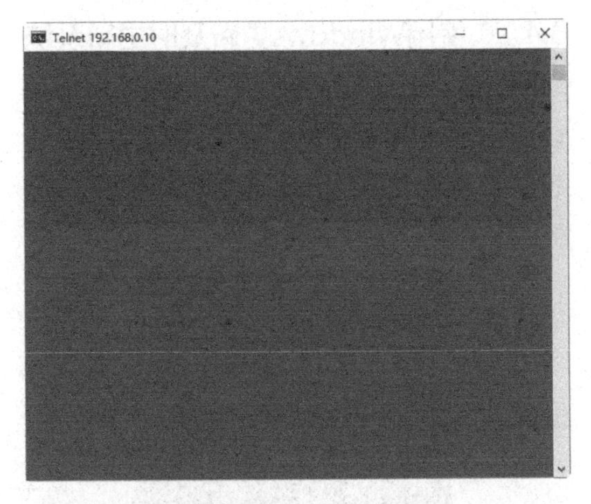

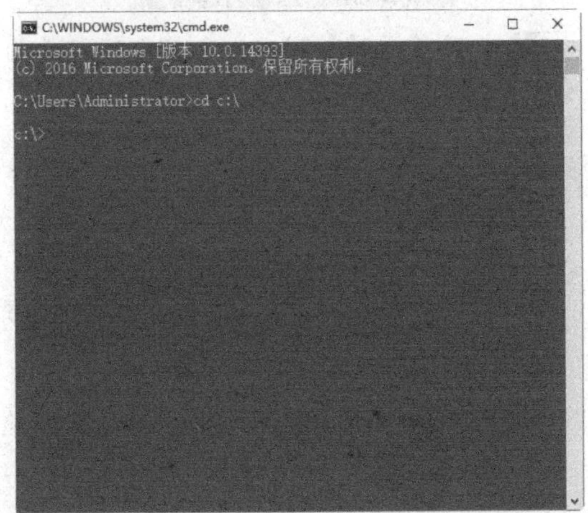

3.3.3 WebDAV缓冲区溢出漏洞的防御

如果不能立刻安装补丁或者升级，用户可以采取以下措施来降低威胁。

（1）使用微软提供的IIS Lockdown工具可以防止该漏洞被利用。

（2）可以在注册表中完全关闭WebDAV包括的PUT和DELETE请求，具体操作步骤如下。

Step 01 启动注册表编辑器，在【运行】对话框中的【打开】文本框中输入命令regedit，然后按【Enter】键，打开【注册表编辑器】窗口。

Step 02 在注册表中搜索如下键：“HKEY_LOCAL_MACHINE\SYSTEM\CurrentControlSet\Services\W3SVC\Parameters”。

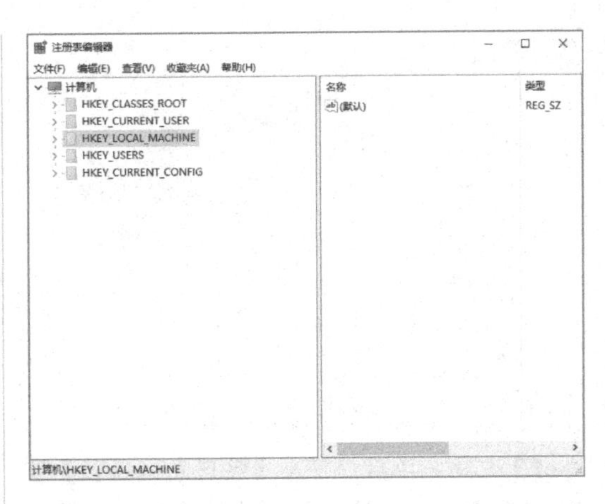

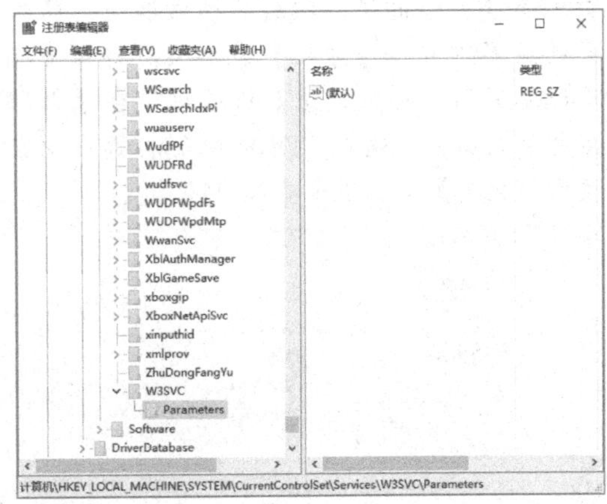

Step 03 选中Parameters后右击，从弹出的快捷菜单中选择【新建】菜单项，即可新建一个项目，并将该项目重命名为DisableWebDAV。

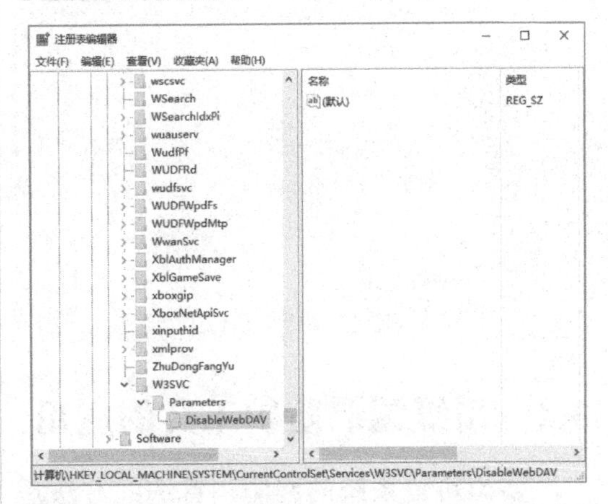

Step 04 选中新建的项目【DisableWebDAV】，在窗口的右侧【数值】下右击，从弹出的快捷菜单中选择【DWORD（32位）值】选项。

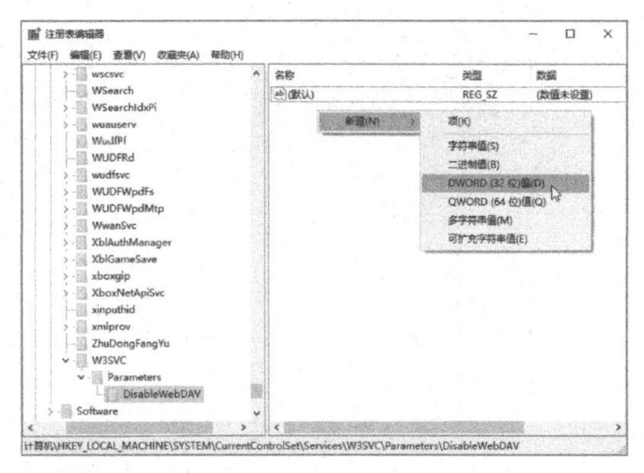

Step 05 选择完毕后，可在【注册表编辑器】窗口中新建一个键值，然后选择该键值，从弹出的菜单中选择【修改】菜单项，打开【编辑DWORD（32位）值】对话框，在【数值名称】文本框中输入“DisableWebDAV”，在【数值数据】文本框中输入“1”。

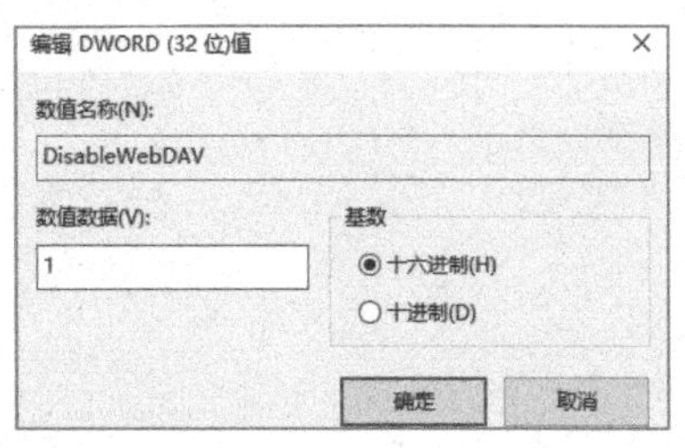

Step 06 单击【确定】按钮，在注册表中完全关闭WebDAV包括的PUT和DELETE请求。

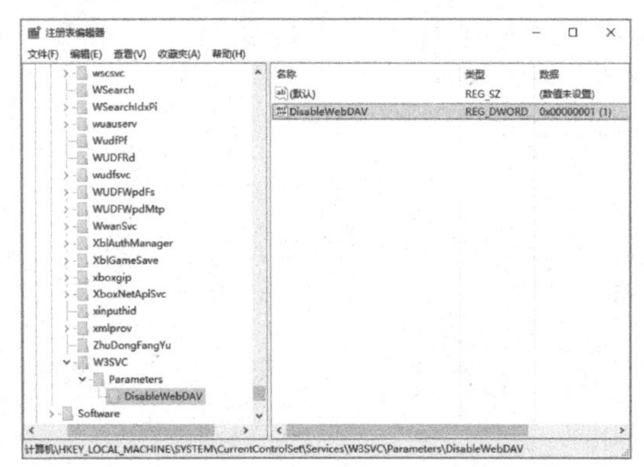

3.4 系统漏洞防护工具的应用

要想防范系统的漏洞，首选的方法是及时为系统打补丁。下面介绍几种为系统打补丁的方法。

3.4.1 使用Windows更新及时更新系统

Windows更新是系统自带的用于检测系统的最新工具。使用Windows 更新可以下载并安装系统更新，具体操作步骤如下。

Step 01 单击【开始】按钮，单击【设置】选项。

Step 02 打开【设置】窗口，在其中可以看到有关系统设置的相关功能。

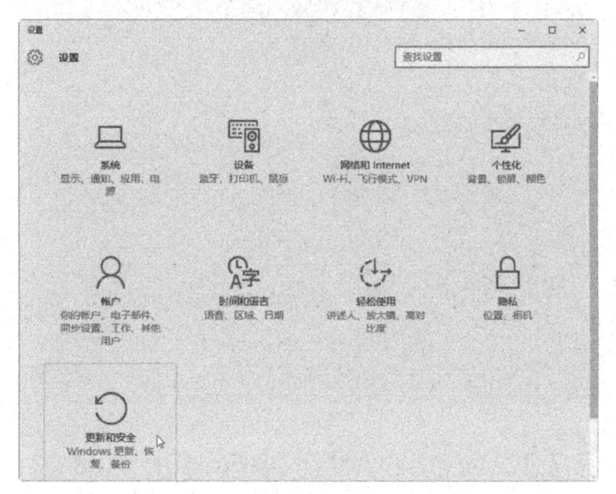

Step 03 单击【更新和安全】图标，打开【更新和安全】窗口，在其中选择【Windows更新】选项。

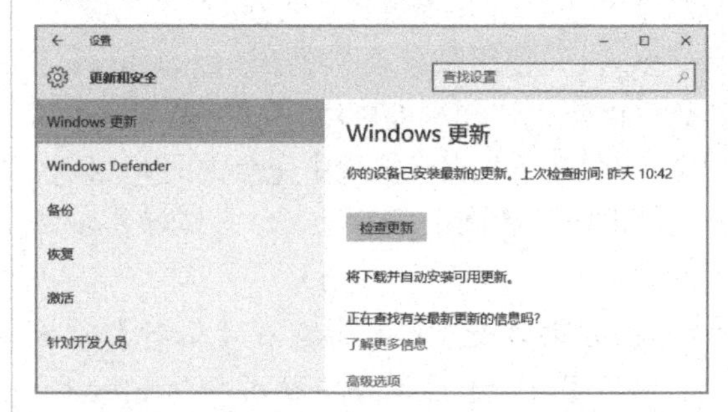

Step 04 单击【检查更新】按钮，开始检查网上是否有更新文件。

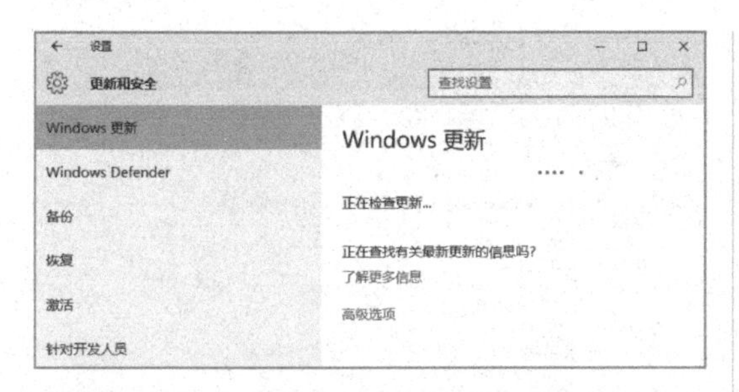

Step 05 检查完毕后，如果有更新文件，则会弹出如下图所示的信息提示，提示用户有可用更新，并自动开始下载更新文件。

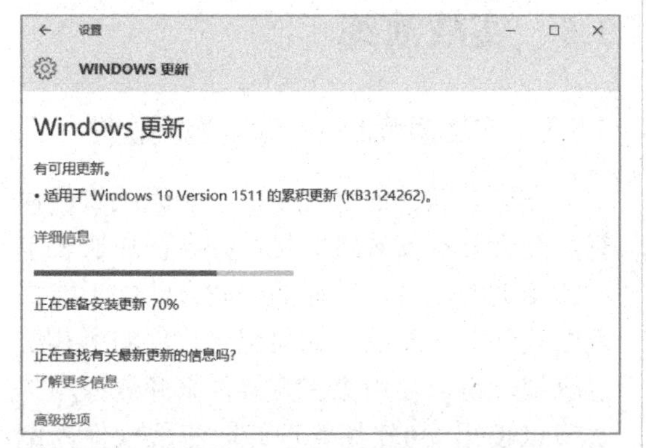

Step 06 下载完毕后，系统会自动安装更新文件，安装完毕后，会弹出如下图所示的信息提示框。

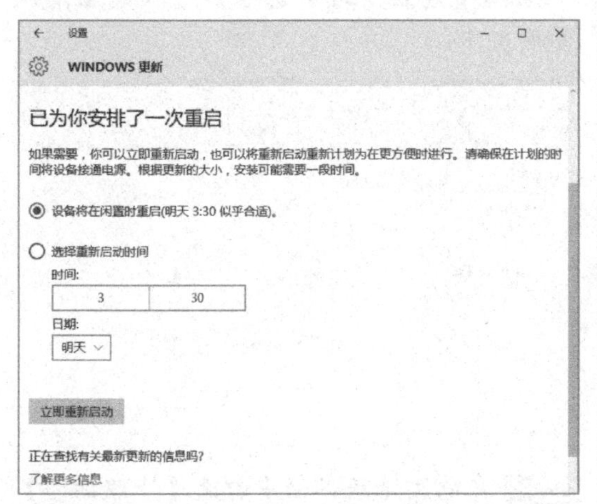

Step 07 单击【立即重新启动】按钮，立即重新启动计算机，重新启动完毕后，再次打开【Windows更新】窗口，在其中可以看到【你的设备已安装最新的更新】的信息提示。

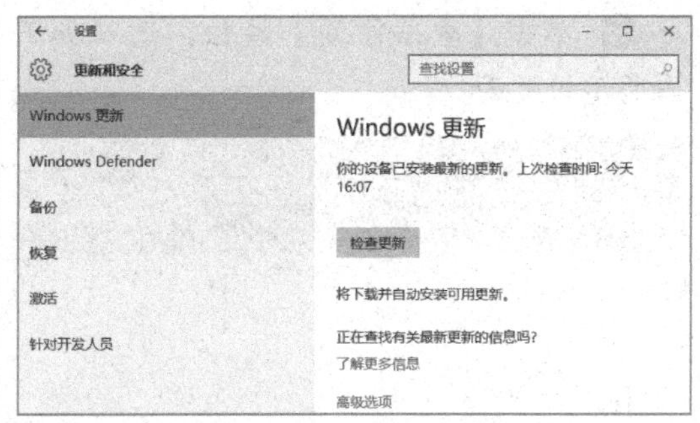

Step 08 单击【高级选项】超链接，打开【高级选项】设置界面，在其中可以设置安装更新的方式。

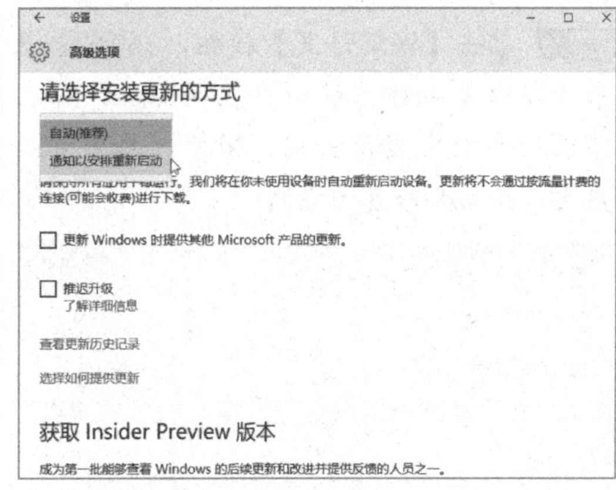

3.4.2　使用360安全卫士下载并安装补丁

除使用Windows系统自带的Windows Update下载并及时为系统修复漏洞外，还可以使用第三方软件及时为系统下载并安装漏洞补丁，常用的有360安全卫士、优化大师等。

使用360安全卫士修复系统漏洞的具体操作步骤如下。

Step 01 双击【桌面】上的360安全卫士图标，打开【360安全卫士】窗口。

Step 02 单击【查杀修复】按钮，进入如下图所示的页面。

Step 03 单击【漏洞修复】按钮，360安全卫士开始自动扫描系统中存在的漏洞，并在下面的界面中显示出来，用户在其中可以自主选择需要修复的漏洞。

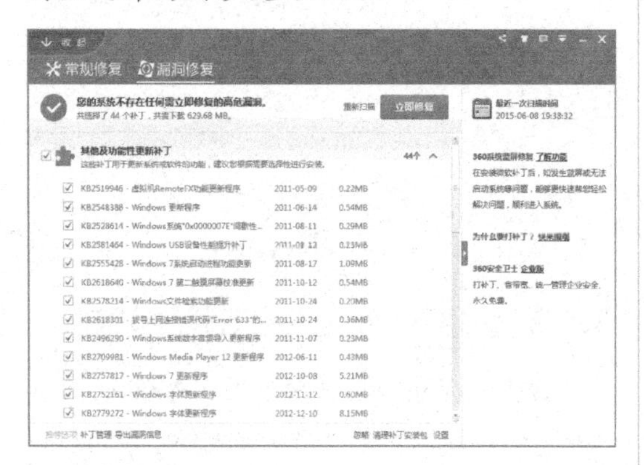

Step 04 单击【立即修复】按钮，开始修复系统存在的漏洞。

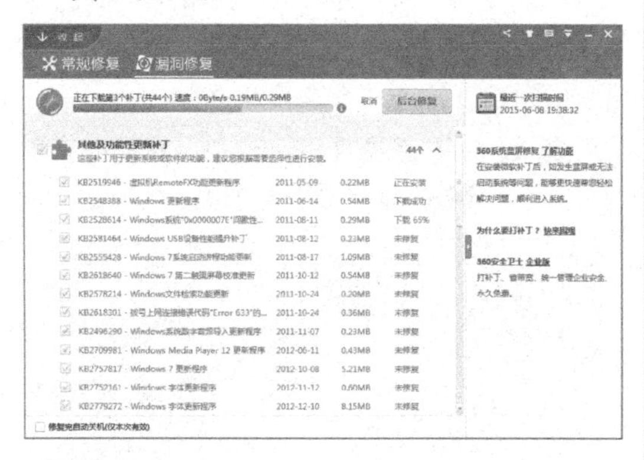

Step 05 修复完成后，系统漏洞的状态变为“已修复”。

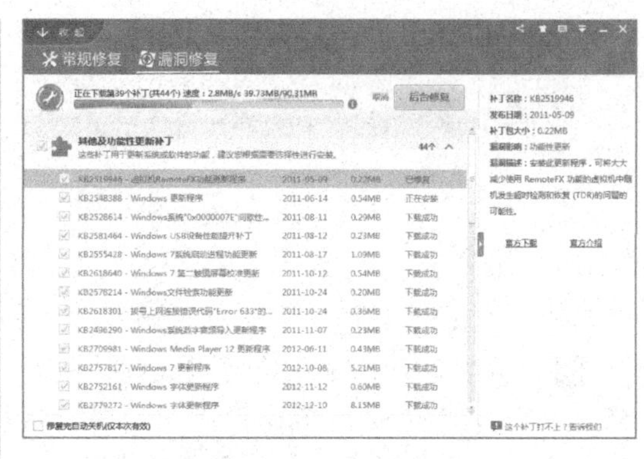

3.5 实战演练

3.5.1 实战演练1——卸载流氓软件

在安装软件的过程中，一些流氓软件也有可能会强制安装进信息，并会在注册表中添加相关的信息，普通的卸载方法并不能将流氓软件彻底删除。如果想将软件的所有信息删掉，可以使用第三方软件来卸载程序。本节以使用360软件管理卸载流氓软件为例进行讲解，具体操作步骤如下。

Step 01 启动360安全卫士，在打开的主界面中选择【电脑清理】选项，进入电脑清理界面当中。

Step 02 在电脑清理界面中勾选【清理插件】选项，然后单击【一键扫描】按钮，扫描系统中的流氓软件。

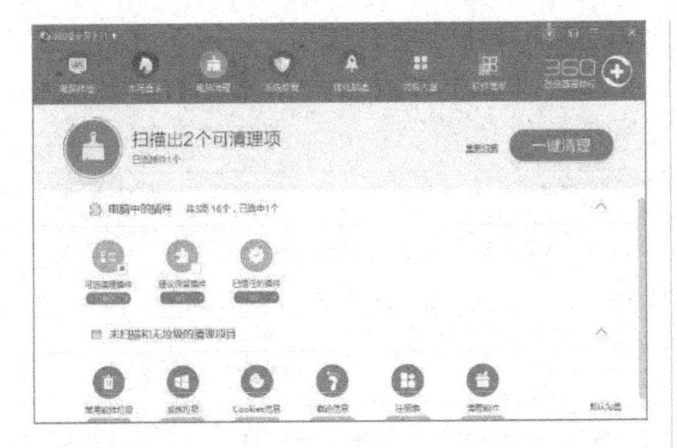

Step 03 扫描完成后，单击【一键清理】按钮，对扫描出来的流氓软件进行清理，并给出清理完成后的信息提示。

Step 04 另外，还可以在【360安全卫士】窗口中单击【软件管家】按钮。

Step 05 进入【360软件管家】窗口，选择【卸载】选项卡，在【软件名称】列表中选择需要卸载的软件，如这里选择360手机助手，单击其右侧的【卸载】按钮。

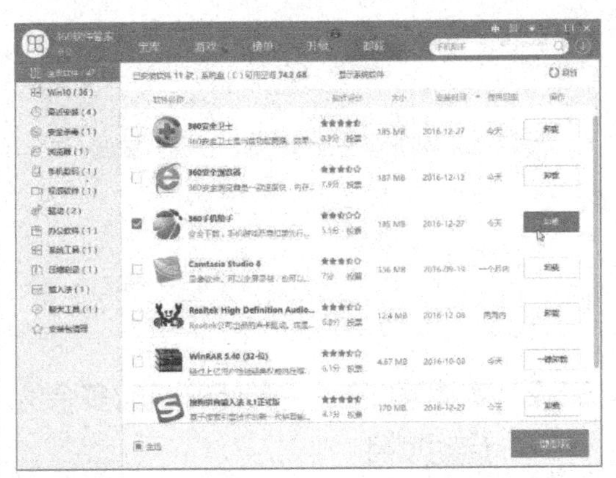

Step 06 弹出【360手机助手卸载】对话框。

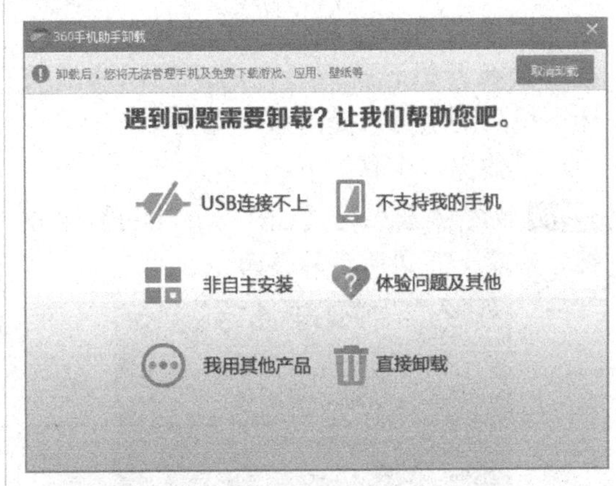

Step 07 单击【直接卸载】按钮，开始卸载选中的软件。

Step 08 卸载完成后，会弹出一个信息提示框。

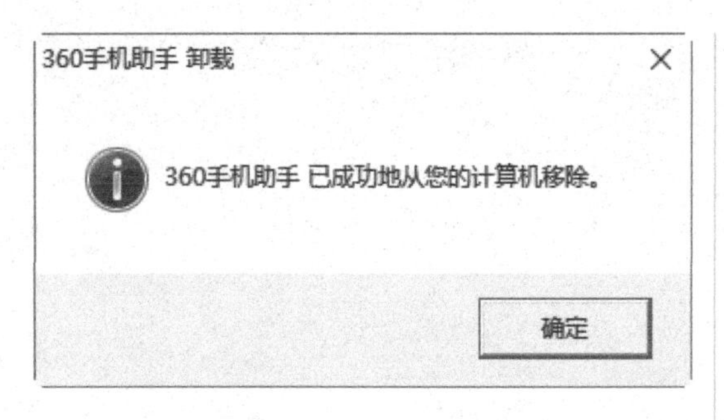

3.5.2 实战演练2——关闭开机时多余的启动项目

在计算机启动的过程中，自动运行的程序叫作开机启动项，有时一些木马病毒程序会在开机时就运行，用户可以通过关闭开机启动项目来提高系统安全。

具体操作步骤如下。

Step 01 按下键盘上的【Ctrl+Alt+Del】组合键，出现如下图所示的界面。

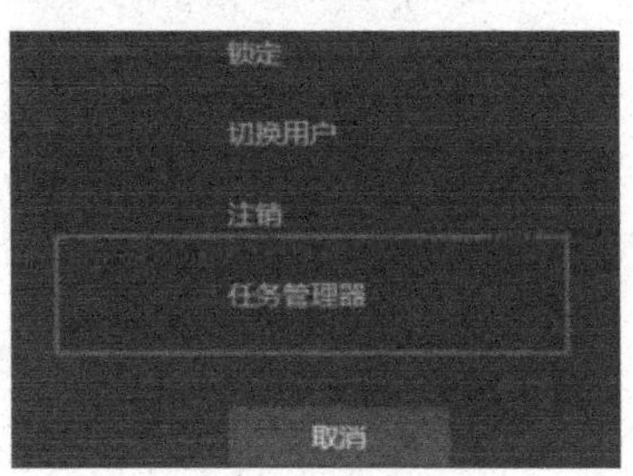

Step 02 单击【任务管理器】，打开【任务管理器】窗口。

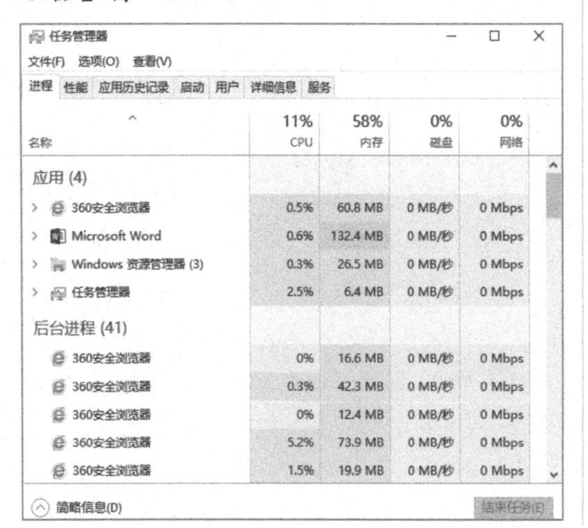

Step 03 选择【启动】选项卡，进入【启动】界面，在其中可以看到系统中的开启启动项列表。

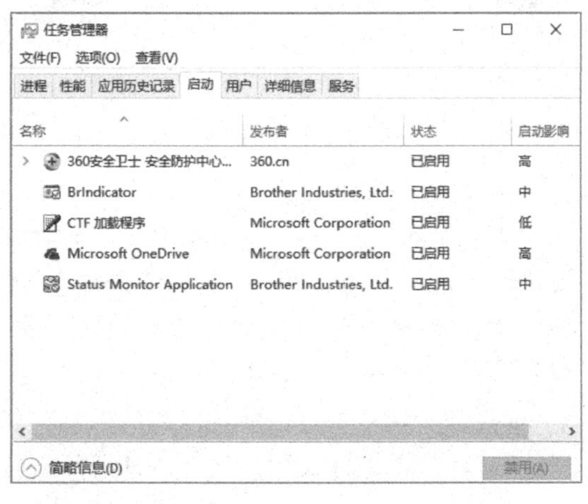

Step 04 选择开机启动项列表框中需要禁用的启动项，单击【禁用】按钮，禁用该启动项。

3.6 小试身手

练习1：经典系统漏洞的防御。

练习2：系统漏洞防御工具的使用。

第4章　远程控制防守工具

随着计算机的发展以及其功能的强大，计算机系统漏洞也相应多起来，同时，越来越新的操作系统为满足用户的需求，在操作系统中加入了远程控制功能，这一功能本是方便用户的，但是却被黑客们利用了。

4.1　远程控制

远程控制是一种在网络上由一台计算机（主控端/客户端）远距离控制另一台计算机（被控端/服务器端）的技术，而远程一般是指通过网络控制远端计算机，和操作自己的计算机一样。

远程控制一般支持LAN、WAN、拨号方式、互联网方式等网络方式。此外，有的远程控制软件还支持通过串口、并口等方式对远程主机进行控制。随着网络技术的发展，目前很多远程控制软件都提供通过Web页面以Java技术来控制远程计算机，这样可以实现不同操作系统下的远程控制。

远程控制的应用体现在如下几个方面。

（1）远程办公。这种远程的办公方式不仅大大缓解了城市交通状况，还免去了人们上下班路上奔波的辛劳，更可以提高企业员工的工作效率和工作兴趣。

（2）远程技术支持。一般情况下，远距离的技术支持必须依赖技术人员和用户之间的电话交流来进行，这种交流既耗时，又容易出错。有了远程控制技术，技术人员就可以远程控制用户的计算机，就像直接操作本地计算机一样，只需要用户的简单帮助，就可以看到该机器存在问题的第一手材料，很快找到问题，并加以解决。

（3）远程交流。商业公司可以依靠远程技术与客户进行远程交流。采用交互式的教学模式，通过实际操作来培训用户，从专业人员那里学习知识就变得十分容易。而教师和学生也可以利用这种远程控制技术进行交流，学生可以直接在计算机中进行习题的演算和求解，在此过程中，教师能够轻松看到学生的解题思路和步骤，并加以实时指导。

（4）远程维护和管理。网络管理员或者普通用户可以通过远程控制技术对远端计算机进行安装和配置软件、下载并安装软件修补程序、配置应用程序等操作。

4.2　使用Windows远程桌面功能实现远程控制

远程桌面功能是Windows系统自带的一种远程管理工具。它具有操作方便、直观等特征。如果目标主机开启了远程桌面连接功能，就可以在网络中的其他主机上连接控制这台目标主机了。

4.2.1　开启Window远程桌面功能

在Windows系统中开启远程桌面的具体操作步骤如下。

Step 01 右击【计算机】图标，从弹出的快捷菜单中选择【属性】选项，打开【系统】窗口。

Step 02 单击【远程设置】按钮，打开【系统属性】对话框，在其中勾选【允许远程协助连接这台计算机】复选框，设置完毕后，单击【确定】按钮，完成设置。

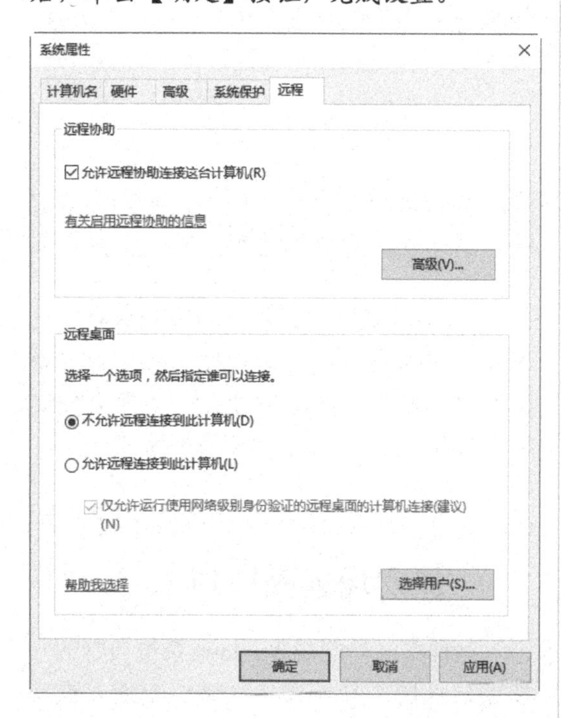

Step 03 选择【开始】→【Windows附件】→【远程桌面连接】菜单项，打开【远程桌面连接】窗口。

Step 04 单击【显示选项】按钮，可看到选项的具体内容。在【常规】选项卡中的【计算机】下拉文本框中输入需要远程连接的计算机名称或IP地址；在【用户名】文本框中输入相应的用户名。

Step 05 选择【显示】选项卡，在其中设置远程桌面的大小、颜色等属性。

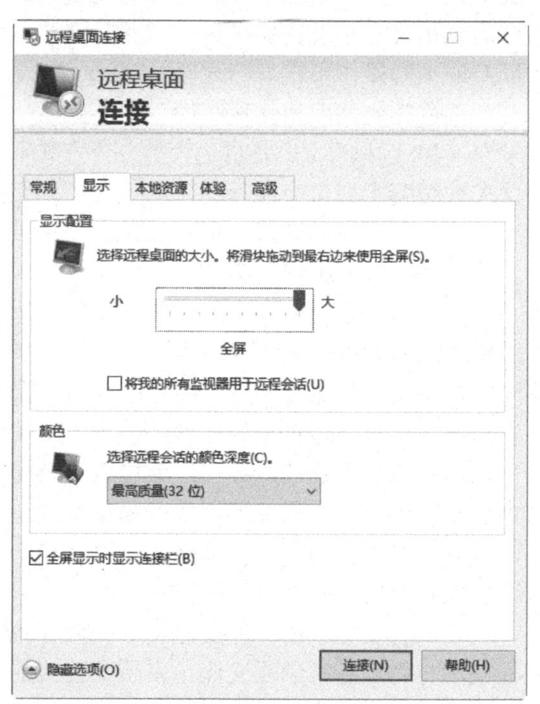

Step 06 如果需要远程桌面与本地计算机文件进行传递，则需在【本地资源】选项卡下设置相应的属性。

Step 07 单击【详细信息】按钮，打开【本地设备和资源】对话框，在其中选择需要的驱动器后，单击【确定】按钮，返回到【远程桌面连接】窗口。

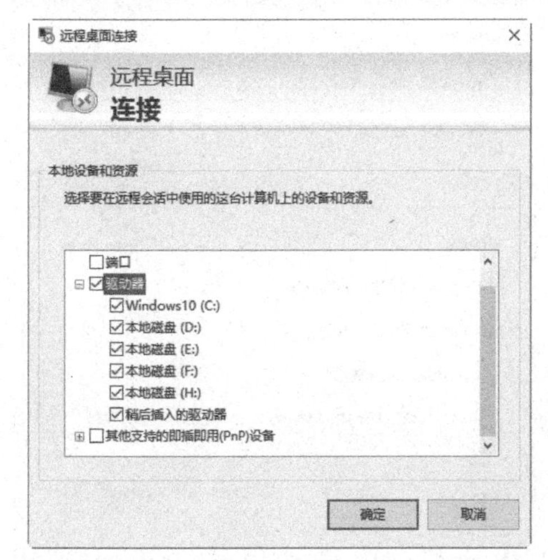

Step 08 单击【连接】按钮，进行远程桌面连接。

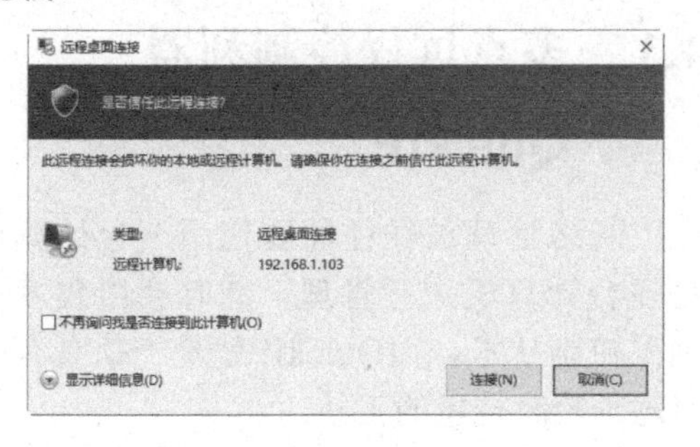

Step 09 单击【连接】按钮，弹出【远程桌面连接】对话框，其中显示了正在启动远程连接。

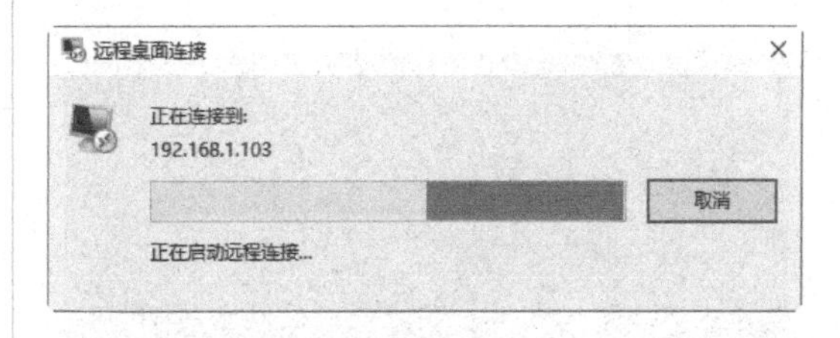

Step 10 启动远程连接完成后，将弹出【Windows安全性】对话框。在【用户名】文本框中输入登录用户的名称；在【密码】文本框中输入登录密码。

Step 11 单击【确定】按钮，弹出一个信息提示框，提示用户是否继续连接。

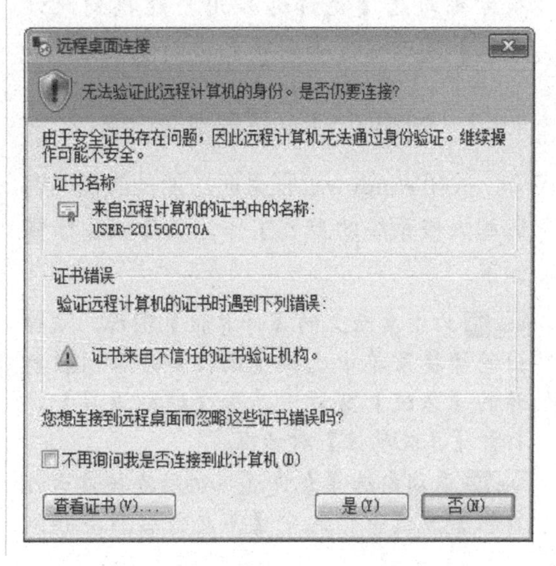

Step 12 单击【是】按钮，登录到远程计算机桌面，此时可以在该远程桌面上进行任何操作。

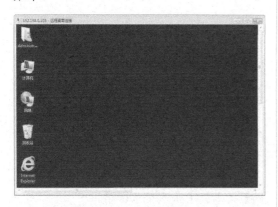

另外，需要断开远程桌面连接时，只需在本地计算机中单击远程桌面连接窗口上的【关闭】按钮，弹出【这将断开与远程桌面服务会话的连接】的提示信息。单击【确定】按钮，即可断开远程桌面连接。

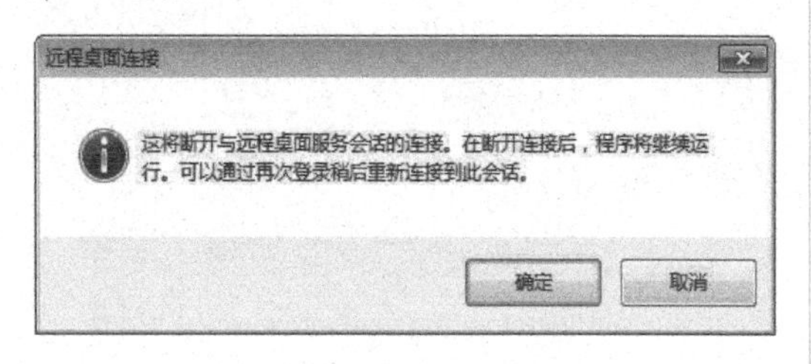

提示：在进行远程桌面连接前，需要双方都勾选【允许远程用户连接到此计算机】复选框，否则将无法创建连接。

4.2.2 关闭Window远程桌面功能

关闭Window远程桌面功能是防止黑客远程入侵系统的首要工作，具体操作步骤如下。

Step 01 右击桌面上的【计算机】图标，从弹出的快捷菜单中选择【属性】命令，在打开的【系统】窗口中单击【远程设置】，打开【系统属性】对话框。

Step 02 取消勾选【允许远程协助连接这台计算机】复选框，选中【不允许远程连接到此计算机】单选按钮，然后单击【确定】按钮，关闭Window系统的远程桌面功能。

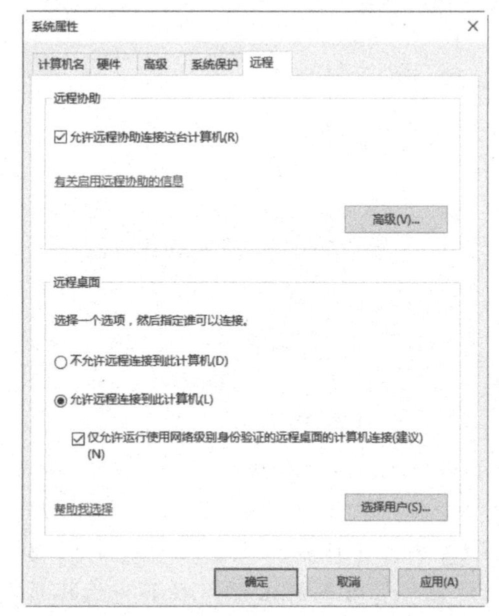

4.3 多点远程控制利器——QuickIP

网络管理员往往需要使用一台计算机对多台计算机进行管理，此时会用到多点远程控制技术，而QuickIP就是一款具有多点远程控制技术的工具。

4.3.1　安装QuickIP

QuickIP是基于TCP/IP的一种工具，并且可运行在Windows的各种系统中，利用该工具可以全权控制远程的计算机。另外，该工具具有功能强大、使用简单等优点。

安装QuickIP的操作步骤如下。

Step 01 双击QuickIP的安装程序，打开【欢迎使用QuickIP安装向导】对话框。

Step 02 单击【下一步】按钮，打开【请选择被安装软件所在的目录】对话框，在其中设置QuickIP安装的位置。

Step 03 单击【下一步】按钮，打开【选择开始菜单文件夹】对话框，在其中设置程序快捷方式的存在位置。

Step 04 单击【下一步】按钮，打开【选择附加任务】对话框，在其中设置被执行的附加任务，这里勾选【在桌面上创建快捷方式】复选框。

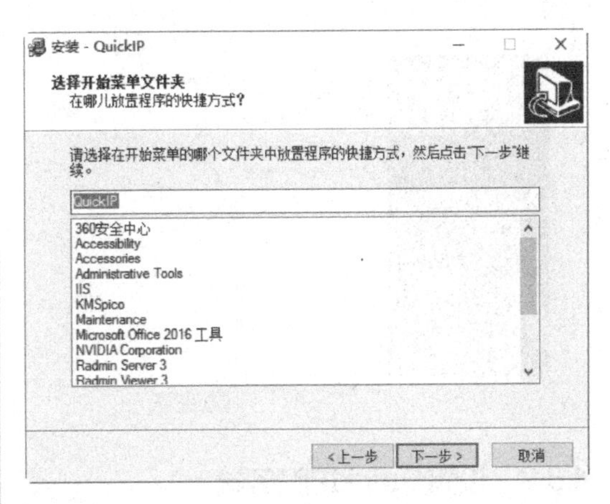

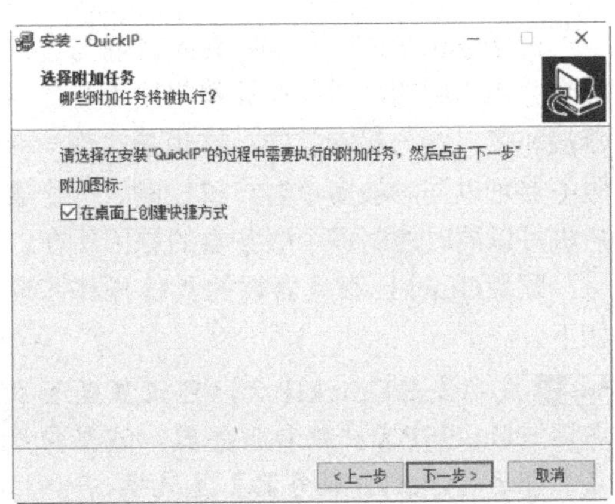

Step 05 单击【下一步】按钮，打开【准备开始安装】对话框，在其中可以查看将被安装的信息。

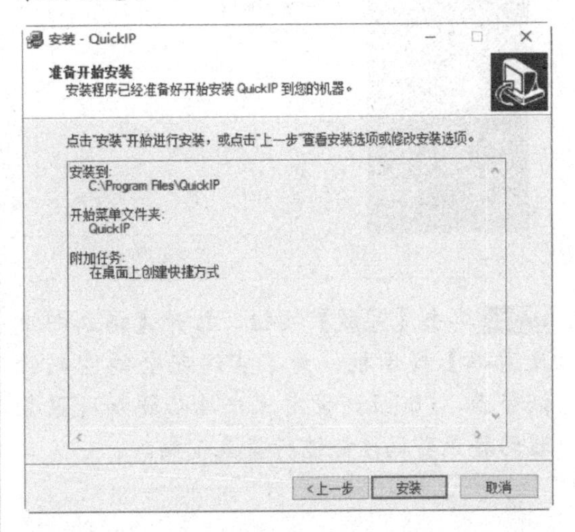

Step 06 单击【安装】按钮，开始安装QuickIP，安装完成后，将弹出如下图所示的对话框，单击【完成】按钮，完成QuickIP的安装操作。

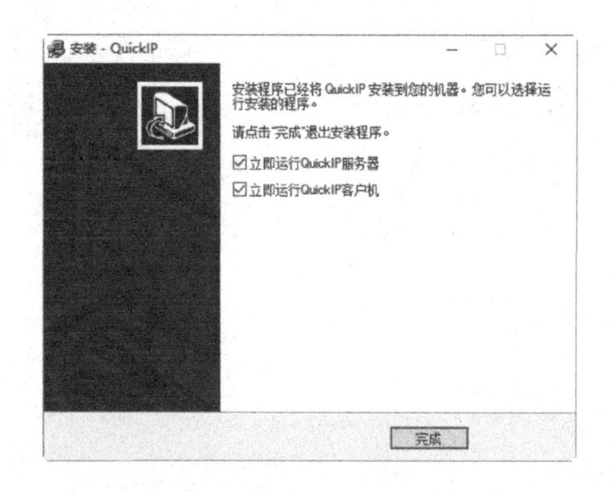

4.3.2 设置QuickIP服务端

由于QuickIP工具是将服务器端与客户端合并在一起的，所以在计算机中都是服务器端和客户端一起安装的，这也是实现一台服务器可以同时被多个客户机控制、一个客户机可以同时控制多个服务器的原因所在。

配置QuickIP服务器端的具体操作步骤如下。

Step 01 成功安装QuickIP后，可设置是否立即运行QuickIP客户机和服务器，这里勾选【立即运行QuickIP服务器】复选框。

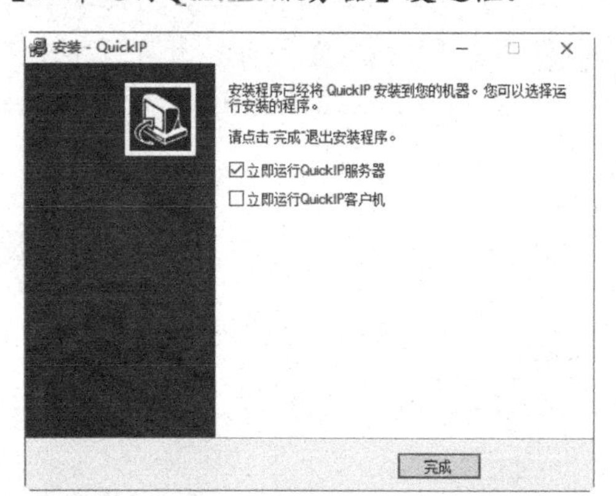

Step 02 单击【完成】按钮，打开【请立即修改密码】提示框，为了实现安全的密码验证登录，QuickIP设定客户端必须知道服务器的登录密码才能进行登录控制。

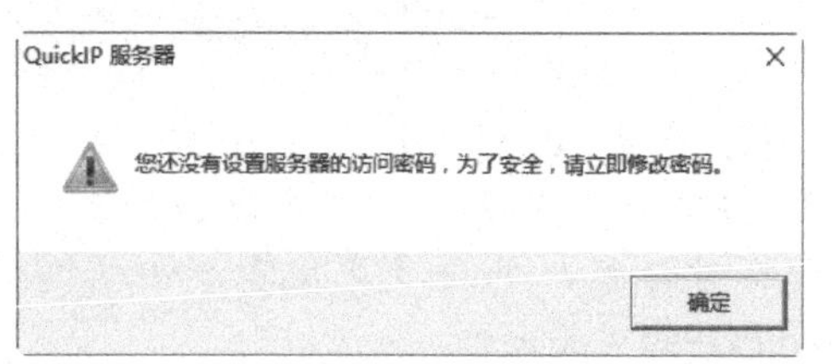

Step 03 单击【确定】按钮，打开【修改本地服务器的密码】对话框，在其中输入要设置的密码。

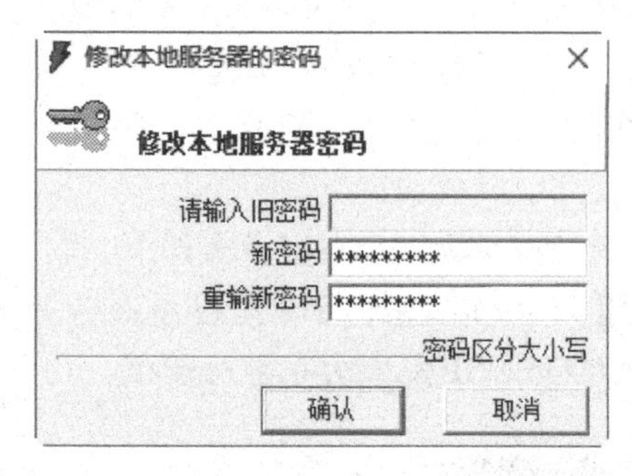

Step 04 单击【确认】按钮，可看到【密码修改成功】提示信息。

Step 05 单击【确定】按钮，打开【QuickIP服务器管理】对话框，在其中可看到【服务器启动成功】提示信息。

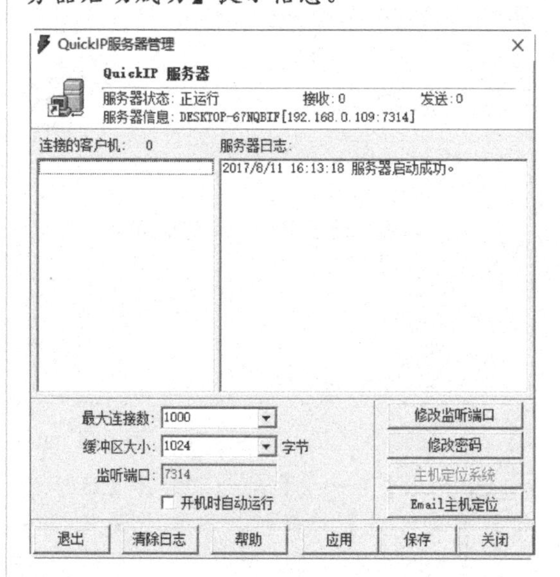

4.3.3 设置QuickIP客户端

设置完服务端后，就需要设置QuickIP客户端。设置客户端相对比较简单，主要是在客户端中添加远程主机，具体操作步骤如下。

Step 01 选择【开始】→【所有应用】→【QuickIP】→【QuickIP客户机】菜单项，打开【QuickIP客户机】主窗口。

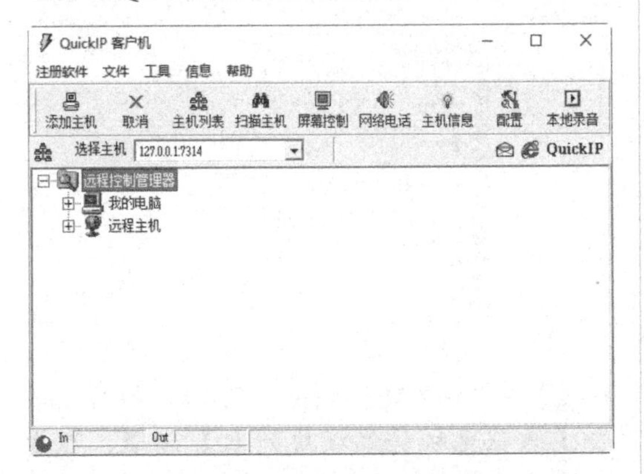

Step 02 单击工具栏中的【添加主机】按钮，打开【添加远程主机】对话框。在【主机】文本框中输入远程计算机的IP地址，在【端口】和【密码】文本框中输入在服务器端设置的信息。

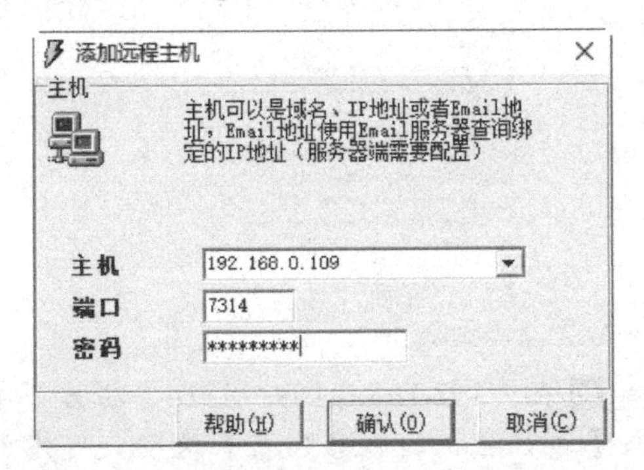

Step 03 单击【确认】按钮，可在【QuickIP客户机】主窗口中的【远程主机】下看到刚刚添加的IP地址。

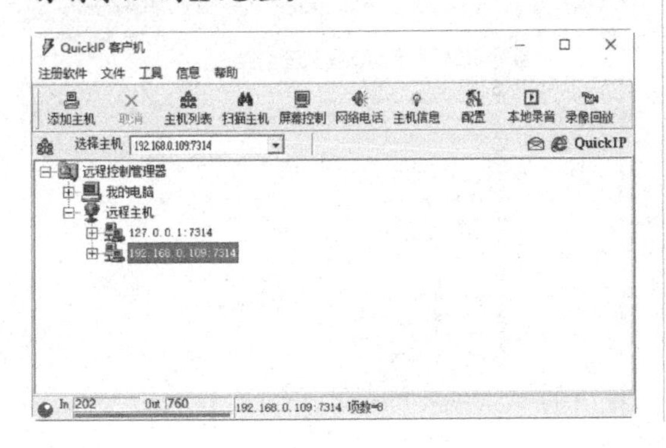

Step 04 单击该IP地址后，从展开的控制功能列表中可看到远程控制功能十分丰富，这表示客户端与服务器端的连接已经成功了。

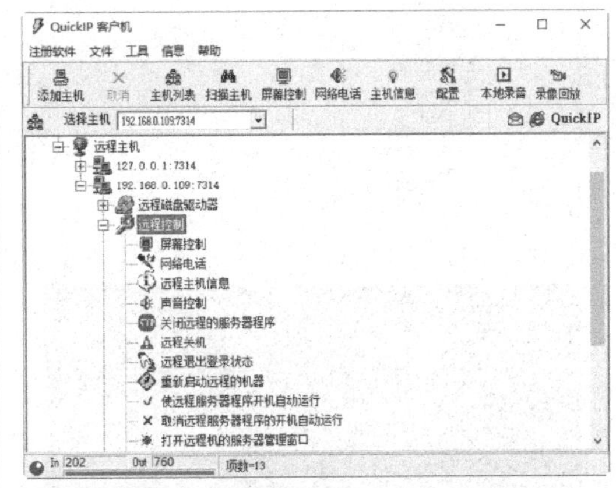

4.3.4 实现远程控制

成功添加远程主机后，就可以利用QuickIP工具对其进行远程控制了。QuickIP功能非常强大，这里只介绍几个常用的功能。实现远程控制的具体步骤如下。

Step 01 在“192.168.0.109：7314”栏目下单击【远程磁盘驱动器】选项，打开【登录到远程主机】对话框。

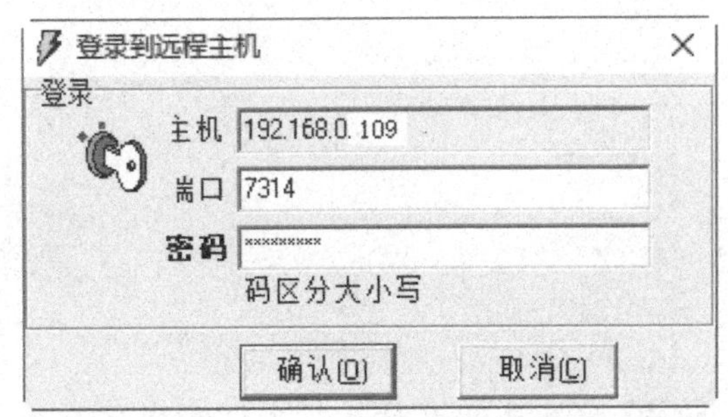

Step 02 在其中输入设置的端口和密码后，单击【确认】按钮，可看到远程主机中的所有驱动器。单击D盘，可看到其中包含的文件。

Step 03 单击【远程控制】选项下的【屏幕控制】子项，稍等片刻后，即可看到远程主机的桌面，在其中可通过鼠标和键盘完成对远程主机的控制。

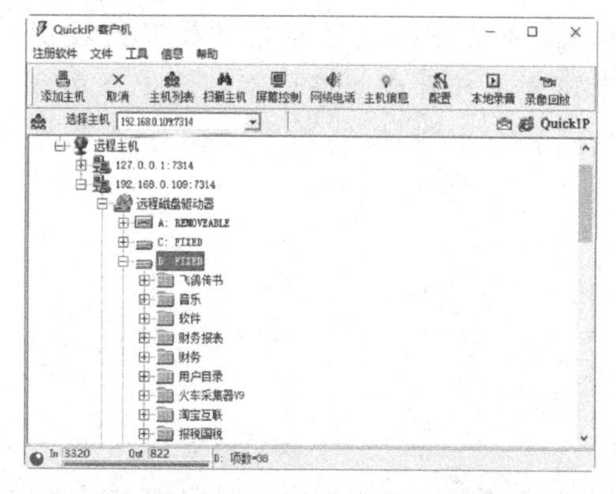

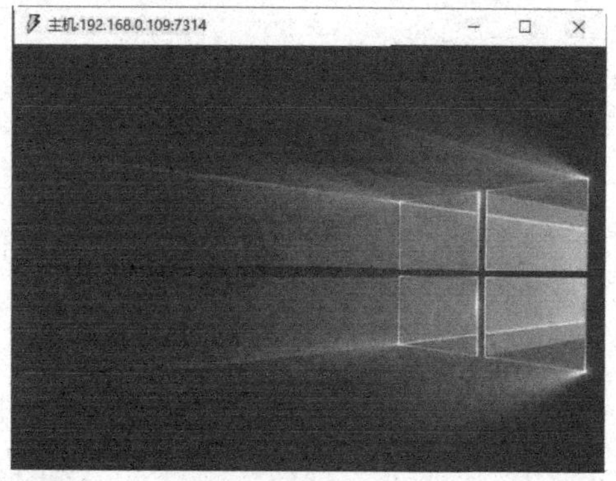

Step 04 单击【远程控制】选项下的【远程主机信息】子项，打开【远程信息】窗口，可看到远程主机的详细信息。

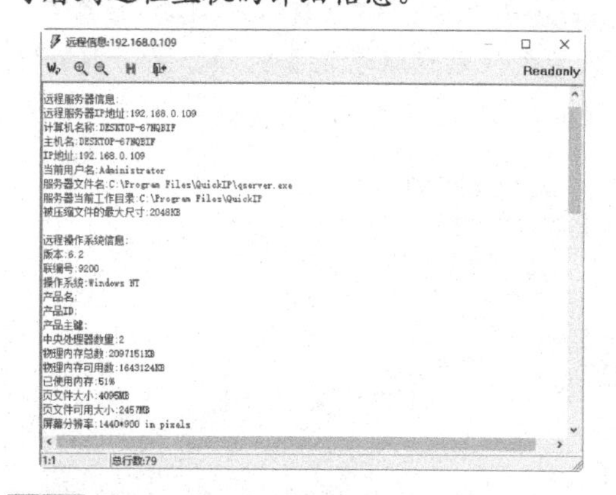

Step 05 如果要结束对远程主机的操作，为了安全起见，就应该关闭远程主机。单击【远程控制】选项下的【远程关机】子项，打开【是否继续控制该服务器】对话框。单击【是】按钮，关闭远程主机。

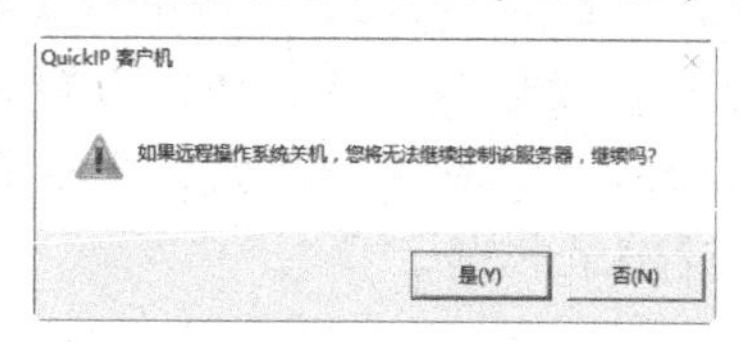

Step 06 在“192.168.0.109：7314”栏目下单击【远程主机进程列表】选项，可看到远程主机中正在运行的进程。

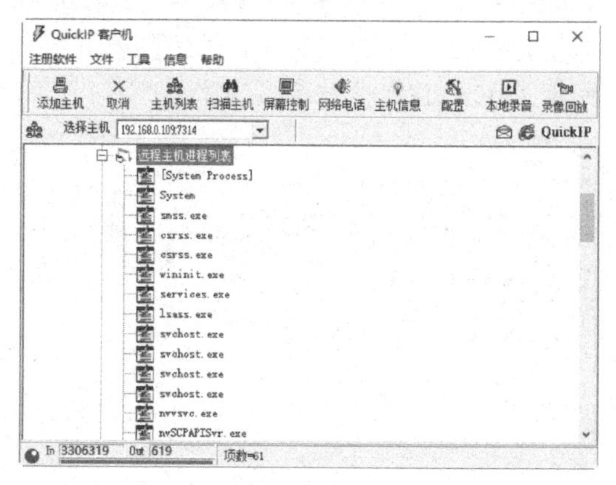

Step 07 在“192.168.0.109：7314”栏目下单击【远程主机转载模块列表】选项，可看到远程主机中装载的模块列表。

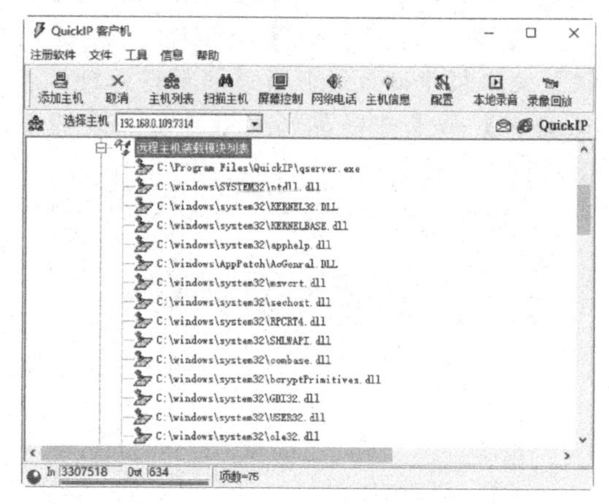

Step 08 在“192.168.0.109：7314”栏目下单击【远程主机的服务列表】选项，可看到远程主机中正在运行的服务。

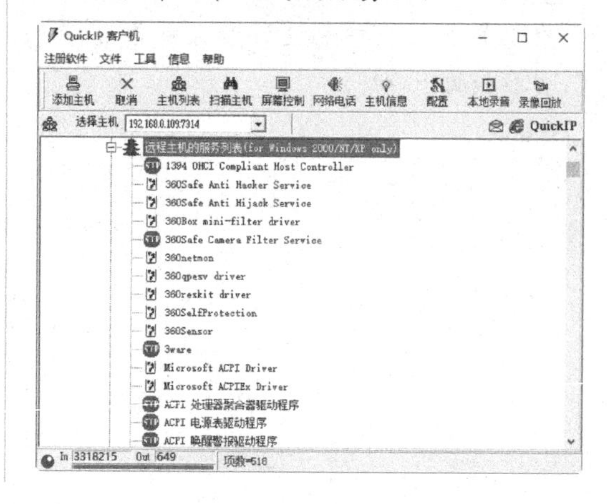

4.4　远程控制的好帮手——RemotelyAnywhere

RemotelyAnywhere程序是利用浏览器进行远程连接入侵控制的小程序，使用时需要在目标主机上安装该软件，并知道该主机的链接地址以及端口，这样其他任何主机就可以通过浏览器来访问目标主机了。

4.4.1　安装RemotelyAnywhere

使用RemotelyAnywhere程序入侵其他系统前，需要先在目标主机上安装该软件，具体操作步骤如下。

Step 01 运行RemotelyAnywhere安装程序，从弹出的对话框中单击【Next】按钮。

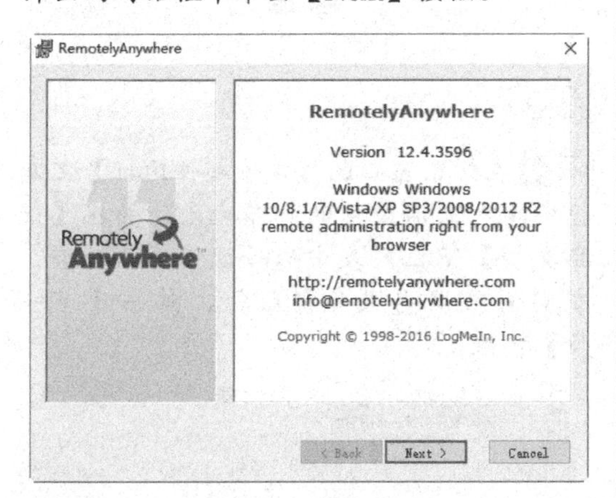

Step 02 弹出【Remotely Anywhere License Agree ment】对话框，单击【I Agree】按钮。

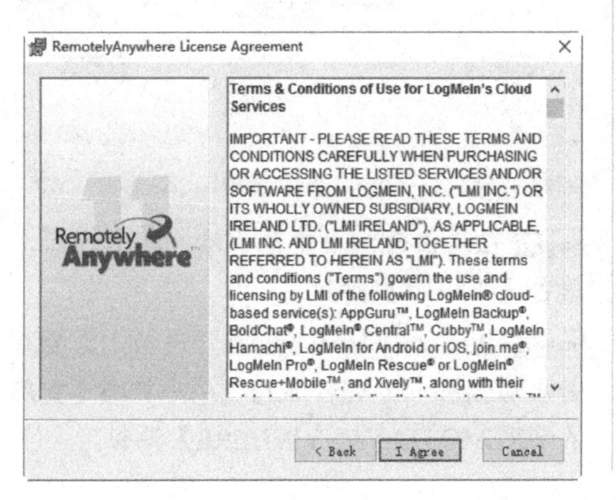

Step 03 弹出【Software options】对话框，选择【Custom】单选按钮可以手工指定软件安装配置项，本实例选择【Typical】单选按钮，使用默认配置，单击【Next】按钮。

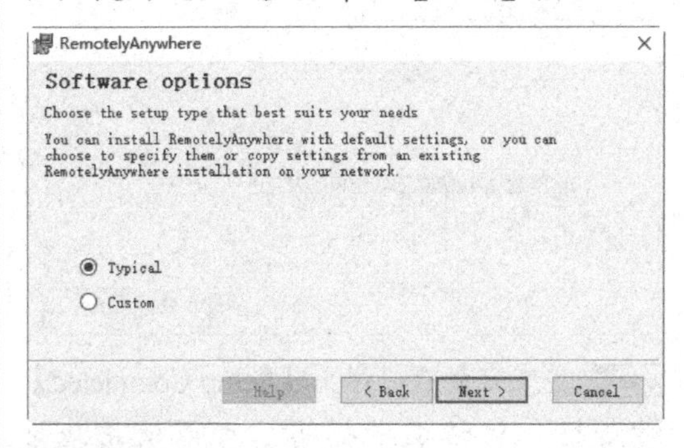

Step 04 弹出【Choose Destination Location】对话框，单击【Browse】按钮可以改变安装目录，本实例采用默认配置，单击【Next】按钮。

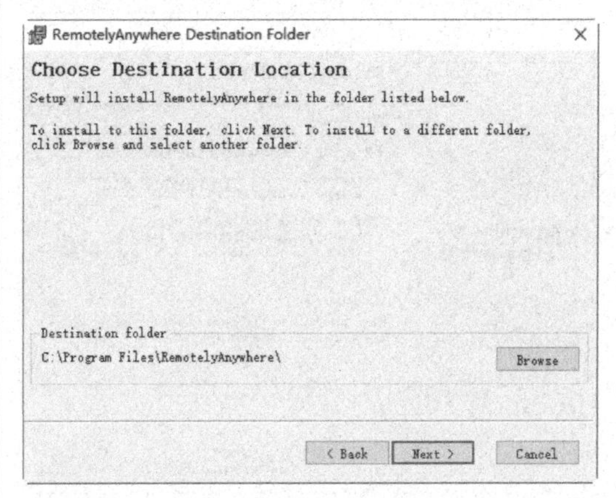

Step 05 弹出【Start copying files】对话框，显示已配置信息，信息中说明连接服务器的端口为“2000”，单击【Next】按钮。

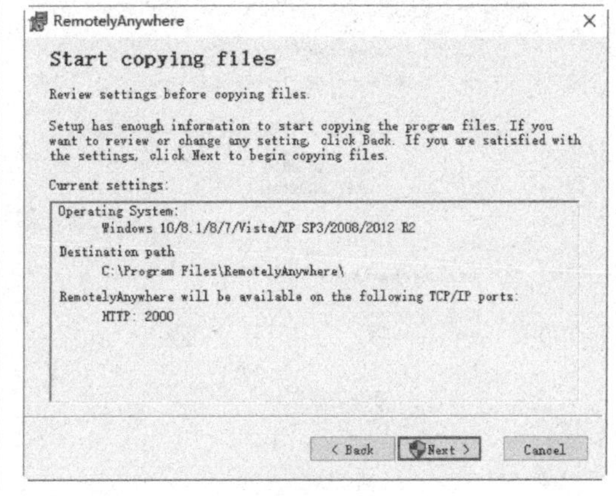

Step 06 弹出【Install status】对话框，系统自动安装RemotelyAnywhere程序。

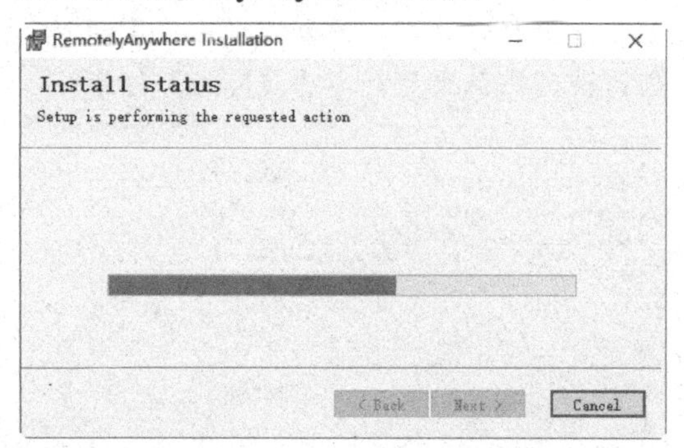

Step 07 安装完成后，弹出【Setup Completed】对话框，对话框中标明了可以使用地址“http://DESKTOP-JMQAA08:2000”和“http://ipaddress: 2000”连接服务器，单击【Finish】按钮。

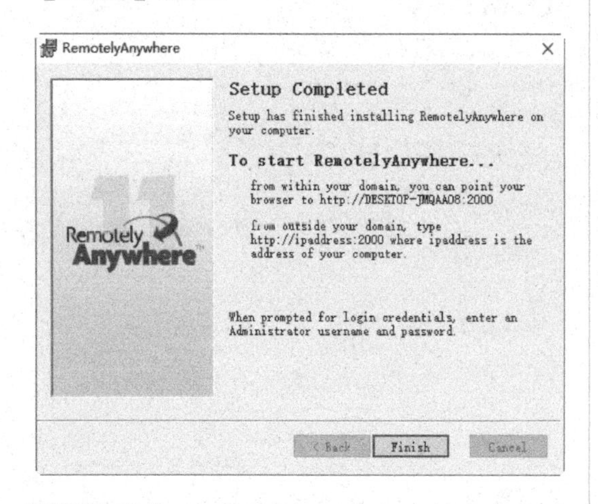

Step 08 弹出Windows验证页面，在其中需要输入此计算机的用户名和密码。

Step 09 单击【登录】按钮，弹出RemotelyAnywhere激活方式选择页面，可以选择【我已是RemotelyAnywhere用户或已具有RemotelyAnywhere许可证】单选按钮进行激活，也可以选择【我希望现在购买RemotelyAnywhere】在线激活，本实例选择【我想免费试用】单选按钮激活试用，单击【下一步】按钮。

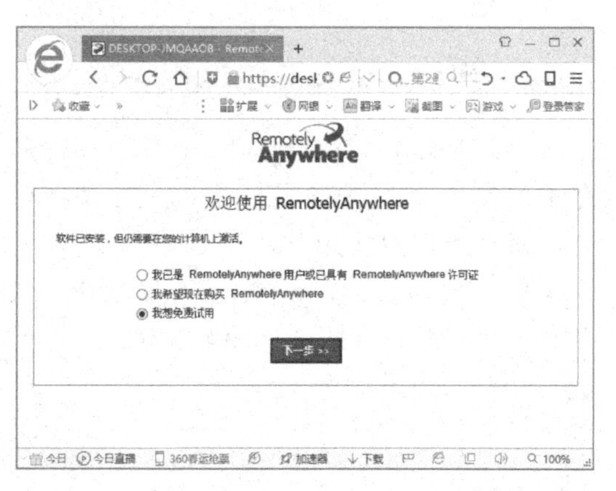

Step 10 在弹出窗口的【电子邮件地址】文本框中输入激活使用的邮箱地址，并在【产品类型】下拉列表中选择试用产品类型，本实例采用“服务器版”，单击【下一步】按钮。

Step 11 在弹出的窗口中依次输入指定内容，单击【下一步】按钮。

Step 12 RemotelyAnywhere激活成功，需要重新启动RemotelyAnywhere程序，单击【重新启动REMOTELYANYWHERE】按钮。

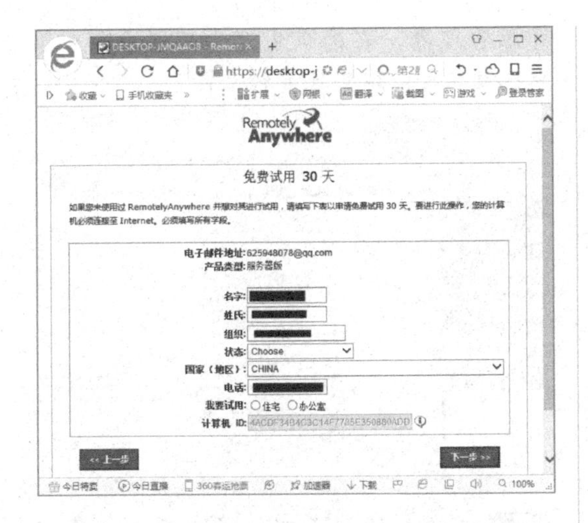

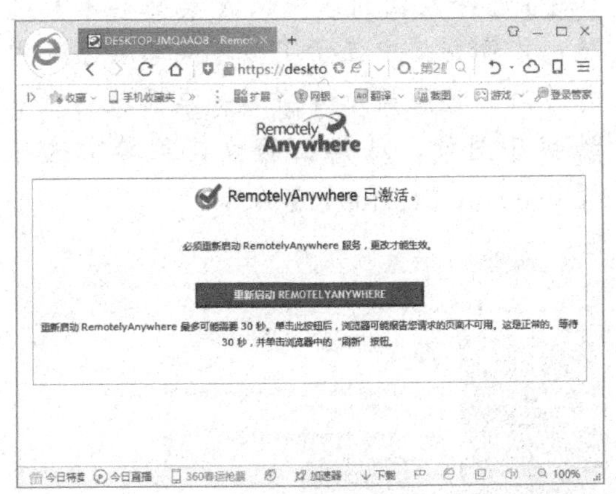

4.4.2 连接入侵远程主机

安装RemotelyAnywhere软件并成功激活后，就可以通过浏览器连接入侵目标主机了，具体操作步骤如下。

Step 01 打开360安全浏览器，在地址栏中输入RemotelyAnywhere安装过程中提示的地址，通用格式为“http://{目标服务器ip|主机名|域名}:2000”，本实例使用“https://desktop-jmqaao8:2000/main.html”进行讲解，在【用户名】和【密码】文本框中分别输入有效远程管理账户的信息，默认使用Administrator账户登录。

Step 02 单击【登录】按钮，进入RemotelyAnywhere远程管理界面，左侧出现管理功能列表，用户可以使用不同的管理功能对远程主机进行多功能全方位的管理操作。

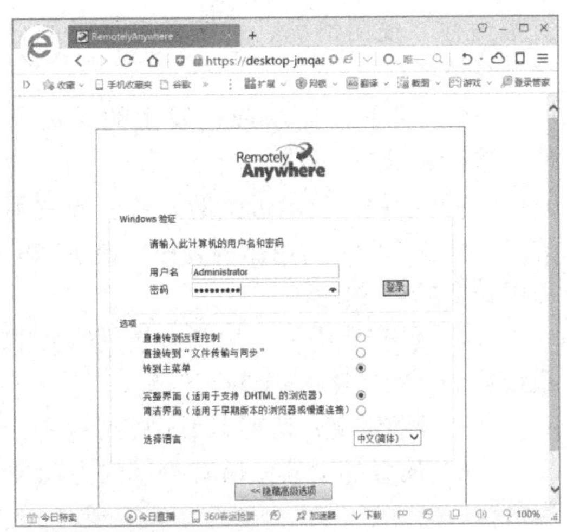

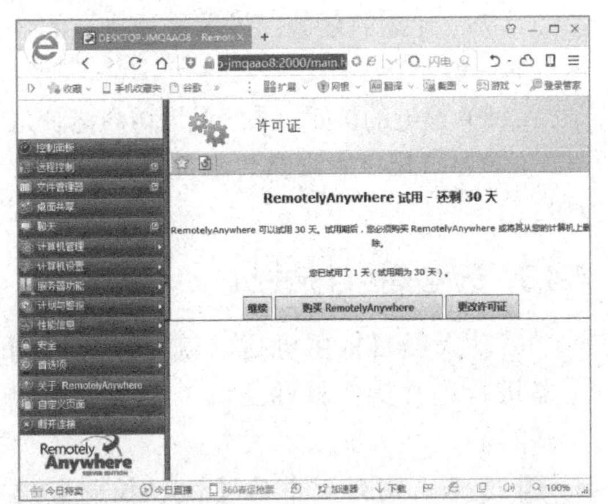

Step 03 单击【继续】按钮，进行远程主机信息查看与管理，系统默认显示【控制面板】管理功能页面。

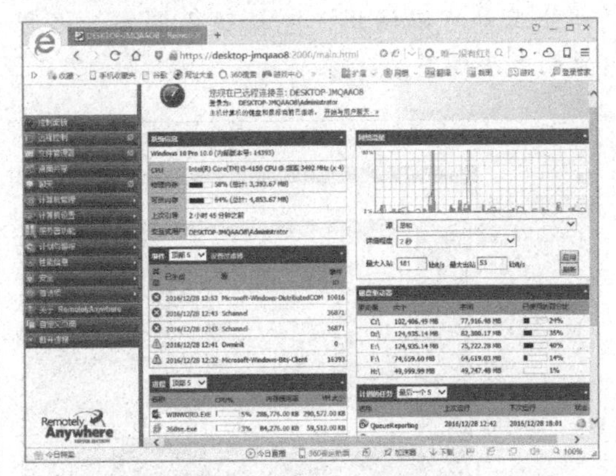

通过该页面可以快速了解远程服务器的多种状态、信息，具体内容如下。

（1）系统信息：显示系统版本、CPU型号、物理内存使用情况、总内存（包括虚拟内存）使用情况、系统已启动时间、登录系统账户。

（2）事件：显示最近发生的系统事件，默认显示5个事件。

（3）进程：显示进程的系统资源占用情况，默认以CPU占用比例为序，显示CPU占用最多的5个进程。

（4）已安装的修补程序：最近安装的系统补丁，默认显示5个补丁信息。

（5）网络流量：动态显示网络流量信息。

（6）磁盘驱动器：所有分区的空间使用情况。

（7）计划的任务：显示最后执行的任务计划，默认为5个。

（8）最近的访问：系统最近访问记录。

（9）日记：管理员可在此区域编辑管理日记。

4.4.3 远程操控目标主机

成功入侵目标主机后，就可以通过浏览器进行远程操作目标主机了，具体操作步骤如下。

Step 01 选择左侧列表中的【远程控制】选项，右侧窗格中显示了远程主机的界面，通过该窗格可以利用本地的鼠标、键盘、显示器直接控制远程主机。在窗格上侧有部分工具可以使用，包括颜色调整、远程桌面大小调整等。

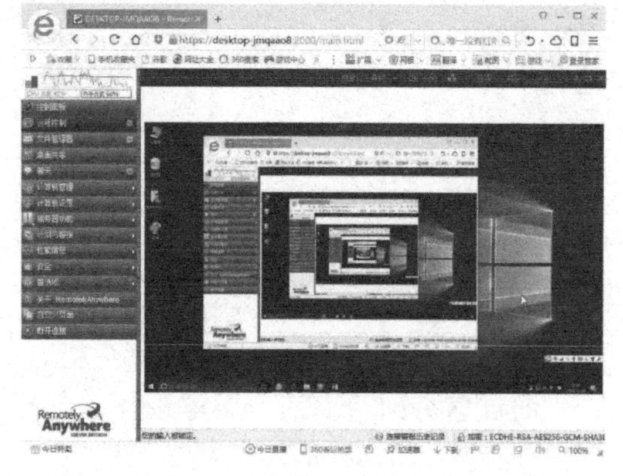

Step 02 选择左侧列表中的【文件管理器】选项，右侧窗格中显示了本地和远程主机的资源管理器，在两个资源管理器中可以随意拖动文件，以实现资料互传。

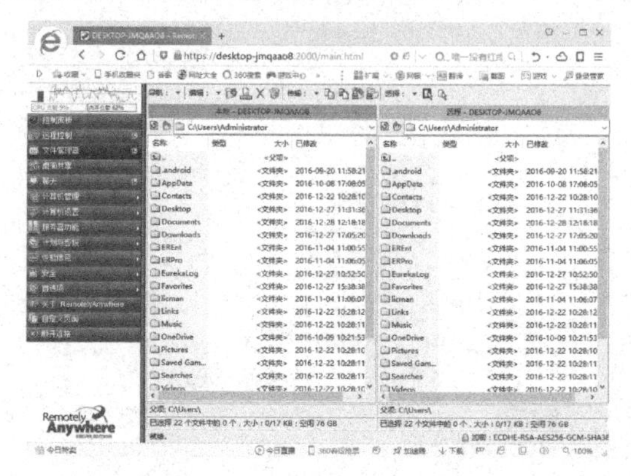

Step 03 选择左侧列表中的【桌面共享】选项，右侧窗格中显示了实现桌面共享的操作方法。按照提示方法右击桌面状态栏中的程序图标，从弹出的快捷菜单中选择【Share my Desktop…】命令。

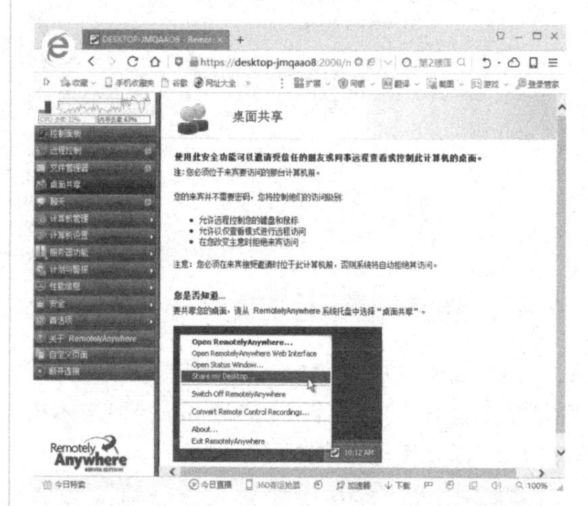

Step 04 弹出【桌面共享】对话框，选择【邀请来宾与您一起工作】单选按钮，单击【下一步】按钮。

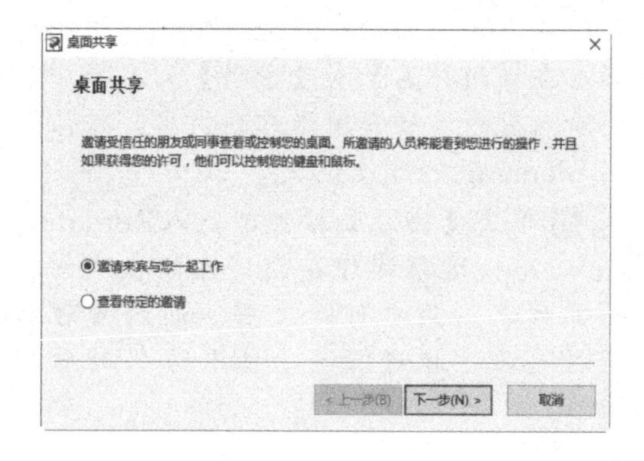

Step 05 弹出【邀请详情】对话框，可以在本对话框中配置邀请名，默认按时间显示，方便以后查看，还可以设置本次邀请的有效访问时限，在最后一个文本框中输入被邀请人连接目标主机使用的地址，全部选择默认配置，单击【下一步】按钮。

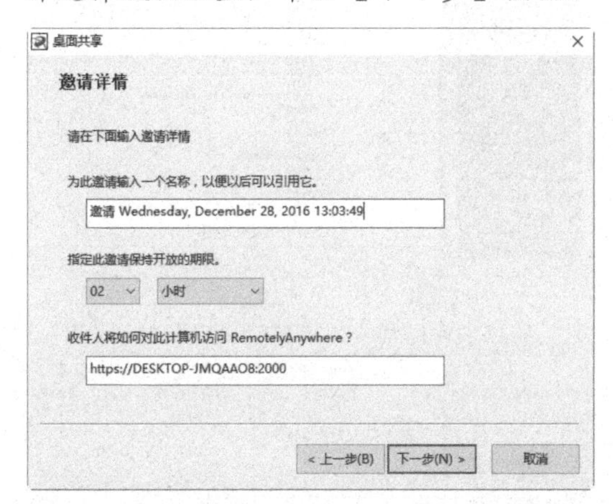

Step 06 弹出【已创建邀请】对话框，文本框中显示了被邀请人获得的地址，可以通过单击【复制】和【电子邮件】两个按钮，让被邀请人获得邀请地址，单击【完成】按钮，完成本次邀请。

桌面共享
已创建邀请
您的邀请已创建完成。
您现在可以将下面显示的 URL 发送给收件人。
https://DESKTOP-JMQAAO8:2000/invite/lozczljvcjhvjkuamrty7cmai2mjoo3w
复制　单击可以将邀请复制到剪贴板。
电子邮件　单击可以启动带有邀请的电子邮件客户端。
< 上一步(B)　完成　取消

Step 07 在左侧选项列表中选择【聊天】选项，通过右侧窗格可以和被管设备聊天，一般被管设备很少有人在，所以该功能用得比较少。

Step 08 选择左侧列表中的【计算机管理】→【用户管理器】选项，右侧【用户管理器】窗格中显示了远程主机的用户和组信息，单击【添加用户】按钮可以为远程主机增加用户，同时可以单击用户名对其进行编辑。

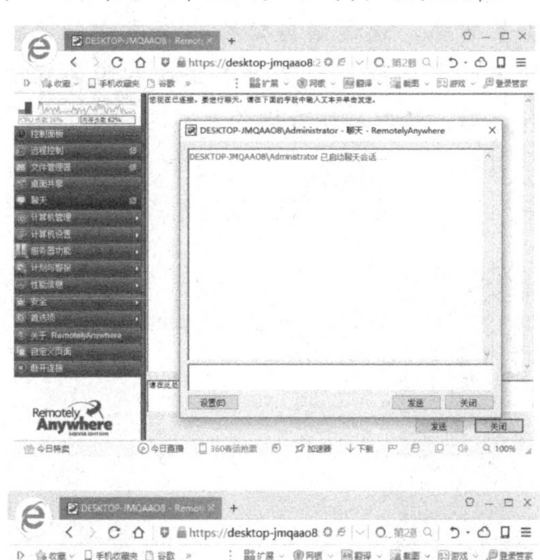

Step 09 选择左侧列表中的【计算机管理】→【事件查看器】选项，右侧窗格中显示了【事件查看器】窗格，通过该窗格可以查看远程主机的事件信息。

Step 10 选择左侧列表中的【计算机管理】→

【服务】选项，右侧窗格中显示了【服务】窗格，通过该窗格可以查看远程主机所有的服务项，也可以单击这些服务项进行启动、禁用和删除操作。

Step 11 选择左侧列表中的【计算机管理】→【进程】选项，右侧窗格中显示了【进程】窗格，通过该窗格可以查看远程主机所有的进程项，单击进程PID号为“1752”的进程。

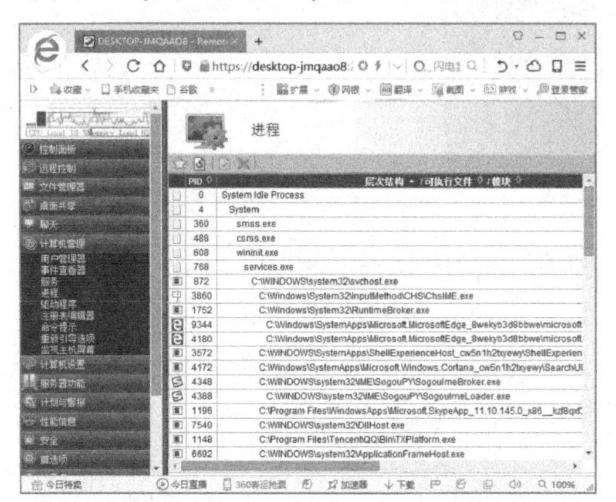

Step 12 弹出新页面，显示出进程1752的进程名为RuntimeBroker.exe，同时还显示了该进程的其他信息，通过修改【优先级类】选项可以调整该进程的优先级别，可以为需要优先执行的进程作调整。

Step 13 选择左侧列表中的【计算机管理】→【注册表编辑器】选项，右侧窗格中显示了【注册表编辑器】窗格，通过该窗格可以查看远程主机的注册表信息，但是默认被隐藏的注册表信息无法看到，如【HKEY_LOCAL_MACHINE】→【SAM】→【SAM】下的系统账户注册表信息。

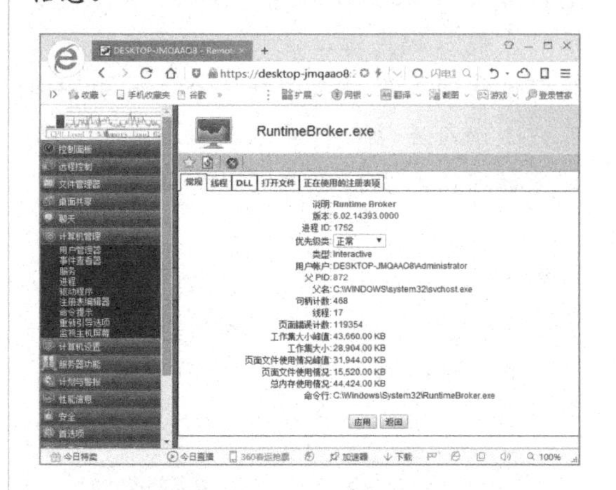

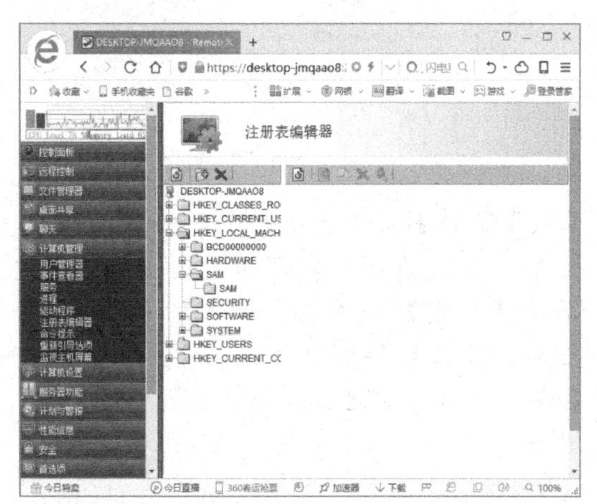

Step 14 选择左侧列表中的【计算机管理】→【重新引导选项】，右侧窗格中显示了【重新引导选项】窗格，通过该窗格可以根据需求对远程主机做各种引导操作，单击指定的图标按钮即可。

Step 15 选择左侧列表中的【计算机设置】→【环境变量】选项，右侧窗格中显示了【环境变量】窗格，通过该窗格可以修改远程主机的环境变量信息，通过单击指定的环境变量选项进行调整。

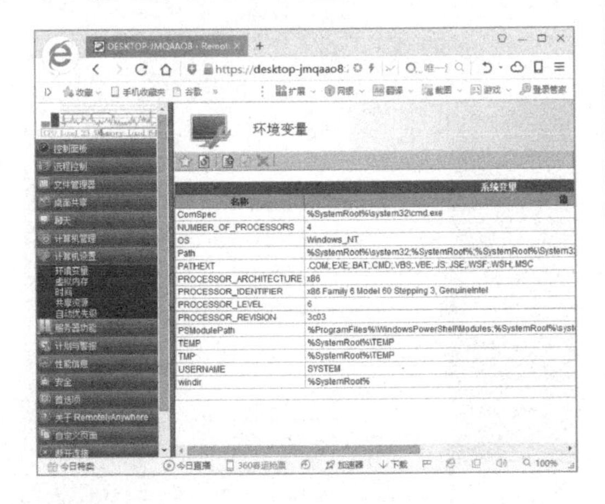

Step 16 选择左侧列表中的【计算机设置】→【虚拟内存】选项，右侧窗格中显示了【虚拟内存】窗格，通过该窗格可以修改远程主机的不同磁盘驱动器提供虚拟内存的数量，建议不要选择C盘，总量设置为物理内存的1.5倍，单击【应用】按钮使配置生效。

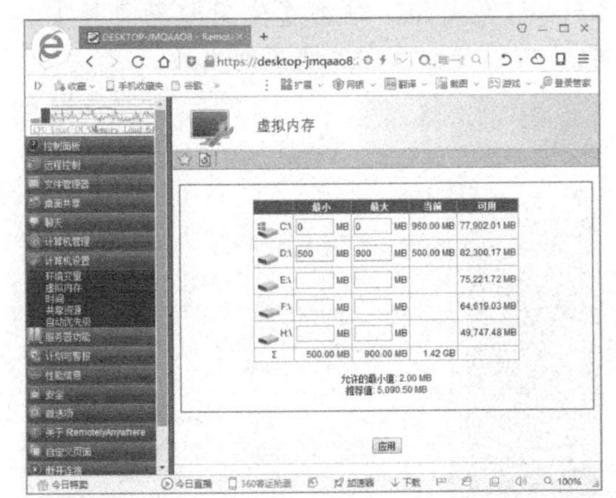

Step 17 通过RemotelyAnywhere还可以配置个别主机的配置，如FTP、活动目录。不过，一般不建议使用该功能。

Step 18 在左侧列表中选择【计划与警报】选项，该选项下有两个子选项，分别是【电子邮件警报】、【任务计划程序】。通过【电子邮件警报】选项可以监视系统接收的电子邮件信息，对垃圾邮件等有安全威胁的信息提供警报提示；通过【任务计划程序】选项可以为系统配置任务计划。

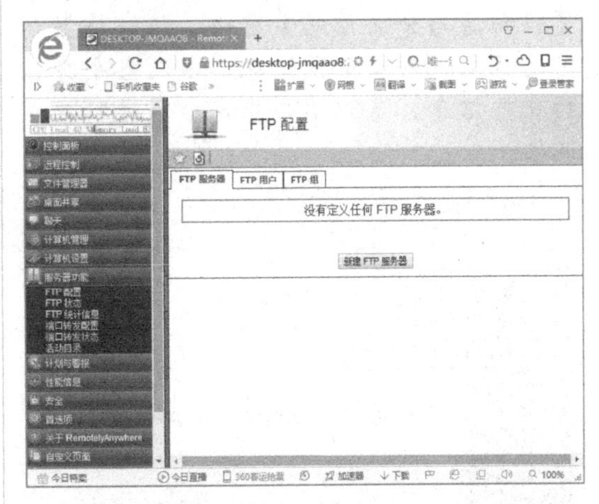

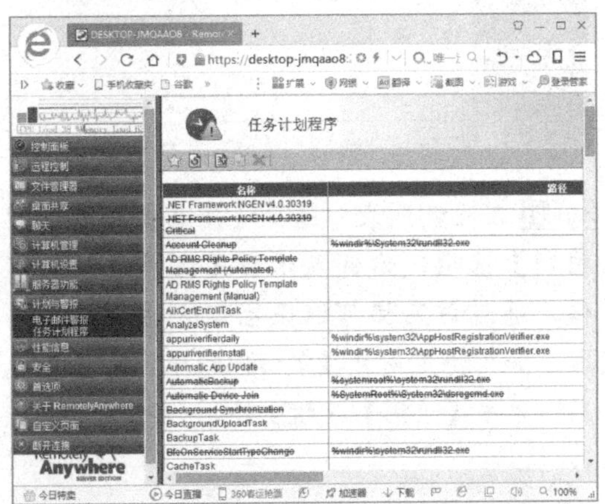

Step 19 在左侧列表中选择【性能信息】→【CPU负载】选项，右侧显示了【CPU负载】窗格，该窗格显示出CPU的使用图表，从图表中可以看到各个进程的CPU使用情况。

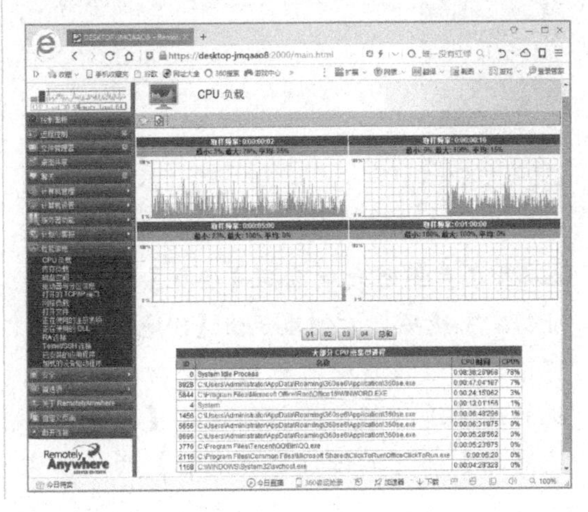

Step 20 在左侧列表中选择【性能信息】→【驱动器与分区信息】选项，右侧显示出【驱动器与分区信息】窗格，该窗格显示了远程主机磁盘分区情况，以及各个分区的状态信息，可以单击指定分区进行分区调整。

Step 21 在左侧列表中选择【安全】→【访问控制】选项，右侧显示出【访问控制】窗格，通过该窗格可以设置部分访问控制内容，如为特定用户指定访问权限。配置完成后，单击【应用】按钮生效。

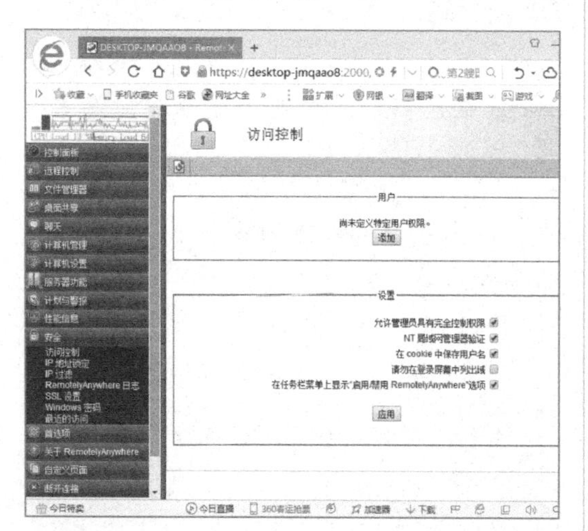

Step 22 在左侧列表中选择【安全】→【IP地址锁定】选项，右侧显示出【IP地址锁定】窗格，通过该窗格可以对非法访问远程主机的地址进行锁定操作，通过【拒绝服务过滤器】和【验证攻击过滤器】两项来完成配置。【拒绝服务过滤器】根据对服务器HTTP无效请求数进行IP地址锁定，【验证攻击过滤器】根据对服务器无效验证数进行IP地址锁定，超出阈值的按照规定时间锁定地址。

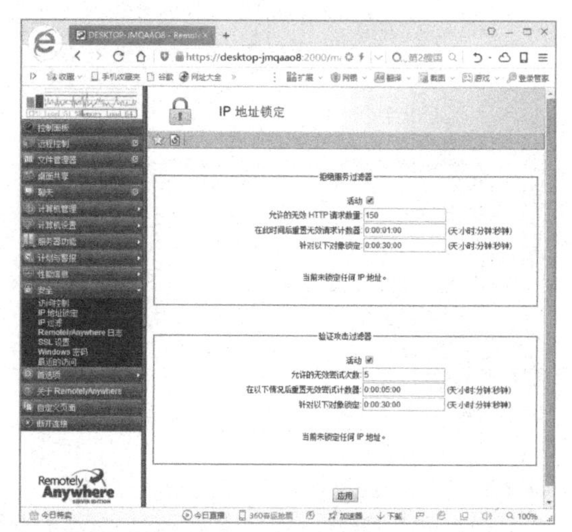

Step 23 在左侧列表中选择【安全】→【IP过滤】选项，右侧显示出【IP过滤】窗格，通过单击右侧窗格中的【添加】按钮，可以为远程服务器添加IP过滤策略，选择配置好的配置文件，单击【使用配置文件】按钮，可以使该项IP过滤策划生效。

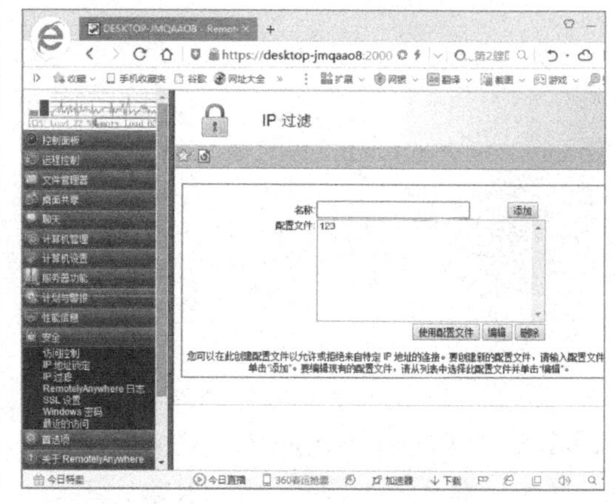

4.5 使用“灰鸽子”实现远程控制

利用灰鸽子木马程序渗透入侵目标主机前，需要事先配置一个灰鸽子木马服务端程序，在被入侵的主机上运行，这样才能从远程进行控制。

4.5.1　配置灰鸽子木马

配置灰鸽子木马的具体操作步骤如下。

Step 01 下载并解压缩“灰鸽子”压缩文件，双击解压之后的可执行文件，打开灰鸽子操作主界面。

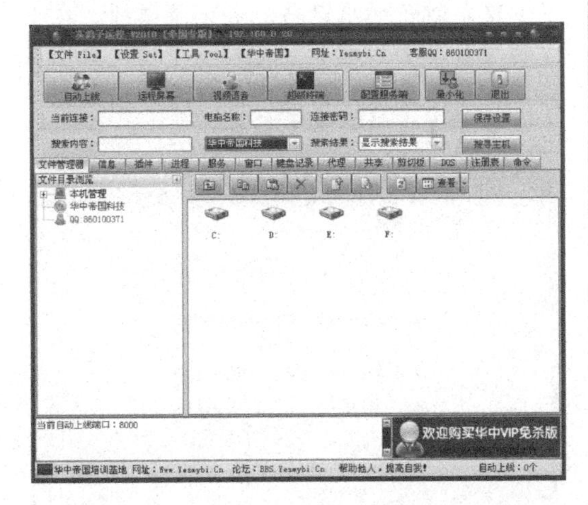

Step 02 在灰鸽子操作主界面中选择【文件】→【配置服务程序】菜单项，打开【服务器配置】对话框，在【自动上线】选项卡中可以对上线图像、上线分组、上线备注、连接密码等项目进行设置。

Step 03 选择【安装选项】选项卡，可在打开的设置界面中对安装名称、DLL文件名、文件属性以及服务端安装成功后的运行情况等进行设置。

Step 04 选择【启动选项】选项卡，可在打开的设置界面中对服务端运行时的显示名称、服务名称及描述信息等进行设置。

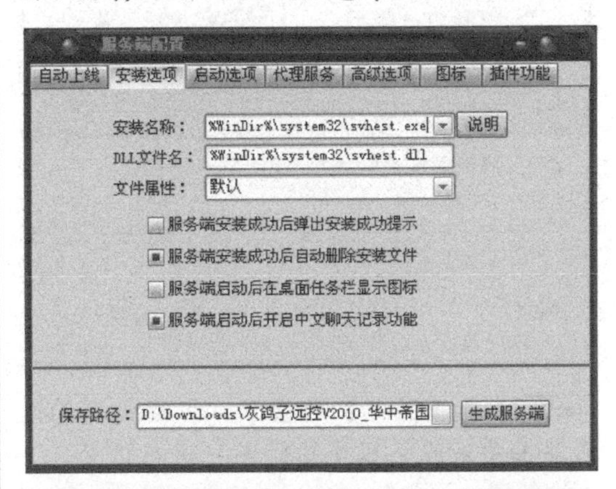

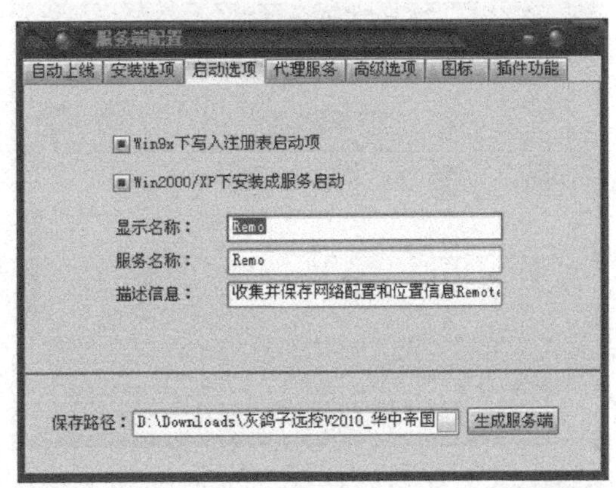

Step 05 选择【代理服务】选项卡，可在打开的设置界面中对开放时是否启用代理、启用哪种代理进行设置。

Step 06 选择【高级选项】选项卡，可在打开的设置界面中对是否在启动时隐藏运行后的EXE进程、是否隐藏服务端的安装文件和进程插入选项等进行设置。

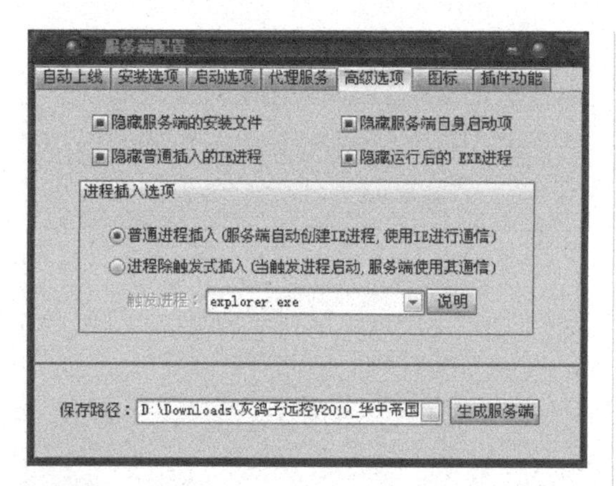

Step 07 选择【图标】选项卡，可在打开的设置界面中对服务器使用的图标进行设置。

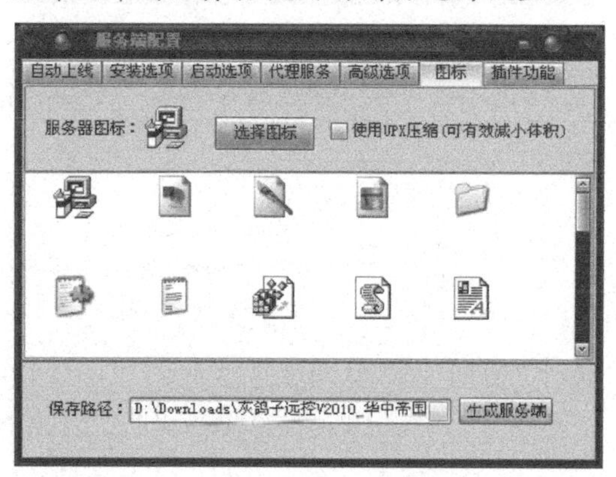

Step 08 如果想加载插件，还可以在【插件功能】选项卡中进行相应设置。一切设置完毕后，在【保存路径】文本框中输入生成服务端程序的保存路径及文件名，单击【生成服务端】按钮，生成服务端程序。

4.5.2 操作远程计算机文件

配置好灰鸽子木马服务端后，即可将木马服务端安装在“肉鸡”中（运行了木马并被黑客完全控制的远程主机，称为“肉鸡”），当成功安装后，就可以很容易地控制对方的计算机了。

木马操作远程计算机文件的具体步骤如下。

Step 01 在灰鸽子操作主界面中选择【设置】→【系统设置】菜单项，打开【系统设置】对话框，在该对话框中的【系统设置】选项卡下设置灰鸽子的自动检测和记录选项，在下方的【自动上线端口】文本框中输入自己在配置木马服务端时设置的端口号，设置完毕后，单击【应用改变】按钮。

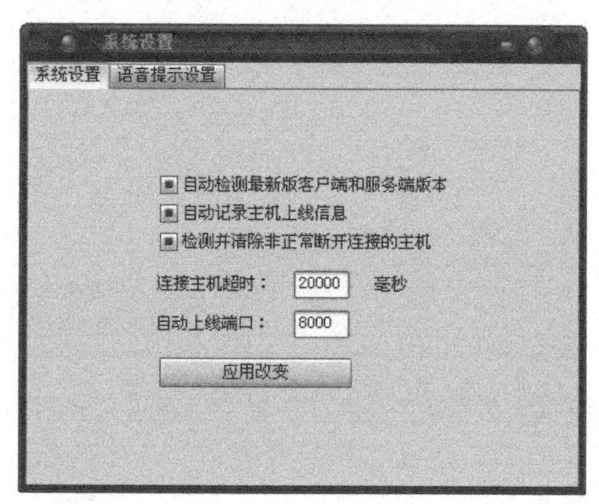

Step 02 选择【语音提示设置】选项卡，在该选项卡下可以手工指定设置“肉鸡”上线和下线时的声音，也可以设置一些操作完成时的提示音，这样在主机上线和下线时，就可以发出提醒声音。

Step 03 启动灰鸽子客户端软件，中了灰鸽子木马的“肉鸡”就会自动上线，上线时有提示音，并在软件左侧【文件目录浏览】区的【华中帝国科技】中显示当前自动上线主机的数目。

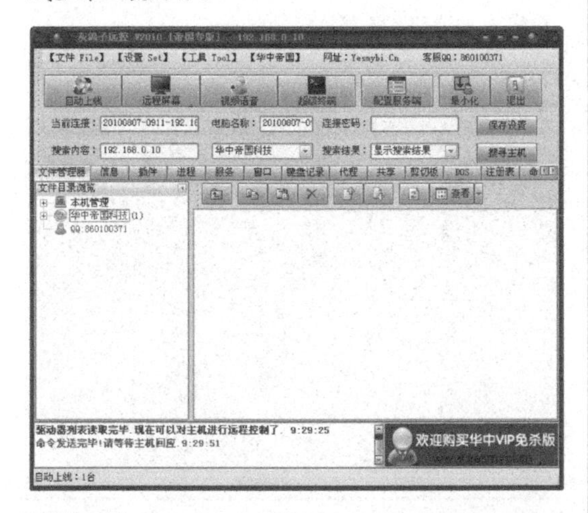

Step 04 单击展开【华中帝国科技】组，在其中选择某台上线的主机，将会显示该主机上的硬盘驱动器列表。

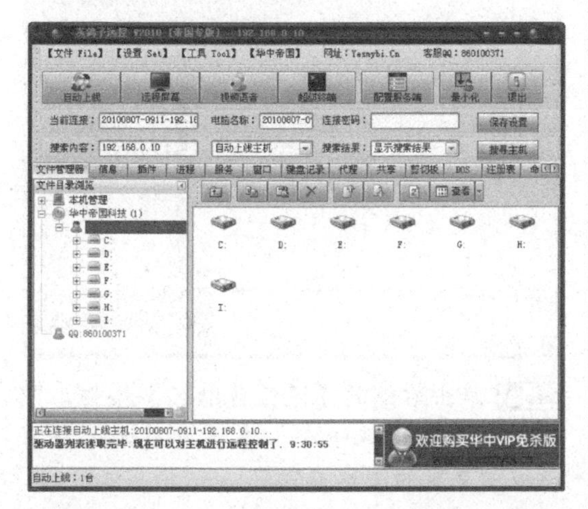

Step 05 选择某个驱动器，在右侧可以看到驱动器中的文件列表信息，在文件列表框中右击某个文件，从弹出的快捷菜单中可以像在本地资源管理器中操作一样，下载、新建、重命名、删除对方计算机中的文件，还可以把对方的文件上传到FTP服务器上保存。

Step 06 在灰鸽子软件操作界面中单击【远程屏幕】按钮，打开远程桌面监视窗口，该窗口中实时显示了“肉鸡”在桌面上的运行状态图片。

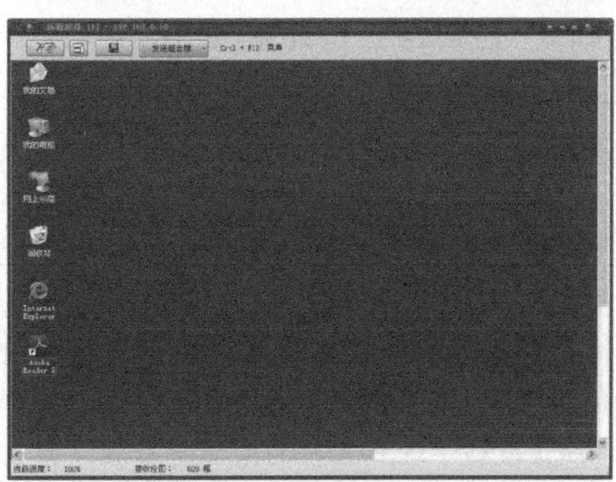

Step 07 在灰鸽子软件操作界面中单击【视频语音】按钮，打开【视频语音】对话框，这样就可以很轻松地开启“肉鸡”的摄像头，并查看到摄像头拍摄的画面了。

Step 08 在【视频语音】对话框中单击【开始语音】按钮，开始监控接收声音，也可以选中【接收到的语音存为WAV文件】，将远程声音监控保存为本地音频文件。

4.5.3 控制远程计算机鼠标和键盘

有时自己的计算机中了木马后，常常会出现鼠标不受控制、乱单击程序或删除文件的现象，这是由于攻击者用木马抢夺了用户的鼠标、键盘控制权，让鼠标、键盘只听从攻击者的命令。下面介绍如何利用灰鸽子木马来远程控制计算机鼠标和键盘的操作，具体控制过程如下。

Step 01 控制了远程主机的桌面屏幕后，单击工具栏上的【传送鼠标和键盘】按钮，就可以切换到鼠标、键盘控制状态，此时在窗口中显示的桌面上单击，即可直接操作远程主机桌面，与在本地操作一样。

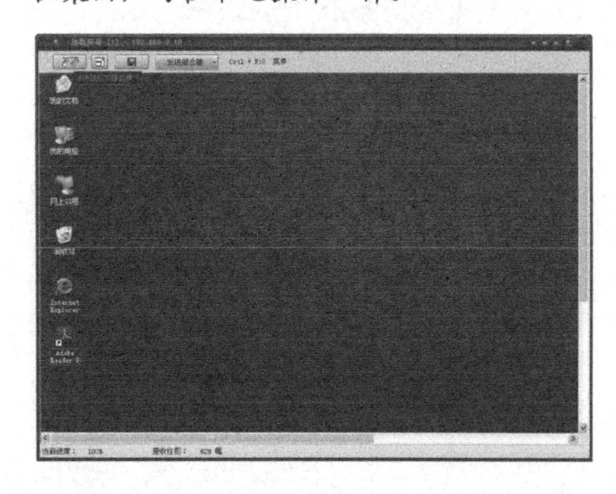

Step 02 在远程控制桌面窗口中单击工具栏上的【发送组合键】按钮，在其下拉菜单中选择发送各种组合键命令，如切换输入法、调出任务管理器等。

Step 03 有时远程主机会通过剪贴板复制/粘贴各种账号、密码等，攻击者可以监视控制远程主机的剪贴板，选择要监视的主机，在下方选择【剪贴板】选项卡，打开【剪贴板】设置界面。

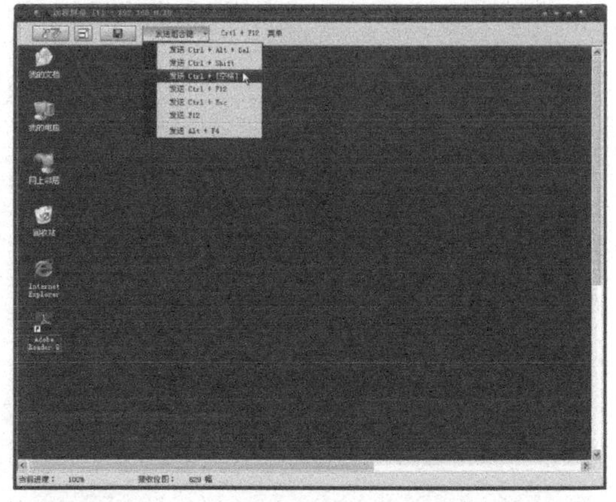

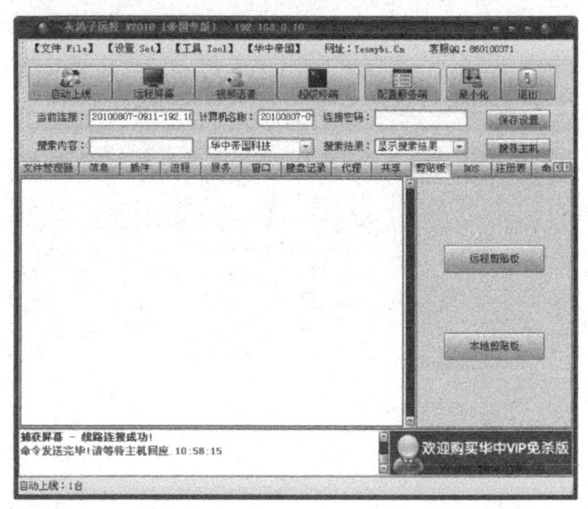

Step 04 单击右侧的【远程剪贴板】按钮，即可发送一条读取命令，在下方显示远程剪贴板中复制的文本内容。

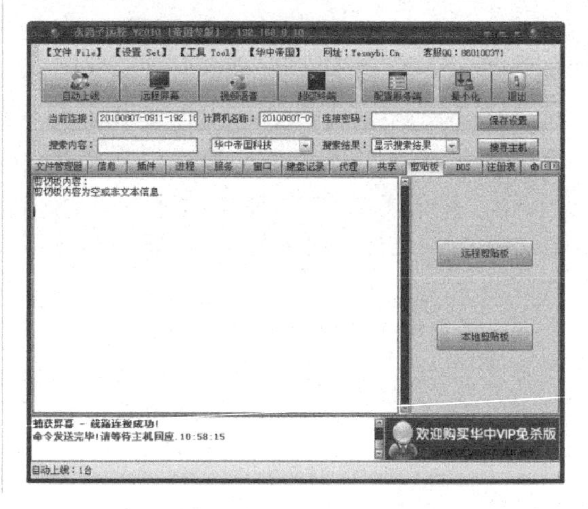

4.5.4　修改控制系统设置

灰鸽子木马有一个强大的系统控制能力，即可以随意地获取、修改远程主机的系统信息和设置。灰鸽子木马修改控制系统设置的操作步骤如下。

Step 01 查看远程主机信息。选择要控制的远程主机后，选择【信息】选项卡，在打开的界面中单击右侧的【系统信息】按钮，即可获得远程主机上的详细系统状态，包括CPU、内存情况、远程主机系统版本、主机名、当前用户等。

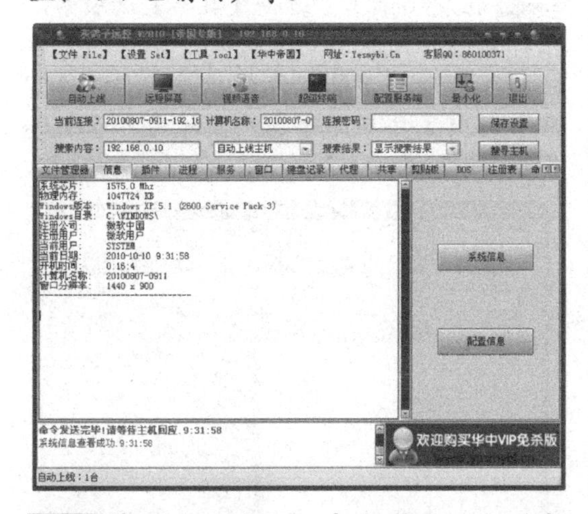

Step 02 管理系统进程。在灰鸽子下方选择【进程】选项卡，在打开的界面中单击右侧的【查看进程】按钮，可查看当前系统中所有正在运行的程序进程名称列表，如果发现危险进程，则可选中该进程后，单击右侧的【终止进程】按钮。

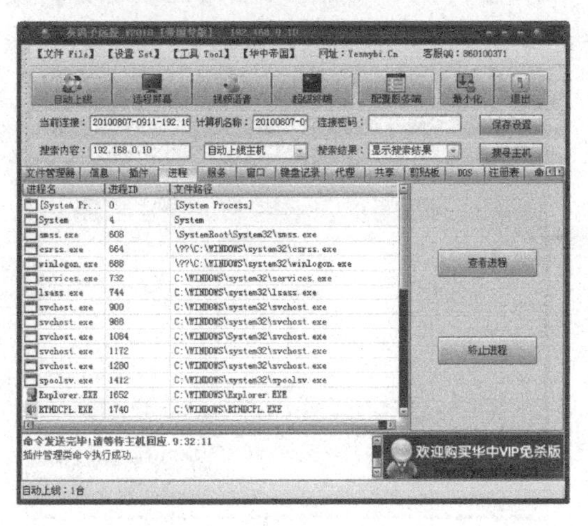

Step 03 管理远程主机服务。在灰鸽子下方选择【服务】选项卡，在打开的界面中单击【查看服务】按钮，可查看当前系统中所有正在运行的服务列表信息，在列表中选择某个服务后，可以设置当前服务是启动或关闭，并设置服务的属性为手动、自动或已禁用。

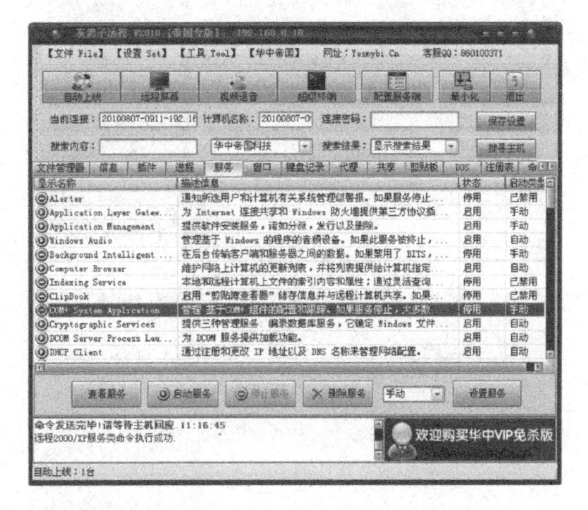

Step 04 在灰鸽子下方选择【插件】选项卡，在打开的界面中单击【刷新现有插件】按钮，可查看当前系统中所有正在运行的插件，在列表中选中某个插件后，可以启动、停止该插件，或查看插件的结果。

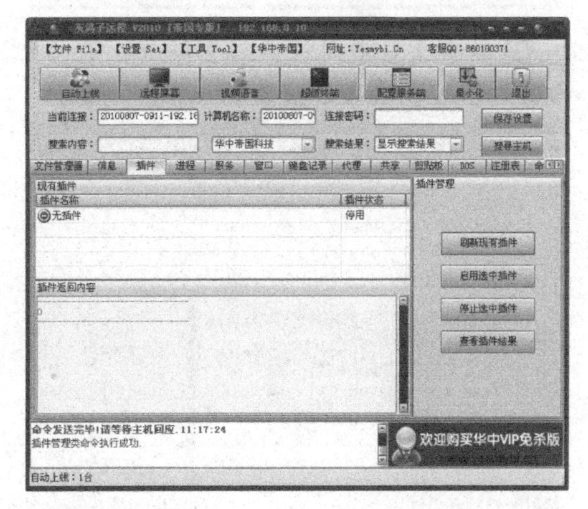

Step 05 在灰鸽子下方选择【窗口】选项卡，在打开的界面中单击【查看窗口】按钮，可查看当前系统中所有正在运行的窗口列表，在列表中选中某个窗口后，可以关闭、隐藏、显示、禁用、恢复该窗口。

Step 06 在灰鸽子下方选择【键盘记录】选项卡，在打开的界面中单击【启动键盘记录】按钮，可启动中文记录命令。

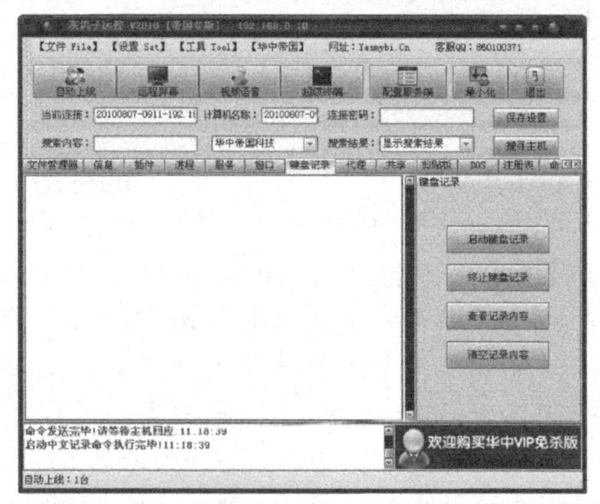

Step 07 单击【查看记录内容】按钮，在右侧的窗口中可查看当前键盘的记录。

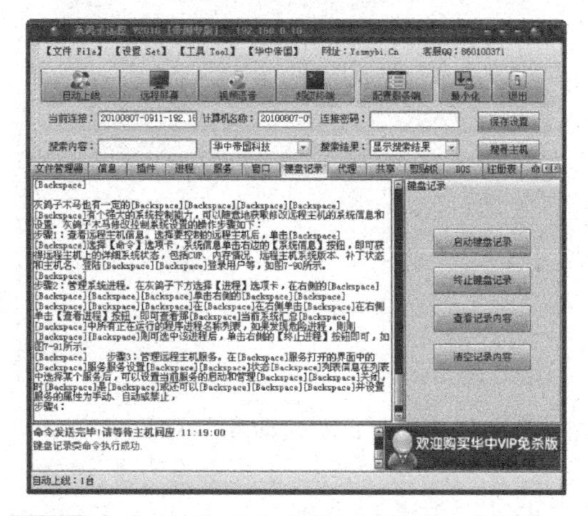

Step 08 在灰鸽子下方选择【代理】选项卡，在打开的界面中可以看到灰鸽子为用户提供了两个代理，即Socks5和Http代理，单击Socks5代理设置区域中的【开始服务】按钮，即可启动Socks5代理。

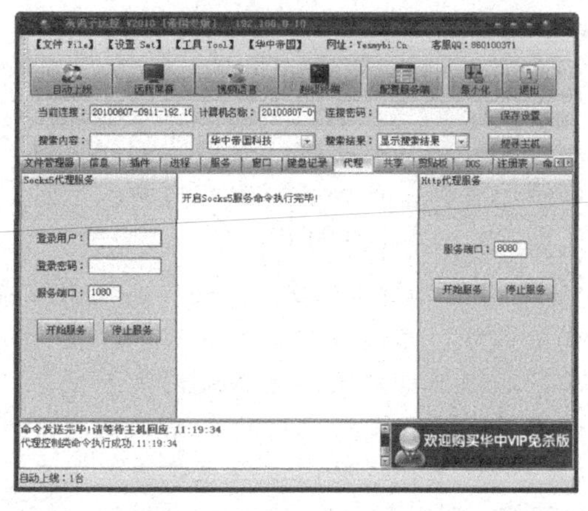

Step 09 在灰鸽子下方选择【共享】选项卡，在打开的界面中单击【查看共享信息】按钮，可启动共享管理命令，并在左侧的窗格中列出了共享的信息，同时还可以新建共享、删除共享。

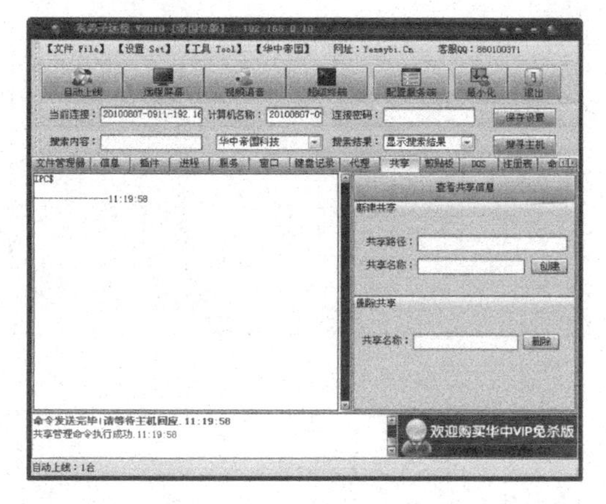

Step 10 在灰鸽子下方选择【DOS】选项卡，在打开的界面中的“Dos命令”文本框中输入相应的命令，然后单击【远程运行】按钮，启动MS-DOS模拟命令。

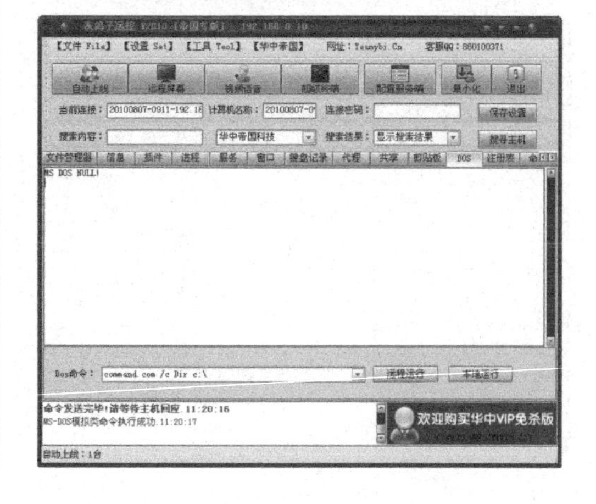

Step 11 在灰鸽子下方选择【注册表】选项卡，在打开的界面中单击【远程计算机】前面的【+】号按钮，展开注册表相应的键值列表，可查看远程主机的注册表信息。

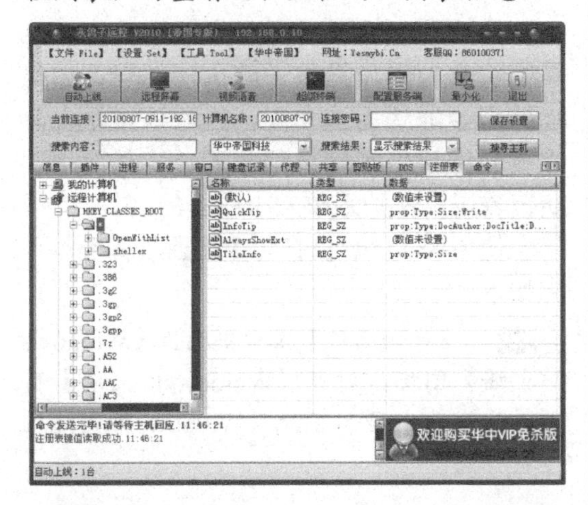

Step 12 如果想修改远程主机的注册表信息，则选中某个注册表信息后右击，从弹出的快捷菜单中根据需要选择相应的命令，对注册表信息进行修改、新建、删除和重命名等操作。

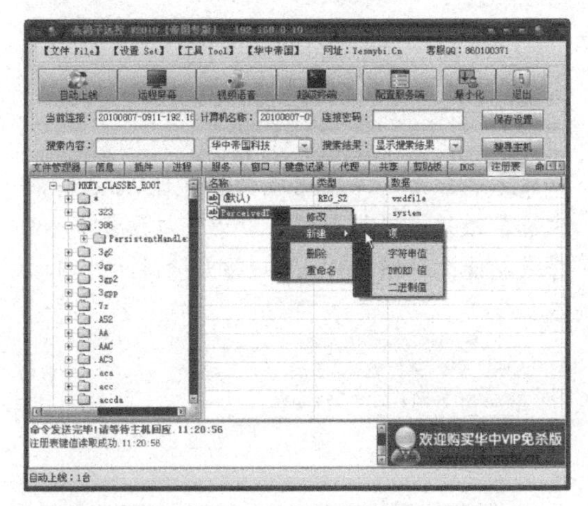

Step 13 在灰鸽子下方选择【命令】选项卡，在打开的界面中显示当前主机的IP地址、地理位置、系统版本、CPU、内存、计算机名称、上线时间、安装日期、插入进程、服务端版本、备注等信息。

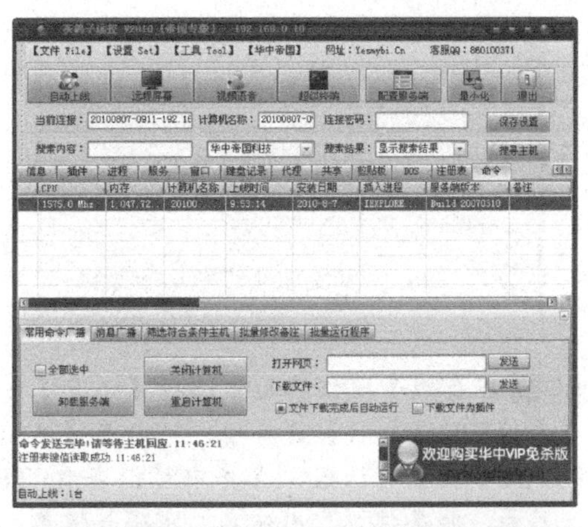

Step 14 灰鸽子还为用户提供了Telnet远程命令控制，单击灰鸽子工具栏上的【超级终端】按钮，可打开【Telnet命令】窗口，在该窗口中可以执行各种命令。

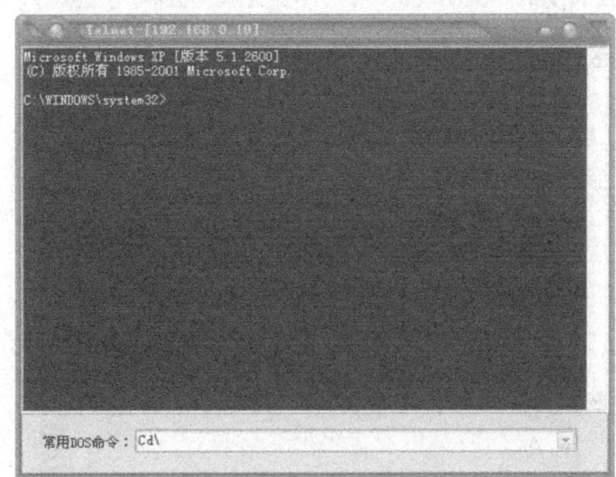

Step 15 【Telnet命令】窗口与本地命令窗口一样，只不过生效的是远程主机，命令将会被发送到远程主机上执行。另外，在【常用DOS命令】下拉列表框中显示有许多常用的入侵攻击命令，直接选择命令，即可在该窗口中自动输入相关的命令。

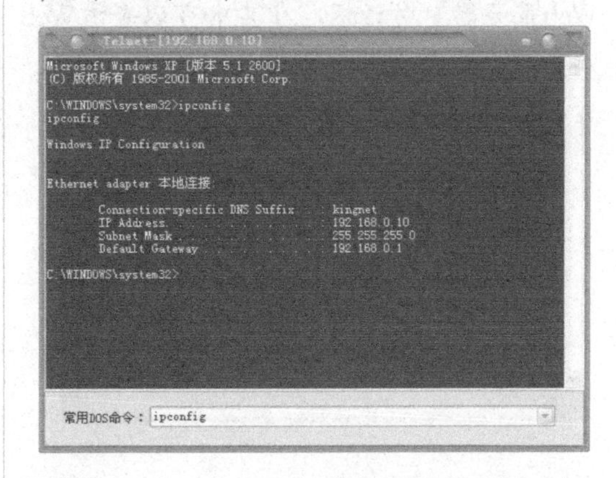

Step 16 另外，在灰鸽子操作界面中选择【工具】→【内网端口映射】菜单项，可打开【内网端口映射】对话框，在其中可以查看连接参数、映射设置、VPort服务端配置等信息。

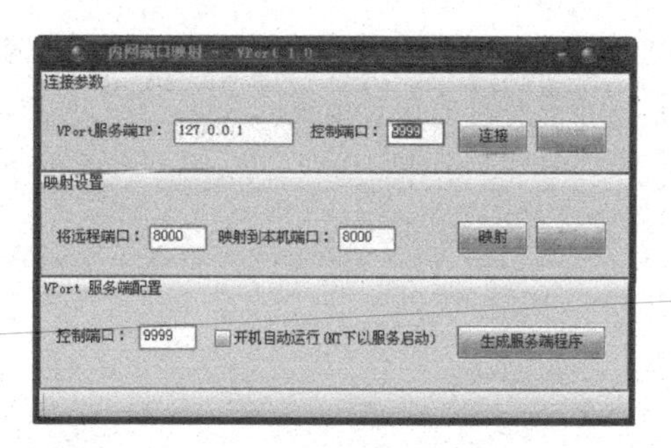

Step 17 在灰鸽子操作界面中选择【工具】→【本地FTP服务器】菜单项，可打开【本地FTP服务器】对话框，在其中可以查看FTP主目录、服务端口、用户名、密码等信息。

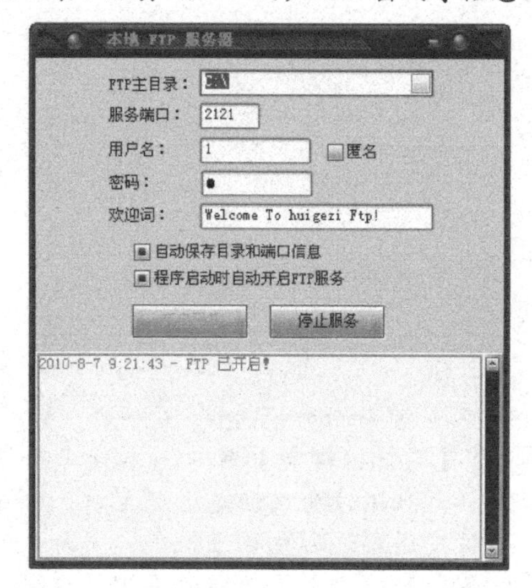

Step 18 在灰鸽子操作界面中选择【工具】→【本地Web服务器】菜单项，打开【本地Web服务器】对话框，在其中可以查看Web主目录、服务端口等信息。

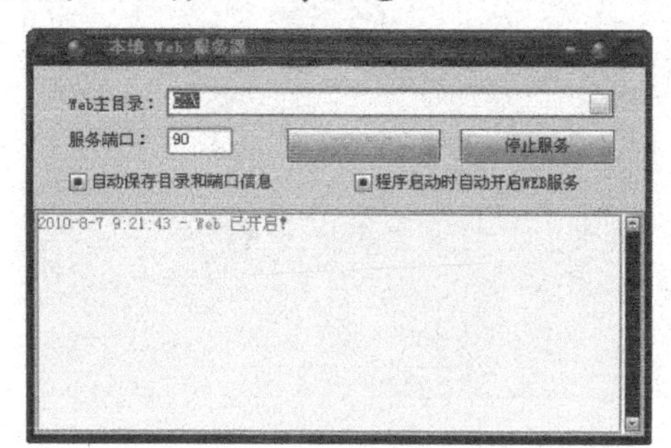

4.6 开启防火墙工具防范远程控制

要想使自己的计算机不受远程控制入侵的困扰，就需要用户对自己的计算机进行相应的保护操作，如开启系统防火墙或安装相应的防火墙工具等。

4.6.1 开启系统自带的Windows防火墙

为了更好地进行网络安全管理，Windows系统特意为用户提供了防火墙功能。如果能够巧妙地使用该功能，就可以根据实际需要允许或拒绝网络信息通过，从而达到防范攻击、保护系统安全的目的。

使用Windows自带防火墙的具体操作步骤如下。

Step 01 在【控制面板】窗口中双击【Windows防火墙】图标，打开【Windows防火墙】窗口，该窗口中显示了此时Windows防火墙已经被开启。

Step 02 单击【允许应用或功能通过Windows防火墙】链接，在打开的窗口中可以设置哪些程序或功能允许通过Windows防火墙访问外网。

Step 03 单击【更改通知设置】或【启用或关闭Windows防火墙】链接，在打开的窗口中可以开启或关闭防火墙。

Step 04 单击【高级设置】链接，进入【高级设置】窗口，在其中可以对入站规则、出站规则、连接安全规则等进行设定。

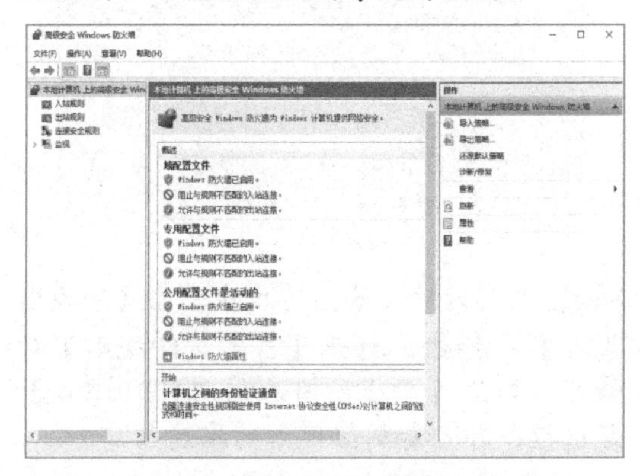

4.6.2 使用天网防火墙防护系统安全

天网防火墙是由天网安全实验室研发制作给个人计算机使用的网络安全工具，根据系统管理者设定的安全规则把守网络，并提供强大的访问控制、应用选通、信息过滤等功能，可以抵挡网络入侵和攻击，防止信息泄露，从而保障用户机器的系统安全。

使用天网防火墙防御入侵的操作步骤如下。

Step 01 单击任务栏中的图标，打开【天网防火墙个人版】主窗口。

Step 02 单击【天网防火墙个人版】主窗口上方的【应用程序规则】按钮，打开【应用程序规则】对话框。各应用程序项中的“√”表示该程序可以使用的网络资源；“？”表示当该程序使用网络资源时将弹出信息提示对话框；“×”表示该程序不能使用网络资源。

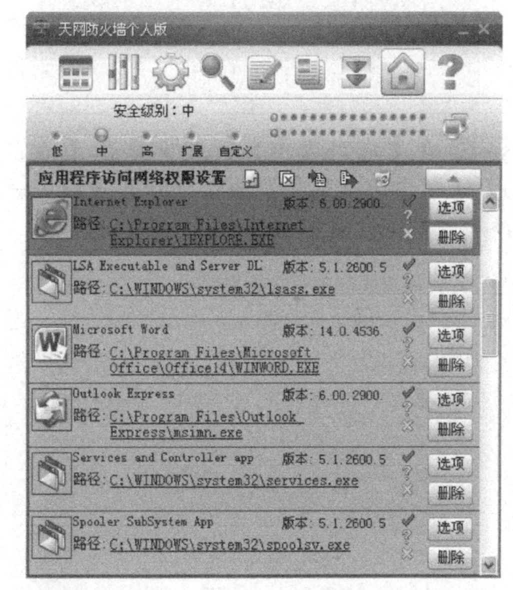

Step 03 选择其中的一个程序（如“迅雷5”）之后，单击【删除】按钮，可打开【天网防火墙提示信息】对话框。

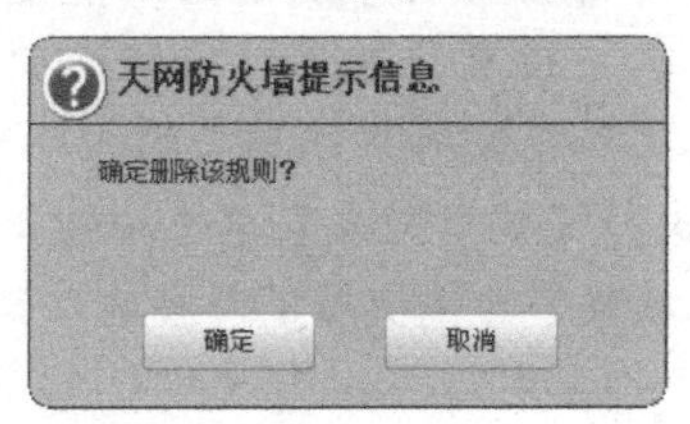

Step 04 单击【确定】按钮，禁止迅雷5使用网络资源，如果此时再运行迅雷，即可弹出【天网防火墙警告信息】对话框。只有取消勾选【该程序以后都按照这次的操作运行】复选框并单击【允许】按钮，该程序才可使用网络资源。

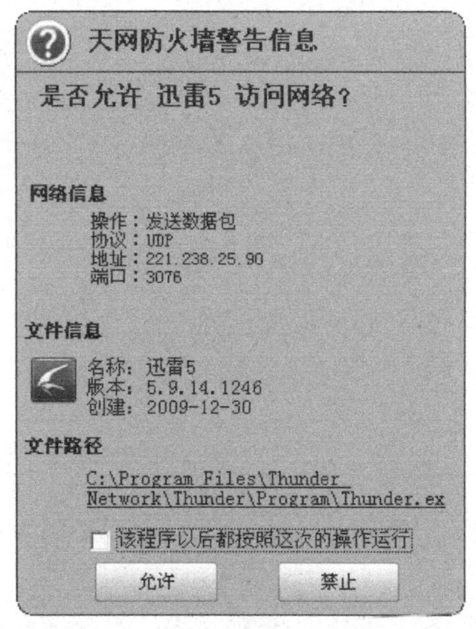

Step 05 在【应用程序】列表中单击【迅雷5】选项中的【选项】按钮，打开【应用程序规则高级设置】对话框。

Step 06 如果选择【端口范围】单选按钮，则会打开【应用程序规则高级设置】对话框，在其中设置该程序访问网络的端口范围（这里只能使用0~1024之间的端口）。

Step 07 选择【端口列表】单选按钮，可在其中输入该程序具体使用了哪些端口。

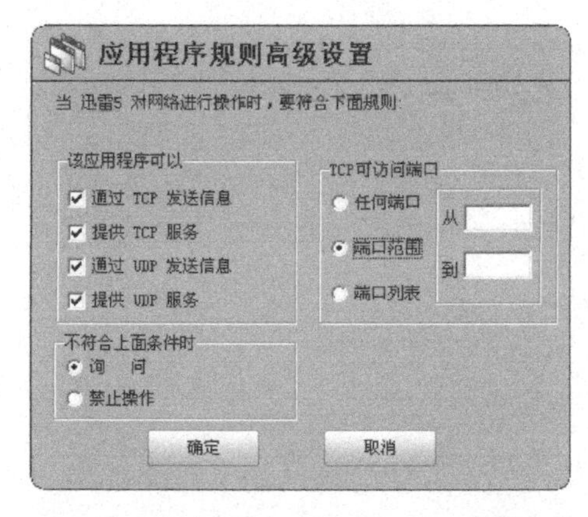

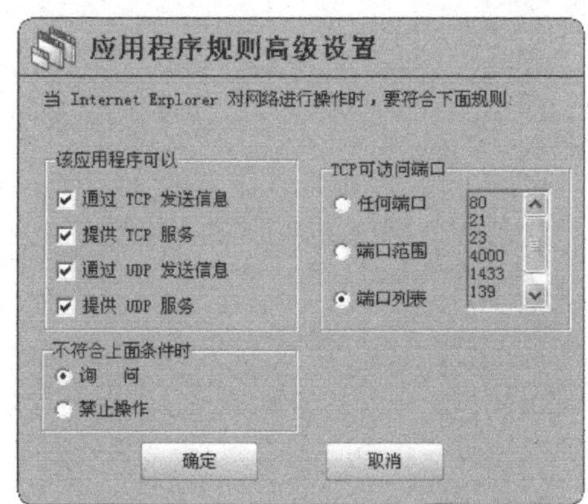

Step 08 在天网防火墙主窗口中单击【IP规则管理】按钮，打开【自定义IP规则】对话框。勾选【禁止所有人链接UDP端口】复选框，即可看到该规则的描述信息。

Step 09 在天网防火墙主窗口中单击【系统设置】按钮，打开【系统设置】对话框。在其中勾选【开机后自动启动防火墙】复选框，以后每次开机后就会自动运行天网防火墙。

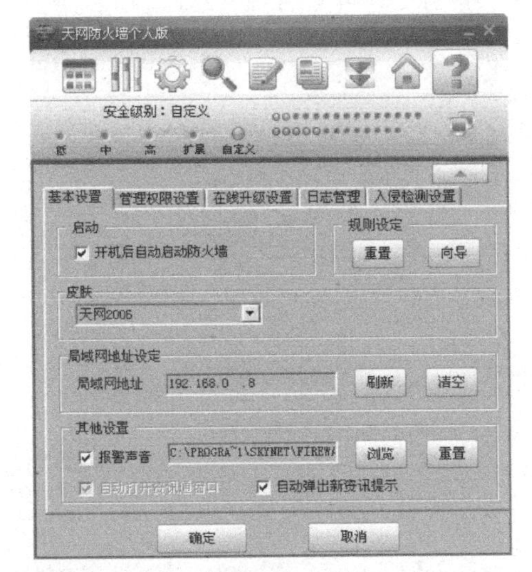

Step 10 如果想删除修改过的规则，则单击【重置】按钮，打开【天网防火墙提示信息】对话框。单击【确定】按钮，所有被修改过的规则都将变成默认设置。

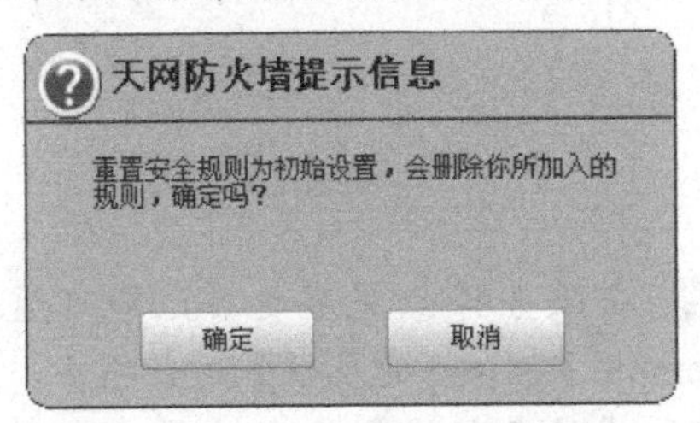

当在“天网防火墙”运行情况下，如果远程入侵程序要打开网络端口，则可弹出【天网防火墙警告信息】对话框，管理员可以很容易地检测到自己运行的程序是否被绑定了远程入侵。此时单击其中的【禁止】按钮，即可防止某程序使用网络资源。这样，黑客就无法通过远程入侵程序对该机器进行远程控制了。

如果用户的计算机被黑客植入了远程入侵程序，则可采用如下方法进行处理。

Step 01 在【自定义IP规则】对话框中单击【添加规则】按钮，打开【增加IP规则】对话框。在【名称】文本框和【说明】文本框中分别输入【阻止冰河木马入侵】；在【数据包方向】下拉列表中选择【接收】选项；在【对方IP地址】下拉列表中选择【任何地址】选项；在【当满足上面条件时】下拉列表框中选择【拦截】选项；在【同时还】栏目中勾选【发声】复选框。

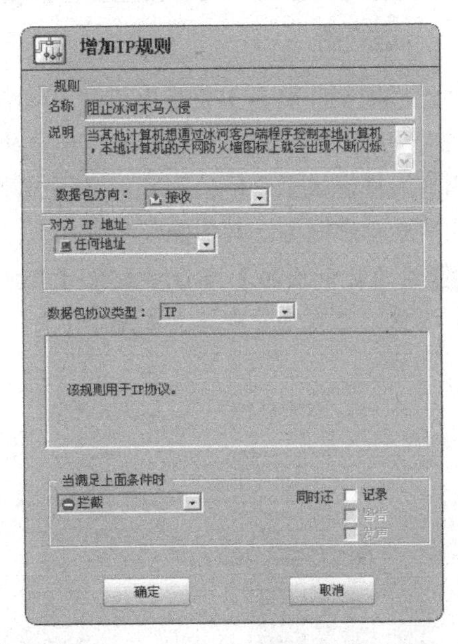

Step 02 单击【确定】按钮，返回到【IP规则】列表框中，在其中可以看到【阻止冰河木马入侵】选项。

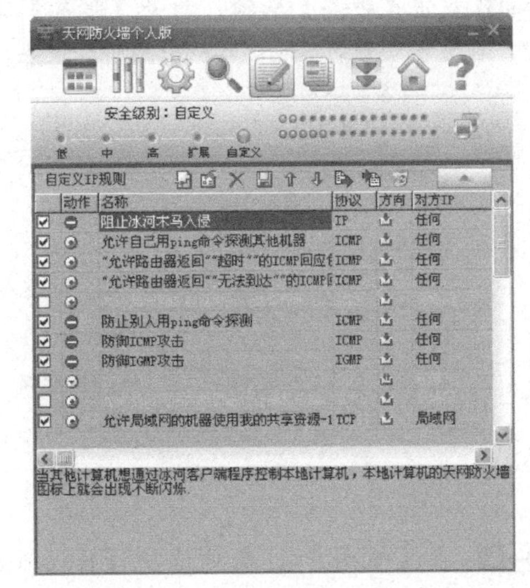

这样，当其他计算机想通过冰河客户端程序控制本地计算机，本地计算机的天网防火墙图标上就会出现不断闪烁的“！”并发出警报声音。此时只需单击按钮，天网防火墙就可以显示是哪些IP通过木马在访问本地计算机。

4.7 实战演练

4.7.1 实战演练1——关闭远程注册表管理服务

远程控制注册表主要是为了便于网络管理员对网络中的计算机进行管理，但这样却给黑客入侵提供了方便。因此，必须关闭远程注册表管理服务。具体操作步骤如下。

Step 01 在【控制面板】窗口中双击【管理工具】选项，进入【管理工具】窗口。

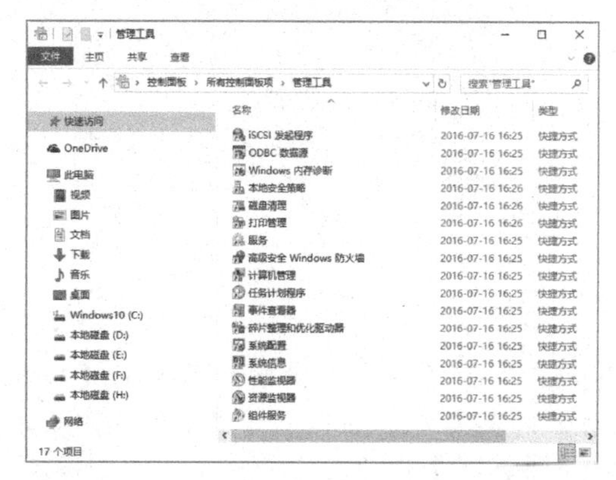

Step 02 双击【服务】选项，打开【服务】窗口，在其中可看到本地计算机中的所有服务。

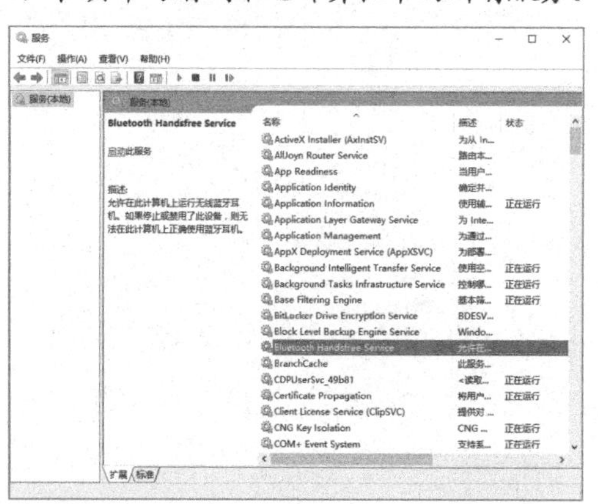

Step 03 在【服务】列表中选中【Remote Registry】选项并右击，从弹出的快捷菜单中选择【属性】菜单项，打开【Remote Registry的属性】对话框。

Step 04 单击【停止】按钮，打开【服务控制】提示框，提示Windows正在尝试停止本地计算机上的下列服务。

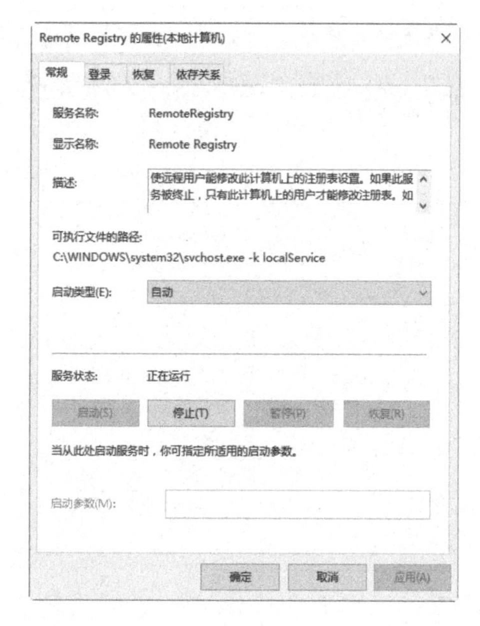

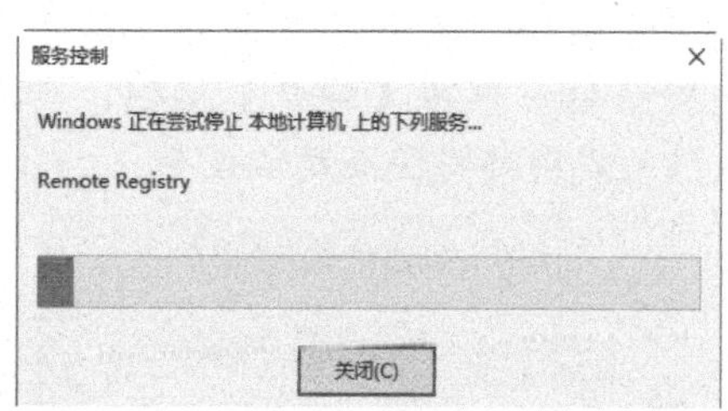

Step 05 在服务停止完毕之后，即可返回到【Remote Registry的属性】对话框中，此时可看到【服务状态】已变为【已停止】，单击【确定】按钮，完成关闭【允许远程注册表操作】服务的操作。

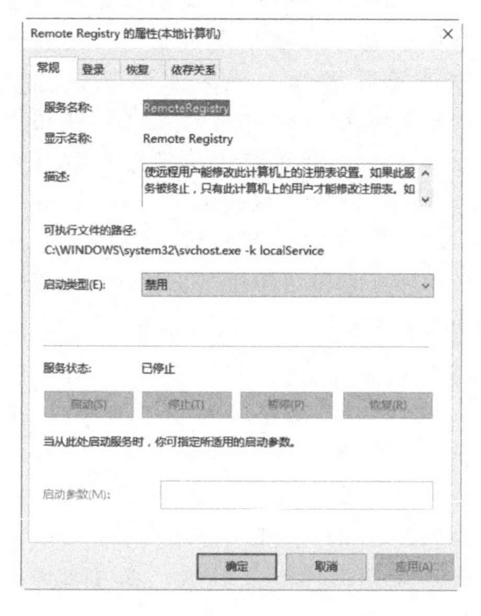

4.7.2　实战演练2——使用命令查询木马端口

一款好的防火墙并不能发现所有病毒，一个好的杀毒软件并不能歼灭所有的带毒程序，当系统中有陌生端口被打开时，就有可能正在遭受黑客的攻击。此时利用命令可以分辨出该端口是否是木马开放的端口。

Windows系统中自带一个命令行工具“tasklist.exe”，利用该工具可以查看系统所有的进程以及其对应的端口。

利用“tasklist.exe”查看端口的具体操作步骤如下。

Step 01 在【命令提示符】窗口下输入“tasklist”命令，按【Enter】键，即可列出系统正在运行的进程。

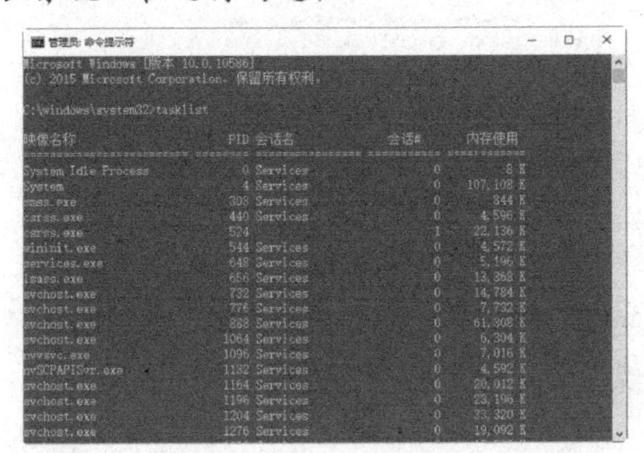

Step 02 根据需要将可疑的进程对应的“PID”号记下，并在【命令提示符】窗口中输入“netstat –ano|findstr 6172”命令，按【Enter】键，即可将该进程打开端口号显示出来。其中，“netstat -ano”参数表示以数字形式显示所有活动的TCP连接以及计算机正在侦听的TCP、UDP端口，并且显示对应的进程ID、PID号；“findstr 6172”表示查找进程PID为“220”的TCP连接以及TCP、UDP端口的侦听情况。

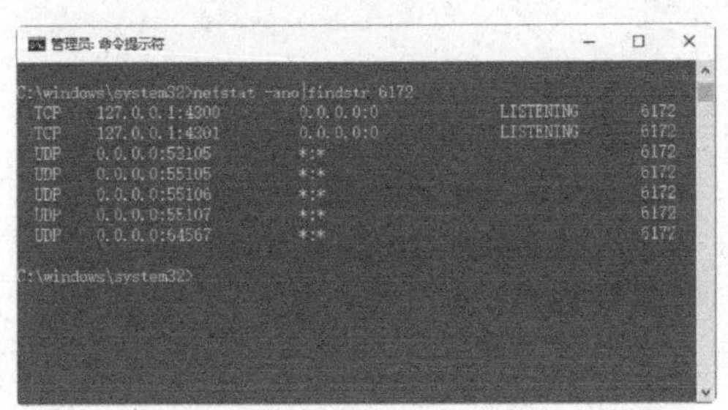

Step 03 在【命令提示符】窗口中输入“tasklist /fi "PID eq 6172"”命令，按【Enter】键后，可显示出对应的进程。

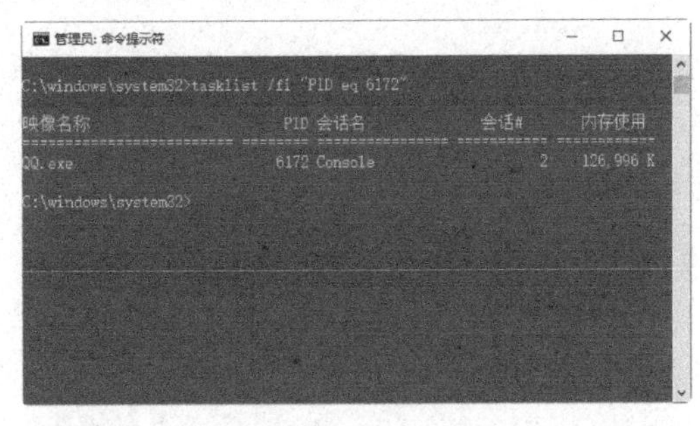

Step 04 通过查看确定该进程可疑，则需在【命令提示符】窗口中输入“taskkill /pid 6172”命令，按【Enter】键，关闭该进程，这样可以避免木马程序侵入自己的系统。

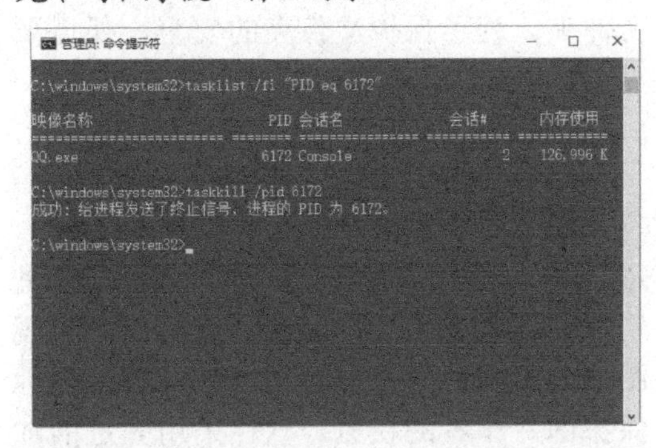

提示：相同的进程，图像名每次运行的“PID”号一般都不相同，所以一旦该进程重启后，“PID”号就会改变，这就需要用户重新查看。

4.8　小试身手

练习1：使用远程控制工具入侵系统。

练习2：使用多点远程控制利器——QuickIP。

练习3：使用远程控制的好帮手——RemotelyAnywhere。

练习4：使用远程控制任我行实现远程控制。

练习5：开启防火墙工具防范远程控制。

第5章　文件加密、解密工具

文件的安全问题是伴随着计算机的诞生而诞生的，如何才能做到文件绝对安全，是安全专家的研究方向。本章简单介绍了一些文件加密、解密工具。

5.1　文件和文件夹加密、解密工具

文件和文件夹是计算机磁盘空间里为了分类储存电子文件而建立独立路径的目录，"文件夹"就是一个目录名称。文件夹不但可以包含文件，而且可包含下一级文件夹。为了保护文件夹的安全，还需要对文件或文件夹进行加密。

5.1.1　TTU图片保护专家

TTU图片保护专家是专门针对Bmp、Jpg等图片进行加密的、非联网验证的加密软件。它集成了文件加密、访问口令、视图缩放限制、防拷屏等功能，能够有效地保护图片作者的权益。软件采用先进的加密技术、复杂的加密算法，同时又优化了图片显示速度和显示模式，是优秀的图片加密与发布软件。

使用TTU图片保护专家软件对图片进行加密的操作步骤如下。

Step 01 下载并安装TTU图片保护专家，然后双击桌面上的【TTU-图片保护专家】快捷图标，打开【TTU-图片保护专家】主窗口。

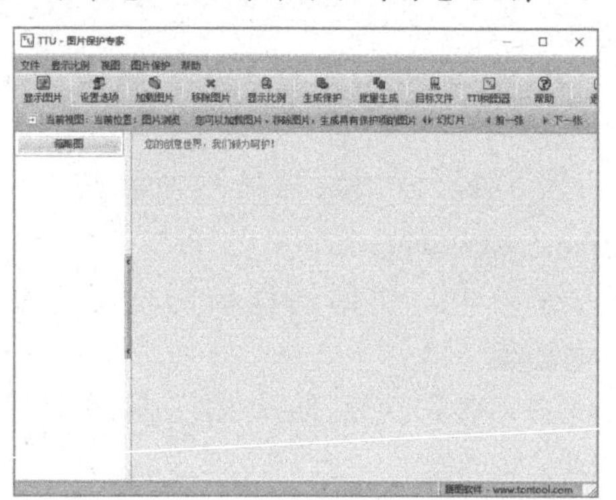

Step 02 在工具栏中单击【设置选项】按钮，进入【设置选项】窗口，在其中可设置文件位置、保密选项等属性。

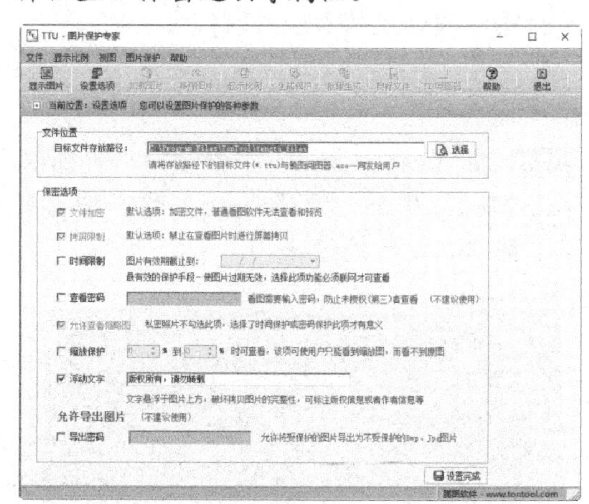

Step 03 单击【设置完成】按钮，打开【是否马上添加图片】提示框。

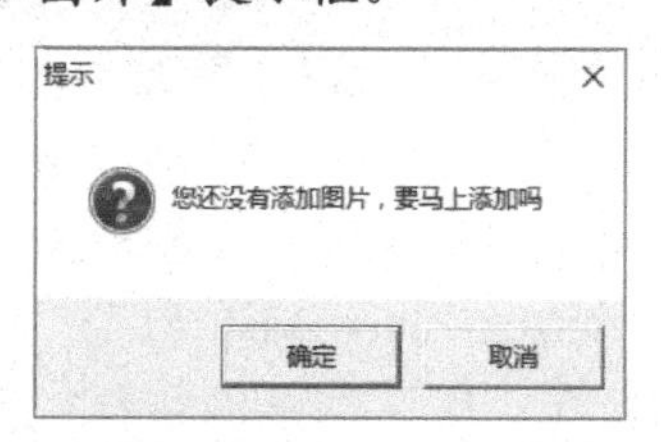

Step 04 单击【确定】按钮，打开【打开】对话框，选择要加密的图片。

Step 05 单击【打开】按钮，在【TTU-图片保护专家】主窗口可看到选择的图片。

Step 06 在工具栏中单击【生成保护】按钮，即可进行加密，待加密完毕后，可看到【生成保护文件成功】提示框。

Step 07 在【TTU-图片保护专家】工具中还可以同时对多张图片进行加密，即批量加密。在【TTU-图片保护专家】主窗口中的工具栏中单击【加载图片】按钮，可打开【打开】对话框，按住【Ctrl】键选择要加密的文件。

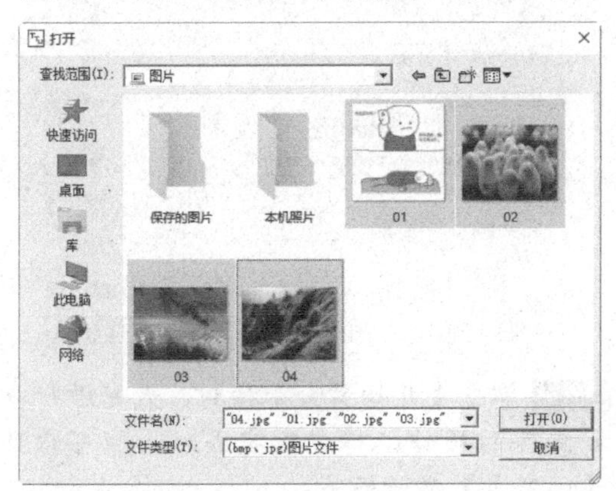

Step 08 单击【打开】按钮，可在【TTU-图片保护专家】主窗口左边的缩略图列表中看到选择的图片，单击某个图片，即可在右边的窗口中看到该图片的具体效果。

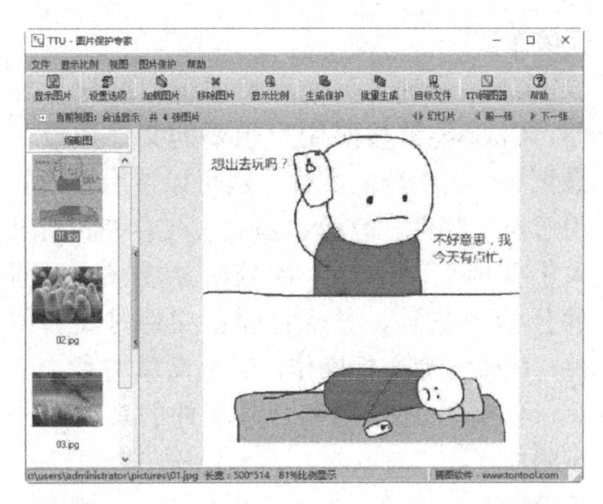

Step 09 在工具栏中单击【批量生成】按钮，可进行批量加密，待加密完毕后，即可看到【生成保护文件成功】提示框，在其中可看到成功加密的图片文件个数。

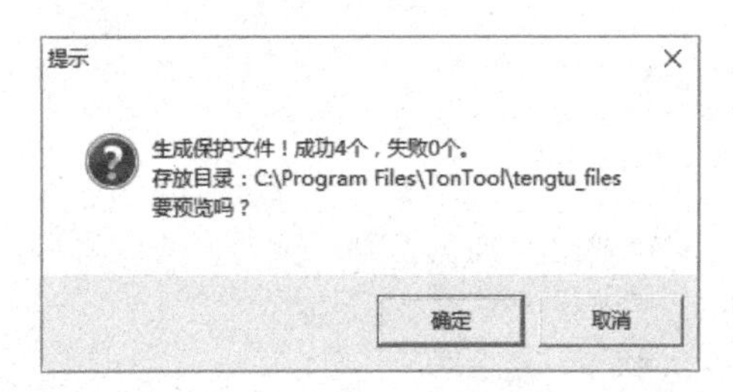

Step 10 如果想查看加密后输出文件，可在【TTU-图片保护专家】主窗口中选择【图片加密】→【查看输入文件】菜单项，打开输出文件所在的文件夹，在其中可看到所有的加密图片文件。

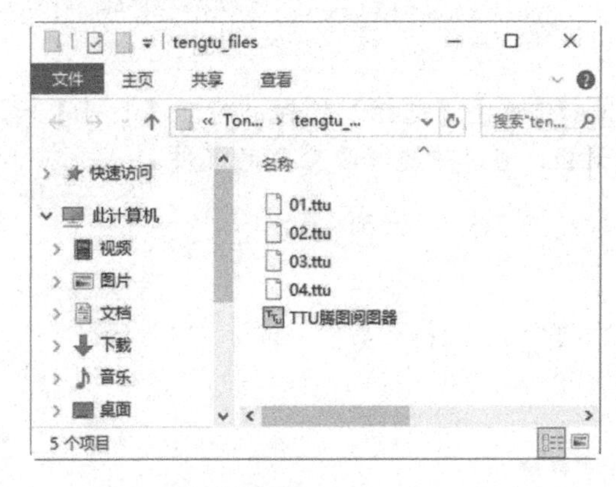

5.1.2　通过分割加密文件

为了保护自己文件的安全，可以将其分割成几个文件，并在分割的过程中进行加密，这样黑客面临分割后的文件就束手无策了。

Chop分割工具使用普通窗口或向导界面，Chop能够按照用户想要的文件数量、最大文件大小分割文件。也可以使用预设的用于电子邮件、软盘、Zip盘、CD等的通用大小分割文件。Chop能以向导或普通界面劈分/合并文件，并支持保留文件时间和属性、CRC、命令行操作，甚至简单加密。

使用Chop分割和合并文件的具体操作步骤如下。

Step 01 下载Chop工具后，解压并运行其中的Chop.exe文件，打开【Chop】窗口。

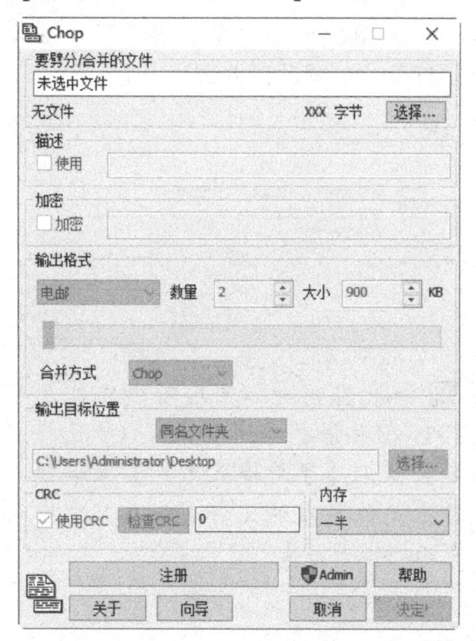

Step 02 单击【选择】按钮，打开【打开】对话框，在其中选择要分割的文件。

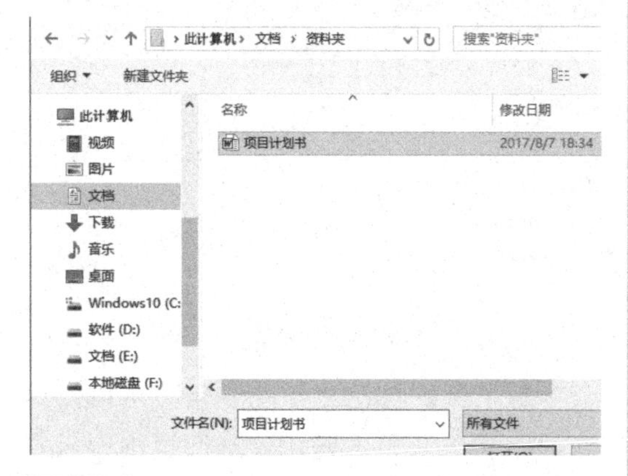

Step 03 单击【打开】按钮，返回到【Chop】窗口中，可以看到添加的分割文件。

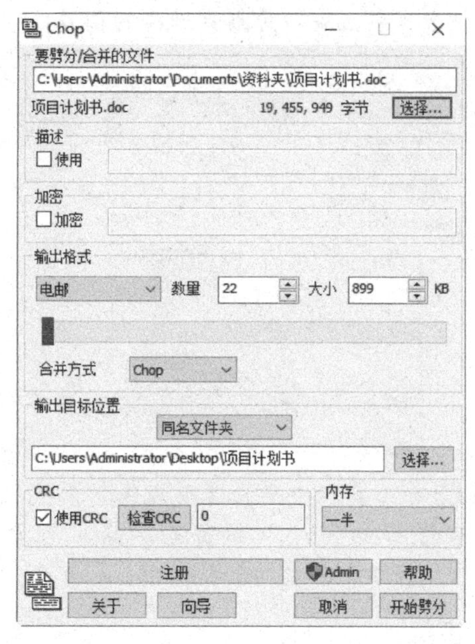

Step 04 勾选【加密】复选框，并在后面的文本框中输入密码，最后设置输出目标位置。

Step 05 单击【开始劈分】按钮，开始进行分割文件的操作，待分割完成后，即可看到【已完成】对话框。

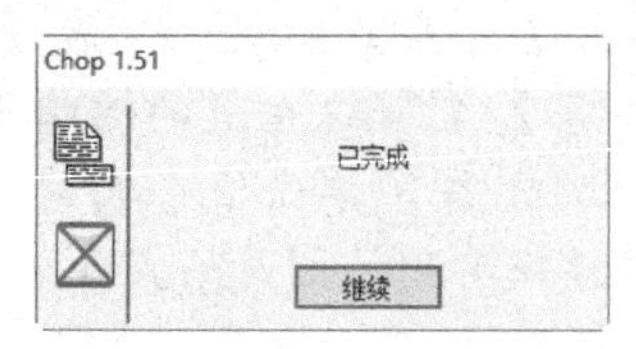

Step 06 单击【继续】按钮，完成劈分文件的操作，此时打开设置的输出目标文件夹，即可看到劈分后的文件。

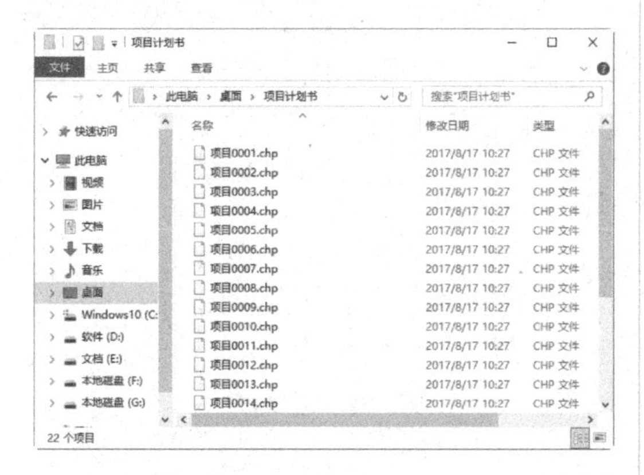

Step 07 在Chop软件中还可以使用向导劈分文件，在【Chop】窗口中单击【向导】按钮，可打开【选择文件】对话框。

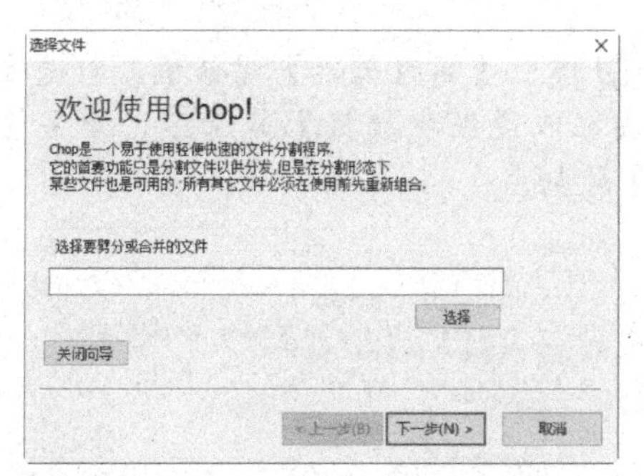

Step 08 单击【选择】按钮，在打开的对话框中选择要劈分的文件，然后单击【下一步】按钮，打开【劈分模式】对话框，设置分发/存储方式。

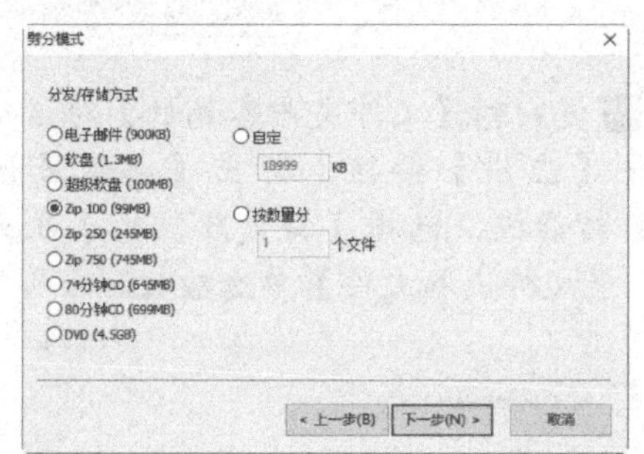

Step 09 单击【下一步】按钮，打开【选择目标位置】对话框，在【劈分/合并的文件存储位置】栏目中选择【在选中文件夹中创建同名的文件夹】单选按钮。

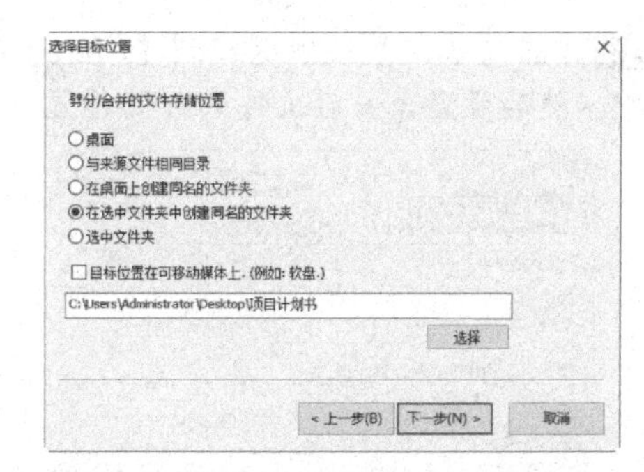

Step 10 单击【选择】按钮，选择劈分文件的存储位置，然后单击【下一步】按钮，即可打开【选项】对话框，选择【使用Chop】单选按钮，勾选【加密】复选框，并在后面的文本框中输入相应的密码。

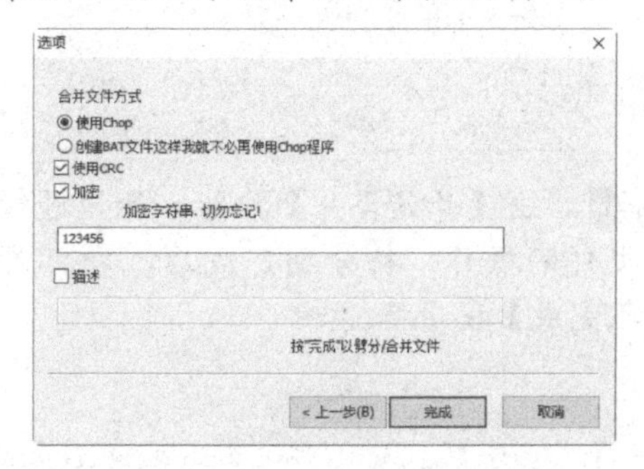

Step 11 单击【完成】按钮，开始进行劈分文件的操作，待劈分文件完成后，可看到【已完成】提示框。

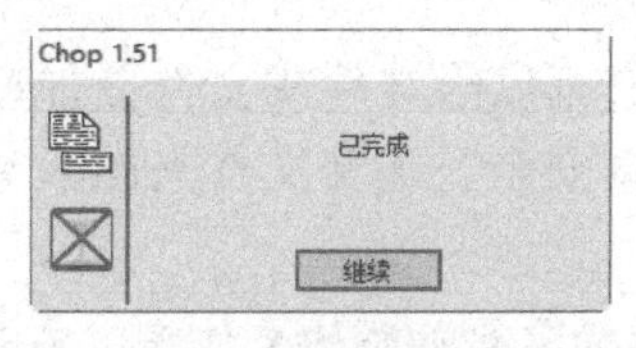

Step 12 也可以使用Chop软件合并劈分后的文件，在【Chop】窗口中单击【要劈分/合并的文件】栏目中的【选择】按钮，打开【打开】对话框，选择要合并的文件，这里必须选择chp类型的文件。

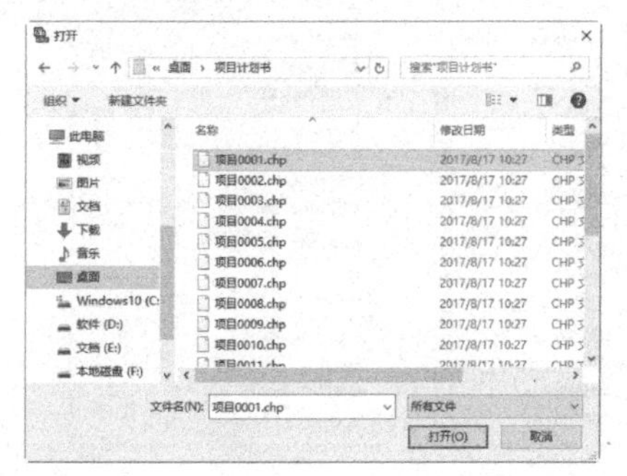

Step 13 单击【确定】按钮返回到【Chop】窗口中，然后设置合并后文件的存储位置。

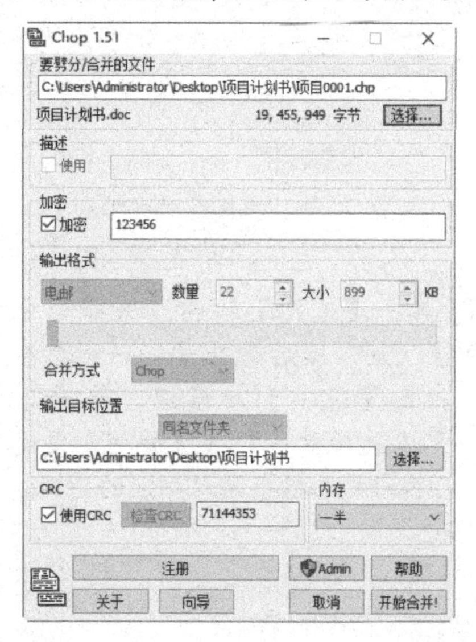

Step 14 单击【开始合并】按钮，开始进行合并文件的操作，待分割完成后，即可看到【已完成】提示框。

5.1.3 给文件或文件夹加密

用户可以给文件或文件夹加密，从而保证数据安全。加密文件夹的具体操作步骤如下。

Step 01 选择需要加密的文件夹，右击，从弹出的快捷菜单中选择【属性】命令。

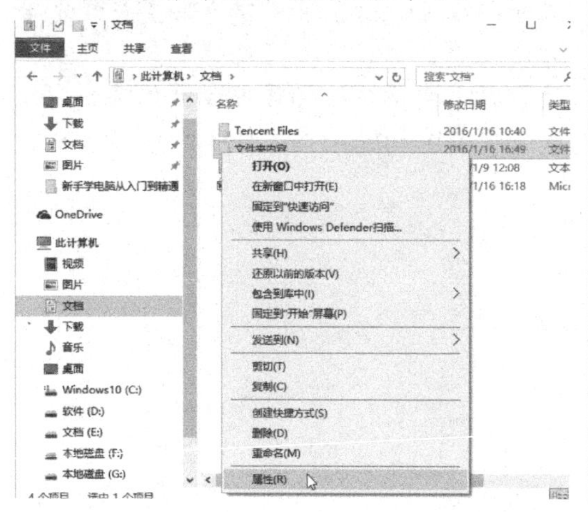

Step 02 弹出【文件夹内容属性】对话框，选择【常规】选项卡，单击【高级】按钮。

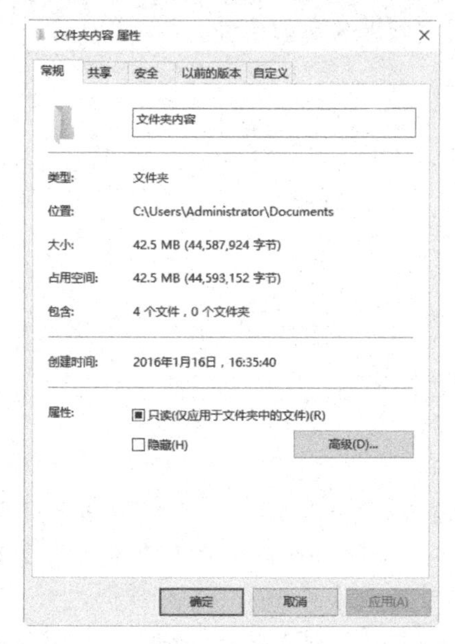

Step 03 弹出【高级属性】对话框，勾选【加密内容以便保护数据】复选框，单击【确定】按钮。

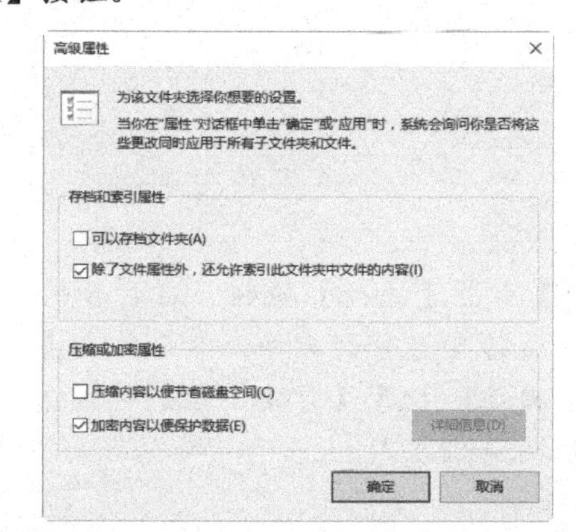

Step 04 返回到【文件夹内容属性】对话框，单击【应用】按钮，弹出【确认属性更改】对话框，选择【将更改应用于此文件夹、子文件夹和文件】单选按钮。

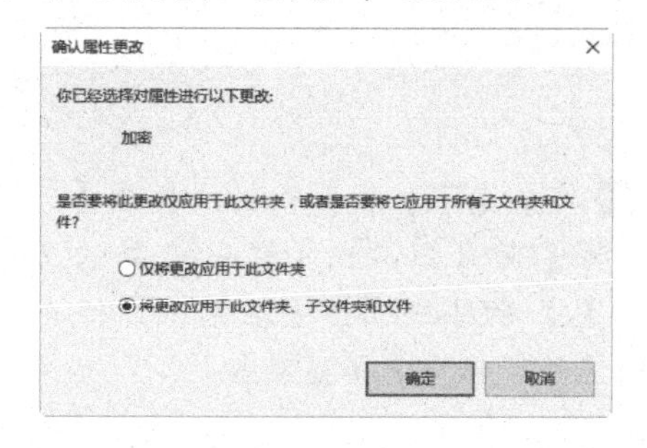

Step 05 单击【确定】按钮，返回到【文件夹内容属性】对话框，单击【确定】按钮，弹出【应用属性】对话框，系统开始自动对所选的文件夹进行加密操作。

Step 06 加密完成后，可以看到被加密的文件夹名称显示为绿色，表示加密成功。

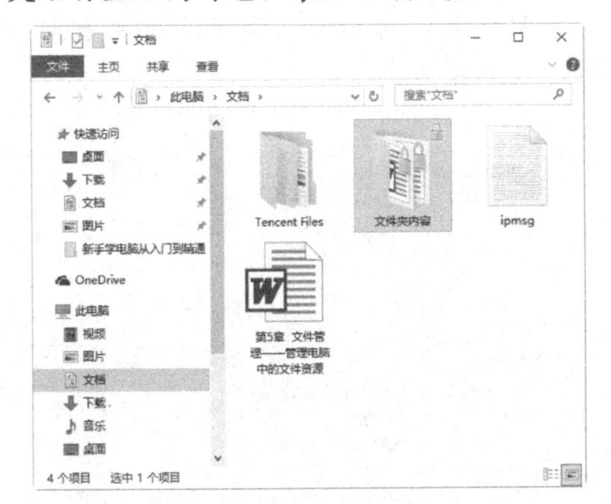

5.1.4　文件夹加密超级大师

文件夹加密超级大师是一款功能强大的文件加密和文件夹加密软件，具有文件加密、文件夹加密和删除粉碎等功能。

使用文件夹加密超级大师软件进行加密的具体操作步骤如下。

Step 01 下载并安装【文件夹加密超级大师】软件后，双击桌面上的快捷图标，即可打开【文件夹加密超级大师】主窗口。

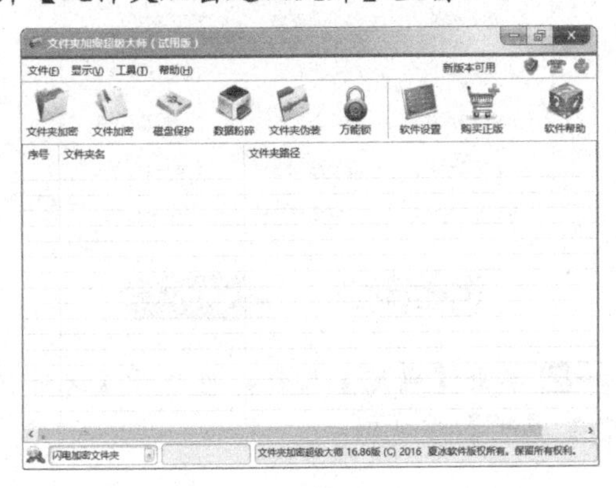

Step 02 单击工具栏中的【文件夹加密】按钮，打开【浏览文件夹】对话框，选择要加密的文件夹。

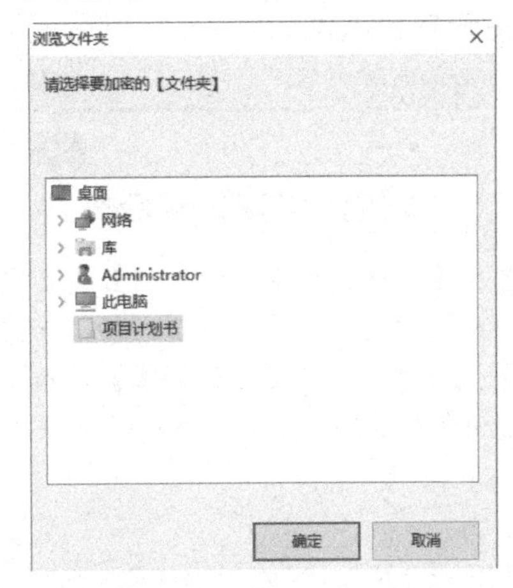

Step 03 单击【确定】按钮，打开【加密文件夹】对话框，输入要设置的密码。

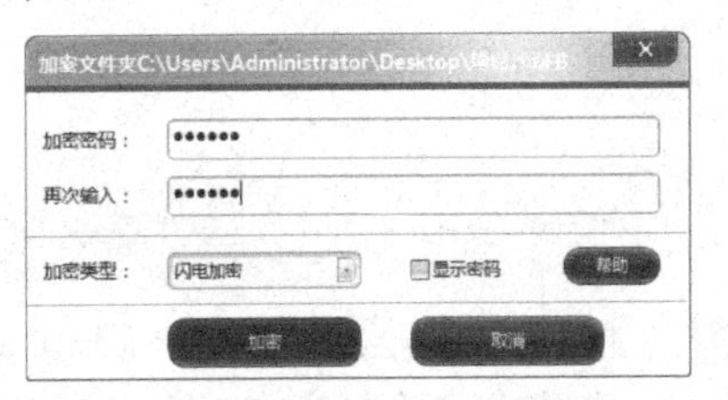

Step 04 单击【加密】按钮，即可进行加密，待加密完成后，可在【文件夹加密超级大师】主窗口中的【文件夹】列表中看到成功加密的文件夹。

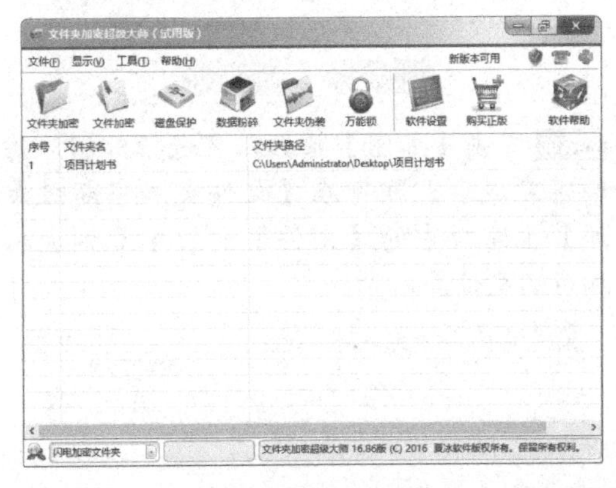

提示：加密后的文件夹具有最高的加密强度，并且防删除、防复制、防移动，还有方便的打开功能（临时解密），每次使用加密文件夹或加密文件后不用重新加密。

Step 05 双击使用文件夹加密超级大师加密的

文件夹，可打开【请输入密码】对话框，在其中输入设置的密码，可以临时解密并打开该文件夹，如果单击【解密】按钮，则可进行解密操作。

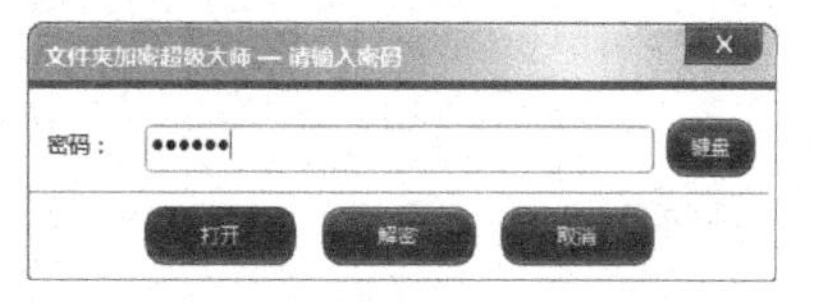

Step 06 在【文件夹加密超级大师】工具中还可以对单个文件进行加密。在【文件夹加密超级大师】主窗口中单击【文件加密】按钮，可打开【打开】对话框，选择要加密的文件。

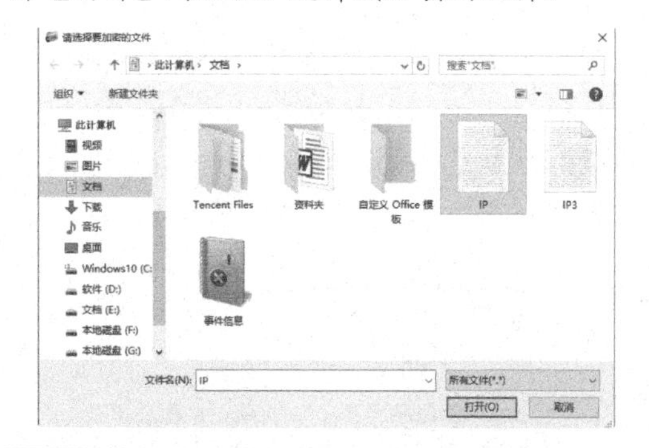

Step 07 单击【打开】按钮，可打开【加密文件】对话框，在其中设置加密密码和加密类型。

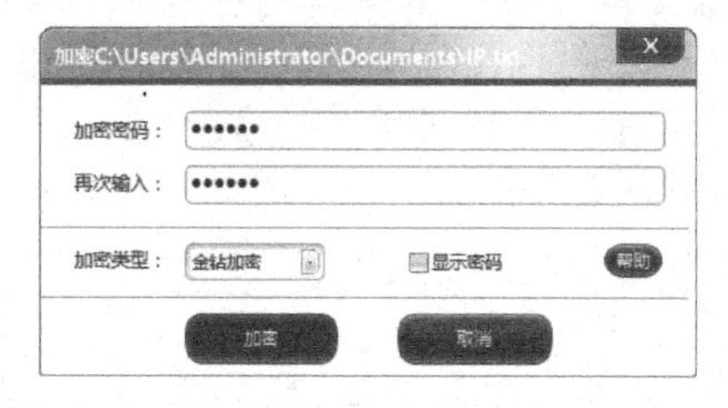

Step 08 单击【加密】按钮，可进行加密，待加密完成后，即可在【文件夹加密超级大师】主窗口中的【文件】列表中看到成功加密的文件。

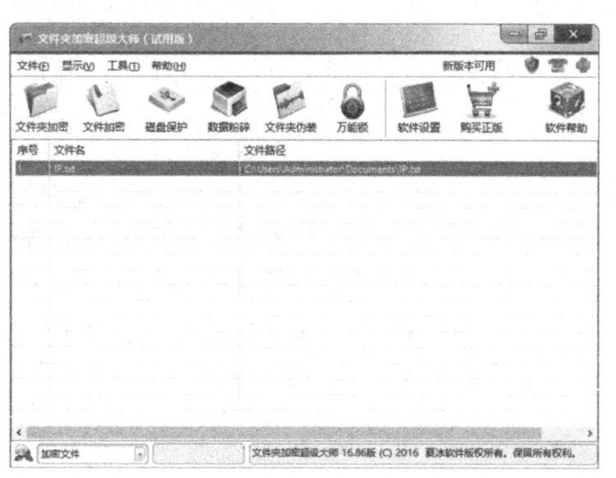

Step 09 双击其中的文件名，同样可以打开【请输入密码】对话框，只有在【密码】文本框中输入正确的密码，才可以打开该文件。

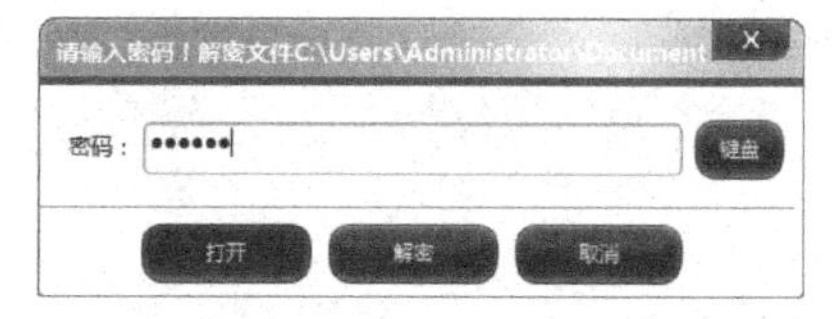

Step 10 在【文件夹加密超级大师】工具中还将文件夹伪装成特定的图标。在【文件夹加密超级大师】主窗口中单击【文件夹伪装】按钮，可打开【浏览文件夹】对话框，选择要伪装的文件夹。

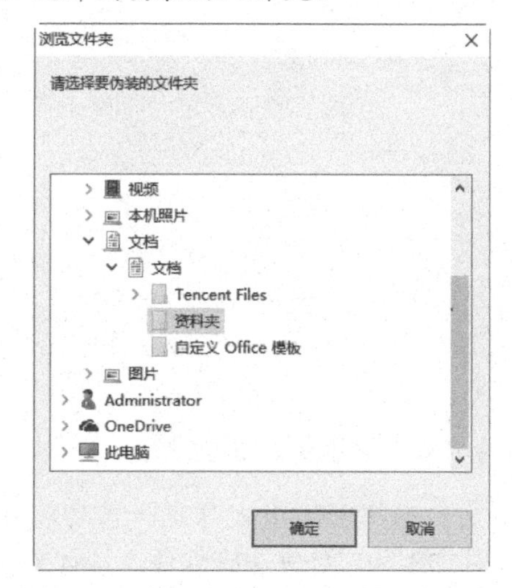

Step 11 单击【确定】按钮，打开【请选择伪装类型】对话框，在其中选择【html文件】单选按钮。

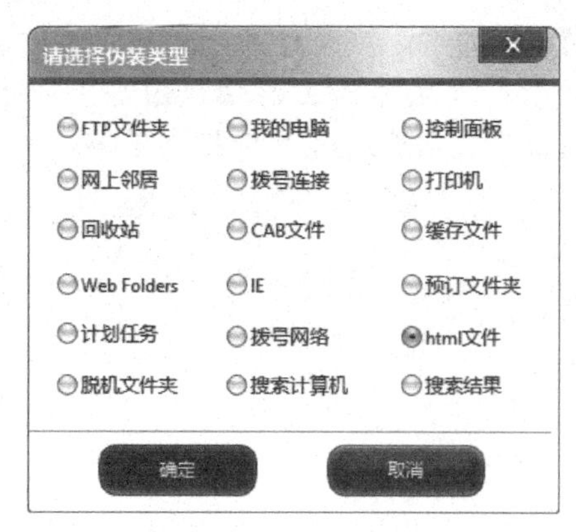

Step 12 单击【确定】按钮，可打开【文件夹伪装成功】对话框。

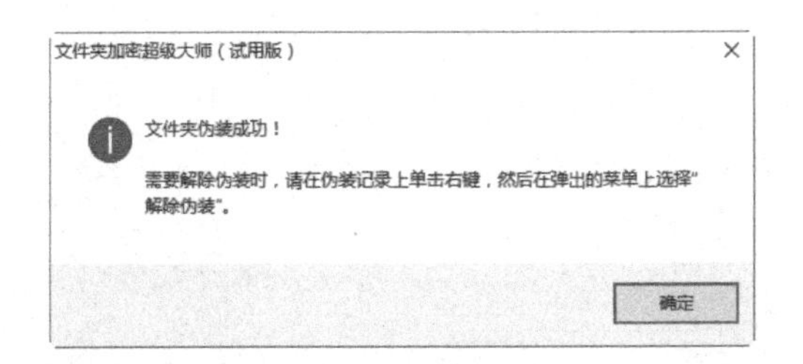

Step 13 单击【确定】按钮，即可完成伪装文件夹操作。

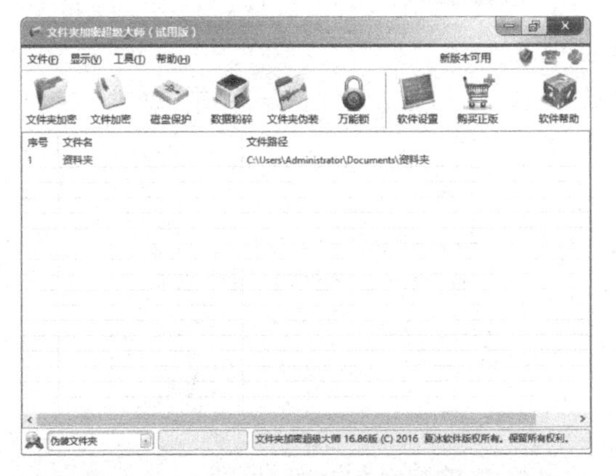

Step 14 在【文件夹加密超级大师】主窗口中单击【软件设置】按钮，打开【高级设置】对话框，在其中可以为该软件设置密码及其他属性。

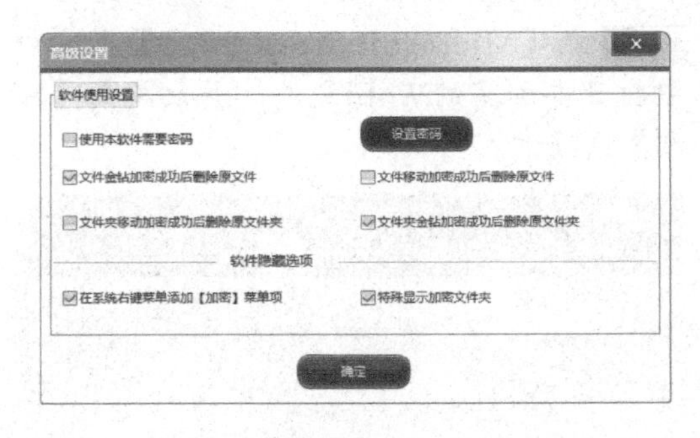

5.2　办公文档加密、解密工具

随着计算机和互联网的普及以及发展，越来越多的人习惯把自己的隐私数据保存在个人计算机中，而黑客要想知道密码之后的信息，就需要利用破解密码技术对其进行解密。用户要想保护自己的文件密码不被破解，最简单的方式就是给各类文件加上比较复杂的密码，如密码包括数字、字母或特殊符号等，并且密码的长度最好超过8个字符。

5.2.1　加密Word文档

Word办公软件在提供加密文档的同时，还提供保护文档功能。本节将介绍对Word文档进行加密的方法，以防止文档被别人窥探或修改。

1. 使用【常规选项】进行加密

Word自身就有简单的加密功能。可以通过Word提供的【选项】功能轻松实现文档的密码设置。

具体操作步骤如下。

Step 01 打开一个要加密的文档，选择【文件】选项卡，在打开的【文件】界面中选择【另存为】选项，然后选择文件保存的位置为【这台计算机】。

Step 02 单击【浏览】按钮，打开【另存为】对话框，在其中单击【工具】按钮，从弹出的下拉列表中选择【常规选项】。

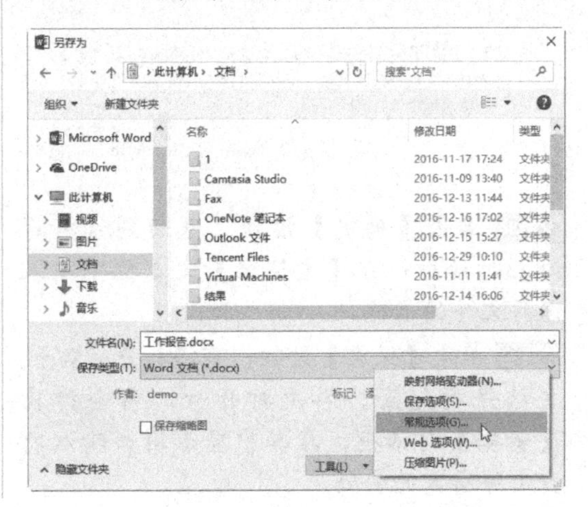

Step 03 打开【常规选项】对话框，在其中设置打开当前文档时的密码及修改当前文档时的密码（这两个密码可以相同，也可以不同）。

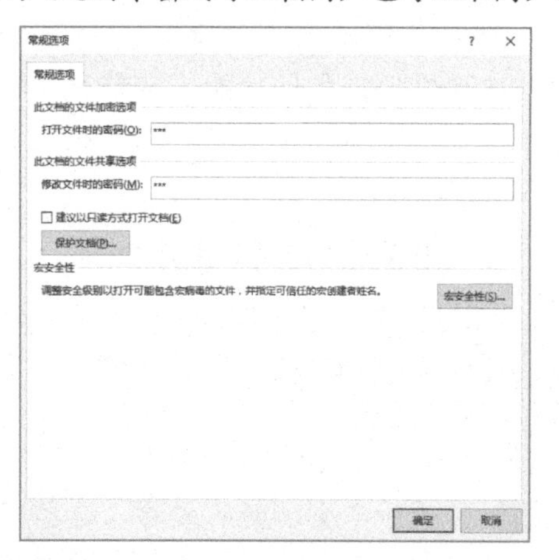

Step 04 输入完毕后，单击【确定】按钮，在【请再次输入打开文件时的密码】文本框中输入打开该文件的密码。

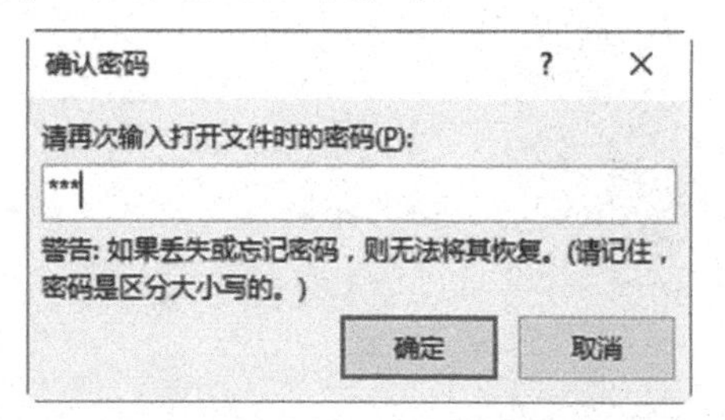

Step 05 单击【确定】按钮，打开【确认密码】对话框，在【请再次输入修改文件时的密码】文本框中输入修改该文件的密码。

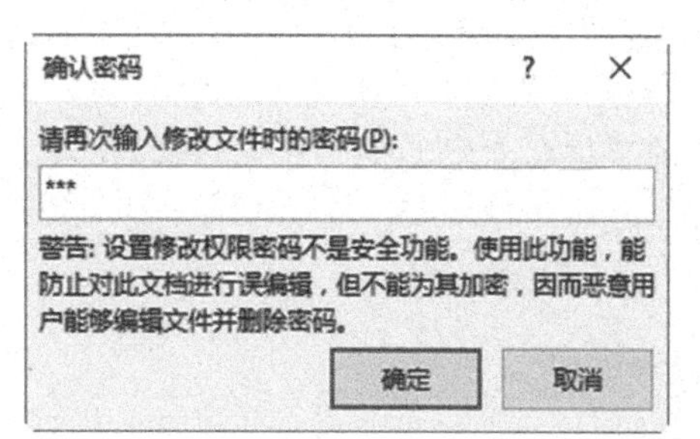

Step 06 单击【确定】按钮，返回到【另存为】对话框，在【文件名】文本框中输入保存文件的名称。

Step 07 单击【保存】按钮，可将打开的Word文档保存起来，再次打开时，将会弹出【密码】对话框，在其中提示用户输入打开文件所需的密码。

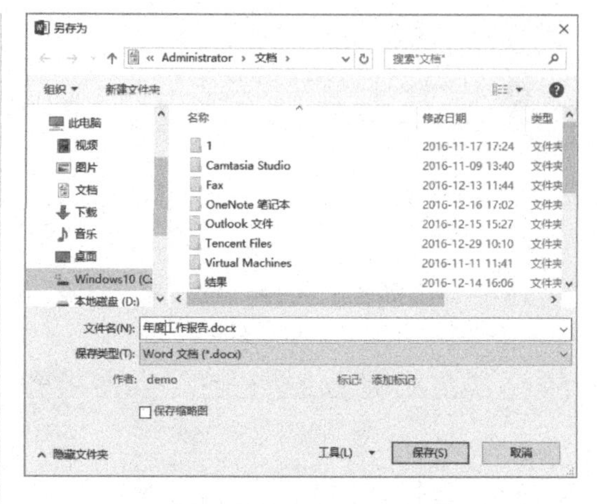

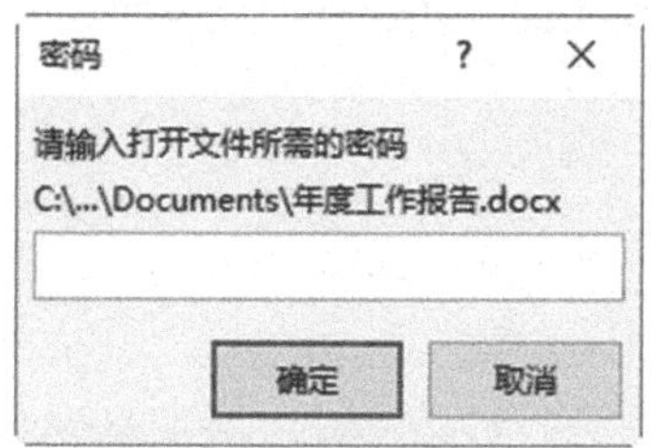

2. 使用强制保护功能

Microsoft Word 2016自带的强制保护功能可以帮助用户保护自己的Word文档不被修改，其具体操作步骤如下：

Step 01 在【Microsoft Word 2016】主窗口中打开要加密的Word文件，并切换到【审阅】选项卡。

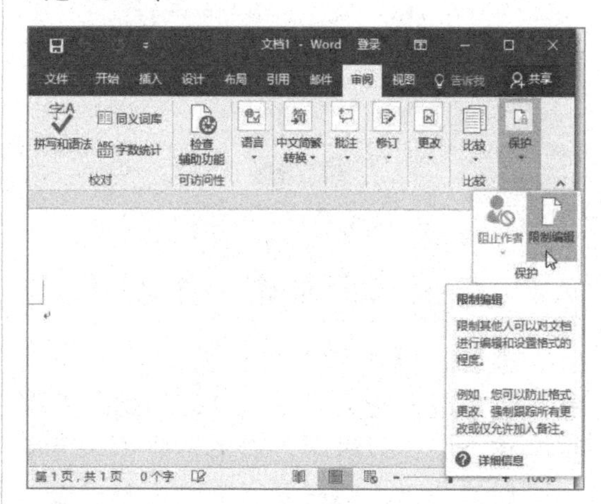

Step 02 单击【限制编辑】按钮，可在【Word 2016】主窗口右边打开【限制编辑】对话框。

Step 03 在【编辑限制】栏目中勾选【仅允许

在文档中进行此类型的编辑】复选框，可激活【是，启动强制保护】按钮。

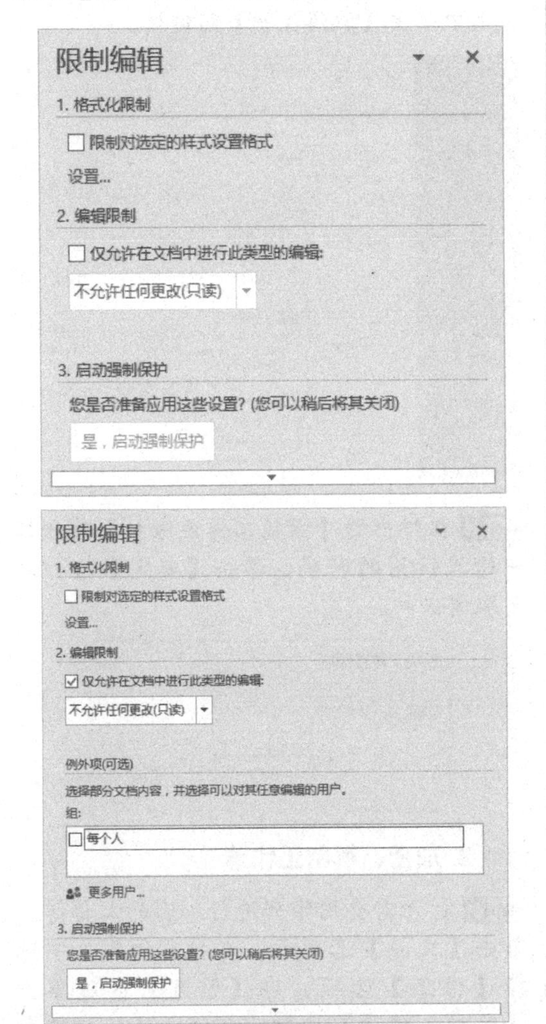

Step 04 单击【是，启动强制保护】按钮即可打开【启动强制保护】对话框，选择【密码】单选按钮并输入密码。

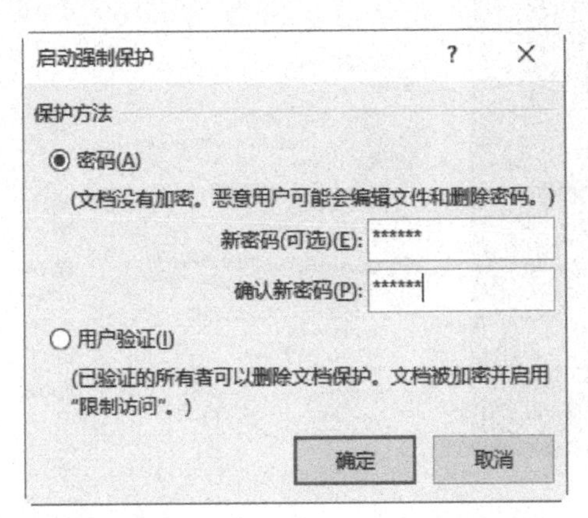

Step 05 单击【确定】按钮，可对该Word文档进行保护，此时是不能对其进行修改的。

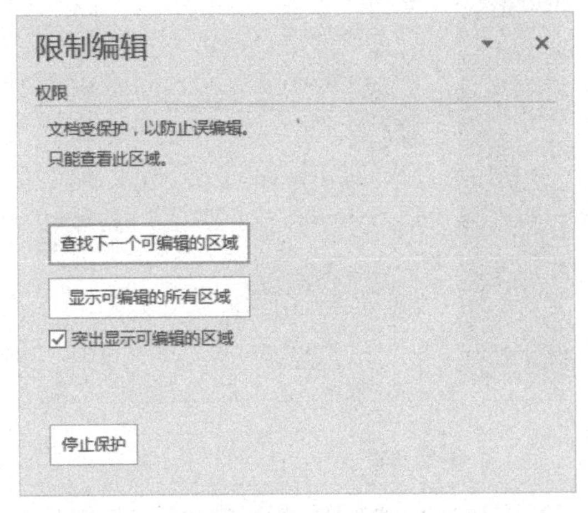

Step 06 如果想取消对Word文档的保护，则须单击【停止保护】按钮，打开【取消保护文档】对话框。

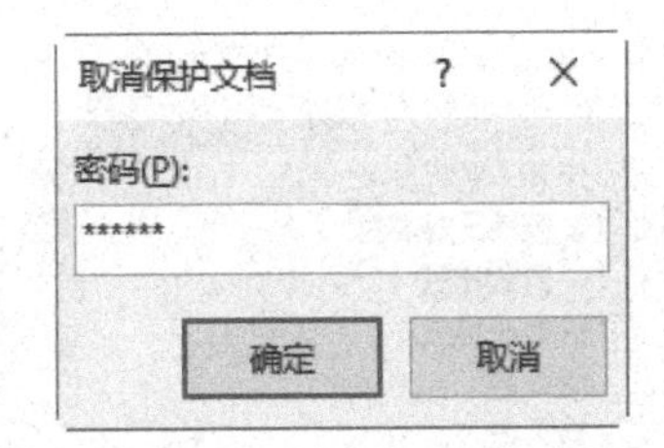

Step 07 在【密码】文本框中输入刚设置的密码后，单击【确定】按钮可对该Word文档进行编辑操作。

5.2.2　加密Excel文档

Excel自身提供了简单的设置密码加密功能。使用Excel自身功能加密、解密Excel文件的具体操作步骤如下。

1. 加密、解密Excel工作表

Step 01 打开需要保护当前工作表的工作簿，单击【文件】选项卡，在打开的列表中选择【信息】选项，在【信息】区域单击【保护工作簿】按钮，从弹出的下拉菜单中选择【保护当前工作表】选项。

Step 02 弹出【保护工作表】对话框，系统默认勾选【保护工作表及锁定的单元格内容】复选框，也可以在【允许此工作表的所有用户进行】列表中选择允许修改的选项。

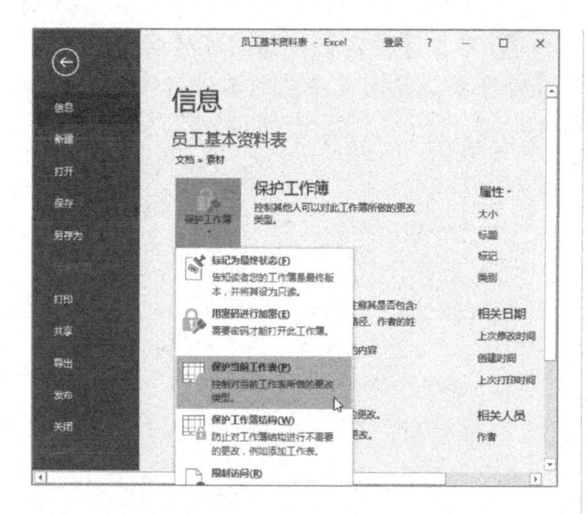

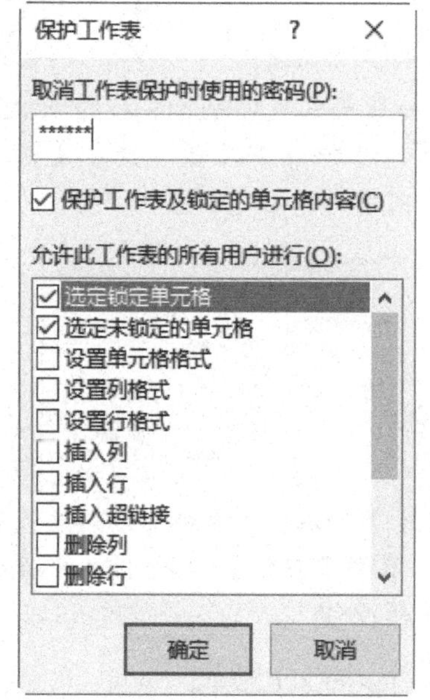

Step 03 弹出【确认密码】对话框，在此输入密码，单击【确定】按钮。

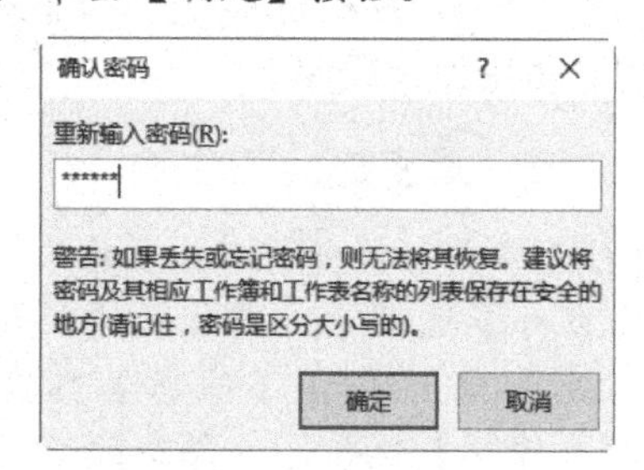

Step 04 返回Excel工作表，双击任一单元格进行数据修改，则会弹出如下图所示的提示框。

Step 05 如果要取消对工作表的保护，可单击【信息】选项卡，然后在【保护工作簿】选项中单击【取消保护】超链接。

Step 06 在弹出的【撤销工作表保护】对话框中输入设置的密码，单击【确定】按钮即可取消保护。

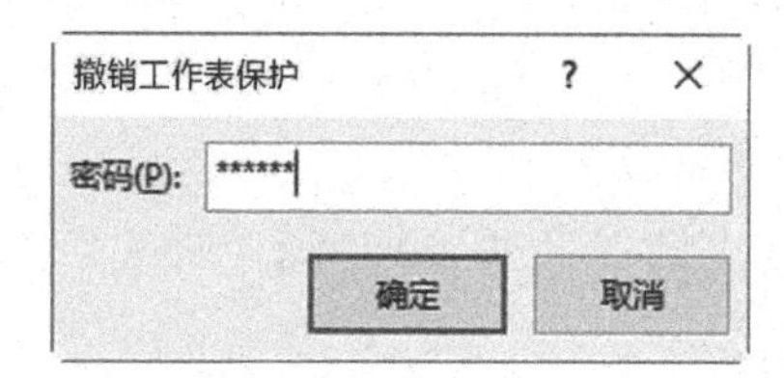

2. 加密、解密工作簿

Step 01 打开需要用密码进行加密的工作簿。单击【文件】选项卡，在打开的列表中选择【信息】选项，在【信息】区域单击【保护工作簿】按钮，从弹出的下拉菜单中选择【用密码进行加密】选项。

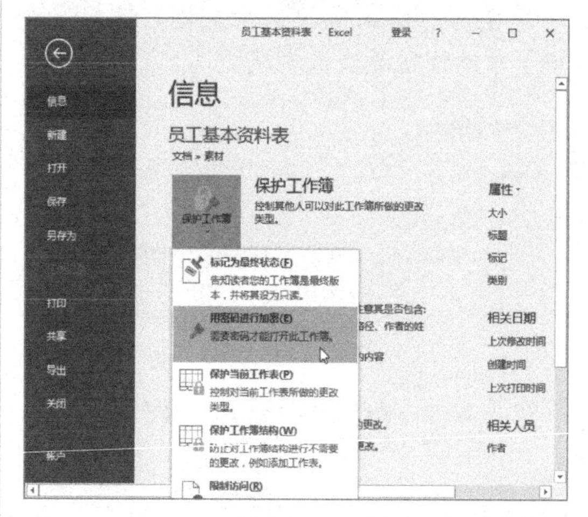

Step 02 弹出【加密文档】对话框，输入密码，单击【确定】按钮。

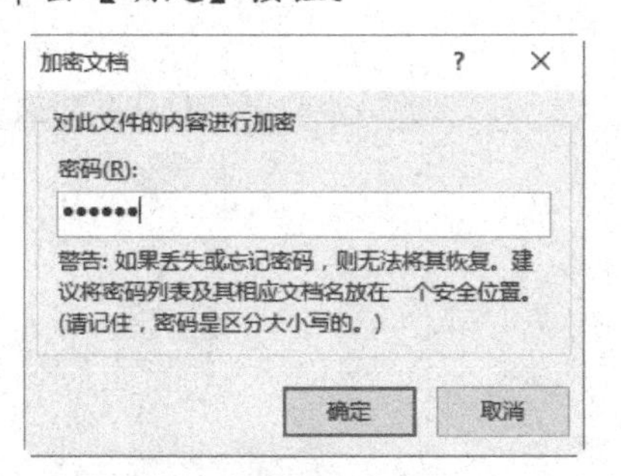

Step 03 弹出【确认密码】对话框，再次输入密码，单击【确定】按钮。

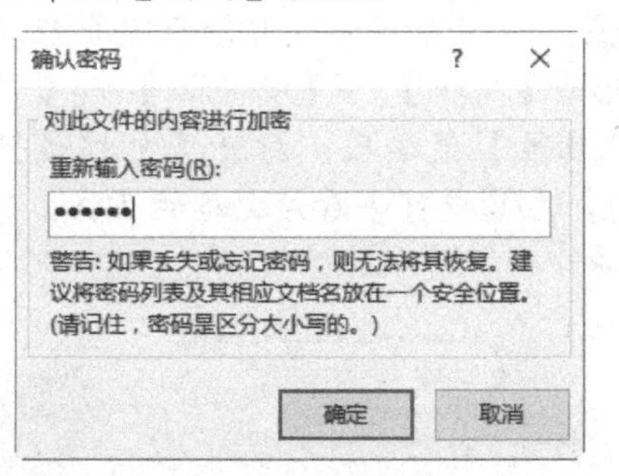

Step 04 此时可为文档使用密码进行加密，在【信息】区域内显示已加密。

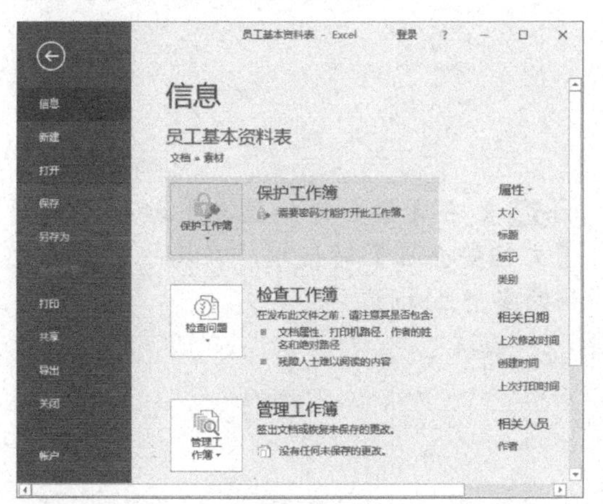

Step 05 再次打开文档时，将弹出【密码】对话框，输入密码后单击【确定】按钮，即可打开工作簿。

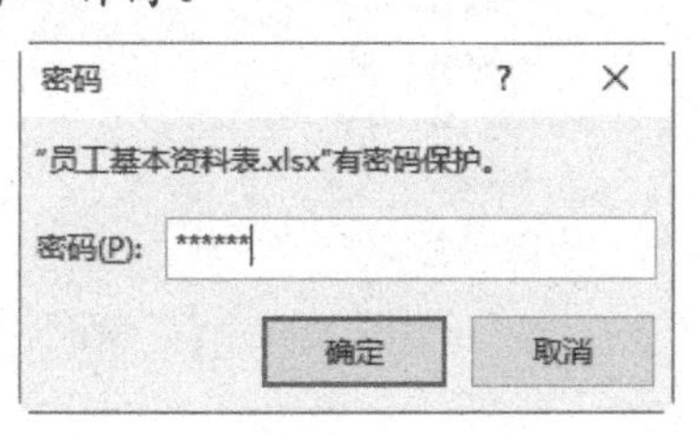

Step 06 如果要取消加密，在【信息】区域单击【保护工作簿】按钮，从弹出的下拉菜单中选择【用密码进行加密】选项，弹出【加密文档】对话框，清除文本框中的密码，单击【确定】按钮，即可取消工作簿的加密。

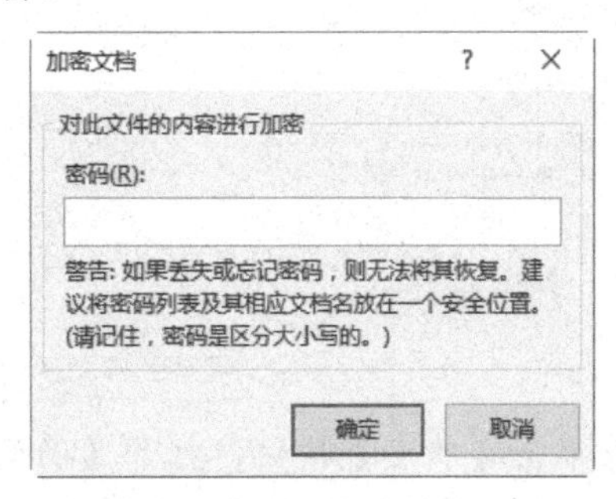

5.2.3　加密PDF文档

1. 利用Adobe Acrobat Professional加密PDF文件

当利用Adobe Acrobat Professional创建PDF文档时，作者可以使用口令安全性对其添加限制，以禁止打开、打印或编辑文档，包含这些安全限制的PDF文档被称为受限制的文档，具体操作步骤如下。

Step 01 制作好PDF文件内容后，选择【高级】→【安全性】→【使用口令加密】菜单项。

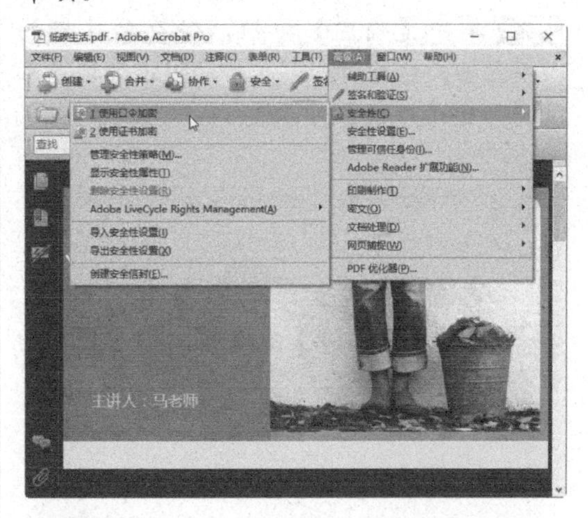

Step 02 打开【口令安全性-设置】对话框，勾选【要求打开文档的口令】复选框，并在【文档打开口令】文本框中输入打开文

档的口令。

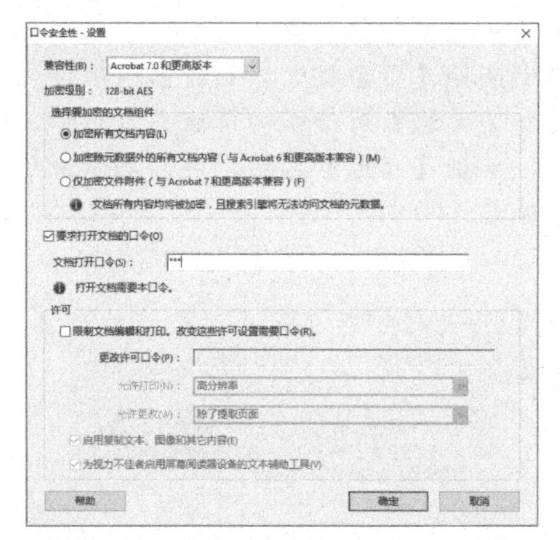

Step 03 单击【确定】按钮，打开【确认文档打开口令】对话框，在【文档打开口令】文本框中再次输入打开的口令。

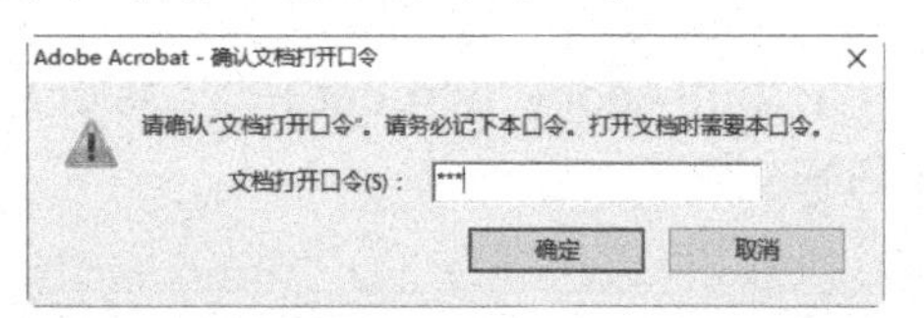

Step 04 单击【确定】按钮，打开【Acrobat安全性】对话框，提示用户安全性设置在您保存文档之后才能应用至本文档。

Step 05 单击【确定】按钮，保存创建好的PDF文档，然后打开创建好的PDF文档，系统将弹出【口令】对话框。

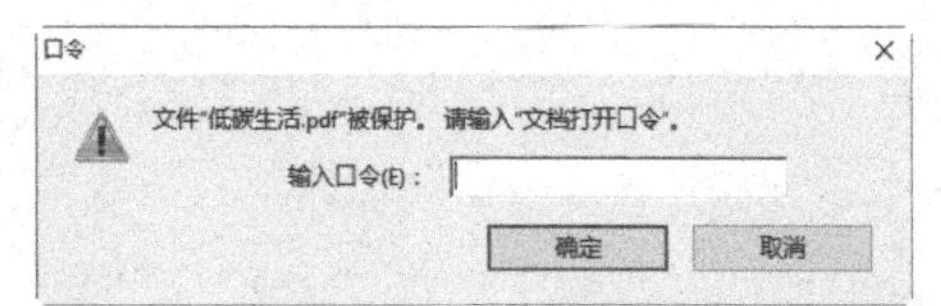

Step 06 在【输入口令】文本框中输入创建的口令密码。

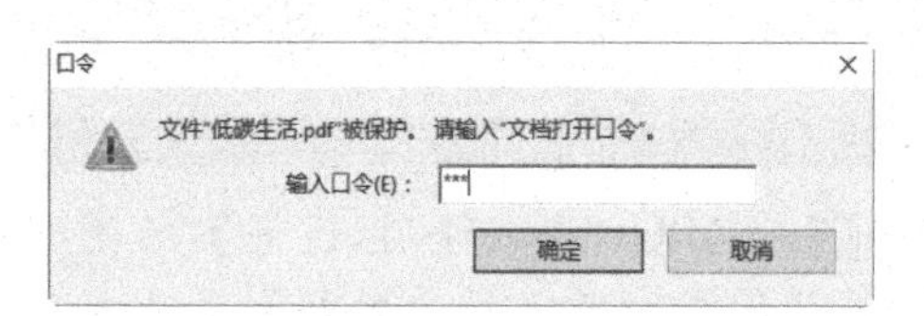

Step 07 单击【确定】按钮，即可打开该文档。

Step 08 如果需要查看或者修改安全性属性，可选择【高级】→【安全性】→【显示安全性属性】菜单项，打开【文档属性】对话框，在其中可查看该文档的属性。

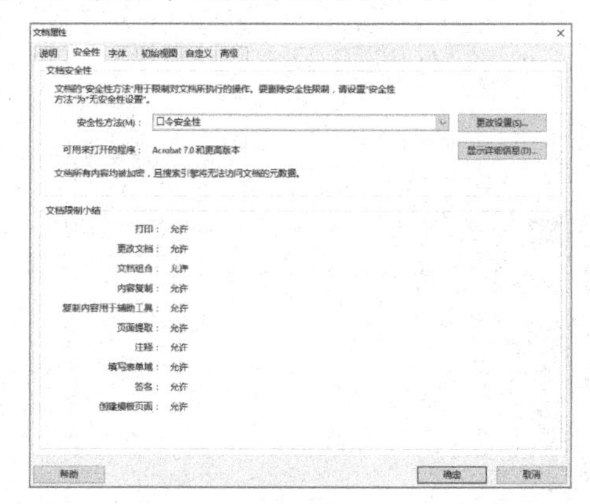

Step 09 单击【显示详细信息】按钮，打开【文档安全性】对话框，在其中可查看文档的安全性属性。

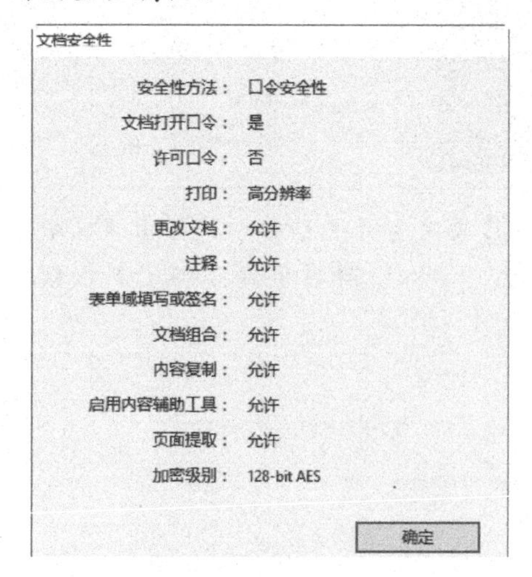

Step 10 若在【文档属性】对话框中单击【更改设置】按钮，会打开【口令安全性-设置】对话框，在其中可以对文档进行相应的修改。

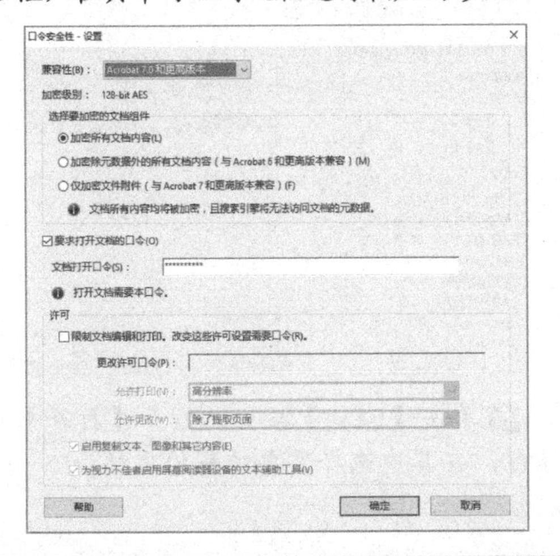

提示：修改文档口令的安全性与设置文档口令的安全性相似，这里不再重述。

2. 利用PDF文件加密器给PDF文件加密

PDF文件加密器是一款PDF文件内容加密软件，全面支持所有版本的PDF文件加密，以防止PDF文档内容被盗用。加密后的文档可以进行一机一码授权，禁止复制和打印，禁止拷屏等，阅读者只有拥有密钥，才可对其进行相应操作。

使用PDF文件加密器对PDF文档进行加密的具体操作步骤如下。

Step 01 双击相应的图标，打开该软件的操作界面。

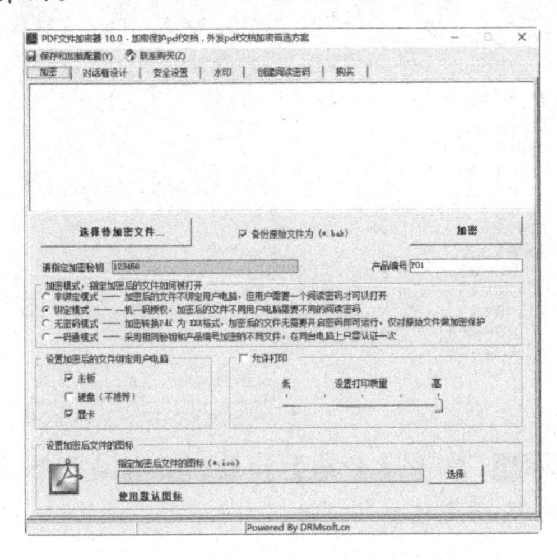

Step 02 单击【选择待加密文件】按钮，打开【打开】对话框，在其中选择相应路径下的PDF文件。

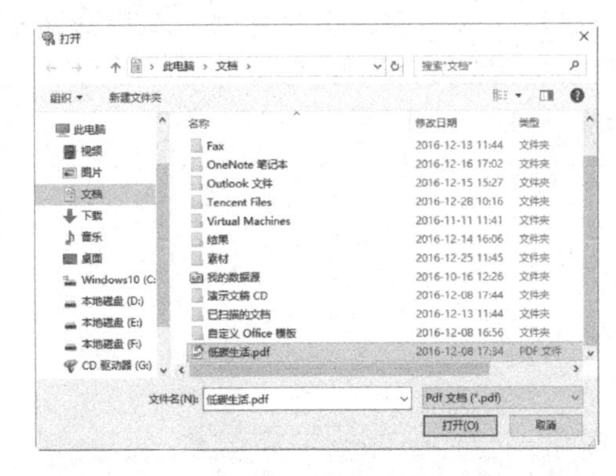

Step 03 单击【打开】按钮，返回软件的操作界面。

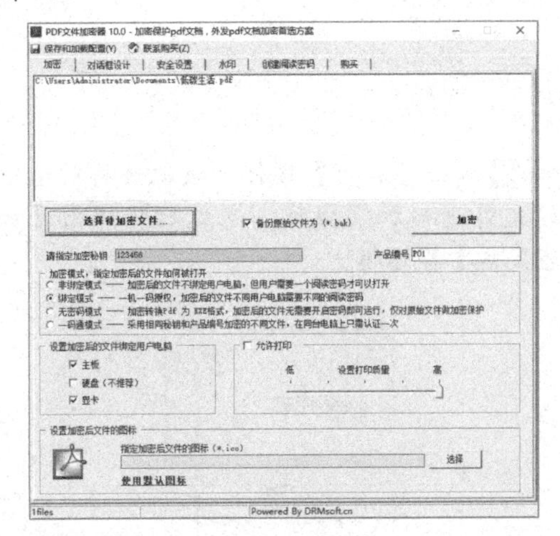

Step 04 在【请指定加密秘钥】文本框中输入相应的秘钥，只有知道秘钥的人，才可以创建阅读密码。

Step 05 在软件的主界面中选择加密方式，默认情况下是一机一码加密模式，对于不同的用户而言，加密后的文件需要不同的阅读密码（只加密一次就可以，加密后的文件自动绑定用户机器码）。

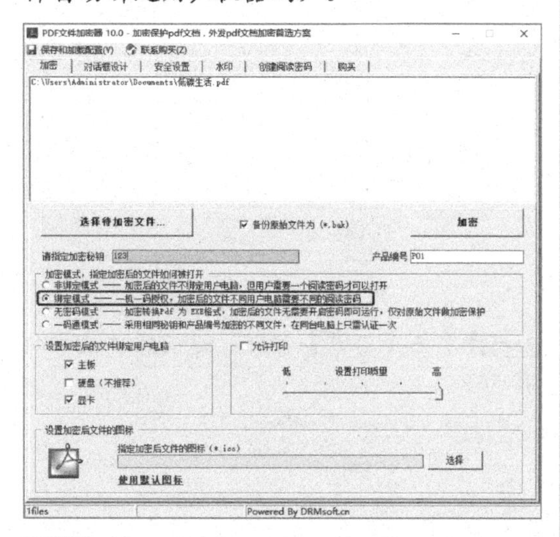

Step 06 单击【加密】按钮，该软件将对选中的文件进行加密操作，完成后将弹出【加密完成】提示框。

5.2.4　破解Word文档密码

1. 利用Word Password Recovery破解Word文档密码

Word Password Recovery可以帮助黑客快速破解Word文档密码，包括【暴力破解】、【字典破解】、【增强破解】3种方式。

使用Word Password Recovery破解Word密码的具体操作步骤如下。

Step 01 下载并安装Word Password Recovery程序，打开【Word Password Recovery】操作界面，用户可以设置不同的解密方式，从而提高解密的针对性，加快解密速度。

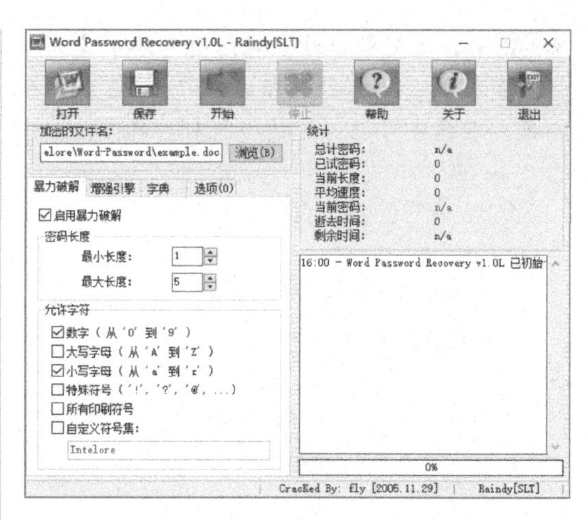

Step 02 单击【浏览】按钮，打开【打开】对话框，在其中选择需要破解的文档。

Step 03 单击【打开】按钮，返回到【Word Password Recovery】操作窗口，并在【暴力破解】选项卡下设置密码长度、允许字符。

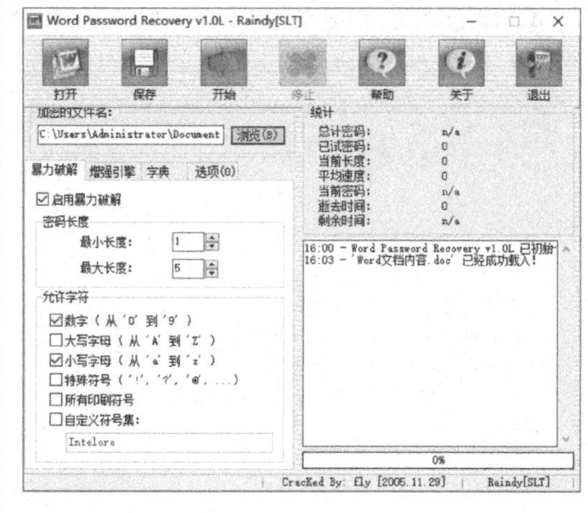

Step 04 单击【开始】按钮，开始破解加密的Word文档。

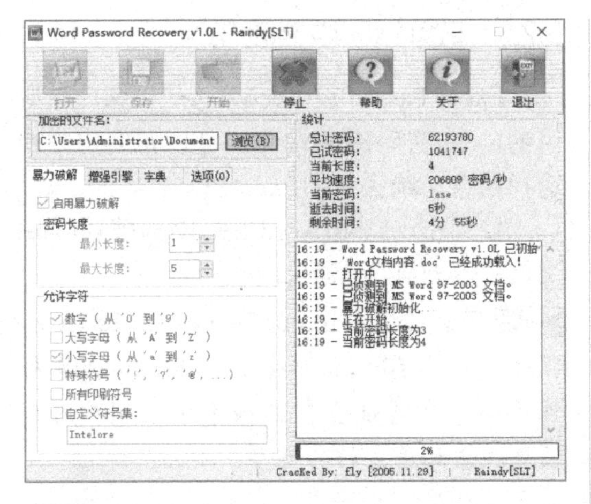

Step 05 破解完毕之后，将弹出【密码已经成功恢复】对话框，并将相关信息显示在该对话框中。

密码已经成功恢复

总计密码	62193780
已试密码	2704
总计时间	0秒
恢复速度	243573密码/秒
密码	123
文档	C:\...\Word文档内容.doc

保存... 确定

2. 利用AOXPPR破解Word文件密码

Advanced Office XP Password Recovery是一款支持非英文字符的密码破解软件，能够很快破解出Word文档的密码。

具体操作步骤如下。

Step 01 运行破解工具Advanced Office XP Password Recovery，弹出【Advanced Office XP Password Recovery】主窗口。

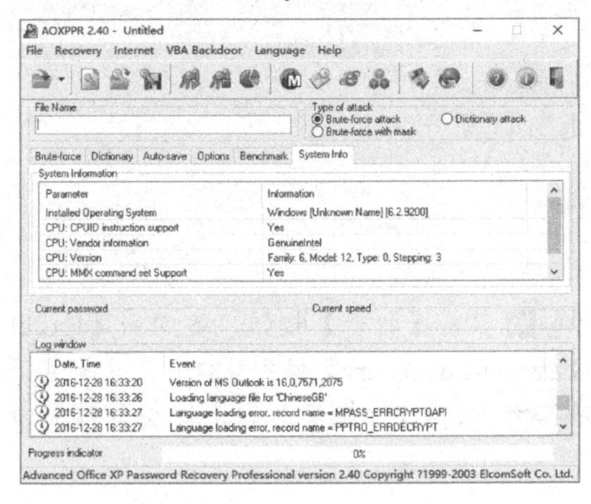

Step 02 选择【Language】→【Chinese GB】命令，可将英文界面更改为简体中文界面。

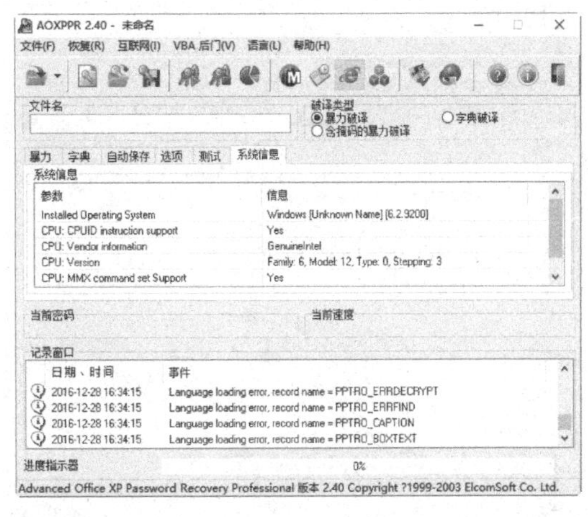

Step 03 选择【文件】→【打开文件】菜单项，或单击窗口工具栏中的【打开文件】按钮，打开【打开文件】对话框，在其中选择要破解的文件。

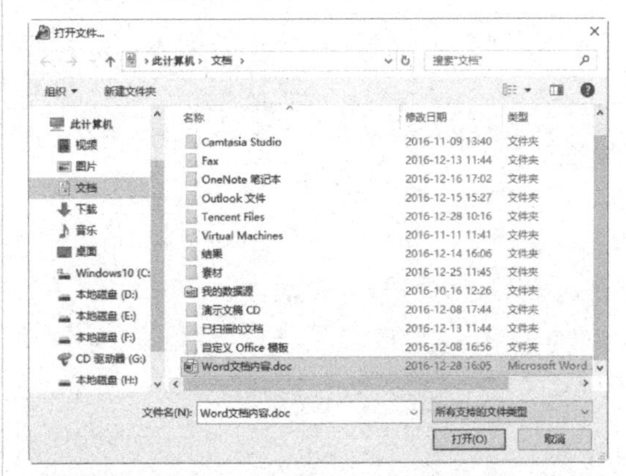

Step 04 单击【打开】按钮，返回到【Advanced Office XP Password Recovery】主窗口。

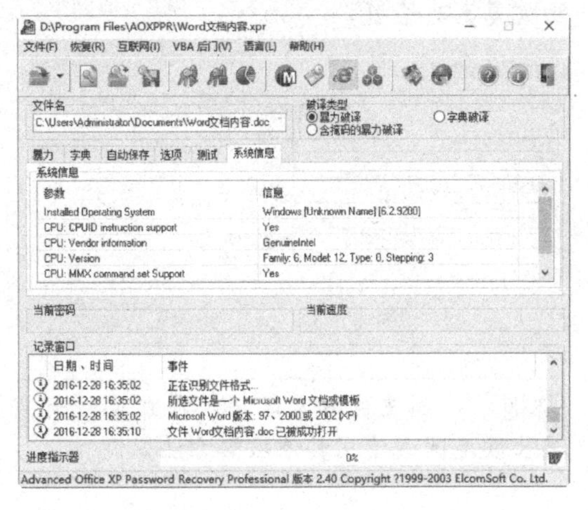

Step 05 选择【暴力】选项卡，在打开的设置界面中根据提示设置密码的长度以及范围。

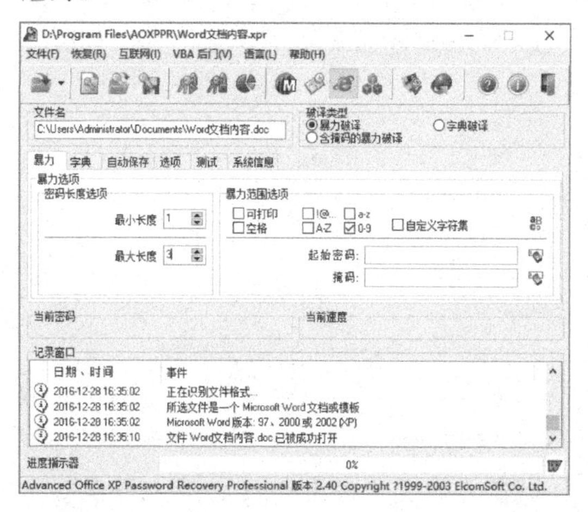

Step 06 单击工具栏中的【开始恢复】按钮，即可开始破解。

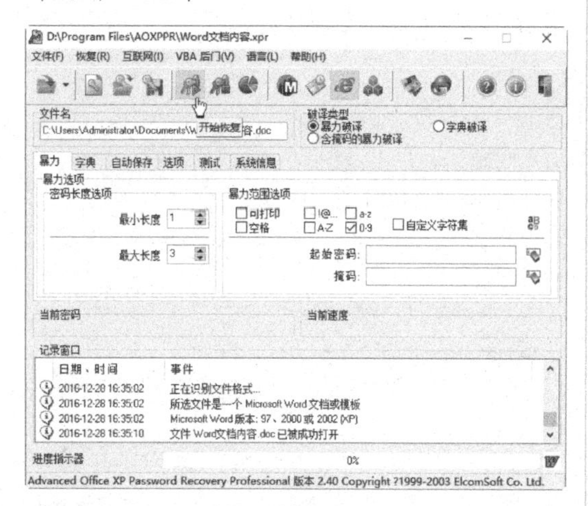

Step 07 破解成功之后，可弹出【密码已经成功恢复】对话框。

密码已经成功恢复

密码恢复统计:

密码总数	1110
总时间	53ms
平均速度(每秒密码数)	20584
该文件的密码	123
十六进制格式 (Unicode) 密码	3100 3200 3300

保存为 Unicode 格式

确定　保存...

提示：如果破解不成功，则需要增大密码长度范围或使用其他破解方法。

5.2.5　破解Excel文档密码

Excel Password Recovery是一款简单好用的Excel密码破解软件，可以帮助用户快速找回遗忘或丢失的Excel密码。

使用Excel Password Recovery破解Excel文档密码的操作步骤如下。

Step 01 下载并安装Excel Password Recovery程序，打开【Excel Password Recovery】操作界面，在【恢复】选项卡下，用户可以设置攻击加密文档的类型。

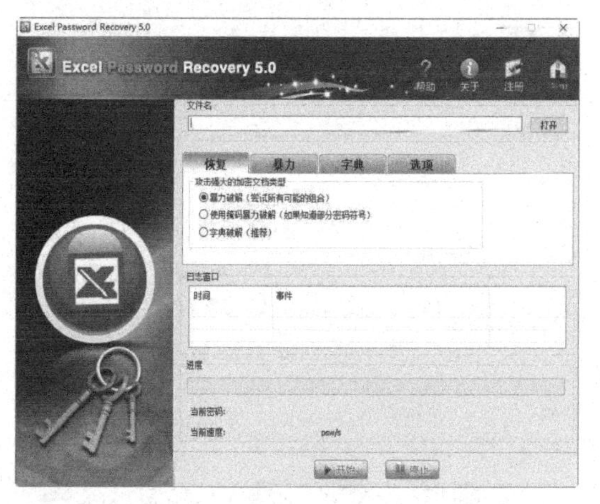

Step 02 单击【打开】按钮，打开【打开文件】对话框，在其中选择需要破解的Excel文档。

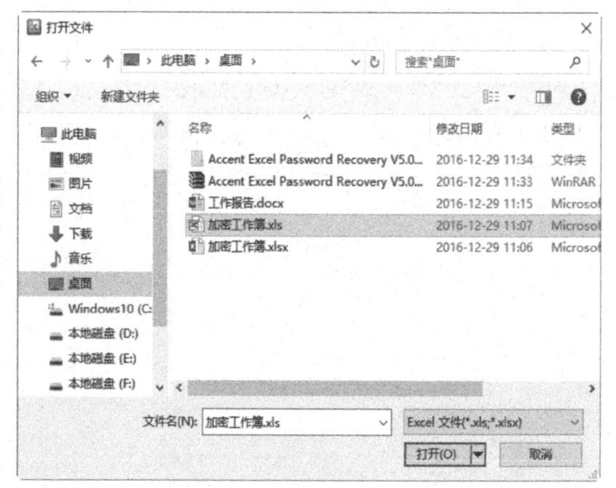

Step 03 单击【打开】按钮，返回到【Excel Password Recovery】操作窗口。

Step 04 单击【开始】按钮，开始破解加密的Excel工作簿。

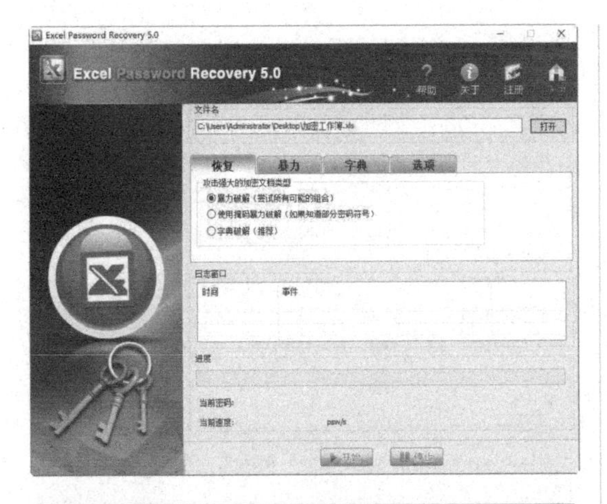

Step 05 破解完毕之后，将弹出【密码已经成功恢复】对话框，并将相关信息显示在该对话框中。

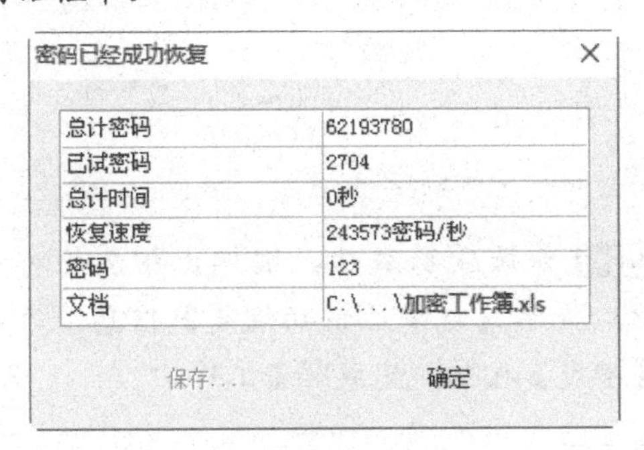

5.2.6 破解PDF文档密码

APDFPR的全称为Advanced PDF Password Recovery，该软件主要用于破解受密码保护的PDF文档，能够瞬间完成解密过程，解密后的文档可以用任何PDF查看器打开，并能对其进行编辑、复制、打印等操作。

使用Advanced PDF Password Recovery破解PDF文档的具体操作步骤如下。

Step 01 启动Advanced PDF Password Recovery软件，在打开的操作界面中单击【打开】按钮。

Step 02 打开【打开】对话框，选择需要破解的PDF文档，单击【打开】按钮。

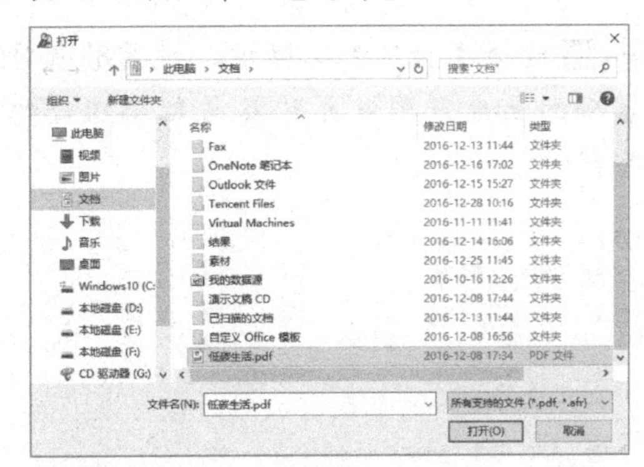

Step 03 返回到软件主界面，在【攻击类型】下拉列表中选择破解方式为【暴力】选项。

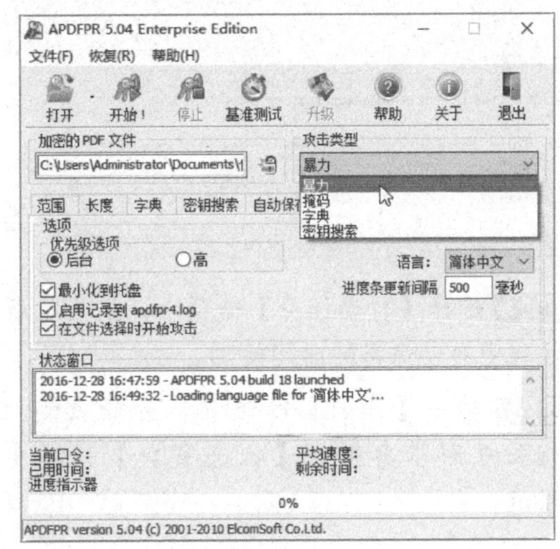

Step 04 选择【范围】选项卡，勾选【所有大写拉丁文】、【所有小写拉丁文】、【所有数字】和【所有特殊符号】复选框，主要设置解密时密码的长度范围及允许参与密码组合的字符。

Step 05 选择【长度】选项卡，设置解密时密码的长度范围及允许参与密码组合的字符。

Step 06 选择【自动保存】选项卡，设置破解过程中自动保存的时间间隔。

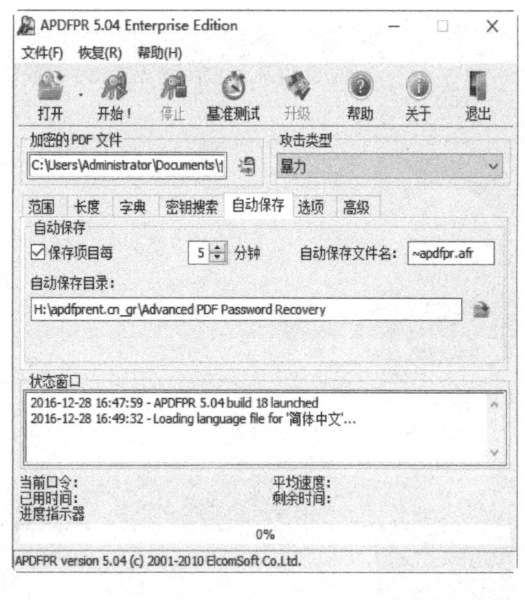

Step 07 单击【开始】按钮，开始破解，相关破解信息将在【状态窗口】区域中显示。

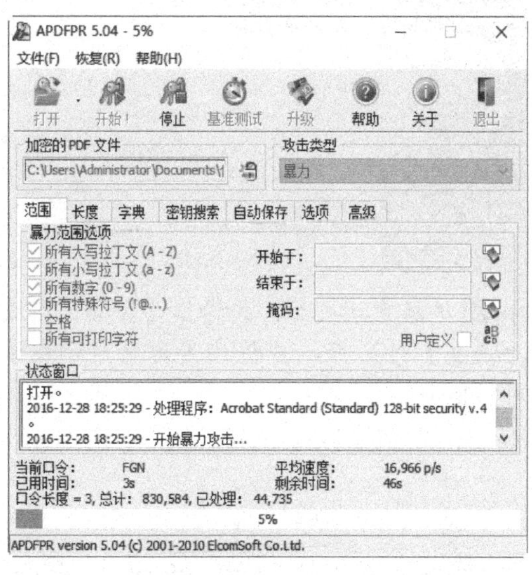

Step 08 如果破解成功，则弹出相应的对话框，提示【口令已成功恢复】信息，单击【确定】按钮，完成解密工作。

口令已成功恢复！

Advanced PDF Password Recovery 统计信息：

总计口令	482,377
总计时间	29s 290ms
平均速度 (口令/秒)	16,468
这个文件的口令 (属主)	n/a
十六进制口令 (属主)	n/a
这个文件的口令 (用户)	123
十六进制口令 (用户)	31 32 33

保存... 立即解密 确定

5.3　压缩文件加密、解密工具

压缩文件可以节省大量的磁盘空间，所以压缩文件的安全也很重要。确保压缩文件安全最常用的方法是给压缩文件添加密码，只有在知道密码的前提下，才能解压和浏览压缩文件，从而确保文件安全。本节将介绍压缩文件密码攻防方面的内容。

5.3.1　利用WinRAR的自加密功能加密压缩文件

WinRAR是一款功能强大的压缩包管理器，该软件可用于备份数据，缩减电子邮件附件的大小，解压缩从Internet上下载的RAR、ZIP 2.0及其他文件，并且可以新建RAR及ZIP格式的文件。

使用WinRAR的自身加密功能对文件进行加密的具体操作步骤如下。

Step 01 在计算机驱动器窗口中选中需要压缩并加密的文件并右击，从弹出的快捷菜单中选择【添加到压缩文件】菜单项。

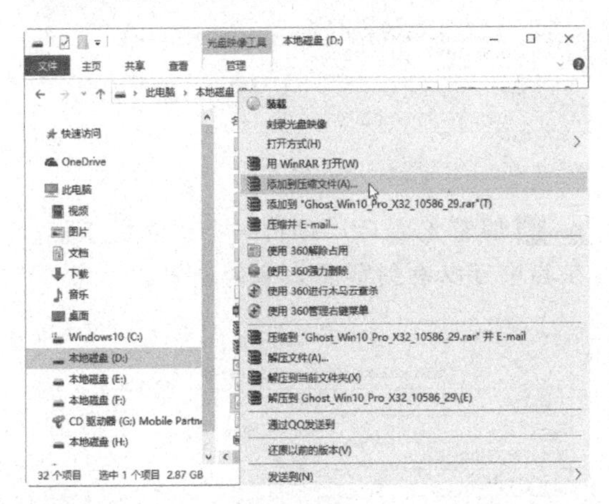

Step 02 打开【压缩文件名和参数】对话框，在【压缩文件格式】文本框中选择【RAR】单选按钮，并在【压缩文件名】文本框中输入压缩文件的名称。

Step 03 单击【设置密码】按钮，打开【带密码压缩】对话框，在其中的【输入密码】和【再次输入密码以确认】文本框中输入自己的密码。

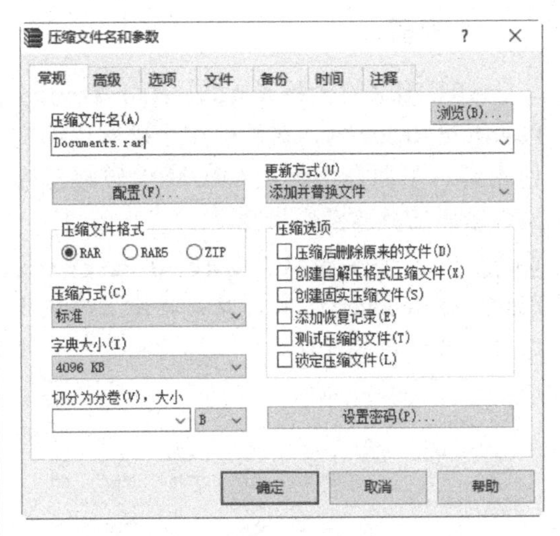

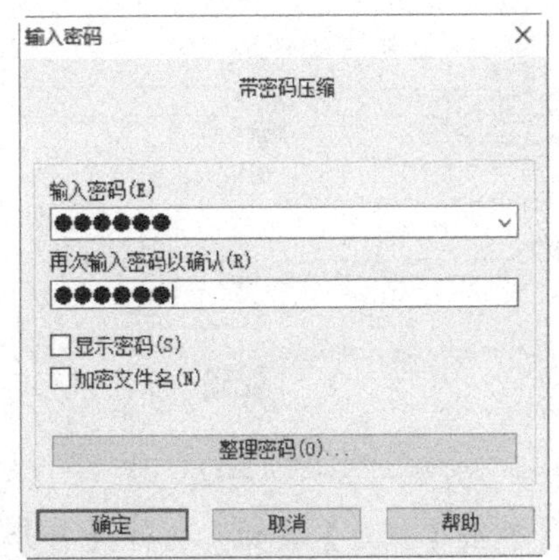

Step 04 这样，当解压缩该文件时，会弹出【输入密码】的提示信息框。只有在其中输入正确的密码后，才可以对该文件解压。

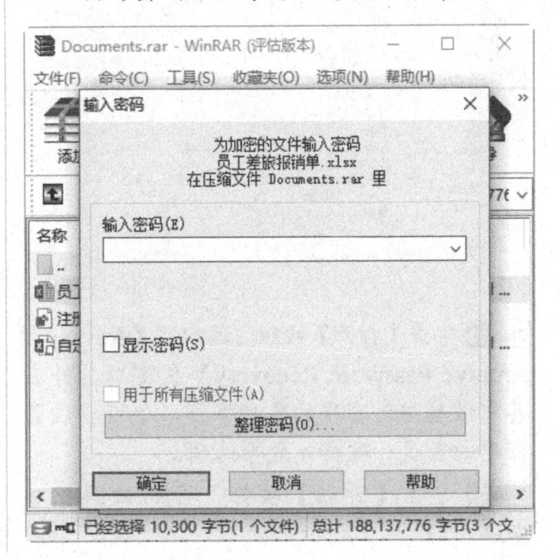

5.3.2 利用ARCHPR破解压缩文件密码

ARCHPR的全称是Advanced Archive Password Recovery，该软件用于破解压缩文件密码。下面介绍使用ARCHPR破解压缩文件密码的具体操作步骤。

Step 01 下载并安装Advanced Archive Password Recovery工具，双击桌面上的快捷图标，打开其主窗口。

Step 02 单击【打开】按钮，打开【打开】对话框，在其中选择加密的压缩文档。

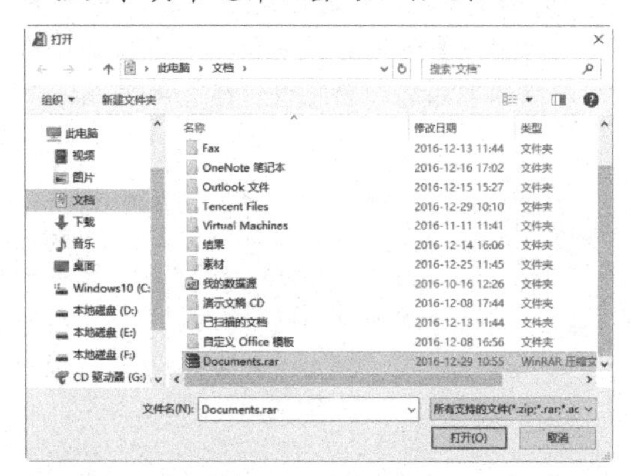

Step 03 单击【打开】按钮，返回到【Advanced Archive Password Recovery】主窗口，并在其中设置组合密码的各种字符，也可以设置密码的长度、破解方式等选项。

Step 04 单击【开始】按钮，开始破解压缩密码。

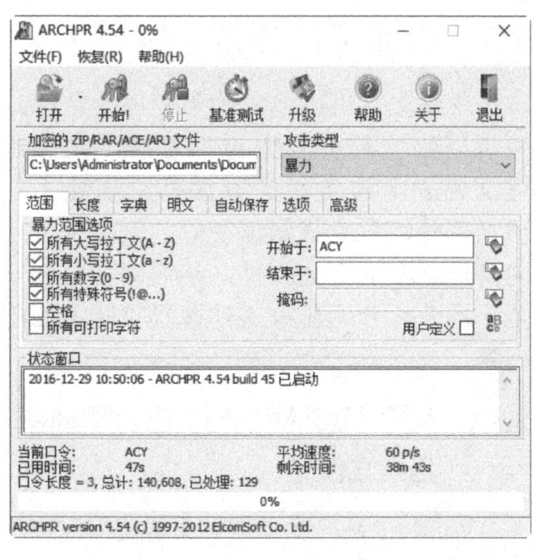

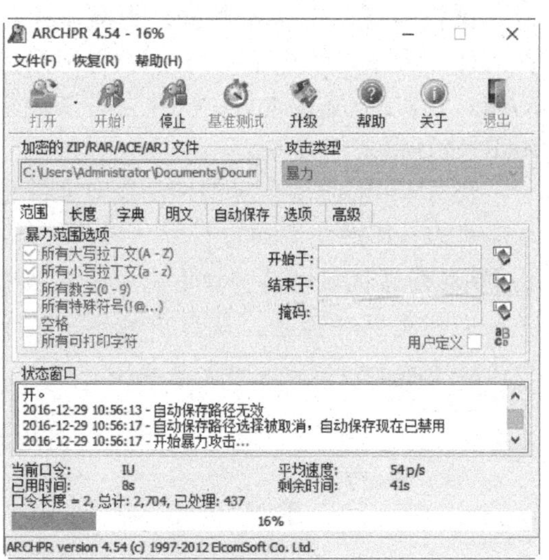

Step 05 解密完成后，弹出一个信息提示框，在其中可以看到解压出来的密码。

口令已成功恢复!

Advanced Archive Password Recovery 统计信息:

总计口令	206,765
总计时间	19m 49s 150ms
平均速度(口令/秒)	173
这个文件的口令	123
十六进制口令	31 32 33

保存... 确定

5.3.3 利用ARPR破解压缩文件密码

Advanced RAR Password Recovery(ARPR)是一款专门破解RAR加密压缩包密码的工具，其最大的特点是破解速度快。

使用该工具破解压缩包密码的具体操作步骤如下。

Step 01 下载并安装Advanced RAR Password Recovery，然后启动该工具，其主窗口如下图所示。

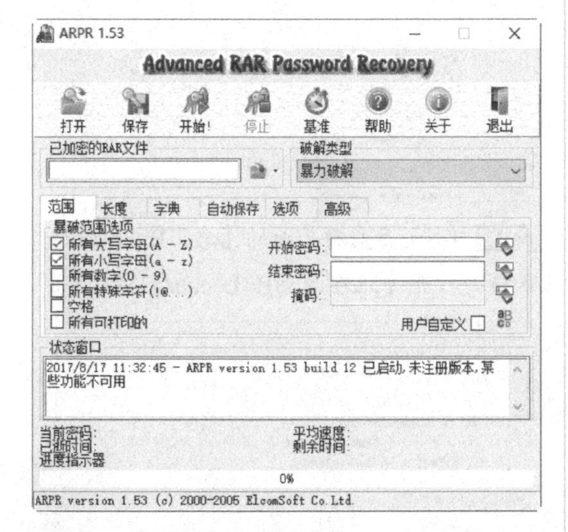

Step 02 单击【已加密的RAR文件】文本框后的【打开】按钮，在打开的【打开】对话框中选择需要解密的WinRAR压缩包。

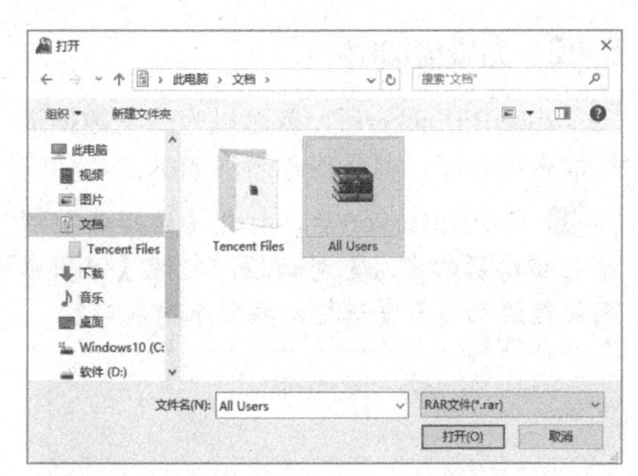

Step 03 单击【打开】按钮，返回到Advanced RAR Password Recovery工作界面，在其中设置密码范围、密码长度等属性。

Step 04 单击工具栏中的【开始】按钮进行破解，同时破解的具体信息会显示在【状态窗口】列表中。

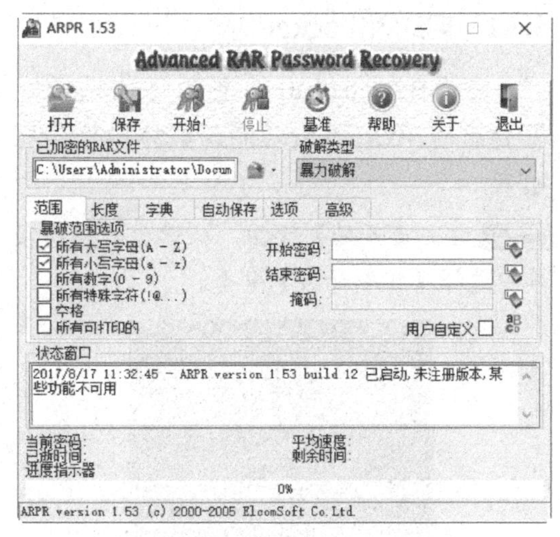

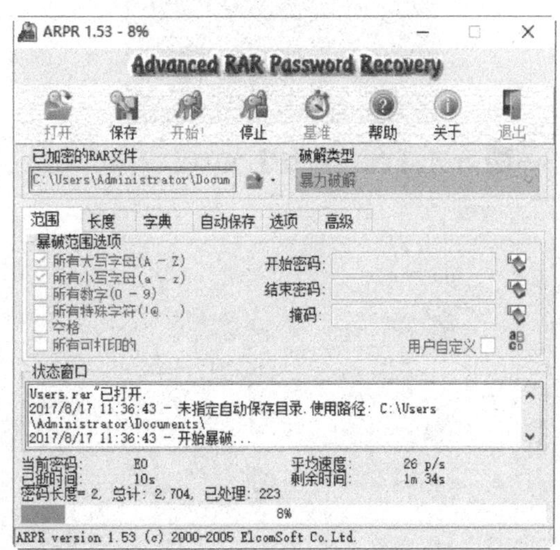

Step 05 待破解结束后，如果密码破解成功，则可在【密码已成功恢复】对话框中看到选中的RAR文件的密码。

密码已成功恢复!

Advanced RAR Password Recovery统计:

总计密码	233
总计时间	11s 472ms
平均速度(密码/秒)	20
该文件密码	123
16进制密码	31 32 33

保存...　　确定

5.4　使用BitLocker工具加密数据

对磁盘或U盘加密主要使用的是Windows 10操作系统中的BitLocker功能，它主要用于解决用户数据的失窃、泄漏等安全性问题。

5.4.1 启动BitLocker

使用BitLocker加密磁盘数据前，需要启动BitLocker功能，具体操作步骤如下。

Step 01 右击【开始】按钮，从弹出的快捷菜单中选择【控制面板】命令。

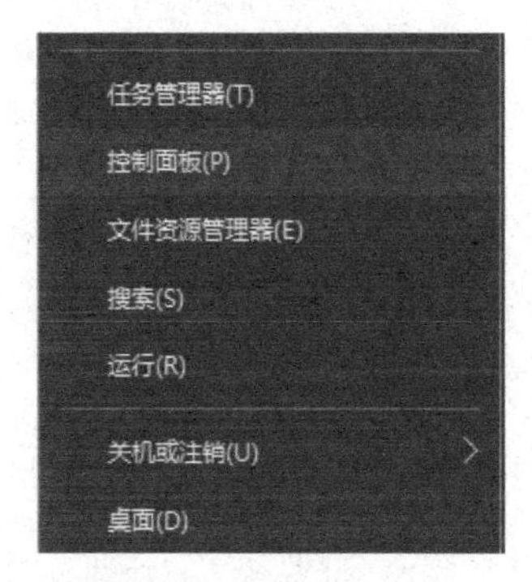

Step 02 打开【控制面板】窗口。

Step 03 在【控制面板】窗口中单击【系统和安全】链接，打开【系统和安全】窗口。

Step 04 在该窗口中单击【BitLocker驱动器加密】链接，打开【BitLocker驱动器加密】窗口，该窗口中显示了可以加密的驱动器盘符和加密状态，展开各个盘符后，单击盘符后面的【启用BitLocker】链接，对各个驱动器进行加密。

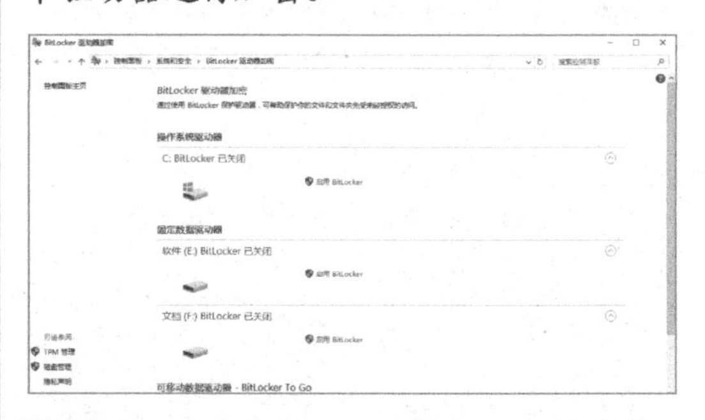

Step 05 单击U盘盘符后面的【启用BitLocker】链接，打开【正在启动BitLocker】对话框。

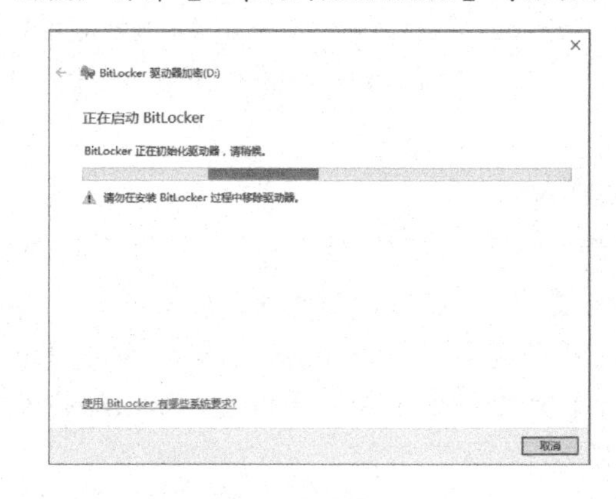

5.4.2 为磁盘加密

启动BitLocker后，就可以为磁盘数据进行加密操作了，具体操作步骤如下。

Step 01 启动BitLocker后，打开【选择希望解锁此驱动器的方式】对话框，勾选【使用密码解锁驱动器】复选框，按要求输入内容。

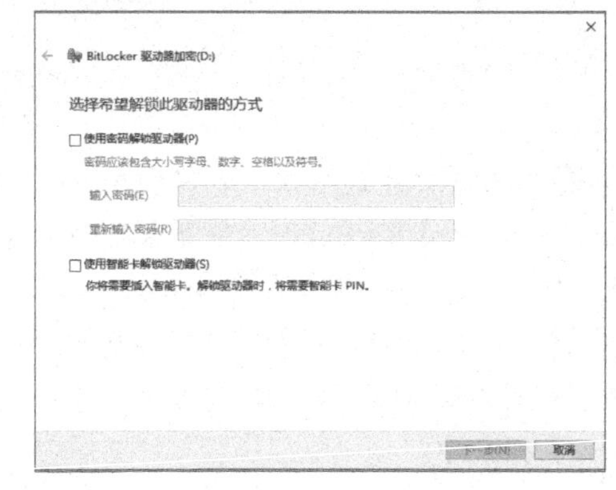

Step 02 单击【下一步】按钮，打开【你希

望如何备份恢复密钥】对话框，可以选择【保存到Microsoft账户】、【保存到文件】和【打印恢复密钥】选项，这里选择【保存到文件】选项。

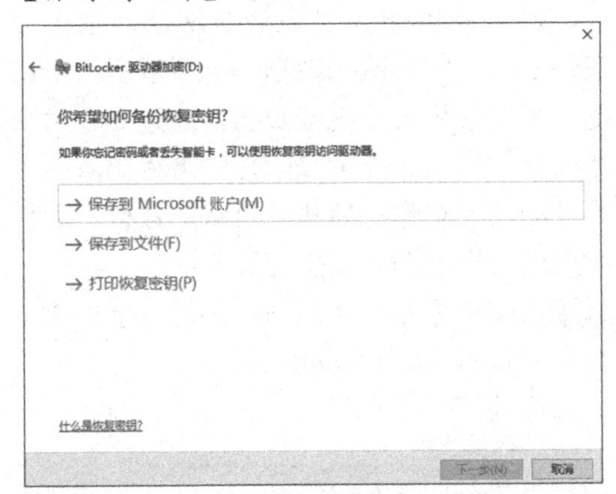

Step 03 打开【将BitLocker恢复密钥另存为】对话框，选择新的保存位置，在文件名后的文本框中更改文件的名称。

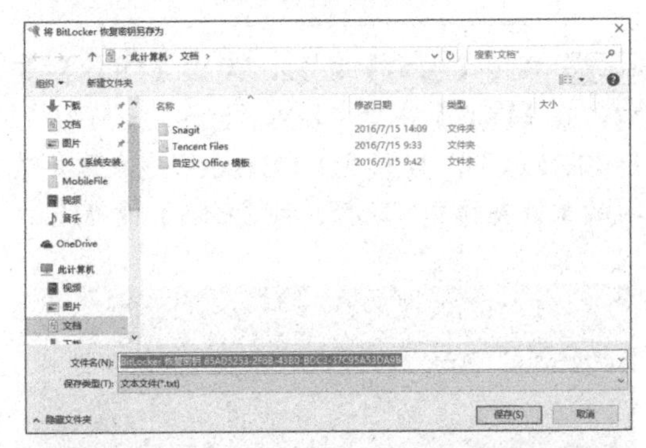

Step 04 单击【保存】按钮，返回到【你希望如何备份恢复密钥】对话框，该对话框的下侧显示了已保存恢复密钥的提示信息。

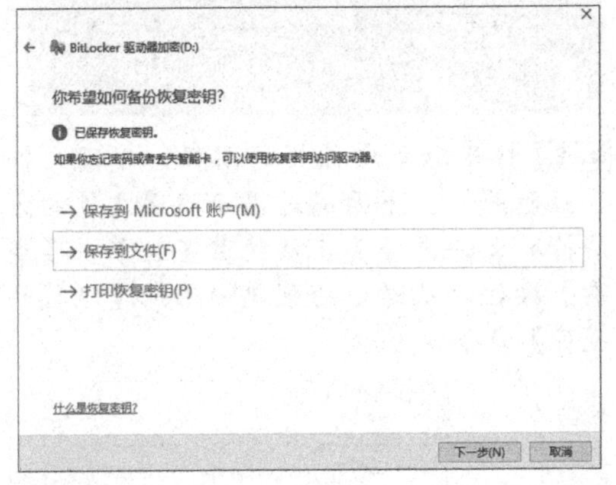

Step 05 单击【下一步】按钮，打开【选择要加密的驱动器空间大小】对话框。

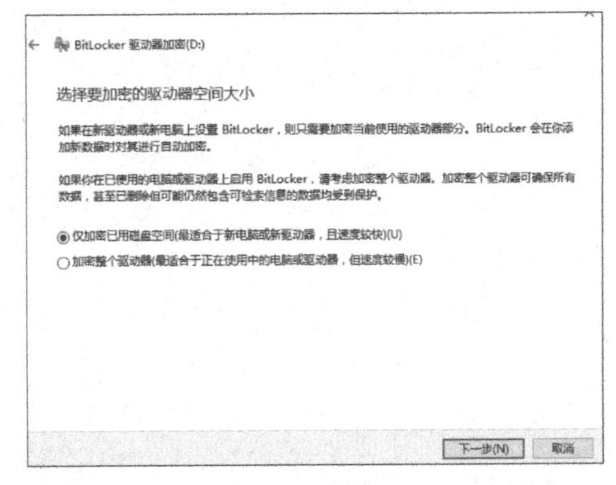

Step 06 单击【下一步】按钮，选择要使用的加密模式。

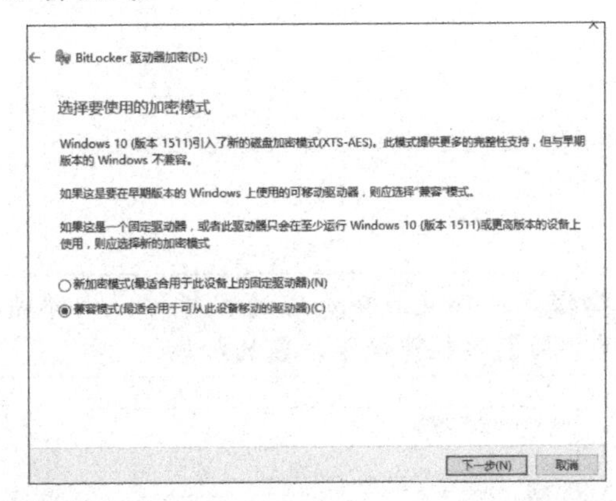

Step 07 单击【下一步】按钮，确定是否准备加密该驱动器。

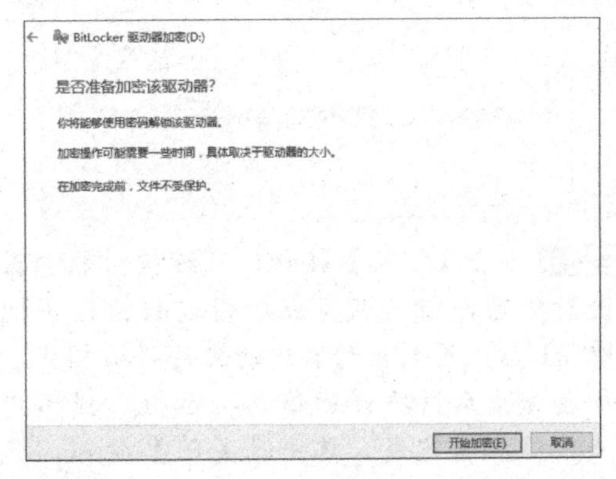

Step 08 单击【开始加密】按钮，开始对可移动驱动器进行加密，加密的时间与驱动器的容量有关，但是加密过程不能中止。

Step 09 开始加密启动完成后，打开【BitLocker驱动器加密】对话框，它显示了加密的进度。

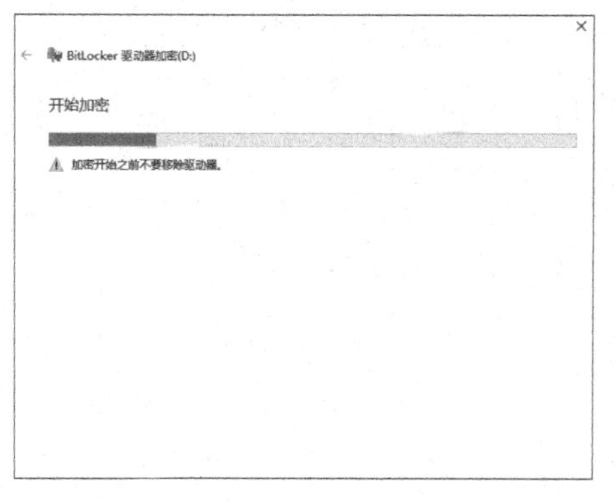

> 提示：如果希望加密过程暂停，则单击【暂停】按钮暂停驱动器的加密。

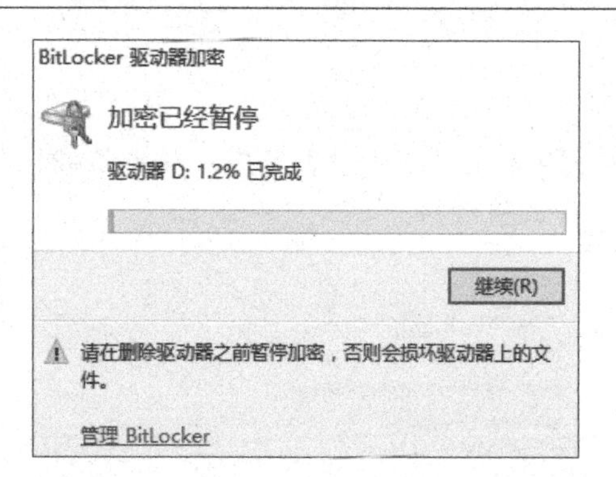

Step 10 单击【继续】按钮，可继续对驱动器进行加密，但是在完成加密过程前，不能取下U盘，否则驱动器内的文件将被损坏。加密完成后，将弹出信息提示框，提示用户已经加密完成。单击【关闭】按钮，完成U盘的加密。

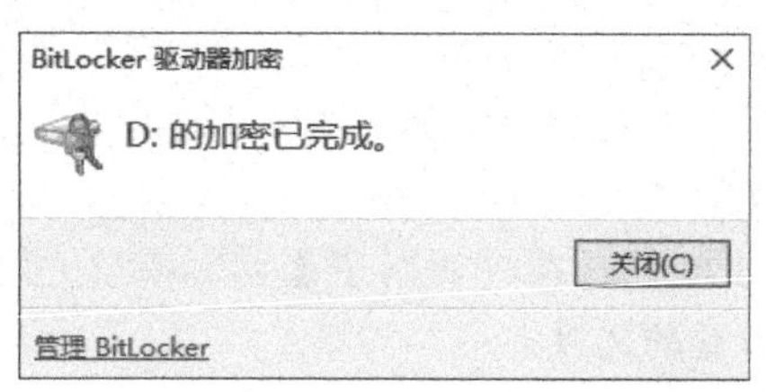

5.5 实战演练

5.5.1 实战演练1——利用命令隐藏数据

通过简单的方式隐藏数据后，别人很容易找出这些隐藏的数据。为了解决这个问题，可以使用命令隐藏数据，通过命令隐藏数据后，别人不能再显示这些隐藏的数据，而且通过搜索也不能找到隐藏的数据，这样就更进一步增加了数据的安全性。

Step 01 按下【WIN+R】组合键，打开【运行】对话框，输入cmd命令。

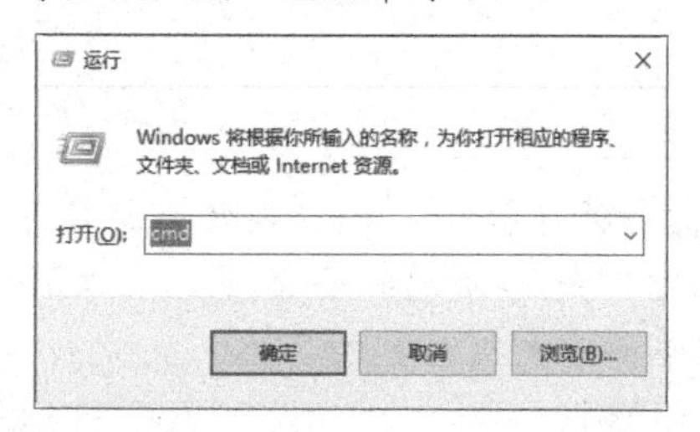

Step 02 单击【确定】按钮，弹出【DOS】窗口，在【DOS】窗口中输入“attrib +s +a +h +r D:\123.docx”，其中“D:\123.docx”代表需要隐藏的文件夹的具体路径，按【Enter】键确认。

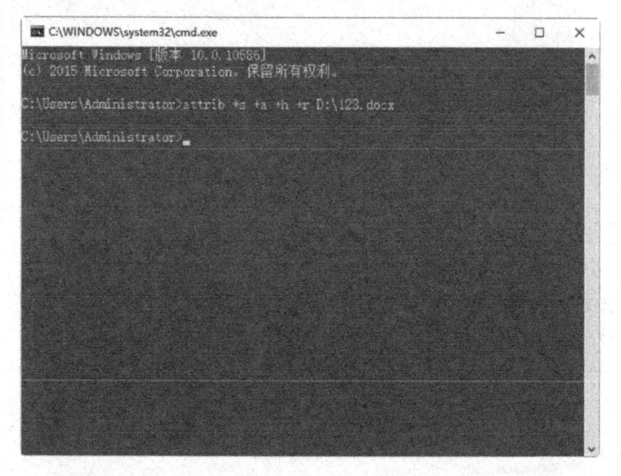

Step 03 打开隐藏文件夹的路径，发现文件已经隐藏了。下面通过显示隐藏文件的方法检验文件是否真正被隐藏了。单击【查看】按钮，从弹出的菜单中选择【隐藏的项目】命令。

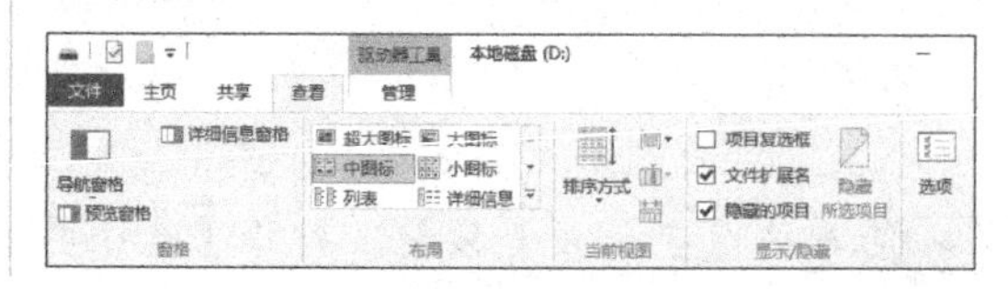

Step 04 如果用户想再次调出隐藏的文件夹，可在【DOS】窗口中输入“attrib -a -s -h -r D:\123.docx”，按【Enter】键确认。

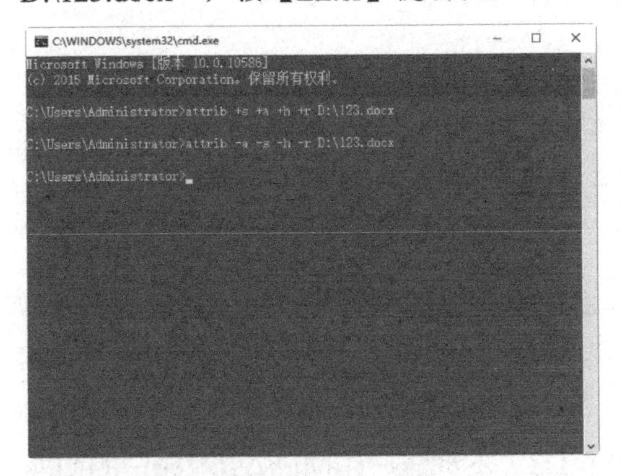

Step 05 调出的隐藏文件如下图所示。

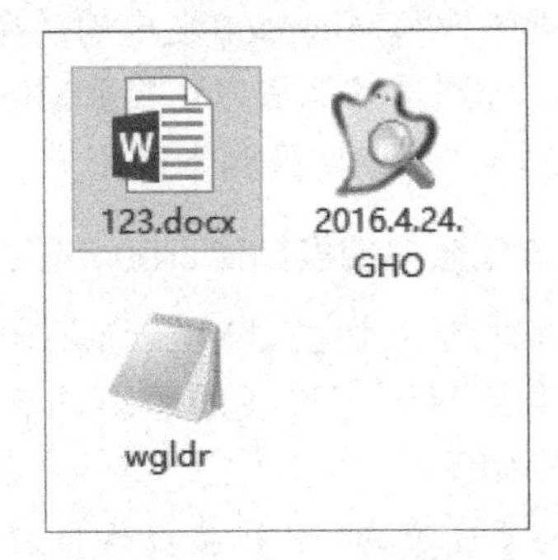

5.5.2 实战演练2——显示文件的扩展名

Windows 10系统默认情况下不显示文件的扩展名，但用户可以通过设置显示文件的扩展名。具体操作步骤如下。

Step 01 单击【开始】按钮，从弹出的【开始屏幕】中选择【文件资源管理器】，打开【文件资源管理器】窗口。

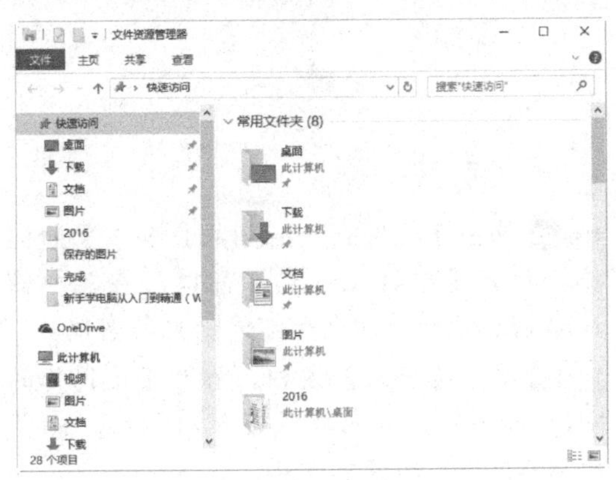

Step 02 选择【查看】选项卡，在打开的功能区域中勾选【显示/隐藏】区域中的【文件扩展名】复选框。

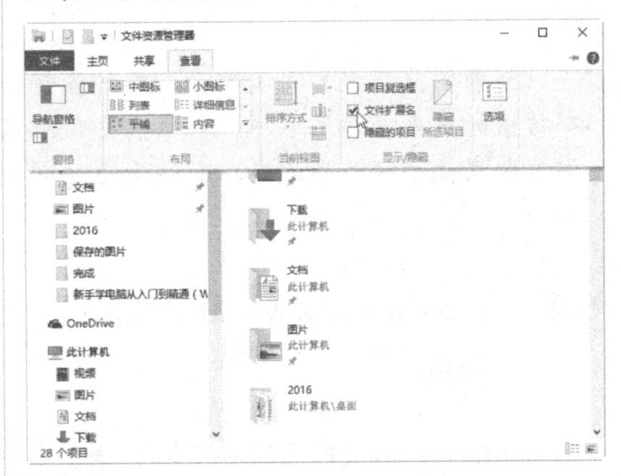

Step 03 此时打开一个文件夹，用户可以查看到文件的扩展名。

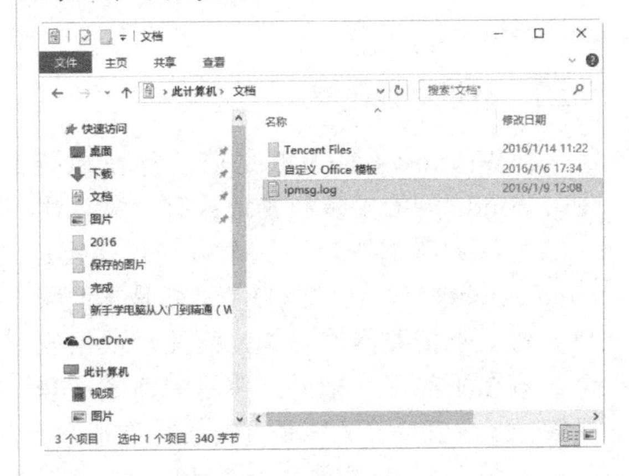

5.6 小试身手

练习1：加密、解密Word文档。

练习2：加密、解密Excel文档。

练习3：加密、解密PDF文档。

练习4：加密、解密EXE文档。

练习5：加密、解密压缩文件。

练习6：加密、解密文件或文件夹。

练习7：使用BitLocker加密磁盘或U盘数据。

第6章　账户/号及密码防守工具

随着网络用户的飞速增长，各种各样的账户和账号密码也越来越多，账户和账号密码被盗的现象也屡见不鲜。本章主要介绍黑客盗取账户和账号密码的常用方法，以及如何采取措施预防密码被盗，有助于读者有效地保护自己的密码安全。

6.1　了解Windows 10的账户类型

Windows 10操作系统具有两种账户类型：一种是本地账户；一种是Microsoft账户。使用这两种账户类型，都可以登录到操作系统中。

6.1.1　认识本地账户

在Windows 10及其之前的操作系统中，Windows的安装和登录只有一种以用户名为标识符的账户，这个账户就是Administrator账户，这种账户类型就是本地账户。对于不需要网络功能，而又对数据安全比较在乎的用户来说，使用本地账户登录Windows 10操作系统是更安全的选择。

另外，对于本地账户来说，用户不设置登录密码，就能登录系统。当然，不设置密码的操作，对系统安全是没有保障的，因此，不管是本地账户，还是Microsoft账户，都需要为账户添加密码。

6.1.2　认识Microsoft账户

Microsoft账户是免费的，且易于设置的系统账户，用户可以使用自己选的任何电子邮件地址完成该账户的注册与登记操作。例如，可以使用Outlook.com、Gmail或Yahoo!地址作为Microsoft账户。

当用户使用Microsoft账户登录自己的计算机或设备时，可从Windows应用商店中获取应用，使用免费云存储备份自己所有的重要数据和文件，并使自己的所有常用内容（如设备、照片、好友、游戏、设置、音乐等）保持更新和同步。

6.1.3　本地账户和Microsoft账户的切换

本地账户和Microsoft账户的切换包括两种情况，分别是本地账户切换到Microsoft账户和Microsoft账户切换到本地账户。

1. 本地账户切换到Microsoft账户

将本地账户切换到Microsoft账户可以轻松获取用户所有设备的所有内容，具体操作步骤如下。

Step 01 在【设置-账户】窗口中选择【你的电子邮件和账户】选项，进入【你的电子邮件和账户】设置界面。

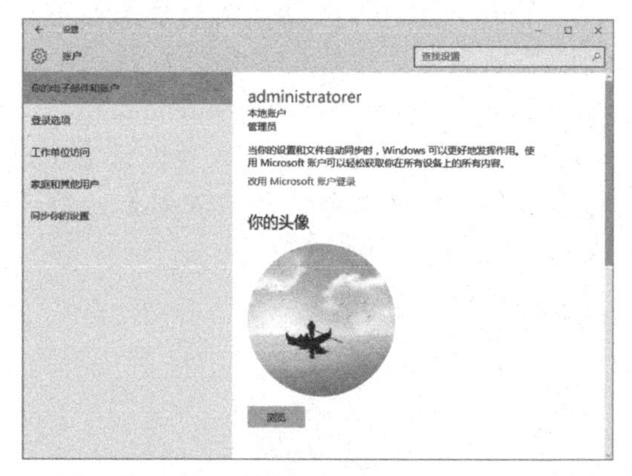

Step 02 单击【改用Microsoft账户登录】超链接，打开【个性化设置】窗口，在其中输入Microsoft账户的电子邮件账户与密码。

Step 03 单击【登录】按钮，打开【使用你的Microsoft账户登录此设备】对话框，在其中输入Windows登录密码。

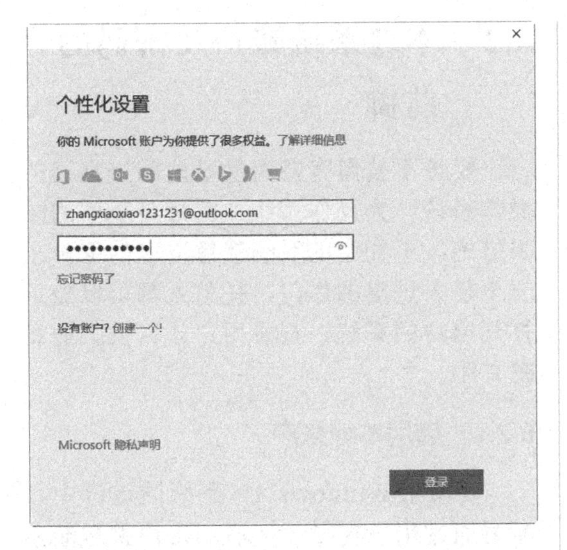

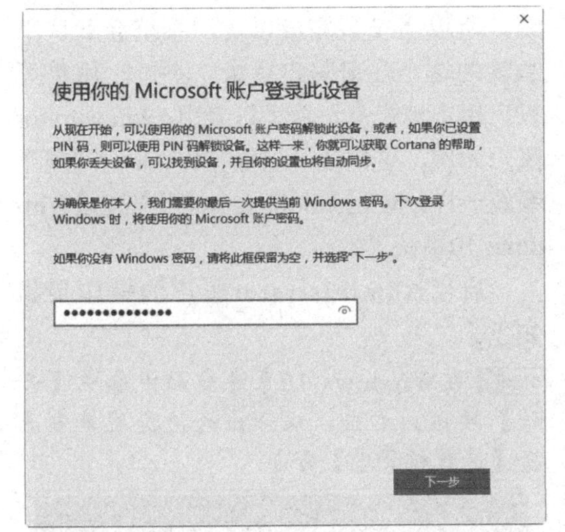

Step 04 单击【下一步】按钮，即可从本地账户切换到Microsoft账户来登录此设备。

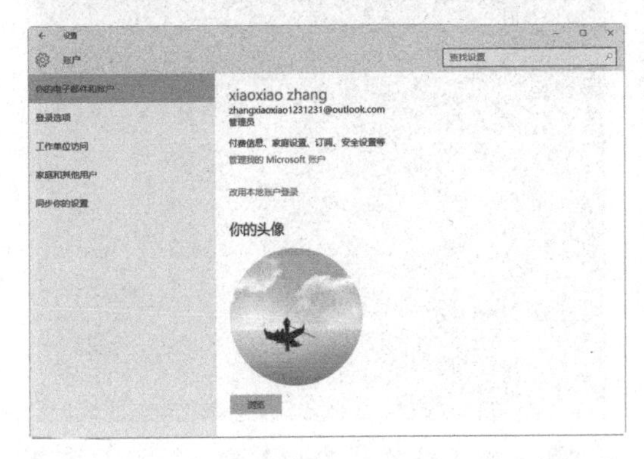

2. Microsoft账户切换到本地账户

本地账户是系统默认的账户，使用本地账户可以轻松管理计算机的本地用户与组。将Microsoft账户切换到本地账户的操作步骤如下。

Step 01 以Microsoft账户登录此设备后，选择【设置-账户】窗口中的【你的电子邮件和账户】选项，在打开的设置界面中单击【改用本地账户登录】超链接。

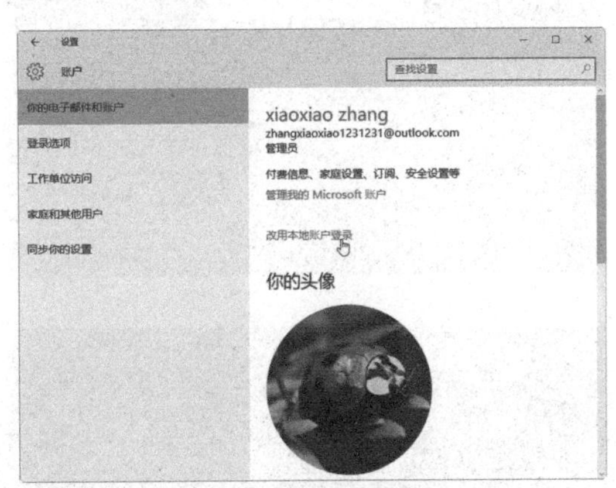

Step 02 打开【切换到本地账户】对话框，在其中输入Microsoft账户的登录密码。

Step 03 单击【下一步】按钮，打开【切换到本地账户】对话框，在其中输入本地账户的用户名、密码和密码提示等信息。

Step 04 单击【下一步】按钮，打开【切换到本地账户】对话框，提示用户所有的操作即将完成。

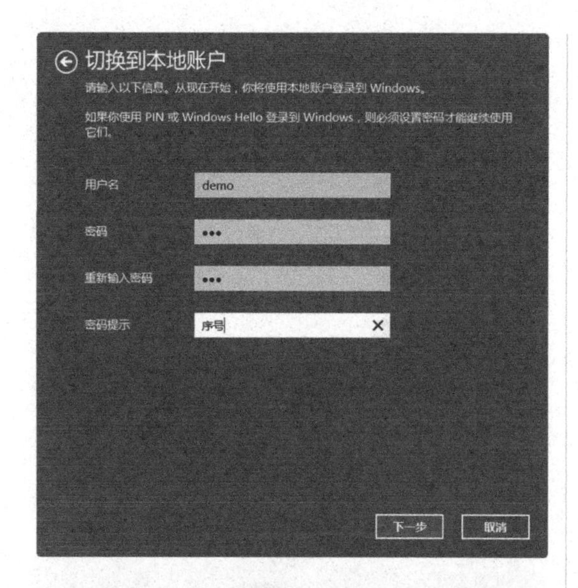

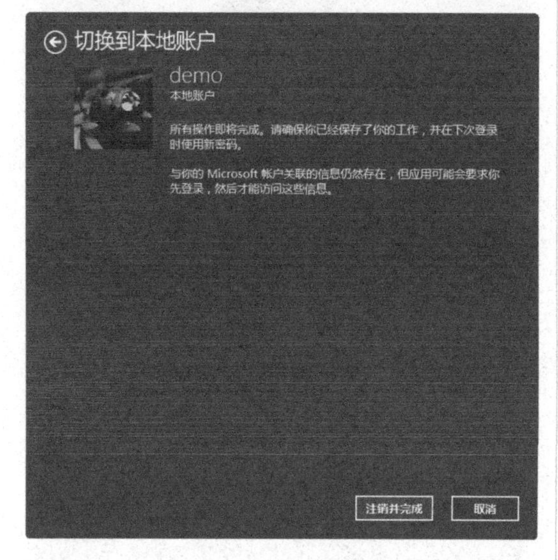

Step 05 单击【注销并完成】按钮，即可将Microsoft账户切换到本地账户中。

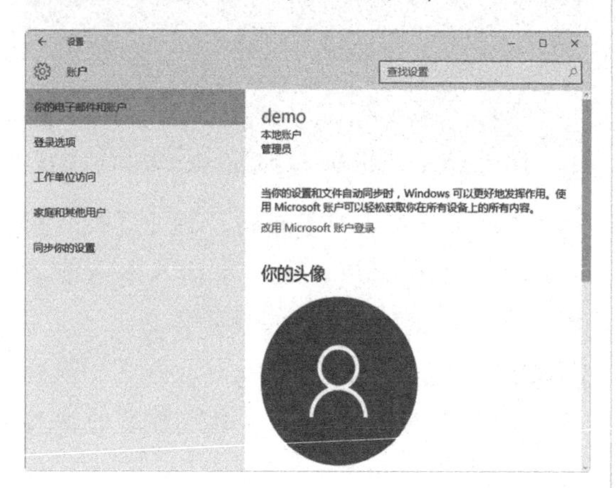

6.2 本地系统账户及密码的防御

要想不被黑客轻而易举地闯进自己的操作系统，为操作系统加密是最基本的防黑措施。不加密的系统就像自己的家开了一个任人进出的后门，任何人都可以随意打开用户的系统，查看用户计算机上的私密文件。

6.2.1 启用本地账户

在安装Windows 10 系统的过程中，需要通过用户在微软注册的账户来激活系统，所以当安装完成以后，系统会默认用微软的这个注册账户登录。不过，用户可以启用本地账户，这里以启用Administrator账户为例，这样就可以像在Windows 7操作系统一样，使用Administrator账户登录Windows 10系统了。

启用Administrator账户的操作步骤如下。

Step 01 在Windows 10系统桌面中选中【开始】按钮，右击，从弹出的快捷菜单中选择【计算机管理】命令。

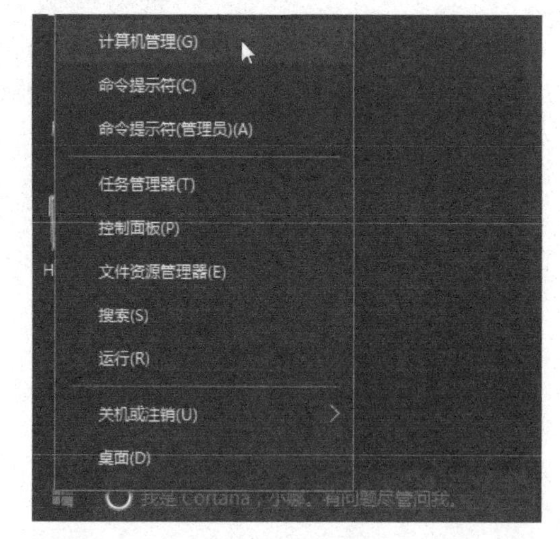

Step 02 打开【计算机管理】窗口，选择【本地用户和组】→【用户】选项，展开本地用户列表。

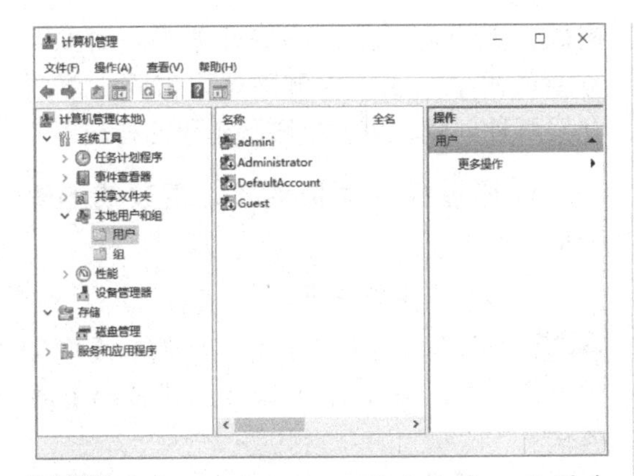

Step 03 选中Administrator账户右击，从弹出的快捷菜单中选择【属性】命令。

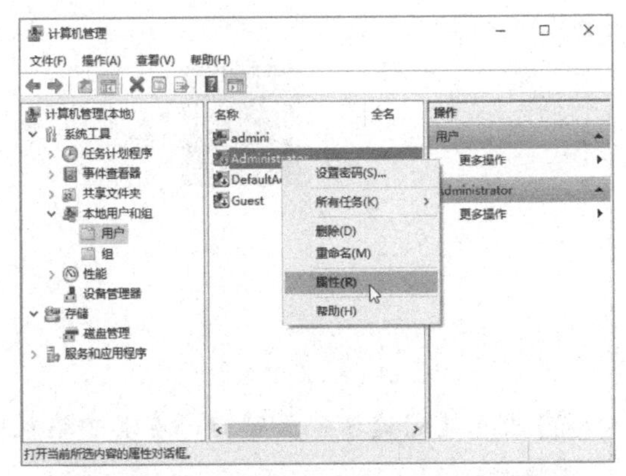

Step 04 打开【Administrator属性】对话框，在【常规】选项卡中取消勾选【账户已禁用】复选框，然后单击【确定】按钮，即可启用Administrator账户。

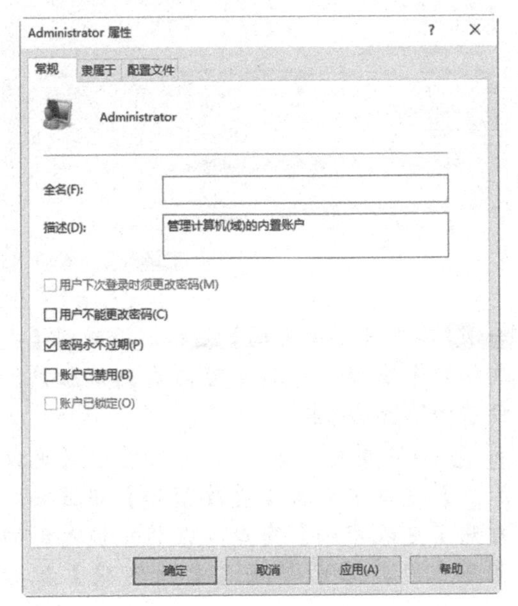

Step 05 单击【开始】按钮，从弹出的面板中单击【admini】账户，在下拉面板中可以看到已经启用的Administrator账户。

Step 06 选择Administrator账户登录系统，登录完成后，再单击【开始】按钮，从弹出的面板中可以看到当前登录的账户就是Administrator账户。

6.2.2　更改账户类型

Windows 10操作系统的账户类型包括标准和管理员两种类型，用户可以根据需要对账户的类型进行更改，具体操作步骤如下。

Step 01 单击【开始】按钮，在打开的面板中选择【控制面板】选项，打开【控制面板】窗口。

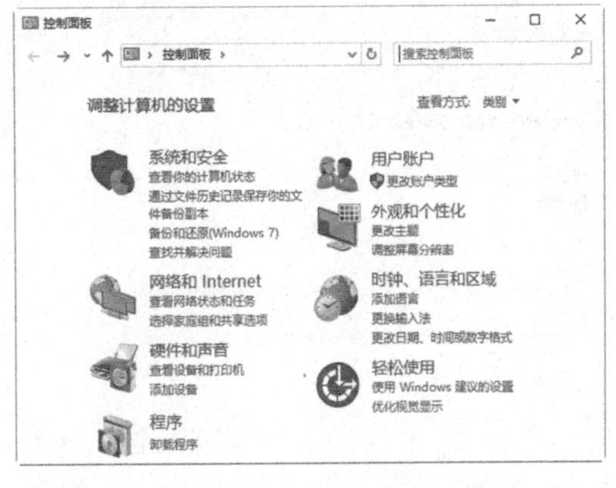

Step 02 单击【更改账户类型】超链接，打开【管理账户】窗口，在其中选择要更改类型的账户，这里选择【admini本地账户】。

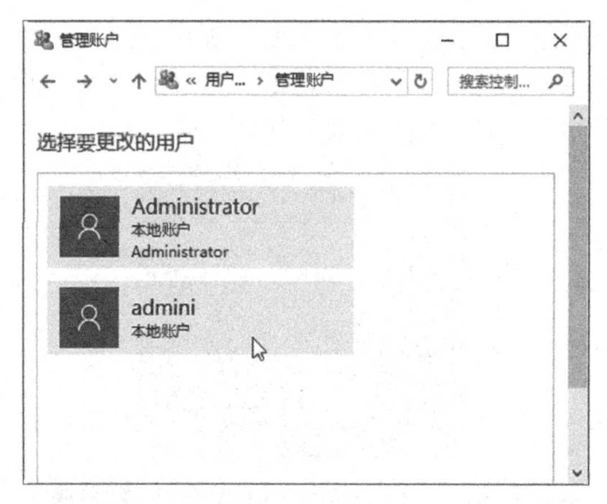

Step 03 进入【更改账户】窗口，单击左侧的【更改账户类型】超链接。

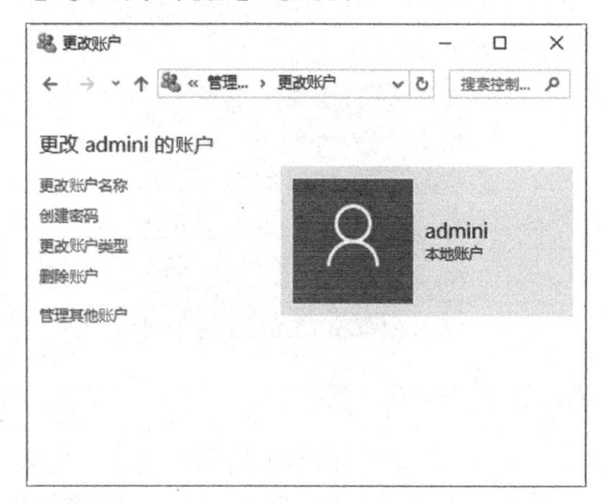

Step 04 进入【更改账户类型】窗口，在其中选择【标准】单选按钮，即为该账户选择了标准账户类型，最后单击【更改账户类型】按钮即可完成账户类型的更改操作。

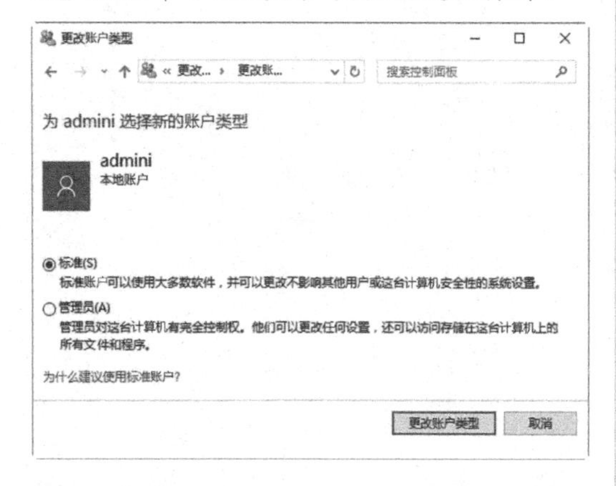

6.2.3 设置账户密码

对于添加的账户，用户可以为其创建密码，或对创建的密码进行更改，如果不需要密码了，还可以删除账户密码。下面介绍两种创建、更改或删除密码的方法。

1. 通过控制面板创建、更改或删除密码

具体操作步骤如下。

Step 01 打开【控制面板】窗口，进入【更改账户】窗口，在其中单击【创建密码】超链接。

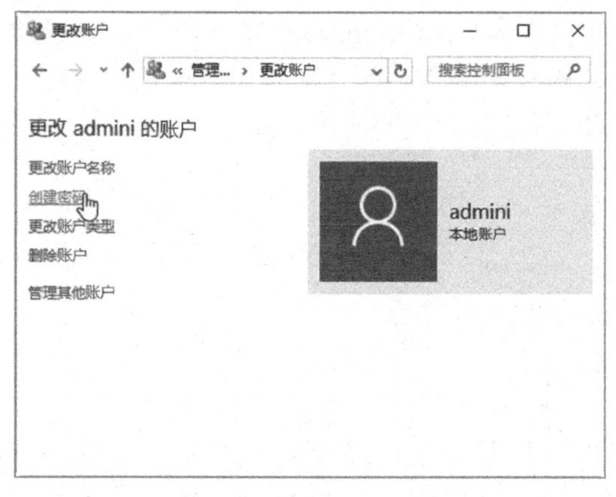

Step 02 进入【创建密码】窗口，在其中输入密码信息。

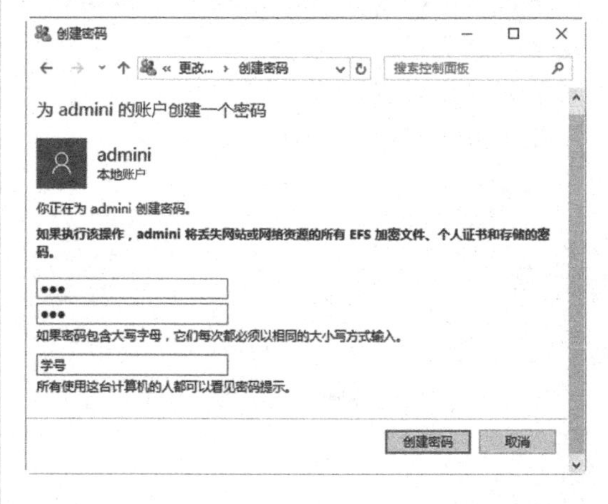

Step 03 单击【创建密码】按钮，返回到【更改账户】窗口，在其中可以看到该账户已经添加了密码保护。

Step 04 如果想更改密码，则需要在【更改账户】窗口中单击【更改密码】超链接，打开【更改密码】窗口，在其中输入新的密码信息，最后单击【更改密码】按钮

即可。

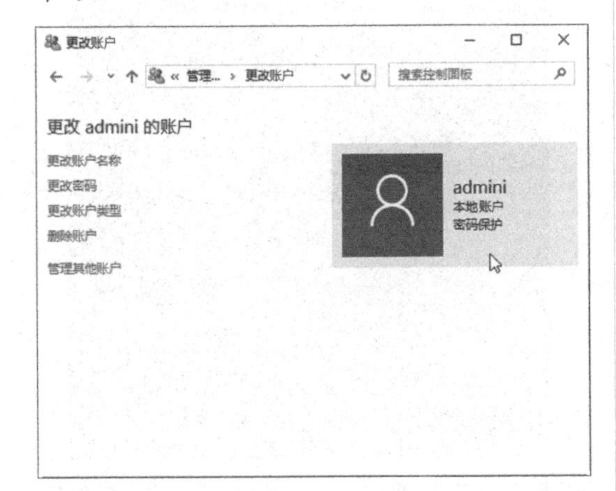

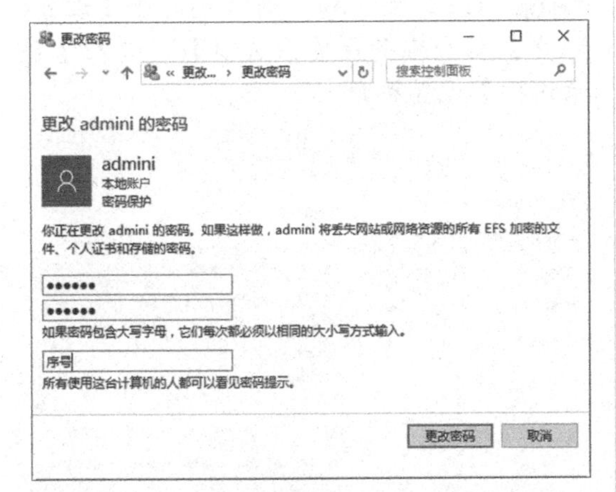

Step 05 如果想删除密码，则需要在【更改账户】窗口中单击【更改密码】超链接，打开【更改密码】窗口，在其中将密码设置为空。

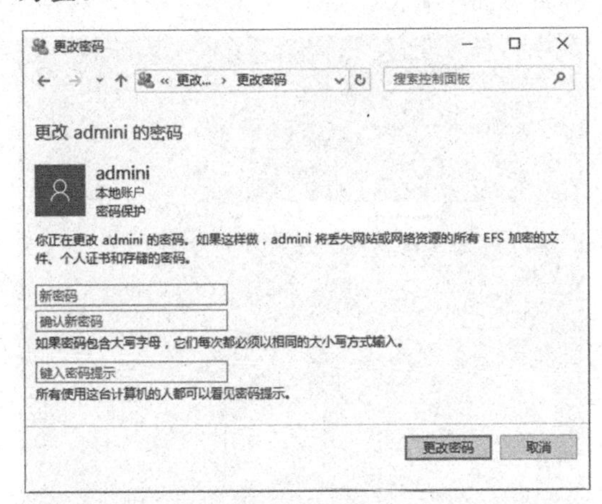

Step 06 单击【更改密码】按钮，返回到【更改账户】窗口，可以看到账户的密码保护已被取消，说明已经将账户密码删除了。

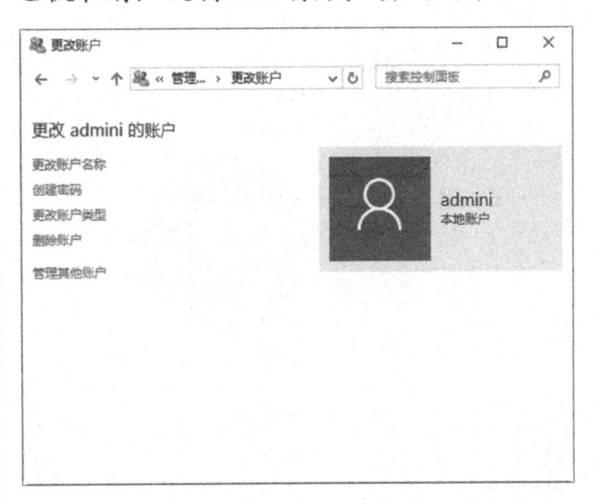

2. 在计算机设置中创建、更改或删除密码

具体操作步骤如下。

Step 01 单击【开始】按钮，从弹出的面板中选择【设置】选项。

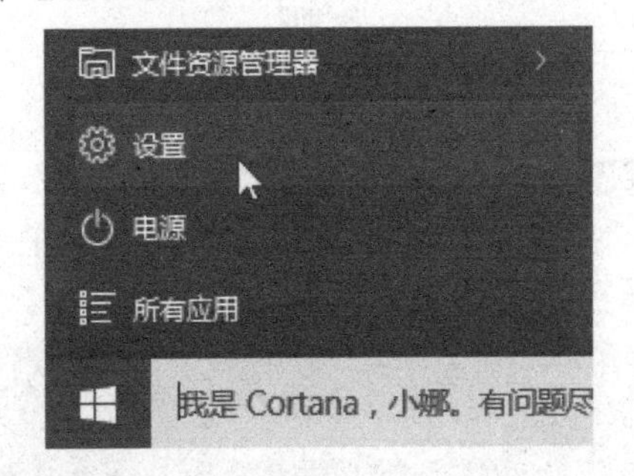

Step 02 打开【设置】窗口。

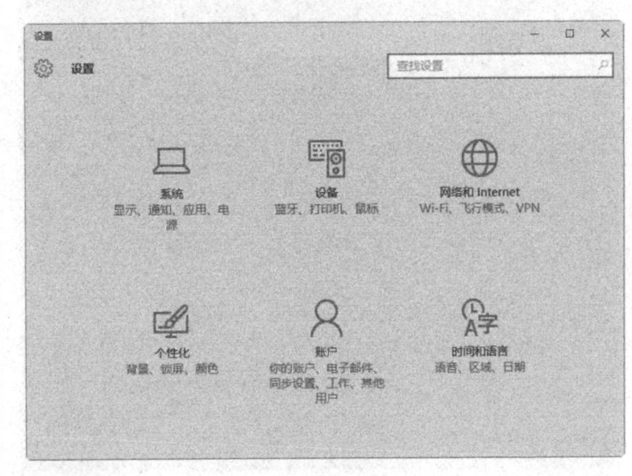

Step 03 单击【账户】超链接，进入【设置-账户】窗口。

Step 04 选择【登录选项】，进入【登录选项】窗口。

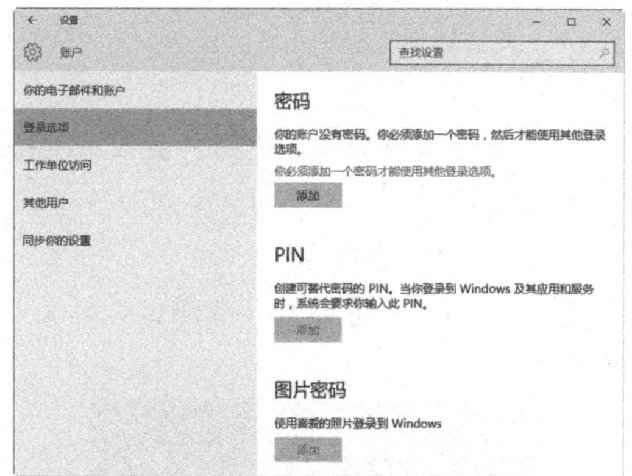

Step 05 单击【密码】区域下方的【添加】按钮，打开【创建密码】界面，在其中输入新密码与密码提示信息。

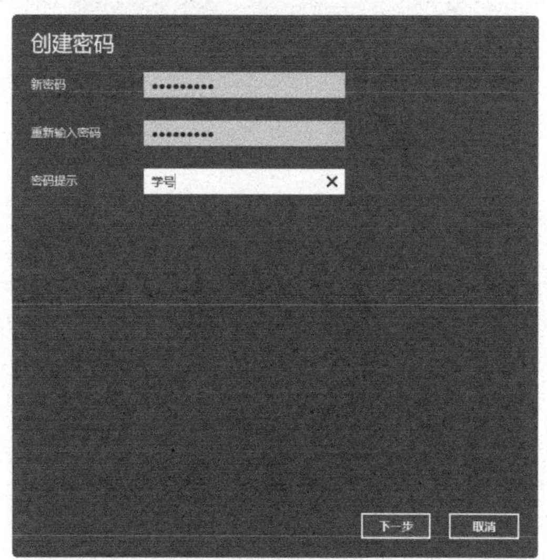

Step 06 单击【下一步】按钮，进入【创建密码】界面，在其中提示用户下次登录时，请输入创建的密码，最后单击【完成】按钮，即可完成密码的创建。

Step 07 如果想改密码，则需要选择【设置-账户】窗口中的【登录选项】，进入【登录选项】设置界面。

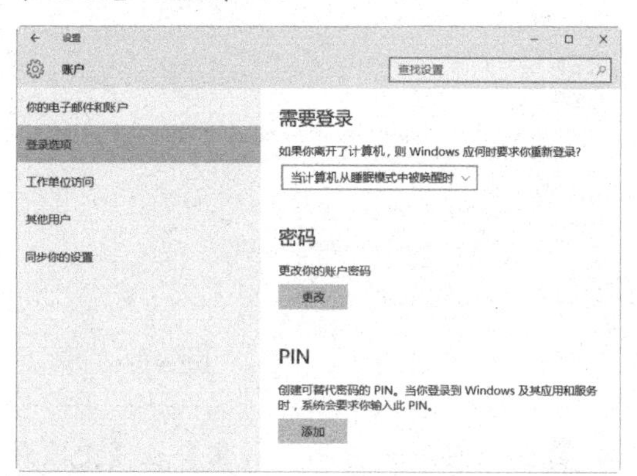

Step 08 单击【密码】区域下方的【更改】按钮，打开【更改密码】对话框，在其中输入当前密码。

Step 09 单击【下一步】按钮，打开【更改密码】对话框，在其中输入新密码和密码提示信息。

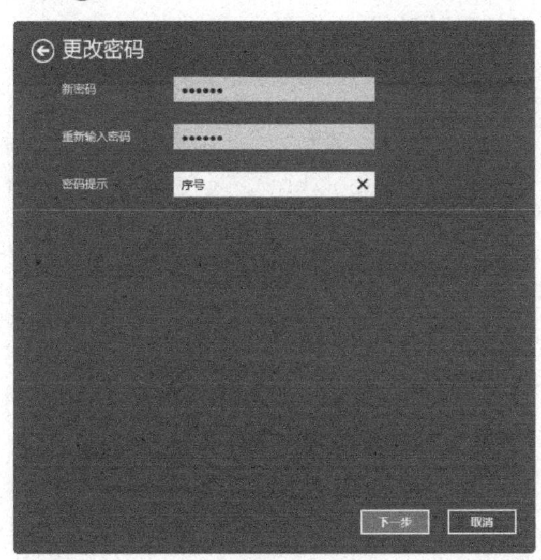

Step 10 单击【下一步】按钮，即可完成本地账户密码的更改操作，最后单击【完成】按钮。

Step 11 如果想删除密码，则需要在【更改密码】界面中将新密码与密码提示设置为空，然后单击【下一步】、【完成】按钮，完成删除密码操作。

6.2.4 设置账户名称

对于添加的本地账户，用户可以根据需要设置账户的名称，操作步骤如下。

Step 01 打开【管理账户】窗口，选择要更改名称的账户。

Step 02 进入【更改账户】窗口，单击窗口左侧的【更改账户名称】超链接。

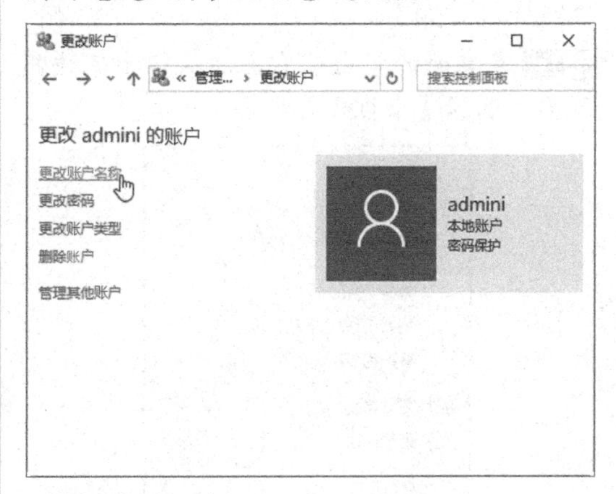

Step 03 进入【重命名账户】窗口，在其中输入账户的新名称。

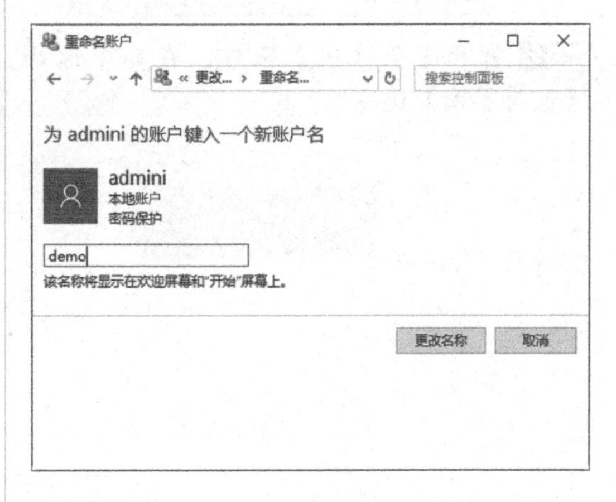

Step 04 单击【更改名称】按钮，即可完成账户名称的设置。

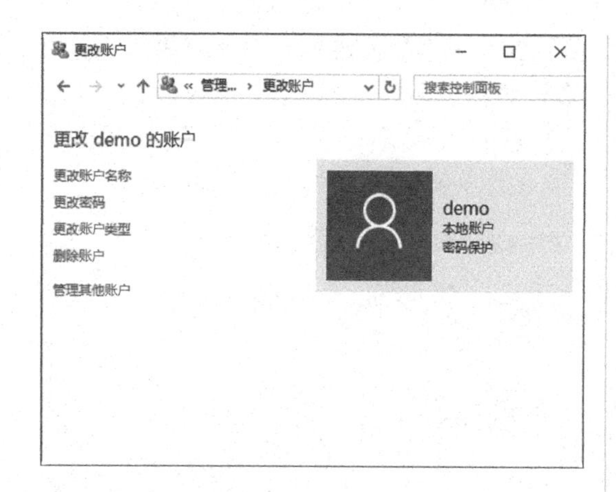

6.2.5 设置屏幕保护密码

设置屏幕保护密码也是增强计算机安全性的一种方式。设置屏幕保护密码的具体操作步骤如下。

Step 01 在桌面的空白处右击，从弹出的快捷菜单中选择【个性化】命令。

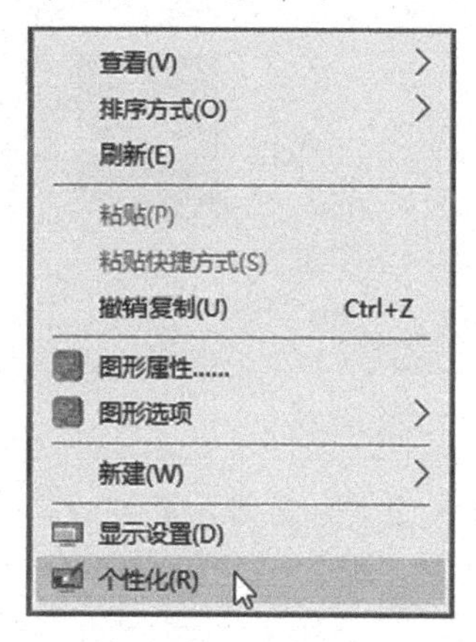

Step 02 打开【个性化】窗口，在其中选择【锁屏界面】选项。

Step 03 在【锁屏界面】设置窗口中单击【屏幕超时设置】超链接，打开【电源和睡眠】设置界面，在其中可以设置屏幕关闭和睡眠的时间。

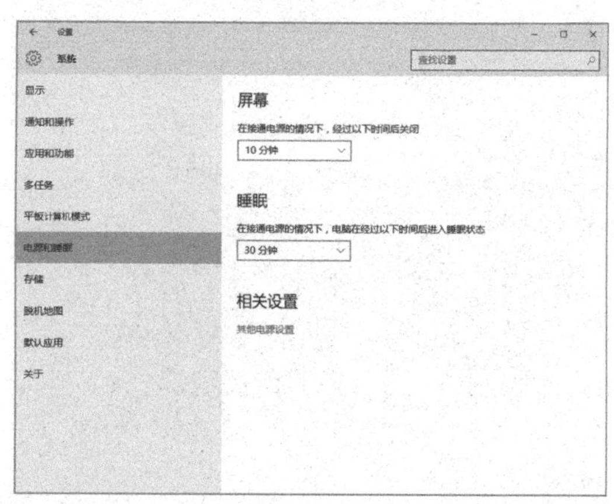

Step 04 在【锁屏界面】设置窗口中单击【屏幕保护程序设置】超链接，打开【屏幕保护程序设置】对话框，勾选【在恢复时显示登录屏幕】复选框。

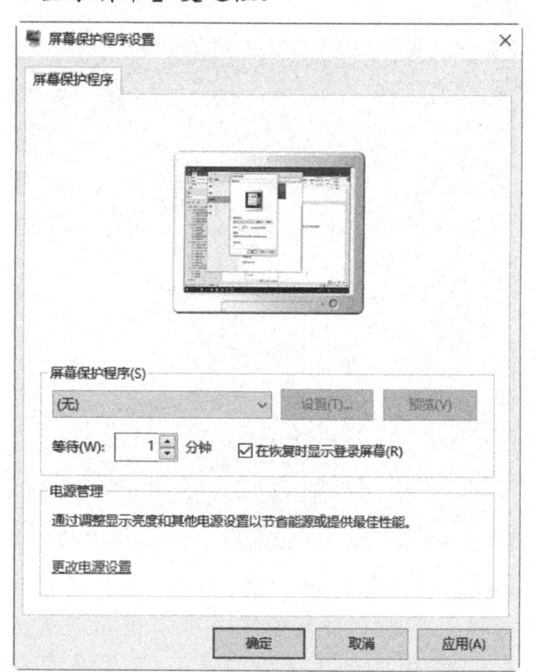

Step 05 在【屏幕保护程序】下拉列表中选择系统自带的屏幕保护程序，本实例选择【气泡】选项，此时在上方的预览框中可以看到设置后的效果。

Step 06 在【等待】微调框中设置等待的时

间，本实例设置为5分钟。

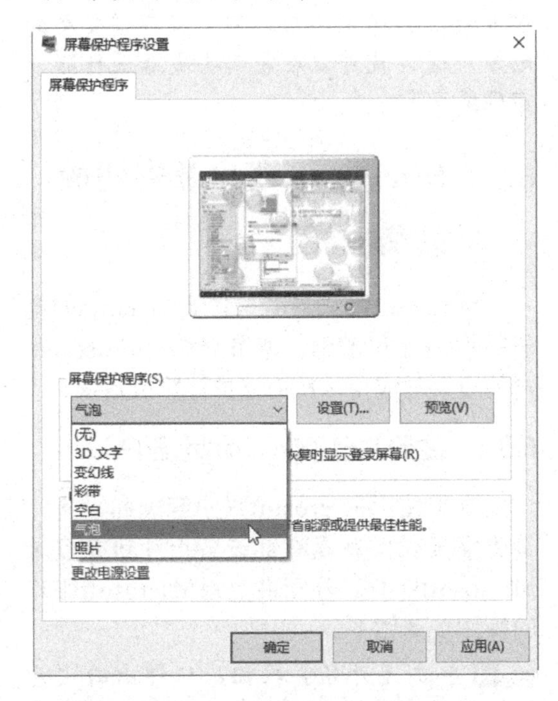

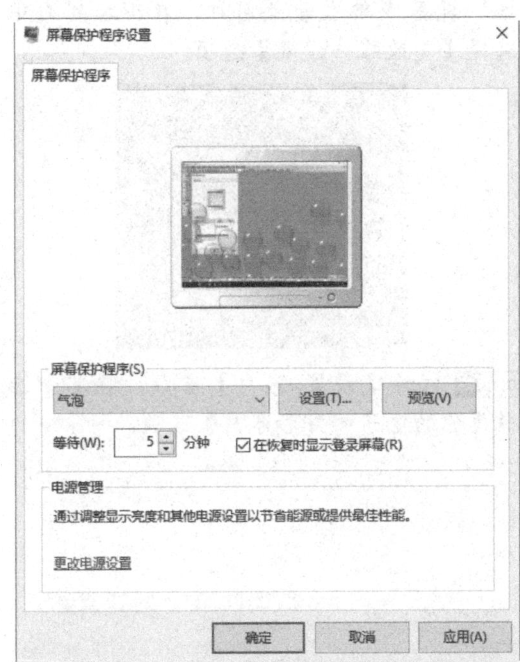

Step 07 设置完成后，单击【确定】按钮，返回到【设置】窗口。这样，如果用户在5分钟内没有对计算机进行任何操作，系统会自动启动屏幕保护程序，用户返回后输入密码即可登录系统。

6.2.6 创建密码恢复盘

有时进入系统的账户密码被黑客破解并修改后，用户就进不了系统了，但如果事先创建了密码恢复盘，就可以强制进行密码恢复，以找到原来的密码。Windows系统自带创建账户密码恢复盘功能，利用该功能可以创建密码恢复盘。

创建密码恢复盘的具体操作步骤如下。

Step 01 单击【开始】→【控制面板】，打开【控制面板】窗口，双击【用户账户】图标。

Step 02 打开【用户账户】窗口，在其中选择要创建密码恢复盘的账户。

Step 03 单击【创建密码重置盘】超链接，弹出【欢迎使用忘记密码向导】对话框。

Step 04 单击【下一步】按钮，弹出【创建密码重置盘】对话框。

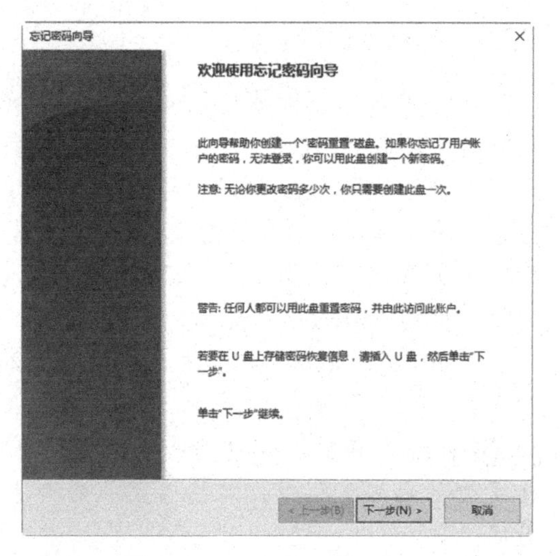

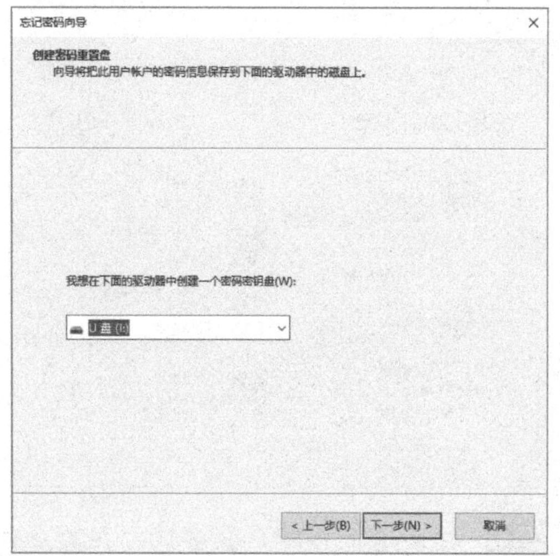

Step 05 单击【下一步】按钮，弹出【当前用户账户密码】对话框，在下面的文本框中输入当前用户账户密码。

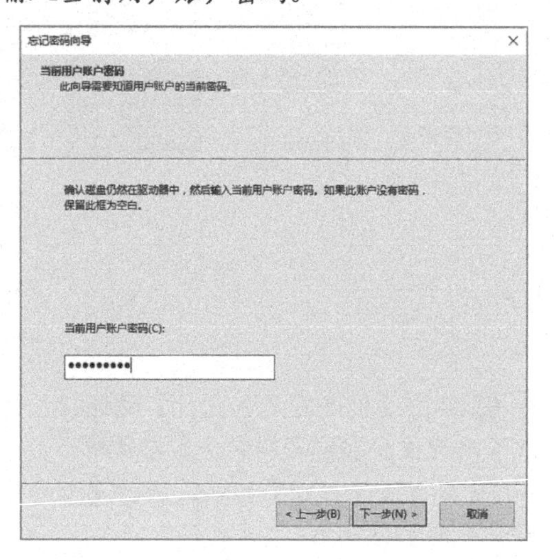

Step 06 单击【下一步】按钮，开始创建密码重置盘，创建完毕后，将它保存到安全的地方，这样就可以在密码丢失后进行账户密码恢复了。

6.3 Microsoft账户及密码的防御

Microsoft账户是用于登录Windows的电子邮件地址和密码。本节介绍Microsoft账户的设置与应用，从而保护计算机系统。

6.3.1 注册并登录Microsoft账户

要想使用Microsoft账户管理此设备，首先需要做的就是在此设备上注册并登录Microsoft账户。注册并登录Microsoft账户的操作步骤如下。

Step 01 单击【开始】按钮，从弹出的“开始”屏幕中单击登录用户，在下拉列表中选择【更改账户设置】选项。

Step 02 打开【设置-账户】窗口，在其中选择【你的电子邮件和账户】选项。

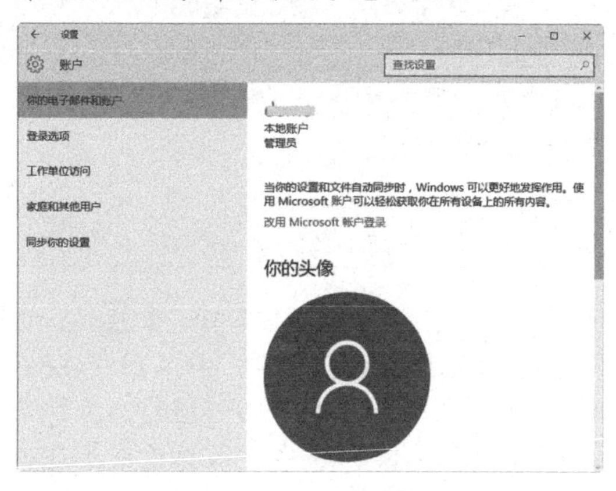

Step 03 单击【电子邮件、日历和联系人】下

方的【添加账户】。

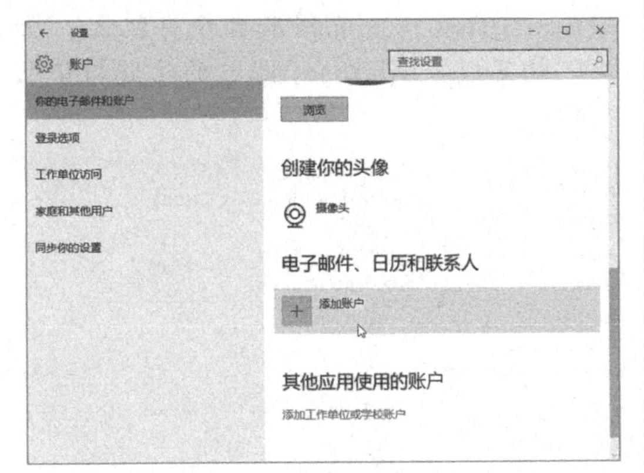

Step 04 弹出【选择账户】列表，在其中选择【Outlook.com】选项。

Step 05 打开【添加你的Microsoft账户】对话框，在其中可以输入Microsoft账户的电子邮件或手机以及密码。

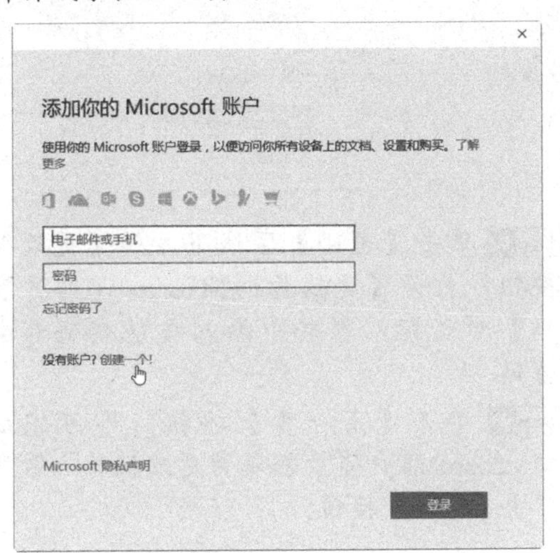

Step 06 如果没有Microsoft账户，则需要单击【创建一个！】超链接，打开【让我们来创建你的账户】对话框，在其中输入账户信息。

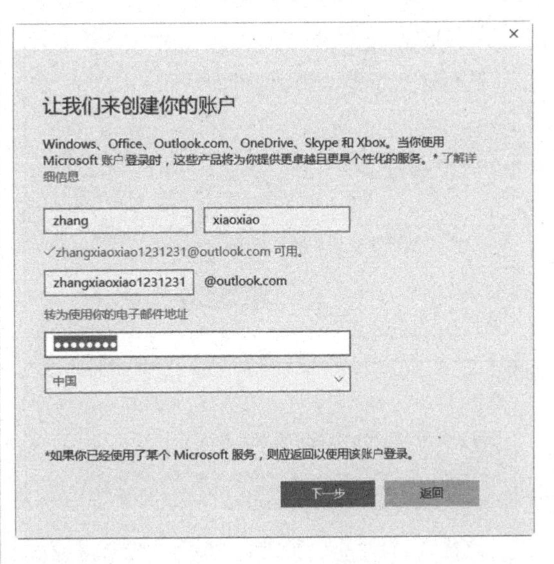

Step 07 单击【下一步】按钮，打开【添加安全信息】对话框，在其中输入手机号码。

Step 08 单击【下一步】按钮，打开【查看与你相关度最高的内容】对话框，在其中查看相关说明信息。

Step 09 单击【下一步】按钮，打开【是否使用Microsoft账户登录此设备？】对话框，在其中输入你的Windows密码。

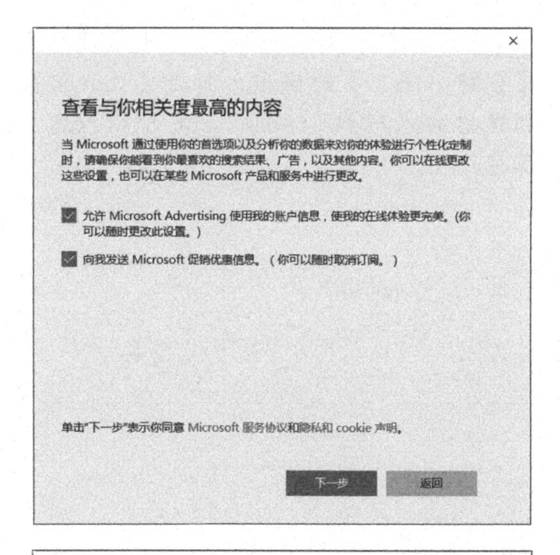

是否使用 Microsoft 账户登录此设备?

从现在开始，可以使用你的 Microsoft 帐户密码解锁此设备，或者，如果你已设置 PIN 码，则可以使用 PIN 码解锁设备。这样你就可以获取 Cortana 的帮助，如果你丢失设备，可以找到设备，并且你的设置也将自动同步。

为确保是你本人，我们需要你最后一次提供当前 Windows 密码。下次登录 Windows 时，将使用你的 Microsoft 账户密码。

如果你没有 Windows 密码，请将此框保留为空，并选择"下一步"。

你的 Windows 密码

只登录此应用

下一步

Step 10 单击【下一步】按钮，打开【全部完成】对话框，提示用户【你的账户已成功设置】。

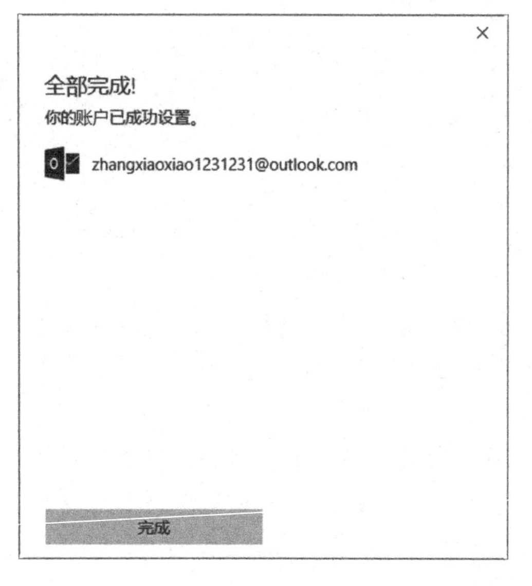

Step 11 单击【完成】按钮，即可使用Microsoft账户登录到本台计算机上。至此，就完成了Microsoft账户的注册与登录操作。

6.3.2 更改账户登录密码

为账户设置登录密码，在一定程度上能保护计算机的安全。为Microsoft账户更改登录密码的操作步骤如下。

Step 01 以Microsoft账户类型登录本台设备，然后选择【设置-账户】窗口中的【登录选项】，进入【登录选项】设置界面。

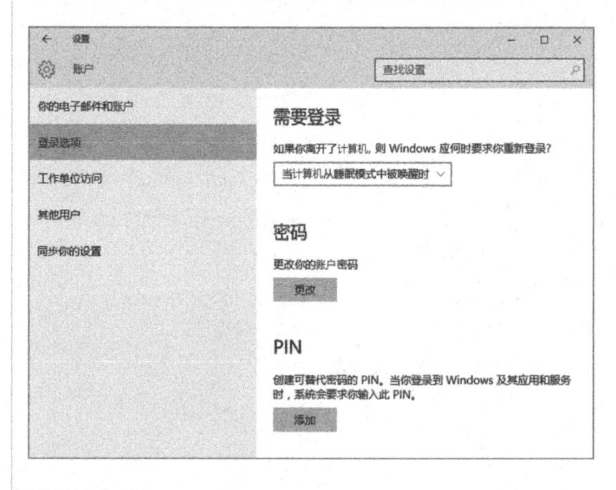

Step 02 单击【密码】区域下方的【更改】按钮，打开【更改你的Microsoft账户密码】对话框，在其中输入当前密码和新密码。

Step 03 单击【下一步】按钮，即可完成Microsoft账户登录密码的更改操作，最后单击【完成】按钮。

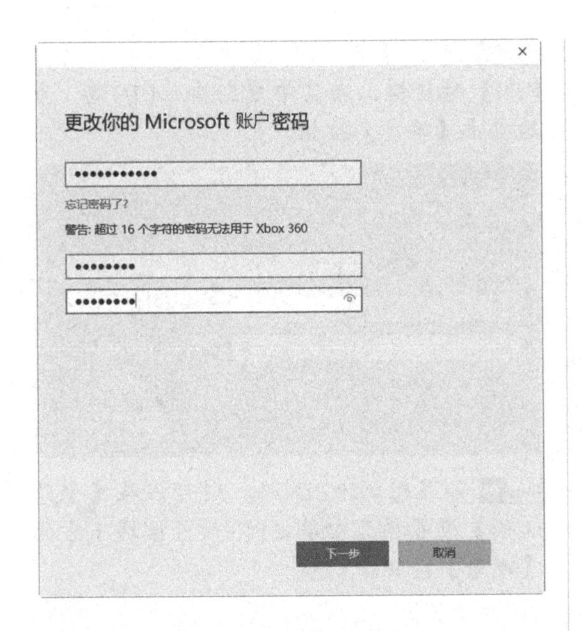

6.3.3　设置PIN码

PIN码是可以替代登录密码的一组数据，当用户登录到Windows及其应用和服务时，系统会要求用户输入PIN码。设置PIN码的操作步骤如下。

Step 01 在【设置-账户】窗口中选择【登录选项】，在右侧可以看到用于设置PIN码的区域。

Step 02 单击PIN区域下方的【添加】按钮，打开【请重新输入密码】对话框，在其中输入账户的登录密码。

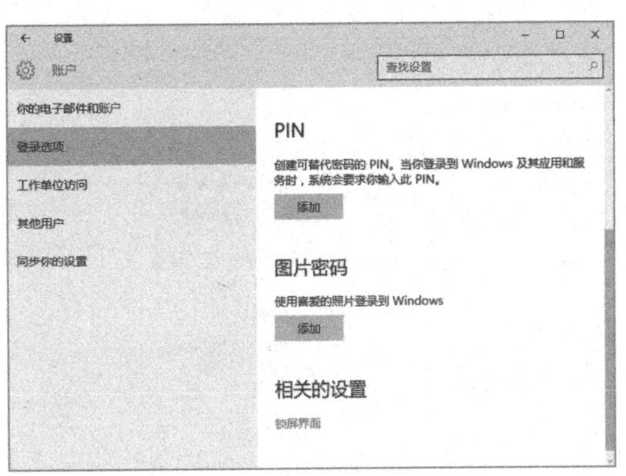

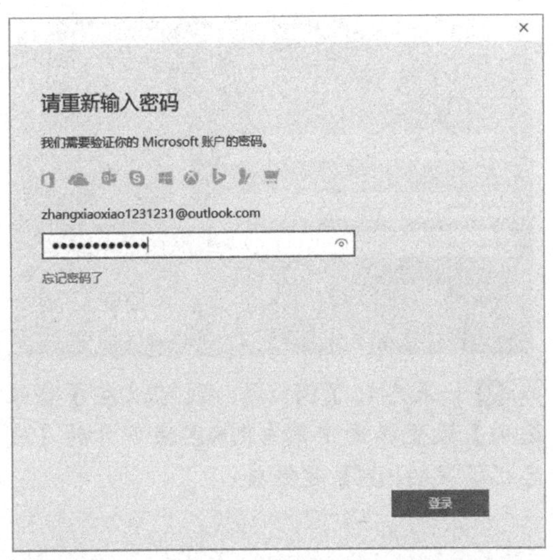

Step 03 单击【登录】按钮，打开【设置PIN】对话框，在其中输入PIN码。

Step 04 单击【确定】按钮，即可完成PIN码的添加操作，并返回到【登录选项】设置界面。

Step 05 如果想更改PIN码，则可以单击PIN区域下方的【更改】按钮，打开【更改PIN】对话框，在其中输入更改后的PIN码，然后单击【确定】按钮即可。

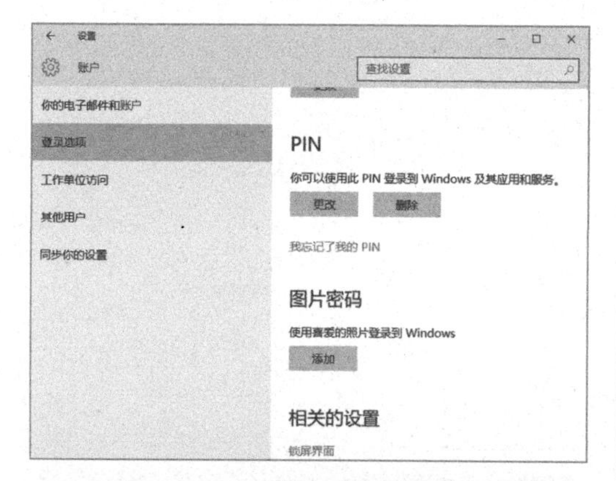

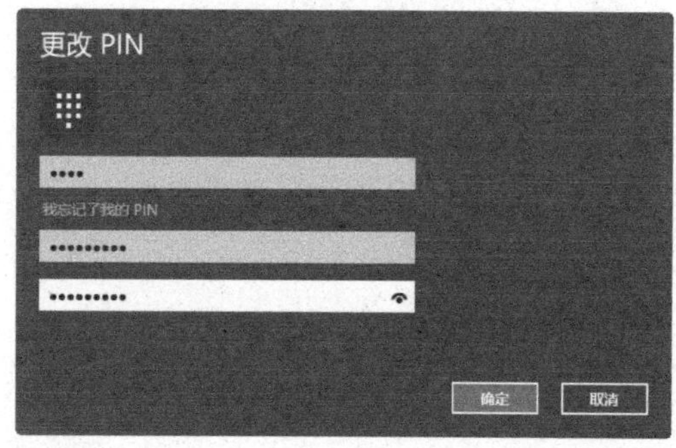

Step 06 如果忘记了PIN码，则可以在【登录选项】设置界面中单击PIN区域下方的【我忘记了我的PIN】超链接。

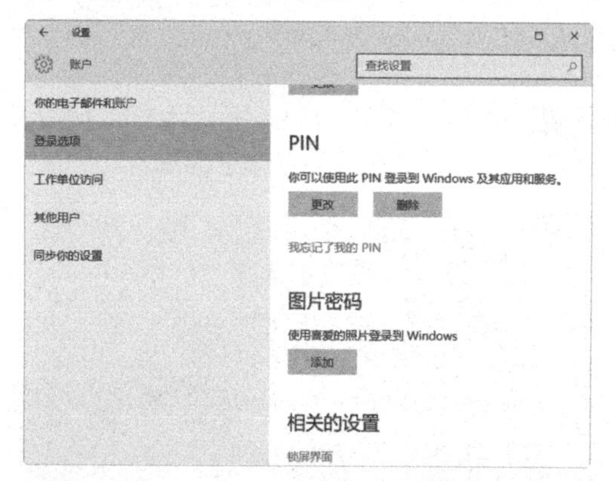

Step 07 打开【首先，请验证你的账户密码】对话框，在其中输入登录账户密码。

Step 08 单击【确定】按钮，打开【设置PIN】对话框，在其中重新输入PIN码，最后单击【确定】按钮。

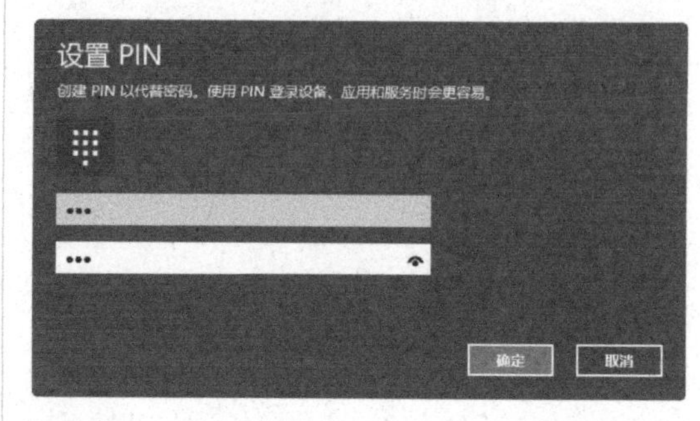

Step 09 如果想删除PIN码，则可以在【登录选项】设置界面中单击PIN设置区域下方的【删除】按钮。

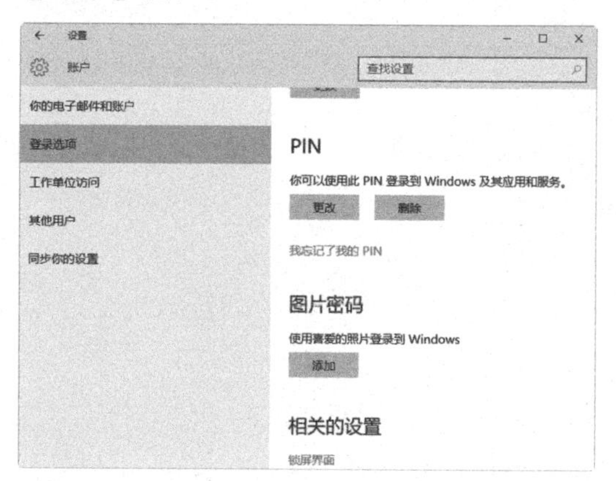

Step 10 然后PIN码区域显示出【确实要删除你的PIN吗】的信息提示。

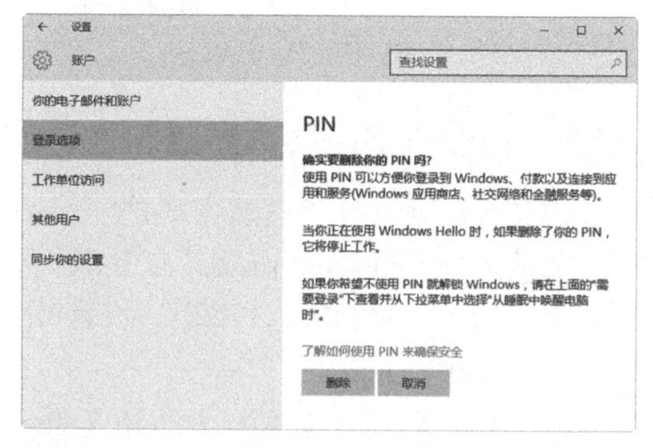

Step 11 单击【删除】按钮，打开【首先，请验证你的账户密码】对话框，在其中输入登录密码。

Step 12 单击【确定】按钮，即可删除PIN码，并返回到【登录选项】设置界面中，可以看到PIN设置区域只剩下【添加】按钮，说明删除成功。

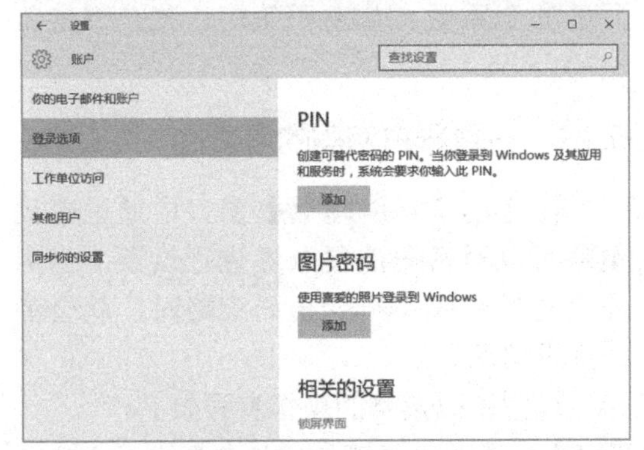

6.3.4　使用图片密码

图片密码是一种帮助用户保护触屏计算机的全新方法。要想使用图片密码，用户需要选择图片并在图片上画出各种手势，以此来创建独一无二的图片密码。

创建图片密码的操作步骤如下。

Step 01 在【登录选项】工作界面中单击【图片密码】下方的【添加】按钮。

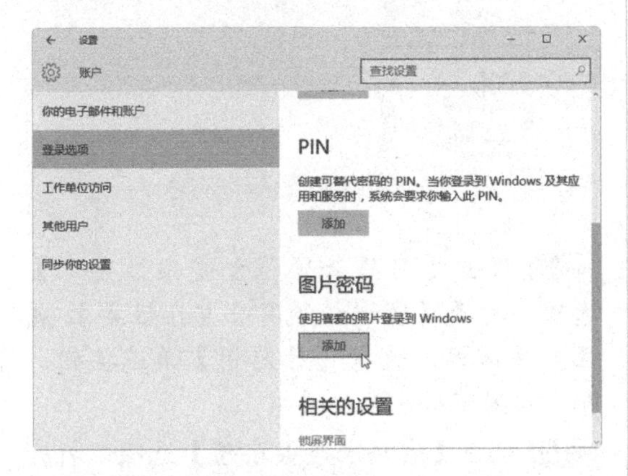

Step 02 打开【创建图片密码】对话框，在其中输入账户登录密码。

Step 03 单击【确定】按钮，进入【图片密码】窗口。

Step 04 单击【选择图片】按钮，打开【打开】对话框，在其中选择用于创建图片密码的图片。

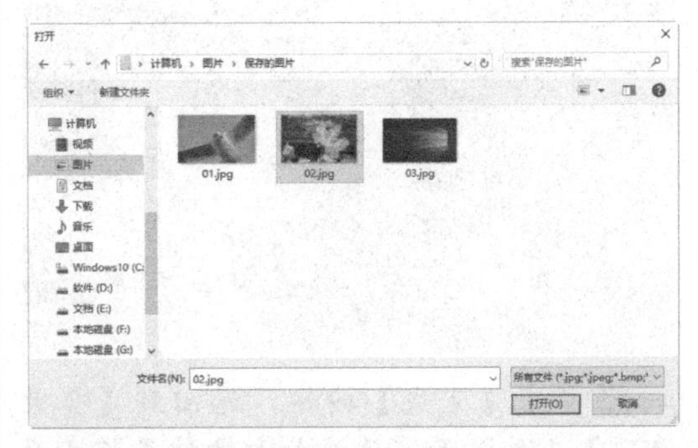

Step 05 单击【打开】按钮，返回到【图片密码】窗口中，在其中可以看到添加的图片。

Step 06 单击【使用此图片】按钮，进入【设置你的手势】窗口，在其中通过拖拉鼠标

绘制手势。

Step 07 手势绘制完毕后，进入【确认你的手势】窗口，在其中确认上一步绘制的手势。

Step 08 手势确认完毕后，进入【恭喜！】窗口，提示用户图片密码创建完成。

Step 09 单击【完成】按钮，返回到【登录选项】工作界面，【添加】按钮已经不存在，说明图片密码添加完成。

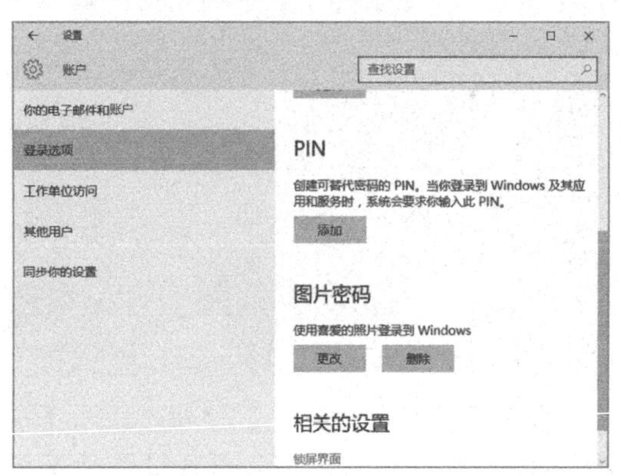

> 提示：如果想更改图片密码，可以单击【更改】按钮；如果想删除图片密码，可以单击【删除】按钮。

6.4 通过组策略提升系统账户密码的安全

用户在【组策略编辑器】窗口中进行相关功能的设置，可以提升系统账户密码的安全系数，如密码策略、账户锁定策略等。

6.4.1 设置账户密码的复杂性

在【组策略编辑器】窗口中通过密码策略可以对密码的复杂性进行设置，当用户设置的密码不符合密码策略时，就会弹出提示信息。

设置密码策略的操作步骤如下。

Step 01 在【本地组策略编辑器】窗口中展开【计算机配置】→【Windows设置】→【安全设置】→【账户策略】→【密码策略】项，进入【密码策略】设置界面。

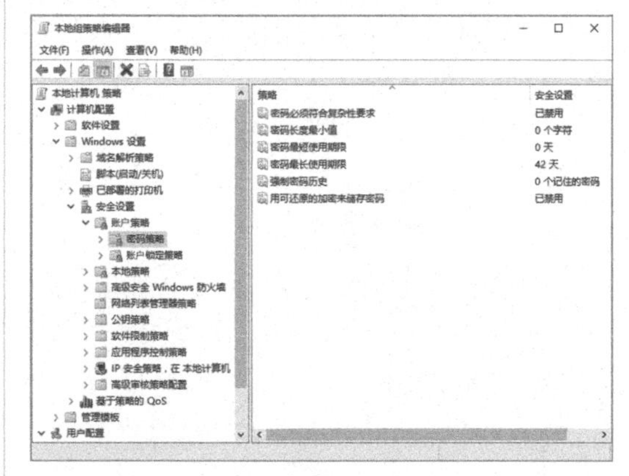

Step 02 双击【密码必须符合复杂性要求】选项，打开【密码必须符合复杂性要求 属性】对话框，选择【已启用】单选按钮，即可启用密码复杂性要求。

Step 03 双击【密码长度最小值】选项，打开【密码长度最小值 属性】对话框，根据实际情况输入密码的最少字符个数。

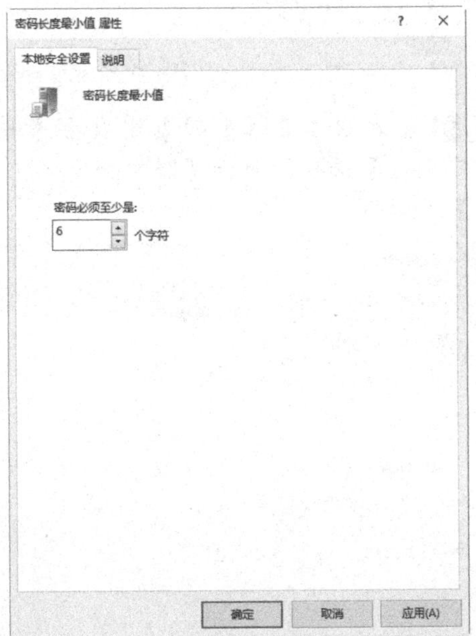

提示：由于空密码和太短的密码都很容易被专用破解软件猜测到，为减小密码破解的可能性，密码应该尽量长。而且有特权用户（如Administrators组的用户）的密码长度最好超过12个字符。一个用来增加密码复杂性的方法是使用不在默认字符集中的字符。

Step 04 双击【密码最长使用期限】选项，打开【密码最长使用期限 属性】对话框，在【密码过期时间】文本框中设置密码过期的天数。

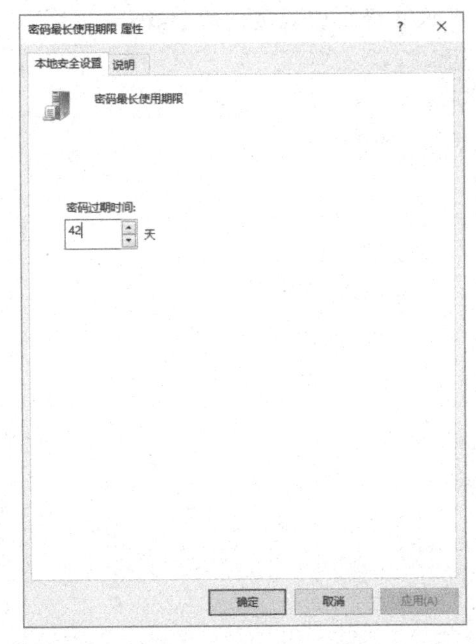

Step 05 双击【密码最短使用期限】选项，打开【密码最短使用期限 属性】对话框。根据实际情况设置密码最短存留期后，单击【确定】按钮即可。默认情况下，用户可在任何时间修改自己的密码，因此，用户可以更换一个密码，立刻再更改回原来的旧密码。这个选项可用的设置范围是0（密码可随时修改）或1~998（天），建议设置为1天。

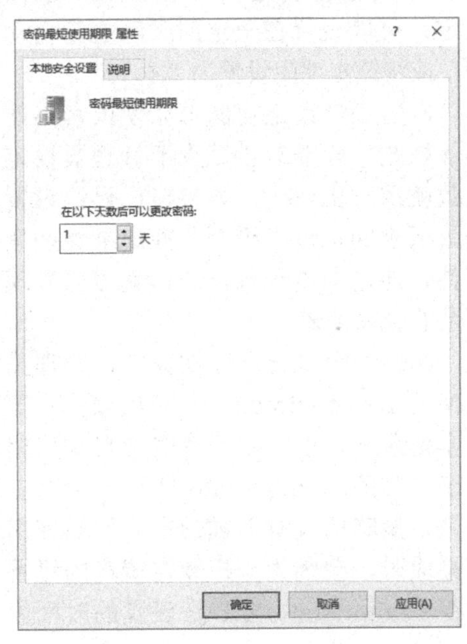

Step 06 双击【强制密码历史】选项，打开【强制密码历史 属性】对话框，根据个人情况设置保留密码历史的个数。

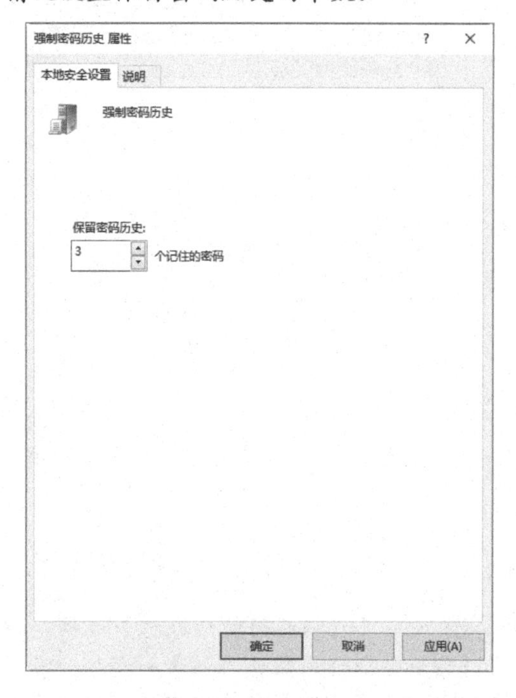

6.4.2 开启账户锁定功能

Windows 10系统具有账户锁定功能，可以在登录失败的次数达到管理员指定次数之后锁定该账户。如可以设定在登录失败次数达到一定次数后启用本地账户锁定，可以设置在一定的时间之后自动解锁，或将锁定期限设置为“永久”。

启用账户锁定功能可以使黑客不能使用该账户，除非只尝试少于管理员设定的次数就猜解出密码；如果自己已经设置对登录记录的记录和检查，并记录这些登录事件，通过检查登录日志，就可以发现不安全的登录尝试。

如果一个账户已经被锁定，管理员可以使用Active Directory、启用域账户等启用本地账户，而不用等待账户自动启用。系统自带的Administrator账户不会随着账户锁定策略的设置而被锁定，但当使用远程桌面时，会因为账户锁定策略的设置而使得Administrator账户在设置的时间内，无法继续使用远程桌面。

在【本地组策略编辑器】窗口中启用【账户锁定】策略的具体设置步骤如下。

Step 01 在【本地组策略编辑器】窗口中展开【计算机配置】→【Windows设置】→【安全设置】→【账户策略】→【账户锁定策略】选项，进入【账户锁定策略】设置窗口。

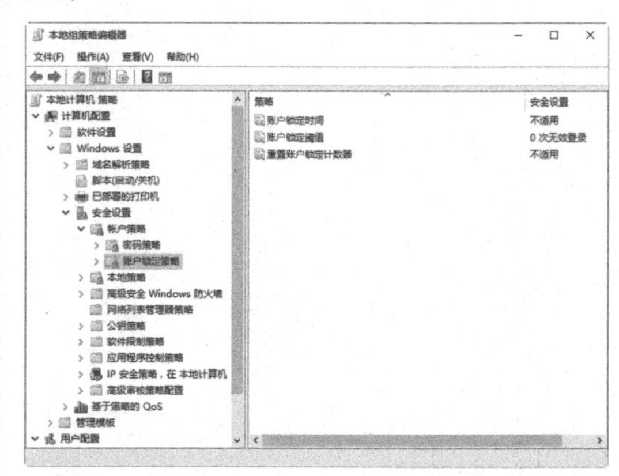

Step 02 在右侧【策略】列表中双击【账户锁定阈值】选项，打开【账户锁定阈值 属性】对话框。

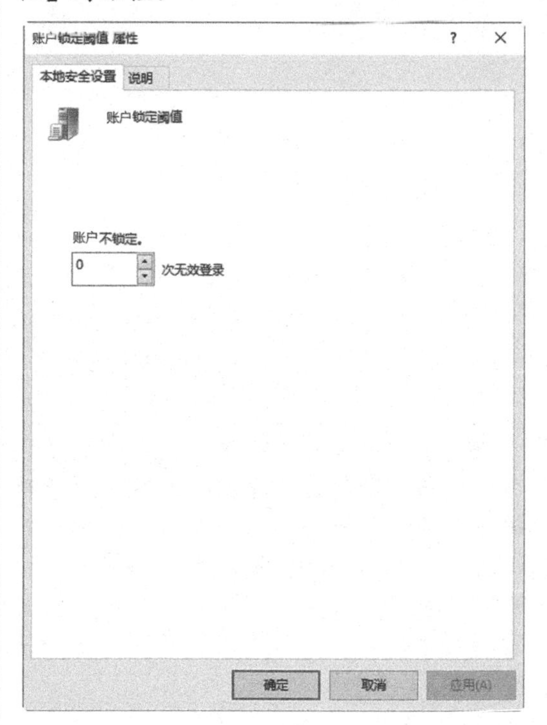

Step 03 在【账户不锁定】下的文本框中根据实际情况输入相应的数字，这里输入的是

3，即表明登录失败3次后被猜测的账户将被锁定。

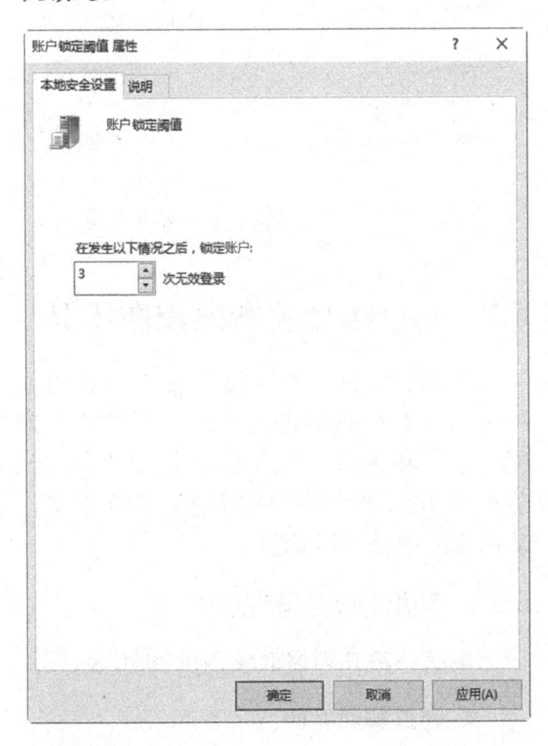

Step 04 单击【应用】按钮，弹出【建议的数值改动】对话框。连续单击【确定】按钮，即可完成应用设置操作。

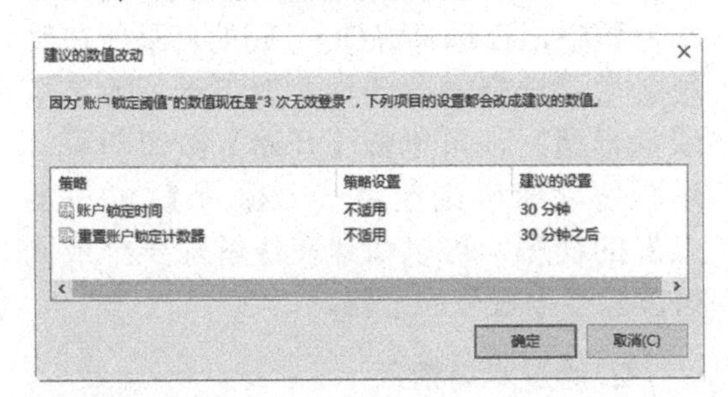

Step 05 在【账户锁定策略】设置窗口的【策略】列表中双击【重置账户锁定计数器】选项，即可打开【重置账户锁定计数器 属性】对话框，在其中设置重置账户锁定计数器的时间。

Step 06 在【账户锁定策略】设置窗口的【策略】列表中双击【账户锁定时间】选项，即可打开【账户锁定时间 属性】对话框，在其中设置账户锁定时间。

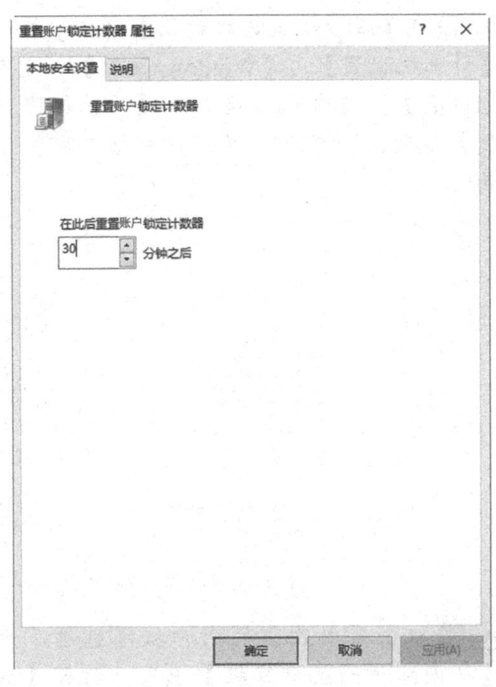

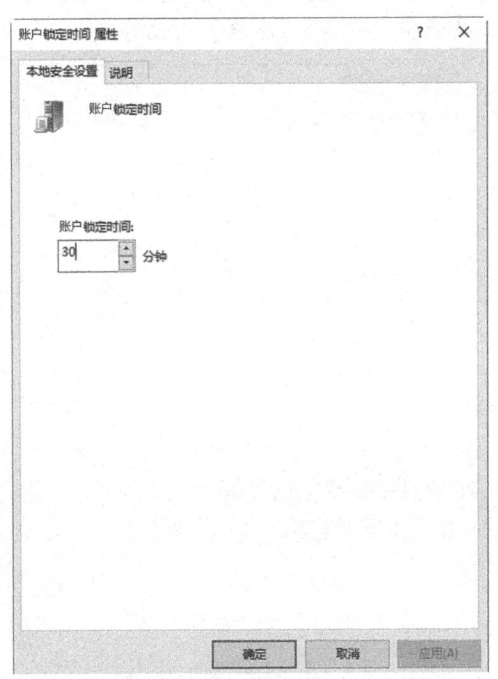

6.4.3 利用组策略设置用户权限

当多人共用一台计算机时，可以在【本地组策略编辑器】窗口中设置不同的用户权限。这样就限制了黑客访问该计算机时要进行的某些操作。具体操作步骤如下。

Step 01 在【本地组策略编辑器】窗口中展开【计算机配置】→【Windows设置】→【安全设置】→【本地策略】→【用户权限分配】选项，即可进入【用户权限分配】设置窗口。

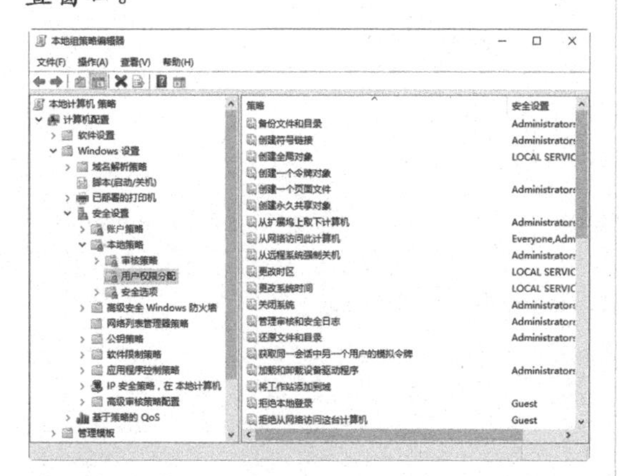

Step 02 双击需要改变的用户权限选项，如【从网络访问此计算机】选项，打开【从网络访问此计算机 属性】对话框。

Step 03 单击【添加用户或组】按钮，打开【选择用户或组】对话框，在【输入对象名称来选择】文本框中输入添加对象的名称。

Step 04 单击【确定】按钮，完成用户权限的设置操作。

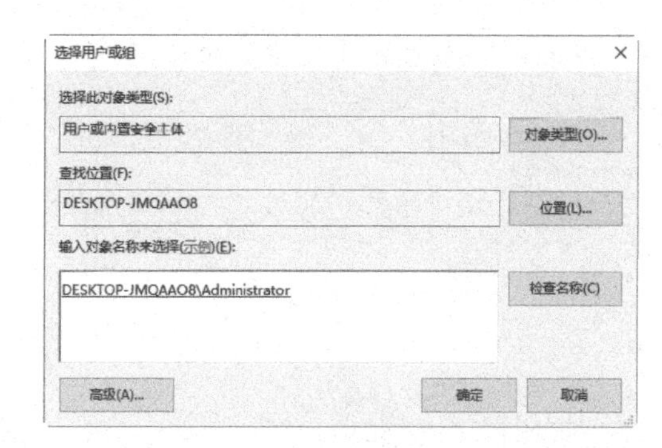

6.5 QQ账号及密码攻防工具

QQ聊天使广大网民打破了地域的限制，可以和任何地方的朋友进行交流，方便了工作和生活，但是随着QQ的普及，一些盗取QQ账号与密码的黑客也活跃起来，从而盗取QQ账号与密码。

6.5.1 盗取QQ密码的方法

下面介绍几种盗取QQ密码的方法。

1. 通过解除密码

解除别人的QQ密码有本地解除和远程解除两种方法。本地解除就是在本地机上解除，不需要登录上网，如使用QQ密码终结者程序，在选择好QQ号码的目录所在路径之后，选择解除条件（如字母、数字型或混合型），再单击【开始】按钮即可。远程解除密码则使用一个称为【QQ机器人】的程序，可以快速在线解除一个或同时解除多个账号的密码。

2. 通过木马植入

木马攻击通常是通过Web、邮件等方式给用户发送木马的服务器端程序，一旦用户运行了之后，该木马程序就会潜伏在用户的系统中，并把用户信息以电子邮件或其他方式发送给攻击者，这些用户信息当然也包括QQ密码。

6.5.2 使用盗号软件盗取QQ账号与密码

【QQ简单盗】是一款经典的盗号软件，它采用插入技术，本身不产生进程，因此难以被发现。它会自动生成一个木马，只要黑客将生成的木马发送给目标用户，并诱骗其运行该木马文件，就达到了入侵的目的。

使用【QQ简单盗】偷取密码的具体操作步骤如下。

Step 01 下载并解压【QQ简单盗】文件夹，然后双击【QQ简单盗.exe】应用程序，打开【QQ简单盗】主窗口。

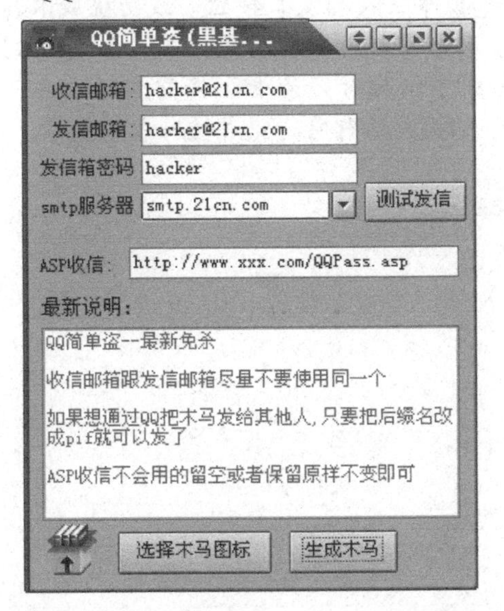

Step 02 在【收信邮箱】、【发信邮箱】和【发信箱密码】等文本框中分别输入邮箱地址和密码等信息；在【smtp服务器】下拉列表框中选择一种邮箱的SMTP服务器。

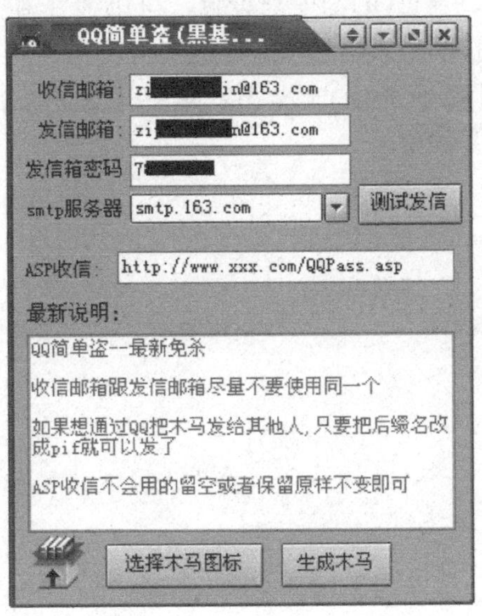

Step 03 设置完毕后，单击【测试发信】按钮，打开【请查看您的邮箱是否收到测试信件】提示框。

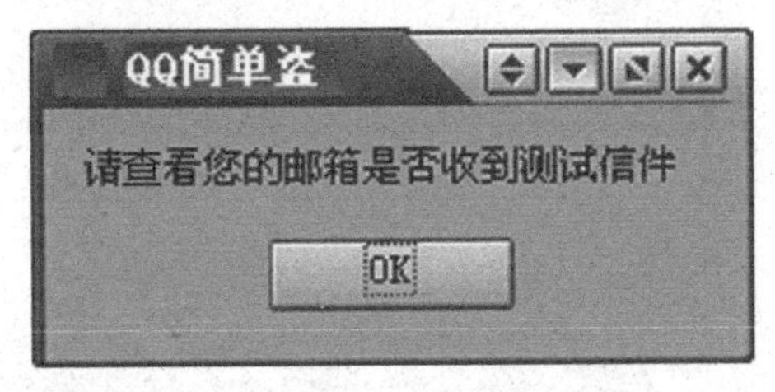

Step 04 单击【OK】按钮，然后在IE地址栏中输入邮箱的网址，进入【邮箱登录】页面，在其中输入设置的收信邮箱的账户和密码后，即可进入该邮箱首页。

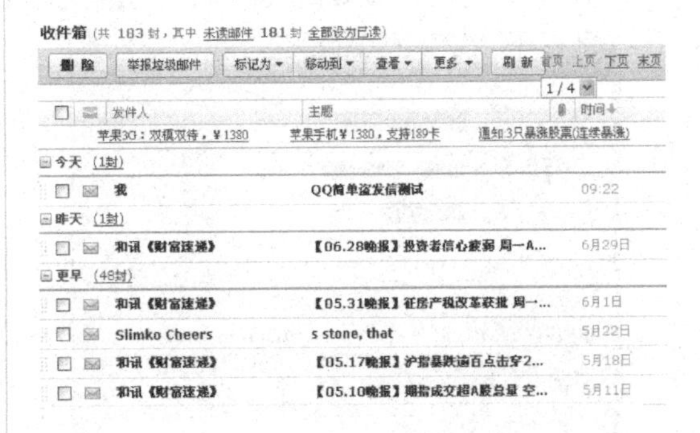

Step 05 双击接收到的【测试发信】邮件，进入该邮件的相应页面，当收到这样的信息，则表明【QQ简单盗】发消息功能正常。

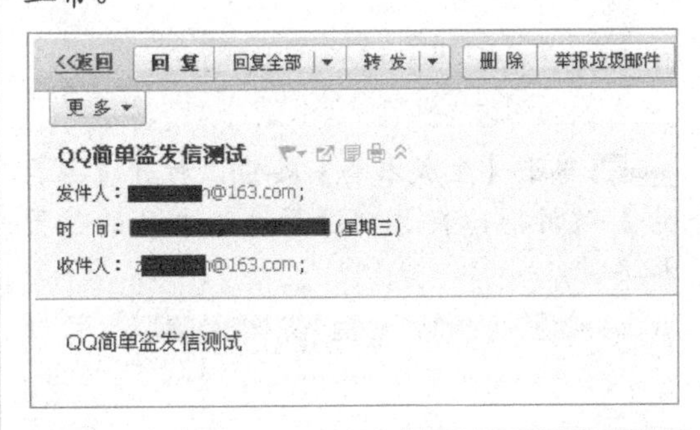

提示：一旦【QQ简单盗】截获到QQ的账号和密码，会立即将内容发送到指定的邮箱中。

Step 06 在【QQ简单盗】主窗口中单击【选择木马】图标按钮，打开【打开】对话框，根据需要选择一个常见又不易被人怀疑的文件作图标。

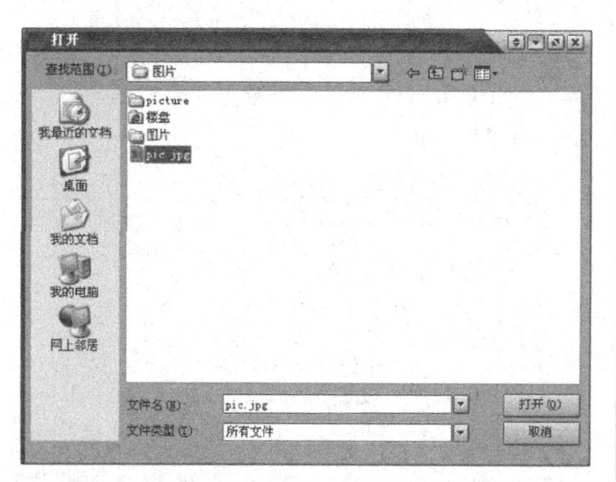

Step 07 单击【打开】按钮，返回【QQ简单盗】主窗口，在窗口的左下方即可看到木马图标已经换成了普通图片。

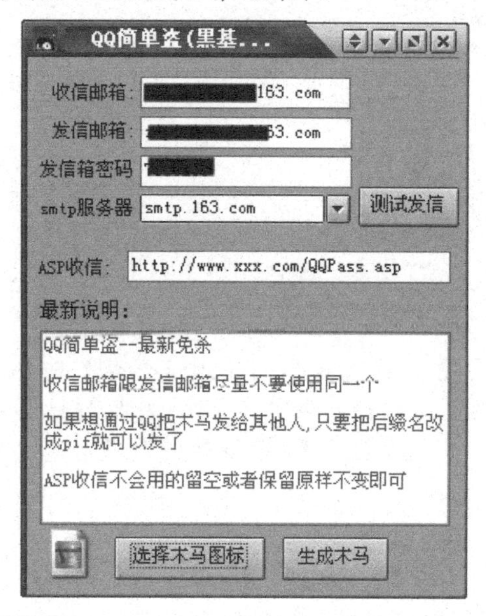

Step 08 单击【生成木马】按钮，打开【另存为】对话框，在其中设置存放木马的位置和名称。

Step 09 单击【保存】按钮，打开【提示】对话框，其中显示了生成的木马文件的存放位置和名称。

Step 10 单击【确定】按钮，成功生成木马。打开存放木马所在的文件夹，即可看到木马程序。此时盗号者会将它发送出去，哄骗QQ用户运行它，完成植入木马操作。

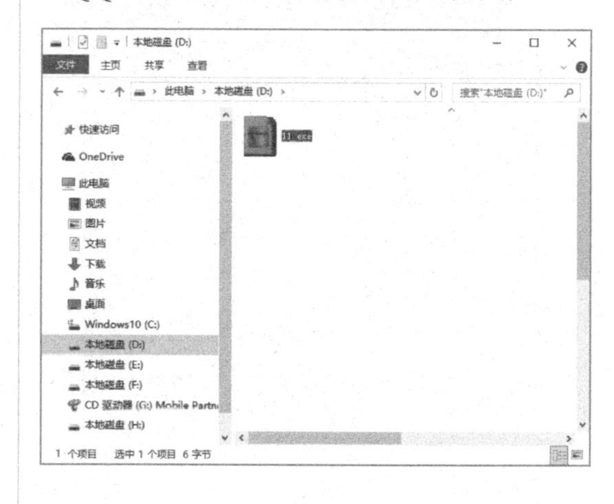

6.5.3 使用系统设置提升QQ安全

QQ提供了保护用户隐私和安全的功能。通过QQ的安全设置，可以很好地保护用户的个人信息和账号的安全。

Step 01 打开QQ主界面，单击【打开系统设置】按钮。

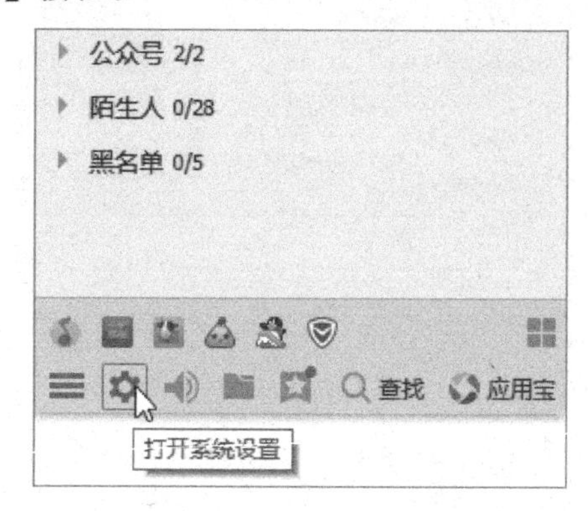

Step 02 弹出【系统设置】对话框，选择【安全设置】选项，用户可以修改密码、设置QQ锁和文件传输的安全级别等。

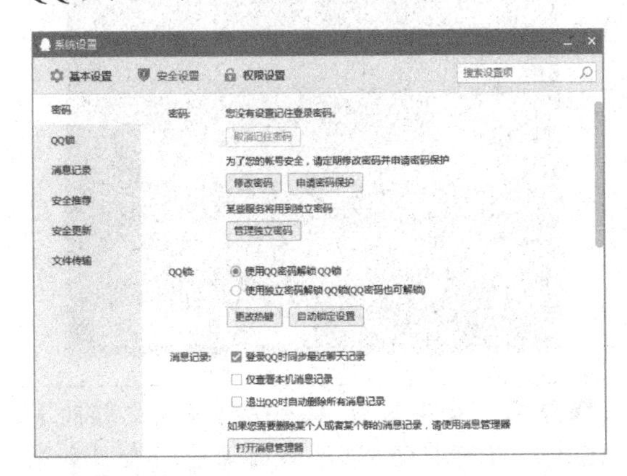

Step 03 选择【QQ锁】选项，用户可以设置QQ加锁功能。

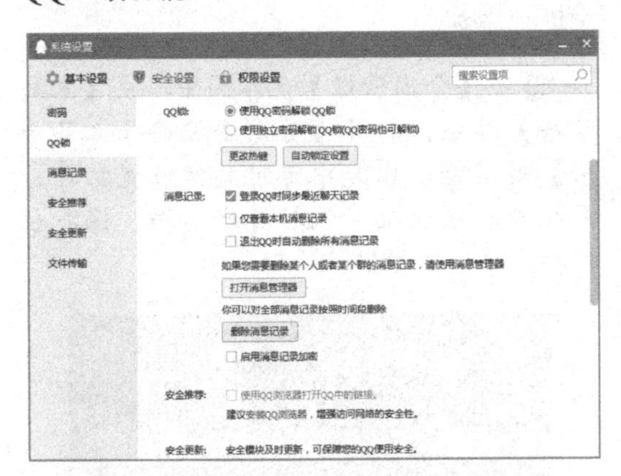

Step 04 选择【消息记录】选项，勾选【退出QQ时自动删除所有消息记录】复选框，并勾选【启用消息记录加密】复选框，然后输入相关口令，还可以设置加密口令提示。

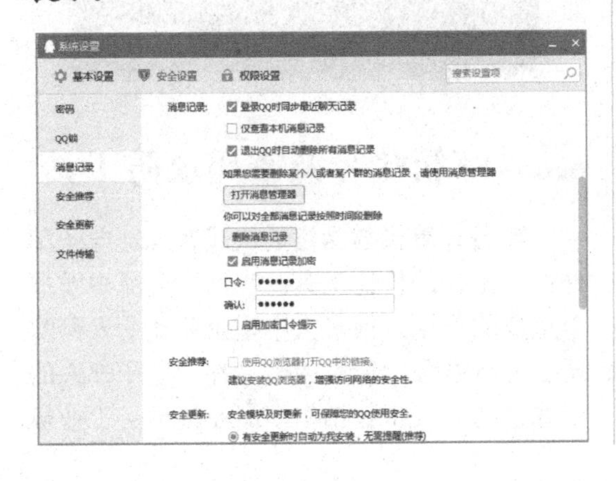

Step 05 选择【安全推荐】选项，QQ建议安装QQ浏览器，从而增强访问网络的安全性。

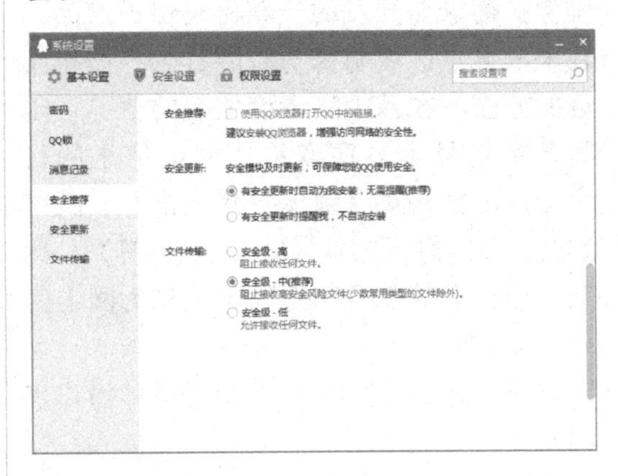

Step 06 选择【安全更新】选项，用户可以设置安全更新的安装方式，一般选择【有安全更新时自动为我安装，无需提醒（推荐）】单选按钮。

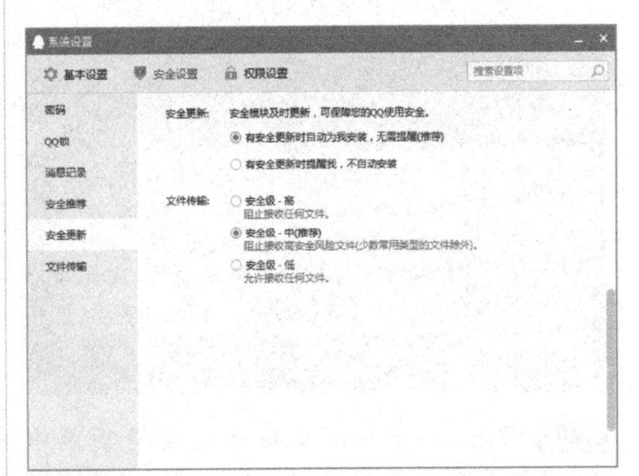

Step 07 选择【文件传输】选项，在其中可以设置文件传输的安全级别，一般采用推荐设置即可。

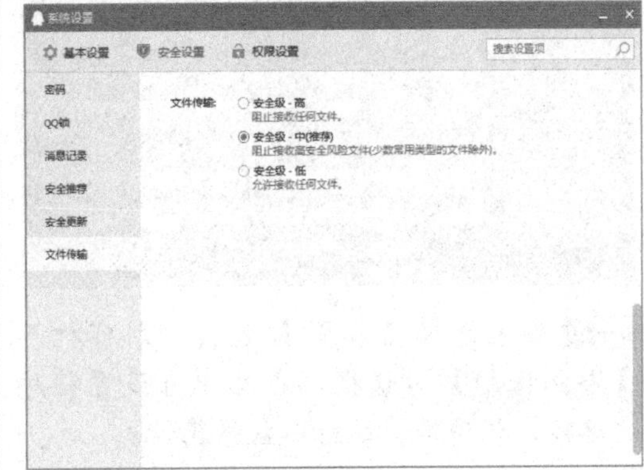

6.5.4 使用金山密保来保护QQ号码

金山密保是针对用户安全上网时的密码保护需求而开发的一款密码保护产品。它采取重点区域防御与智能行为拦截相结合的方法，在减少病毒库依赖的情况下阻断多数盗号木马窃取用户密码信息的行为。金山密保可有效保护网上银行、网络游戏、即时聊天工具（MSN、QQ等）、网上证券交易等账号和密码，时刻为网上密码保驾护航。

使用该工具保护QQ号码的具体操作步骤如下。

Step 01 下载并安装【金山密保】软件，选择【开始】→【金山密保】菜单项，打开【金山密保】主界面，在其中即可看到【腾讯QQ】软件正在被保护，此时QQ图标右下方会出现一个黄色的标识。

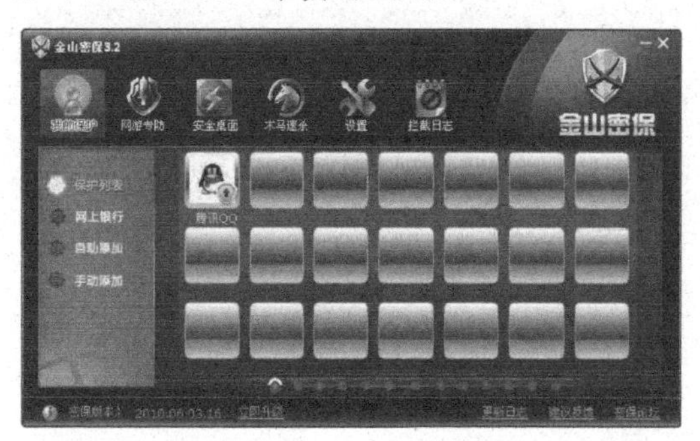

Step 02 右击QQ图标，从弹出的快捷菜单中选择【结束】选项，即可停止对QQ的保护，此时黄色的标识就会消失。

Step 03 如果选择【设置】选项，则可打开【添加保护】对话框，在其中可设置程序的路径、程序名、运行参数等属性。

提示：如果选择【从我的保护中移除】选项，即可将QQ程序移出保护列表。如果想保护其他程序，需在【金山密保】主界面中单击【手动添加】，在打开的对话框中进行添加。

Step 04 在【金山密保】主界面中单击【木马速杀】按钮，打开【金山密保盗号木马专杀】对话框，在其中可对关键位置扫描、系统启动项扫描、保护游戏扫描、保护程序扫描等进行扫描。

6.6 邮箱账号及密码攻防工具

随着计算机与网络的快速普及，电子邮件作为便捷的传输工具，在信息交流中发挥着重要的作用。很多大中型企业和个人已实现了无纸办公，所有的信息都以电子邮件的形式传送，其中包括很多商业信息、工业机密和个人隐私。因此，电子邮件的安全性成为人们重点考虑的问题。

6.6.1　盗取邮箱密码的常用方法

为了保护电子邮箱，防止密码被黑客盗取，有必要了解一些黑客盗取邮箱密码的常用手段，主要有以下几种。

1. 各个击破法

现在普通用户可以选择的电子邮箱种类有很多，如腾讯、网易、搜狐、hotmail等。这些网站的邮箱系统本身都有很好的安全保障措施。而网易和腾讯邮箱在保障邮箱安全方面都运用了SSL技术，因此黑客如果要破解邮箱密码，必须先研究SSL技术，进而进行突破。

黑客破解这种邮箱的关键是，在加密的数据包上切开一个切口，将编译好的数据源利用数据交换的方式嵌入到加密的数据源上，然后利用编译的数据结合要破解邮箱密码的账号从自定义最小与最大密码长度的数字、字母、符号组成的字符串中找到正确的邮箱密码。但是，由于各种邮箱的加密技术不同，所以要具体到每款邮箱来分析，从而达到各个击破的目的。

2. TCP/IP法

TCP/IP的主要作用是，在主机建立一个虚拟连接，以实现高可靠性的数据包交换。其中，IP可以进行IP数据包的分割和组装，而TCP则负责数据到达目标后返回来的确认。

根据TCP/IP的工作原理，黑客可以通过目标计算机的端口或系统漏洞潜入到对方，并运行程序ARP。然后阻断对方的TCP反馈确认，此时目标计算机会重发数据包， ARP将接受这个数据包，并分析其中的信息。

3. 邮箱破解工具法

由于上面两种方法涉及的技术难度较大，操作过程也比较复杂，所以对于【菜鸟】级别的黑客而言并不适用。现在比较简单的方法是使用邮箱破解工具，如黑雨、朔雪、流光等，这些软件具有安装方便快捷、使用程序简便易懂、界面清新一目了然、使用方便等特点。

6.6.2　使用【流光】盗取邮箱密码

【流光】是一款绝好的FTP、POP3解密工具，在破解密码方面，它具有以下功能：

- 加入了本地模式，在本机运行时不必安装Sensor。
- 用于检测POP3/FTP主机中的用户密码安全漏洞。
- 高效服务器流模式，可同时检测多台POP3/FTP主机。
- 支持10个字典同时检测，提高破解效率。

使用【流光】破解密码的具体操作步骤如下。

Step 01 运行【流光】程序，主窗口显示如下图所示。

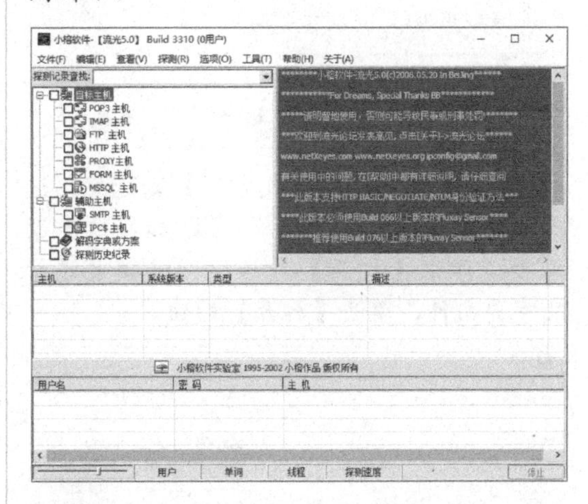

Step 02 勾选【POP3主机】复选框，选择【编辑】→【添加】→【添加主机】菜单项。

Step 03 打开【添加主机】对话框，在文本框中输入要破解的POP3服务器地址，单击【确定】按钮。

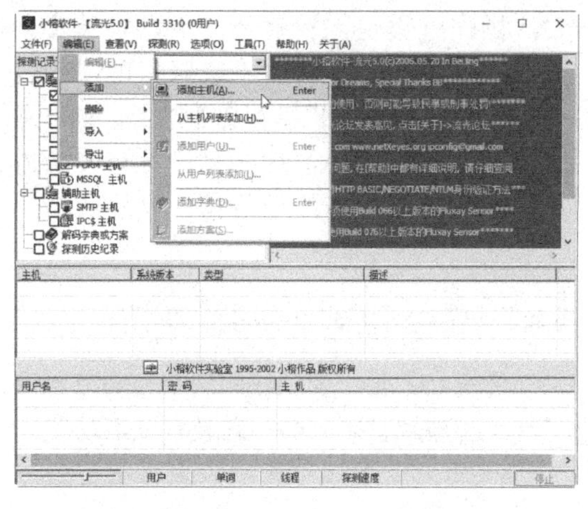

添加主机

请输入主机名或IP地址：

http://mail.voc.com.cn/mail/

☐ 复制到同级项目中　确定(O)　取消(C)

Step 04 勾选刚添加的服务器地址前的复选框，选择【编辑】→【添加】→【添加用户】菜单项，弹出【添加用户】对话框，在文本框中输入要破解的用户名，单击【确定】按钮。

添加用户

请输入用户名：

test2010

☐ 复制到同级项目中　确定(O)　取消(C)

Step 05 勾选【解码字典或方案】复选框，选择【编辑】→【添加】→【添加字典】菜单项，弹出【打开】对话框，选择要添加的字典文件，单击【打开】按钮。

打开

查找范围(I)：Fluxay

名称	修改日期	类型
Name.dic	1999-11-15 16:05	文本文档
Normal.dic	2000-03-10 13:13	文本文档
password.Dic	2004-11-03 22:01	文本文档
py.dic	2001-12-05 19:48	文本文档
Sys_Month_Date.Dic	1999-06-29 12:15	文本文档
Sys_Year.Dic	1999-06-29 12:10	文本文档
Words.dic	2003-01-09 3:26	文本文档

文件名(N)：password.Dic　打开(O)

文件类型(T)：字典文件　取消

Step 06 单击【探测】→【标准模式探测】命令（【简单模式探测】功能不用指定具体的字典文件，使用流光内置的简单密码）。

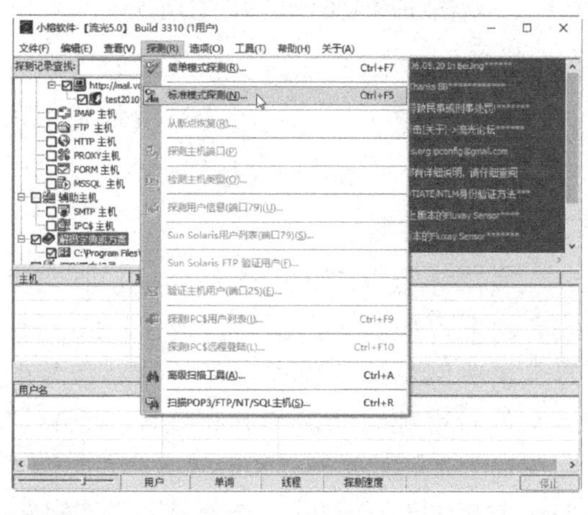

Step 07 流光开始进行探测，右窗格中显示实时探测过程。如果字典选择正确，就会破解出正确的密码。

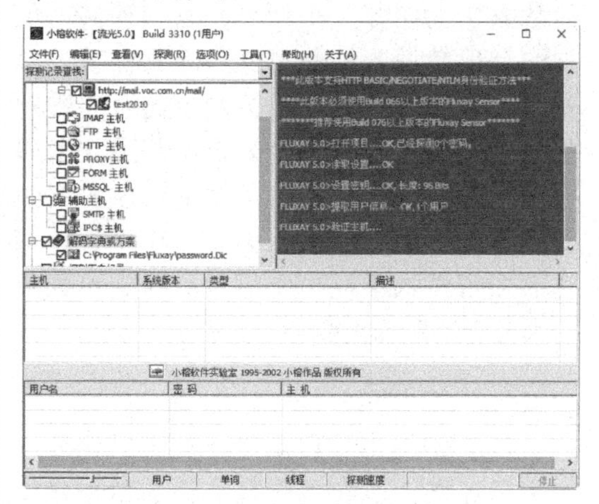

6.6.3 重要邮箱的保护措施

重要邮箱是用户用于存放比较重要的邮件和信息的邮箱，需要采取一些措施进行保护。

1. 使用备用邮箱

建议用户不要轻易把自己的重要邮箱地址泄露给他人，但在某些网站或BBS上，需要用户注册邮箱，才能实现浏览和发帖等功能；或是在工作中需要用邮箱进行交流、发布信息等，这时就需要使用备用邮箱了。

用户可以申请一个免费邮箱作为备

用邮箱，利用这个邮箱订阅新闻、电子杂志，放在自己的个人主页上，在自己感兴趣的论坛或者BBS上使用，或是用于对外进行业务联系。

需要注意的是，如果是利用备用邮箱进行过一些必要的网络服务申请，就应该把确认信息再转发到自己的私人邮箱中备用。

2. 保护邮箱密码

除了要保护好重要邮箱的地址外，邮箱的密码也需要重点保护。主要可以采取以下几种方式来防止攻击者进行暴力破解。

- 密码选择。密码至少为8位，并且密码里要包括至少一个数字，一个大写字母和一个小写字母，最好能包括一个符号。这种字母、数字和符号组成的密码，对于暴力破解软件来说，是不易被破解的。另外，密码最好不要包括用户的名字缩写、生日、手机号、公司电话等公开信息。
- 定期更改密码。要养成定期更改密码的习惯，最好每月更改一次密码，这样会大大增加破解密码的难度。

启用邮箱密码保护功能，通过设置密码保护可以在忘记密码时通过回答密码提示问题或发送短信验证的方式取回密码。

6.6.4 找回被盗的邮箱密码

如果邮箱密码已经被黑客窃取，甚至篡改，此时用户应该尽快将密码找回，并修改密码，以避免重要资料丢失。目前，绝大部分的邮箱都提供有恢复密码功能，可以使用该功能找回邮箱密码，以便继续使用邮箱。

下面介绍找回163邮箱密码的具体操作步骤。

Step 01 首先，在IE浏览器中打开163邮箱的登录页面（http://mail.163.com）。

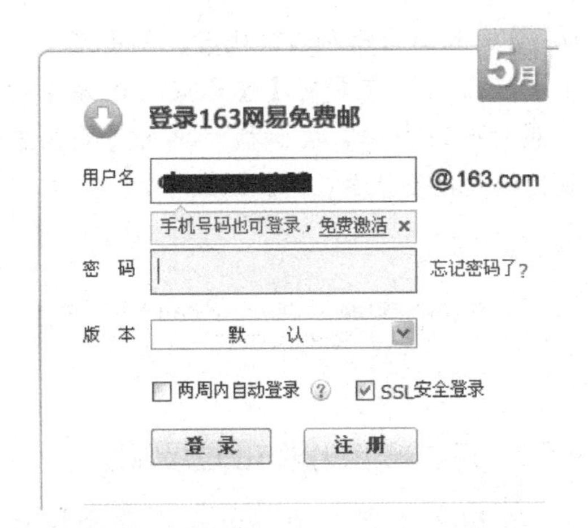

Step 02 单击【忘记密码了？】超链接，打开【网易通行证】对话框，在其中即可看到各种修复密码的方法。

Step 03 单击【通过密码提示问题】超链接，打开【输入密码问题】对话框。

找回密码 -> 通过生日和密码提示问题：
通行证用户名：60@163.com
出生日期：1983 年 10 月 日
下一步 返 回

Step 04 在其中输入申请邮箱时设置的问题的答案后，单击【下一步】按钮，打开【重新设置密码】对话框。

找回密码 -> 通过生日和密码提示问题：
请回答问题：我是谁
答 案：
新 密 码：
重复新密码：
输入右图中的文字：CtnDW
换一张图片
下一步 返 回

Step 05 输入新密码和验证码后，单击【下一步】按钮，即可看到【您已成功设置您的网易通行证密码】提示框，单击【登录】超链接直接登录自己的邮箱。

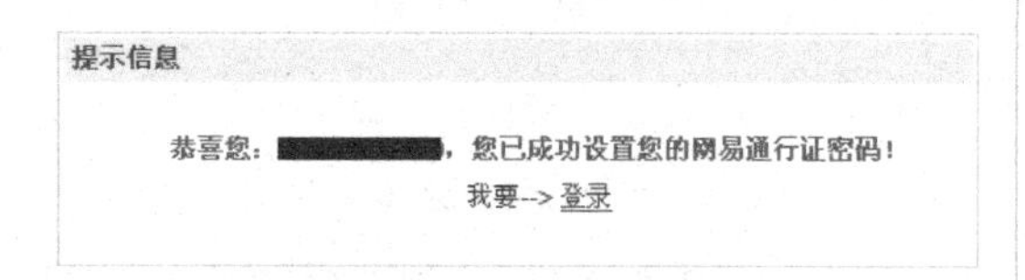

6.6.5 通过邮箱设置防止垃圾邮件

在电子邮箱的使用过程中遇到垃圾邮件是很平常的事情，那么，如何处理这些垃圾邮件呢？用户可以通过邮箱设置防止垃圾邮件。下面以在QQ邮箱中设置防止垃圾邮件为例，介绍通过邮箱设置防止垃圾邮件的方法，具体操作步骤如下。

Step 01 在QQ邮箱工作界面中单击【设置】超链接，进入【邮箱设置】页面。

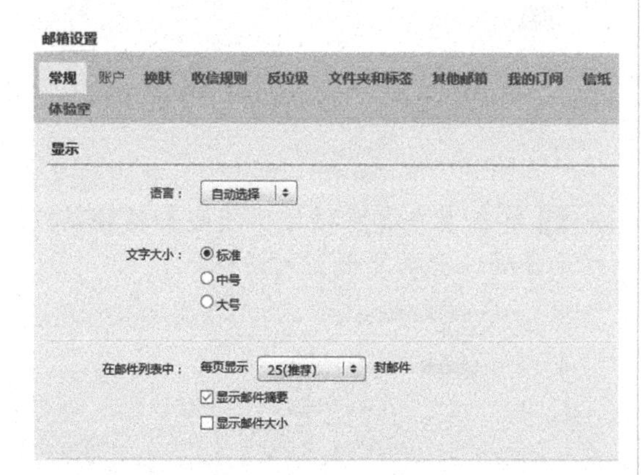

Step 02 在【邮箱设置】页面中单击【反垃圾】，进入【反垃圾】设置页面。

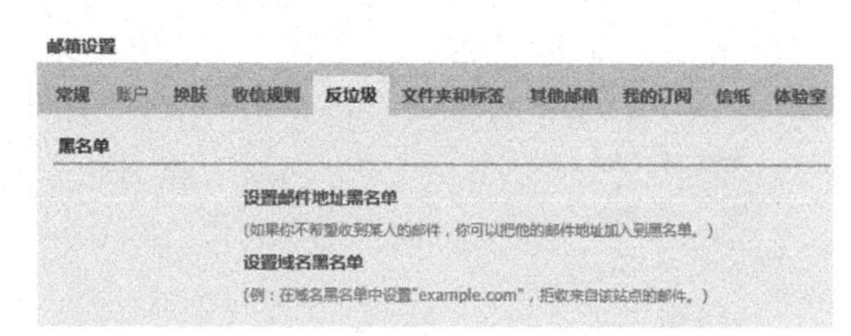

Step 03 单击【设置邮件地址黑名单】超链接，进入【设置邮件地址黑名单】页面，在其中输入邮箱地址。

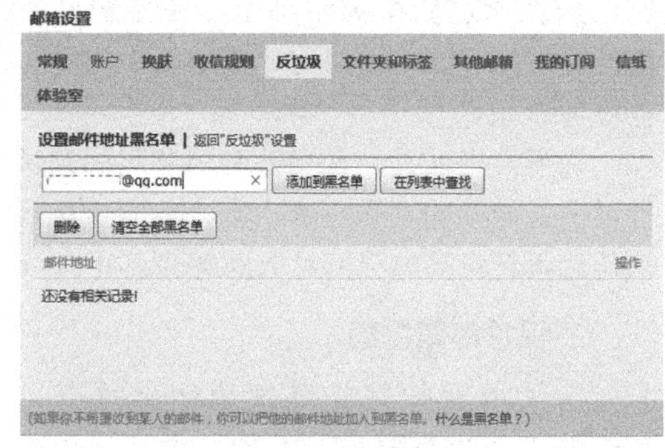

Step 04 单击【添加到黑名单】按钮，即可将该邮箱地址添加到黑名单列表中。

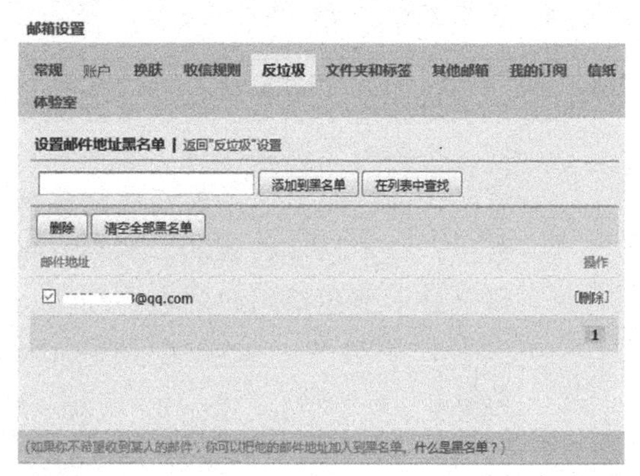

Step 05 单击【返回“反垃圾”设置】超链接，在【反垃圾选项】页面中选择【拒绝】单选按钮。

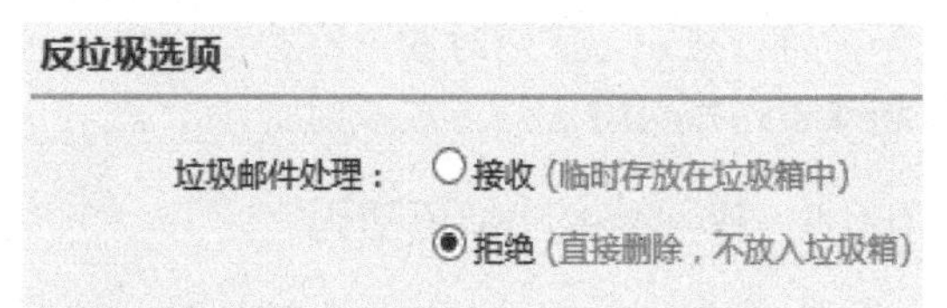

Step 06 在【邮件过滤提示】页面中选择【启用】单选按钮。

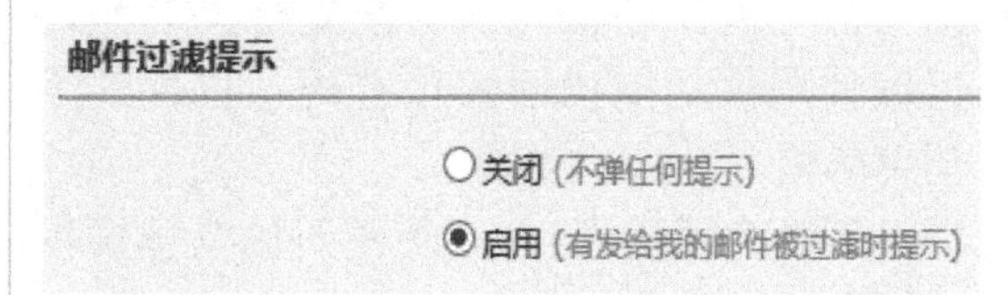

Step 07 设置完毕后，单击【保存更改】按钮，保存修改。

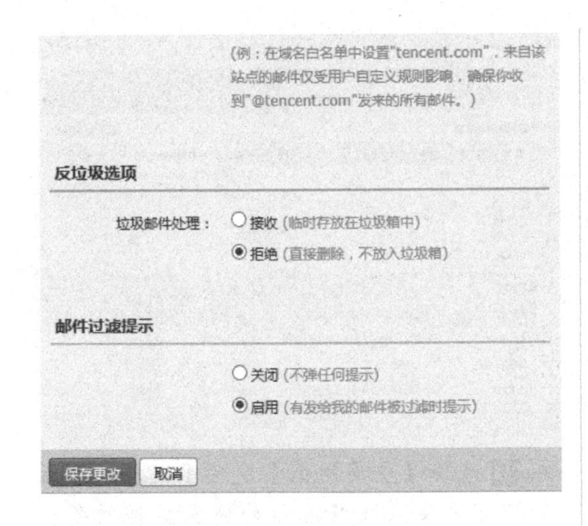

6.7　网游账号及密码攻防工具

如今网络游戏可谓是风靡一时，而大多数网络游戏玩家都在公共网吧中玩，这就给一些不法分子以可乘之机，即只要能够突破网吧管理软件的限制，就可以使用盗号木马来轻松盗取大量的网络游戏账号。本节介绍一些常见网络游戏账号的盗取及防范方法，以便玩家能切实保护好自己的账号和密码。

6.7.1　使用金山毒霸查杀盗号木马

通常在一些公共上网场所（如网吧）使用木马来盗取网络游戏玩家的账号、密码。如常见的一种情况是：一些不法分子将盗号木马故意种在网吧计算机中，等其他人在这台计算机上玩网络游戏的时候，种植的木马程序就会偷偷地把账号、密码记录下来，并保存在隐蔽的文件中或直接根据实际设置发送到黑客指定的邮箱中。

针对这些情况，用户可以在事先登录网游账号前，使用瑞星、金山毒霸等杀毒软件手工扫描各个存储空间，以查杀这些木马。下面以使用金山毒霸中的顽固病毒木马专杀工具为例，介绍查杀盗号病毒木马的具体操作步骤。

Step 01 双击桌面上的【金山毒霸】快捷图标，打开【金山毒霸】工作界面。

Step 02 单击【百宝箱】图标，打开【金山毒霸】的百宝箱工作界面。

Step 03 单击【计算机安全】区域中的【顽固木马专杀】图标，打开【顽固病毒木马专杀】对话框。

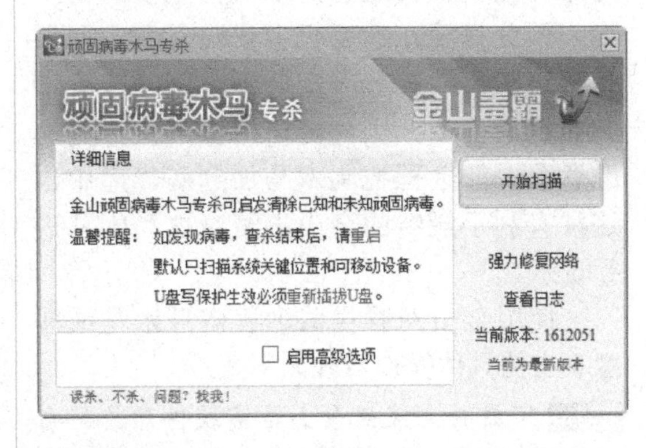

Step 04 单击【开始扫描】按钮，开始扫描计算机中的顽固病毒木马。

Step 05 扫描完成后，弹出【详细信息】页面，其中给出了扫描结果，对于扫描出的病毒木马，则直接清除。

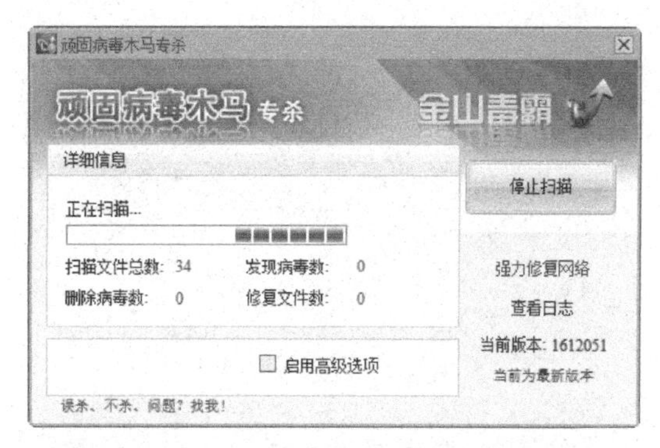

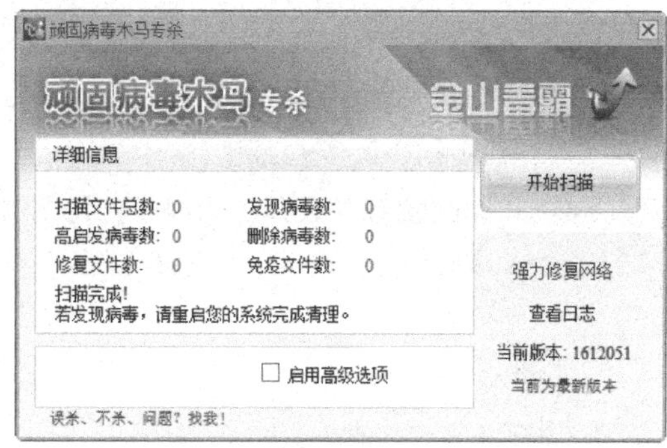

6.7.2 使用金山网镖拦截远程盗号木马

采用远程控制方式盗取网游账号是一种比较常见的盗号方式，通过该方式可以远程查看、控制目标计算机，从而拦截用户的输入信息，窃取账号和密码。

针对这种情况，防御起来并不难，因为远程控制工具或者是木马肯定要访问网络，因此只要在计算机中安装有金山网镖等网络防火墙，就一定逃不过网络防火墙的监视和检测。因为金山网镖一直将具有恶意攻击的远程控制木马加到病毒库中，这样有利于最新的金山毒霸对这类木马进行查杀。

使用金山网镖拦截远程盗号木马或恶意攻击的具体操作步骤如下。

Step 01 下载并安装好金山毒霸软件后，将自动安装好金山网镖。双击桌面上的【金山网镖2010】快捷图标，或选择【开始】→【金山毒霸杀毒套装】→【金山网镖】选项，打开【金山网镖】程序主界面，在该界面中可查看当前网络的接收流量、发送流量和当前网络活动状态。

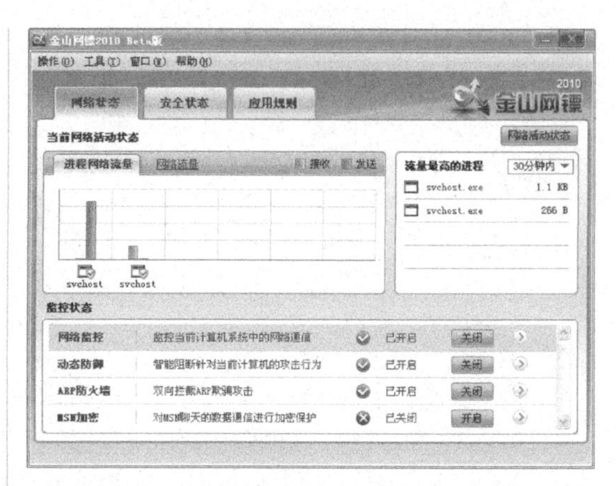

Step 02 选择【应用规则】选项卡，在该界面中即可对互联网监控和局域网监控的安全级别进行设置。另外，还可对防隐私泄漏相关参数进行开启或关闭设置。

Step 03 单击【IP规则】，从弹出的面板中单击【添加】按钮。

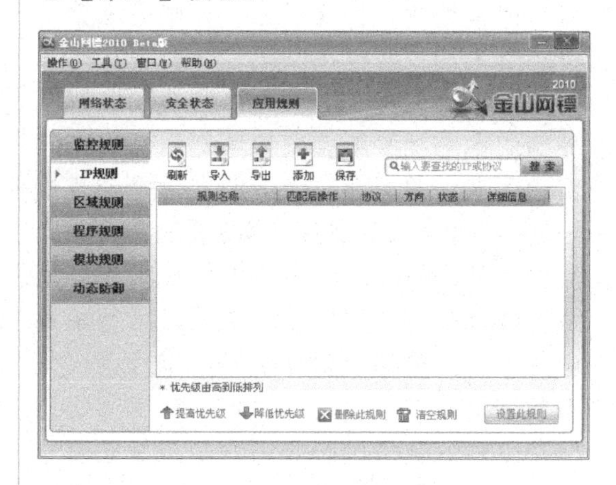

Step 04 打开【IP规则编辑器】对话框，在该对话框的相应文本框中输入要添加的自定义IP规制名称、描述、对方IP地址、数据传

输方向、数据协议类型、端口以及匹配条件时的动作等。

IP规则编辑器
规则名称：阻止盗号木马
规则描述：一旦发现被盗号木马袭击，立即阻止入侵并警报
对方IP地址：任意
数据传输方向：任意
数据协议类型：TCP
本地端口：从：0 到：0
对方端口：从：0 到：0
TCP标志：FIN RST ACK SYN PSH URG
（当端口为0时将忽略）
满足上述条件时：放行　日志记录　警告　发声
禁用此规则　确定　取消

Step 05 设置完毕后，单击【确定】按钮，即可看到刚添加的IP规则。单击【设置此规则】按钮，即可重新设置IP规则。

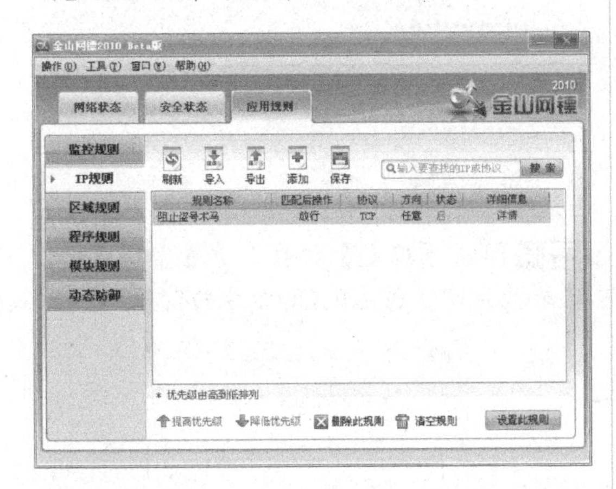

Step 06 选择【工具】→【综合设置】菜单项，打开【综合设置】对话框，在该界面中对是否开机自动运行金山网镖以及受到攻击时的报警声音进行设置。

Step 07 选择【ARP防火墙】选项，在打开的界面中对是否开启木马防火墙进行设置。

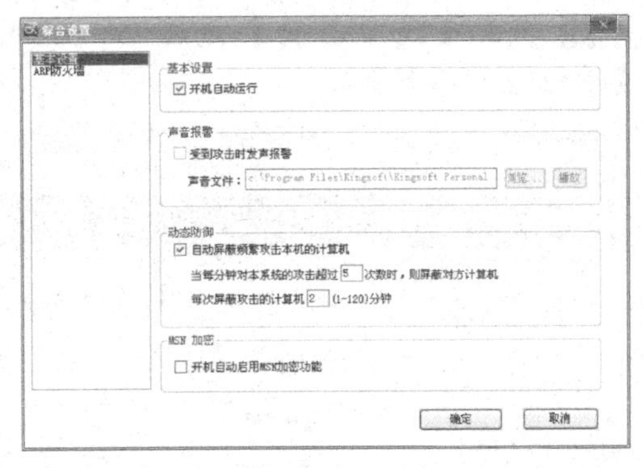

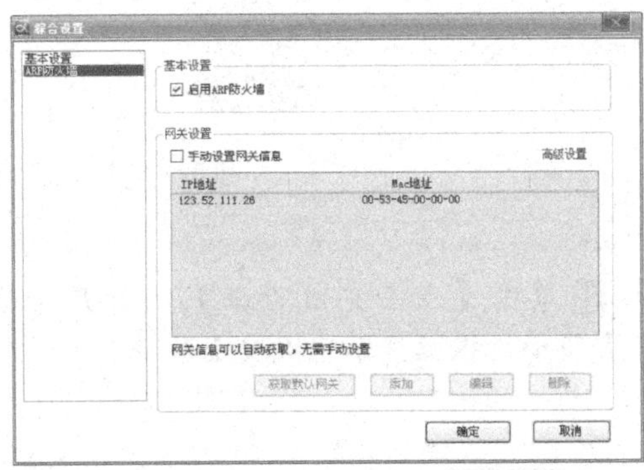

Step 08 单击【确定】按钮，保存综合设置，这样，一旦本机系统遭受木马或有害程序攻击，金山网镖即可给出相应的警告信息，用户可根据提示进行相应的处理。

6.8　实战演练

6.8.1　实战演练1——找回被盗的QQ账号的密码

通过QQ申诉可以找回密码，但是在找回密码的过程中，需用户自己的QQ好友辅助进行。下面介绍通过QQ申诉找回密码的具体操作步骤。

Step 01 双击桌面上的QQ登录快捷图标，打开【QQ登录】窗口。

Step 02 单击【找回密码】超链接，进入【QQ安全中心】页面。

Step 03 单击【点击完成验证】，打开【验证】页面，根据提示完成安全验证。

Step 04 单击【验证】按钮，完成安全验证，提示用户验证通过。

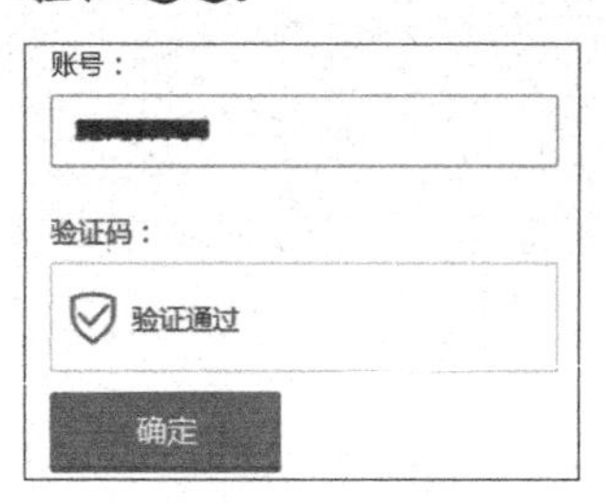

Step 05 单击【确定】按钮，进入【身份验证】页面，在其中单击【免费获取验证码】按钮，这时QQ安全中心会给密保手机发送一个验证码，在下面的文本框中输入收到的验证码。

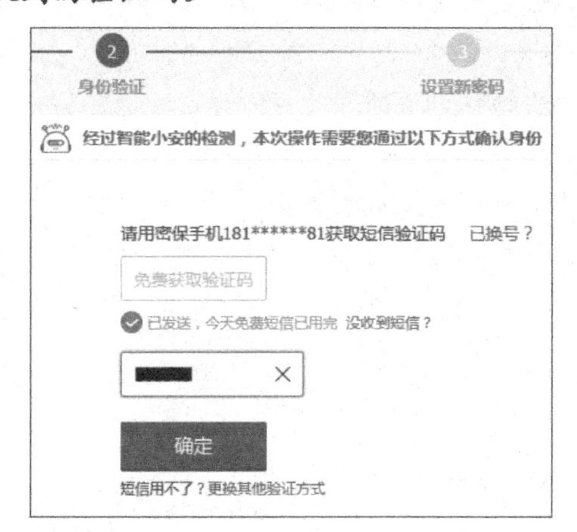

Step 06 单击【确定】按钮，进入【设置新密码】页面，在其中输入设置的新密码。

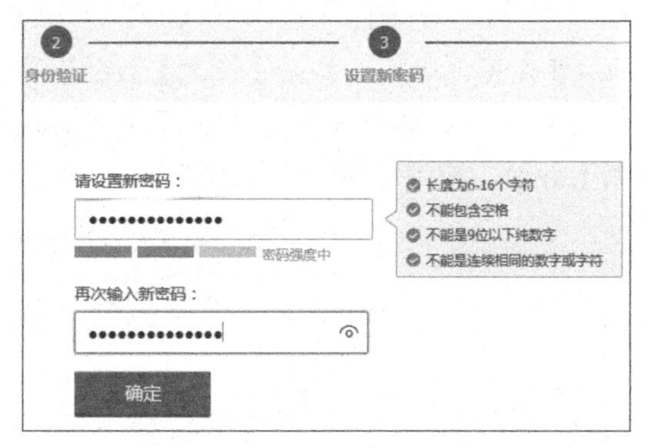

Step 07 单击【确定】按钮，重置密码成功，这样就找回了被盗的QQ账号的密码。

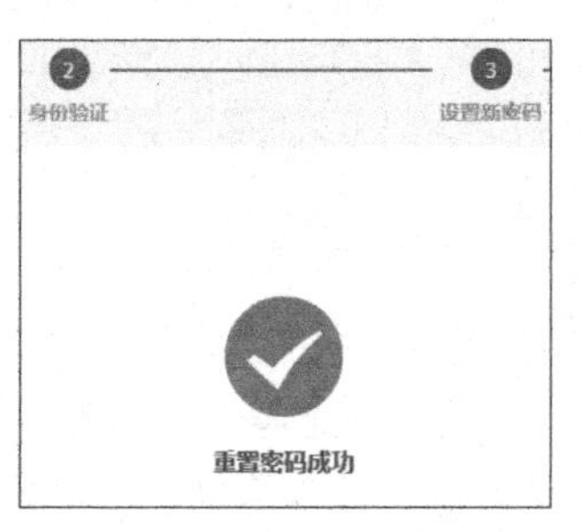

6.8.2 实战演练2——将收到的“邮件炸弹”标记为垃圾邮件

目前大多数邮箱都提供了垃圾邮件

举报功能，用户可以对收到的垃圾邮件进行举报，避免下次受到同样的攻击。排除“邮件炸弹”就是直接将“邮件炸弹”从邮件服务器中删除。

将接收到的“邮件炸弹”标记为垃圾邮件并举报的具体操作步骤如下。

Step 01 成功登录163邮箱，单击【收件箱】，在右侧的收件箱列表中可看到收到的邮件。

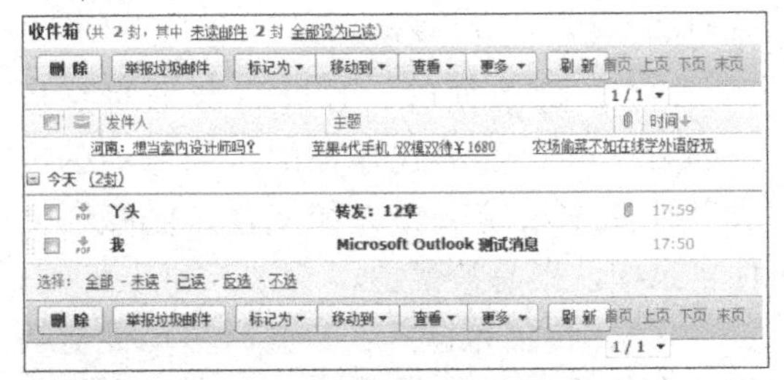

Step 02 勾选垃圾邮件前面的复选框。

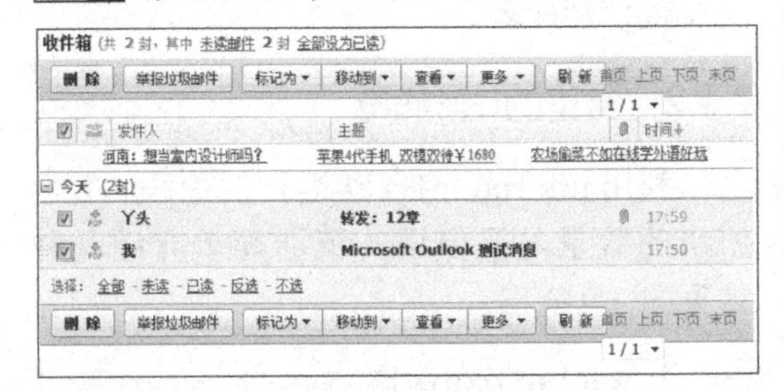

Step 03 单击【举报垃圾邮件】按钮，打开【举报垃圾邮件】对话框。

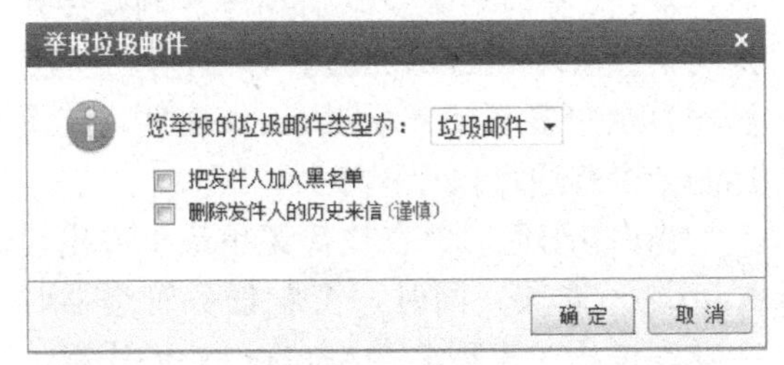

Step 04 单击【确定】按钮，即可看到【举报成功，已将邮件移入垃圾邮件箱】的提示信息。

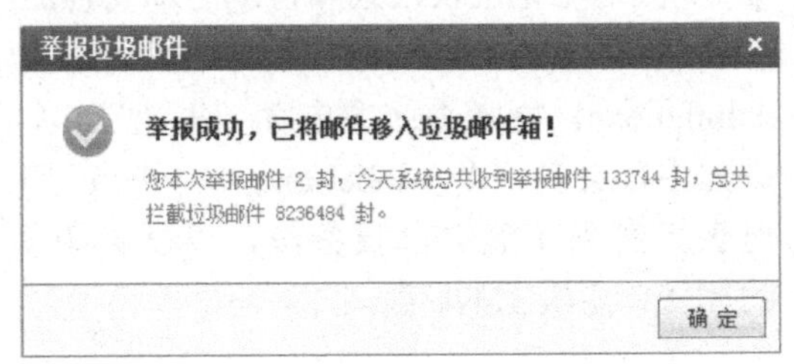

Step 05 单击【确定】按钮，即可将选中的邮件标记为垃圾邮件。选择【垃圾邮件】选项卡，在其中可看到所标记的垃圾邮件。

Step 06 单击【彻底删除】按钮，将弹出【删除确认】对话框，提示用户如果删除，这些邮件将无法恢复。

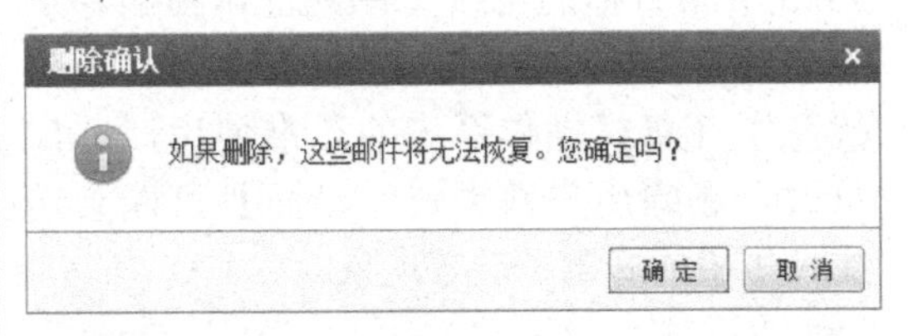

Step 07 单击【确定】按钮，将这些垃圾邮件从邮件服务器上删除。

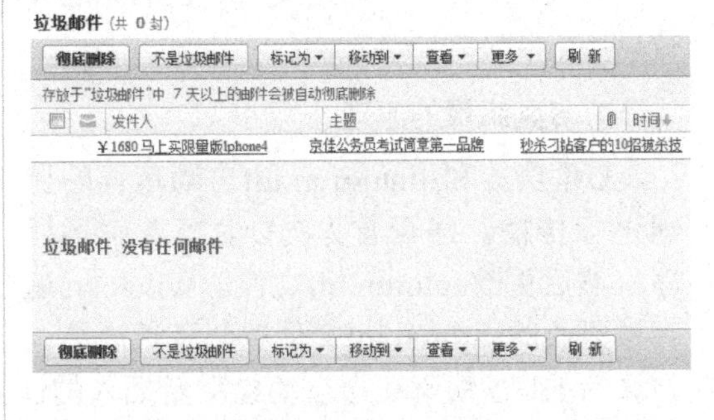

6.9 小试身手

练习1：本地系统账户及密码的防御。

练习2：Microsoft账户及密码的防御。

练习3：通过组策略提升系统账户及密码的安全。

练习4：QQ账号及密码攻防工具。

练习5：邮箱账号及密码攻防工具。

练习6：网游账号及密码攻防工具。

第7章　U盘病毒防御工具

U盘等移动存储介质使用越来越广泛，已经成为木马、病毒等传播的主要途径之一。本章将详细介绍U盘病毒攻防知识，其中包括U盘病毒概述、U盘病毒的防御、autorun.inf解析、查杀U盘病毒，以及U盘病毒专杀工具——USBKiller的使用等知识。

7.1　U盘病毒概述

U盘病毒又称为autorun病毒，是依托U盘、移动硬盘等移动存储设备，通过形态为autorun名称的隐藏文件进行传播的，后缀名通常为inf、exe等几种。U盘病毒不但扰乱了计算机操作系统的正常使用，非法篡改、删除用户数据资料，而且可能会造成大规模的病毒扩散等现象。

7.1.1　U盘病毒的原理和特点

研究U盘病毒，首先要了解它的原理和特点。

1. U盘病毒的原理

U盘病毒利用autorun.inf自动运行的原理进行传播。病毒首先向U盘写入病毒程序，然后更改autorun.inf文件。Windows运行被更改的autorun.inf文件就会激活病毒。被激活的U盘病毒还会自动检测新插入的U盘，进行自身的复制和传播。

2 .U盘病毒的特点

当用户在使用U盘等移动存储设备的过程中发现打开U盘时速度极慢，双击进入时总是显示被某程序占用之类的提示；或在U盘右键菜单中出现“自动播放”、Auto等选项时，则表明用户已经感染U盘病毒。

U盘病毒发作时具有以下特性：

（1）传播速度快：由于U盘病毒能够自动执行，在用户计算机系统没有采取防护措施的情况下，往往在病毒U盘插入USB接口的一瞬间，已感染病毒。

（2）隐蔽性强：U盘病毒本身是以“隐藏文件”的形式存在的，而且能伪装成其他正常系统文件夹和文件，隐藏在文件目录中，不易被察觉。

（3）传播范围广：U盘、移动硬盘等移动存储设备的大量普及，会造成大规模的病毒扩散现象。

7.1.2　常见的U盘病毒

利用autorun.inf自动运行的原理，U盘病毒的数量与日俱增。下面简单介绍几种常见的U盘病毒。

1. Adober.exe病毒

当用户的操作系统感染Adober.exe病毒后，双击U盘时暂无反映。稍等片刻就会弹出【请查看Adober.exe.log】对话框，并且U盘根目录中多了一个Adober.exe文件，其图标为一个普通可执行程序。

当右击U盘时，在快捷菜单最上面出现Auto这一选项。同时，查看任务管理器时会发现进程中出现名为Adober.exe的进程，计算机速度缓慢。

该病毒检测到有U盘插入后，自动从感染主机中复制Adober.exe和自动启动文件autorun.inf，使得U盘图标在被双击后，执行Adober.exe，吞噬系统的内存（每次双击，进程中都会多一个Adober.exe），并修改注册表，在系统盘中自我备份，以感染更多的插往该主机上的U盘。

2. sxs.exe病毒

当用户的操作系统感染sxs.exe病毒后，单击计算机上的各个磁盘分区时，均无反应，只能通过右击，从弹出的快捷菜单中选择“打开”选项打开，且在快捷菜单里新增了“自动播放”选项。每个磁盘分区（除了C盘）都有autorun.inf和sxs.exe两个文件，删除之后会再生。

U盘无法进行“安全删除”，显示无法停止的对话框。

某些杀毒软件实时监控自动关闭，并无法打开。

查看任务管理器时，会发现进程中出现名为sxs.exe或svohost.exe的进程。

3. DOC.exe病毒

当用户把染有该病毒的U盘插入后，操作系统中即被写入win32.exe、win33.exe以及很多.exe的病毒文件，以相似图标冒充MP3和DOC文档。该病毒一旦发作，可以将Office用户的Word文档逐个删除，所有Windows版本用户无一幸免。

查看任务管理器时，就会发现进程中出现名为doc.exe的进程。

4. RavMone.exe病毒

RavMone.exe企图冒充瑞星杀毒软件的正常文件RavMon.exe和RavMond.exe。当用户双击U盘盘符，就会激活autorun.inf自动加载RavMone.exe。

中毒之后，计算机识别U盘时会出现一些问题，双击打开十分缓慢；查看所有文件，发现多了RavMone.exe、RavMonLog、msvcr71.dll等几个文件，且U盘无法正常退出，病毒又会传染给新的U盘。同时，还会在各个磁盘分区中生成RavMone.exe.log文件，删除之后会再生。

7.1.3　窃取U盘上的资料

目前，利用一些专门的工具可以窃取U盘上的资料。下面介绍如何使用闪盘窥探者窃取U盘上的资料。闪盘窥探者是一款可以盗取别人U盘数据的工具，当运行这个程序时，别人U盘插到自己的计算机时，U盘内所有的数据都会被不知不觉地复制到指定的隐蔽文件夹。

使用闪盘窥探者窃取U盘上的资料的具体操作步骤如下。

Step 01 运行闪盘窥探者文件夹中的Flash Disk Thief.exe，打开【闪盘窥探者】主界面。

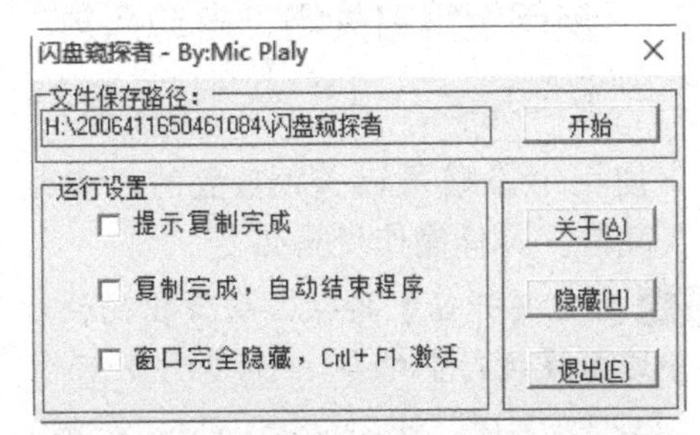

Step 02 在【文件保存路径】文本框中设置盗取文件的存放位置，可以将文件路径设置得更隐蔽一些，如设置为C:\Windows\System32。

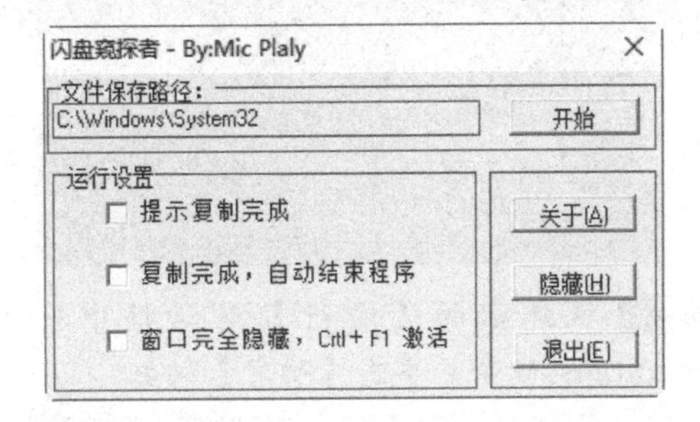

Step 03 勾选【复制完成，自动结束程序】复选框，即可在复制完成后，自动结束程序进程。勾选【窗口完全隐藏，Ctrl+F1激活】复选框后，如果单击【隐藏】按钮，可不显示该软件的运行界面。单击【开始】按钮，再单击【隐藏】按钮，即可将该软件隐藏起来，并开始监视USB接口。

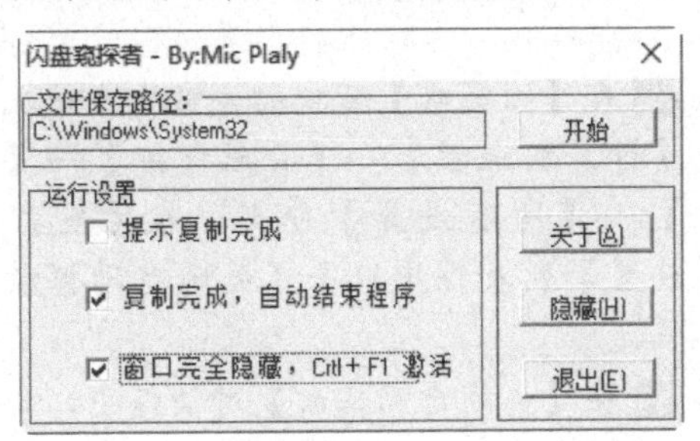

7.2 关闭“自动播放”功能防御U盘病毒

为了保证用户计算机系统的良好运行，就要针对U盘病毒采取一系列的防御措施，主要措施有：关闭系统默认打开的“自动播放”功能，在日常的生活和学习中养成良好的安全使用U盘的习惯等。

7.2.1 使用组策略关闭“自动播放”功能

使用组策略可以关闭U盘的“自动播放”功能，具体操作步骤如下。

Step 01 右击【开始】按钮，从弹出的快捷菜单中选择【运行】命令。

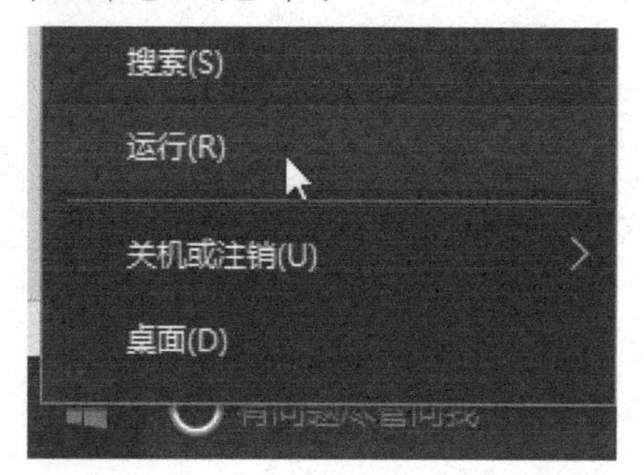

Step 02 从弹出的【运行】对话框中输入gpedit.msc命令，单击【确定】按钮。

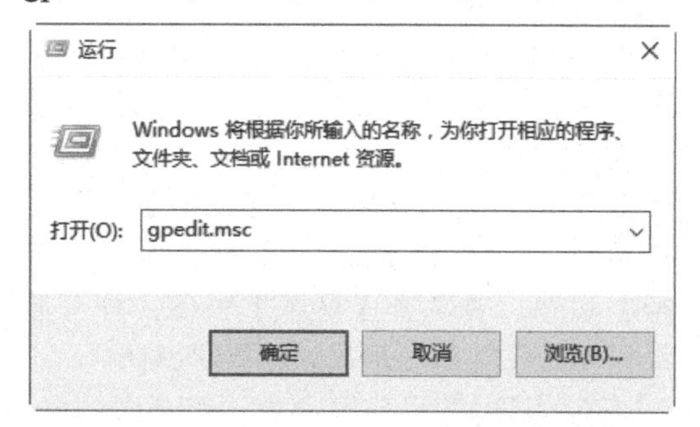

Step 03 在【组策略】窗口的左窗格中依次展开【计算机配置】→【管理模板】→【系统】→【所有设置】分支，在右窗格的【设置】列表框中双击【关闭自动播放】选项。

Step 04 在【关闭自动播放】对话框中，勾选【已启用】复选框，单击【确定】按钮。

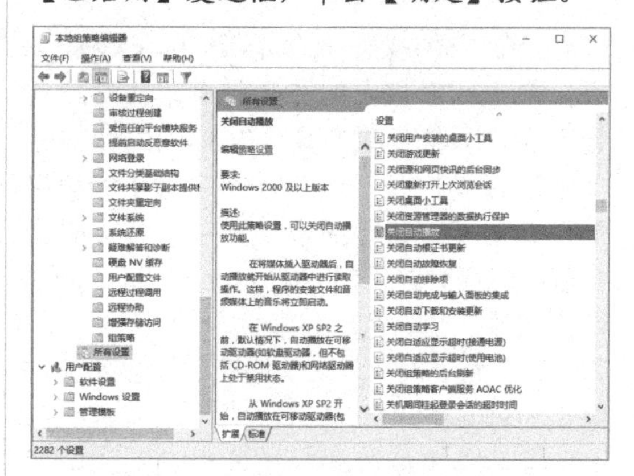

7.2.2 修改注册表关闭“自动播放”功能

通过修改注册表可以关闭“自动播放”功能，具体操作步骤如下。

Step 01 打开【运行】对话框，在其中输入regedit命令，单击【确定】按钮。

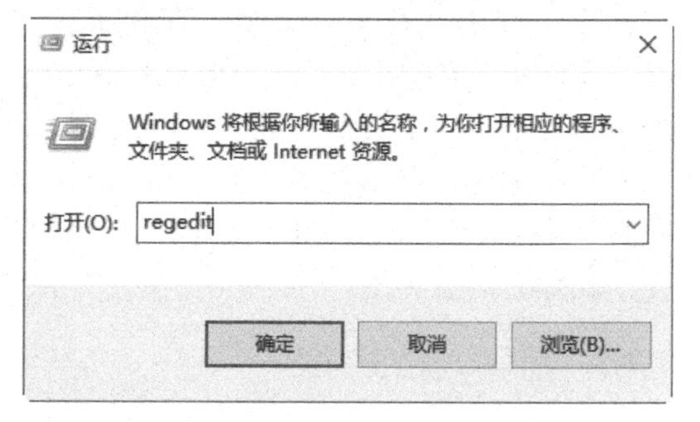

Step 02 在【注册表编辑器】左窗格中依次展开HKEY_CURRENT_USER/Software/

Microsoft/Windows/CurrentVersion/Explorer/MountPoints2分支并右击，从弹出的快捷菜单中选择【权限】选项。

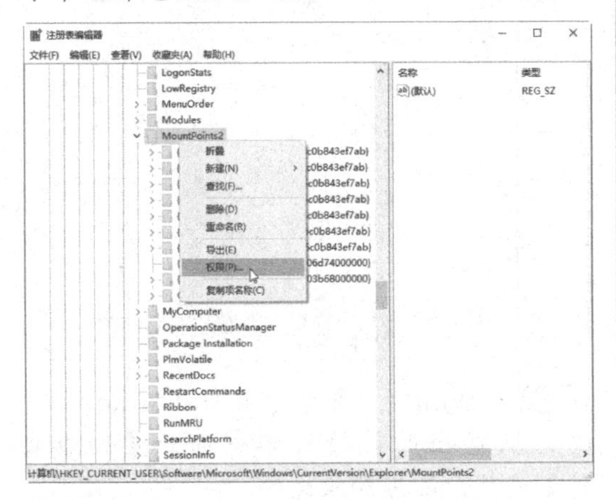

Step 03 从弹出的【MountPoints2的权限】对话框中单击Administrator用户，在【Administrator的权限】选项区中勾选所有的【拒绝】复选框，单击【确定】按钮。

7.2.3　设置服务关闭“自动播放”功能

停止相关系统服务可以实现关闭“自动播放”功能，具体操作步骤如下。

Step 01 选择【开始】→【控制面板】→【管理工具】→【服务】菜单项，双击Shell Hardware Detection选项。

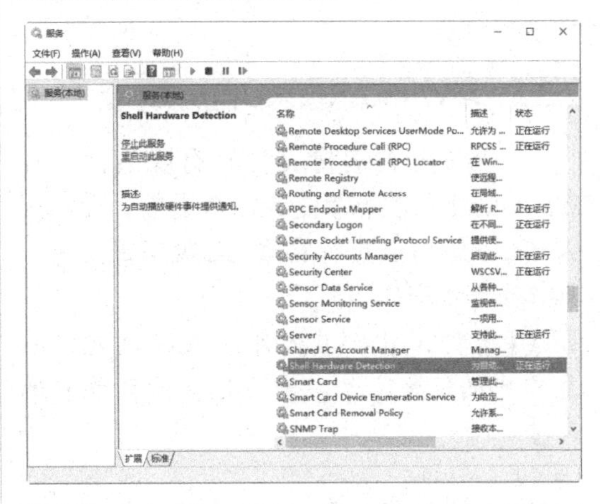

Step 02 弹出【Shell Hardware Detection的属性】对话框，在【启动类型】下拉列表框中选择【禁用】选项，单击【确定】按钮。

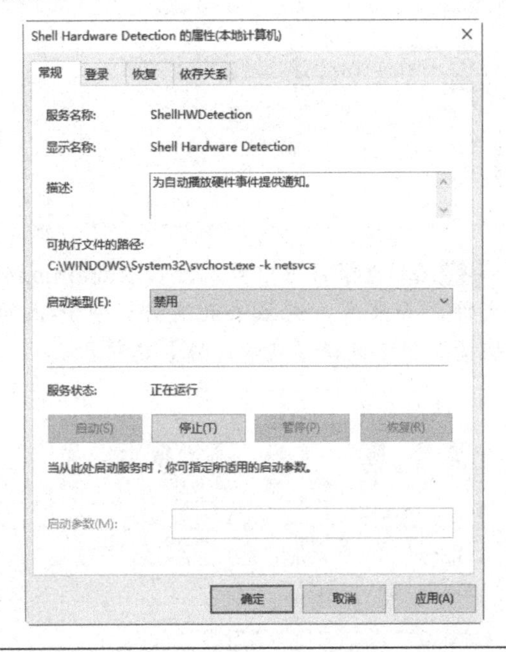

提示：在U盘的根目录下建立Autorun.inf目录，并设其属性为“隐藏”和“只读”，可以截断利用移动磁盘自运行进行传播的病毒。建议所有的磁盘根目录下都建立此目录。

7.3　查杀U盘病毒

U盘病毒查杀的主要方法有：用Win-

RAR查杀、手工查杀和利用U盘病毒专杀软件进行查杀。

7.3.1 用WinRAR查杀U盘病毒

一般的U盘病毒文件具有隐蔽性，在Windows正常状态下是无法查看的。而利用WinRAR则可以查看隐藏的U盘病毒文件，具体操作步骤如下。

Step 01 运行WinRAR软件，选择路径下拉菜单中的U盘位置，查看U盘根目录中的文件。

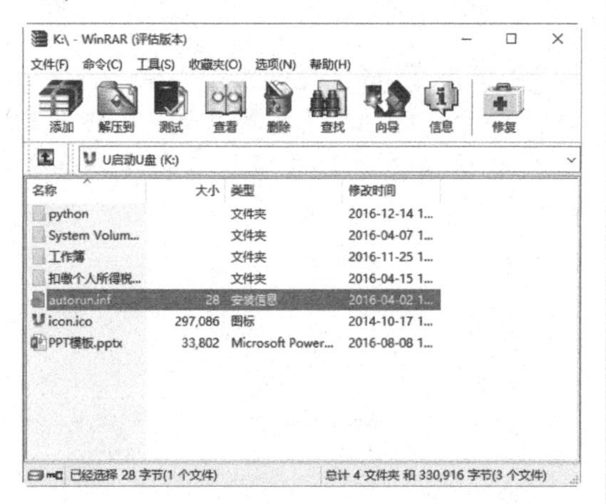

Step 02 在U盘根目录中查看是否有autorun.inf文件，如果有，则右击此文件，从弹出的快捷菜单中选择【查看文件】选项。

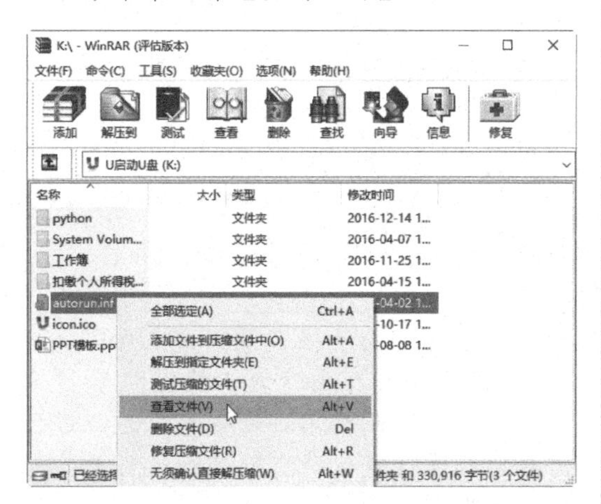

Step 03 在WinRAR的查看窗口中查看文件内容，如果显示内容中有一行为："Open=***.exe",则可判定U盘已经感染病毒，关闭查看窗口。

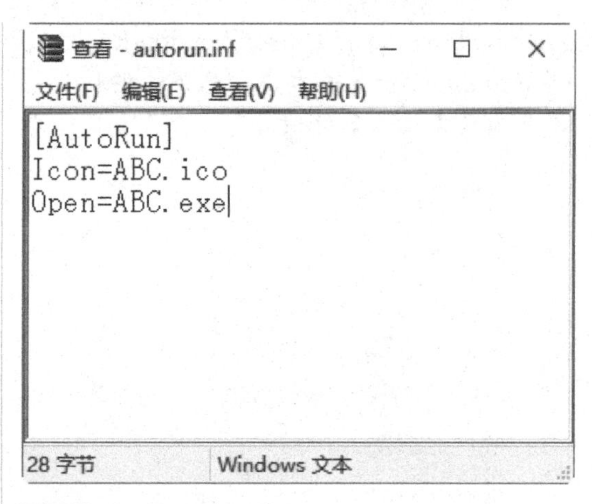

Step 04 在WinRAR窗口中右击autorun.inf文件，从弹出的快捷菜单中选择【删除文件】选项，即可删除文件。

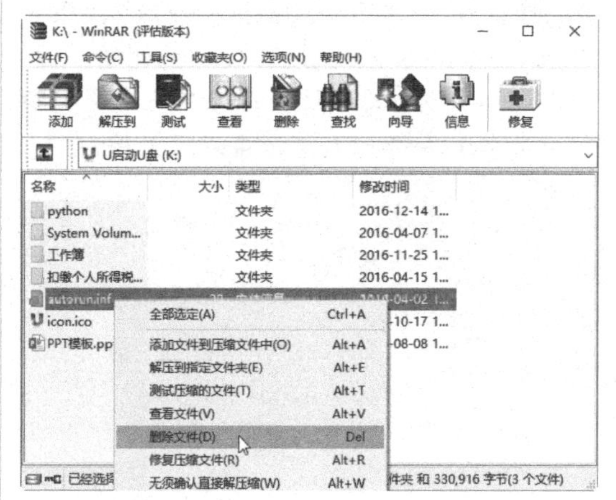

7.3.2 使用USBKiller查杀U盘病毒

USBKiller是一款专业预防及查杀U盘病毒、移动硬盘病毒、Auto病毒的工具。其独创的SuperClean高效强力杀毒引擎可查杀最新U盘文件夹病毒、autorun.inf病毒、AV终结者等上百种顽固U盘病毒，是国内首创的可对计算机实行主动防御，自动检测清除插入U盘内的病毒，杜绝病毒通过U盘感染计算机的专杀工具。

1. USBKiller的安装

在USBKiller官方网站http://www.easysofts.com.cn上可以下载安装文件，其安装步骤如下。

Step 01 双击运行USBKiller的安装程序，进入安装向导。

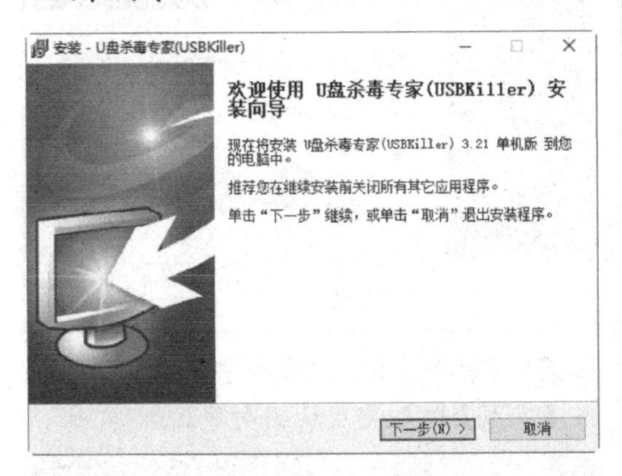

Step 02 单击【下一步】按钮，从弹出的【选择目标位置】窗口中，用户可以指定USBKiller的安装目录。

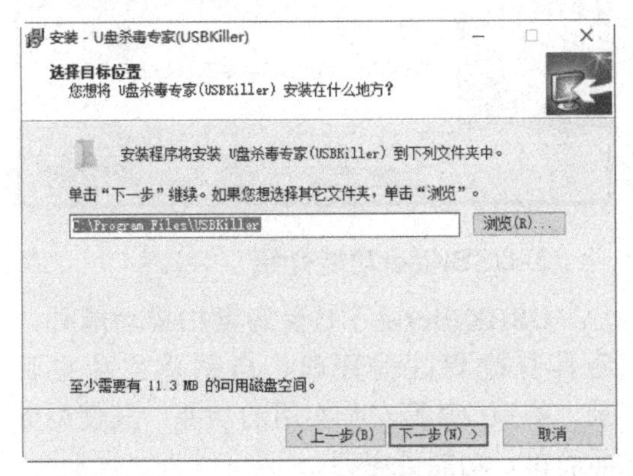

Step 03 单击【下一步】按钮，弹出【选择开始菜单文件夹】对话框，在其中选择在哪里放置程序的快捷方式。

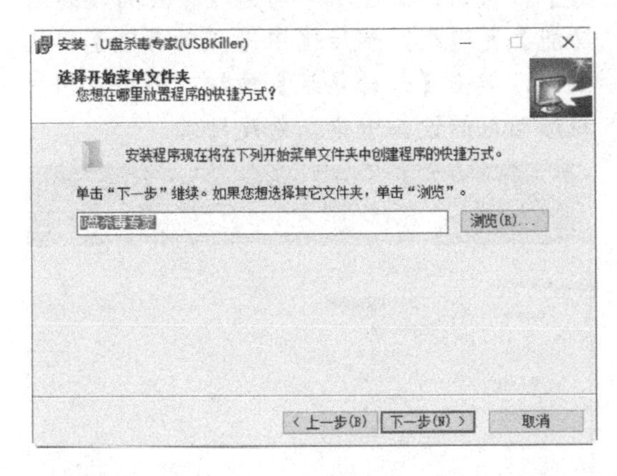

Step 04 单击【下一步】按钮，弹出【选择附加任务】对话框，在其中勾选【创建桌面快捷方式】复选框。

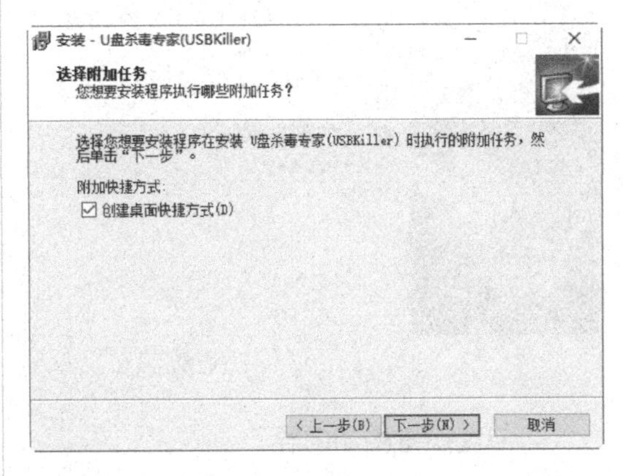

Step 05 单击【下一步】按钮，弹出【准备安装】对话框，其中显示了安装目录和附加任务列表。

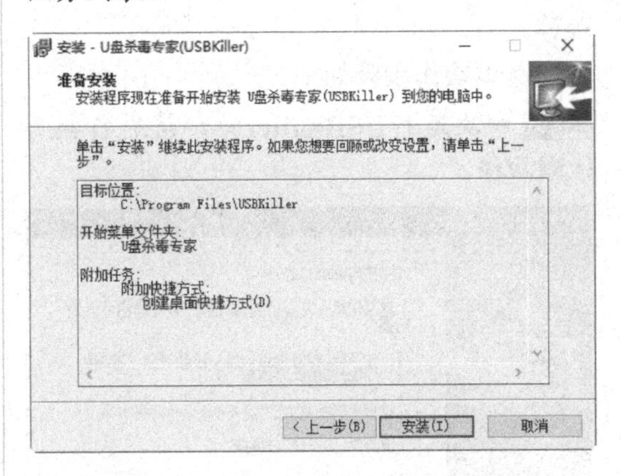

Step 06 确认无误后，单击【安装】按钮，开始安装程序，并显示安装的进度。

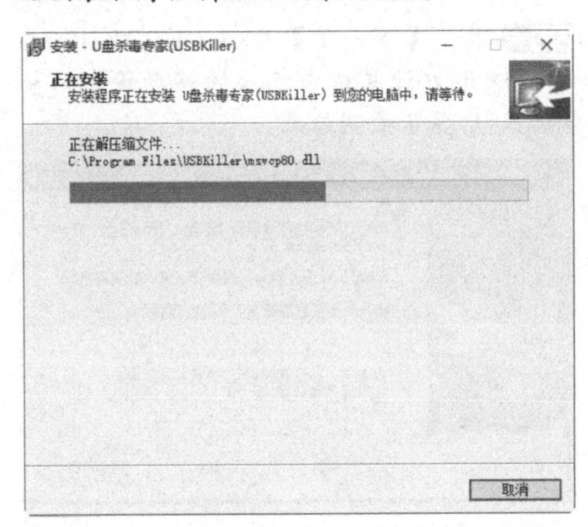

Step 07 安装完毕后，就会出现【安装向导完成】窗口，单击【完成】按钮完成安装。

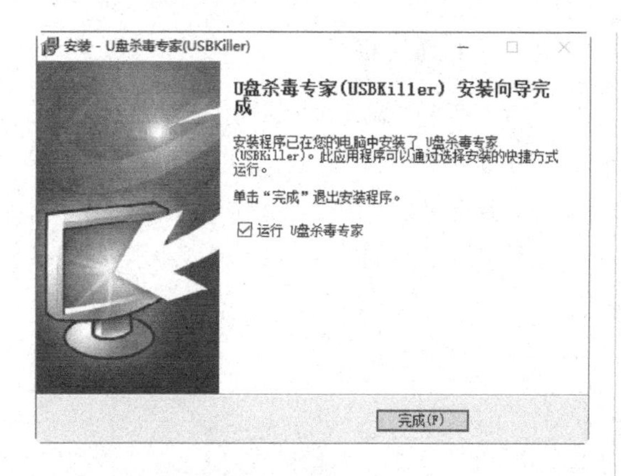

2. U盘病毒检测向导

USBKiller安装完成后，就会自动进入U盘病毒检测向导窗口，自动扫描用户计算机的移动设备、内存和硬盘，查出可疑病毒等。

具体操作步骤如下。

Step 01 初次运行USBKiller时，将进行病毒检测扫描。

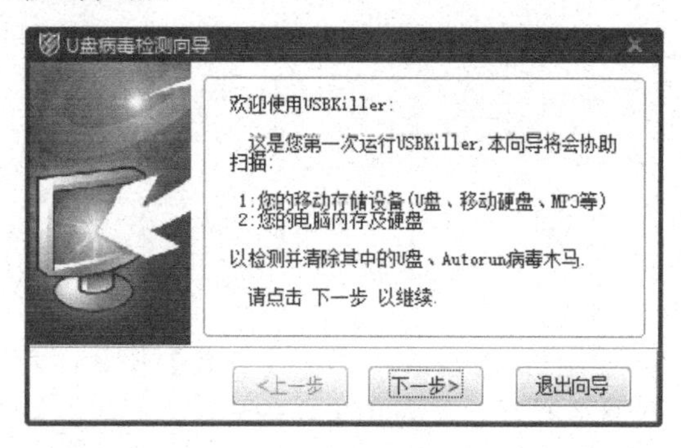

Step 02 单击【下一步】按钮，USBKiller自动检测用户计算机中插入的移动设备。检测完毕后显示检测结果。

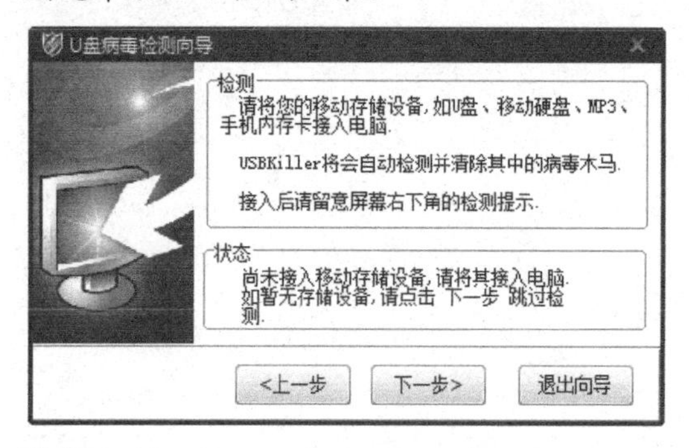

Step 03 单击【下一步】按钮，USBKiller自动扫描用户计算机的内存和硬盘，实时显示状态。

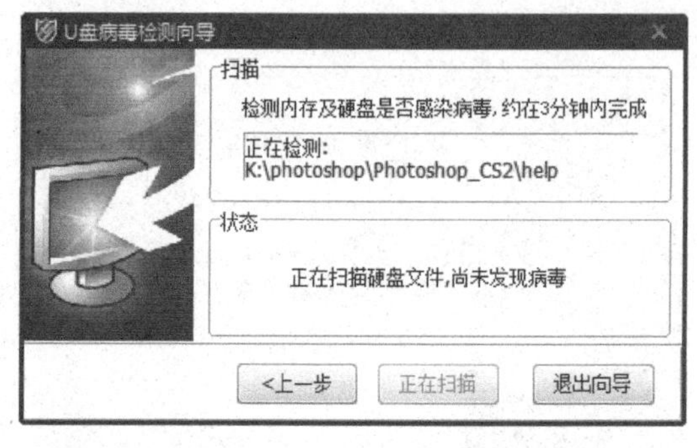

Step 04 扫描完成后，将会显示扫描结果。单击【完成】按钮完成检测向导。

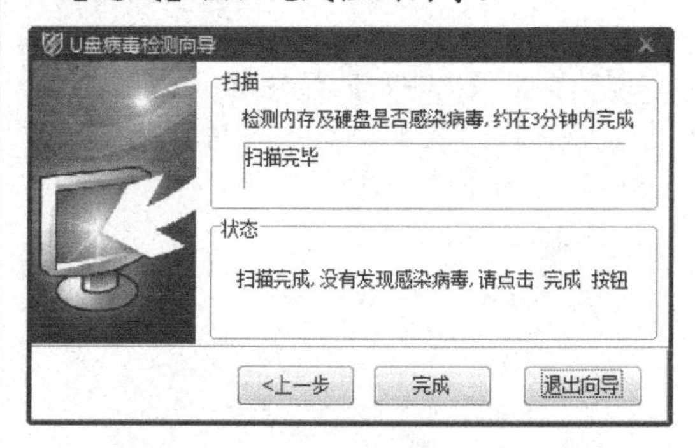

3. USBKiller功能介绍

USBKiller除了U盘病毒扫描功能外，还具有检测进程管理、自动建立免疫目录、解锁U盘等安全实用的功能，其使用界面简单，功能更完善。

Step 01 双击桌面上的USBKiller快捷图标，打开USBKiller工作界面，单击【免疫U盘病毒】，在右侧的窗格中勾选【禁止自动运行功能】复选框，然后选中【移动存储】单选按钮，单击【开始免疫】按钮，则会在用户的移动存储设备中建立免疫目录。

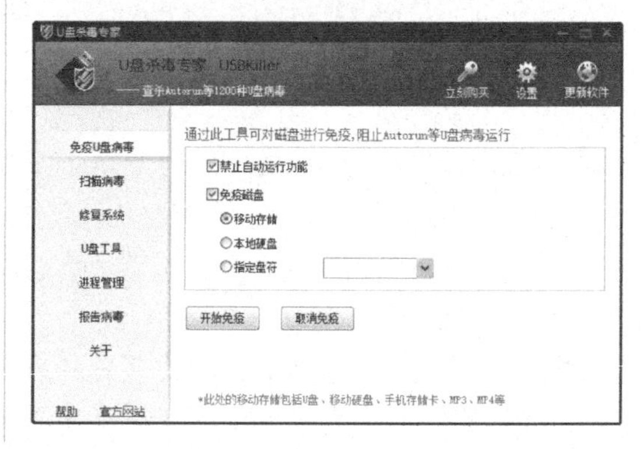

Step 02 单击【扫描病毒】，在右侧选择要扫描的对象，包括内存、本地硬盘与移动存储3个选项。

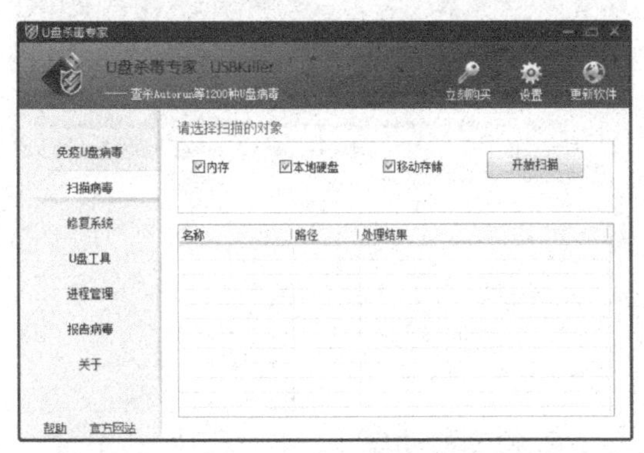

Step 03 单击【开始扫描】按钮，开始扫描病毒，扫描进度在窗口下方显示。如果发现病毒，软件会自动进行清除操作。

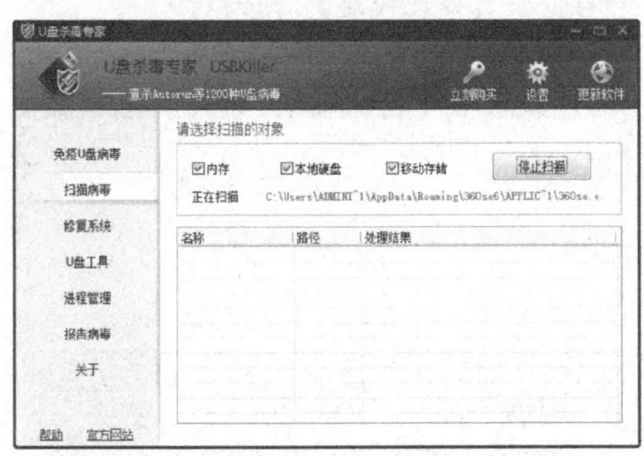

Step 04 单击【修复系统】，在右侧的窗格中选择需要修复的项目，单击【开始修复】按钮，即可修复由病毒感染造成的损害和不正确的设置。

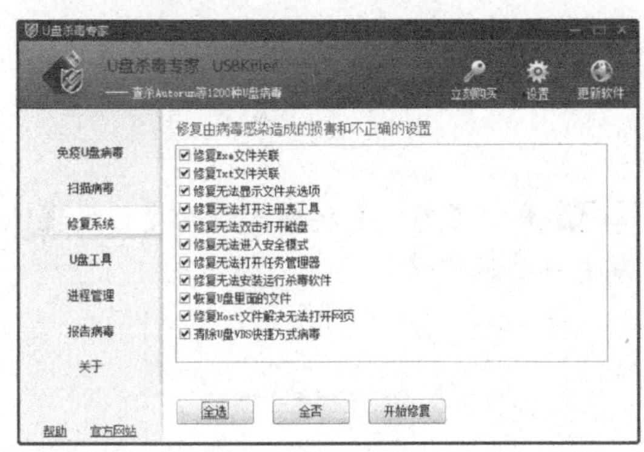

Step 05 单击【U盘工具】，然后再单击【立刻解锁】按钮，可以安全地退出被锁定的移动设备；为防止使用移动存储设备盗取资料，可勾选【禁止向USB存储设备写入数据】复选框，单击【应用设置】按钮。

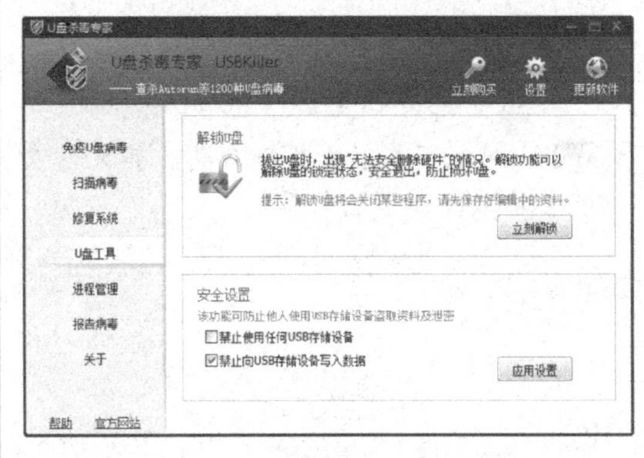

Step 06 单击【进程管理】，可以查看运行的所有进程。勾选【进程名称】复选框，单击【终止进程】按钮，可停止所选进程。

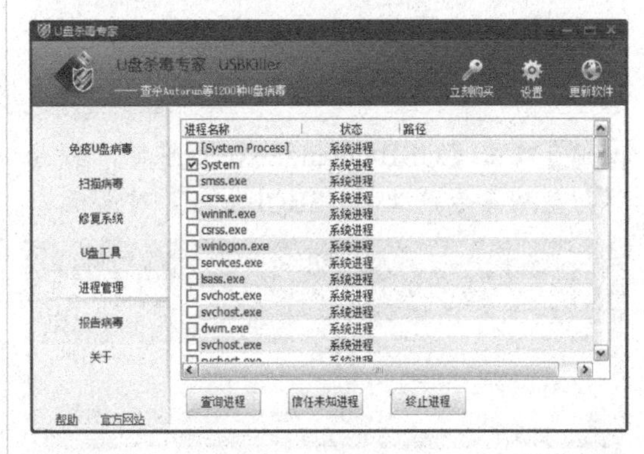

Step 07 在USBKiller工作界面中单击【设置】按钮，打开【设置】对话框，在其中可设置软件的基本属性及对病毒的处理方式。

7.3.3 使用USBCleaner查杀U盘病毒

USBCleaner是一款绿色的辅助杀毒工具，具有检测查杀U盘病毒、U盘病毒广谱扫描、U盘病毒免疫、修复显示隐藏文件及系统文件、安全卸载移动盘等功能，可以全方位一体化修复并查杀U盘病毒。

使用USBCleaner查杀病毒的具体操作步骤如下。

1. 全面检测系统

Step 01 从网上下载U盘专杀工具，其文件夹中包含的文件如下图所示。

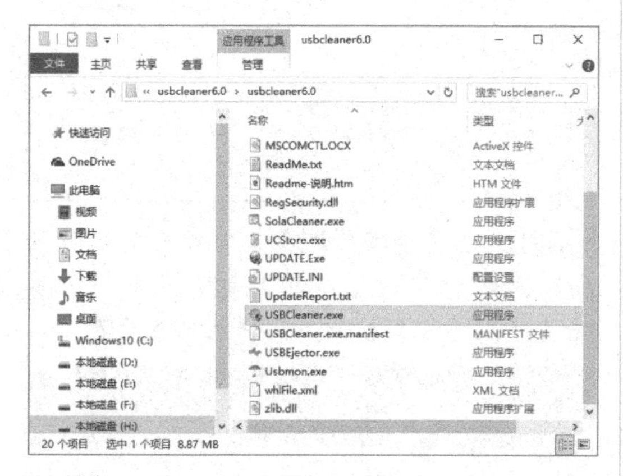

Step 02 双击【USBCleaner.exe】图标，打开【U盘病毒专杀工具USBCleaner】对话框。

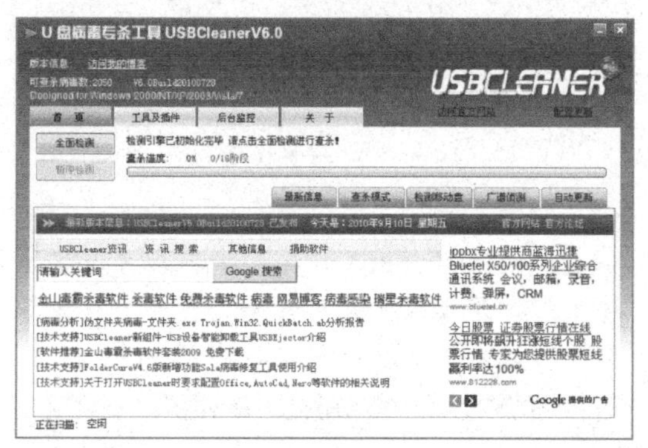

Step 03 单击【全面检测】按钮，即可对系统进行扫描。

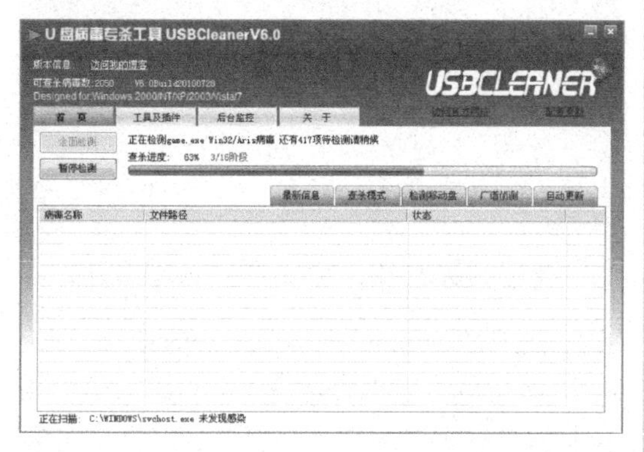

Step 04 在扫描的过程中，如果发现病毒，则会在下面的列表中显示，包括病毒名称、文件路径和状态。

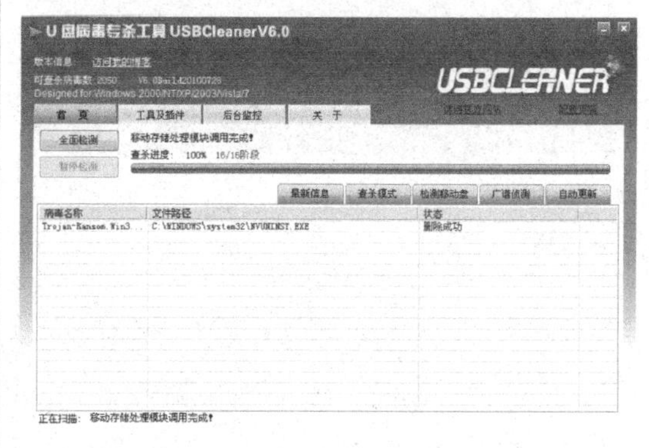

2. 检测移动盘

检测移动盘的具体操作步骤如下。

Step 01 单击【检测移动盘】按钮，打开【移动存储病毒处理模块】对话框。

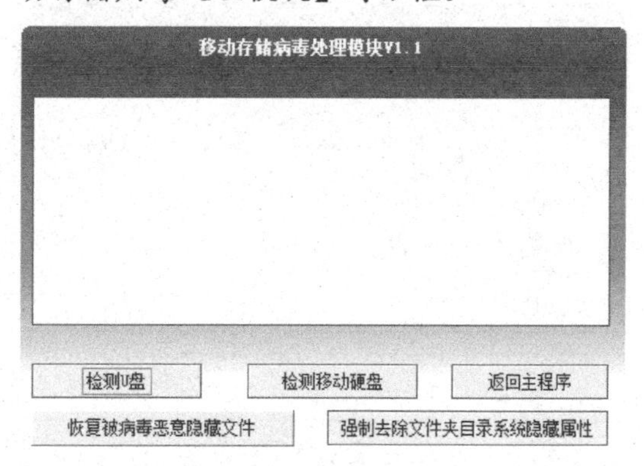

Step 02 单击【检测U盘】按钮，打开【千万不可直接插拔USB盘】提示框。

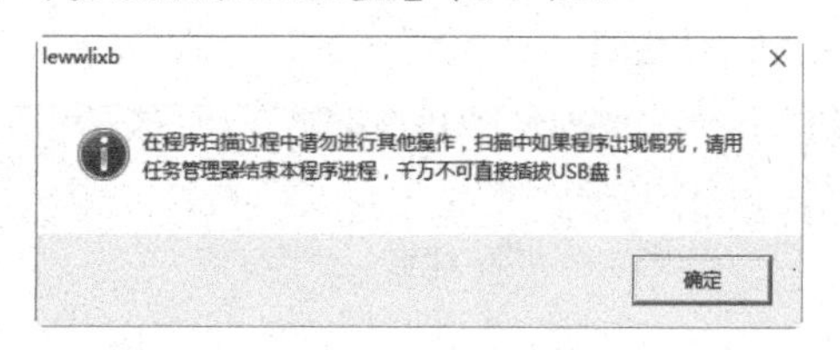

Step 03 单击【确定】按钮，打开【已发现U盘】信息提示框。

Step 04 单击【确定】按钮，即可对本机中的

U盘进行检查，待检测完毕后，弹出【已完成检测】对话框。

Step 05 单击【确定】按钮，出现【移动盘检测已完成！是否调用FolderCure查杀U盘中的文件夹图标病毒？】的提示信息。

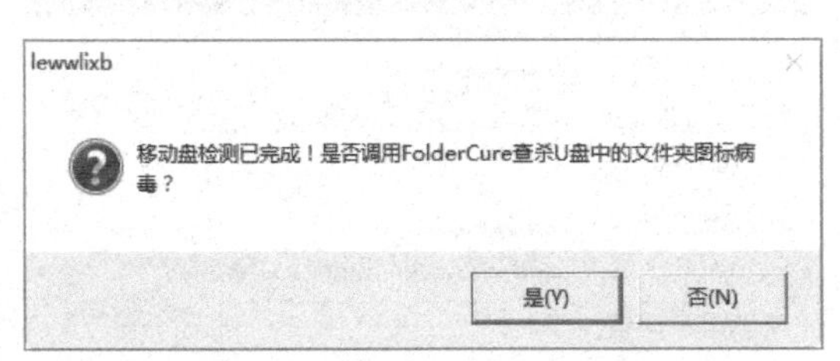

Step 06 单击【是】按钮，打开USBCleaner中自带的【文件夹图标病毒专杀工具FolderCure】对话框，来检测文件夹图标病毒。

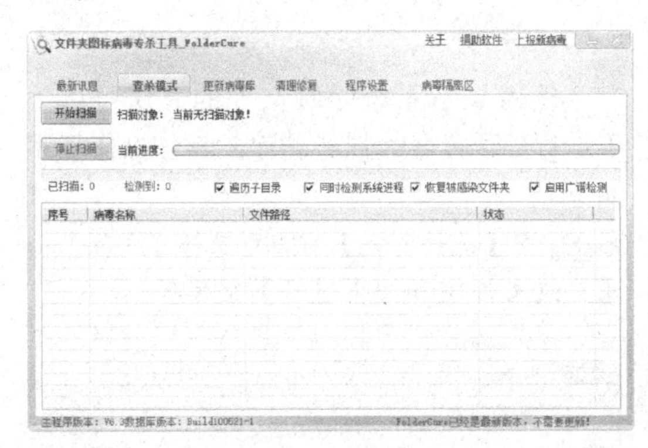

Step 07 单击【开始扫描】按钮，弹出【请选择扫描对象】信息提示。这里采用系统默认设置，即【执行全盘扫描】选项。

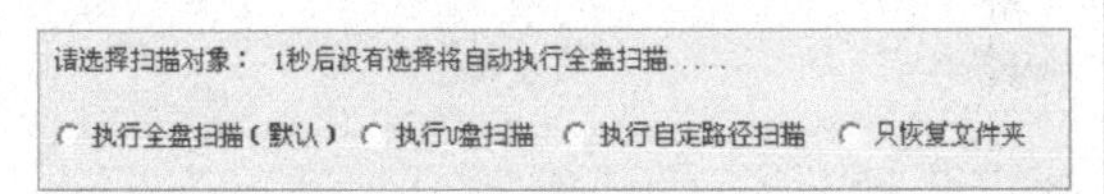

Step 08 选择完毕后，即可对系统中的全盘进行文件夹图标病毒的扫描。

Step 09 检测完毕后，会在【移动存储病毒处理模块】对话框中看到相应的操作日志。

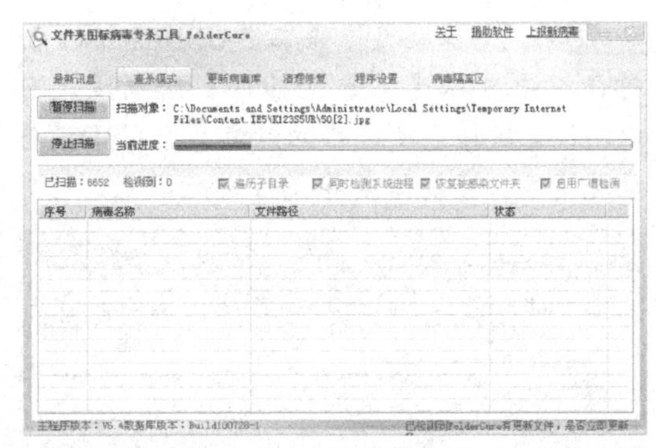

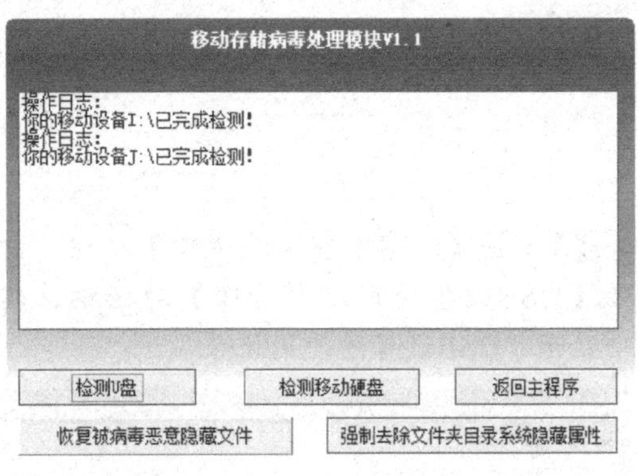

3. 检测未知病毒

检测未知病毒的具体操作步骤如下。

Step 01 在【USBCleaner】对话框中单击【广谱侦测】按钮，可看到【不能完全查杀未知病毒】的提示信息。

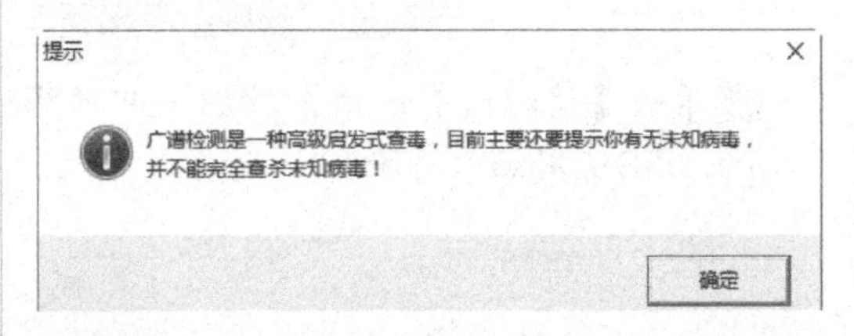

Step 02 单击【确定】按钮，进行光谱侦测，侦测完毕后，会把本机中所有的autorun.inf文件列出来。

Step 03 在【U盘病毒专杀工具USBCleaner】对话框中选择【工具及插件】选项卡，可以对U盘病毒免疫、移动盘卸载、USB设备痕迹清理、系统修复等属性进行设置。

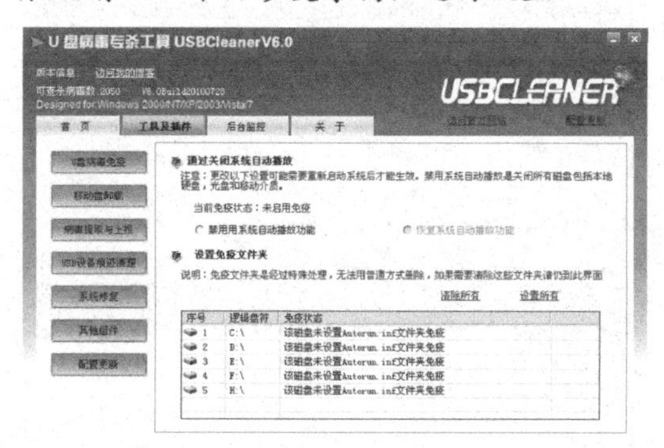

Step 04 单击【USB设备痕迹清理】按钮，打开【USB设备使用记录清理】对话框，其中显示了USB设置的使用记录。

Step 05 单击【清理所有记录】按钮，即可将所有的USB使用记录清除。

Step 06 选择【后台监控】选项卡，在桌面上的状态栏中双击【USBMON监控程式】图标即可打开【USBMON监控程式】窗口，在其中可以对监控的各个属性进行设置。

Step 07 单击【其他功能】按钮，在打开的窗口中可对U盘非物理写保护和文件目录强制删除进行设置。

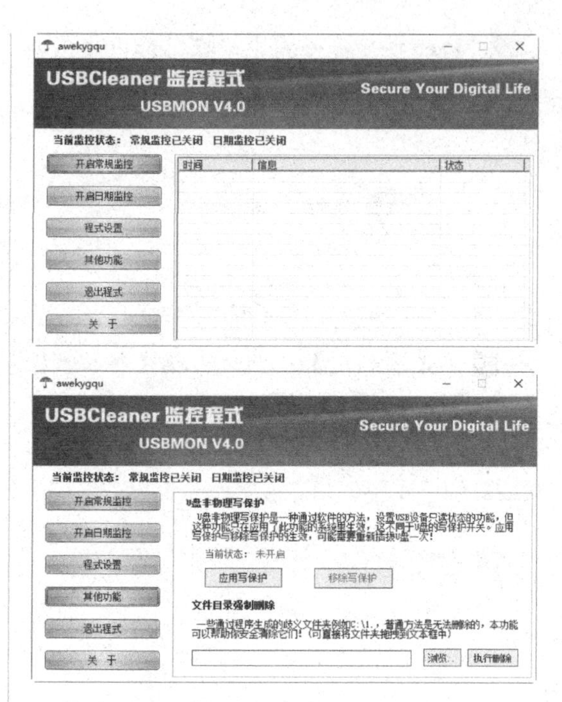

7.4 实战演练

7.4.1 实战演练1——U盘病毒的手动删除

使用显示系统隐藏文件的方法可以手工进行U盘病毒的判断删除，具体操作步骤如下。

Step 01 在【此计算机】窗口中选择【文件】→【更改文件夹和搜索选项】菜单项。

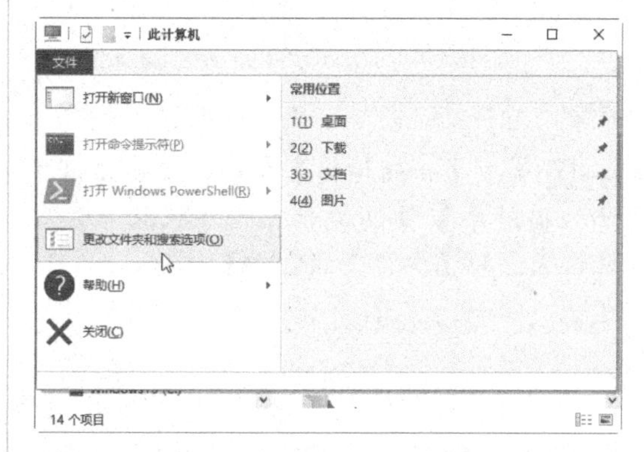

Step 02 从弹出的【文件夹选项】对话框中选择【查看】选项卡，然后取消勾选【隐藏受保护的操作系统文件（推荐）】复选框，选中【显示隐藏的文件、文件夹和驱动器】单

选按钮，取消勾选【隐藏已知文件类型的扩展名】复选框，单击【确定】按钮。

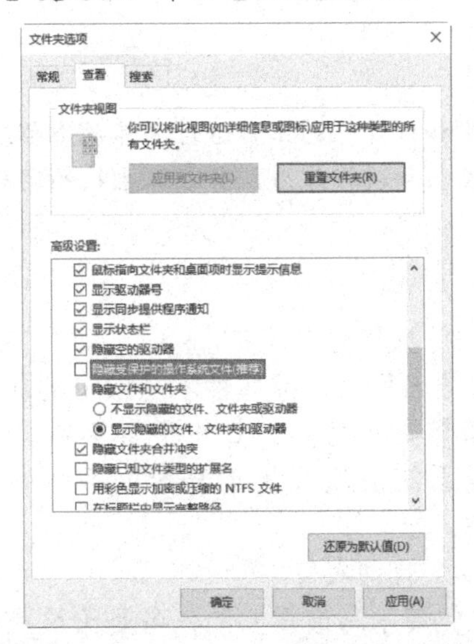

Step 03 打开U盘根目录，查看是否存在autorun.info、msvcr71.dl、ravmone.exe等类似的异常文件，如果有，则将其删除即可。

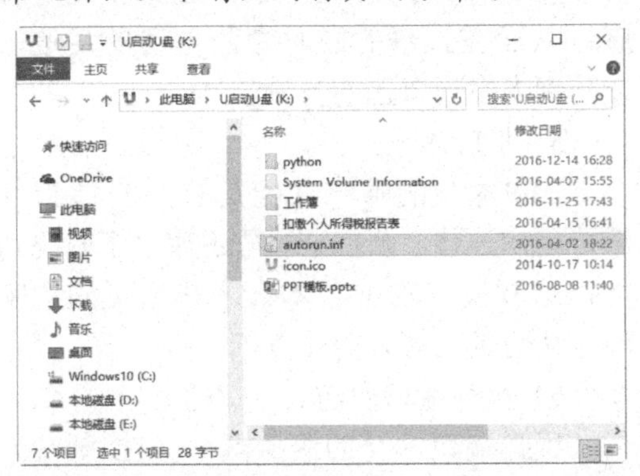

提示： 在U盘根目录默认正常状态下是没有隐藏文件的，如果发现有，就要小心查看，十有八九是中招了！

7.4.2 实战演练2——通过禁用硬件检测服务让U盘丧失智能

由于Windows 10系统有即插即用的功能，所有硬件连接都能够自动检测、自动安装驱动。如果希望禁止计算机使用U盘，最直接的办法是禁用硬件检测服务，这样即使将U盘插到计算机对应接口，也不会发现任何硬件设备。

禁用硬件检测服务的具体操作步骤如下。

Step 01 右击【开始】按钮，从弹出的快捷菜单中选择【命令提示符（管理员）】命令。

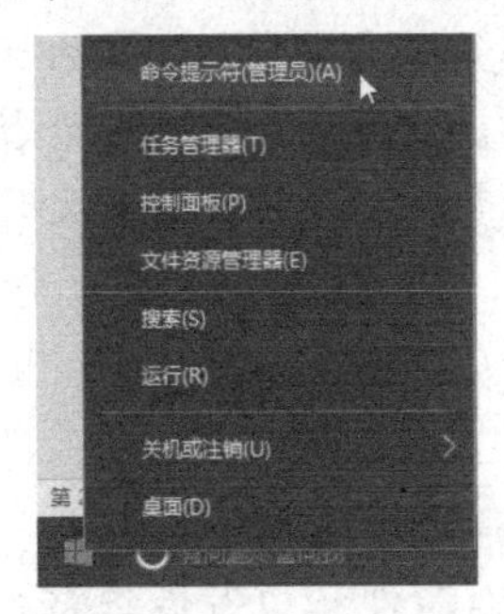

Step 02 打开【管理员：命令提示符】窗口，在其中输入“sc config ShellHWDetection start= disabled”命令，按【Enter】键，如果出现“ChangeServiceConfig 成功”提示信息，就说明禁用硬件检测服务成功。

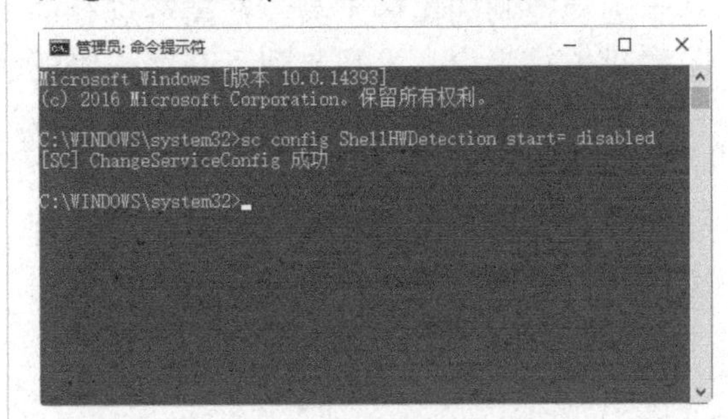

Step 03 如果想恢复硬件检测功能，可以直接运行“sc config shellhwdetection start= auto”命令。

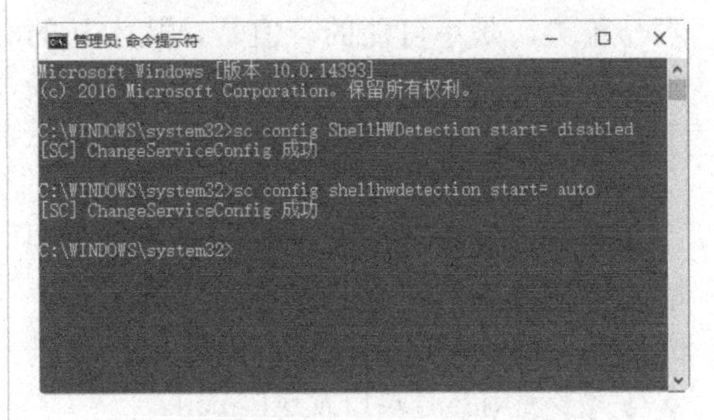

7.5 小试身手

练习1：关闭“自动播放”功能防御U盘病毒。

练习2：查杀U盘病毒。

第8章　计算机木马防守工具

木马是黑客最常用的攻击方法，从而影响网络和计算机的正常运行，其危害程度越来越严重，主要表现在其对计算机系统有强大的控制和破坏能力，如窃取主机的密码、控制目标主机的操作系统和文件等。

8.1　计算机木马

在计算机领域中，木马是一类恶意程序，具有隐藏性和自发性等特性，可被用来进行恶意行为的攻击。

8.1.1　常见的木马类型

木马又被称为特洛伊木马，是一种基于远程控制的黑客工具，在黑客进行的各种攻击行为中，木马起到了开路先锋的作用。一台计算机一旦中了木马，就变成一台傀儡机，对方可以在目标计算机中上传、下载文件，偷窥私人文件，偷取各种密码及口令信息等。可以说，该计算机的一切秘密都将暴露在黑客面前，隐私将不复存在！

随着网络技术的发展，现在的木马可谓是形形色色，种类繁多，并且还在不断地增加，因此，要想一次性列举出所有的木马种类，是不可能的。但是，从木马的主要攻击能力划分，常见的木马主要有以下几种类型。

1）密码发送木马

密码发送木马可以在受害者不知道的情况下把找到的所有隐藏密码发送到指定的信箱，从而达到获取密码的目的，这类木马大多使用25号端口发送E-mail。

2）键盘记录木马

键盘记录木马主要用来记录受害者的键盘敲击记录，这类木马有在线和离线记录两个选项，分别记录对方在线和离线状态下敲击键盘时的按键情况。

3）破坏性木马

顾名思义，破坏性木马唯一的功能是破坏感染木马的计算机文件系统，使其遭受系统崩溃或者重要数据丢失的巨大损失。

4）代理木马

代理木马最重要的任务是给被控制的“肉鸡”种上代理木马，让其变成攻击者发动攻击的跳板。通过这类木马，攻击者可在匿名情况下使用Telnet、ICO、IRC等程序，从而在入侵的同时隐蔽自己的足迹，谨防别人发现自己的身份。

5） FTP木马

FTP木马的唯一功能是打开21端口并等待用户连接，新FTP木马还加上了密码功能，这样只有攻击者本人才知道正确的密码，从而进入对方的计算机。

6）反弹端口木马

反弹端口木马的服务端 （被控制端）使用主动端口，客户端（控制端）使用被动端口，正好与一般木马相反。

控制端的被动端口一般开在80（这样比较隐蔽），即使用户使用端口扫描软件检查自己的端口，发现的也是类似TCP UserIP:1026 ControllerIP:80ESTABLISHED的情况，想必没有哪个防火墙会不让用户向外连接80端口。

8.1.2　木马常用的入侵方法

木马程序千变万化，但大多数木马程序并没有特别的功能，入侵方法大致相同。常见的入侵方法有以下几种。

1. 在win.ini文件中加载

win.ini文件位于C:\Windows目录下，在文件的[windows]段中有启动命令“run=”和“load=”，一般此两项为空，如果等号后面存在程序名，则可能就是木马程序。应特别当心，这时可根据其提供的源文件路径和功能做进一步检查。

这两项分别是用来当系统启动时自动运行和加载程序的，如果木马程序加载到这两个子项中之后，那么系统启动后即可自动运行或加载木马程序。这两项是木马经常攻击的方向，一旦攻击成功，还会在现有加载的程序文件名之后再加一个它自己的文件名或者参数（这个文件名也往往是常见的文件，如command.exe、sys.com等）来伪装。

2. 在System.ini文件中加载

System.ini位于C:\Windows目录下，其[Boot]字段的shell=Explorer.exe是木马喜欢的隐藏加载地方。如果shell=Explorer.exe file.exe，则file.exe就是木马服务端程序。

另外，在System.ini中的[386Enh]字段中，要注意检查段内的“driver=路径\程序名”也有可能被木马利用。再有就是System.ini中的[mic]、[drivers]、[drivers32]这3个字段，也起加载驱动程序的作用，但也是增添木马程序的好场所。

3. 隐藏在启动组中

有时木马并不在乎自己的行踪，而在意是否可以自动加载到系统中。启动组无疑是自动加载运行木马的好场所，其对应文件夹为C:\Windows\startmenu\programs\startup。在注册表中的位置是：HKEY_CURRENT_USER\Software\Microsoft\Windows\Current Version\Explorer\shell Folders Startup=”c:\Windows\start menu\programs\startup”，所以要检查启动组。

4. 加载到注册表中

由于注册表比较复杂，所以很多木马都喜欢隐藏在这里。木马一般会利用注册表中的下面几个子项来加载。

```
HKEY_LOCAL_MACHINE\Software\Microsoft\Windows\CurrentVersion\RunServersOnce;
HKEY_LOCAL_MACHINE\Software\Microsoft\Windows\Current Version\Run;
HKEY_LOCAL_MACHINE\Software\Microsoft\Windows\Current Version\RunOnce;
HKEY_CURRENT_USER\Software\Microsoft\Windows\Current Version\Run;
HKEY_ CURRENT_USER \Software\Microsoft\Windows\Current Version\RunOnce;
HKEY_ CURRENT_USER \Software\Microsoft\Windows\CurrentVersion\RunServers;
```

5. 修改文件关联

修改文件关联也是木马常用的入侵手段，当用户一旦打开已修改了文件关联的文件后，木马也随之被启动，如冰河木马就是利用文本文件（.txt）格式关联来加载自己，当中了该木马的用户打开文本文件时，就自动加载了冰河木马。

6. 设置在超链接中

这种入侵方法主要是在网页中放置恶意代码来引诱用户点击，一旦用户单击超链接，就会感染木马，因此不要随便单击网页中的链接。

8.1.3　木马常见的启动方式

木马的启动方式可谓多种多样，通过注册表启动、通过System.ini启动、通过某些特定程序启动、通过驱动等，真是防不胜防！其实，只要能够遏制住木马不让它启动，那么木马就没什么用了。本节就来介绍木马的各种启动方式，然后给出有效的防御对策，做到知己知彼，百战不殆！

1. 利用注册表启动

关于利用注册表启动，大家都比较熟悉，下面提醒用户注意以下的注册表键值，这里只要有Run敏感字眼，就需要注意了。

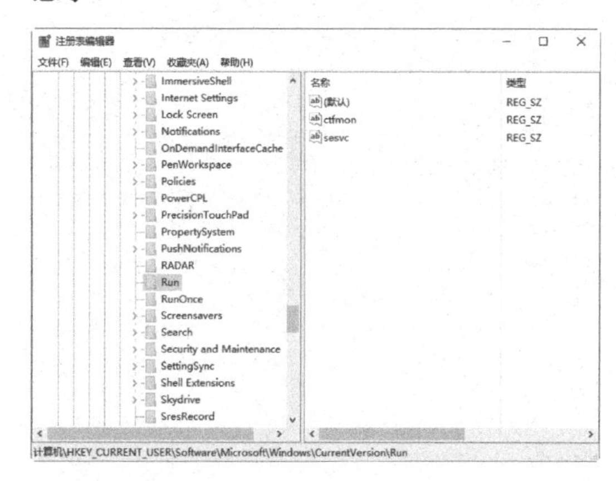

```
HKEY_LOCAL_MACHINE\SOFTWARE\Microsoft\Windows\CurrentVersion\Run
HKEY_LOCAL_MACHINE\SOFTWARE\Microsoft\Windows\CurrentVersion\RunOnce
HKEY_LOCAL_MACHINE\SOFTWARE\Microsoft\Windows\CurrentVersion\Runservices HKEY_CURRENT_USER\SOFTWARE\Microsoft\Windows\CurrentVersion\RunHKEY_CURRENT_USER\SOFTWARE\Microsoft\Windows\CurrentVersion\RunOnce
```

2. 利用系统文件启动

可以利用的文件有Win.ini、system.ini、Autoexec.bat、Config.sys。当系统启动的时候，上述这些文件的一些内容是可以随着系统一起加载的，从而可以被木马利用。

用文本方式打开 C:\Windows下面的system.ini文件，如果其中包括一些RUN或者LOAD等字眼，就要小心了，很可能是木马修改了这些系统文件来实现自启动了，如下图所示。同时，其他的几个文件也经常被利用，从而达到开机启动的目的，希望读者多加注意。

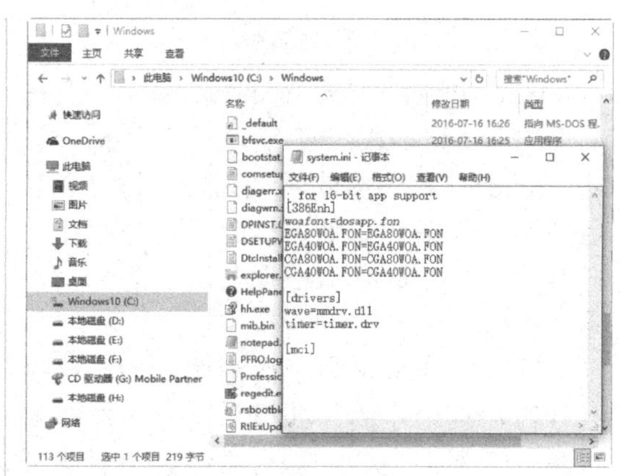

3. 利用系统启动组启动

单击【开始】按钮，可以看到Windows 10的启动菜单，如果其中有不明了的项目，很可能就是木马文件。

其实，这个启动方式是在“C:\Documents and Settings\gillispie\[开始]菜单\程序\启动”文件夹下被配置的。例如，如果当前用户是administrator，那么这个文件的路径就是“C:\Documents and Settings\Administrator\「开始」菜单\程序\启动”。黑客就可以通过向这个文件夹中写入木马文件或其快捷方式来达到自启动的目的，而它对应的注册表键值为Startup。

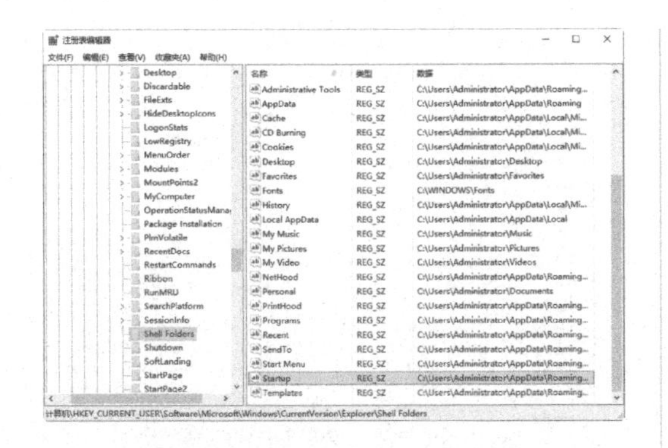

```
HKEY_CURRENT_USER\SOFTWARE\
Microsoft\Windows\CurrentVersion\
Explorer\Shell Folders
```

4. 利用系统服务启动

系统要正常运行，就少不了一些服务，一些木马通过加载服务来达到随系统启动的目的，这时用户可以通过【控制面板】中的【管理工具】下的【服务】选项来关闭服务。

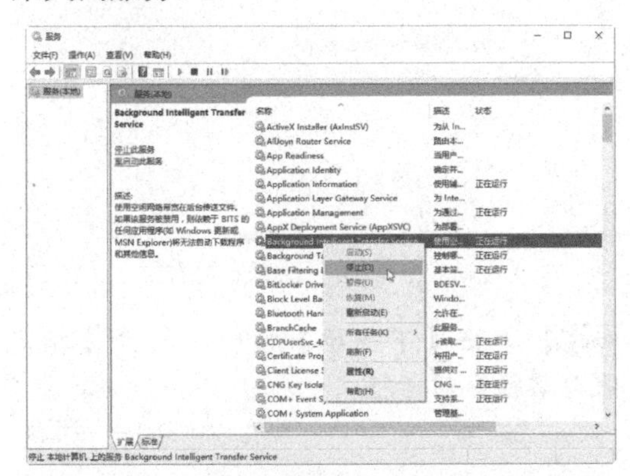

对于一些高级用户，甚至可以通过CMD命令来删除服务。

- net start 服务名（开启服务）。
- net stop 服务名（关闭服务）。

使用net stop命令成功关闭了相关服务的操作界面，如下图所示。

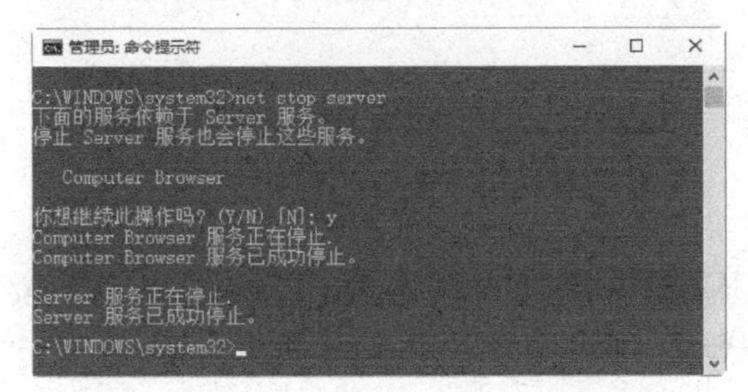

8.2 木马常用的伪装工具

虽然木马的危害性比较大，但是很多用户对木马有初步的了解，这在一定程度上阻碍了木马的传播。这是运用木马进行攻击的黑客不愿意看到的。因此，黑客们往往会使用多种方法来伪装木马，迷惑用户的眼睛，从而达到欺骗用户的目的。木马常用的伪装手段有很多，如伪装成可执行文件、网页、图片、电子书等。

8.2.1 EXE文件捆绑机

利用EXE文件捆绑机可以将木马与正常的可执行文件捆绑在一起，从而使木马伪装成可执行文件，运行捆绑后的文件等于同时运行了两个文件。将木马伪装成可执行文件的具体操作步骤如下。

Step 01 下载并解压缩EXE文件捆绑机后，双击其中的可执行文件，打开【EXE捆绑机】主界面。

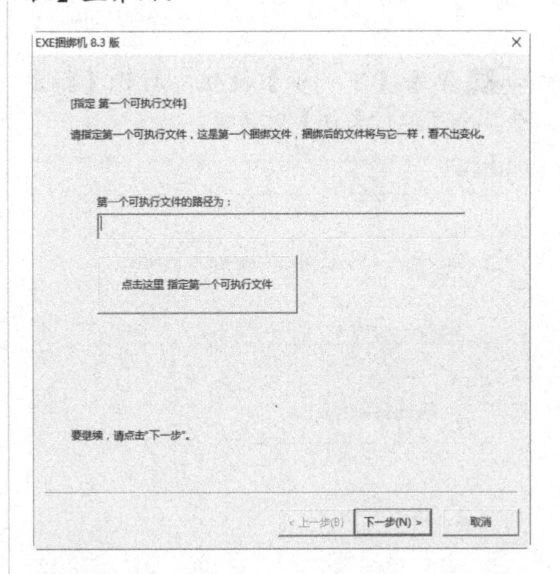

Step 02 单击【点击这里 指定第一个可执行文件】按钮，打开【请指定第一个可执行文件】对话框，在其中选择第一个可执行文件。

Step 03 单击【打开】按钮，返回到【指定第一个可执行文件】对话框。

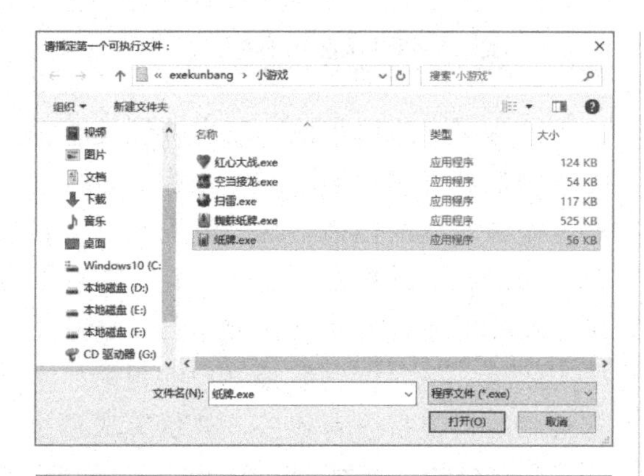

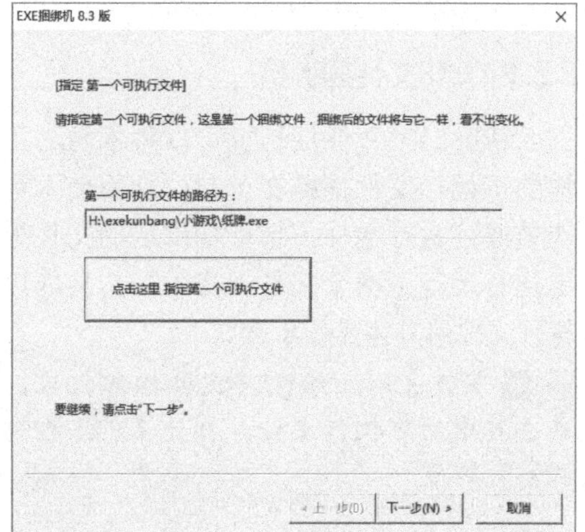

Step 04 单击【下一步】按钮，打开【指定第二个可执行文件】对话框。

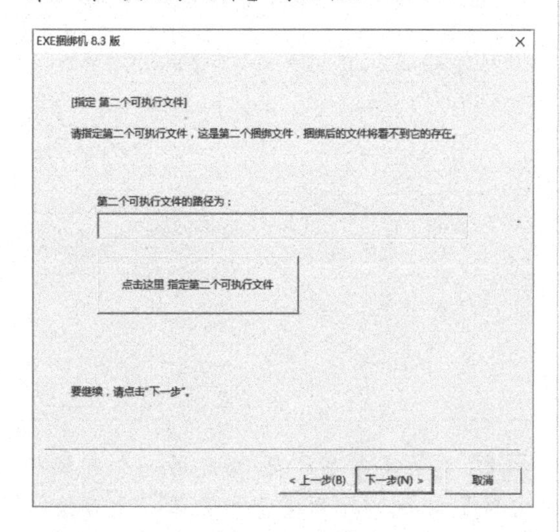

Step 05 单击【点击这里 指定第二个可执行文件】按钮，打开【请指定第二个可执行文件】对话框，在其中选择已经制作好的木马文件。

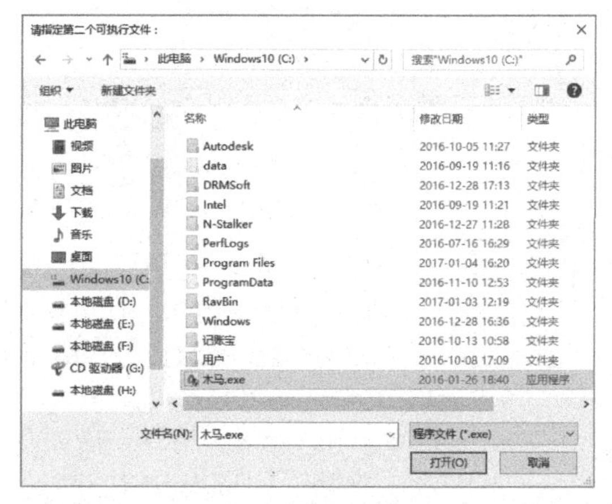

Step 06 单击【打开】按钮，返回到【指定第二个可执行文件】对话框。

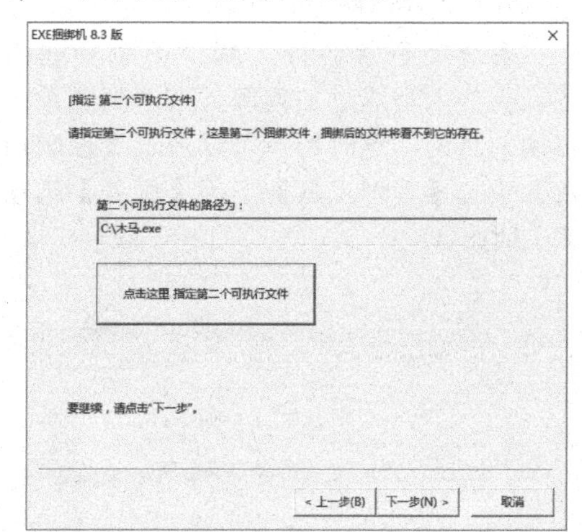

Step 07 单击【下一步】按钮，打开【指定保存路径】对话框。

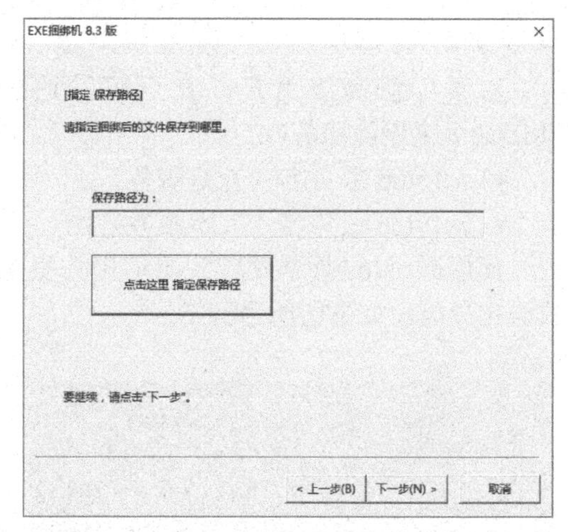

Step 08 单击【点击这里 指定保存路径】按钮，打开【保存为】对话框，在【文件

名】文本框中输入可执行文件的名称，并设置文件的保存类型。

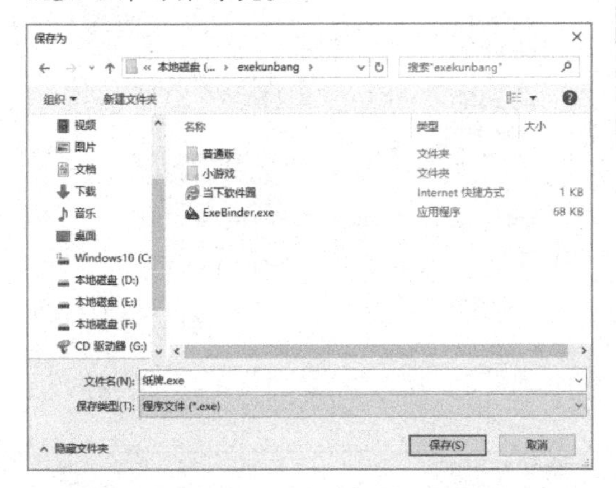

Step 09 单击【保存】按钮，即可指定捆绑后文件的保存路径。

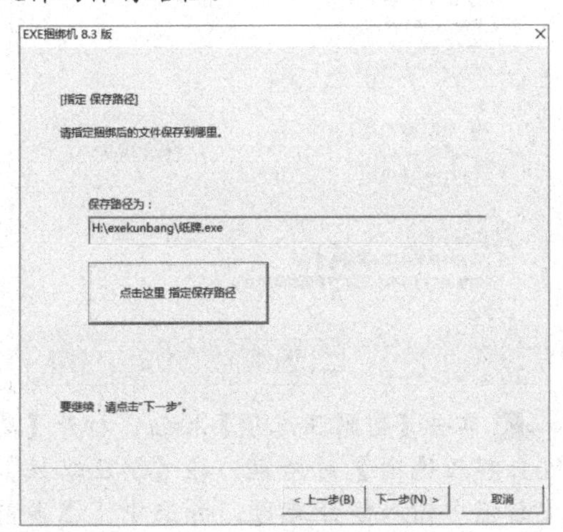

Step 10 单击【下一步】按钮，打开【选择版本】对话框，在【版本类型】下拉列表中选择【普通版】选项。

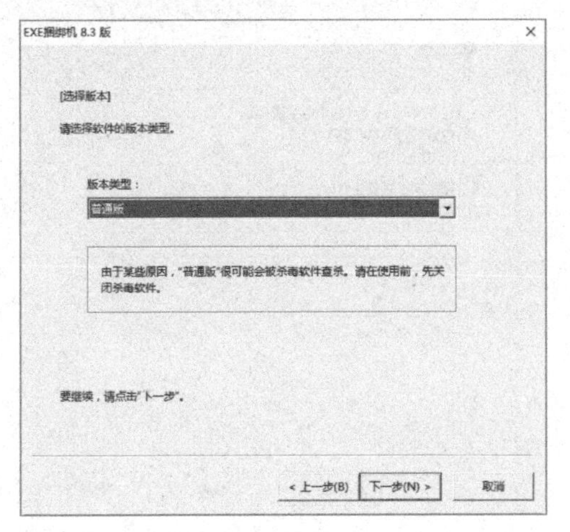

Step 11 单击【下一步】按钮，打开【捆绑文件】对话框，提示用户开始捆绑第一个可执行文件与第二个可执行文件。

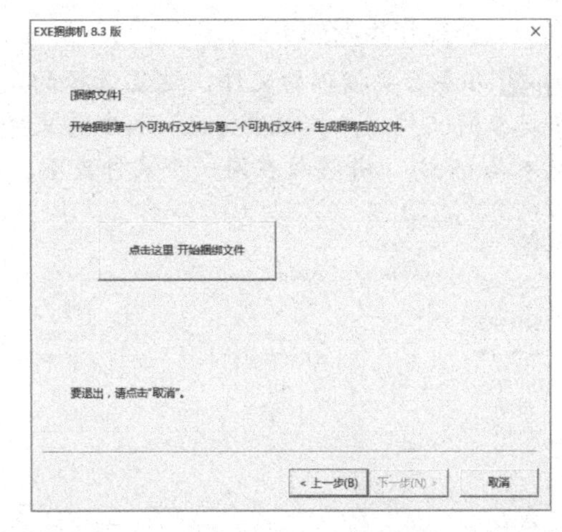

Step 12 单击【点击这里开始捆绑文件】按钮，即可开始进行文件的捆绑。待捆绑结束之后，可看到【捆绑文件成功】的提示信息。单击【确定】按钮，即可结束文件的捆绑。

提示： 黑客可以使用木马捆绑技术将一个正常的可执行文件和木马捆绑在一起。一旦用户运行这个包含有木马的可执行文件，就可以通过木马控制或攻击用户的计算机。

8.2.2　WinRAR解压缩工具

利用WinRAR的压缩功能可以将正常的文件与木马捆绑在一起，并生成自解压文件，一旦用户运行该文件，同时也会激活木马文件，这也是木马常用的伪装手段之一。

具体操作步骤如下。

Step 01 准备好要捆绑的文件，这里选择的是蜘蛛纸牌文件（蜘蛛纸牌.exe）和木马文件（木马.exe），并存放在同一个文件夹下。

Step 02 选中蜘蛛纸牌.exe和木马.exe所在的文件夹并右击，从快捷菜单中选择【添加到压缩文件】选项。

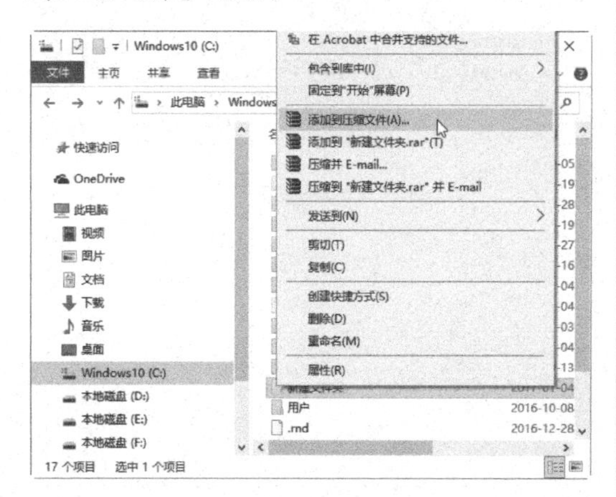

Step 03 打开【压缩文件名和参数】对话框。在【压缩文件名】文本框中输入要生成的压缩文件的名称，并勾选【创建自解压格式压缩文件】复选框。

Step 04 选择【高级】选项卡，在其中勾选【保存文件安全数据】、【保存文件流数据】、【后台压缩】、【完成操作后关闭计算机电源】、【如果其他WinRAR副本被激活则等待】复选框。

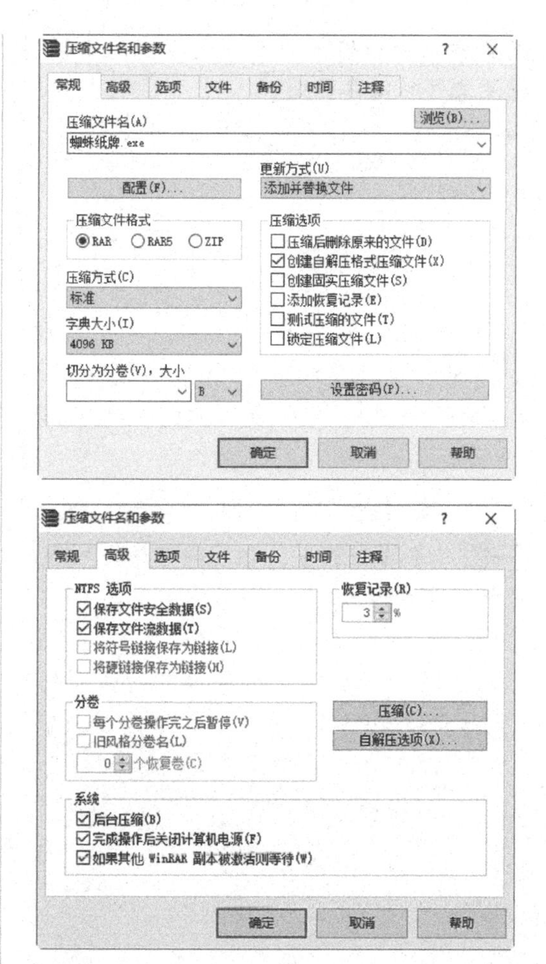

Step 05 单击【自解压选项】按钮，打开【高级自解压选项】对话框，在【解压路径】文本框中输入解压路径，并选中【在当前文件夹中创建】单选按钮。

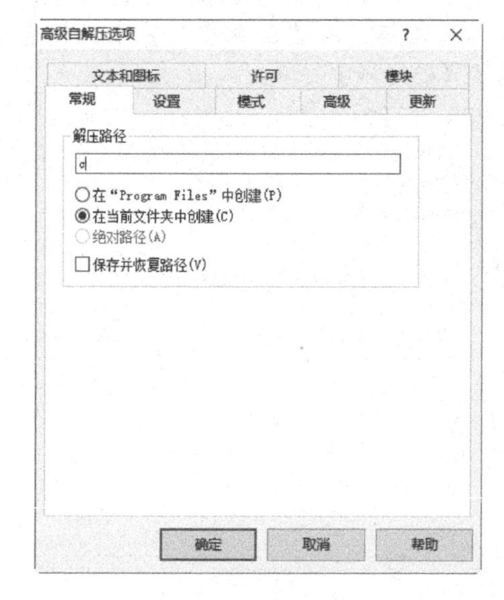

Step 06 选择【模式】选项卡，在其中选中【全部隐藏】单选按钮，这样可以增加木马程序的隐蔽性。

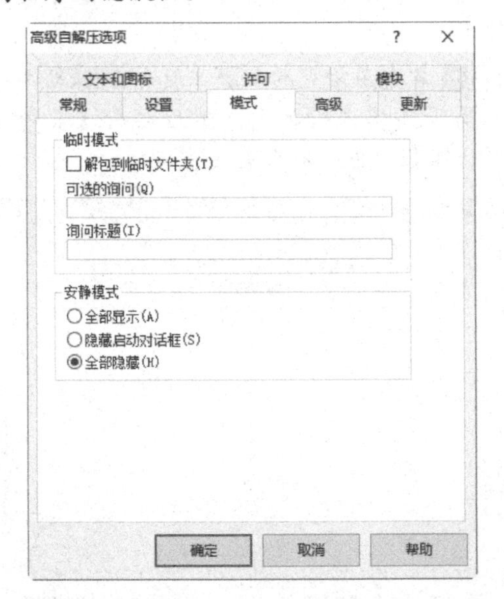

Step 07 为了更好地迷惑用户，还可以在【文本和图标】选项卡下设置自解压文件窗口标题、从文件加载自解压文件图标等。

Step 08 设置完毕后，单击【确定】按钮，返回【压缩文件名和参数】对话框。在【注释】选项卡中可以看到自己设置的各项。

Step 09 单击【确定】按钮，即可生成一个名为【蜘蛛纸牌】自解压的压缩文件。这样，用户一旦运行该文件，就会中木马。

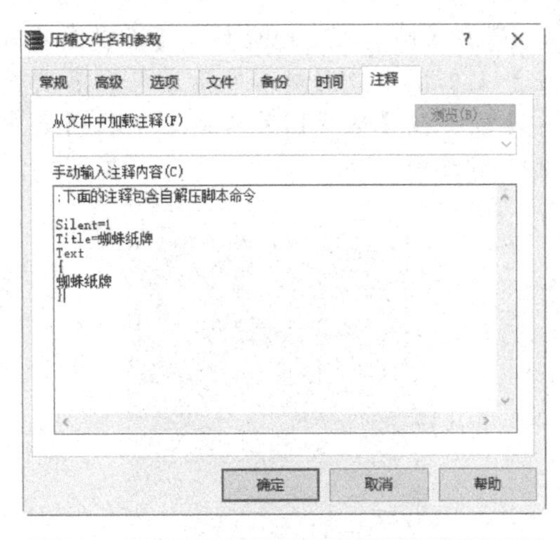

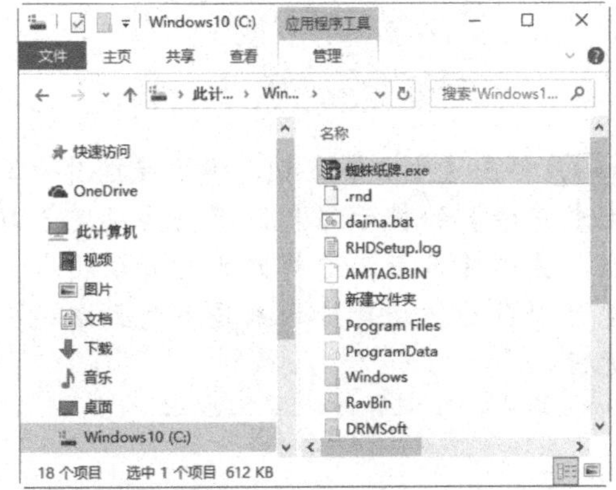

8.2.3 图片木马生成器

将木马伪装成图片是许多木马制造者常用来骗别人执行木马的方法。例如，将木马伪装成gif、jpg等，这种方式可以使很多人中招。用户可以使用【图片木马生成器】工具将木马伪装成图片，具体操作步骤如下。

Step 01 下载并运行【图片木马生成器】程序，打开【图片木马生成器】主窗口。

Step 02 在【网页木马地址】和【真实图片地址】文本框中分别输入网页木马和真实图片地址；在【选择图片格式】下拉列表中选择jpg选项。

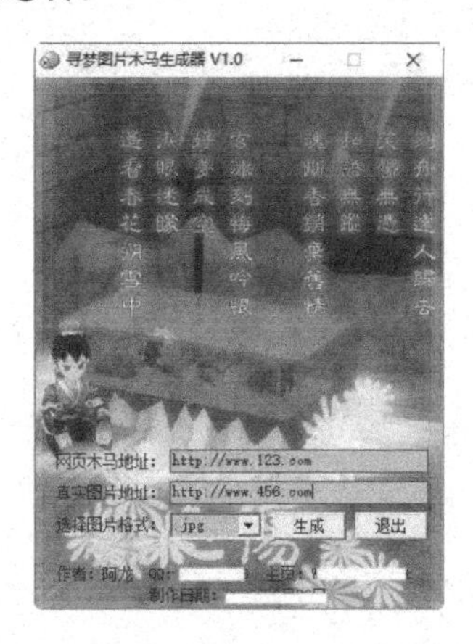

Step 03 单击【生成】按钮，弹出【图片木马生成完毕】的提示信息，单击【确定】按钮，关闭提示框，这样只要打开该图片，就可以自动把该地址的木马下载到本地并运行。

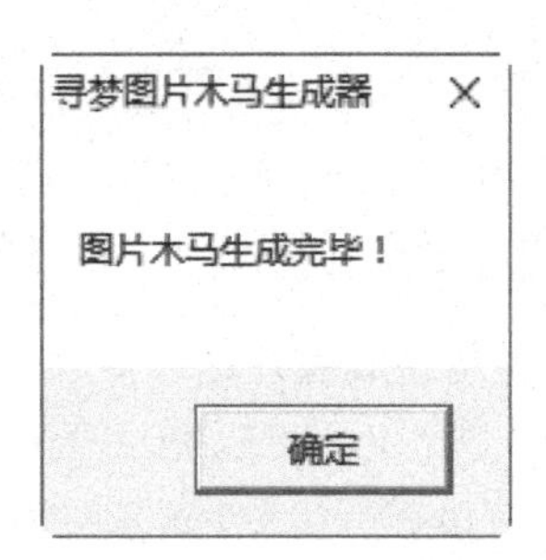

8.3 木马常用的加壳工具

在杀毒软件越来越强的情况下，木马不但要具有更强的功能，还要具有自我保护功能。目前，大部分杀毒软件是靠特征码来识别木马的，因此，可以通过使用加壳工具来更改木马的特征码，以躲过杀毒软件的查杀。

8.3.1 ASPack木马加壳工具

通过给木马加壳，可以将其保护起来，不过，一些特别强的杀毒软件仍然可以查杀出这些木马，因此，只有进行多次加壳，才能保证不被杀毒软件查杀。北斗程序压缩（NSPack）就是一款可以为木马进行多次加壳的工具，其具体操作步骤如下。

Step 01 首先用常见的加壳工具ASPack给某个木马服务端进行加壳，然后运行【北斗程序压缩】软件，打开其主窗口。

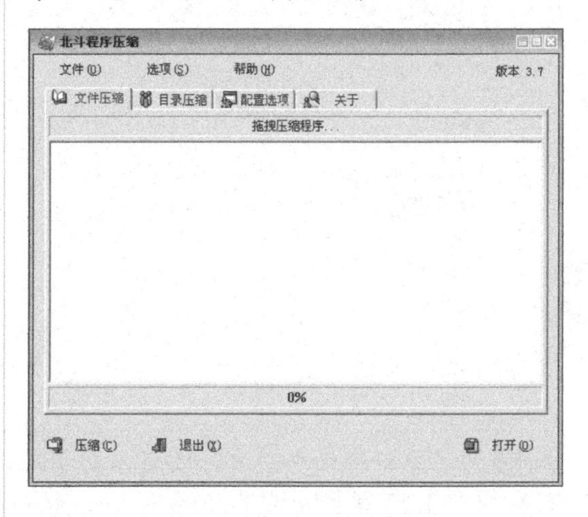

Step 02 选择【配置选项】选项卡，在其中勾选相应参数前的复选框。

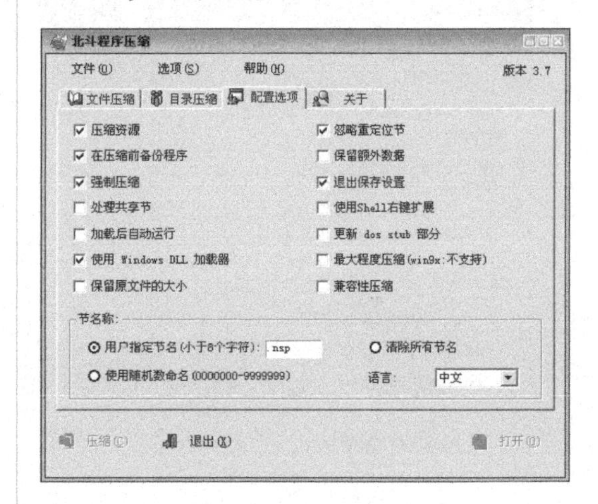

其中有几个比较重要的参数，具体含义如下。

（1）处理共享节：加壳时软件会智能地判断共享节的可用性并做出正确处理，使木马程序在压缩后能够正常使用，此项是必选的。

（2）最大程度压缩：压缩加壳生成后的程序体积达到最小。

（3）使用Windows DLL加载器：让Windows自动进行处理。

Step 03 选择【文件压缩】选项卡，单击【打开】按钮，打开【版本3.7】对话框，在其中选择一个可执行文件。

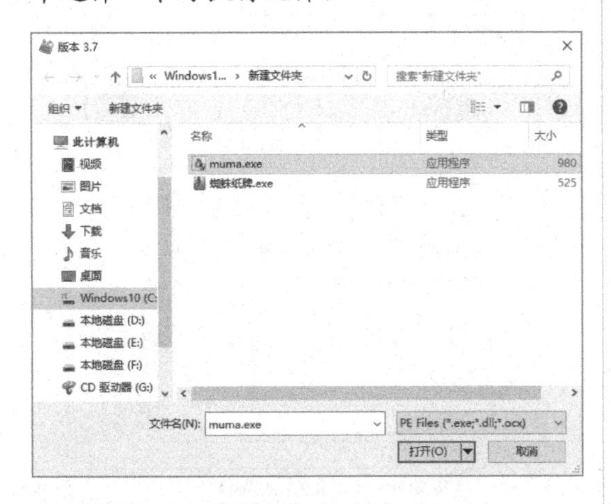

Step 04 单击【打开】按钮，返回到【文件压缩】选项卡，在空白窗格上面显示要加壳文件的路径和名称。

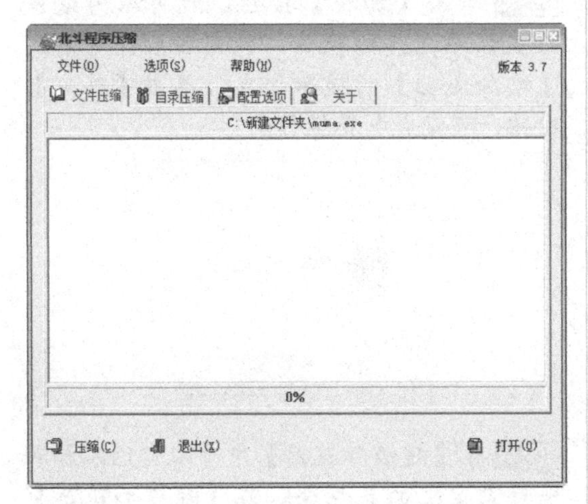

Step 05 单击【压缩】按钮，开始文件的压缩。经过北斗程序压缩加壳的木马程序，可以使用ASPack等加壳工具进行再次加壳，这样就有了两层壳的保护。

Step 06 当需要一次性对大量的木马程序进行压缩加壳时，可以使用【北斗程序压缩】的【目录】压缩功能，选择【目录压缩】选项卡，进入【目录压缩】设置界面。

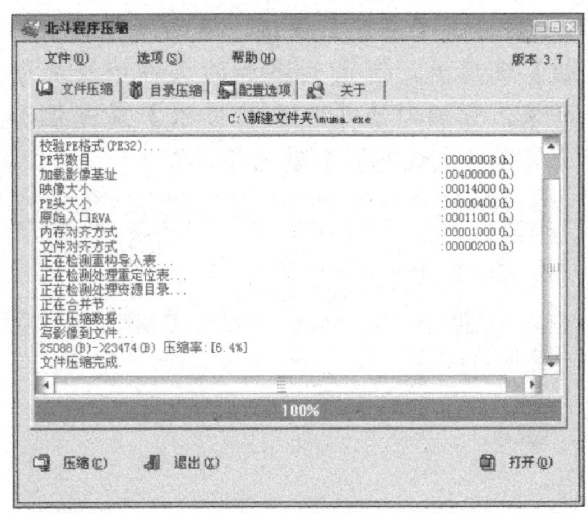

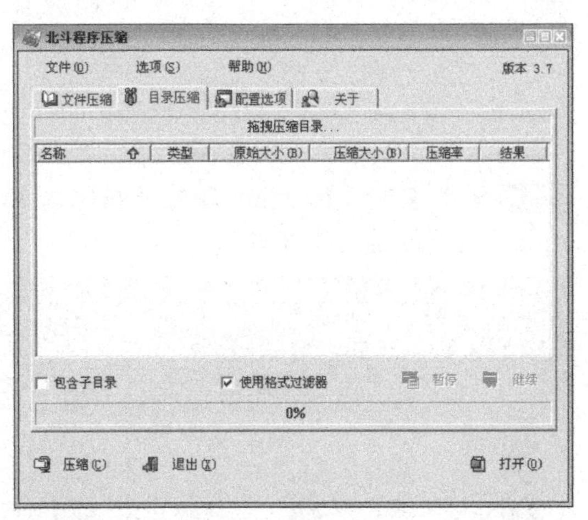

Step 07 单击【打开】按钮，即可打开【浏览文件夹】对话框，在其中选择需要压缩的文件夹。

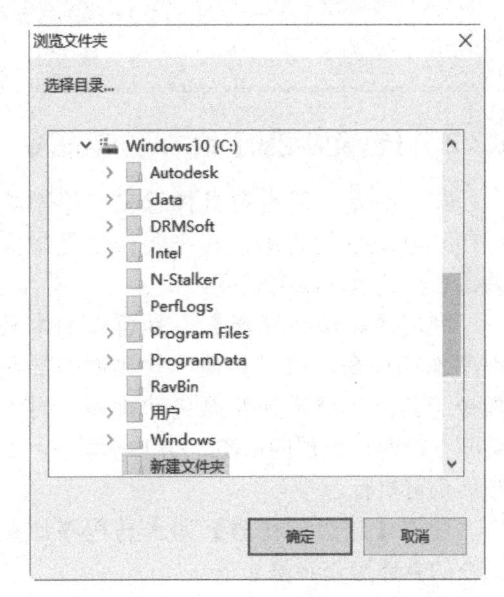

Step 08 单击【确定】按钮，返回到【目录压缩】选项卡，可看到添加的文件以及其子目录，分别勾选【包含子目录】复选框和【使用格式过滤器】复选框。

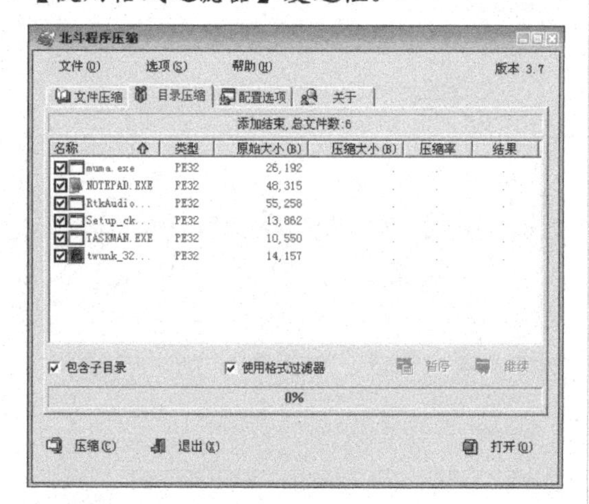

Step 09 单击【压缩】按钮，即可开始对选中的程序进行批量压缩加壳。

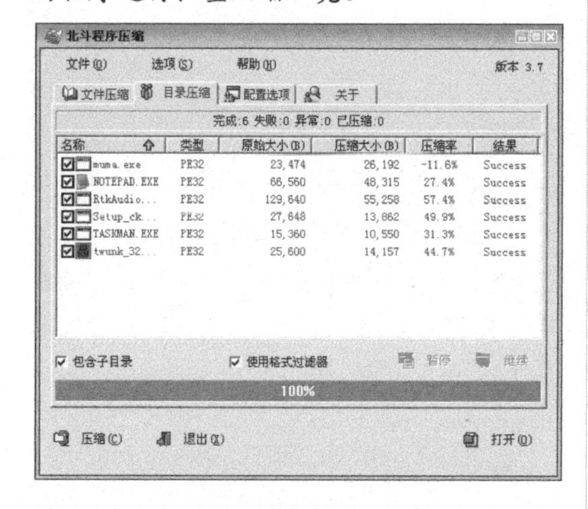

8.3.2 【超级加花器】给木马加花指令

花指令是一段没有具体意义、不影响程序正常运行的代码，其主要作用是加大杀毒软件查杀病毒的难度。

利用【超级加花器】工具可以为木马程序加花指令，该工具是一款典型的加花指令工具，支持附加数据自动检测，对于某些存在附加数据的EXE、DLL等程序，加花后仍可执行。

使用【超级加花器】为木马程序加花指令的具体操作步骤如下。

Step 01 运行【超级加花器】工具，打开其主窗口。可以将要加花指令的程序直接拖动到【文件名】文本框中并释放鼠标，再在【花指令】下拉列表中选择相应的花指令。

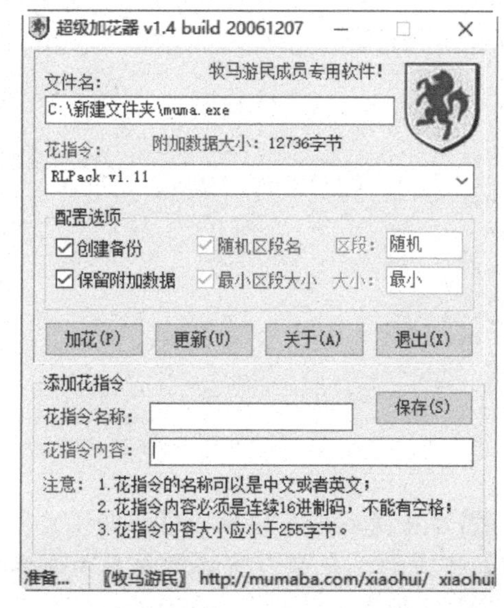

Step 02 单击【加花】按钮，就可以为选择的主程序进行加花了，待完成后即可看到【添加成功】的提示信息。单击【确定】按钮，可完成加花操作。

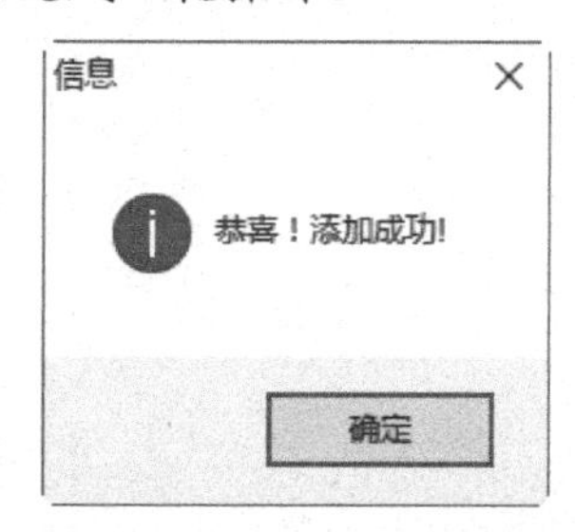

Step 03 在【超级加花器】中可以自己添加和保存自定义的花指令。在【超级加花器】主窗口中的【添加花指令】栏目中输入花指令的名称和内容后，单击【确定】按钮即可成功添加该花指令。

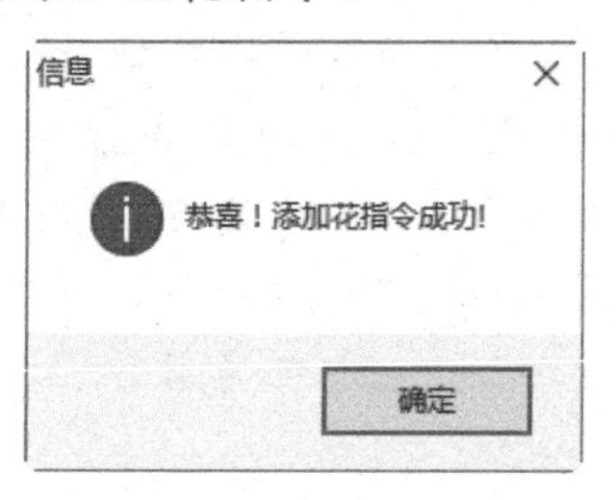

8.3.3 用PEditor修改木马的入口点

由于一般的杀毒软件都会检测病毒还原之后的代码，而且一般都把代码段开始的前10个字节作为特征值，因此，在修改入口点的同时，也破坏了特征码，这样也就达到了免杀的效果。

利用PEditor可以将木马的入口地址加1来修改入口点，进而起到自我保护的作用。使用PEditor修改入口点的具体操作步骤如下。

Step 01 运行PEditor程序，打开其主窗口。

Step 02 单击【浏览】按钮，打开【选择你要查看的文件】对话框，在其中选择要进行免杀的程序。

Step 03 单击【打开】按钮，返回到PEditor程序主窗口，在其中可以看到相关文件的信息。

Step 04 把“入口点”文本框中的原数值加1之后，单击【应用更改】按钮，即可打开【文件更新成功】的提示信息。单击【确定】按钮，完成修改入口点的防特征码免杀设置。

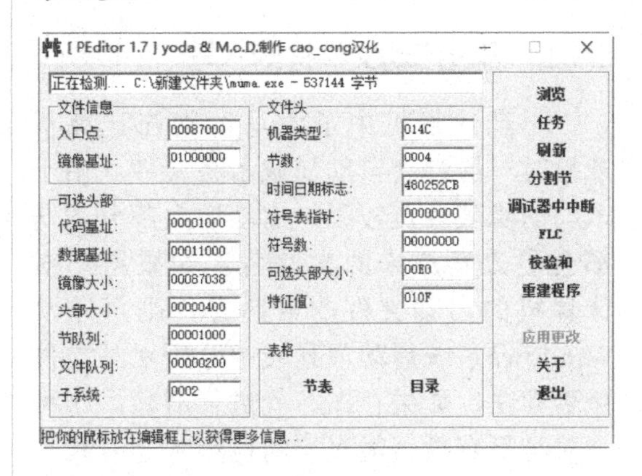

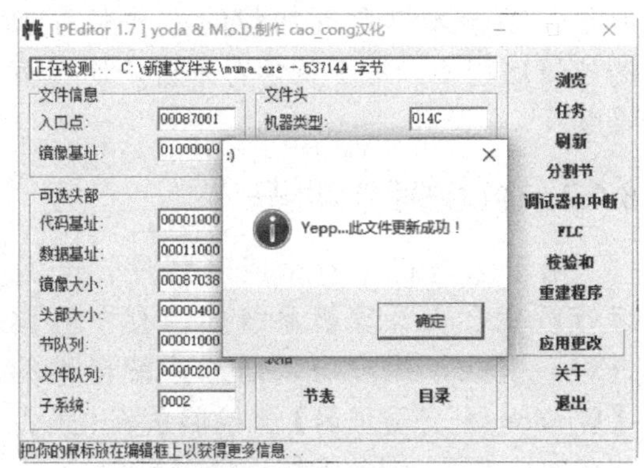

8.4 查询系统中的木马

当计算机出现以下几种情况时，最好查询一下系统是否中了木马。

（1）突然自己打开并进入某个陌生网站。

（2）计算机在正常运行的过程中突然弹出一个警告框，提示用户从未遇到的问题。

（3）Windows的系统配置自动被更改，如屏幕的分辨率、时间和日期、声音大小、鼠标灵敏度、CD-ROM的自动运行配置等。

（4）硬盘长时间地读盘，软驱灯长亮不灭，网络连接及鼠标屏幕出现异常现象。

（5）系统运行缓慢，计算机被自动关闭或者重启，甚至出现死机现象。

下面介绍几种常见的查询系统中的木马方式。

8.4.1 通过启动文件检测木马

一旦计算机中了木马，则在计算机开机时一般都会自动加载木马文件。由于木马的隐蔽性比较强，启动后大部分木马都会更改其原来的文件名。如果用户对计算机的启动文件非常熟悉，则可以从Windows系统启动项列表中分析木马文件是否存在，如果存在，就进行清除。这种方式是最有效、最直接的检测木马方式。但是，由于木马自动加载的方法和存放的位置比较多，对于初学者来说，比较有难度。

8.4.2 通过进程检测木马

由于木马也是一个应用程序，一旦运行，就会在计算机系统的内存中驻留进程。因此，用户可以通过系统自带的【Windows任务管理器】来检测系统中是否存在木马进程。具体操作步骤如下。

Step 01 在Windows系统中，按下【Ctrl+Alt+Del】组合键，打开【任务管理器】窗口。

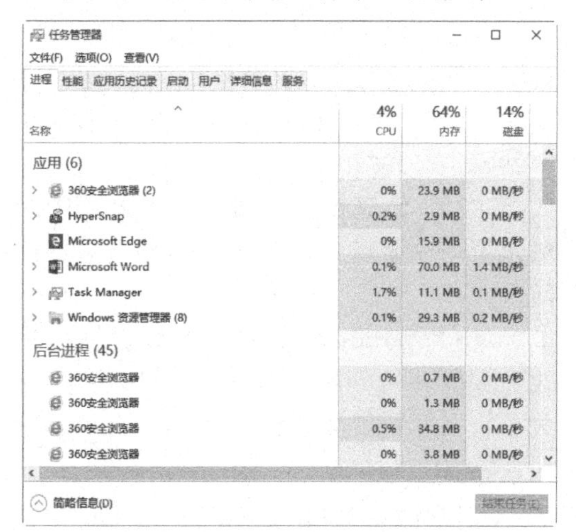

Step 02 选择【进程】选项卡，选中某个进程并右击，从弹出的快捷菜单中选择相应的菜单项，对进程进行相应的管理操作。

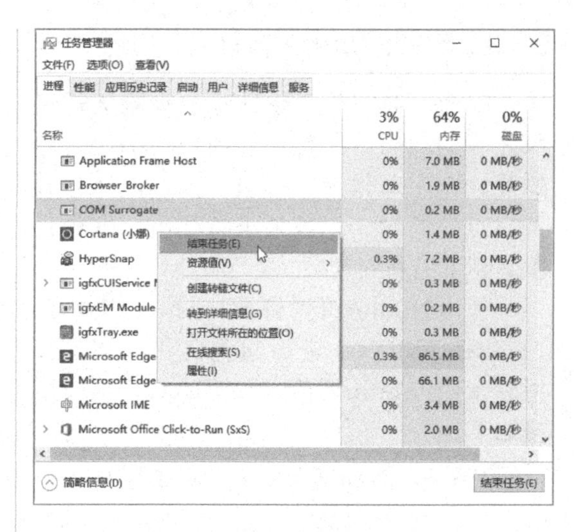

8.4.3 通过网络连接检测木马

木马的运行通常是通过网络连接实现的，因此，用户可以通过分析网络连接来推测木马是否存在，最简单的办法是利用Windows自带的netstat命令，具体操作步骤如下。

Step 01 右击【开始】按钮，从弹出的快捷菜单中选择【运行】命令。

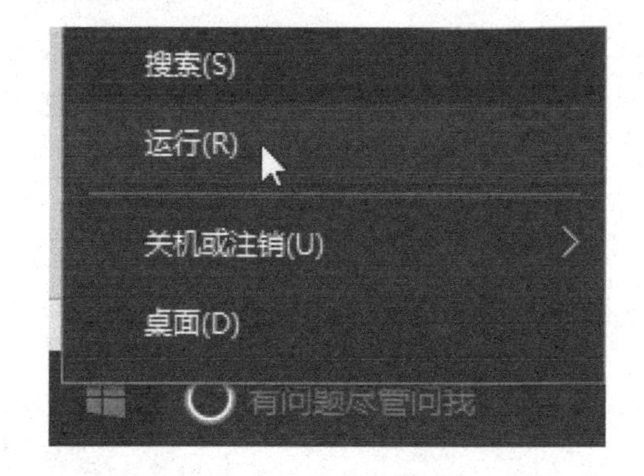

Step 02 在【打开】文本框中输入cmd命令。

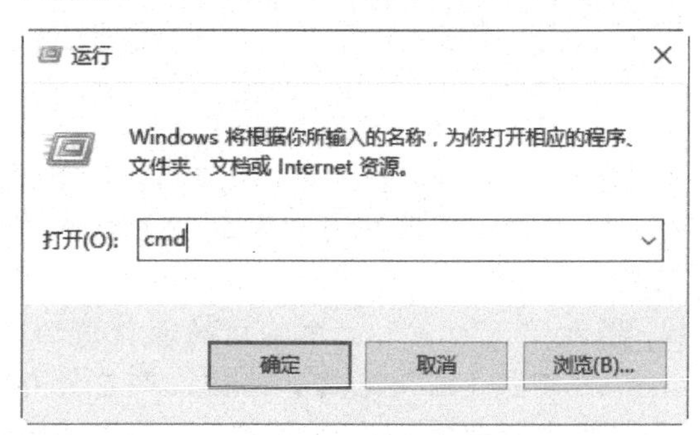

Step 03 单击【确定】按钮，打开【命令提示符】窗口。

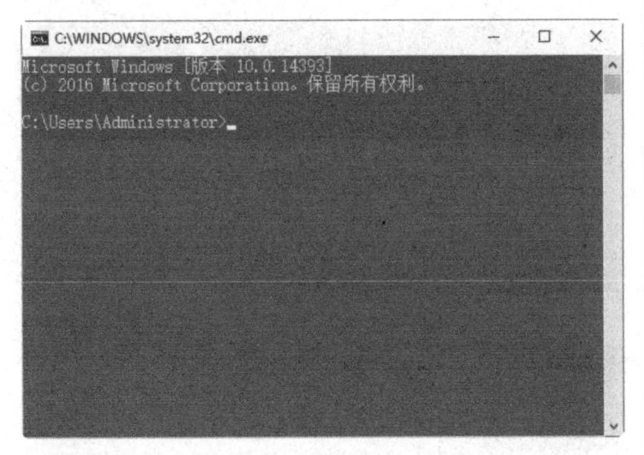

Step 04 在【命令提示符】窗口中输入netstat –a命名，按【Enter】键，其运行结果如下图所示。

提示：参数“-a”的作用是显示计算机中目前所有处于监听状态的端口。如果出现不明端口处于监听状态，而目前又没有进行任何网络服务的操作，则在监听该端口的很可能是木马。

8.5　使用木马清除工具清除木马

对于那些识别出的用户比较了解的木马病毒，可以使用手工清除的方法将其删除，但是，如果用户不了解发现的木马病毒，想确定木马的名称、入侵端口、隐藏位置和清除方法等会非常困难，这时就需要使用木马清除软件来清除木马。

8.5.1　使用木马清除大师清除木马

木马清除大师安全套装包含木马清除大师和木马清除大师网络防火墙。木马清除大师安全套装对系统具有完善的“立体4D”保护，包含文件防护、注册表防护、应用程序防护、网络防护等，对木马实施立体打击，让木马“进不来、出不去、不能动、改不了”。

使用木马清除大师清除木马的具体操作步骤如下。

1. 设置木马清除大师

Step 01 下载并安装木马清除大师后，双击桌面上的【木马清除大师】图标，打开其主窗口。

Step 02 单击【设置】功能项下的【软件设置】按钮，进入【基本设置】窗口，在其中用户可以对文件扫描类型、扫描完成后的操作等进行设置。

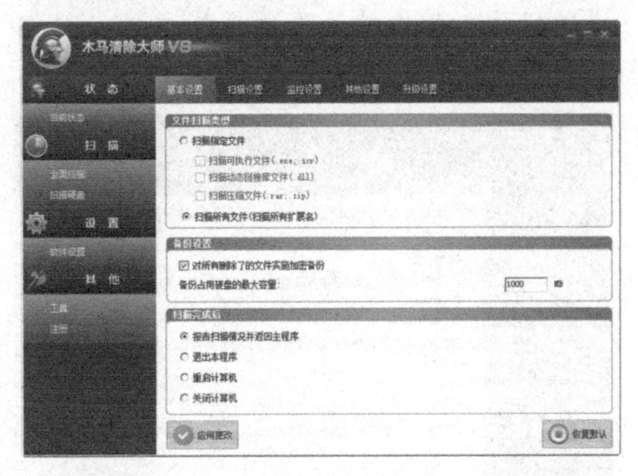

Step 03 单击【设置】功能项下的【扫描设置】按钮，进入【扫描设置】窗口，在其中用户可以设置是否开启启发式扫描、启发式扫描等级、配置扫描信任目录、配置

信任文件等操作。

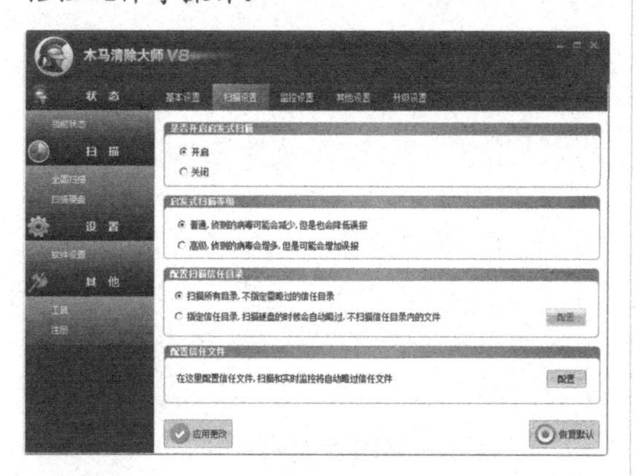

Step 04 单击【监控设置】按钮，进入【监控设置】界面，在其中用户可以对监控的基本设置、监控等级、监控规则等进行设置。

Step 05 单击【其他设置】按钮，进入【其他设置】界面，在其中用户可以对发现木马后的操作、备份被清除的感染文件、扫描到木马后报警等进行设置。

Step 06 单击【升级设置】按钮，进入【升级设置】界面，在其中用户可以对升级模式、升级频率、自动升级的消息模式、代理设置等进行设置。

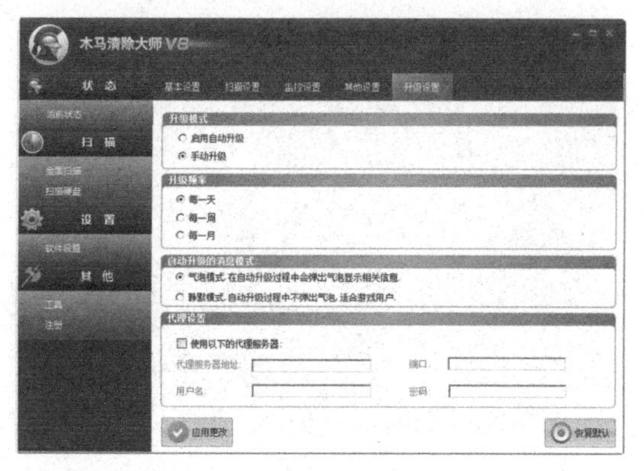

Step 07 单击【应用更改】按钮，保存设置，并弹出【配置】对话框，提示用户【保存您的配置成功】。

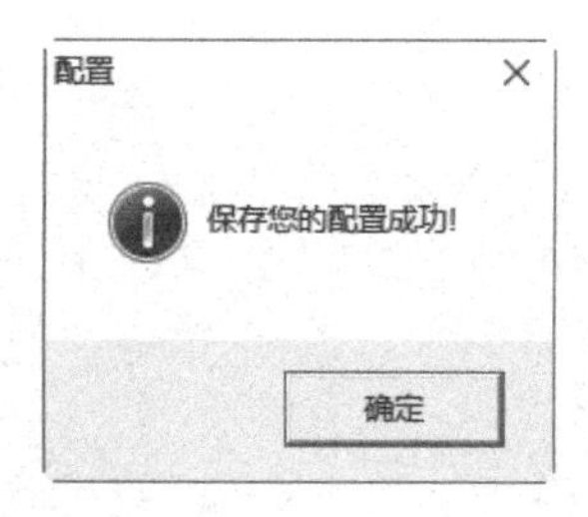

2. 扫描木马

扫描木马的具体操作步骤如下。

Step 01 单击【扫描】功能项下的【全面扫描】按钮，进入全面扫描功能介绍界面，在其中根据需要对扫描内存进行设置。

Step 02 单击【开始扫描】按钮，扫描本机中的木马文件。

Step 03 扫描完成后，单击【下一步】按钮，进入扫描结果显示界面，在其中可以查看扫描出来的木马文件。单击【删除】按钮，即可清除这些有害程序。

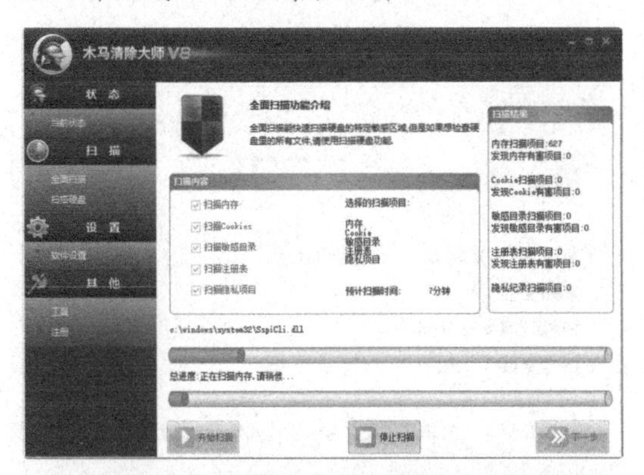

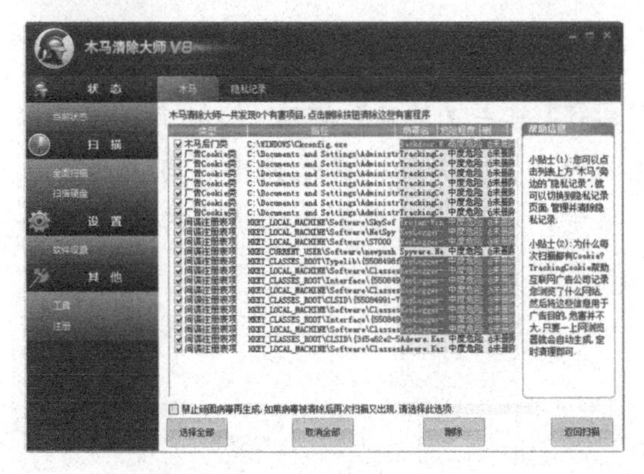

3. 扫描硬盘

扫描硬盘的具体操作步骤如下。

Step 01 单击【扫描】功能项下的【扫描硬盘】按钮，进入硬盘扫描界面，在其中根据需要选择要扫描的磁盘。

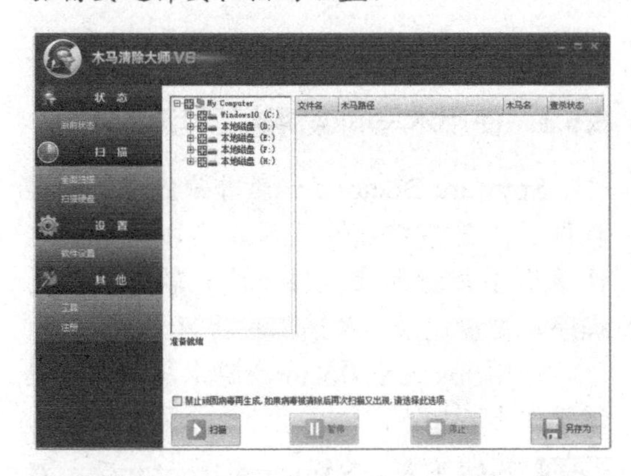

Step 02 选择完毕后，单击【扫描】按钮，即可开始对硬盘进行扫描，扫描完成后，在界面的下面显示已扫描文件、发现木马的个数等信息。

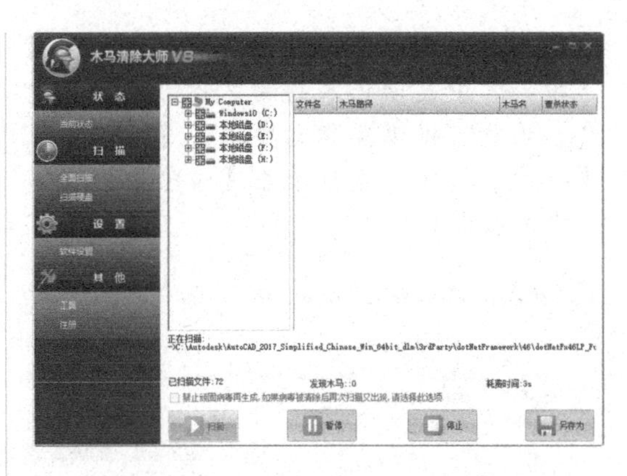

8.5.2 使用金山贝壳木马专杀清除木马

根据云安全统计数据显示，每日有上百万用户的机器被新木马/病毒感染，其中网络游戏盗号类木马占80%。贝壳木马专杀是国内首款专为网游防盗号量身打造的、完全免费的木马专杀软件；其安全检测采用云计算技术，拥有世界最大的云安全数据库，能在5min内快速识别新木马/病毒，保证系统、账号、用户隐私安全。

使用金山贝壳木马专杀清除木马的具体操作步骤如下。

Step 01 下载并安装【贝壳木马专杀1.5】软件，双击其快捷图标，打开【贝壳木马专杀】主窗口。

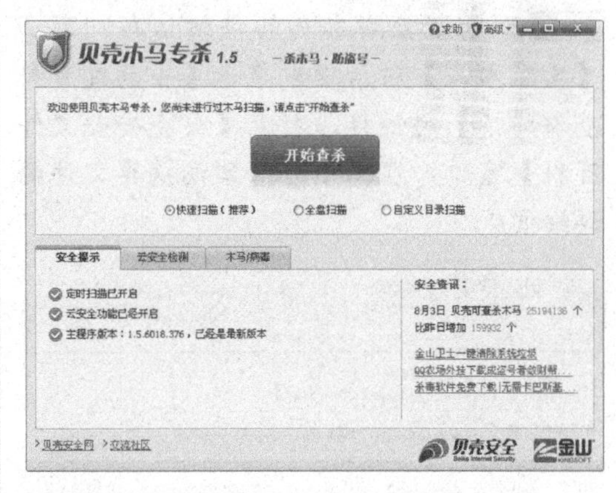

Step 02 选择【快速扫描】单选按钮后，单击【开始查杀】按钮，开始查杀病毒。在【云安全检测】选项卡下，可看到信任文件、无威胁文件、未知文件、木马/病毒等类型文件的个数。

Step 03 在扫描的过程中，如果发现存在有木马病毒文件，将会弹出【发现木马】对话框，其中显示了木马的名称、路径等信息。用户可根据实际需要单击【清除】或【跳过】按钮，这里单击【清除】按钮，清除该木马文件。

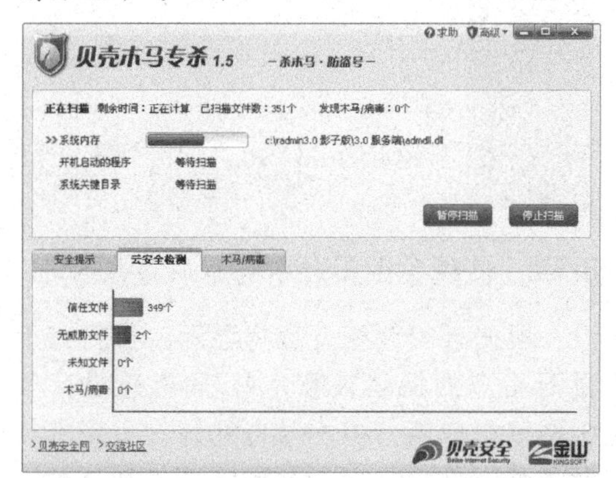

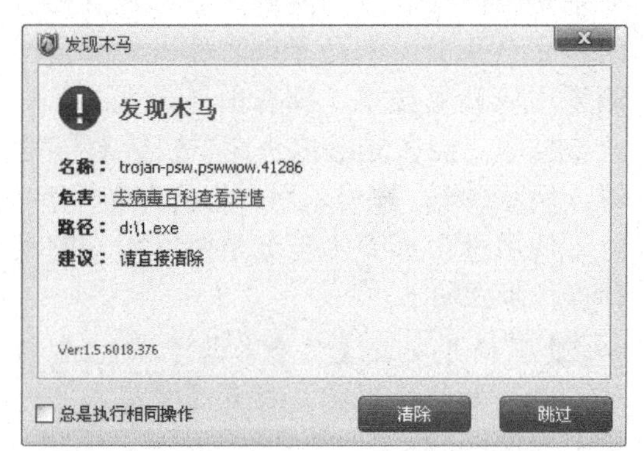

Step 04 如果想查看木马的详细信息，可在【发现木马】对话框中单击【去病毒百科查看详情】超链接，打开【贝壳安全文件百科】窗口，在其中可看到该病毒文件的详细信息。

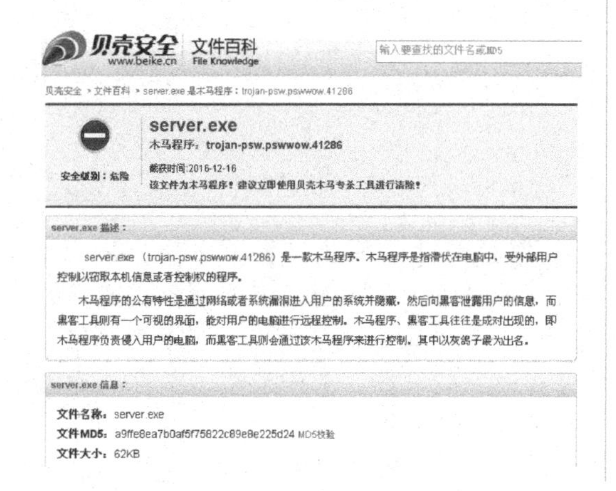

Step 05 扫描完成后，打开【扫描报告】对话框，在其中可查看发现的木马/病毒、扫描时间以及扫描文件等信息。

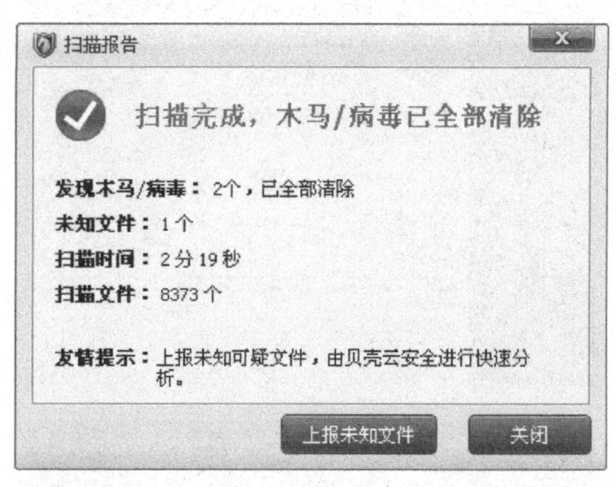

Step 06 单击【关闭】按钮，返回到【贝壳木马专杀】主界面，并选择【木马/病毒】选项卡，在其中可看到已经清除的木马/病毒文件列表。

8.5.3 使用木马间谍清除工具清除木马

Spyware Doctor是一款非常先进的间谍软件、广告软件清除工具，可以检查并从计算机中移除间谍软件、广告软件、木马程序、键盘记录器和追踪威胁等。

使用Spyware Doctor清除木马间谍的具体操作步骤如下。

Step 01 下载并安装Spyware Doctor后，双击桌面上的Spyware Doctor图标，打开【Spyware Doctor】窗口。

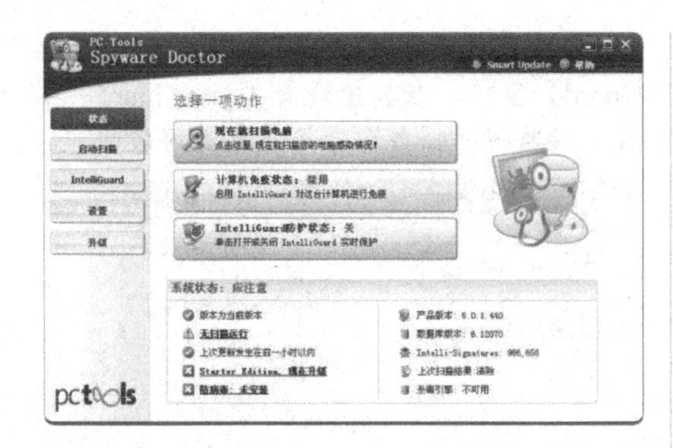

Step 02 在【IntelliGuard】选项卡中单击【单击激活IntelliGuard】超链接，即可激活IntelliGuard。

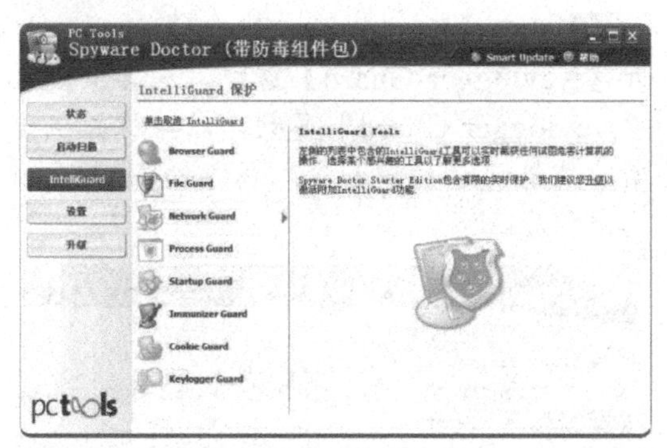

Step 03 在【Spyware Doctor】窗口中单击【Browser Guard】选项，打开【Browser Guard】窗口，在其中设置“Browser Guard”参数，从而保护浏览器设置不被恶意变更，以防止浏览器被恶意添加插件。

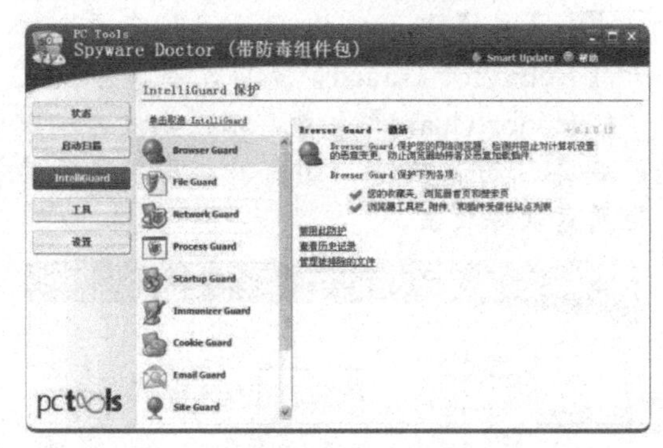

Step 04 单击【File Guard】选项，打开【File Guard】窗口，在其中设置“File Guard”参数，从而监控系统中的所有文件，以防止被入侵。

Step 05 单击【Netword Guard】选项，打开【Netword Guard】窗口，在其中设置“Netword Guard”参数，以阻止对网络设置的恶意更改。

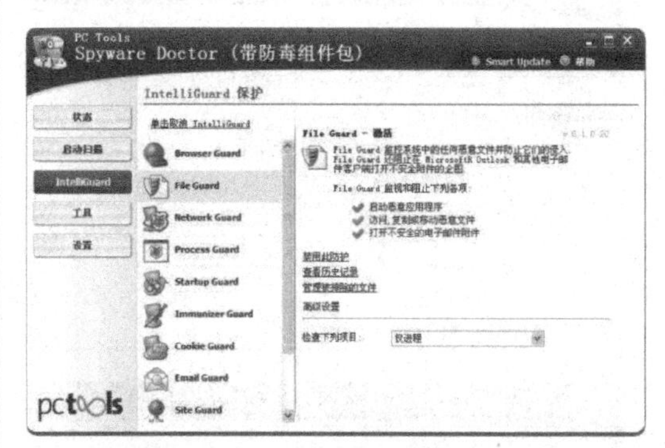

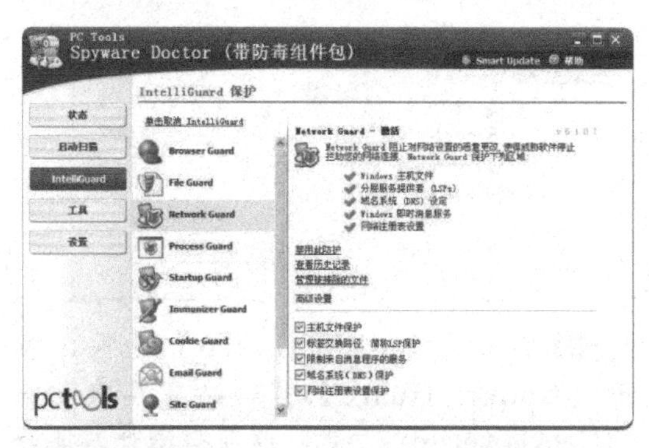

Step 06 单击【Process Guard】选项，打开【Process Guard】窗口，在其中设置“Process Guard”参数，以检测并阻止隐藏的恶意进程。

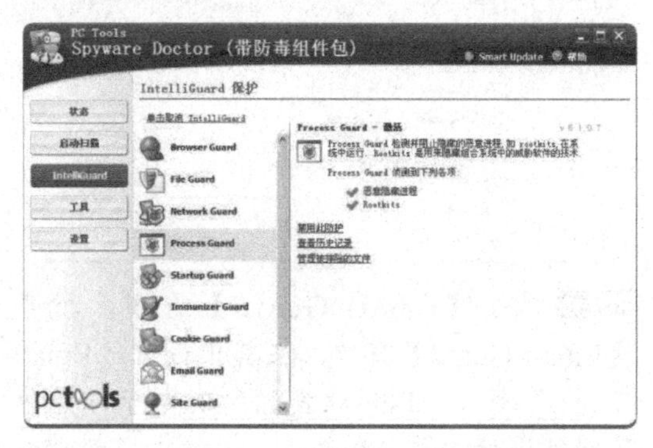

Step 07 单击【Startup Guard】选项，打开【Startup Guard】窗口，在其中设置“Startup Guard”参数，以检测并阻止恶意应用软件在系统中的配置并自动启动。

Step 08 单击【Immunizer Guard】选项，打开【Immunizer Guard】窗口，在其中设置“Immunizer Guard”参数，以防御最新的ActiveX型威胁嵌入计算机中。

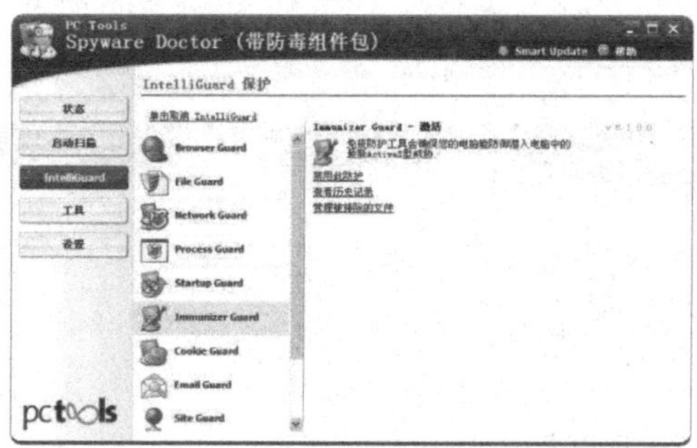

Step 09 单击【Cookie Guard】选项，打开【Cookie Guard】窗口，在其中设置“Cookie Guard”参数，以监视浏览器是否存在恶意跟踪或广告。

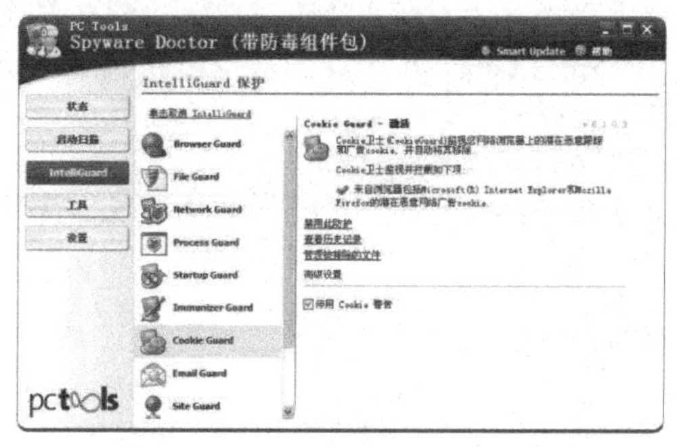

Step 10 单击【Email Guard】选项，打开【Email Guard】窗口，在其中设置“Email Guard”参数，以对收发的所有电子邮件中的附件进行扫描和查杀。

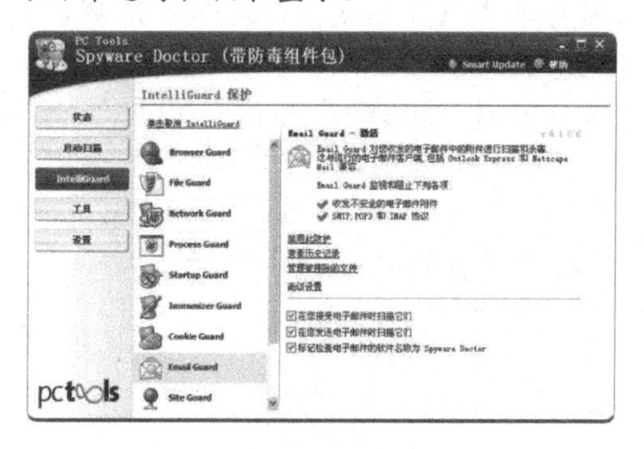

Step 11 单击【Site Guard】选项，打开【Site Guard】窗口，在其中设置“Site Guard”参数，以监视并拦截潜在恶意站点的访问。

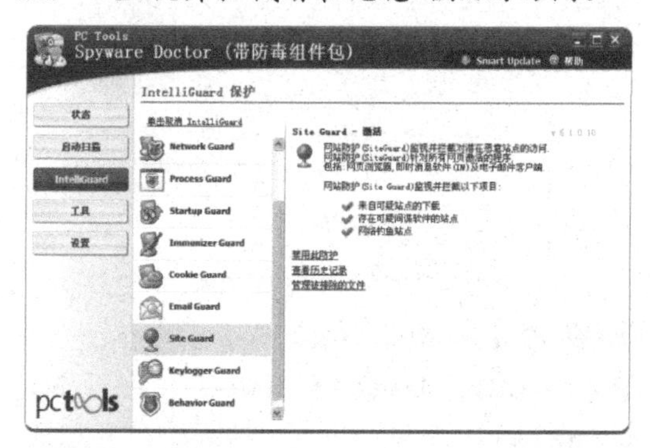

Step 12 单击【Keylogger Guard】选项，打开【Keylogger Guard】窗口，在其中设置“Keylogger Guard”参数，以监视并阻止所有能够记录按键和个人信息的Keylogger恶意程序。

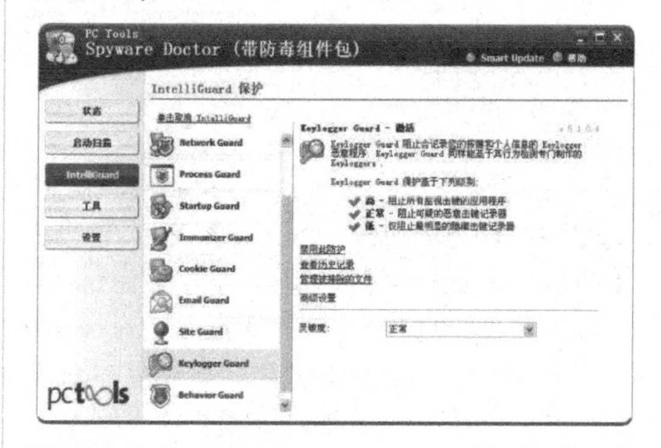

Step 13 单击【Behavior Guard】选项，打开【Behavior Guard】窗口，在其中设置“Behavior Guard”参数，以检测计算机中的病毒、间谍软件、蠕虫、木马程序和其他恶意软件攻击。

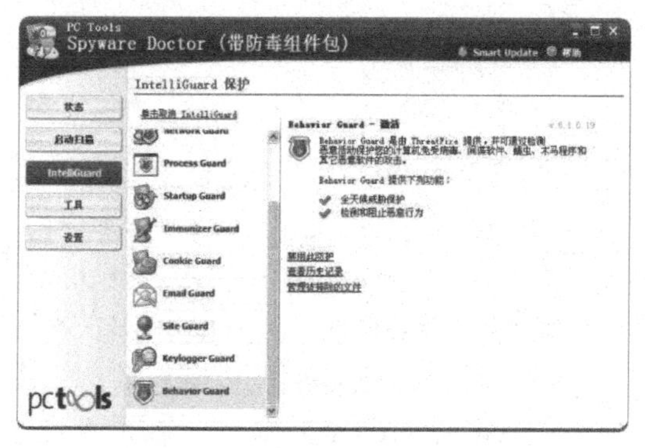

Step 14 单击【启动扫描】选项卡，在其中选

择扫描范围。

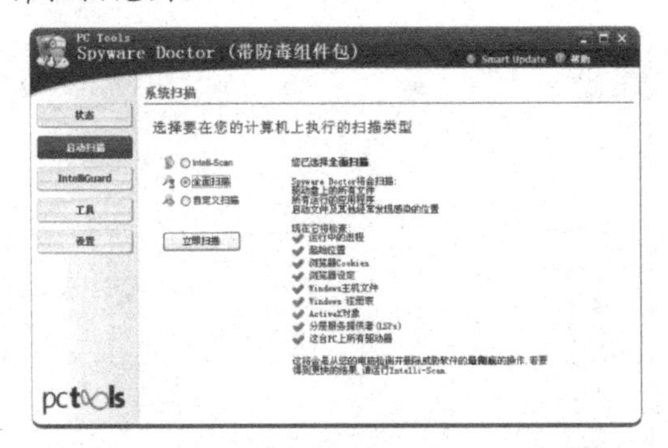

Step 15 单击【立即扫描】按钮，开始对选定的扫描范围进行扫描。

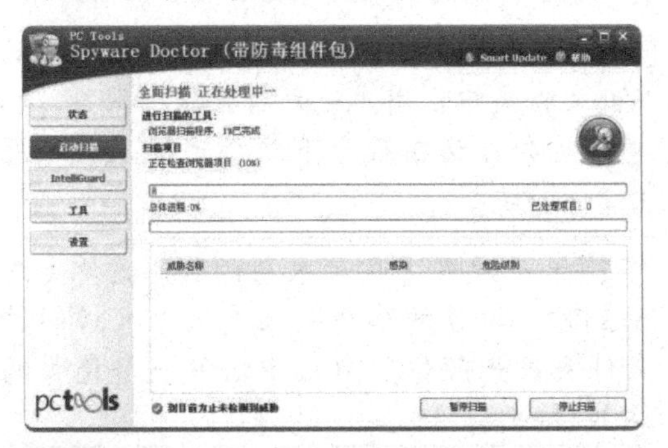

Step 16 扫描完毕后，会弹出【扫描摘要】对话框。单击【完成】按钮，完成计算机的扫描。

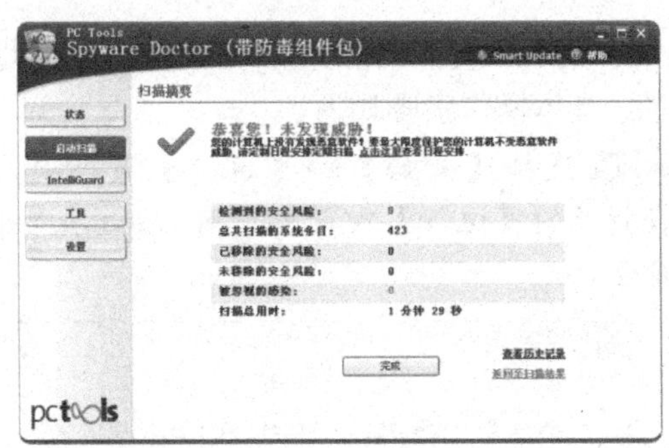

8.6 实战演练

8.6.1 实战演练1——将木马伪装成网页

网页木马实际上是一个HTML网页，与其他网页不同，该网页是黑客精心制作的，用户一旦访问了该网页，就会中木马。下面以【最新网页木马生成器】为例，介绍制作网页木马的过程。

提示：制作网页木马前，必须有一个木马服务器端程序，这里使用的生成木马程序的文件名为“muma.exe”。制作网页木马的具体操作步骤如下。

Step 01 运行【最新网页木马生成器】主程序后，可打开其主界面。

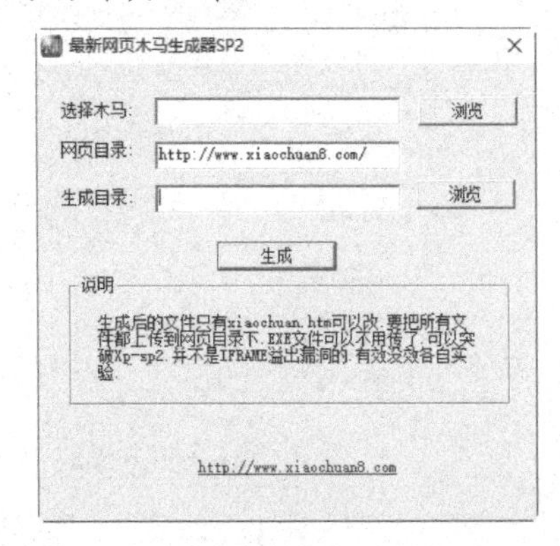

Step 02 单击【选择木马】文本框右侧的【浏览】按钮，打开【另存为】对话框，在其中选择刚才准备的木马.exe。

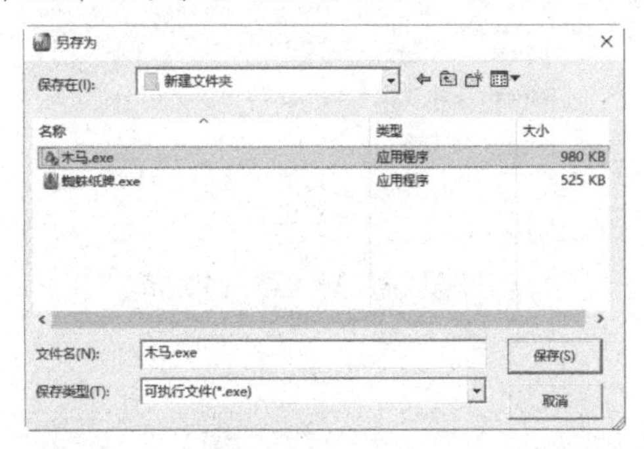

Step 03 单击【保存】按钮，返回到【最新网页木马生成器】主界面。在【网页目录】文本框中输入相应的网址，如http://www.index.com/。

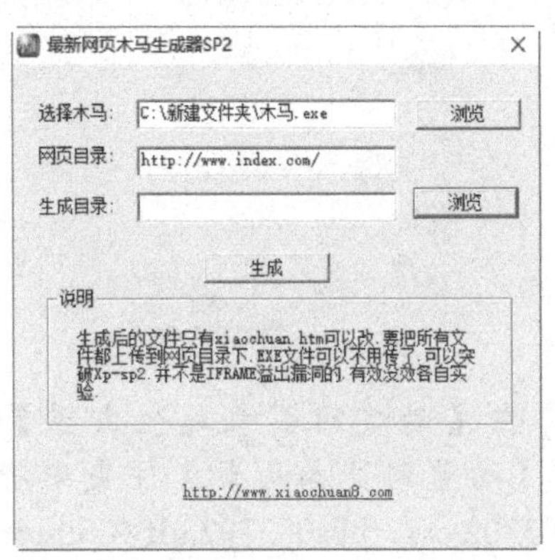

Step 04 单击【生成目录】文本框右侧的【浏览】按钮，打开【浏览文件夹】对话框，在其中选择生成目录保存的位置。

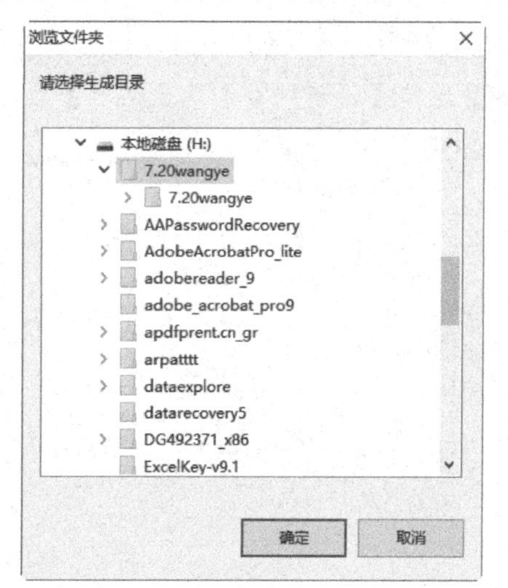

Step 05 单击【确定】按钮，返回到【最新网页木马生成器】主界面。

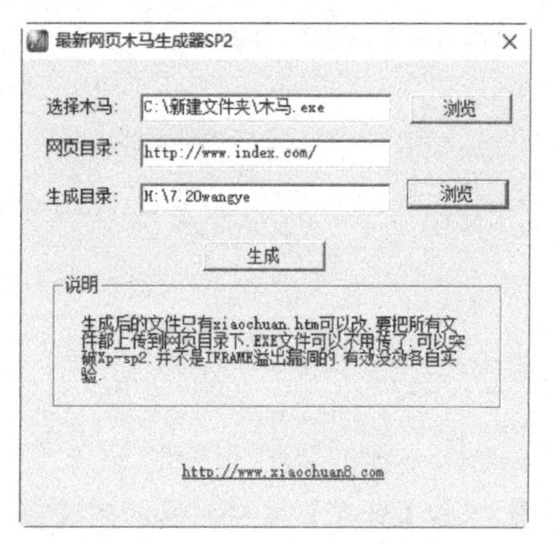

Step 06 单击【生成】按钮，可弹出【网页木马创建成功】提示框。单击【确定】按钮，即可成功生成网页木马。

Step 07 在【动鲨网页木马生成器】目录下的【动鲨网页木马】文件夹中将生成bbs003302.css、bbs003302.gif以及index.htm 3个网页木马。

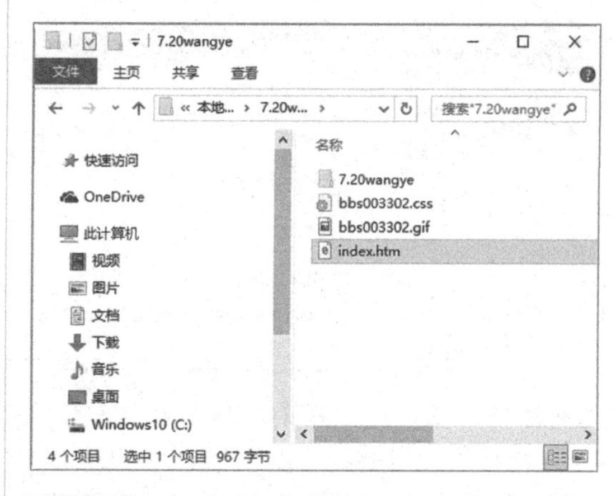

Step 08 将生成的3个木马上传到前面设置的Web文件夹中，用户一旦打开这个网页，浏览器就会自动在后台下载指定的木马程序并开始运行。

提示： 设置【存放木马的Web文件夹路径】时，设置的路径必须是某个可访问的文件夹，一般位于自己申请的一个免费网站上。

8.6.2 实战演练2——在组策略中启动木马

利用系统中的组策略可以启动木马程序，具体操作步骤如下。

Step 01 选择【开始】→【运行】菜单项，在打开的【运行】对话框中输入gpedit.msc命令。

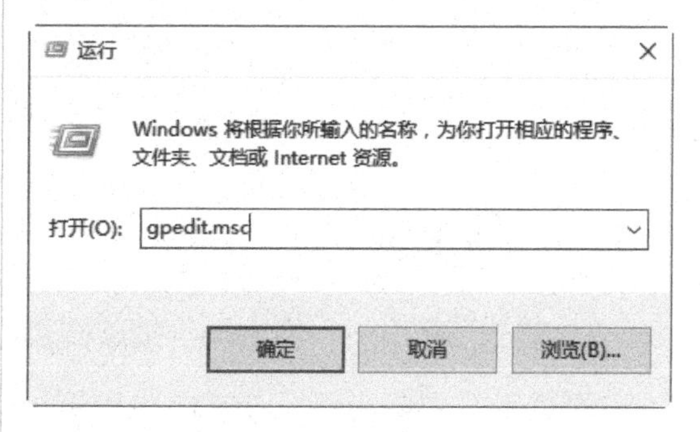

Step 02 单击【确定】按钮，打开【组策略】窗口，可看到【本地计算机策略】中有【计算机配置】与【用户配置】两个选项，展开【用户配置】→【管理模板】→

【系统】→【登录】选项，如下图所示。

Step 03 双击【在用户登录时运行这些程序】子项，打开【在用户登录时运行这些程序】窗口，勾选【已启用】复选框。

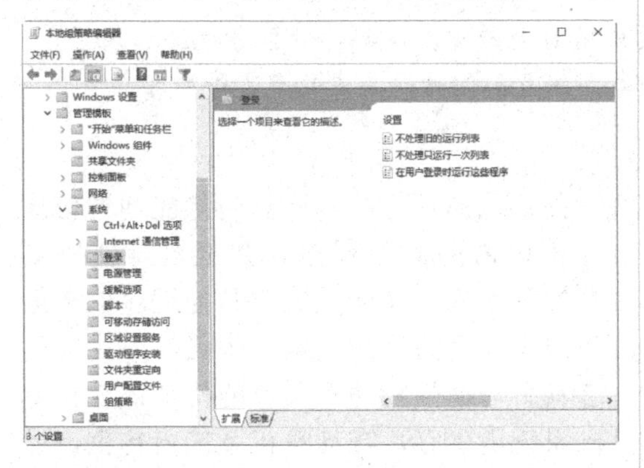

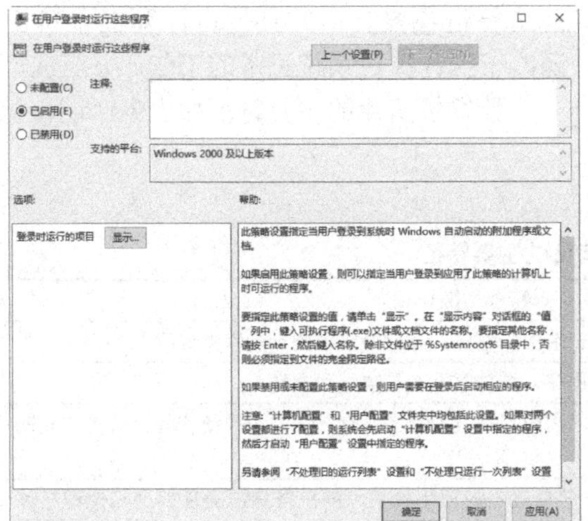

Step 04 单击【显示】按钮，弹出【显示内容】对话框，在【登录时运行的项目】下方添加运行的项目，单击【确定】按钮即可完成在用户登录时运行哪些程序。

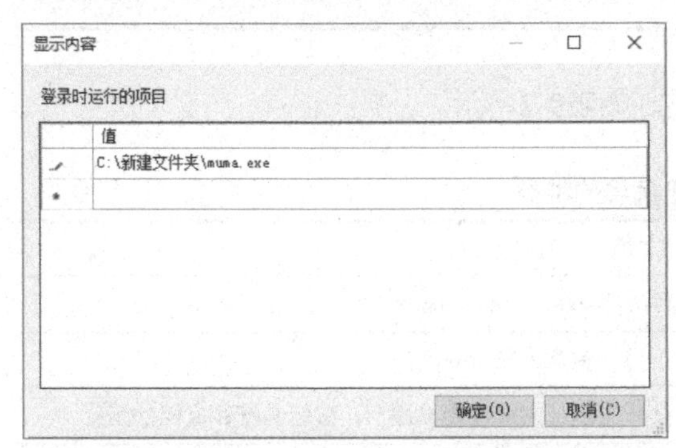

重新启动计算机，系统在登录时就会自动启动添加的程序，如果刚才添加的是木马程序，那么一个“隐形”木马就这样诞生了。

提示：由于用这种方式添加的自启动程序在系统的“系统配置实用程序”（MSCONFIG）中是找不到的，同样，在所熟知的注册表项中也找不到，所以非常危险。

通过这种方式添加的自启动程序虽然被记录在注册表中，但是不在所熟知的注册表的[HKEY_CURRENT_USER\Software\Microsoft\Windows\CurrentVersion\Run]项和[HKEY _LOCAL_MACHINE\Software\Microsoft\Windows\CurrentVersion\Run]项内，而是在注册表的[HKEY_CURRENT_USER\Software\Microsoft\Windows\CurrentVersion\Policies\Explorer\Run]项。

如果用户怀疑计算机被种了“木马”，可是又找不到它在哪儿，建议到注册表的[HKEY_CURRENT_USER\Software\Microsoft\Windows\CurrentVersion\Policies\Explorer\Run]项里找，或是进入【组策略】的【在用户登录时运行这些程序】看有没有启动的程序，如下图所示。

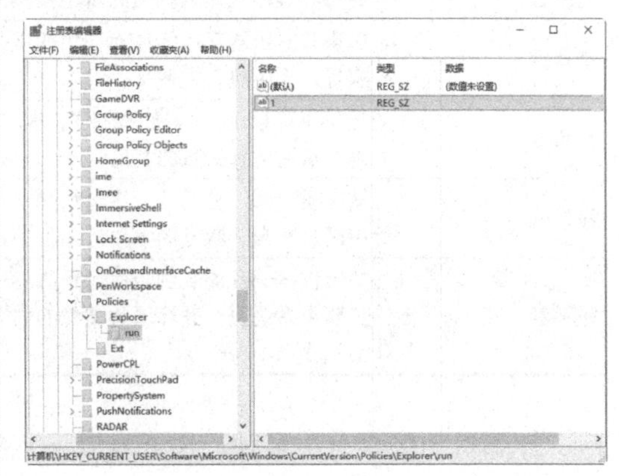

8.7　小试身手

练习1：木马常用的伪装手段。

练习2：木马常用的加壳工具。

练习3：查询系统中的木马。

练习4：使用木马清除软件清除木马。

第9章 计算机病毒查杀工具

随着信息化社会的发展，计算机病毒的威胁日益严重，反病毒的任务也更加艰巨。本章主要介绍计算机病毒、计算机病毒的种类，以及如何防御病毒的危害等内容。

9.1 认识计算机病毒

随着网络的普及，病毒也更加泛滥，它对计算机有着强大的控制和破坏能力，能够盗取目标主机的登录账户和密码、删除目标主机的重要文件、重新启动目标主机、使目标主机系统瘫痪等。因此，熟知病毒的相关内容就显得非常重要。

9.1.1 计算机病毒的特征和种类

平常说的计算机病毒，是人们编写的一种特殊的计算机程序。病毒能通过修改计算机内的其他程序，并把自身复制到其他程序内，从而完成对其他程序的感染和侵害。之所以称其为“病毒”，是因为它具有与微生物病毒类似的特征：在计算机系统内生存，在计算机系统内传染，还能进行自我复制，并且抢占计算机系统资源，干扰计算机系统正常的工作。

计算机病毒的主要特征如表9-1所示。

表9-1 计算机病毒的主要特征

计算机病毒	特　征
人为制造	在计算机系统中，病毒源程序是人为制造的，存储在存储介质中的一段程序代码
隐蔽性	病毒源程序是人为制造的短小精悍的程序，这使它不易被察觉和发现
潜伏性	病毒具有依附其他媒体而寄生的能力，它可以在几周或者几个月内，在系统的备份设置中复制病毒，而不被人发现
传染性	源病毒可以是一个独立的程序体，它具有很强的再生机制，能把自身精确复制到其他程序体内，从而达到扩散的目的
激发性	从本质上讲，它是一个逻辑炸弹，只要系统环境满足一定的条件，通过外界刺激就可使病毒程序活跃起来。激发的本质是一种条件控制，不同的病毒受外界控制的激发条件也不一样
破坏性	病毒程序一旦加载到当前运行的程序上，就开始搜索可进行感染的程序，从而使病毒很快扩散到整个系统上，破坏磁盘文件的内容、删除数据、修改文件、抢占存储空间，甚至对磁盘进行格式化

计算机的病毒有很多种，主要有以下几类，如表9-2所示。

表9-2 计算机病毒的种类

病　毒	特　征
文件型病毒	这种病毒会将它自己的代码附上可执行文件（如.exe、.com、.bat等）
引导型病毒	引导型病毒包括两类：一类是感染分区的；另一类是感染引导区的
宏病毒	一种寄存在文档或模板中的计算机病毒；打开文档，宏病毒会被激活，破坏系统和文档的运行
其他类	例如，一些最新的病毒使用网站和电子邮件传播，它们隐藏在Java和ActiveX程序里，如果用户下载了有这种病毒的程序，它们便立即开始进行破坏活动

9.1.2 计算机病毒的工作流程

计算机病毒的工作流程包括以下几个环节。

（1）传染源：病毒总是依附于某些存储介质，如软盘、硬盘等构成传染源。

（2）传染媒介：病毒传染的媒介由其工作的环境决定，可能是计算机网络，也可能是可移动的存储介质，如U盘等。

（3）病毒激活：是指将病毒装入内存，并设置触发条件。一旦触发条件成熟，病毒就开始自我复制到传染对象中，进行各种破坏活动等。

（4）病毒触发：计算机病毒一旦被激活，立刻就会发生作用，触发的条件是多样化的，可以是内部时钟、系统的日期、用户标识符等。

（5）病毒表现：是病毒的主要目的之一，有时在屏幕中显示出来，有时则表现为破坏系统数据。凡是软件技术能够触发到的地方，都在其表现范围内。

（6）传染：病毒的传染是病毒性能的一个重要标志。在传染环节中，病毒复制一个自身副本到传染对象中。

9.1.3 计算机中毒的途径

常见的计算机中毒的途径有以下几种。

（1）单击超级链接中毒。这种入侵方法主要是在网页中放置恶意代码来引诱用户单击，一旦用户单击超链接，就会感染病毒，因此，不要随便单击网页中的链接。

（2）网站中存在各种恶意代码，借助IE浏览器的漏洞，强制用户安装一些恶意软件，有些顽固的软件很难卸载。建议用户及时更新系统补丁，对不了解的插件，不要随便安装，以免给病毒留下可乘之机。

（3）通过下载附带病毒的软件中毒，有些破解的软件在安装时会附带安装一下病毒程序，而此时用户并不知道。建议用户下载正版的软件，尽量到软件的官方网站去下载。如果在其他网站上下载了软件，可以使用杀毒软件先查杀一遍。

（4）通过网络广告中毒。上网时经常可以看到一些自动弹出的广告，包括悬浮广告、异常图片等，特别是一些中奖广告，它们往往带有病毒链接。

9.1.4 计算机中病毒后的表现

一般情况下，计算机病毒是依附某一系统软件或用户程序进行繁殖和扩散的，病毒发作时危及计算机的正常工作，破坏数据与程序，侵占计算机资源等。

计算机感染病毒后的现象为：

（1）屏幕显示异常。屏幕显示出不是由正常程序产生的画面或字符串，屏幕显示混乱。

（2）程序装入时间变长，文件运行速度下降。

（3）用户并没有访问的设备出现“忙”信号。

（4）磁盘出现莫名其妙的文件和磁盘坏区，卷标也发生变化。

（5）系统自行引导。

（6）丢失数据或程序，文件字节数发生变化。

（7）内存空间、磁盘空间减少。

（8）异常死机。

（9）磁盘访问时间比平常久。

（10）系统引导时间变长。

（11）程序或数据神秘丢失。

（12）可执行文件的大小发生变化。

（13）出现莫名其妙的隐蔽文件。

9.2 使用360杀毒软件查杀计算机病毒

当计算机出现中毒的特征后，就需要对其查杀病毒。目前流行的杀毒软件有很多，360杀毒软件是当前使用比较广泛的杀毒软件之一，该软件引用双引擎的机制，拥有完善的病毒防护体系，不但查杀能力出色，而且对新产生的病毒木马能够第一时间进行防御。

9.2.1 安装杀毒软件

360杀毒软件下载完成后，即可安装杀毒软件，具体操作步骤如下。

Step 01 双击下载的360杀毒软件安装程序，打开安装界面。

Step 02 单击【立即安装】按钮，开始安装360杀毒软件，并显示安装的进度。

Step 03 安装完毕后，弹出360新版特性提示对话框。

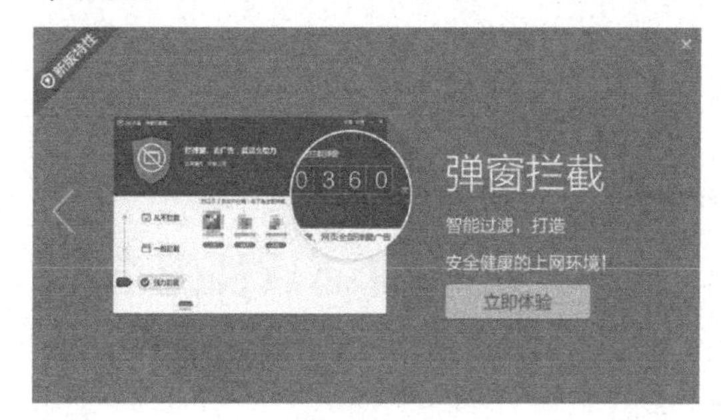

Step 04 单击【立即体验】按钮，即可打开360杀毒主界面，从而完成360杀毒的安装。

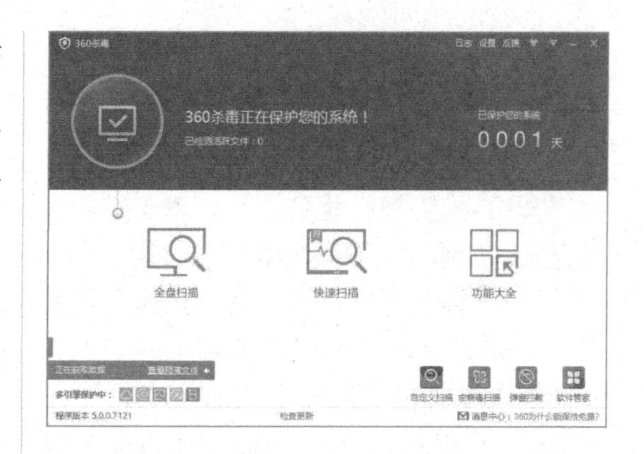

9.2.2 升级病毒库

病毒库其实就是一个数据库，里面记录着计算机病毒的种种特征，以便及时发现病毒并绞杀它们。只有拥有了病毒库，杀毒软件才能区分病毒和普通程序。

新病毒层出不穷，可以说，每天都有难以计数的新病毒产生。想让计算机能够对新病毒有所防御，就必须保证本地杀毒软件的病毒库一直处于最新版本。下面以“360杀毒”的病毒库升级为例进行介绍，具体操作步骤如下。

1. 手动升级病毒库

升级360杀毒病毒库的具体操作步骤如下。

Step 01 单击360杀毒主界面中的【检查更新】链接。

Step 02 弹出【360杀毒-升级】对话框，提示用户正在升级，并显示升级的进度。

Step 03 升级完成后，提示用户升级成功完成，并显示程序的版本等信息。

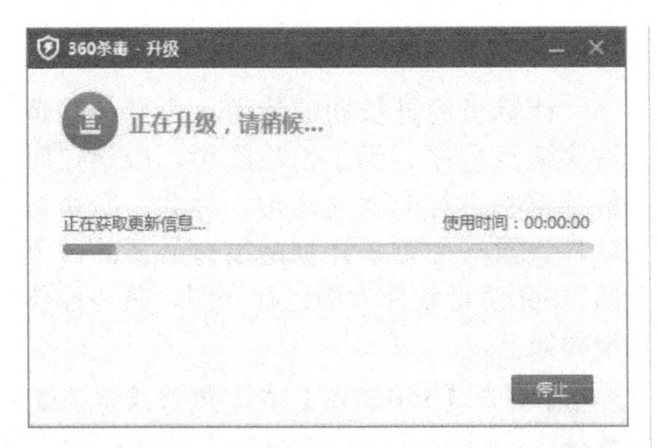

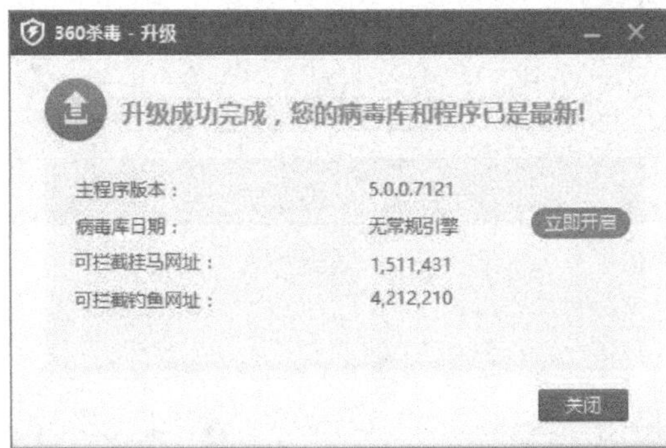

Step 04 单击病毒库日期右侧的【立即开启】按钮，开始升级病毒库信息。

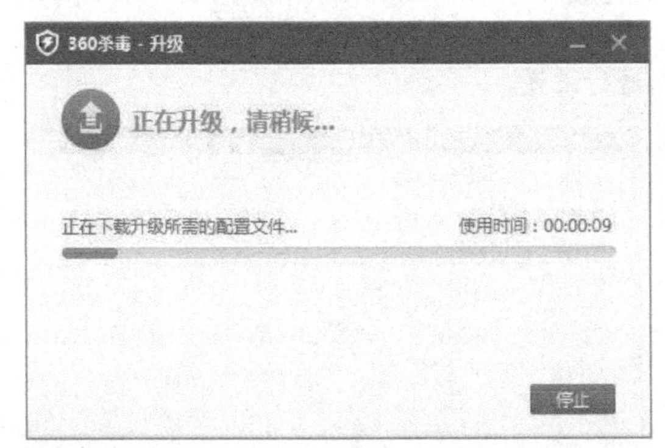

Step 05 升级完成后，提示用户常规引擎已成功安装。

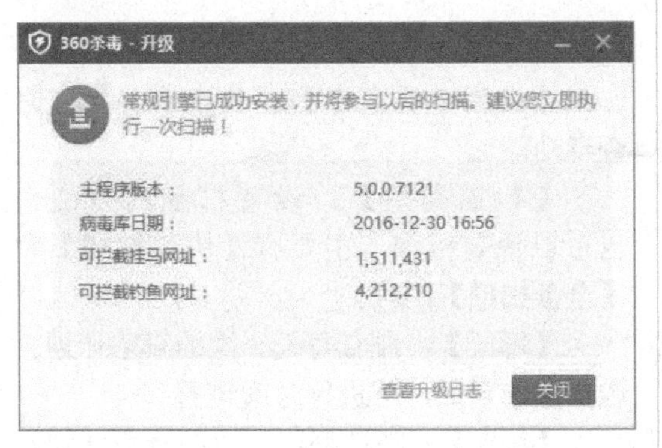

Step 06 单击【查看升级日志】超链接，打开【360杀毒-日志】对话框，其中显示了产品升级的记录。

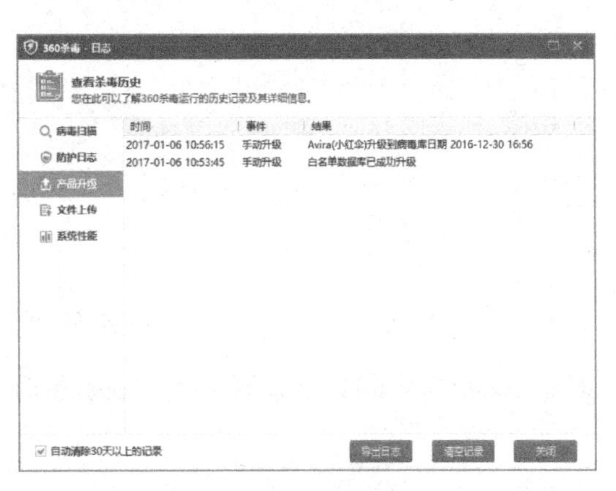

2. 制订病毒库升级计划

为了解决用户实时操心病毒库更新的问题，可以给杀毒软件制订一个病毒库自动更新计划。

Step 01 打开360杀毒的主界面，单击右上角的【设置】链接。

Step 02 弹出【360杀毒-设置】对话框，用户可以通过选择【常规设置】、【病毒扫描设置】、【实时防护设置】、【升级设置】、【文件白名单】和【免打扰设置】等选项，详细地设置杀毒软件的参数。

Step 03 选择【升级设置】选项，从弹出的对话框中，用户可以设置【自动升级设置】和【代理服务器设置】，设置完成后单击【确定】按钮。

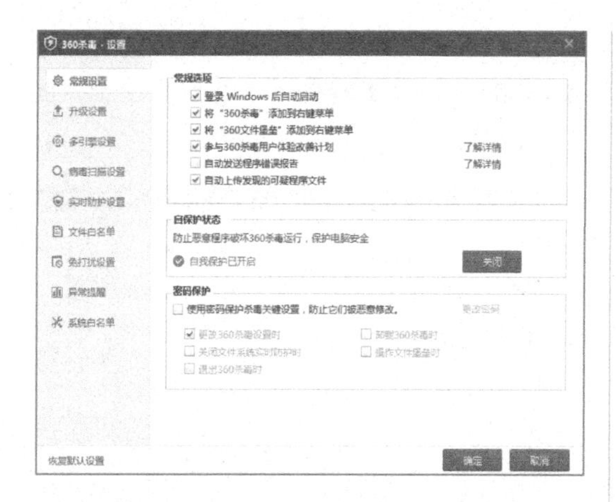

【自动升级设置】由4部分组成，用户可根据需求自行选择。

（1）【自动升级病毒特征库及程序】：选中该项后，只要360杀毒程序发现网络上有病毒库及程序的升级，就会马上自动更新。

（2）【关闭病毒库自动升级，每次升级时提醒】：网络上有版本升级时，不直接更新，而是给读者一个升级提示框，升级与否由读者自己决定。

（3）【关闭病毒库自动升级，也不显示升级提醒】：网络上有版本升级时，不进行病毒库升级，也不显示提醒信息。

（4）【定时升级】：制订一个升级计划，在每天的指定时间直接连接网络上的更新版本进行升级。

注意：一般不建议读者对【代理服务器设置】项进行设置。

9.2.3 设置定期杀毒

计算机经过长期的使用，可能会隐藏许多病毒程序。为了消除隐患，应该定时给计算机进行全面的杀毒，为此，给杀毒软件设置一个查杀计划是很有必要的。下面以360杀毒软件为例进行介绍，具体操作步骤如下。

Step 01 单击【360杀毒】右上角的【设置】链接。

Step 02 打开【360杀毒-设置】对话框，选择【病毒扫描设置】选项，在【定时查毒】项中进行设置。

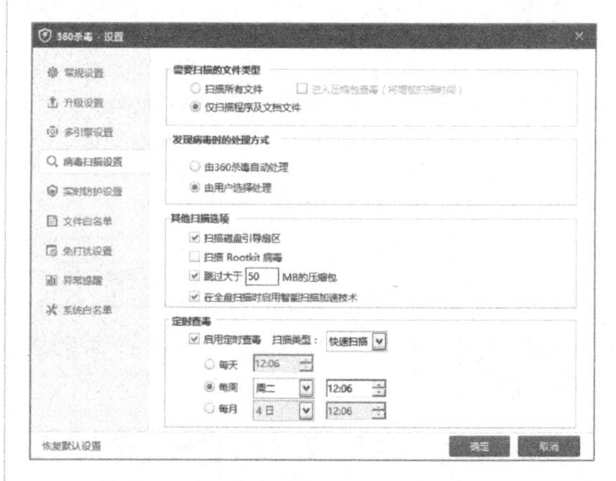

【启用定时查毒】：开启或关闭定时查毒功能。

【扫描类型】：设置扫描的方法，也可以说是范围，主要有【快速扫描】和【全盘扫描】两种。

【每天】：制订每天一次的查杀计划。选择该选项后，可进行时间调整。

【每周】：制订每周一次的查杀计划。

选择该选项后，可以设置星期和时间。

【每月】：制订每月一次的查杀计划。选择该选项后，可以设置日期和时间。

9.2.4 快速查杀病毒

一旦发现计算机运行不正常，用户首先分析原因，然后利用杀毒软件进行杀毒操作。下面以“360杀毒”查杀病毒为例，讲解如何利用杀毒软件杀毒。

使用360杀毒软件杀毒的具体操作步骤如下。

Step 01 启动360杀毒软件，360杀毒软件为用户提供了3种查杀病毒的方式，即快速扫描、全盘扫描和自定义扫描。

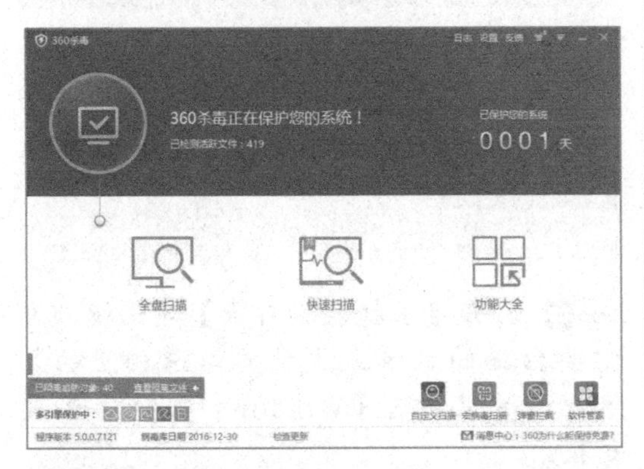

Step 02 这里选择快速扫描方式，单击【快速扫描】按钮，开始扫描系统中的病毒文件。

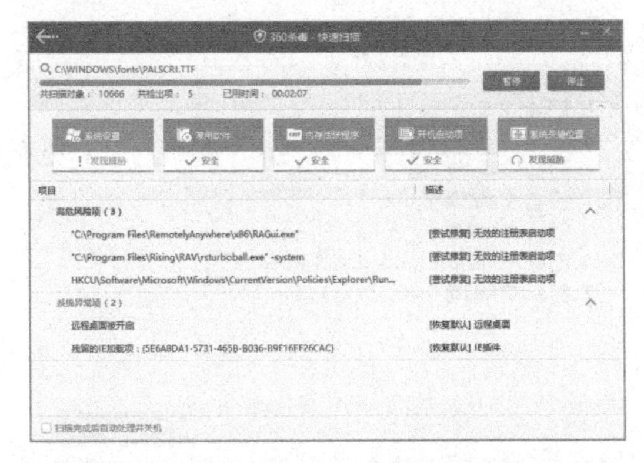

Step 03 在扫描过程中，如果发现木马病毒，则会在下面的空格中显示扫描出的木马病毒，并列出其危险程度和相关描述信息。

Step 04 单击【立即处理】按钮，删除扫描出的木马病毒或安全威胁对象。

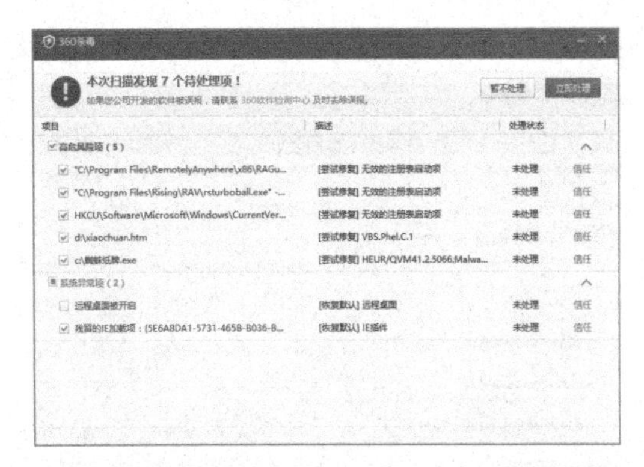

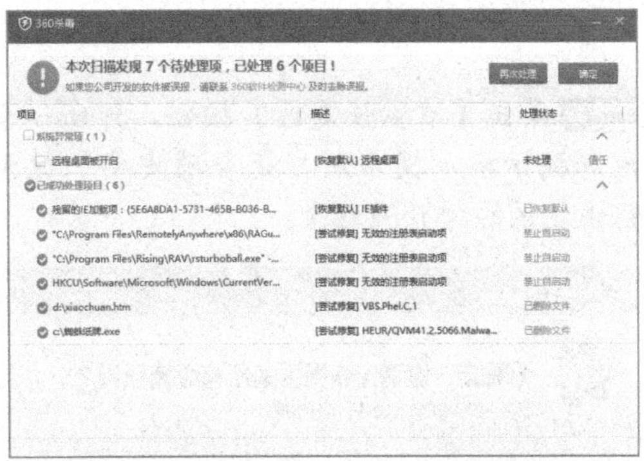

Step 05 单击【确定】按钮，返回到【360杀毒】窗口，其中显示了被360杀毒处理的项目。

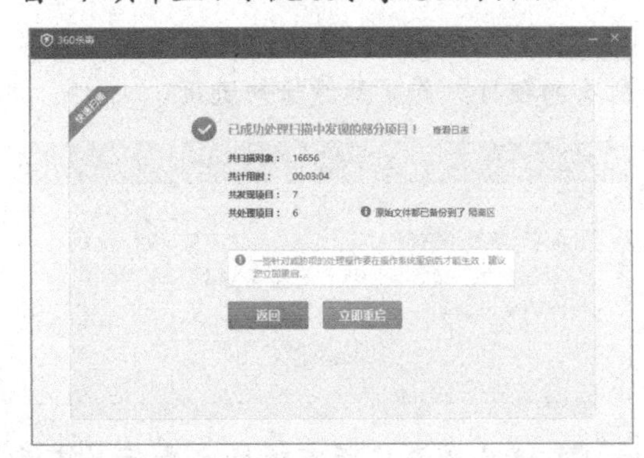

Step 06 勾选【隔离区】超链接，打开【360恢复区】对话框，其中显示了被360杀毒处理的项目。

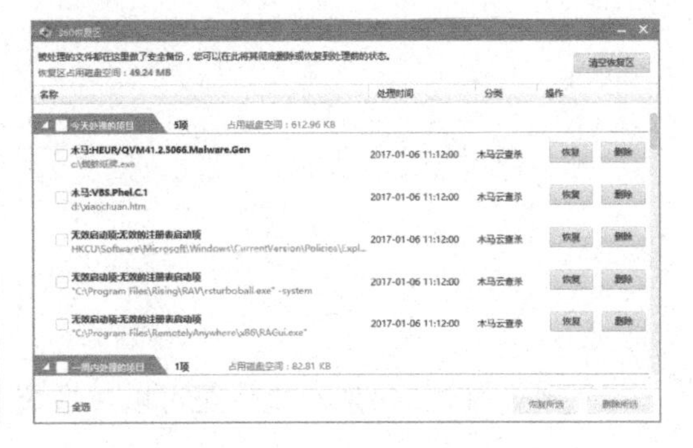

Step 07 勾选【全选】复选框，选中所有恢复区的项目。

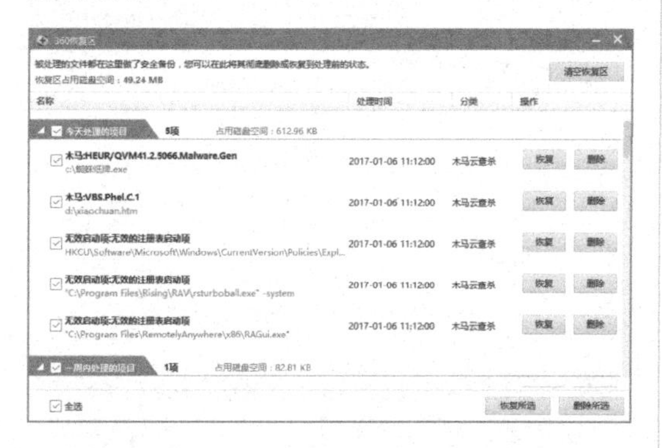

Step 08 单击【清空恢复区】按钮，弹出一个信息提示框，提示用户是否确定要一键清空恢复区的所有隔离项。

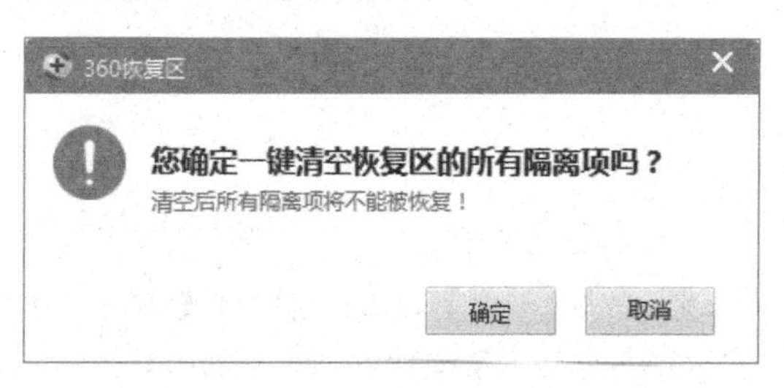

Step 09 单击【确定】按钮，开始清除恢复区所有的项目，并显示清除的进度。

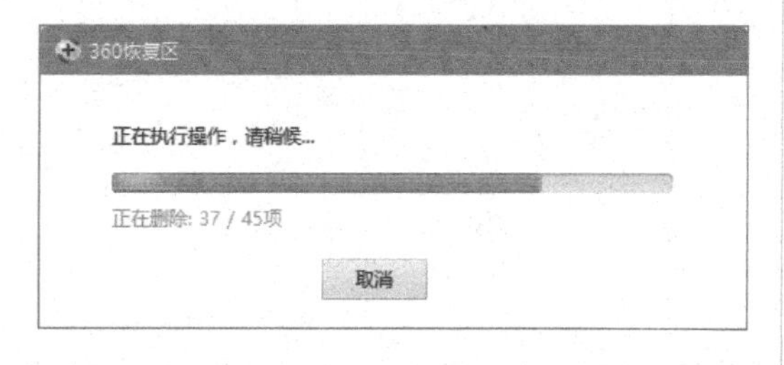

Step 10 清除恢复区所有项目完毕后，将返回【360恢复区】对话框。

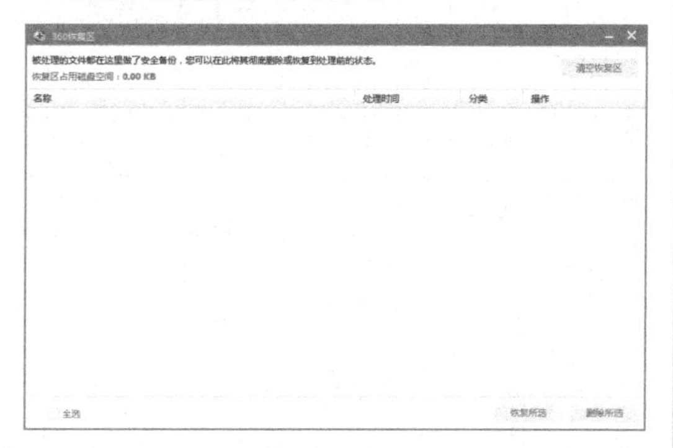

另外，使用360杀毒软件还可以对系统进行全盘杀毒。只在【病毒查杀】选项卡下单击【全盘扫描】按钮即可进行全盘扫描。全盘扫描和快速扫描类似，这里不再详述。

9.2.5 自定义查杀病毒

下面介绍如何对指定位置进行病毒的查杀，具体操作步骤如下。

Step 01 在360杀毒软件工作界面中单击【自定义扫描】图标。

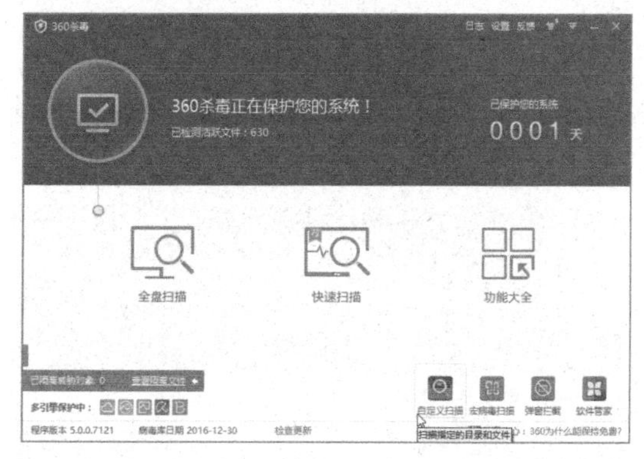

Step 02 打开【选择扫描目录】对话框，在需要扫描的目录或文件前勾选相应的复选框，这里勾选【Windows10（C）】复选框。

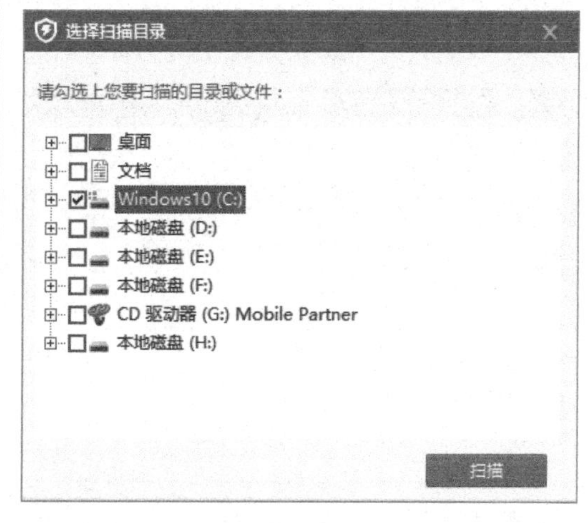

Step 03 单击【扫描】按钮，开始对指定目录进行扫描。

Step 04 其余步骤和【快速查杀】相似，这里不再详细介绍。

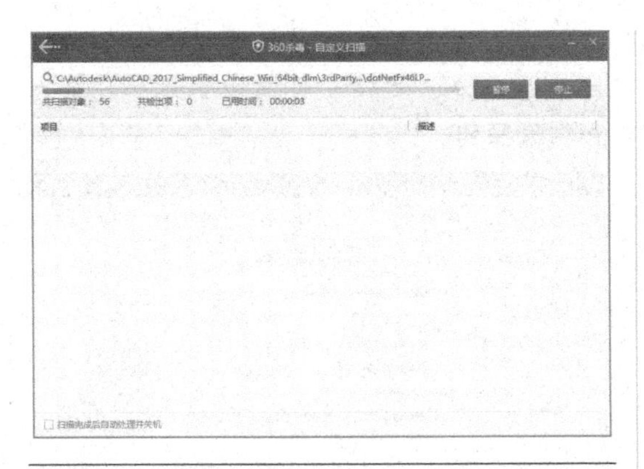

提示：大部分杀毒软件查杀病毒的方法比较相似，用户可以利用自己的杀毒软件进行类似的病毒查杀操作。

9.2.6 查杀宏病毒

使用360杀毒软件还可以对宏病毒进行查杀，具体操作步骤如下。

Step 01 在360杀毒软件的主界面中单击【宏病毒扫描】图标。

Step 02 弹出【360杀毒】对话框，提示用户扫描前需要关闭已经打开的Office文档。

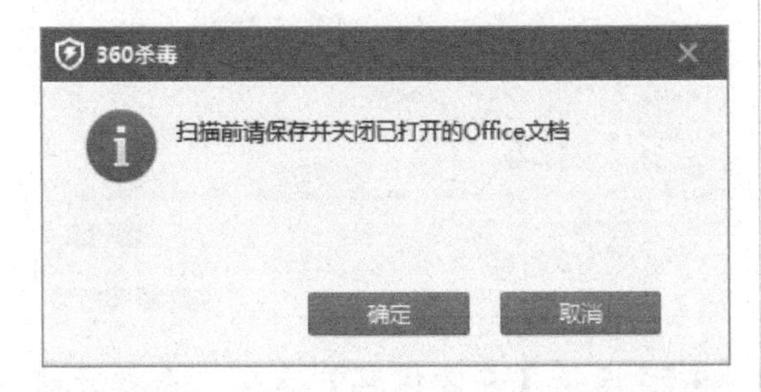

Step 03 单击【确定】按钮，开始扫描计算机中的宏病毒，并显示扫描的进度。

Step 04 扫描完成后，即可对扫描出的宏病毒进行处理，这与【快速查杀】相似，这里不再详细介绍。

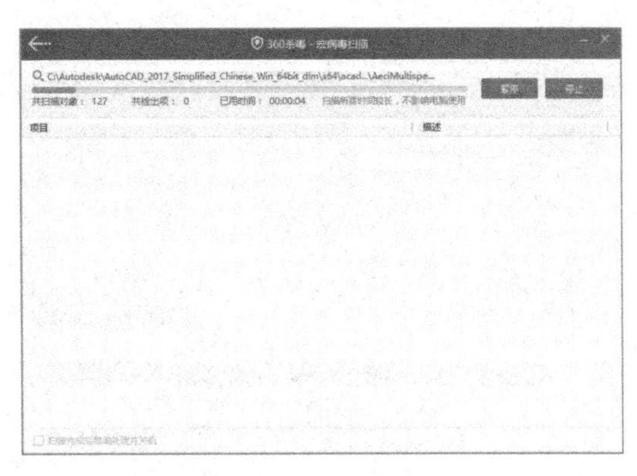

9.2.7 自定义360杀毒设置

使用360杀毒默认的设置，可以查杀病毒，不过，如果用户想根据自己的需要加强360杀毒的其他功能，则可以设置360杀毒，具体操作步骤如下。

Step 01 在【360杀毒】主界面中单击【设置】超链接，打开【360杀毒-设置】对话框。在【常规设置】区域中可以对常规选项、自保护状态、密码保护进行设置。

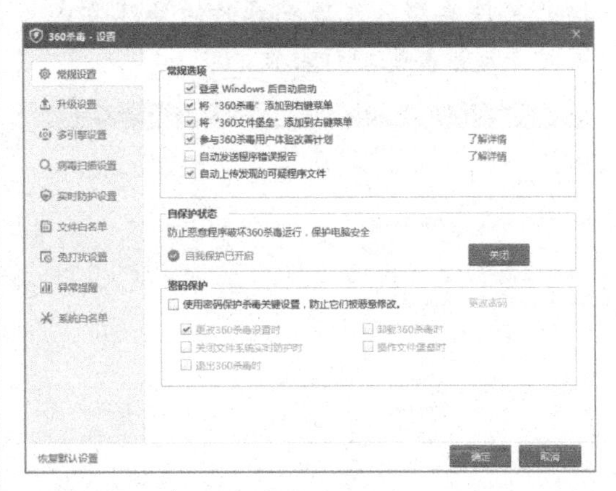

Step 02 选择【升级设置】选项，在打开的【升级设置】区域中可以对自动升级、是否使用代理服务器升级进行设置。

Step 03 选择【多引擎设置】选项，在打开的【多引擎设置】区域中可以根据自己的计算机配置及查杀要求对其进行调整。

Step 04 选择【病毒扫描设置】选项，在打开的【病毒扫描设置】区域中可以对需要扫描的文件类型、发现病毒时的处理方式、定时查毒等参数进行设置。

Step 05 选择【实时防护设置】选项，在打开的【实时防护设置】区域中可以对防护级别、监控的文件类型、发现病毒时的处理方式、其他防护选项进行设置。

Step 06 选择【文件白名单】选项，在打开的【文件白名单】设置区域中可以对文件及目录白名单、文件扩展名白名单进行添加和删除操作。

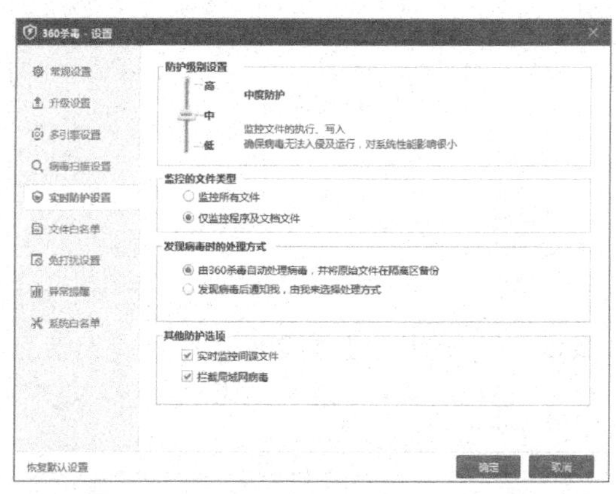

Step 07 选择【免打扰设置】选项，在打开的【免打扰设置】区域中通过单击【开启】按钮进入免打扰状态。

Step 08 选择【异常提醒】选项，在打开的【异常提醒】区域中可以设置上网环境异常提醒、进程追踪器异常提醒、系统盘可用空间监测异常提醒和自动校正系统时间异常提醒等。

Step 09 选择【系统白名单】选项，在打开的【系统白名单】区域中可以对系统修复进行设置。设置完毕后，单击【确定】按钮保存设置。

9.3 使用病毒专杀工具查杀计算机病毒

在使用杀毒软件查杀病毒的过程中，一些比较顽固的病毒是扫描不出来的，这时就需要使用一些专门的病毒查杀工具来查杀计算机病毒。

9.3.1 查杀异鬼病毒

异鬼病毒是腾讯计算机管家捕获的一种恶性Bootkit病毒，该病毒可篡改浏览器主页、劫持导航网站，并在后台刷取流量。计算机管家可全面防御异鬼Ⅱ病毒。

使用计算机管家查杀异鬼Ⅱ病毒的操作步骤如下。

Step 01 在计算机管家中下载“异鬼Ⅱ病毒免疫工具”，双击运行工具，开始扫描“异鬼Ⅱ”病毒。

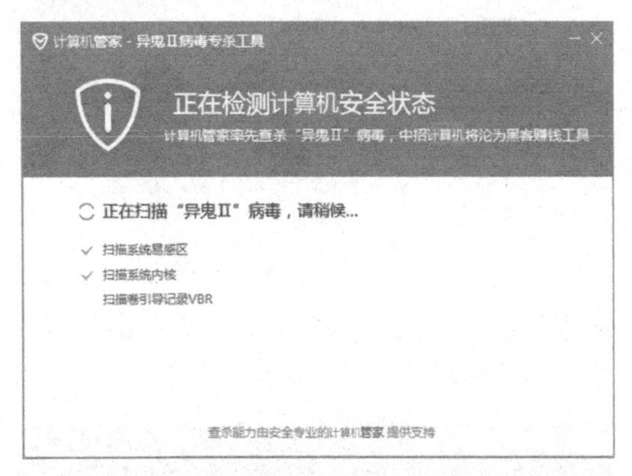

Step 02 如果扫描过程中没有发现“异鬼Ⅱ”病毒，将给出计算机安全的信息提示。

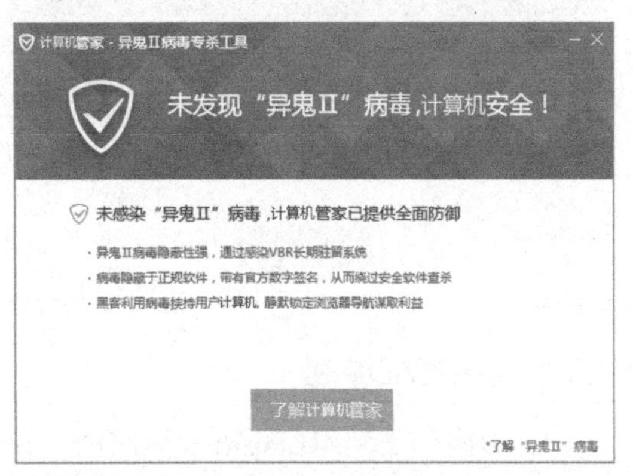

Step 03 如果发现“异鬼Ⅱ”病毒，将给出计算机中存在异鬼病毒的信息提示，需要用户立即查杀。

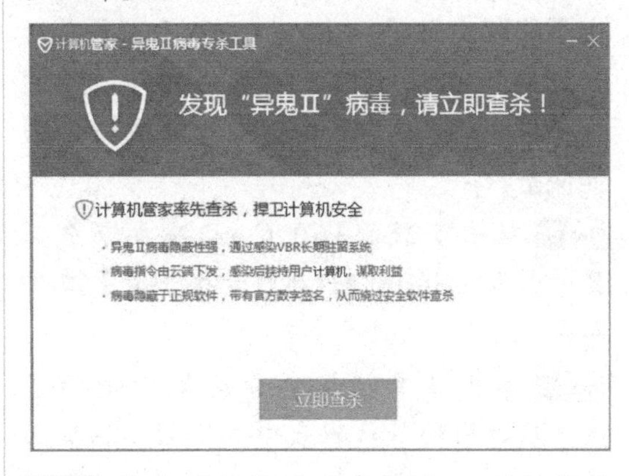

Step 04 单击【立即查杀】按钮，开始查杀

“异鬼Ⅱ”病毒。

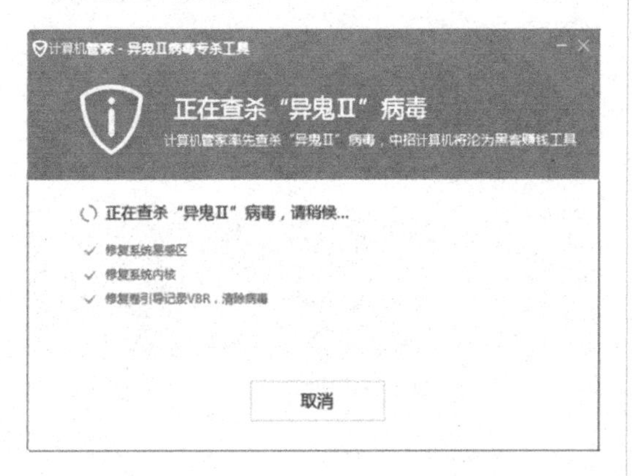

Step 05 查杀完成后，将给出“异鬼Ⅱ”病毒已成功清除的信息提示。

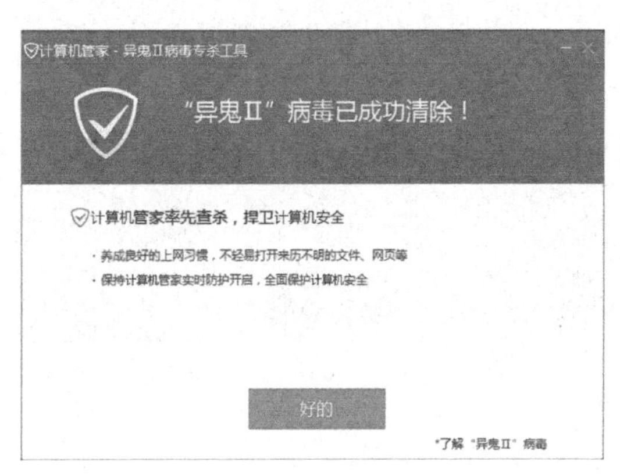

9.3.2 查杀CAD病毒

CAD病毒是利用Lisp语言编写的，在CAD启动时自动加载，并自动生成后缀为sp、fans的程序，该病毒到处传播，致使许多杀毒软件也无能为力，甚至重装CAD也不能解决问题。360 CAD专杀工具是一款针对CAD病毒设计的查杀软件，专门查杀CAD病毒，让用户的计算机得到最佳保护。

Step 01 双击下载的360 CAD病毒专杀工具，打开【360 CAD病毒专杀工具】工作界面。

Step 02 单击【需扫描的分区】右侧的箭头，从弹出的下拉列表中选择需要扫描的分区。

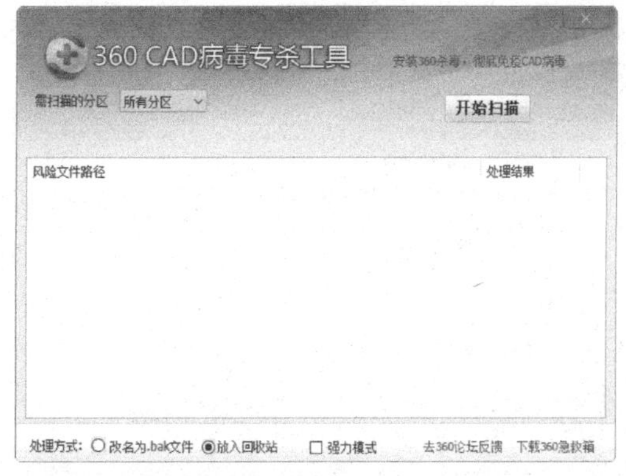

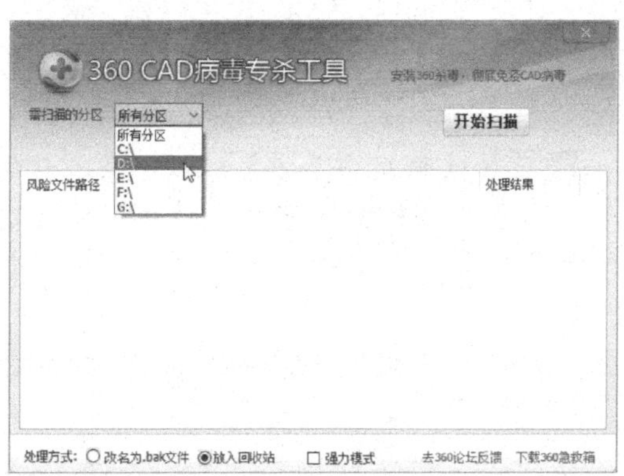

Step 03 单击【开始扫描】按钮，开始扫描分区中存在的CAD病毒，对扫描出来的CAD病毒，直接进行查杀。

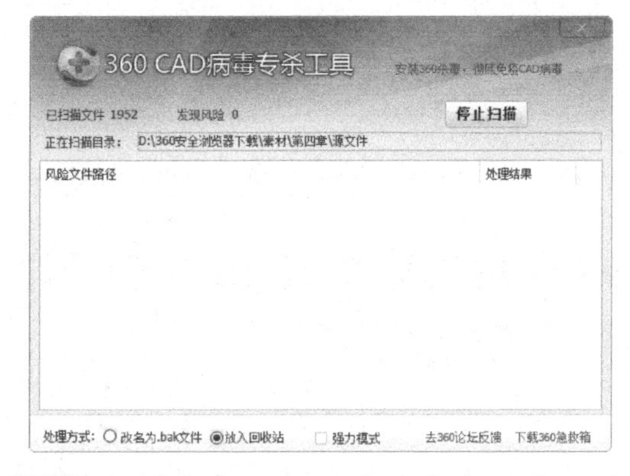

Step 04 扫描完成后，如果没有发现CAD病毒，将弹出一个【消息】对话框，提示用户扫描结束，未发现风险信息。

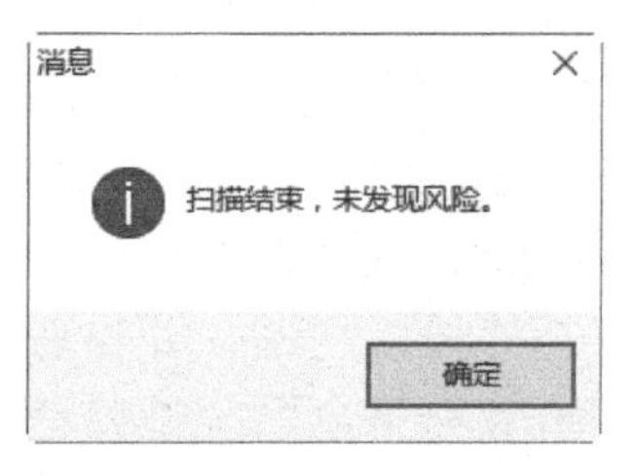

9.3.3 查杀顽固病毒

使用360安全卫士可以查询系统中的顽固木马病毒文件，以保证系统安全。使用360安全卫士查杀顽固木马病毒的操作步骤如下。

Step 01 在360安全卫士的工作界面中单击【木马查杀】按钮，进入360安全卫士木马病毒查杀工作界面，在其中可以看到360安全卫士为用户提供的3种查杀方式。

Step 02 单击【快速查杀】按钮，开始快速扫描系统关键位置。

Step 03 扫描完成后，给出扫描结果，对扫描出来的危险项，用户可以根据实际情况自行清理，也可以单击【一键处理】按钮，对扫描出的危险项进行处理。

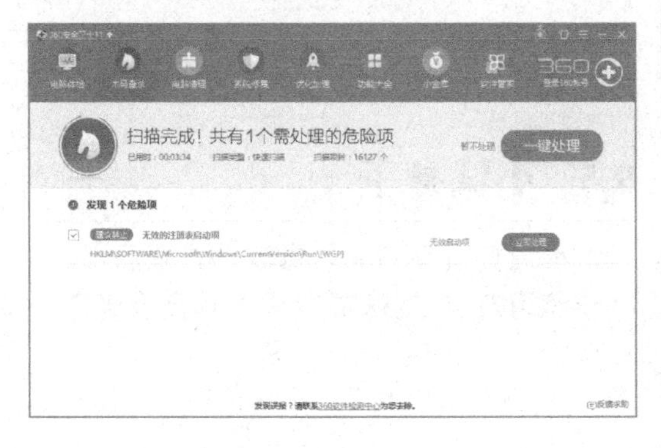

Step 04 单击【一键处理】按钮，开始处理扫描出的危险项，处理完成后，弹出【360木马查杀】对话框，其提示用户处理成功。

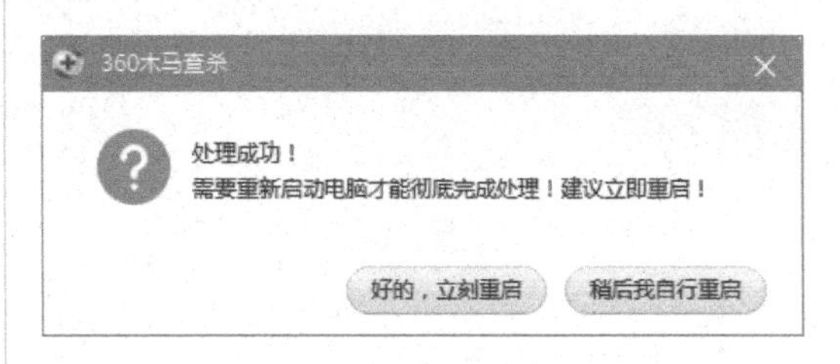

9.4 实战演练

9.4.1 实战演练1——在Word 2016中预防宏病毒

包含宏的工作簿更容易感染病毒，所以用户需要提高宏的安全性，具体操作步骤如下。

Step 01 打开包含宏的工作簿，选择【文件】→【选项】命令。

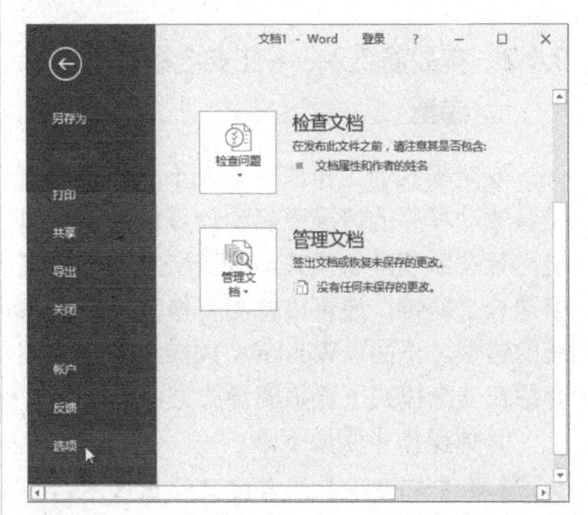

Step 02 打开【Excel选项】对话框，选择【信任中心】选项，然后单击【信任中心设置】按钮。

Step 03 弹出【信任中心】对话框，在左侧列表中选择【宏设置】选项，然后在【宏设置】列表中选择【禁用无数字签署的所有宏】，单击【确定】按钮。

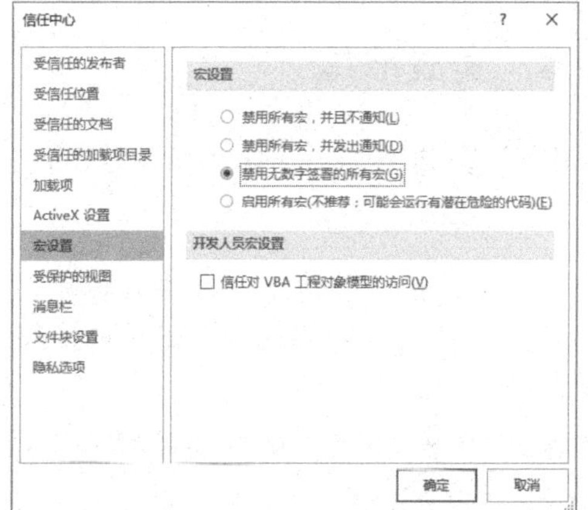

9.4.2 实战演练2——在安全模式下查杀病毒

安全模式的工作原理是在不加载第三方设备驱动程序的情况下启动计算机，使计算机运行在系统最小模式，这样用户就可以方便地查杀病毒，还可以检测与修复计算机系统的错误。下面以Windows 10操作系统为例介绍在安全模式下查杀病毒的方法。

具体操作步骤如下。

Step 01 按【WIN+R】组合键，弹出【运行】对话框，在【打开】文本框中输入msconfig命令，单击【确定】按钮。

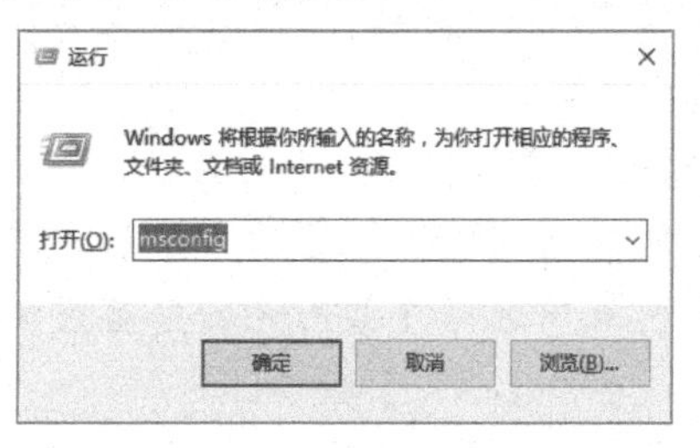

Step 02 弹出【系统配置】对话框，选择【引导】选项，在【引导选项】下勾选【安全引导】复选框，选择【最小】单选按钮。

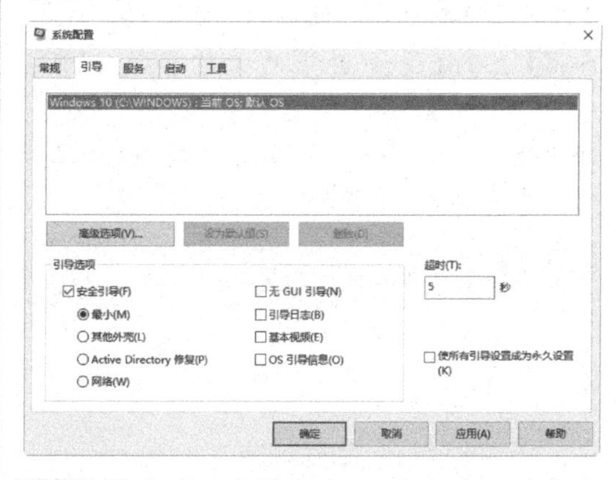

Step 03 单击【确定】按钮，进入系统的安全模式。

Step 04 进入安全模式后，即可运行杀毒软件，进行病毒的查杀。

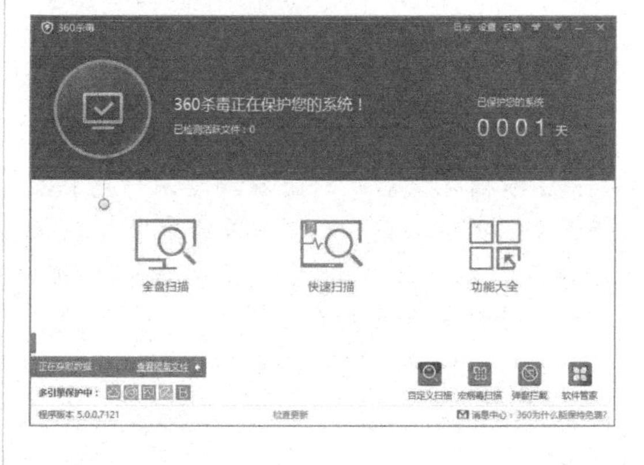

9.5 小试身手

练习1：使用360杀毒软件查杀病毒。

练习2：使用病毒专杀工具查杀病毒。

第10章 局域网安全防护工具

局域网作为计算机网络的一个重要成员，已经被广泛应用于各个领域。目前，黑客利用各种专门攻击局域网的工具对局域网进行攻击，如局域网查看工具、局域网攻击工具等。

10.1 局域网安全介绍

目前越来越多的企业建立自己的局域网，以实现企业信息资源共享或者在局域网上运行各类业务系统。随着企业局域网应用范围的扩大、保存和传输的关键数据增多，局域网的安全性问题显得日益突出。

10.1.1 局域网基础知识

大家日常接触到的办公网络都是局域网，目前各个企业、学校、政府机关等部门中的网络大部分都是局域网。局域网主要用在一个部门内部，常局限于一个建筑物之内。在企业内部利用局域网办公已成为其经营管理的一种方式。

局域网（Local Area Network，LAN）是指在某一区域内由多台计算机互联形成的计算机组，一般方圆几千米。局域网把个人计算机、工作站和服务器连在一起，在局域网中可以进行管理文件、共享应用软件、共享打印机、安排工作组内的日程、发送电子邮件和传真通信服务等操作。局域网是封闭型的，可以由办公室内的两台计算机组成，也可以由一个公司内的数百台计算机组成。

由于距离较近，传输速率较快，从10Mb/s到1000Mb/s不等。局域网常见的分类方法有以下几种：

（1）按其采用的技术可分为不同的种类，如Ether Net（以太网）、FDDI、Token Ring（令牌环）等。

（2）按联网的主机间的关系，可分为两类：对等网和C/S（客户/服务器）网。

（3）按使用的操作系统不同，可分为许多种，如Windows 网和Novell 网。

（4）按使用的传输介质，可分为细缆（同轴）网、双绞线网和光纤网等。

局域网最主要的特点是：网络为一个单位所拥有，且地理范围和站点数目均有限。局域网主要具有如下优点：

（1）网内主机主要为个人计算机，是专门适于微机的网络系统。

（2）覆盖范围较小，一般在几千米之内，适于单位内部联网。

（3）传输速率高，误码率低，可采用较低廉的传输介质。

（4）系统扩展和使用方便，可共享昂贵的外部设备和软件、数据。

（5）可靠性较高，适于数据处理和办公自动化。

局域网联网非常灵活，两台计算机就可以连成一个局域网。局域网的安全是内部网络安全的关键，如何保证局域网的安全性成为网络安全研究的一个重点。

10.1.2 局域网安全隐患

随着人类社会生活对Internet需求的日益增长，网络安全逐渐成为Internet及各项网络服务和应用进一步发展的关键问题。网络使用户以最快速度获取信息，但是非公开性信息的被盗用和破坏，是目前局域网面临的主要问题。

1. 局域网病毒

在局域网中，网络病毒除了具有可传播性、可执行性、破坏性、隐蔽性等计算机病毒的共同特点外，还具有以下几个新特点：

（1）传染速度快：在局域网中，通过服务器连接每台计算机，不仅给病毒传播提供了有效的通道，而且病毒传播速度很快。正常情况下，只要网络中有一台计算机存在病毒，在很短的时间内，将会导致局域网内计算机相互感染繁殖。

（2）网络破坏程度大：如果局域网感染病毒，将直接影响到整个网络系统的工作，轻则降低速度，重则破坏服务器重要数据信息，甚至导致整个网络系统崩溃。

（3）病毒不易清除。清除局域网中的计算机病毒，要比清除单机病毒复杂得多。局域网中只要有一台计算机未能完全消除消毒，就可能使整个网络重新被病毒感染，即使刚刚完成清除工作的计算机，也很有可能立即被局域网中的另一台带病毒的计算机所感染。

2. ARP攻击

ARP攻击主要存在于局域网网络中，对网络安全危害极大。ARP攻击就是通过伪造的IP地址和MAC地址，实现ARP欺骗，它可以在网络中产生大量的ARP通信数据，使网络系统传输发生阻塞。如果攻击者持续不断地发出伪造的ARP响应包，就能更改目标主机ARP缓存中的IP-MAC地址，造成网络遭受攻击或中断。

3. Ping洪水攻击

Windows 提供一个Ping程序，使用它可以测试网络是否连接。Ping洪水攻击也称为ICMP入侵，它是利用Windows系统的漏洞来入侵的。其原理是：局域网服务器的IP地址，这样就会不断地向服务发送大量的数据请求；服务器将会因CPU使用率居高不下而崩溃，这种攻击方式也称DoS攻击（拒绝服务攻击），即在一个时段内连续向服务器发出大量请求，服务器来不及回应而死机。

4. 嗅探

局域网是黑客进行监听嗅探的主要场所。黑客在局域网内的一个主机、网关上安装监听程序，就可以监听出整个局域网的网络状态、数据流动、传输数据等信息。因为一般情况下，用户的所有信息（如账号和密码），都是以明文的形式在网络上传输的。目前可以在局域网中进行嗅探的工具很多，如Sniffer等。

10.2 局域网查看工具

利用专门的局域网查看工具可查看局域网中各个主机的信息。下面介绍两款非常方便实用的局域网查看工具。

10.2.1 LanSee工具

局域网查看工具（LanSee）是一款对局域网上的各种信息进行查看的工具。它集成了局域网搜索功能，可以快速搜索出计算机（包括计算机名、IP地址、MAC地址、所在工作组、用户）、共享资源、共享文件；可以捕获各种数据包（TCP、UDP、ICMP、ARP），甚至可以从流过网卡的数据中嗅探出QQ号码、音乐、视频、图片等文件。

使用LanSee工具查看局域网中各种信息的具体操作步骤如下。

Step 01 双击下载的“局域网查看工具”程序，打开【局域网查看工具】主窗口。

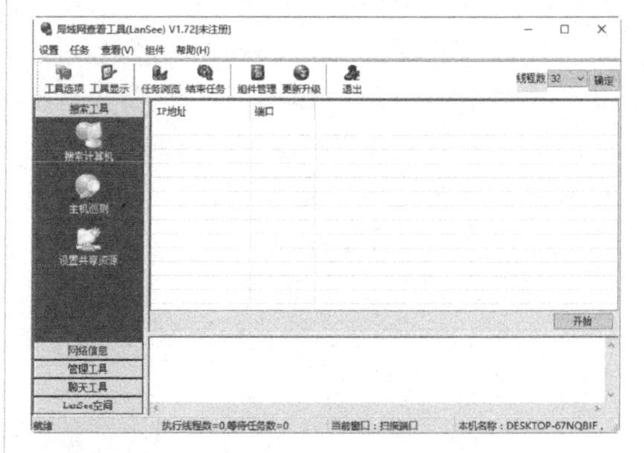

Step 02 在工具栏中单击【工具选项】按钮，打开【选项】对话框，选择【搜索计算机】选项，在其中设置扫描计算机的起始IP地址段和结束IP地址段等属性。

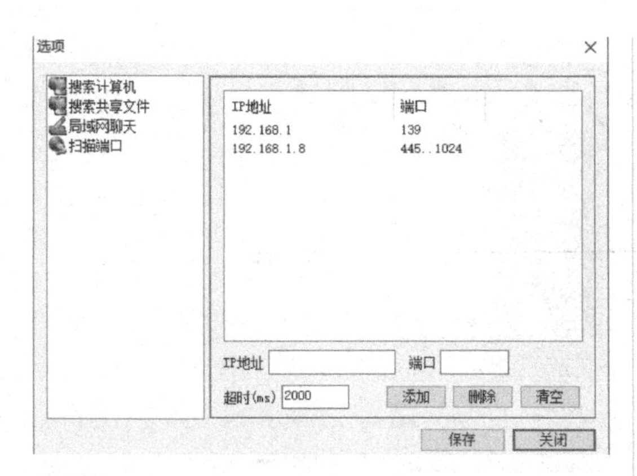

Step 03 选择【搜索共享文件】选项，在其中可添加和删除文件类型。

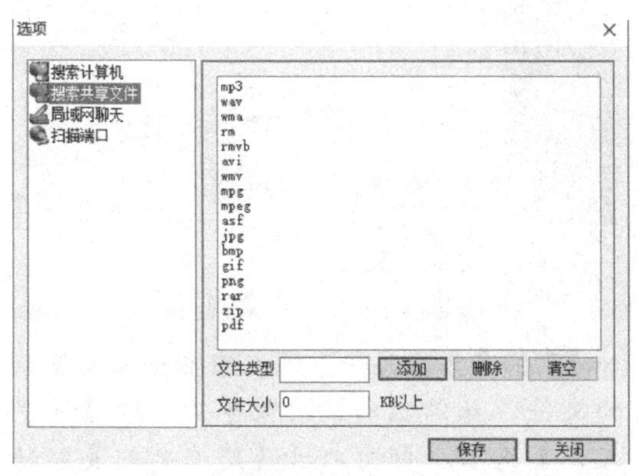

Step 04 选择【局域网聊天】选项，在其中可以设置聊天时使用的用户名和备注。

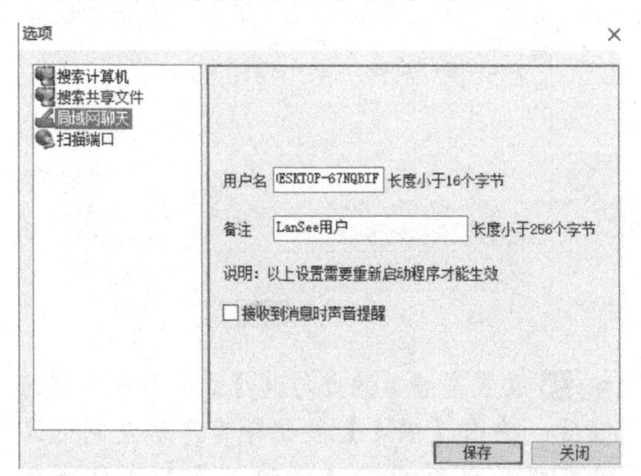

Step 05 选择【扫描端口】选项，在其中可设置要扫描的IP地址、端口、超时等属性，设置完毕后单击【保存】按钮，保存各项设置。

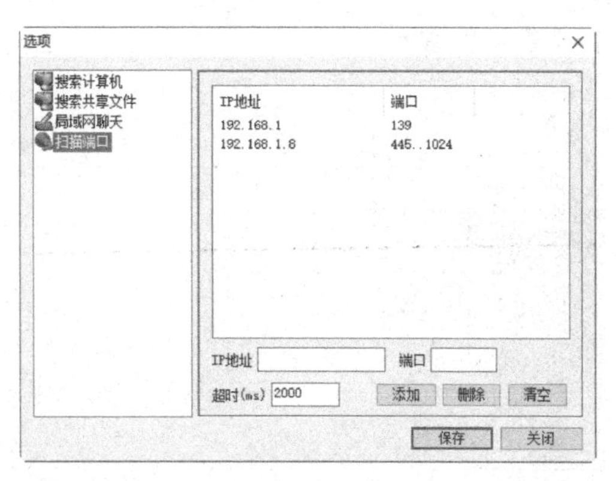

Step 06 在【局域网查看工具】主窗口中单击【开始】按钮，搜索出指定IP段内的主机，在其中可看到各个主机的IP地址、计算机名、工作组、MAC地址等属性。

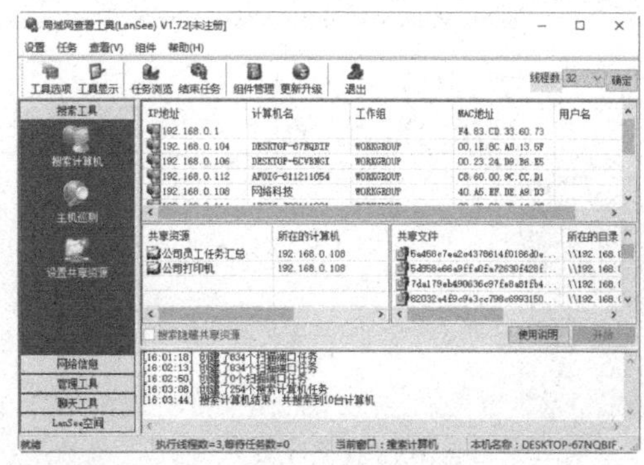

Step 07 如果想与某个主机建立连接，在搜索到的主机列表中右击该主机，从弹出的快捷菜单中选择“打开计算机”选项，即可打开【Windows安全】对话框，在其中输入该主机的用户名和密码后，单击【确定】按钮才可以与该按钮建立连接。

Step 08 在【搜索工具】栏目下单击【主机巡测】按钮，打开【主机巡测】窗口，单击其中的【开始】按钮，搜索出在线的主机，在其中即可看到在线主机的IP地址、MAC地址、最近扫描时间等信息。

Step 09 在【局域网查看工具】中还可以对共享资源进行设置。在【搜索工具】栏目下单击【设置共享资源】按钮，打开【设置共享资源】窗口。

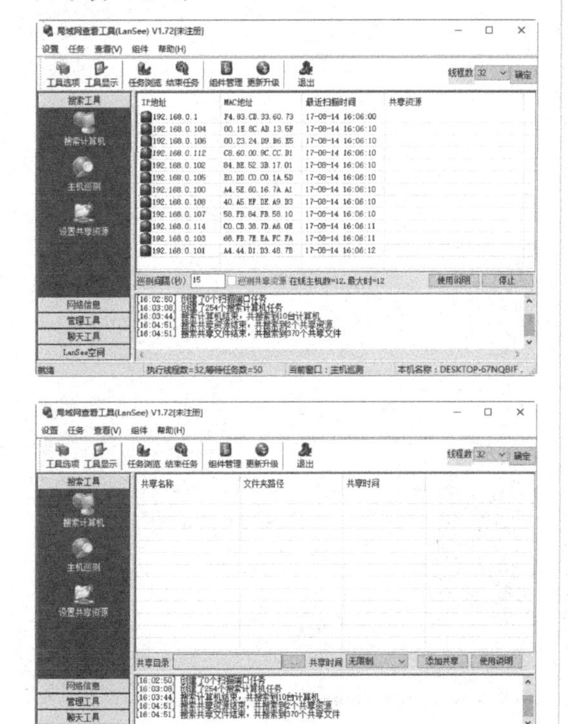

Step 10 单击【共享目录】文本框后的【浏览】按钮，打开【浏览文件夹】对话框。

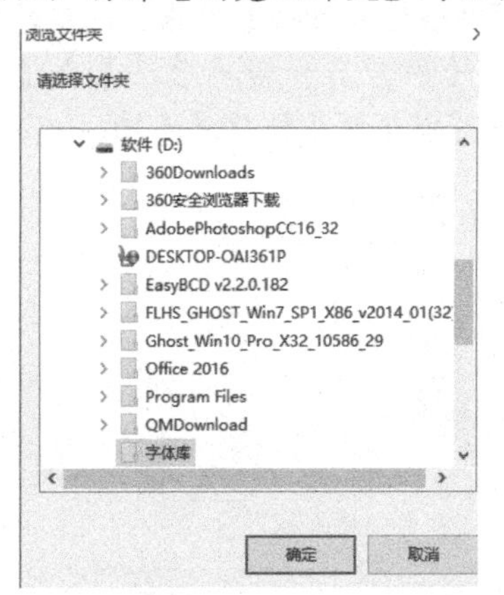

Step 11 在其中选择需要设置为共享文件的文件夹后，单击【确定】按钮，即可在【设置共享资源】窗口中看到添加的共享文件夹。

Step 12 在【局域网查看工具】中还可以进行文件复制操作，单击【搜索工具】栏目下的【搜索计算机】按钮，打开【搜索计算机】窗口，在其中可看到前面添加的共享文件夹。

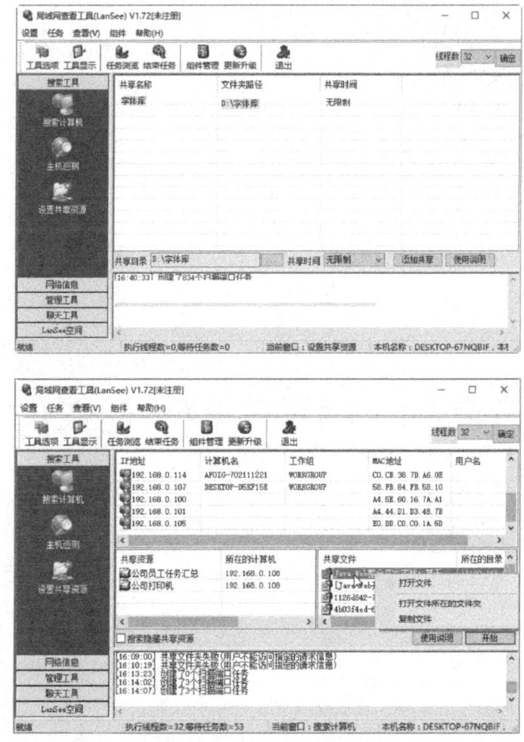

Step 13 在【共享文件】列表中右击需要复制的文件，从弹出的快捷菜单中选择【复制文件】选项，即可打开【建立新的复制任务】对话框。

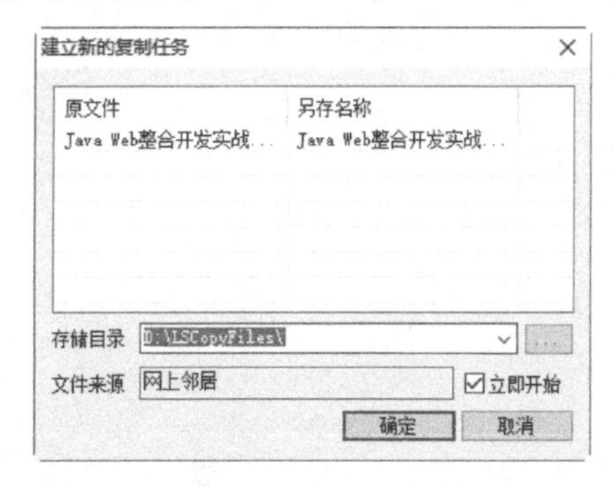

Step 14 设置存储目录并勾选【立即开始】复选框后，单击【确定】按钮即可开始复制选定的文件。此时单击【管理工具】栏目下的【复制文件】按钮，打开【复制文件】窗口，在其中可看到刚才复制的文件。

Step 15 在【网络信息】栏目中可以查看局域网中各个主机的网络信息。例如，单击【活动端口】按钮后，在打开的【活动端口】窗口中单击【刷新】按钮，刷新所有主机中正在活动的端口。

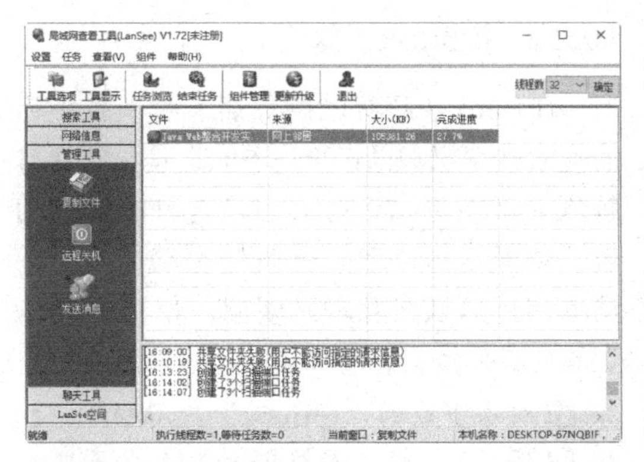

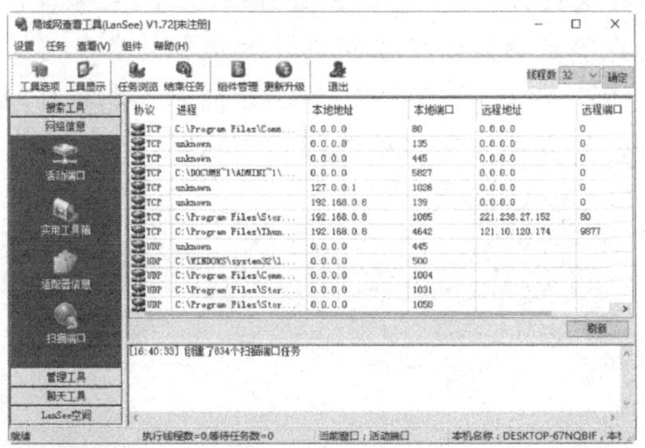

Step 16 如果想看计算机的网络适配器信息，则单击【适配器信息】按钮，即可在打开的【适配器信息】窗口中看到网络适配器的详细信息。

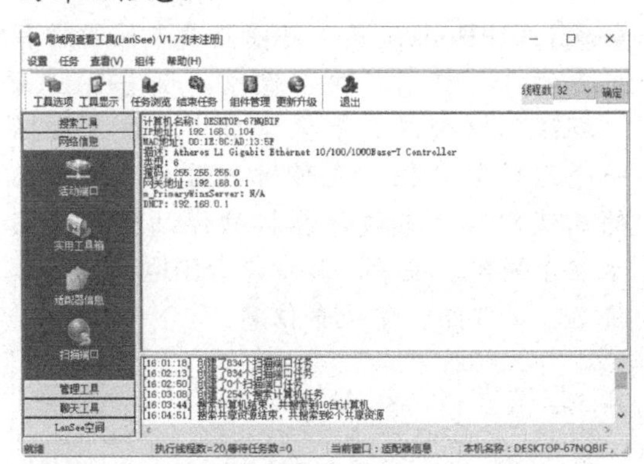

Step 17 利用【局域网查看工具】还可以对远程主机进行远程关机和重启操作。单击【管理工具】栏目下的【远程关机】按钮，打开【远程关机】窗口，并单击【导入计算机】按钮，即可导入整个局域网中所有的主机，勾选主机前面的复选框后，单击【远程关机】按钮和【远程重启】按钮即可分别完成关闭和重启远程计算机的操作。

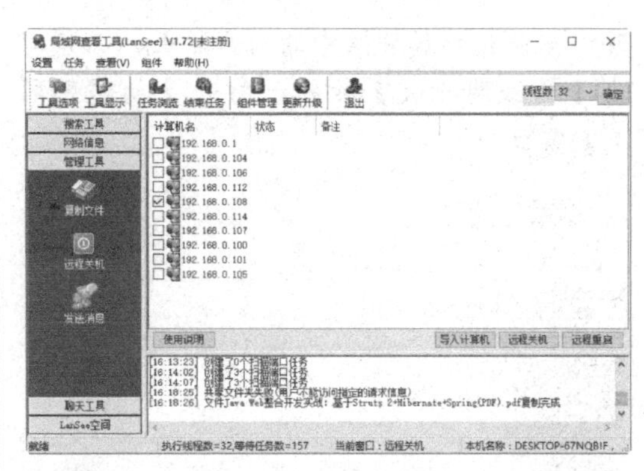

Step 18 在【局域网查看工具】中还可以给指定的主机发送消息。单击【管理工具】栏目下的【发送消息】按钮，打开【发送消息】窗口，并单击【导入计算机】按钮，即可导入整个局域网中所有的主机。

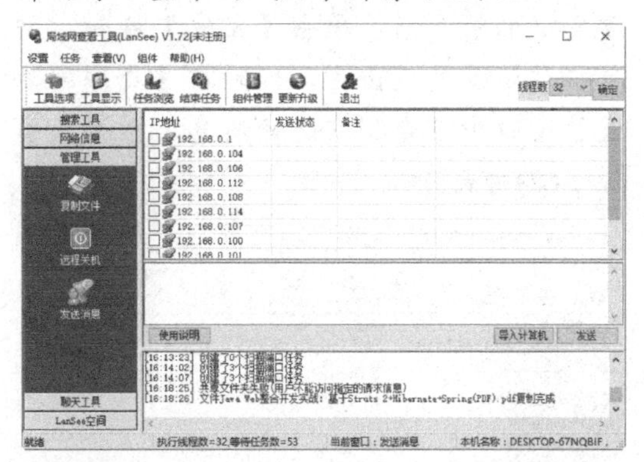

Step 19 选择要发送消息的主机后，在【发送消息】文本区域中输入要发送的消息，然后单击【发送】按钮，即可将这条消息发送给指定的用户，此时可看到该主机的“发送状态”是“正在发送”。

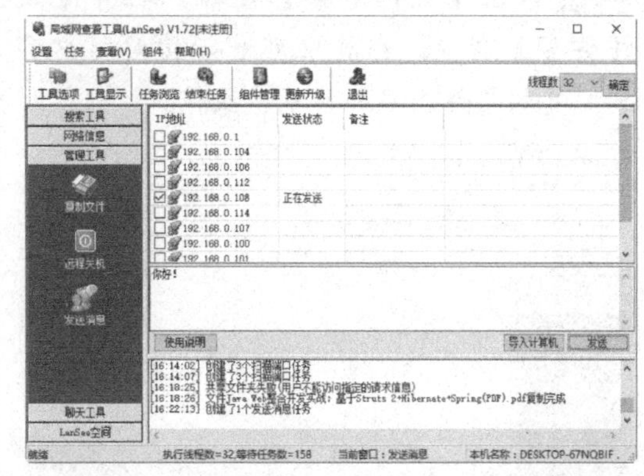

Step 20 在【聊天工具】栏目下可与局域网中的用户进行聊天，还可以共享局域网中的文

件。如果想和局域网中的用户聊天，必须单击【局域网聊天】按钮，打开【局域网聊天】窗口。

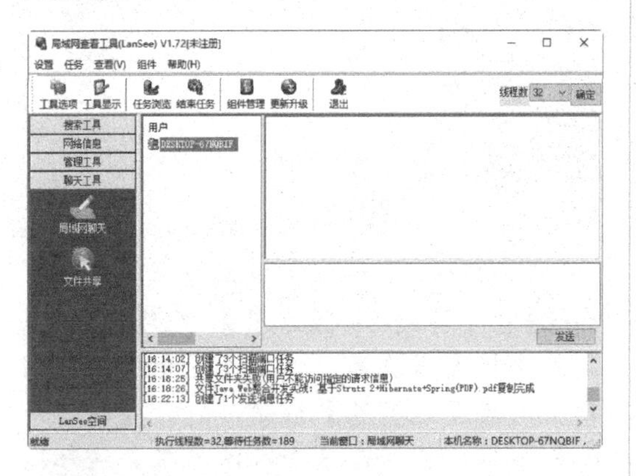

Step 21 在下面的【发送信息】区域中编辑要发送的消息后，单击【发送】按钮，即可将该消息发送出去，此时在【局域网聊天】窗口中可看到发送的消息，该模式类似于QQ聊天。

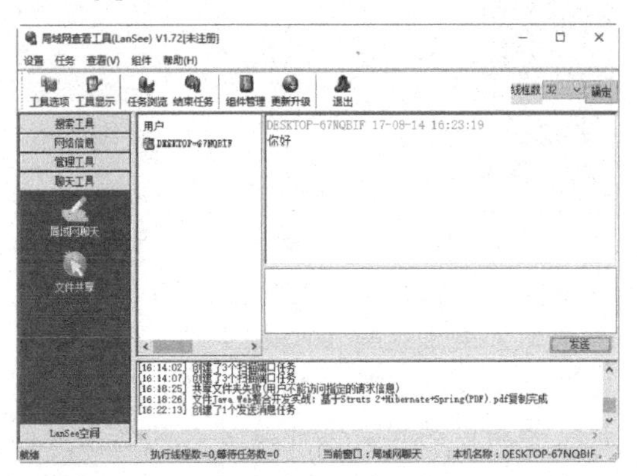

Step 22 单击【文件共享】按钮，打开【文件共享】窗口，在其中可进行搜索用户共享、复制文件、添加共享等操作。

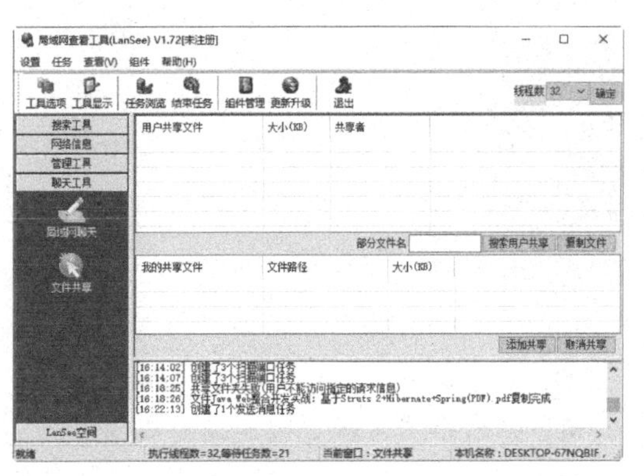

10.2.2 IPBook工具

IPBook（超级网络邻居）是一款小巧的搜索共享资源及FTP共享的工具，软件自解压后就能直接运行。它还有许多辅助功能，如发送短信等，并且所有功能不限于局域网，可以在互联网使用。使用IPBook工具的具体操作步骤如下。

Step 01 双击下载的“IPBook”应用程序，打开【IPBook（超级网络邻居）】主窗口，其中自动显示了本机的IP地址和计算机名，192.168.0.104和192.168.0分别是本机的IP地址与本机所处的局域网的IP范围。

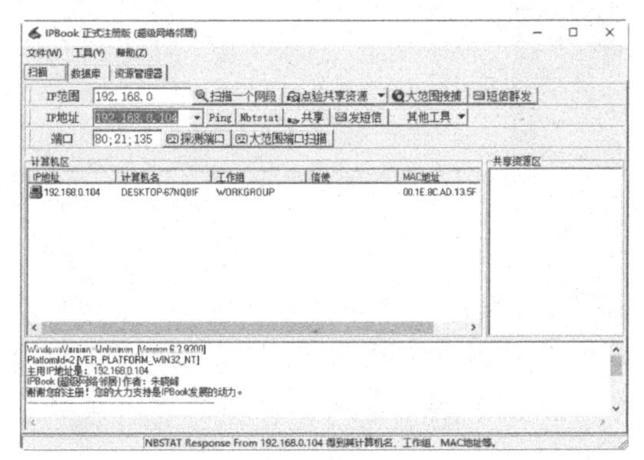

Step 02 在IPBook工具中可以查看本网段所有机器的计算机名与共享资源。在【IPBook（超级网络邻居）】主窗口中单击【扫描一个网段】按钮，几秒钟之后，本机所在的局域网所有在线计算机的详细信息将显示在左侧列表框中，其中包含IP地址、计算机名、工作组、信使等信息。

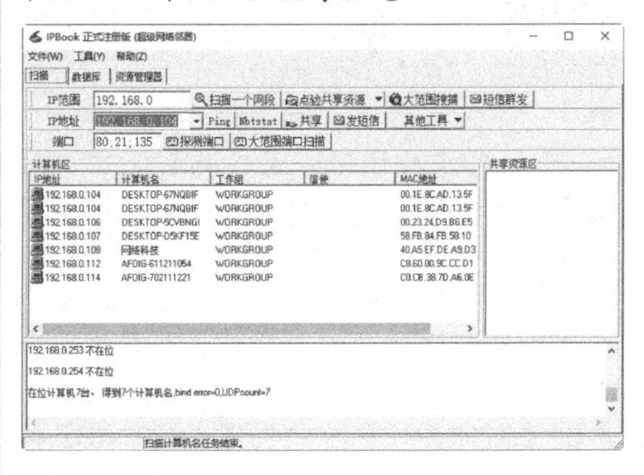

Step 03 显示出所有计算机信息后，单击【点验共享资源】按钮，即可查出本网段机器

的共享资源，并将搜索的结果显示在右侧的树状显示框中，如下图所示。在搜索之前还可以设置是否同时搜索HTTP、FTP、隐藏共享服务等。

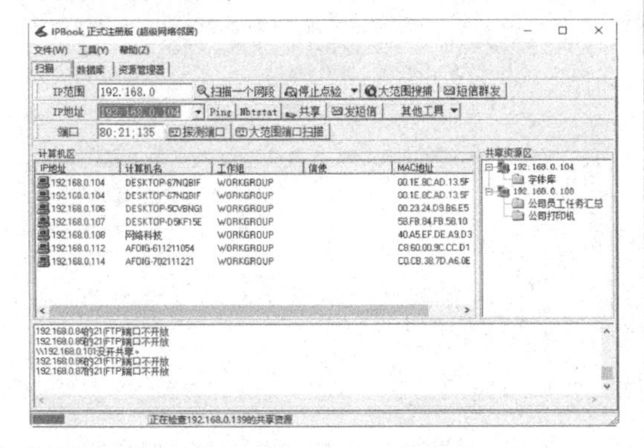

Step 04 在IPBook工具中还可以给目标网段发送短信，在【IPBook（超级网络邻居）】主窗口中单击【短信群发】按钮，打开【短信群发】对话框。

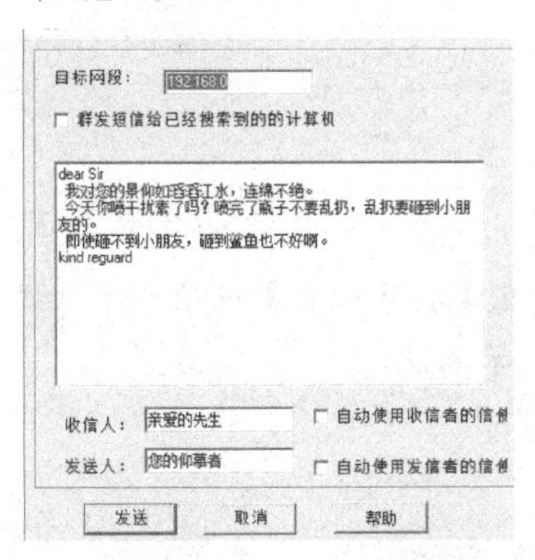

Step 05 在“计算机区”列表中选择某台计算机，单击【Ping】按钮，即可在【IPBook（超级网络邻居）】主窗口看到该命令的运行结果，根据得到的信息判断目标计算机的操作系统类型。

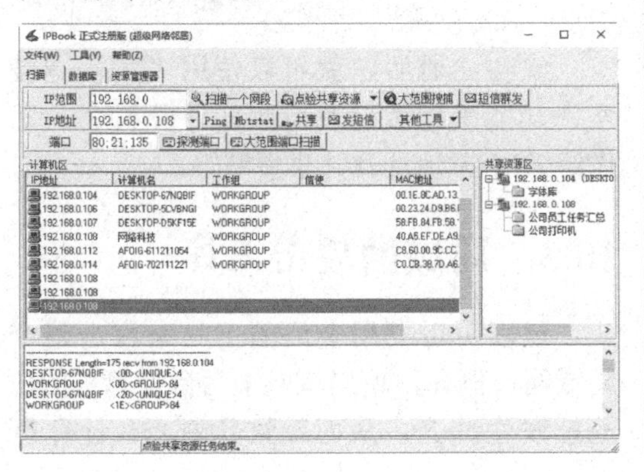

Step 06 在计算机区列表中选择某台计算机，单击【Nbtstat】按钮，在【IPBook（超级网络邻居）】主窗口中可看到该主机的计算机名称。

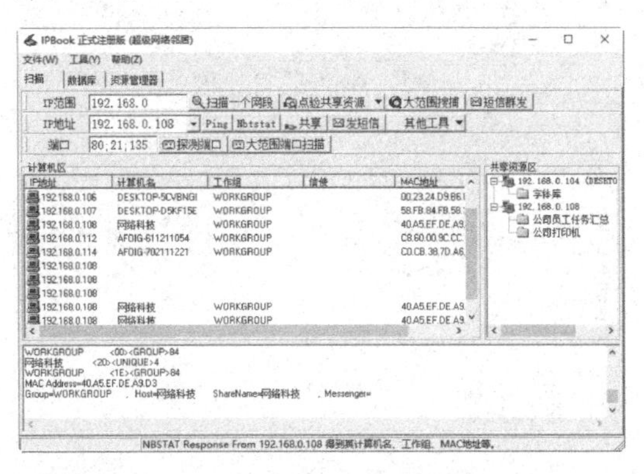

Step 07 单击【共享】按钮，对指定网络段的主机进行扫描，并把扫描到的共享资源显示出来。

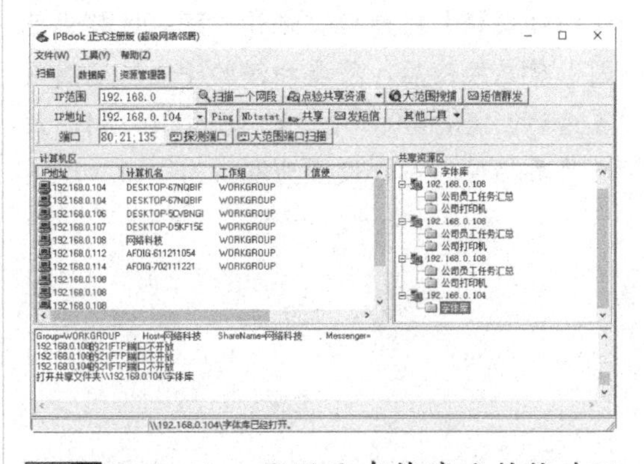

Step 08 IPBook工具还具有将域名转换为IP地址的功能。在【IPBook（超级网络邻居）】主窗口中单击【其他工具】按钮，从弹出的菜单中选择【域名、IP地址转换】→【IP->Name】菜单项，即可将IP地址转换为域名。

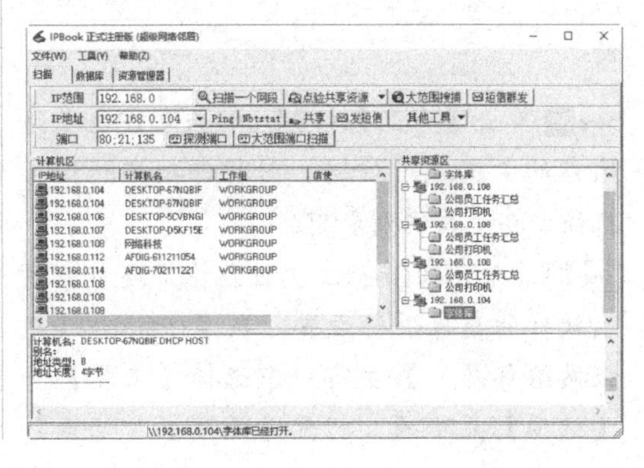

Step 09 单击【探测端口】按钮，探测整个局域网中各个主机的端口，同时将探测的结果显示在下面的列表中。

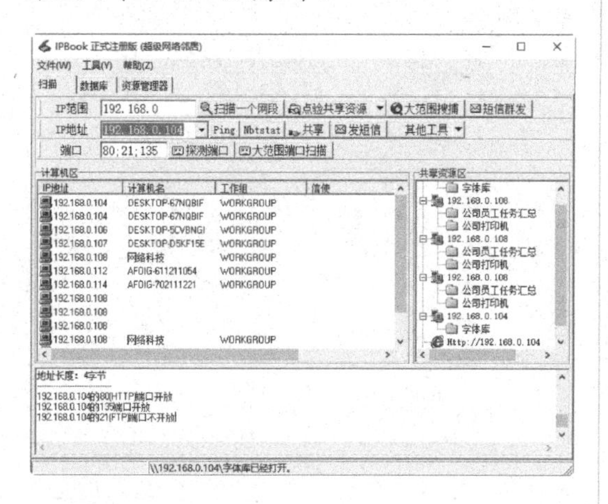

Step 10 单击【大范围端口扫描】按钮，打开【扫描端口】对话框。选择“IP地址起止范围”单选按钮后，将要扫描的IP地址范围设置为192.168.000.001~192.168.000.254，最后将要扫描的端口设置为80：21。

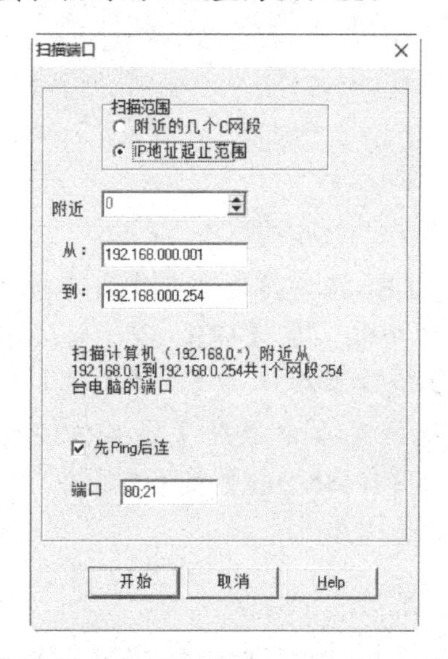

Step 11 单击【开始】按钮，对设定IP地址范围内的主机进行扫描，同时将扫描到的主机显示在下面的列表中。

Step 12 在使用IPBook工具过程中，还可以对该软件的属性进行设置。在【IPBook（超级网络邻居）】主窗口中选择【工具】→【选项】菜单项，打开【设置】对话框。在【扫描设置】选项卡下，可设置“Ping设置”和“解析计算机名的方式”属性。

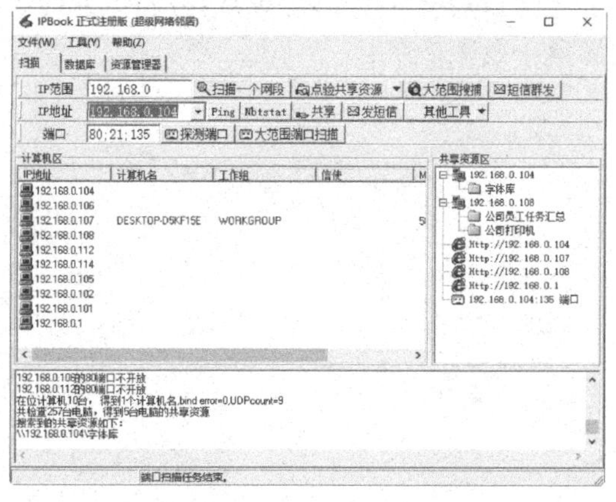

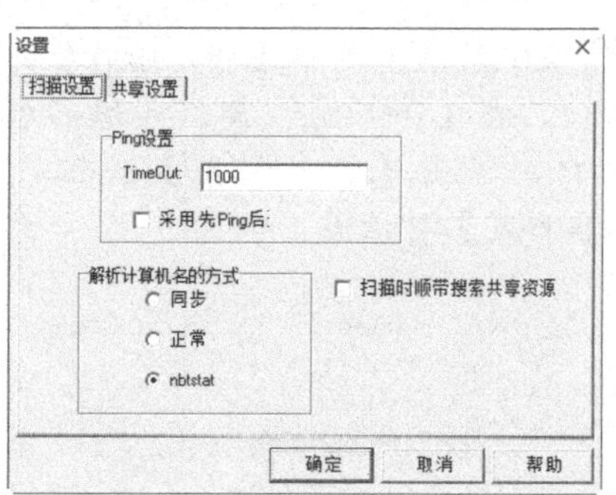

Step 13 在【共享设置】选项卡下可设置最大线程数等属性。

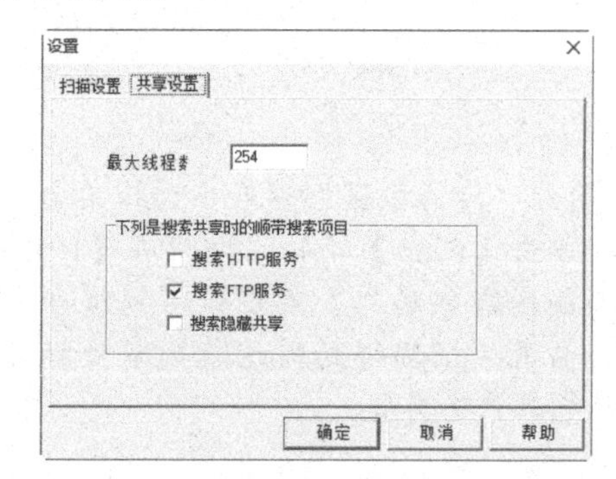

成功注册后，就可以使用“大范围搜索”功能来搜索任意范围的计算机名、工作组、MAC地址及共享资源等。

10.3 局域网攻击工具

黑客可以利用专门的工具来攻击整个局域网。例如，使局域网中两台计算机的IP地址发生冲突，从而导致其中一台计算机无法上网。本节将介绍几款常见的局域网攻击工具的使用方法。

10.3.1 网络剪切手Netcut

网络剪切手Netcut是一款网管必备工具，可以切断局域网里的任何主机，使其断开网络连接。利用ARP同时也可以看到局域网内所有主机的IP地址，还可以控制本网段内任意主机对外网的访问，随意开启或关闭其Internet访问权限，而访问内部LAN其他机器不存在任何问题。

使用该工具的具体步骤如下。

Step 01 下载并安装“网络剪切手”，然后双击其快捷图标，打开【Netcut】主窗口，软件会自动搜索当前网段内的所有主机的IP地址、计算机名以及各自对应的MAC地址。

Step 02 单击【选择网卡】按钮，打开【选择网卡】对话框，在其中可以选择搜索计算机及发送数据包使用的网卡。

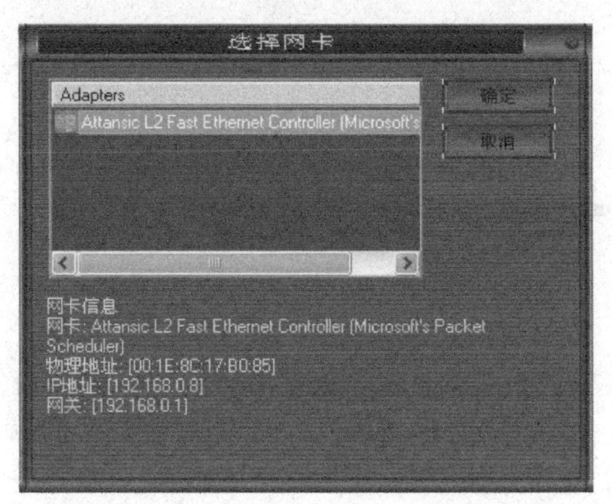

Step 03 在网络剪切手中还可以开启或关闭局域网内的任意主机对网关的访问。在扫描出的主机列表中选中IP地址为192.168.0.8的主机后，单击【切断】按钮，即可看到该主机的“开/关”状态已经变为“关”，此时该主机不能访问网关，也不能打开网页。

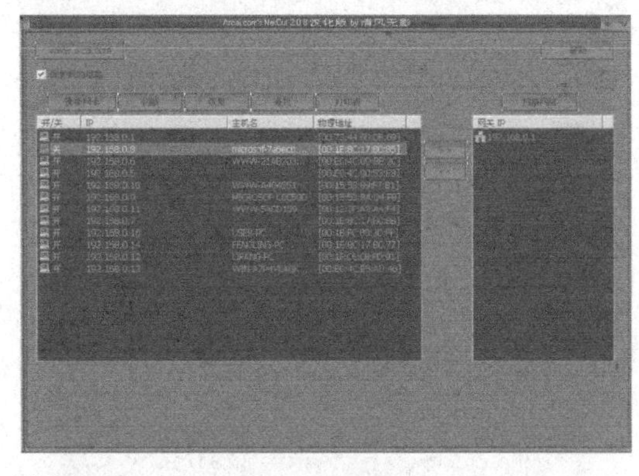

Step 04 再次选中IP地址为192.168.0.8的主机后，单击【恢复】按钮，即可看到该主机的“开/关”状态又重新变为“开”，此时该主机可以访问Internet网络。

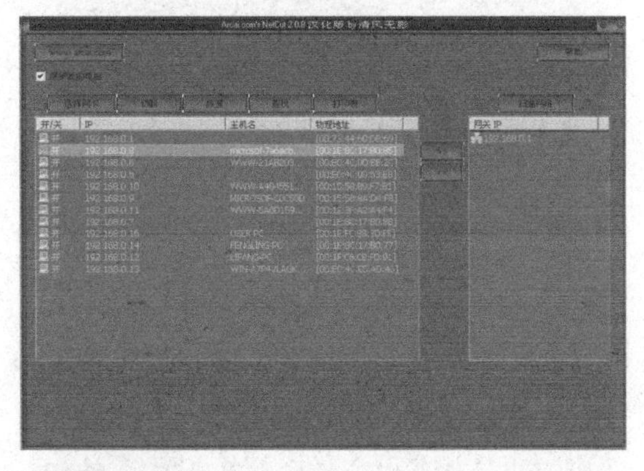

Step 05 如果局域网中的主机过多，可以使用该工具提供的查找功能，快速查看某个主机的信息。在【Netcut】主窗口中单击【查找】按钮，打开【查找】对话框。

Step 06 在其中的文本框中输入要查找主机的某个信息，这里输入的是IP地址，然后单击【查找】按钮，即可在【Netcut】主窗口中快速找到IP地址为192.168.0.8的主机信息。

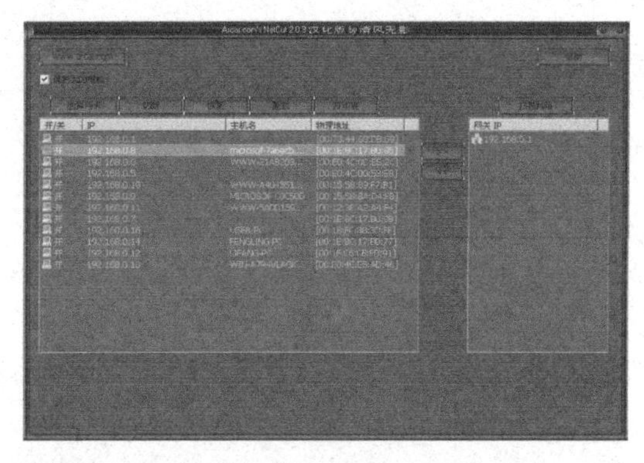

Step 07 利用网络剪切手的“打印表”功能可查看局域网中所有主机的信息。在【Netcut】主窗口中单击【打印表】按钮，打开【地址表】对话框，在其中可看到所在局域网中所有主机的MAC地址、IP地址、用户名等信息。

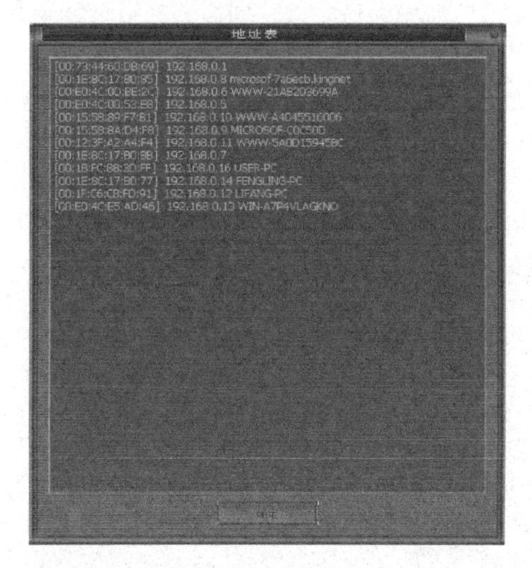

Step 08 在网络剪切手工具中还可以将某个主机的IP地址设置成网关IP地址。在【Netcut】主窗口中选择某台主机后，单击 >> 按钮，将该IP地址添加到“网关IP”列表中。

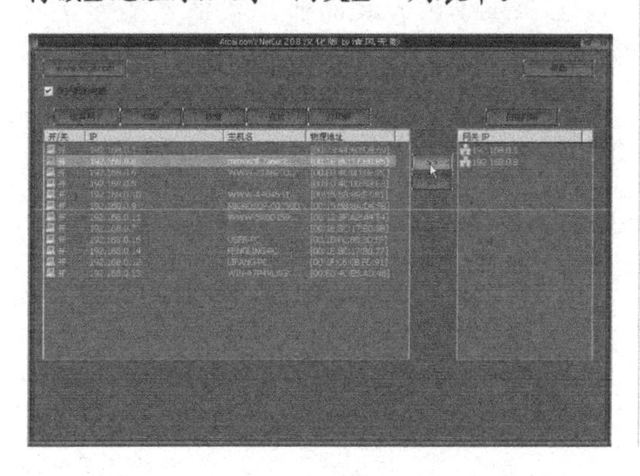

10.3.2 WinArpAttacker

WinArpAttacker是一款功能强大的局域网软件，利用该工具可以对ARP机器列表进行扫描；对ARP攻击、主机状态、本地ARP表发生变化等进行检测；检测其他机器的ARP监听攻击，并自动恢复正确的ARP表；把ARP数据包保存到文件；发送手工定制ARP包等。但是，该工具是基于Winpcap软件的，所以运行前必须先安装Winpcap软件。

使用WinArpAttacker工具的具体操作步骤如下。

Step 01 下载WinArpAttacker软件，双击其中的“WinArpAttacker.exe”程序，打开【WinArpAttacker】主窗口。

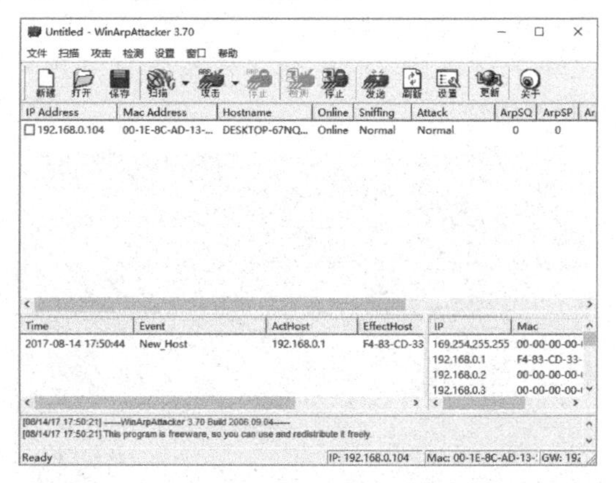

Step 02 然后选择【扫描】→【高级】菜单项，打开【扫描】对话框，从中可以看出有扫描主机、扫描网段、多网段扫描3种扫描方式。

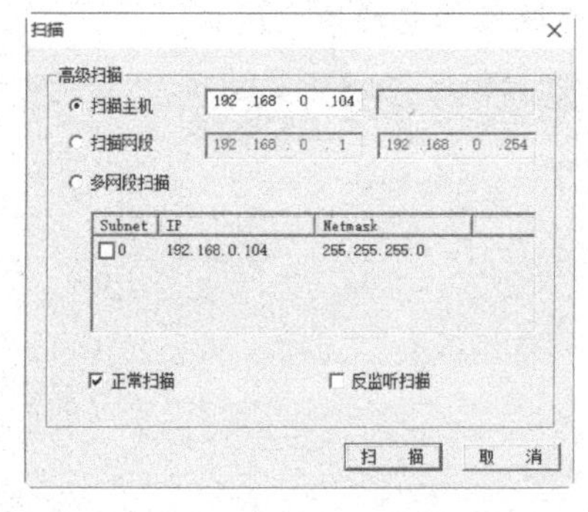

Step 03 使用【扫描主机】方式可以获得目标主机的MAC地址。在【扫描】对话框中选择【扫描主机】单选按钮，并在后

面的文本框中输入目标主机的IP地址，如192.168.0.104，然后单击【扫描】按钮，即可获得该主机的MAC地址。

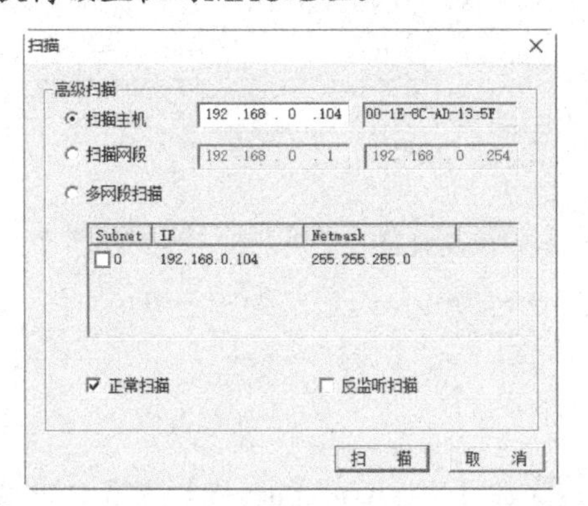

Step 04 而【扫描网段】方式可以对指定IP段范围内的主机进行扫描。选择【扫描网段】单选按钮后，在IP地址范围的文本框中输入扫描的IP地址范围。

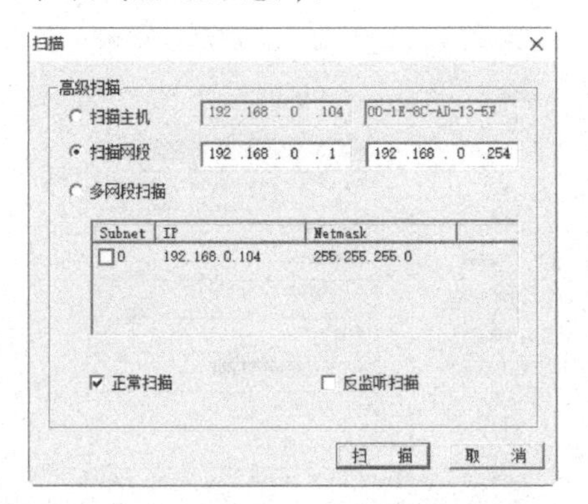

Step 05 单击【扫描】按钮进行扫描操作，当扫描完成时，会出现一个【Scanning successfully！（扫描成功）】对话框。

Step 06 依次单击【确定】按钮，返回到【WinArpAttacker】主窗口中，在其中可看到扫描结果。此时，【WinArpAttacker】窗口被分成以下3个部分。

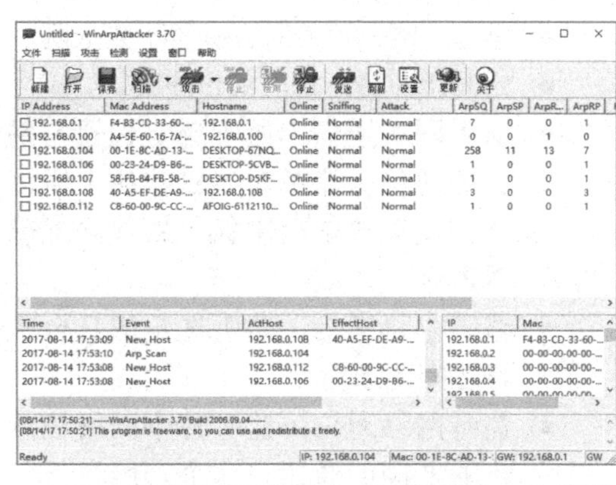

- 上面的区域是主机列表区，主要显示局域网内的机器IP、MAC、主机名、是否在线、是否在监听、是否处于被攻击状态，以及ARP数据包和转发数据包统计信息等。
- 左下方的区域主要显示第二个区域是检测事件显示区，主要显示检测到的主机状态变化和攻击事件。
- 右下方的区域显示IP地址和MAC地址信息。

Step 07 在扫描结果中勾选要攻击的目标计算机前面的复选框，然后在【WinArpAttacker】主窗口中单击【攻击】下拉按钮，从弹出的列表中选择任意选项就可以对其他计算机进行攻击了。

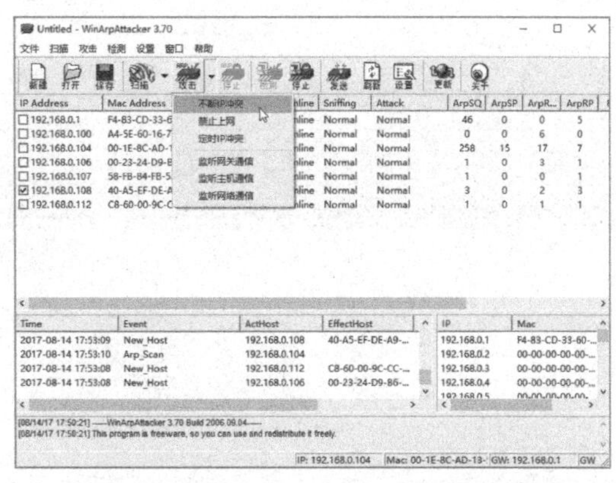

WinArpAttacker中有以下6种攻击方式：

- 不断IP冲突：不间断的IP冲突攻击，FLOOD攻击默认是一千次，可以在选项中改变这个数值。FLOOD攻击可使对方机器弹出【IP冲突】对话框，导致死机。

- 禁止上网：可使对方机器不能上网。
- 定时IP冲突：定时的IP冲突。
- 监听网关通信：监听选定机器与网关的通信，监听对方机器的上网流量。发动攻击后用抓包软件来抓包看内容。
- 监听主机通信：监听选定的几台机器之间的通信。
- 监听网络通信：监听整个网络任意机器之间的通信，这个功能过于危险，可能会把整个网络搞乱，建议不要乱用。

Step 08 如果选择【IP冲突】选项，即可使目标计算机不断弹出【IP地址与网络上的其他系统有冲突】提示框。

Windows - 系统错误
IP 地址与网络上的其他系统有冲突。

Step 09 如果选择【禁止上网】选项，此时在【WinArpAttacker】主窗口就可以看到该主机的“攻击”属性变为“BanGateway”。如果想停止攻击，则需在【WinArpAttacker】主窗口中选择【攻击】→【停止攻击】菜单项，否则将会一直进行。

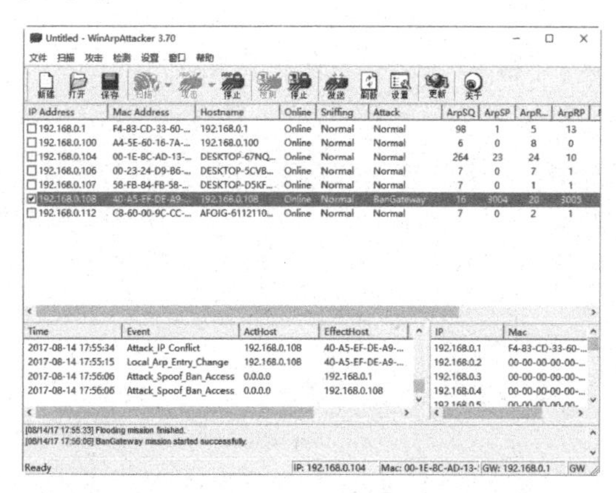

Step 10 在【WinArpAttacker】主窗口中单击【发送】按钮，打开【发送ARP数据包】对话框，在其中设置目标硬件Mac、ARP方向、源硬件Mac、目标协议Mac、源协议Mac、目标IP和源IP等属性后，单击【发送】按钮，向指定的主机发送ARP数据包。

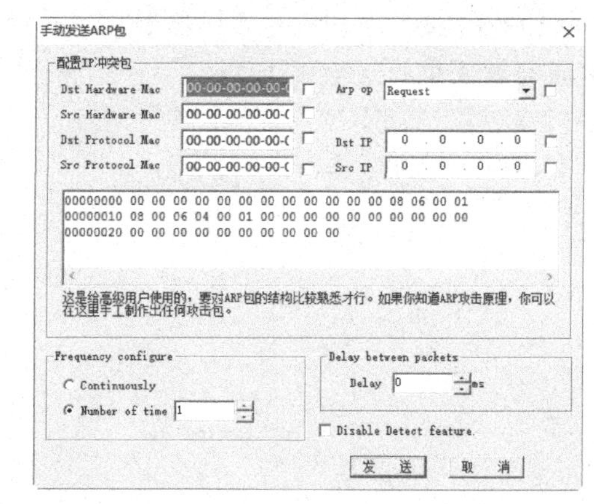

Step 11 在【WinArpAttacker】主窗口中选择【设置】菜单项，然后从弹出的菜单中选择任意一项即可打开【Options（选项）】对话框，在其中对各个选项卡进行设置。

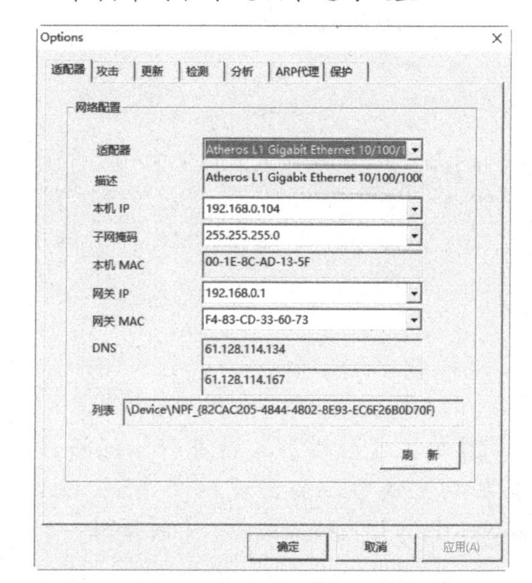

10.3.3 网络特工

网络特工可以监视与主机相连HUB上所有机器收发的数据包，还可以监视所有局域网内的机器上网情况，以对非法用户进行管理，并使其登录指定的IP网址。

使用网络特工的具体操作步骤如下。

Step 01 下载并运行其中的“网络特工.exe”程序，打开【网络特工】主窗口。

Step 02 选择【工具】→【选项】菜单项，打开【选项】对话框，在其中可以设置“启动”“全局热键”等属性。

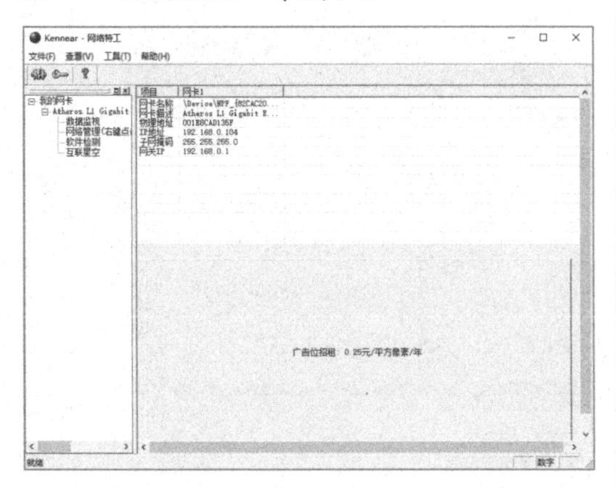

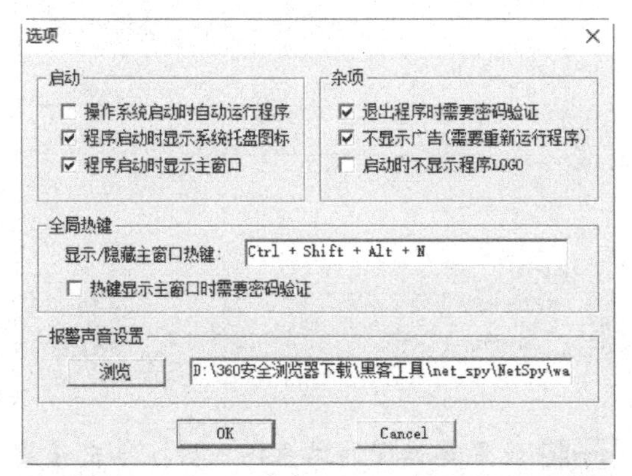

Step 03 在【网络特工】主窗口左边的列表中单击【数据监视】选项，打开【数据监视】窗口。在其中设置要监视的内容后，单击【开始监视】按钮，进行监视。

Kennear - 网络特工

文件(F) 查看(V) 工具(T) 帮助(H)

时间	包长度	物理地址	帧类型	协议	IP地址
2017-08-14 17:22:14.127	60 B	F483CD336073->001E8CAD135F	以太网	arp回应	192.168.0.1->1
2017-08-14 17:22:14.346	55 B	001E8CAD135F->F483CD336073	以太网	IPv4 tcp	192.168.0.104-
2017-08-14 17:22:14.346	55 B	001E8CAD135F->F483CD336073	以太网	IPv4 tcp	192.168.0.104-
2017-08-14 17:22:14.440	66 B	F483CD336073->001E8CAD135F	以太网	IPv4 tcp	180.163.255.15
2017-08-14 17:22:14.440	66 B	F483CD336073->001E8CAD135F	以太网	IPv4 tcp	180.163.255.15
2017-08-14 17:22:15.429	575 B	58FB84FB5810->01005E7FFFFA	以太网	IPv4 udp	192.168.0.107-
2017-08-14 17:22:15.710	575 B	58FB84FB5810->01005E7FFFFA	以太网	IPv4 udp	192.168.0.107-
2017-08-14 17:22:15.772	60 B	F483CD336073->001E8CAD135F	以太网	IPv4 tcp	106.39.219.26-
2017-08-14 17:22:15.772	54 B	001E8CAD135F->F483CD336073	以太网	IPv4 tcp	192.168.0.104-
2017-08-14 17:22:15.851	627 B	58FB84FB5810->01005E7FFFFA	以太网	IPv4 udp	192.168.0.107-
2017-08-14 17:22:16.043	627 B	58FB84FB5810->01005E7FFFFA	以太网	IPv4 udp	192.168.0.107-
2017-08-14 17:22:16.230	639 B	58FB84FB5810->01005E7FFFFA	以太网	IPv4 udp	192.168.0.107-
2017-08-14 17:22:16.308	639 B	58FB84FB5810->01005E7FFFFA	以太网	IPv4 udp	192.168.0.107-
2017-08-14 17:22:16.574	584 B	58FB84FB5810->01005E7FFFFA	以太网	IPv4 udp	192.168.0.107-
2017-08-14 17:22:16.652	584 B	58FB84FB5810->01005E7FFFFA	以太网	IPv4 udp	192.168.0.107-
2017-08-14 17:22:16.793	55 B	001E8CAD135F->F483CD336073	以太网	IPv4 tcp	192.168.0.104-

协议过滤 ARP IP ICMP IGMP TCP UDP 实时数据监视 停止监视

IP地址过滤 0 0 0 0 端口过滤 0 滚动屏幕 暂停

数据包过滤字符串: 〈语法正确〉

保存监视数据到文件 浏览 清空列表

从文件读取数据: 浏览 导入

流量统计

统计名称(单位)	数值	效率(每秒)
收发包总数(包)		
收发数据总数(字节)		
接收包总数(包)		
接收数据总数(字节)		

广告位招租：0.1元/平方像素/年

就绪 数字

Step 04 在【网络特工】主窗口左边的列表中右击【网络管理】选项，从弹出的快捷菜单中选择“添加新网段”选项，打开【添加新网段】对话框。

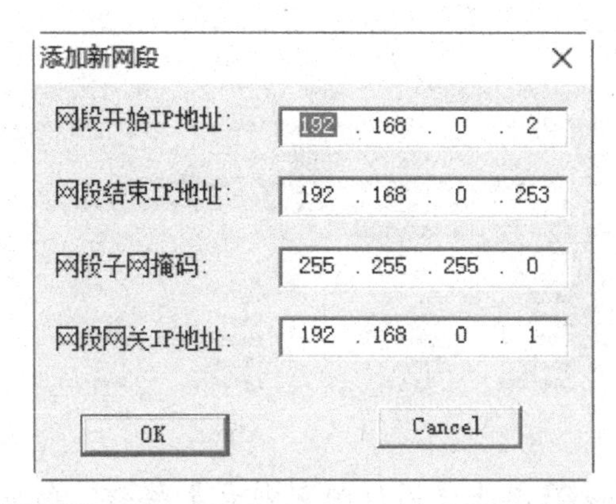

Step 05 设置网段开始IP地址、网段结束IP地址、网段子网掩码、网段网关IP地址之后，单击【OK】按钮，即可在【网络特工】主窗口左边的【网络管理】选项中看到新添加的网段。

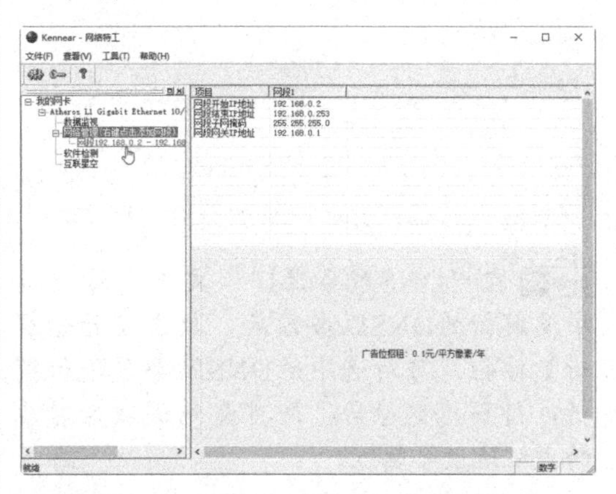

Step 06 双击该网段，在右边打开的窗口中可看到刚设置的网段中所有的信息。

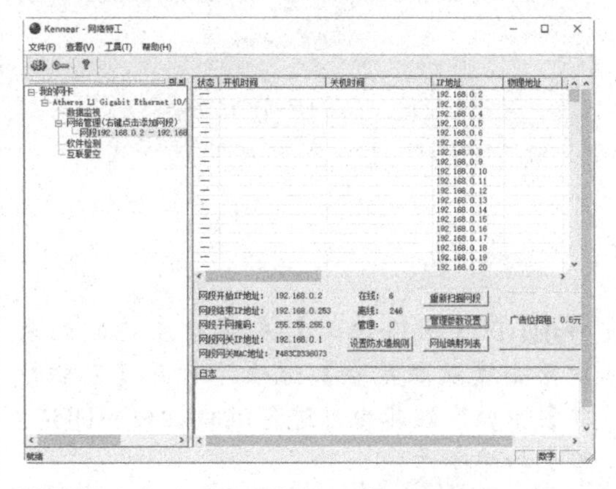

Step 07 单击其中的【管理参数设置】按钮，打开【管理参数设置】对话框，在其中对各个网络参数进行设置。

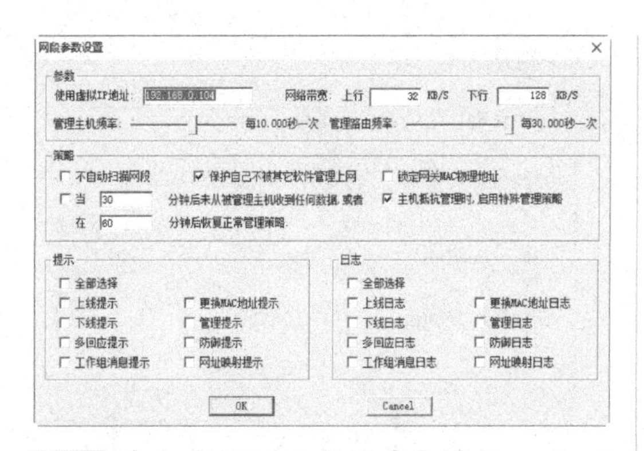

Step 08 单击【网址映射列表】按钮，打开【网址映射列表】对话框。

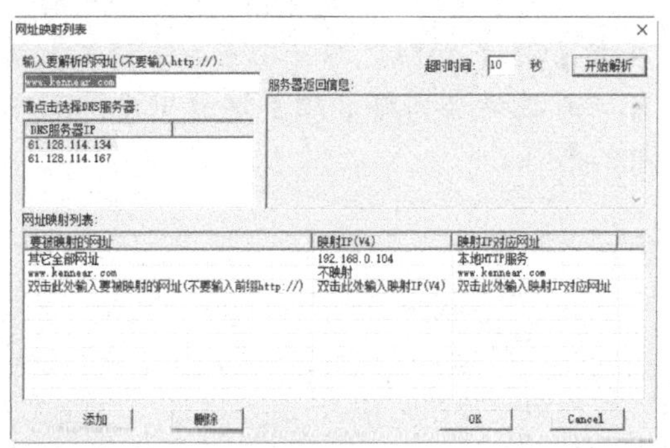

Step 09 在“DNS服务器IP”文本区域中选中要解析的DNS服务器后，单击【开始解析】按钮，可对选中的DNS服务器进行解析，待解析完毕后，即可看到该域名对应的主机地址等属性。

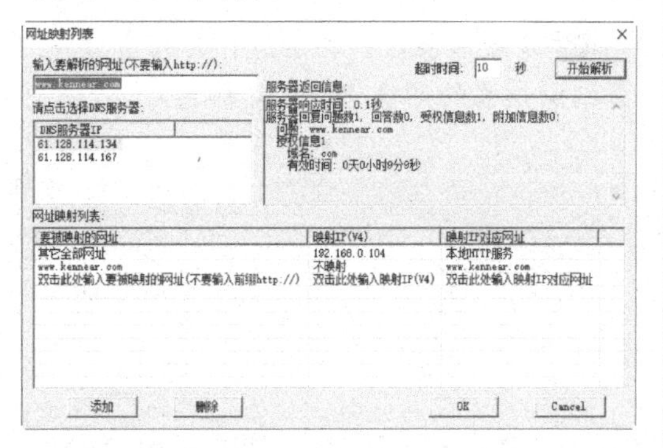

Step 10 在【网络特工】主窗口左边的列表中单击【互联星空】选项，打开【互联情况】窗口，在其中可进行端口扫描和DHCP服务扫描操作。

Step 11 在右边的列表中选择【端口扫描】选项后，单击【开始】按钮，打开【端口扫描参数设置】对话框。

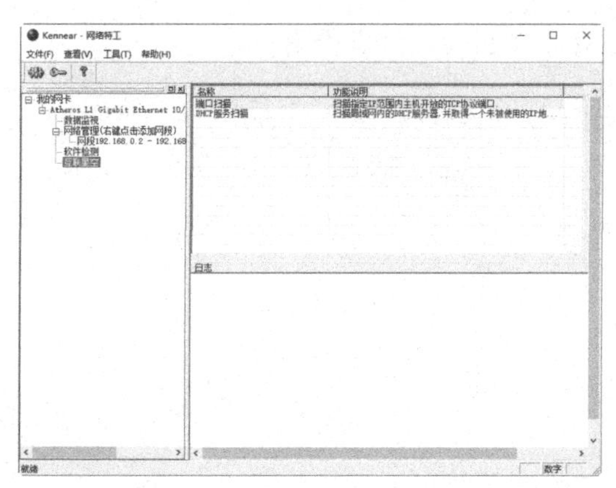

Step 12 设置起始IP和结束IP之后，单击【常用端口】按钮，将常用的端口显示在【端口列表】文本区域内。

Step 13 单击【OK】按钮，进行扫描端口操作，在扫描的同时，将扫描结果显示在下面的“日志”列表中，在其中可看到各个主机开启的端口。

Step 14 在【互联星空】窗口右边的列表中选择【DHCP服务扫描】选项后，单击【开始】按钮，进行DHCP服务扫描操作。

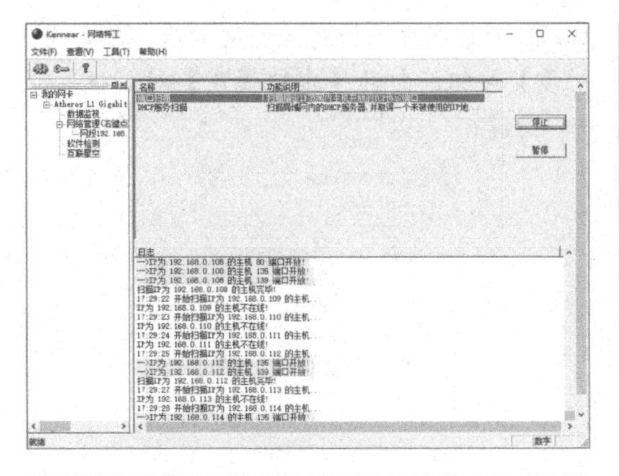

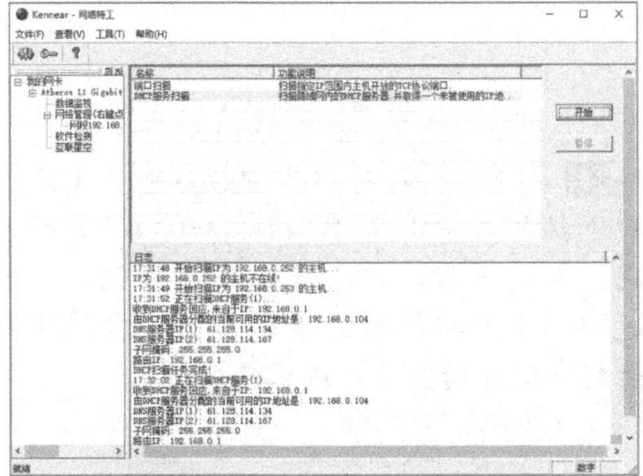

10.4　局域网安全辅助软件

面对黑客针对局域网的种种攻击，局域网管理者可以使用局域网安全辅助工具对整个局域网进行管理。本节将介绍几款最经典的局域网辅助软件，以帮助大家维护局域网，从而保护局域网的安全。

10.4.1　聚生网管

聚生网管系统是聚生科技在深入分析了主流局域网监控软件技术的基础上，经过自主创新和不断测试，最终研发成功的一套优秀的网络监控软件。只需要在局域网的任意一台计算机上安装该软件，就可以控制整个局域网的P2P下载、各种聊天工具、股票软件、游戏软件等，使得网管人员在一台控制机上可以控制任意一台局域网主机，从而极大地提高了工作效率。

1. 安装聚生网管

Step 01 双击下载的聚生网管安装程序，打开【许可证协议】对话框，在其中可以查看软件许可协议信息。

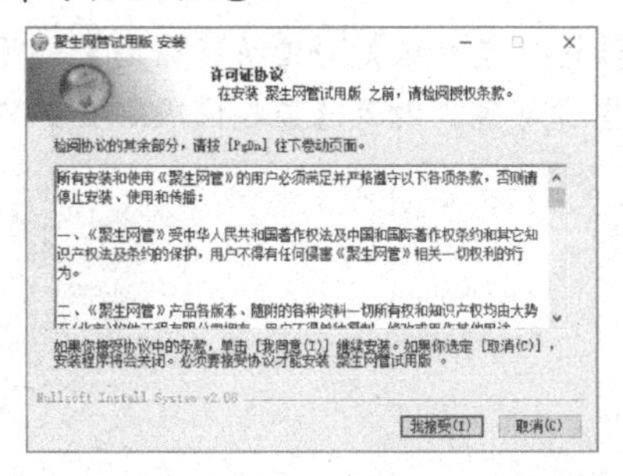

Step 02 单击【我接受】按钮，打开【选定安装位置】对话框，在其中设置程序的安装目标文件夹。

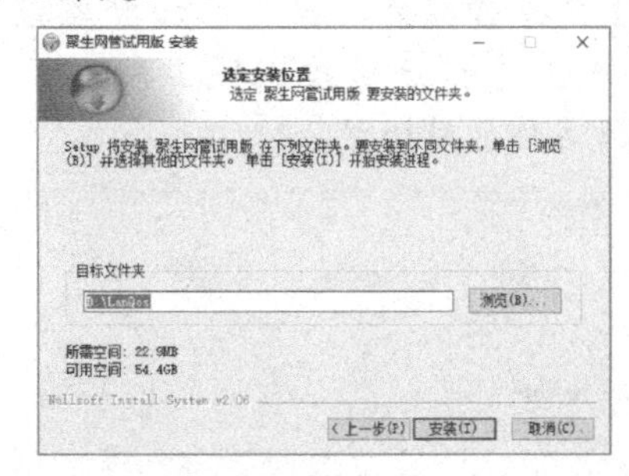

Step 03 单击【安装】按钮，开始安装聚生网管程序，并显示安装的进度。

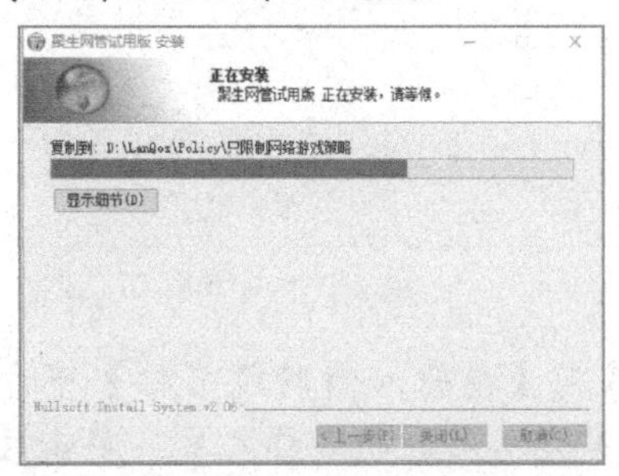

Step 04 安装完成后，弹出【安装完成】对话框，单击【关闭】按钮，完成程序的安装。

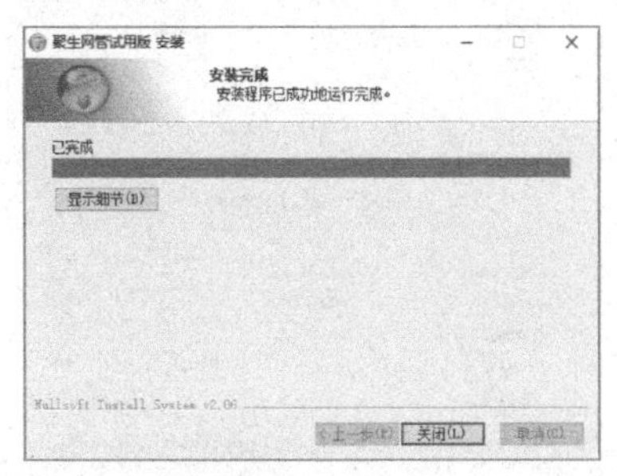

2. 聚生网管的配置

使用聚生网管这款软件之前，需要先

对其进行配置。配置聚生网管的具体操作步骤如下。

Step 01 选择【开始】→【所有应用】→【聚生网管】菜单项，打开【监控网段配置】窗口。

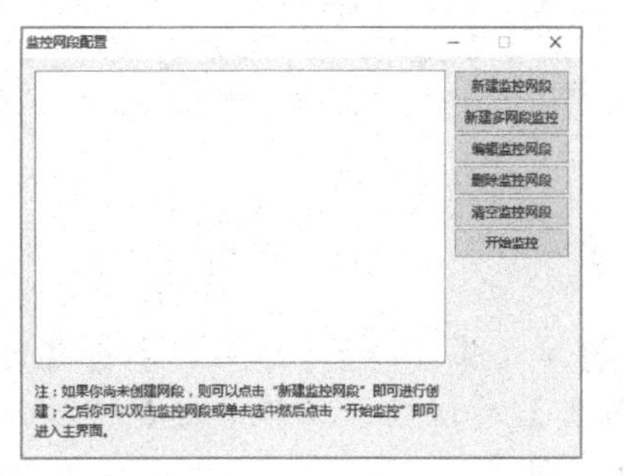

Step 02 进行监控前，需要添加要监控的网段，单击【新建监控网段】按钮，打开【网段名称】对话框。

Step 03 在【请输入新网段名称】下方的文本框中输入网段的名称之后，单击【下一步】按钮，打开【选择网卡】对话框。

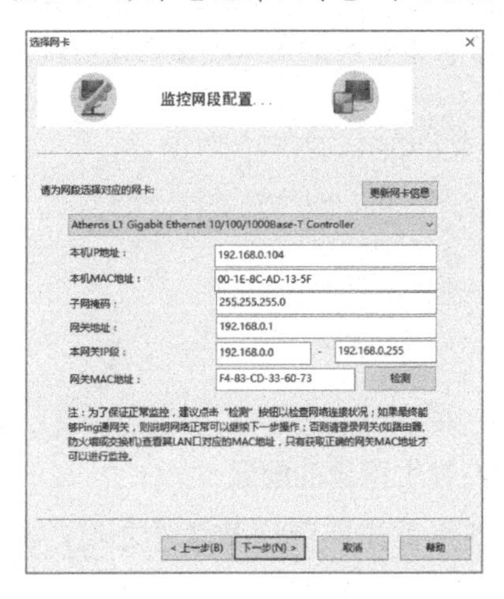

Step 04 为该网段选择对应的网卡后，单击【下一步】按钮，打开【出口带宽】对话框。

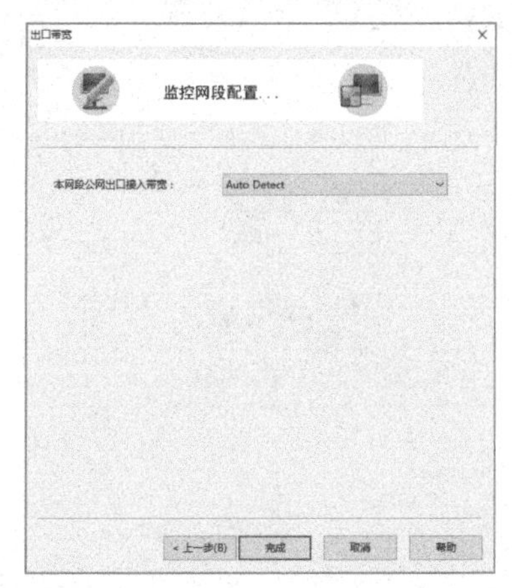

Step 05 在【本网段公网出口接入带宽】右侧的下拉列表中选择【Auto Detect（自动检测）】选项后，单击【完成】按钮，将会返回到【监控网段配置】窗口，在其中可看到所配置的监控网段信息。

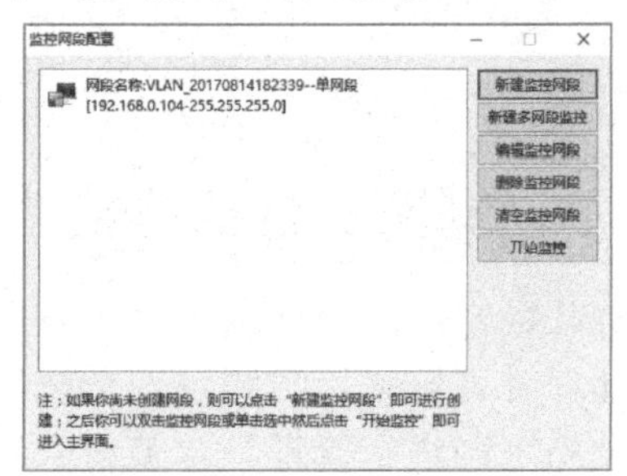

Step 06 当确定所配置的监控网段信息准确无误后，单击【开始监控】按钮，即可打开【聚生网管】主窗口。

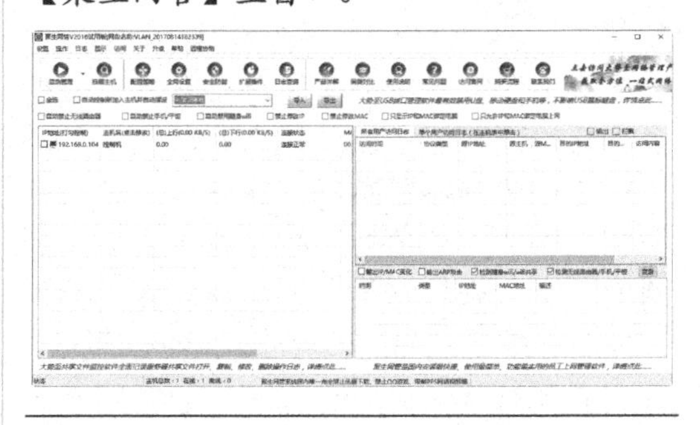

提示：用户可以根据需要建立多个网段。如果想监控第二个网段，请再次打开一个聚生网管的窗口，从中选择想要建立的第二个网段，然后单击【开始监控】按钮即可。

3. 聚生网管的使用

配置完聚生网管要监控的网段后，就可以利用该工具对整个局域网进行管理了，具体操作步骤如下。

Step 01 在【聚生网管】主窗口中单击【启动管理】按钮，即可扫描到所有在线主机，并在下方的列表中显示出来。

Step 02 勾选主机前面的复选框，即可开始控制并显示计算机宽带、上网网址或拦截日志等信息，取消勾选，则所有控制全部失效。

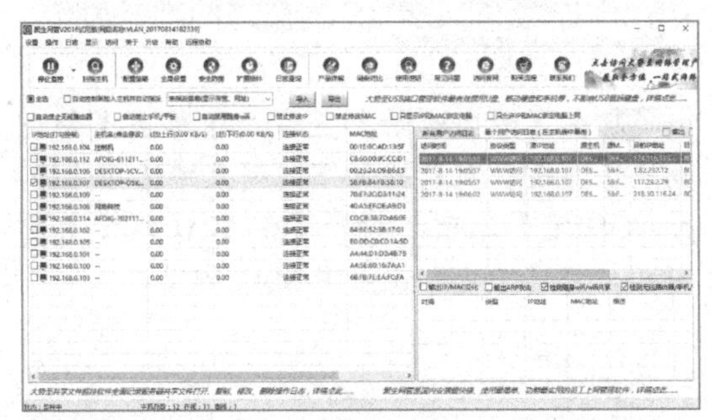

Step 03 在主机列表中右击鼠标，从弹出的快捷菜单中选择【控制全部主机】命令，即可控制全部主机。

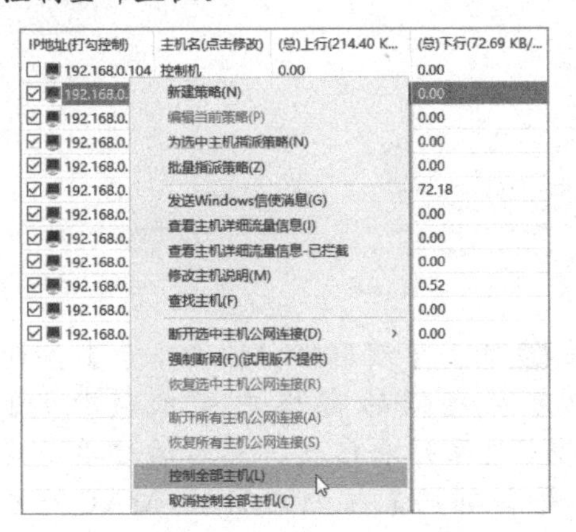

Step 04 虽然可以控制全部主机，但只是让用户查看带宽，并没有对主机进行其他控制。如果想启用各种控制（如下载、聊天等），双击某台主机信息，将会看到【您已经定义过策略，现在继续新建一个策略吗？】提示框。

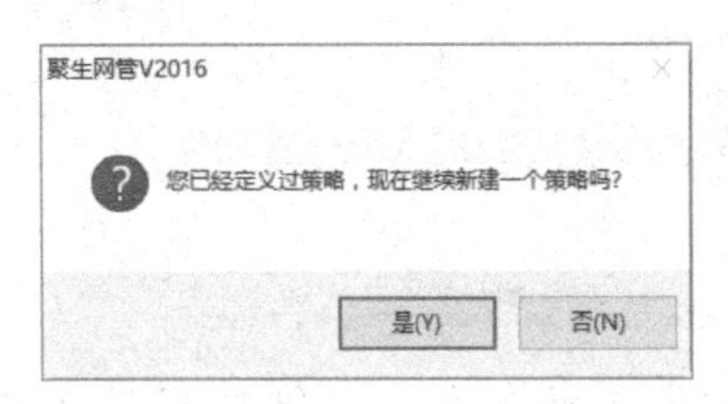

Step 05 若要新建策略，则需要单击【是】按钮，打开【策略名】对话框，在【请输入策略名称】文本框中输入一个策略的名称，如“局域网”。

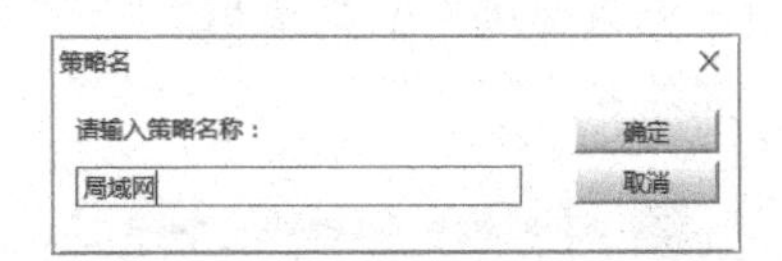

Step 06 单击【确定】按钮，打开【编辑策略[局域网]的内容】对话框，在其中分别设置网络限制、带宽限制、P2P下载限制、流量限制、普通下载限制、游戏限制、股票限制、聊天限制、ACL规则、时间设置等选项卡。

Step 07 设置完毕后，单击【确定】按钮，完成创建策略。单击【配置策略】按钮，打开【策略编辑】对话框，从中可看到添加的策略。

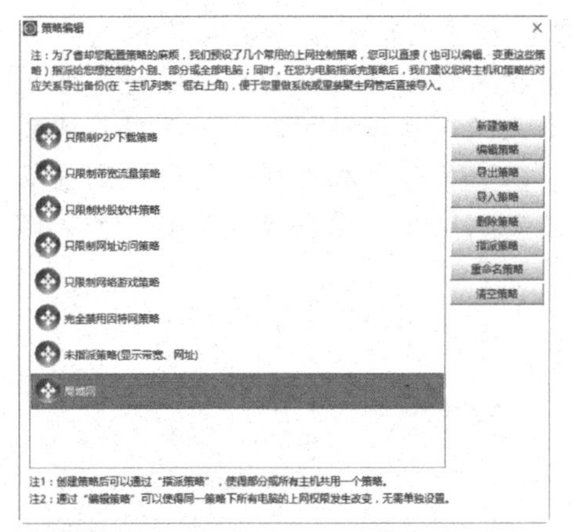

Step 08 建立好策略后，用户可以在主机列表窗格中双击其他【未指派策略】的主机指派已经建好的策略，也可以再建一个新的策略。若想再建一个策略，双击该台主机，将弹出【您已经定义过策略，现在继续新建一个策略吗？】提示框。

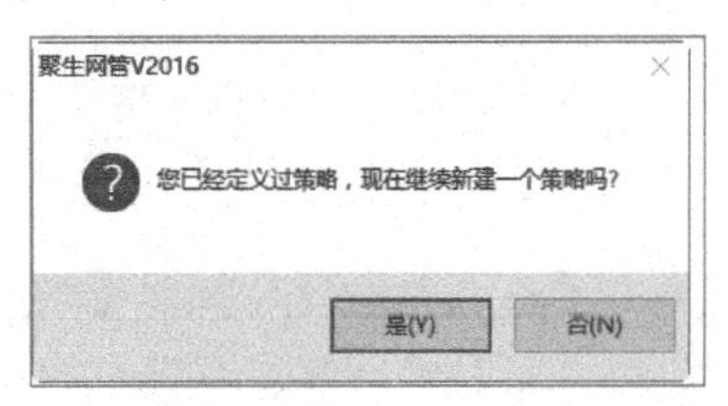

Step 09 单击【是】按钮，可以继续新建一个策略；单击【否】按钮，将弹出【重新指派策略】对话框，可以重新指派刚才定义的策略，或者仍旧保持“未指派策略”状态，设置后单击【确定】按钮，即可成功设置指派策略。

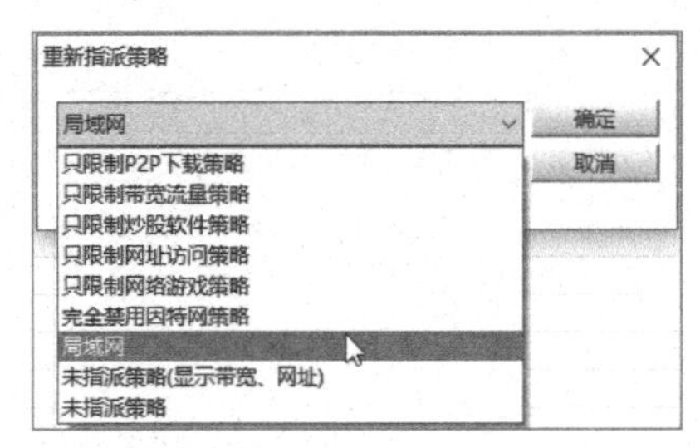

Step 10 如果想对所有的主机或者一部分主机都应用同一个策略，只需要在【聚生网管】主机列表窗格中右击，从弹出的快捷菜单中选择【批量指派策略】命令。

Step 11 打开【策略指派设置】对话框，对话框左右两侧分别为已经指派策略的主机和未指派策略的主机，用户可以把其中的一个已经建立好策略的组或未建立策略的组里面的所有主机全部指派到右侧的某个策略组里面或未指派的策略组里面；右侧的同样也可以指派到左侧的组里面。

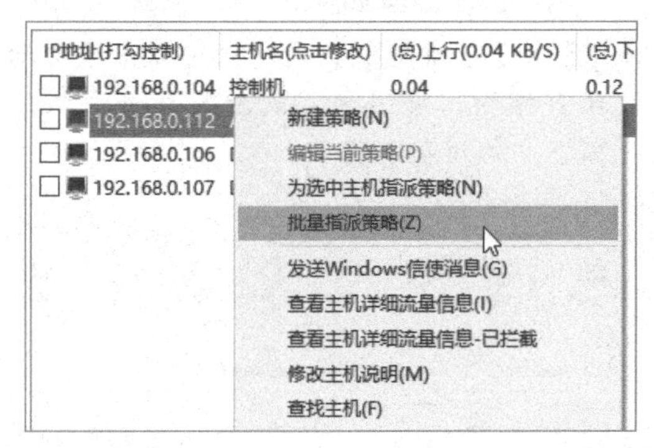

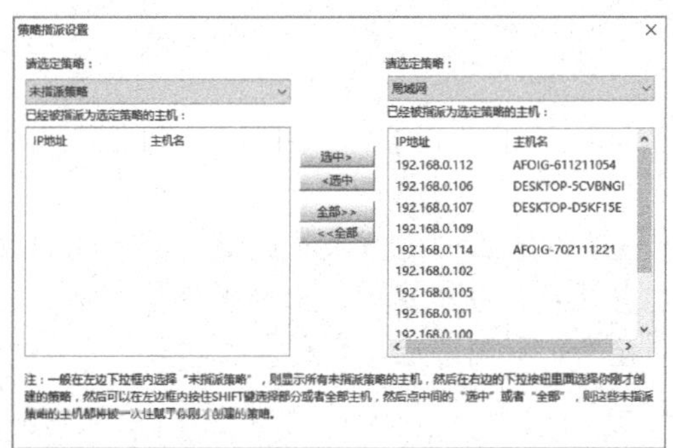

Step 12 在【聚生网管】主窗口中单击【安全防御】按钮，从弹出的下拉列表中选择【IP-MAC绑定】选项，打开【IP-MAC绑定】对话框，在其中可以设置IP-MAC绑定。

Step 13 单击【获取IP-MAC关系】按钮，即可在左侧的窗格中显示获取的IP-MAC关系列表信息，然后通过单击【手工添加绑定】按钮进行IP-MAC关系的

绑定操作。

Step 14 为了保证局域网的安全，防止局域网内其他用户用聚生网管扰乱局域网，该工具还提供了防护“网内其他运行记录”功能，单击【安全防御】按钮，从弹出的下拉列表中选择【网内其他运行记录】选项，打开【局域网本软件运行记录】对话框，聚生网管的正式版可以强制测试版、试用版的聚生网管退出，并且记录下运行聚生网管的主机的机器名、运行时间、网卡、IP，以及系统对其的处理结果等信息。

Step 15 利用聚生网管可以检测当前对局域网危害最为严重的三大工具：局域网终结者、网络剪切手和网络执法官。在【聚生网管】主窗口中单击【安全防御】按钮，从弹出的下拉列表中选择【安全检测工具】选项，打开【安全检测工具】对话框，在其中可看到局域网攻击检测工具和局域网ARP病毒、ARP攻击专项检测工具等。

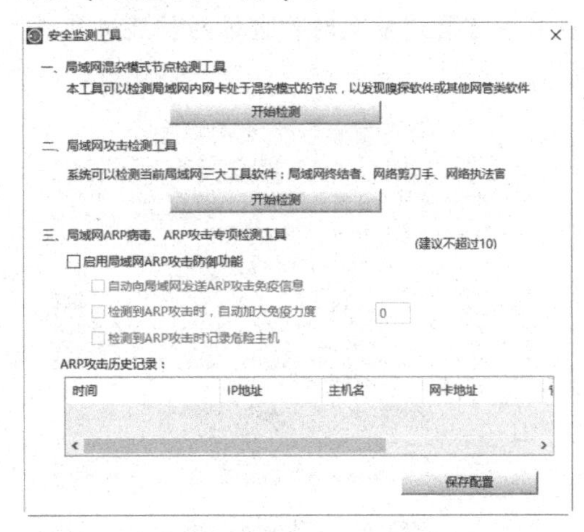

Step 16 单击【局域网攻击检测工具】栏目中的【开始检测】按钮，打开【局域网攻击软件检测工具】窗口。

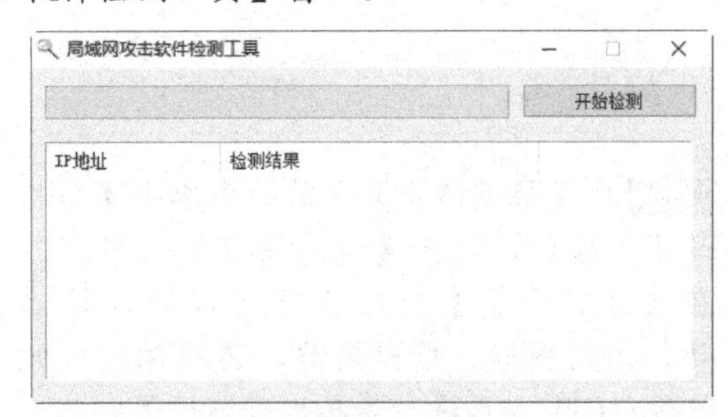

Step 17 单击【开始检测】按钮，打开【请问控制服务现在是处于停止状态吗？】提示框。

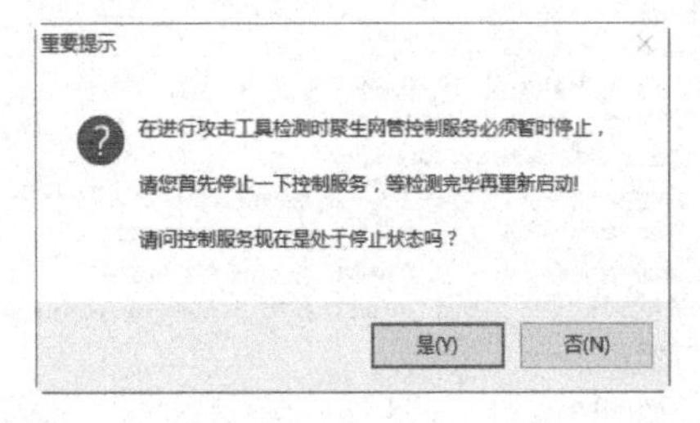

Step 18 单击【是】按钮，检测整个局域网中是否存在局域网攻击软件，同时将检测的结果显示在下面的列表中。

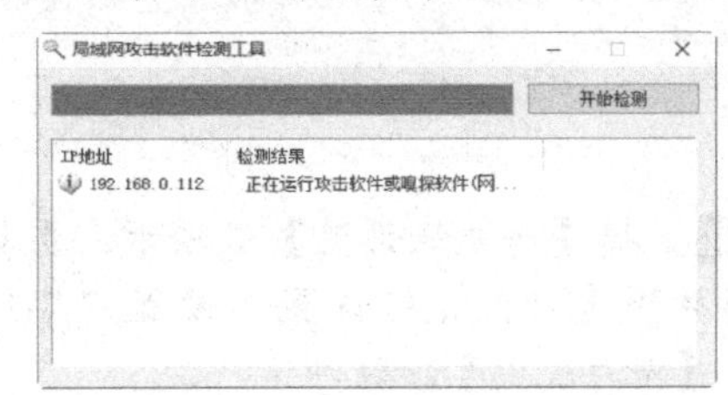

Step 19 单击【聚生网管】主窗口中的【扩展插件】按钮，打开【扩展插件】对话框，在其中可看到聚生网管自带的扩展工具。

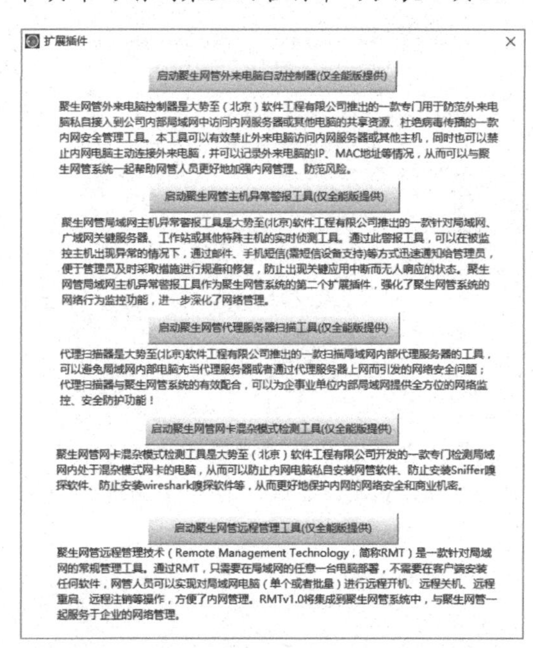

Step 20 在【聚生网管】主窗口中单击【全局设置】按钮，打开【运行设置】对话框，在【系统设置】选项卡下可以对软件启动、托盘图标、呼出热键、密码保护、软件运行CPU占用设定等属性进行设置。

Step 21 选择【优先级设置】选项卡，在其中可对软件进行优先级设置，设置完毕后，单击【保存配置】按钮即可。

10.4.2 长角牛网络监控机

长角牛网络监控机（网络执法官）3.48只需在一台机器上运行，可穿透防火墙，实时监控、记录整个局域网用户上线情况，可限制各用户上线时所用的IP、时段，并可将非法用户踢下局域网。本软件的适用范围为局域网内部，不能对网关或路由器外的机器进行监视或管理，适合局域网管理员使用。

1. 查看主机信息

利用该工具可以查看局域网中各个主机的信息，如用户属性、在线纪录、记录查询等，其具体操作步骤如下。

Step 01 下载并安装“长角牛网络监控机”软件后，选择【开始】→【所有应用】→【Netrobocop】菜单项，打开【设置监控范围】对话框。

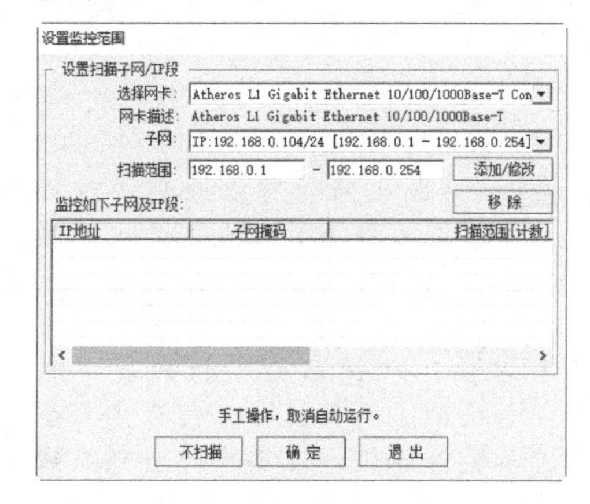

Step 02 设置完网卡、子网、扫描范围等属性之后，单击【添加/修改】按钮，即可将设置的扫描范围添加到“监控如下子网及IP段”列表中。

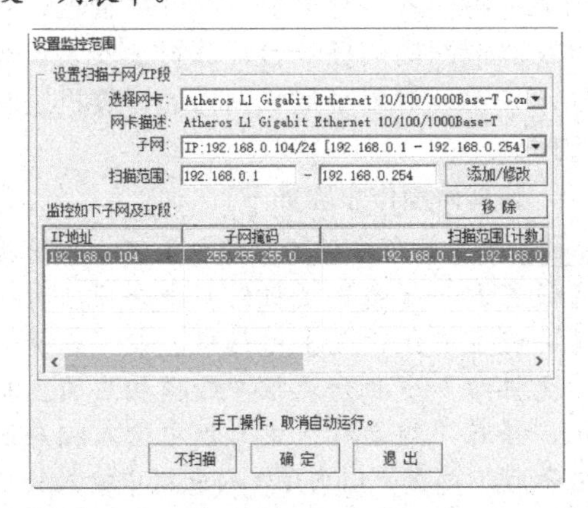

Step 03 选中刚添加的IP段后，单击【确定】按钮，打开【长角牛网络监控机】主窗口，在其中可看到设置IP地址段内的主机的各种信息，如网卡权限地址、IP地址、上线时间等。

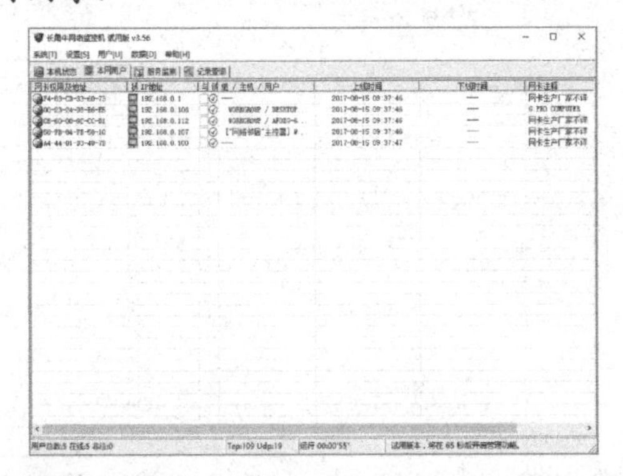

Step 04 在【长角牛网络监控机】窗口的计算机列表中双击需要查看的对象，即可打开【用户属性】对话框。

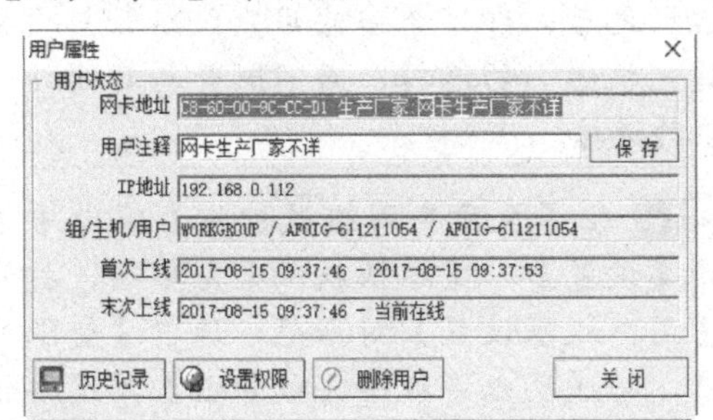

Step 05 单击【历史记录】按钮，打开【在线记录】对话框，在其中可查看该计算机的上线情况。

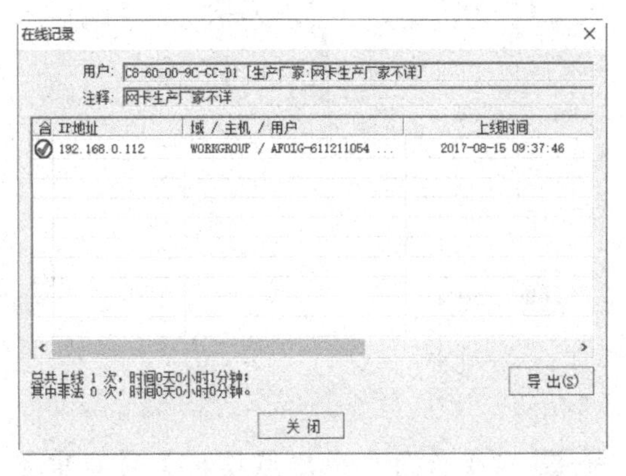

Step 06 单击【导出】按钮，可将该计算机的上线记录保存为文本文件。

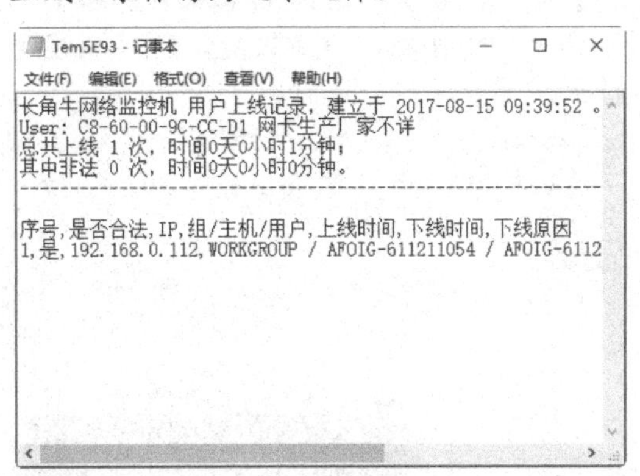
Tem5E93 - 记事本

文件(F) 编辑(E) 格式(O) 查看(V) 帮助(H)

长角牛网络监控机 用户上线记录，建立于 2017-08-15 09:39:52 。
User: C8-60-00-9C-CC-D1 网卡生产厂家不详
总共上线 1 次，时间0天0小时1分钟；
其中非法 0 次，时间0天0小时0分钟。

序号,是否合法,IP,组/主机/用户,上线时间,下线时间,下线原因
1,是,192.168.0.112,WORKGROUP / AFOIG-611211054 / AFOIG-6112

Step 07 在【长角牛网络监控机】窗口中单击【记录查询】按钮，打开【记录查询】窗口。

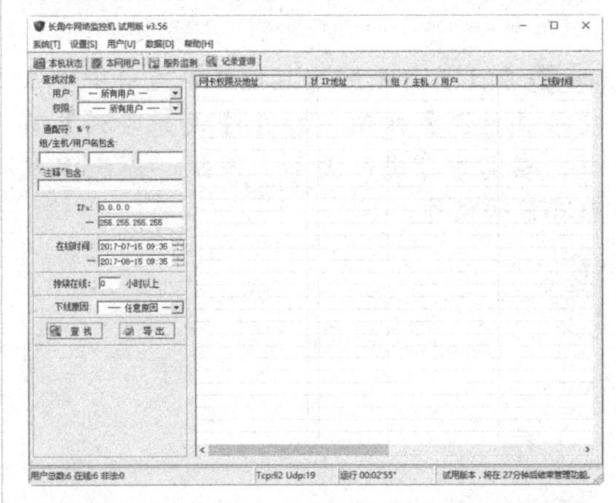

Step 08 在“用户”下拉列表中选择要查询用户对应的网卡地址；在“在线时间”文本框中设置该用户的在线时间，然后单击【查找】按钮，可找到该主机在指定时间的记录。

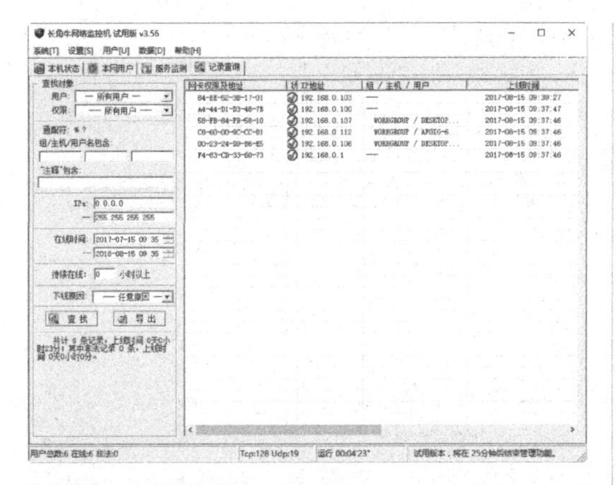

Step 09 在【长角牛网络监控机】窗口中单击【本机状态】按钮，打开【本机状态信息】窗口，在其中可看到本机计算机的网卡参数、IP收发、TCP收发、UDP收发等信息。

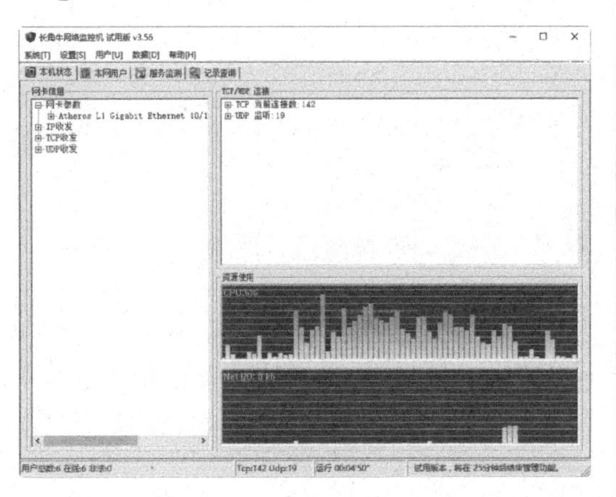

Step 10 在【长角牛网络监控机】窗口中单击【服务监测】按钮，打开【服务监测】窗口，在其中可进行添加、修改、删除以及服务器等操作。

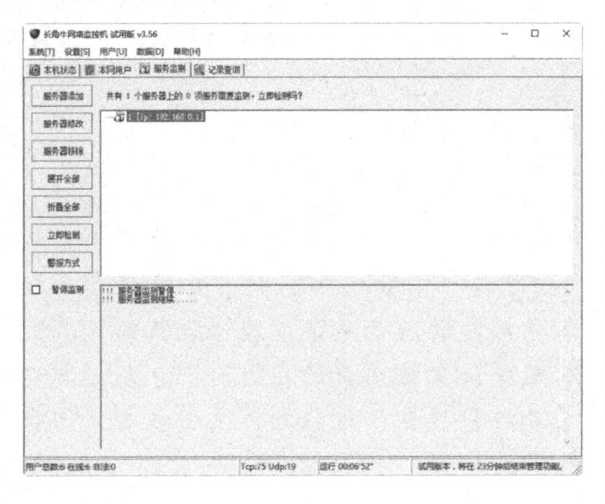

2. 设置局域网

除收集局域网内各个计算机的信息之外，“长角牛网络监控机”工具还可以对局域网中的各个计算机进行网络管理，可以在局域网内的任一台计算机上安装该软件，来实现对整个局域网内的计算机进行管理。

其具体操作步骤如下。

Step 01 在【长角牛网络监控机】窗口中选择【设置】→【关键主机组】命令项，打开【关键主机组设置】对话框，在“选择关键主机组”下拉列表框中选择相应的主机组，并在“组名称”文本框中输入相应的名称后，再在“组内IP”列表框中输入相应的IP组。最后单击【全部保存】按钮，完成关键主机组的设置操作。

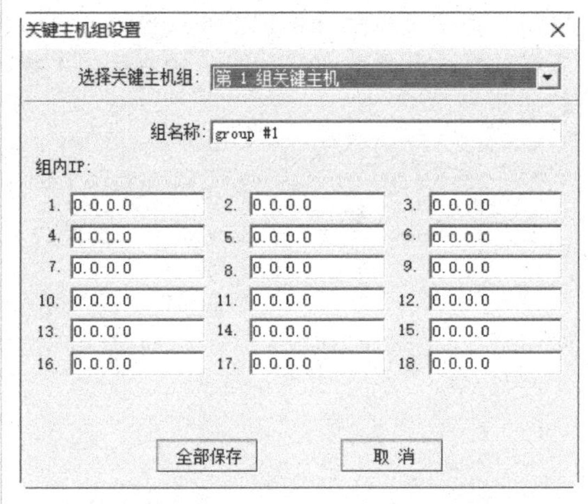

提示：“关键主机组”是由管理员指定的IP地址，可以是网关、其他计算机或服务器等。管理员将指定的IP存入“关键主机组”之后，即可令非法用户仅断开与“关键主机组”的连接，而不断开与其他计算机的连接。

Step 02 在【长角牛网络监控机】窗口中选择【设置】→【默认权限】菜单项，打开【用户权限设置】对话框，选中【受限用户，若违反以下权限将被管理】单选按钮之后，设置“IP限制”“时间限制”和“组/主机/用户名限制”等选项。这样，当目标计算机与局域网连接时，“长角牛网络监控机”将按照设定的选项对该计算机进行管理。

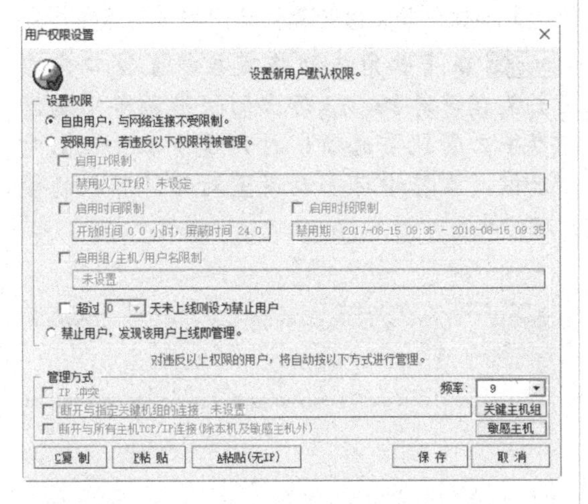

Step 03 可以利用“长角牛网络监控机”工具保护指定的IP地址段。在【长角牛网络监控机】窗口中选择【设置】→【IP保护】菜单项，打开【IP保护】对话框，在其中设置要保护的IP段后，单击【添加】按钮，即可将该IP段添加到“已受保护的IP段”列表中。

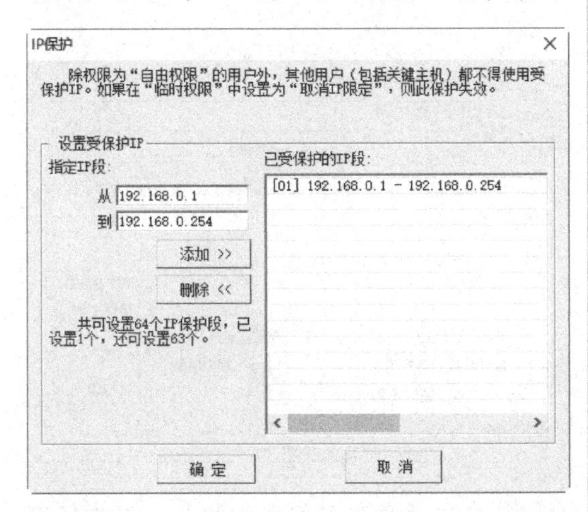

Step 04 在“长角牛网络监控机”工具中还可以设置敏感主机。在【长角牛网络监控机】窗口中选择【设置】→【敏感主机】菜单项，打开【设置敏感主机】对话框，在“敏感主机MAC”文本框中输入目标主机的MAC地址后单击 » 按钮，即可将该主机设置为敏感主机。

Step 05 在【长角牛网络监控机】窗口中选择【设置】→【远程控制】菜单项，打开【远程控制】对话框，在其中勾选【接受远程命令】复选框，并输入目标主机的IP地址和口令后，即可对该主机进行远程控制。

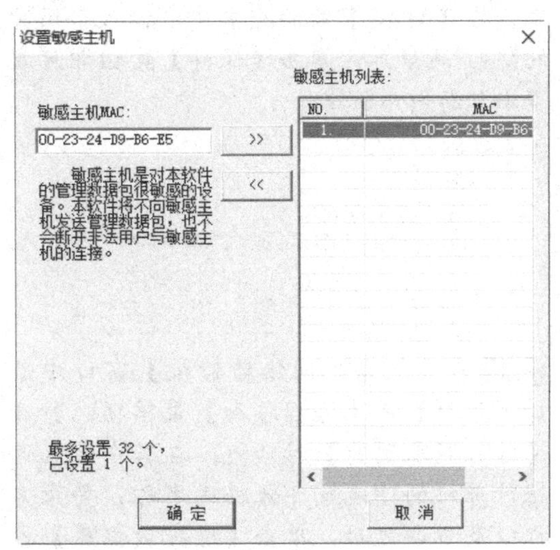

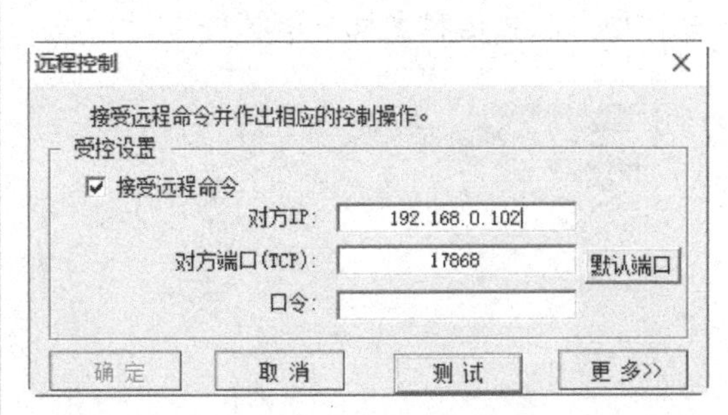

Step 06 在【长角牛网络监控机】窗口中选择【设置】→【主机保护】菜单项，打开【主机保护】对话框，勾选【启用主机保护】复选框，输入要保护主机的IP地址和网卡地址之后，单击【加入】按钮，即可将该主机添加到“受保护主机”列表中。

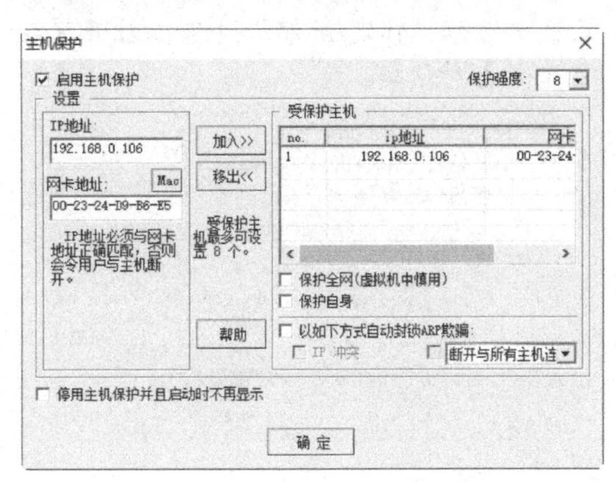

Step 07 在“长角牛网络监控机”工具中还可以添加新的用户。在【长角牛网络监控机】窗口中选择【用户】→【添加用户】菜单项，打开【New user（新用户）】对话框，在【MAC】后的文本框中输入新用户的MAC地址后，单击【保存】按钮即可实现添加新用户操作。

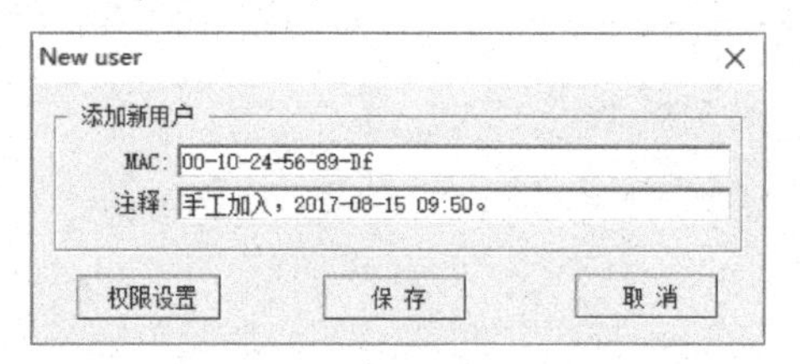

Step 08 在【长角牛网络监控机】窗口中选择【用户】→【远程添加】菜单项，打开【远程获取用户】对话框，在其中输入远程计算机的IP地址、数据库名称、登录名称以及口令之后，单击【连接数据库】按钮，即可从该远程主机中读取用户。

Step 09 如果禁止局域网内某一台计算机的网络访问权限，则可在【长角牛网络监控机】窗口内右击该计算机，从弹出的快捷菜单中选择“锁定/解锁”选项，打开【锁定/解锁】对话框。

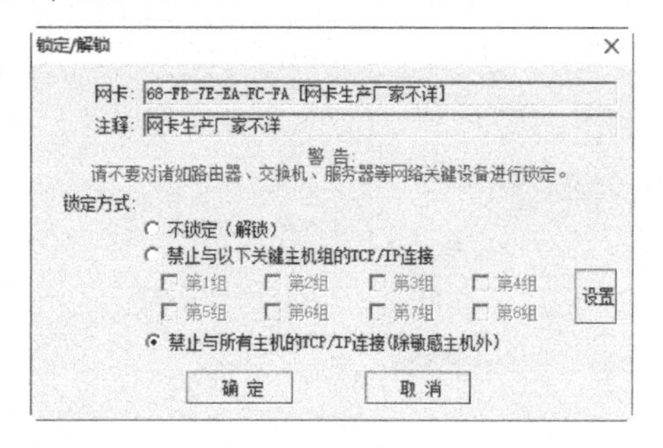

Step 10 在其中选择目标计算机与其他计算机（或关键主机组）的连接方式之后，单击【确定】按钮，禁止该计算机访问相应的连接。

Step 11 在【长角牛网络监控机】窗口内右击某台计算机，从弹出的快捷菜单中选择“手工管理”选项，打开【手工管理】对话框，在其中可手动设置对该计算机的管理方式。

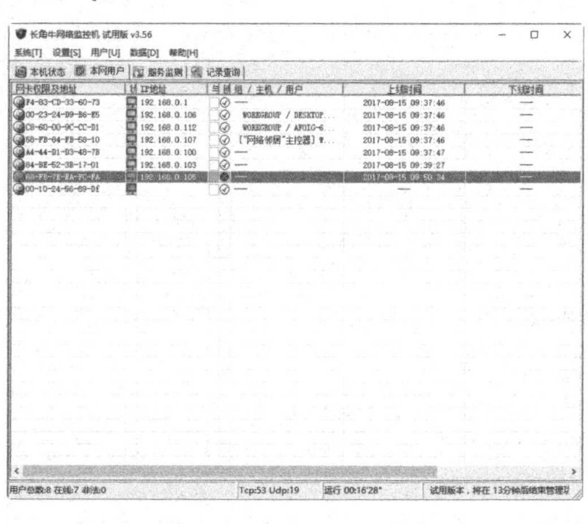

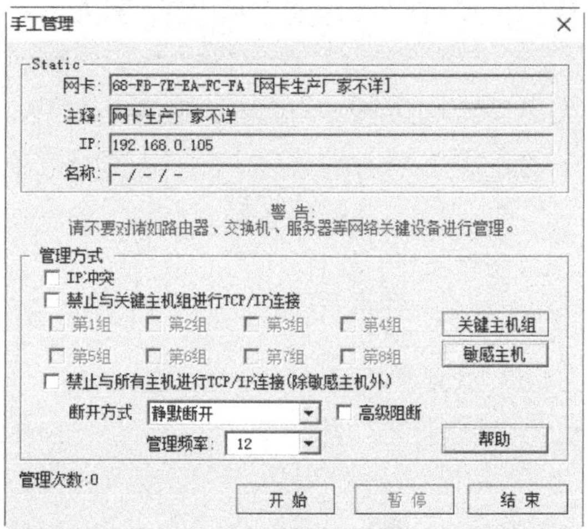

Step 12 在“长角牛网络监控机”工具中还可以给指定的主机发送消息。在【长角牛网络监控机】窗口内右击某台计算机，从弹出的快捷菜单中选择“发送消息”选项，打开【Send message（发送消息）】对话框，在其中输入要发送的消息后，单击【发送】按钮，给该主机发送指定的消息。

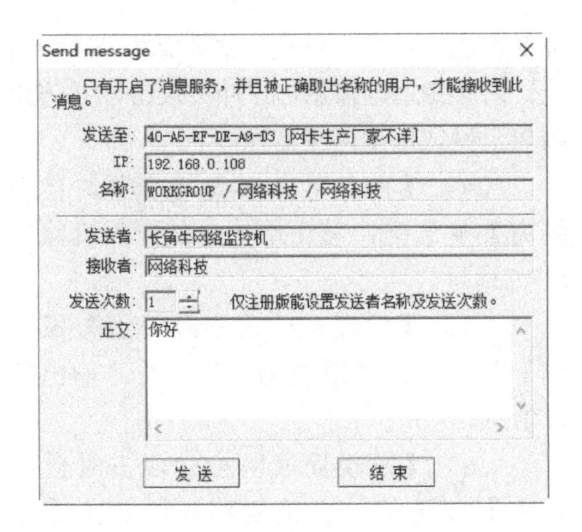

10.4.3 大势至局域网安全卫士

大势至局域网安全卫士是一款专业的局域网安全防护系统，它能有效地防止外来计算机接入公司局域网、有效隔离局域网计算机，并且还有禁止计算机修改IP和MAC地址、检测局域网混杂模式网卡、防御局域网ARP攻击等功能。

使用大势至局域网安全卫士防护系统安全的操作步骤如下。

Step 01 下载并安装大势至局域网安全卫士，打开【大势至局域网安全卫士】窗口。

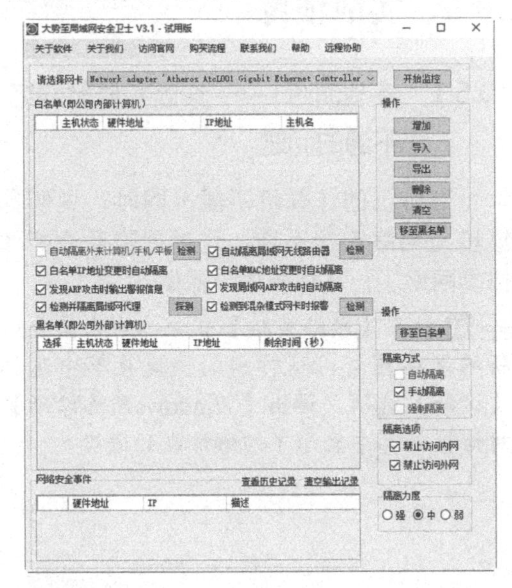

Step 02 单击【开始监控】按钮，开始监控当前局域网中的计算机信息，对于局域网外的计算机，将显示在【黑名单】窗格中。

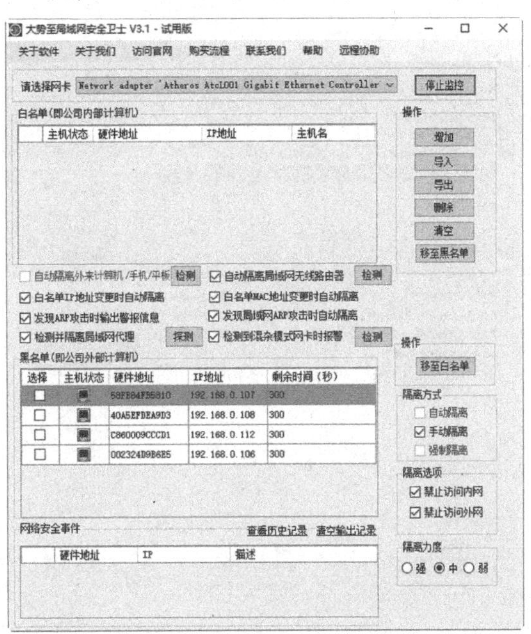

Step 03 如果确定某台计算机是局域网内的计算机，则可以在【黑名单】窗格中选中该计算机信息，然后单击【移至白名单】按钮，将其移动到【白名单】窗格中。

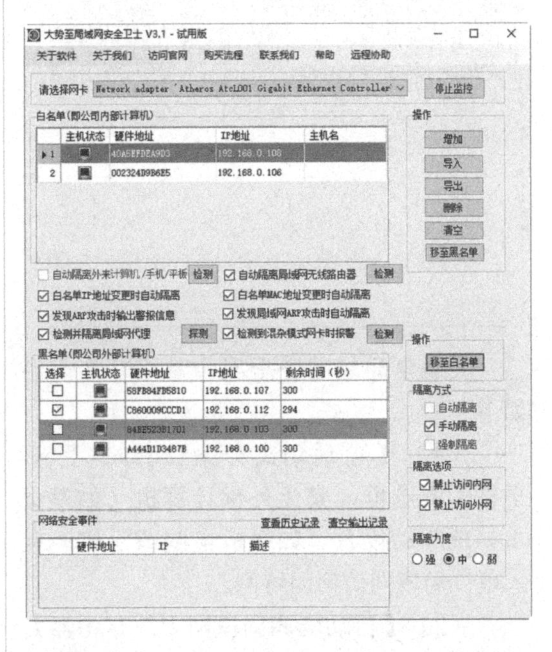

Step 04 单击【自动隔离局域网无线路由器】右侧的【检测】按钮，可以检测当前局域网中存在的无线路由器设备信息，并在【网络安全事件】窗格中显示检测

结果。

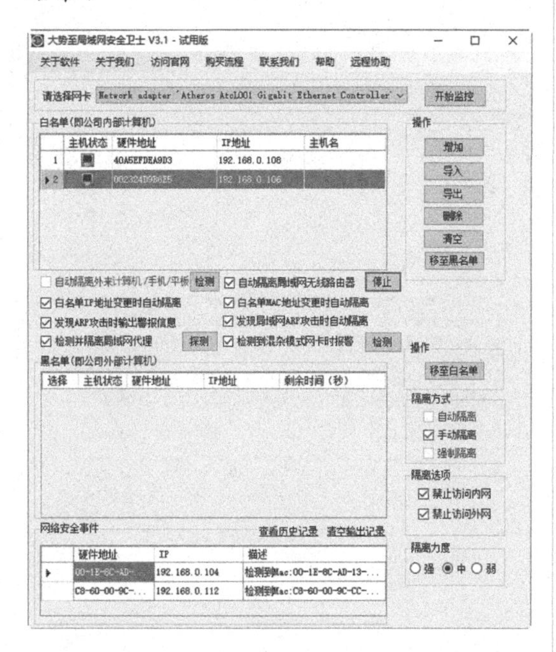

Step 05 单击【查看历史记录】链接，打开【IPMAC-记事本】窗口，在其中查看检测结果。

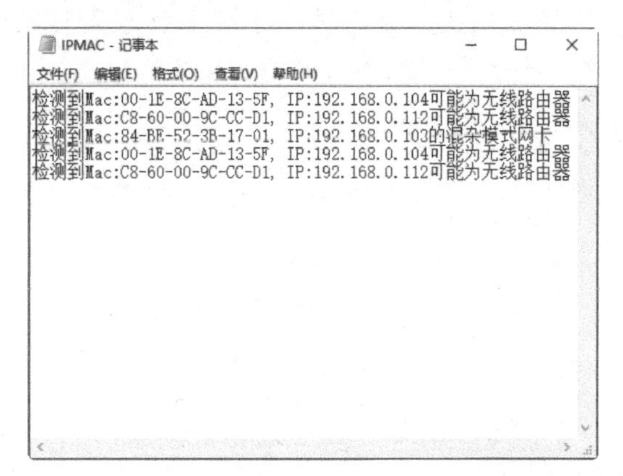

大势至局域网安全卫士常用功能介绍如下。

（1）【自动隔离外来计算机/手机/平板】复选框：禁止外部计算机（如笔记本）或移动设备（如平板电脑或手机）接入单位局域网访问因特网。

（2）【自动隔离局域网无线路由器】复选框：当检测到局域网中存在无线路由器时，自动将其隔离。

（3）【白名单IP地址变更时自动隔离】复选框：禁止单位内部计算机修改IP地址，防止IP地址盗用、IP冲突攻击，并防止越权上网或逃避网络监控。

（4）【白名单MAC地址变更时自动隔离】复选框：禁止单位内部计算机修改MAC地址。

（5）【发现ARP攻击时输出警报信息】复选框：当发现ARP攻击时，输出警报信息。

（6）【发现局域网ARP攻击时自动隔离】复选框：当检测到局域网中存在ARP攻击时，自动发出ARP攻击的计算机隔离。

（7）【检测并隔离局域网代理】复选框：检测局域网中是否存在代理服务器，一旦检测到，就将其隔离。

（8）【检测到混杂模式网卡时报警】复选框：检测局域网内处于混杂模式的网卡，防止局域网计算机运行黑客软件、嗅探软件、抓包软件等，当检测出来后，给出警报信息。

10.5 实战演练

10.5.1 实战演练1——诊断和修复网络不通的问题

当自己的计算机不能上网时，说明计算机与网络连接不通，这时就需要诊断和修复网络了，具体操作步骤如下。

Step 01 打开【网络连接】窗口，右击需要诊断的网络图标，从弹出的快捷菜单中选择【诊断】选项，弹出【Windows网络诊断】对话框，其中显示了网络诊断的进度。

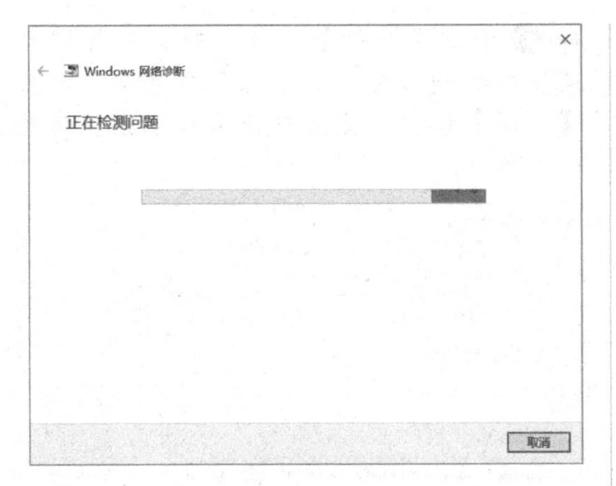

Step 02 诊断完成后，将会在下方的窗格中显示诊断的结果。

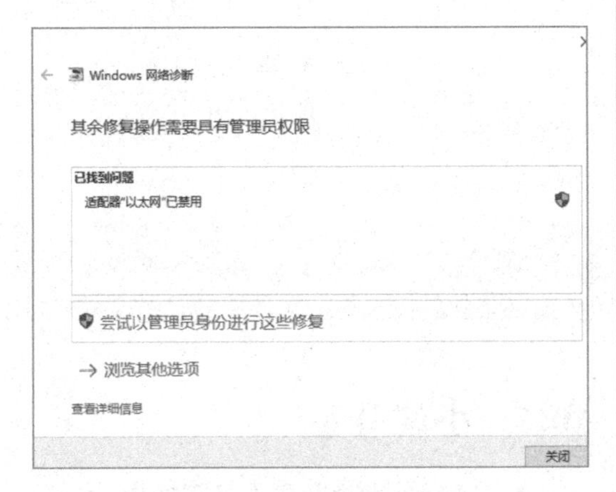

Step 03 单击【尝试以管理员身份进行这些修复】链接，即可开始对诊断出的问题进行修复。

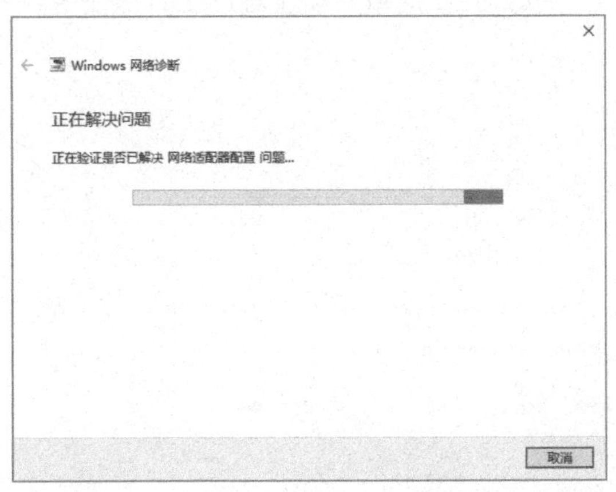

Step 04 修复完毕后，会给出修复的结果，提示用户疑难解答已经完成，并在下方显示已修复信息提示。

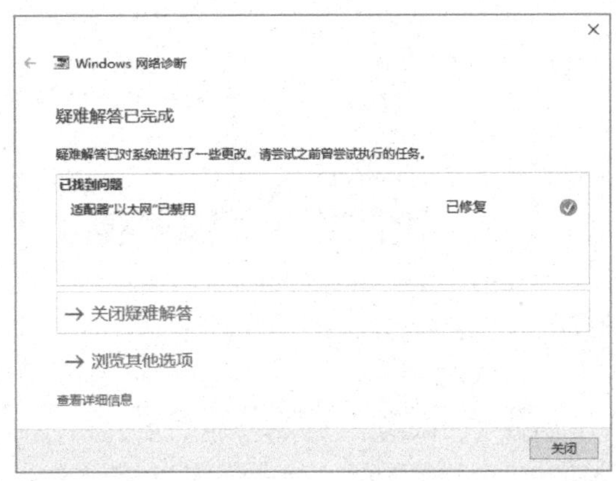

10.5.2　实战演练2——屏蔽网页广告弹窗

Internet Explorer 11浏览器具有屏蔽网页广告弹窗的功能。使用该功能屏蔽网页广告弹窗的操作步骤如下。

Step 01 在Internet Explorer 11浏览器的工作界面中选择【工具】→【启用弹出窗口阻止程序】命令。

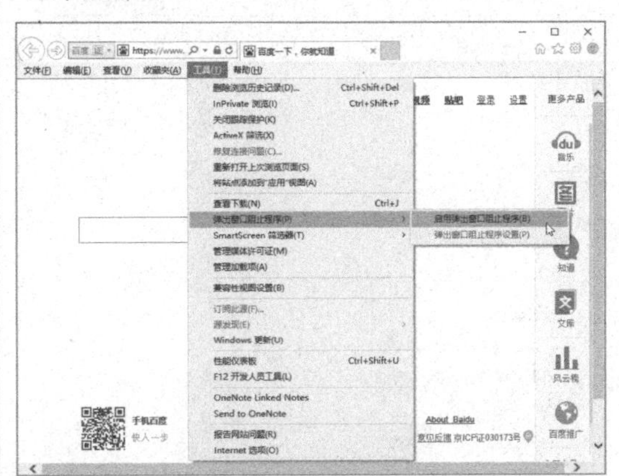

Step 02 打开【弹出窗口阻止程序】对话框，提示用户是否确实要启用Internet Explorer弹出窗口阻止程序。

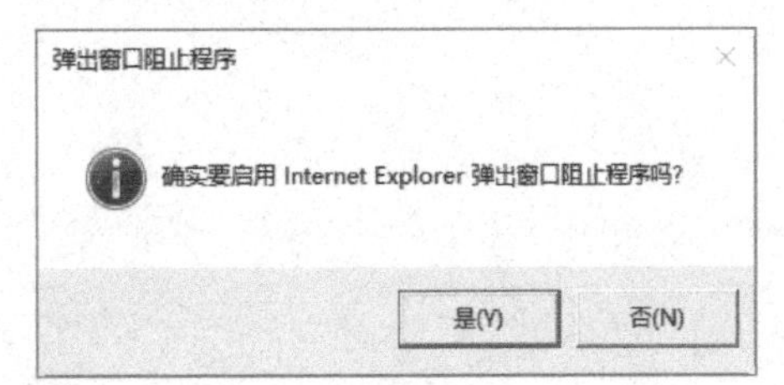

Step 03 单击【是】按钮，启用该功能，然后选择【工具】→【弹出窗口阻止程序】→【弹出窗口阻止程序设置】命令。

Step 04 打开【弹出窗口阻止程序设置】对话框，在【要允许的网站地址】文本框中输入允许的网站地址。

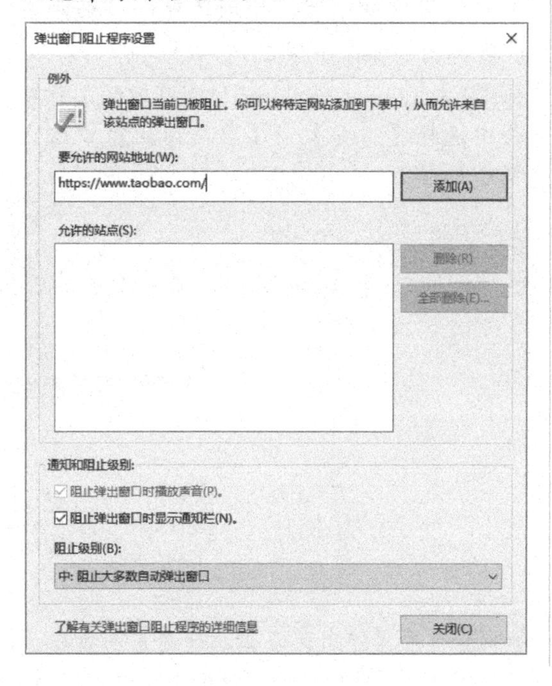

Step 05 单击【添加】按钮，将输入的网站地址添加到【允许的站点】列表中。单击【关闭】按钮，完成弹出窗口阻止程序的设置操作。

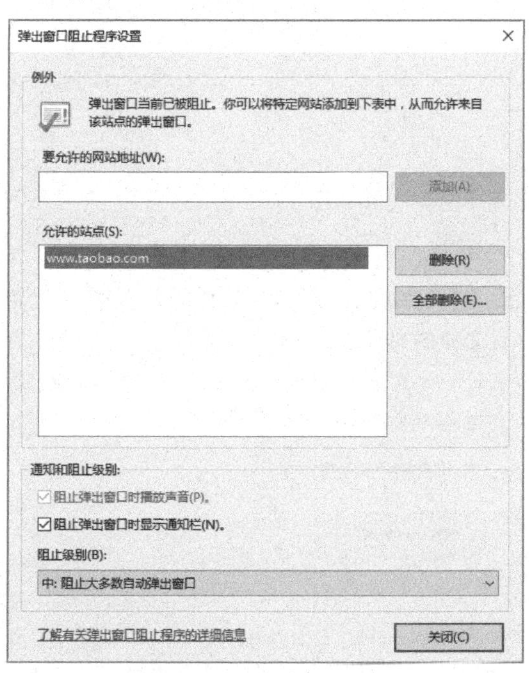

10.6 小试身手

练习1：局域网查看工具的使用。

练习2：局域网攻击工具的使用。

练习3：局域网安全辅助工具的使用。

第11章　后门入侵痕迹清理工具

从入侵者与远程主机/服务器建立连接起，系统就开始把入侵者的IP地址及相应操作事件记录下来，系统管理员可以通过这些日志文件找到入侵者的入侵痕迹，从而获得入侵证据及入侵者的IP地址。因此，为避免留下蛛丝马迹，入侵者在完成入侵任务之后，还要尽可能地把自己的入侵痕迹清除干净，以免被管理员发现。

11.1　黑客留下的脚印

日志是黑客留下的脚印，其本质就是对系统中的操作进行的记录，用户对计算机的操作和应用程序的运行情况都能记录下来，所以黑客在非法入侵计算机以后所有行动的过程也会被日志记录在案。

11.1.1　日志的详细定义

日志文件是Windows系统中一个比较特殊的文件，记录着Windows系统中发生的一切，如各种系统服务的DNS服务器日志和FTP日志等。当使用“流光”进行探测时，IPC探测会在目标机的安全日志里迅速地记下“流光”探测时用的IP、时间等，而使用FTP探测后，会在目标机的FTP日志中记下探测用的用户名和密码等，而“流光”启动时需要的msvcp60.dll这个链接库，如果目标机没有这个文件，就会在日志中记录下来。当日志记录下这些信息后，通过日志可以轻易地找到入侵的黑客。还有Scheduler日志，也是一个重要的日志，srv.exe就是通过这个服务启动的，其记录着由Scheduler服务启动的所有行为，如服务的启动和停止。

1. 日志文件的默认位置

（1）DNS日志文件默认位置：%systemroot%\system32\config，默认文件大小为512KB，管理员会改变这个默认大小。

（2）安全日志文件默认位置：%systemroot%\system32\config\SecEvent.EVT。

（3）系统日志文件默认位置：%systemroot%\system32\config\sysEvent.EVT。

（4）应用程序日志文件默认位置：%systemroot%\system32\config\AppEvent.EVT。

（5）Internet 信息服务FTP日志文件默认位置：%systemroot%\system32\logfiles\msftpsvc1\，默认每天一个日志。

（6）Internet信息服务WWW日志文件默认位置：%systemroot%\system32\logfiles\w3svc1\，默认每天一个日志。

（7）Scheduler服务日志默认位置：%systemroot%\schedlgu.txt。

2. 日志在注册表里的键

（1）应用程序日志、安全日志、系统日志、DNS服务器日志的文件在注册表中的键为：HKEY_LOCAL_MACHINE\system\CurrentControlSet\Services\Eventlog，有的管理员很可能将这些日志重定位。其中，Eventlog下面有很多子表，从里面可查看到以上日志的定位目录。

（2）Schedluler服务日志在注册表中的键为：HKEY_LOCAL_MACHINE\SOFTWARE\ Microsoft\SchedulingAgent。

3. FTP和WWW日志

FTP和WWW日志在默认情况下，每

天生成一个日志文件，包括当天的所有记录。文件名通常为ex（年份）（月份）（日期），从日志里能看出黑客入侵时间、使用的IP地址以及探测时使用的用户名，这样使得管理员可以想出相应的对策。

11.1.2 为什么要清理日志

Windows网络操作系统都设计有各种各样的日志文件，如应用程序日志、安全日志、系统日志、Scheduler服务日志、FTP日志、WWW日志、DNS服务器日志等。当在系统上进行一些操作时，这些日志文件通常会记录下大家操作的一些相关内容，这些内容对系统安全工作人员相当有用。例如，说有人对系统进行了IPC探测，系统就会在安全日志里迅速地记下探测者探测时所用的IP、时间、用户名等，用FTP探测后，就会在FTP日志中记下IP、时间、探测用的用户名等。

在Windows系统中，日志文件通常有应用程序日志、安全日志、系统日志、DNS服务器日志、FTP日志、WWW日志等，其扩展名为log.txt。

黑客们在获得服务器的系统管理员权限之后，就可以随意破坏系统上的文件了，包括日志文件。但是，这一切都将被系统日志记录下来，所以黑客们想要隐藏自己的入侵踪迹，就必须对日志进行修改。最简单的方法是删除系统日志文件，但这一般都是初级黑客所为，真正的高级黑客们总是用修改日志的方法来防止系统管理员追踪到自己。网络上有很多专门进行此类功能的程序，如Zap、Wipe等。

当前的计算机病毒越来越复杂，对于网上求助这种远程的判断和分析来说，必须借助第三方的软件分析，借助日志文件的内容，高手们能够分析出用户系统的大部分故障以及IE浏览器被劫持、恶意插件、流氓软件部分的木马病毒等。

为了防止管理员发现计算机被黑客入侵后，通过日志文件查到黑客的来源，入侵者都会在断开与入侵自己的主机连接前删除入侵时的日志。

11.2 日志分析工具WebTrends

入侵者在清理入侵记录和痕迹之前，最好先分析一下入侵日志，从中找出需要保留的入侵信息和记录。WebTrends是一款非常好的日志分析软件，它可以很方便地生成日报、周报和月报等，并有多种图表生成方式，如柱状图、曲线图、饼图等。

11.2.1 安装WebTrends工具

安装WebTrends软件的具体操作步骤如下。

Step 01 下载并双击“WebTrends”安装程序图标，打开【License Agreement（安装许可协议）】对话框。

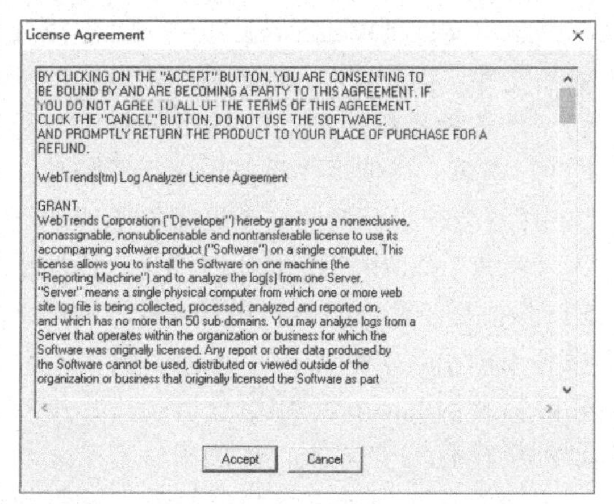

Step 02 在认真阅读安装许可协议后，单击【Accept（同意）】按钮，进入【Welcome!（欢迎安装向导）】对话框，在【Please select from the following options（请从以下选项中选择）】单选项中选中【Install a time limited trial（安装有时间限制）】。

Step 03 单击【Next】按钮，打开【Select Destination Directory（选择目标安装位置）】对话框，在其中选择目标程序安装的位置。

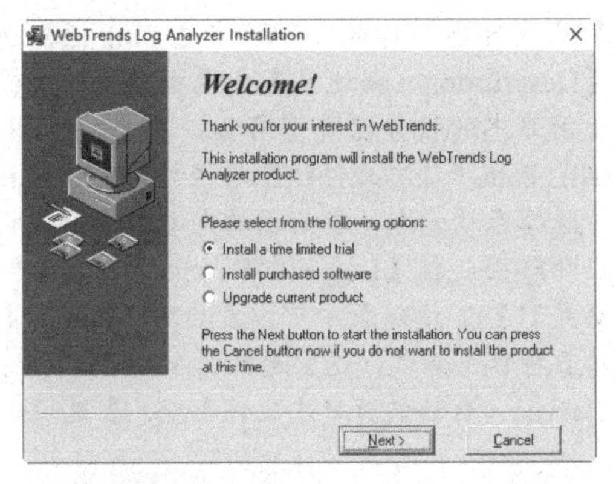

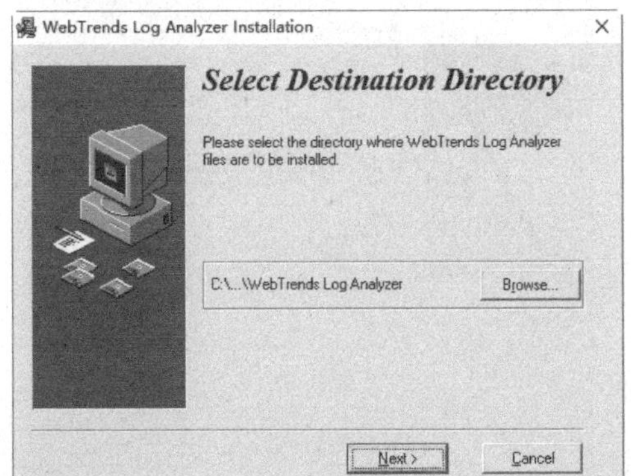

Step 04 选择好需要安装的位置之后，单击【Next】按钮，打开【Ready to Install（准备安装）】对话框，在其中可以看到安装复制的信息。

Step 05 单击【Next】按钮，打开【Installing（正在安装）】对话框，在其中可看到安装的状态并显示安装进度条。

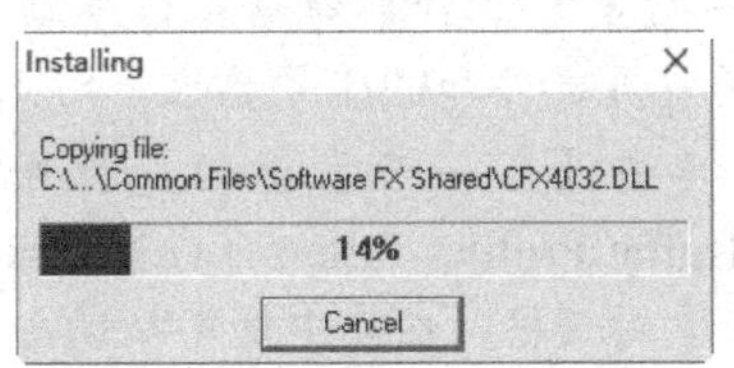

Step 06 安装完成之后，打开【Installation Completed!（安装完成）】对话框，单击【Finish】按钮，即可完成整个安装过程。

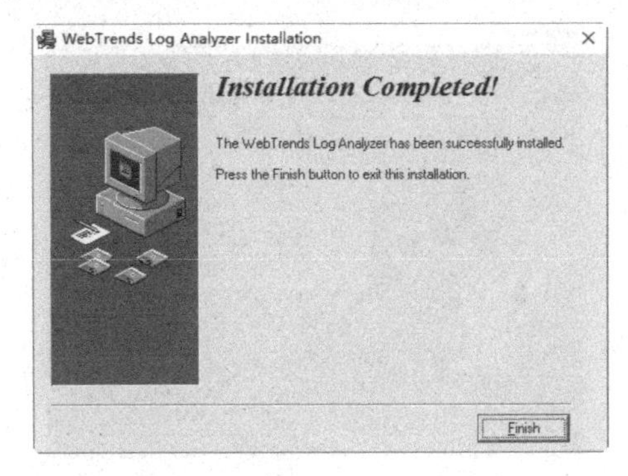

11.2.2　创建日志站点

另外，在使用WebTrends之前，用户还必须先建立一个新的站点。在WebTrends中创建日志站点的具体操作步骤如下。

Step 01 安装WebTrends完成之后，选择【开始】→【所有程序】→【WebTrends LogAnalyzer 6.5】选项，打开【WebTrends Product Licensing（输入序列号）】对话框，在其中输入序列号。

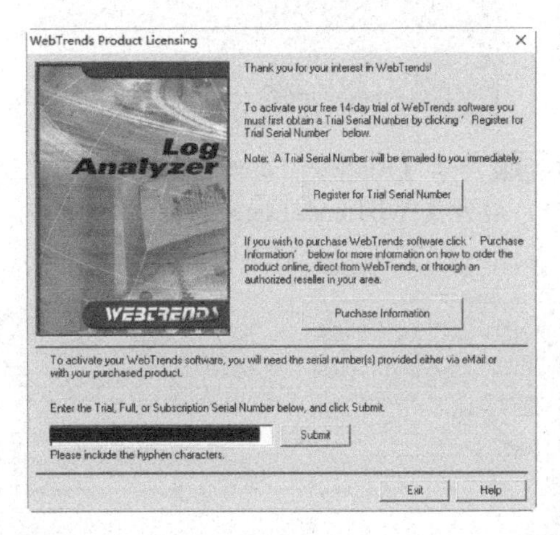

Step 02 单击【Submit（提交）】按钮，如果看到【添加序列号成功】提示，则说明该序列号是可用的。

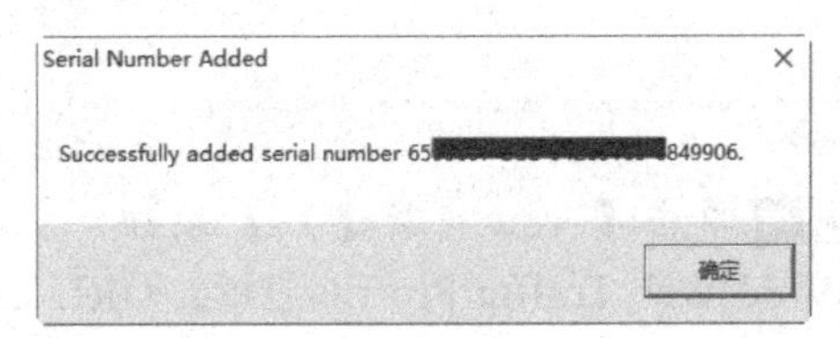

Step 03 单击【确定】按钮之后，再单击【Exit（退出）】按钮，即可看到【Proferessor WebTrends（WebTrends目录）】窗口。

Step 04 单击【Start Using the Product（开始使用产品）】按钮，打开【Registration（注册）】对话框。

Step 05 单击【Register Later（以后注册）】按钮，打开【WebTrends Log Analyzer】主窗口。

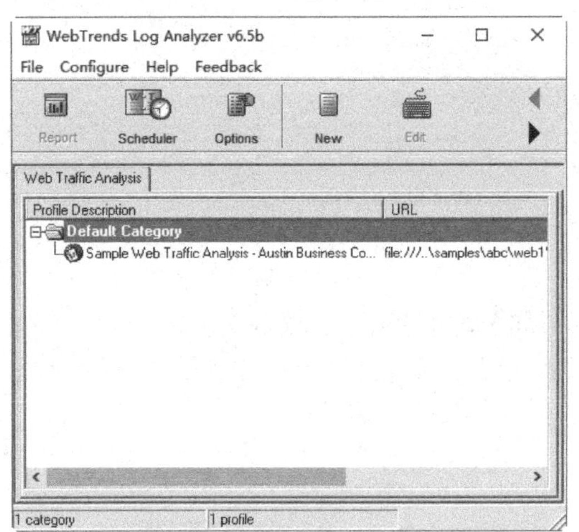

Step 06 单击【New（新建）】按钮，打开【Add Web Traffic Profile--Title, URL（添加站点日志—标题，URL）】对话框，在【Description（描述）】文本框中输入准备访问日志的服务器类型名称；在【Log File URL Path（日志文件URL路径）】下拉列表中选择存放方式；在后面的文本框中输入相应的路径；在【Log File Format（日志文件格式）】下拉列表中可以看出WebTrends支持多种日志格式，这里选择【Auto-detect log file type（自动监听日志文件类型）】选项。

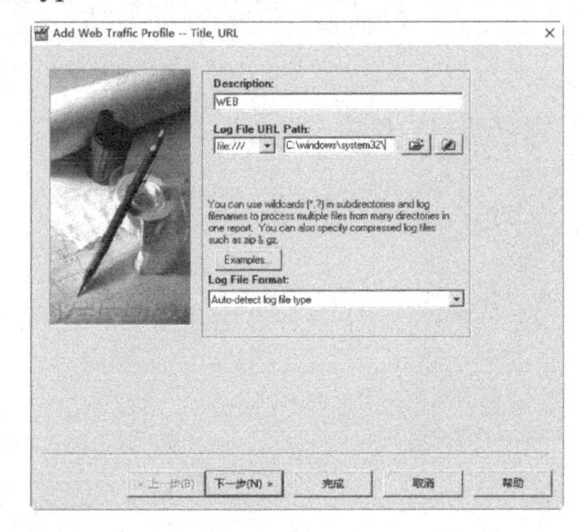

Step 07 单击【下一步】按钮，打开【Add Web Traffic Profile--DNS Lookup（设置站点日志—查询DNS）】对话框，在其中可以设置站点的日志IP采用查询DNS的方式。

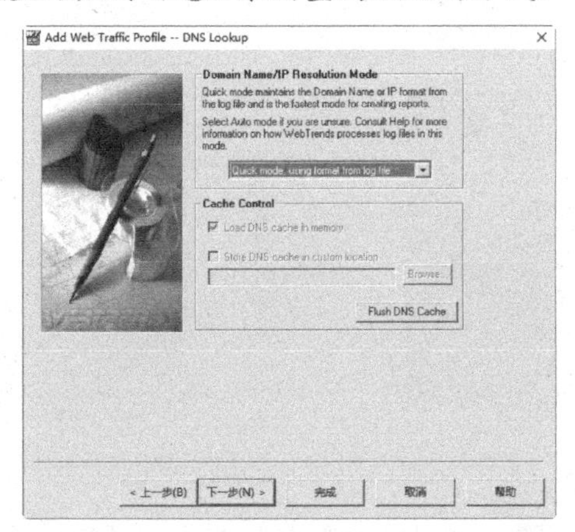

Step 08 单击【下一步】按钮，打开【Add Web Traffic Profile--Home Page（设置站点日志—站点首页）】对话框，在其中设置站点的首页文件和URL等属性。

Step 09 单击【下一步】按钮，打开【Add Web Traffic Profile--Filters（设置站点日志—过滤）】对话框，在其中设置WebTrends对站

点中哪些类型的文件做日志，这里默认的是所有文件类型（Include all）。

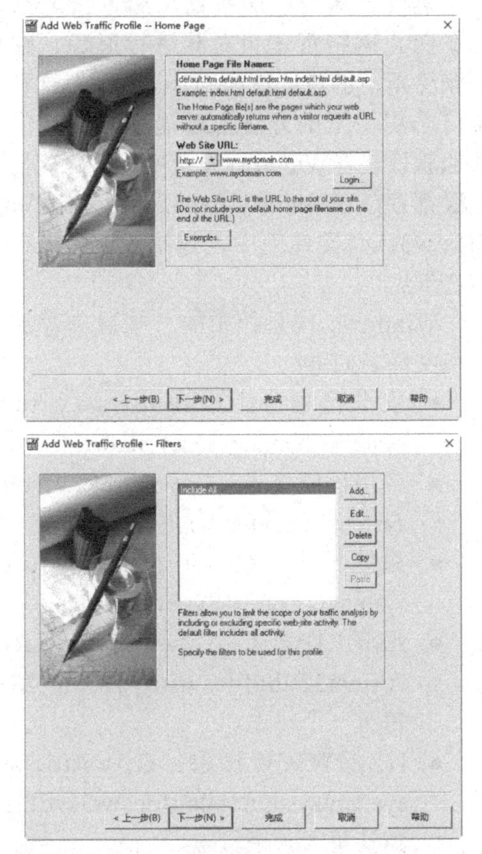

Step 10 单击【下一步】按钮，打开【Add Web Traffic Profile--Database and Real-Time（设置站点日志—数据和真实时间）】对话框，在其中勾选【Use FastTrends database（使用快速分析数据库）】复选框和【Analyze log files in real-time（在真实时间分析日志）】复选框。

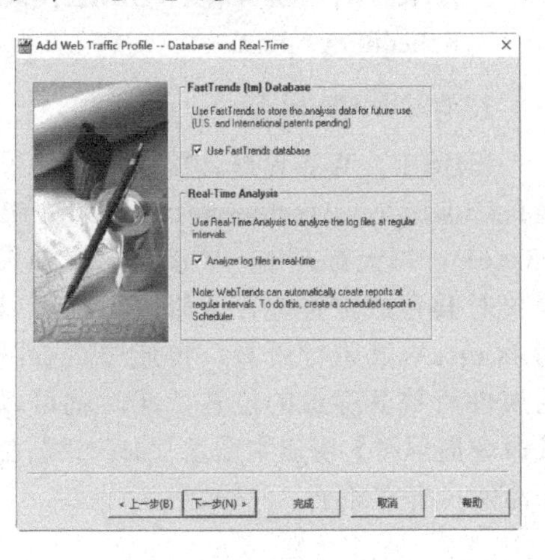

Step 11 单击【下一步】按钮，打开【Add Web Traffic Profile--Advanced FastTrends（设置站点日志—高级设置）】对话框，这里勾选【Store FastTrends databases in default location（在本地保存快速生成的数据库）】复选框。

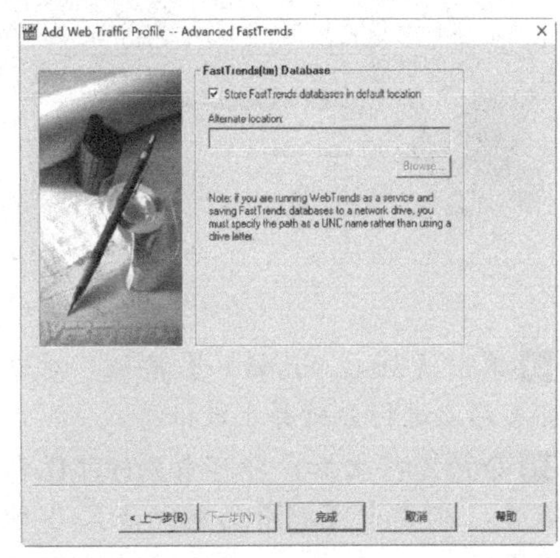

Step 12 单击【完成】按钮，完成新建日志站点，在【WebTrends Log Analyzer】窗口可看到新创建的Web站点。

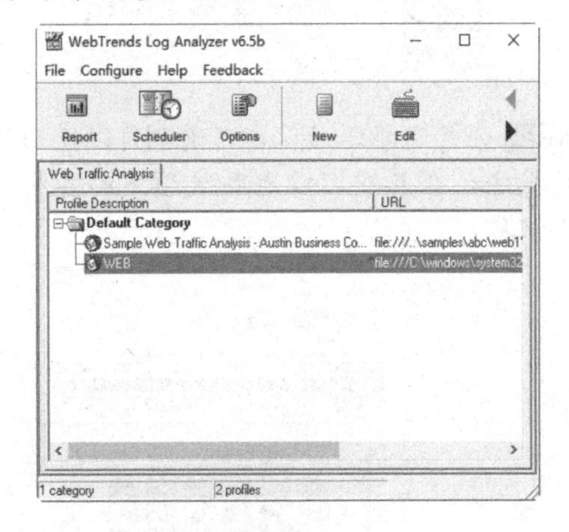

11.2.3 生成日志报表

一个日志站点创建完成后，等待一定访问量后，就可以对指定的目标主机进行日志分析并生成日志报表了，具体操作步骤如下。

Step 01 在【WebTrends Log Analyzer】主窗口中单击【工具栏】中的【Report（报告）】按钮打开【Create Report（生成报告）】对话框，在【Report Range（报告类型）】列表中可以看到WebTrends提供多种日志的产

生时间以供选择，这里选择所有的日志。还需要对报告的风格、标题、文字、显示哪些信息（如访问者IP、访问时间、访问内容等）等信息进行设置。

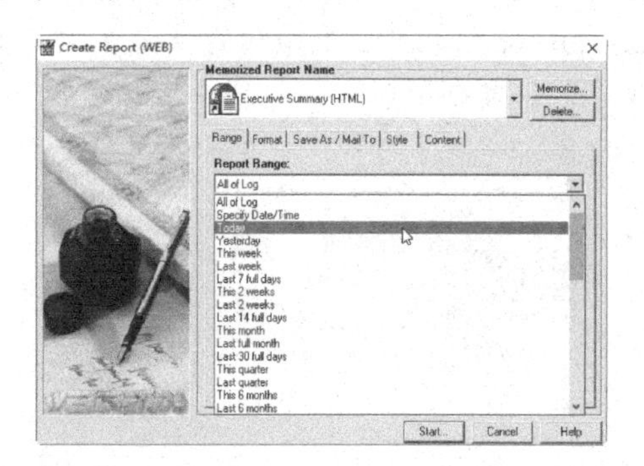

Step 02 单击【Start（开始）】按钮，对选择的日志站点进行分析并生成报告。

Step 03 分析完毕之后，即可看到HTML形式的报告，在其中可以看到该站点的各种日志信息。

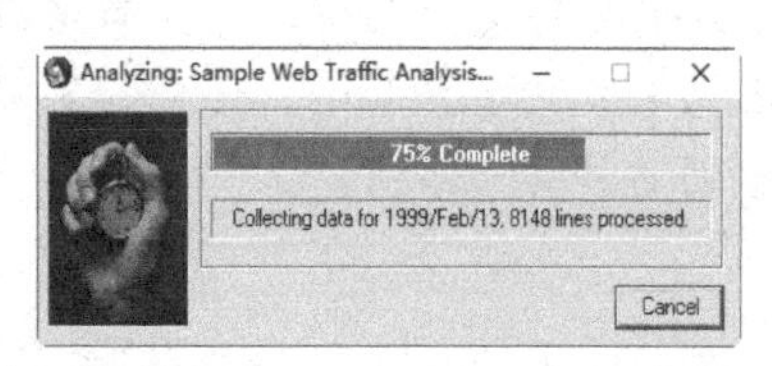

Step 04 分析完毕之后，即可看到HTML形式的报告，在其中可以看到该站点的各种日志信息。

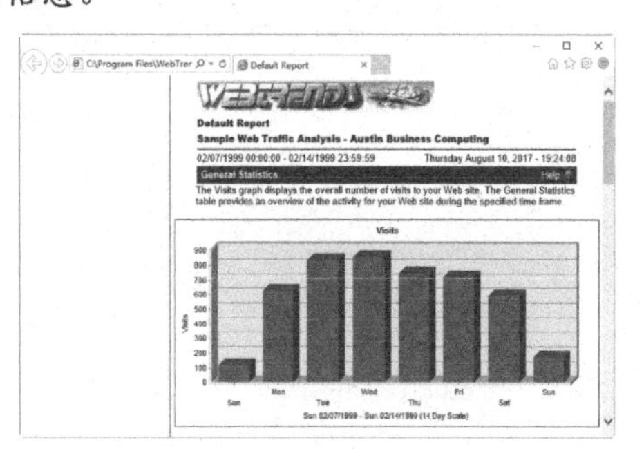

11.3 清除服务器日志

黑客在入侵服务器的过程中，其操作会留下痕迹，本章节主要讲述如何清除这些痕迹。清除日志是黑客入侵后必须做的一件事情。下面详细介绍黑客是通过什么方法把记录自己痕迹的日志删除掉的。

11.3.1 清除WWW和FTP日志

黑客在对目标服务器实施入侵之后，为了防止网络管理员对其进行追踪，往往要删除留下的IP记录和FTP记录，但这种系统日志用手工的方法很难清除，需要借助其他软件。在Windows系统中，WWW日志一般都存放在%winsystem%\sys tem32\logfiles\w3svc1文件夹中，包括WWW日志和FTP日志。

Windows 10系统中的一些日志存放路径和文件名如下：

- 安全日志：C:\windows\system\system32\config\Secevent.evt。
- 应用程序日志：C:\windows\system\system32\config\AppEvent.evt。
- 系统日志：C:\windows\system\system32\config\SysEvent.evt。
- IIS的FTP日志：C:\windows\system\system32\logfiles\msftpsvc1\，默认每天一个日志。
- IIS的WWW日志：C:\windows\system\system32\logfiles\w3svc1\，默认每天一个日志。
- Scheduler服务日志：C:\windows\system\schedlgu.txt。
- 注册表项目如下：[HKLM]\system\CurrentControlSet\Services\Eventlog。
- Scheduler服务注册表所在项目：[HKLM]\SOFTWARE\Microsoft\SchedulingAgent。

1. 清除WWW日志

在IIS中，WWW日志默认的存储位置是：C:\windows\system\system32\logfiles\w3svc1\，每天都产生一个新日志。如果管理员对其存放位置进行了修改，则可以运用iis.msc对其进行查看，再通过查看网站的属性查找其存放的位置，此时就可以在【命令提示符】窗口中通过“del *.*”命令来清除日志文件了。

但这个方法删除不掉当天的日志，因为w3svc服务还在运行。可以用“net stop w3vsc”命令把这个服务停止后，再用“del *.*”命令清除当天的日志。

用记事本打开日志文件，删除其内容之后再进行保存也可以清除日志。最后用“net start w3svc”命令启动w3svc服务就可以了。

提示：删除日志前必须先停止相应的服务，再进行删除。删除日志后要记得再打开相应的服务。

2. 清除FTP日志

FTP日志的默认存储位置为C:\windows\system\system32\logfiles\w3svc1\，其清除方法和清除WWW日志的方法类似，只是停止的服务不同。

清除FTP日志的具体操作步骤如下。

Step 01 在【命令提示符】窗口中运行“net stop mstfpsvc”命令停掉mstfpsvc服务。

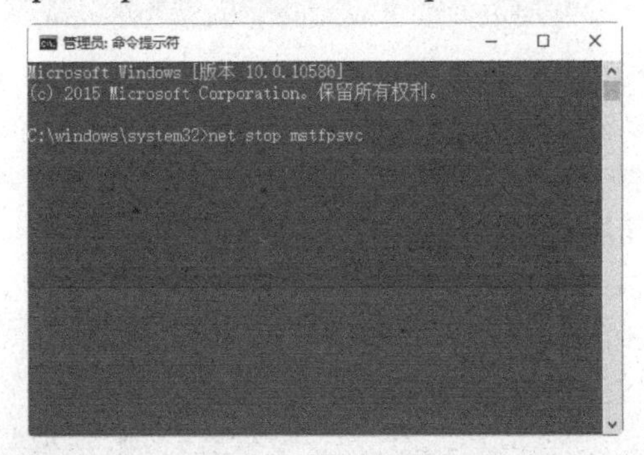

Step 02 运行“del *.*”命令或找到日志文件，并将其内容删除。如这里删除C:\windows\system\system32目录下的aadtb.dll文件，可以在命令提示符窗口中输入如下图所示的信息。

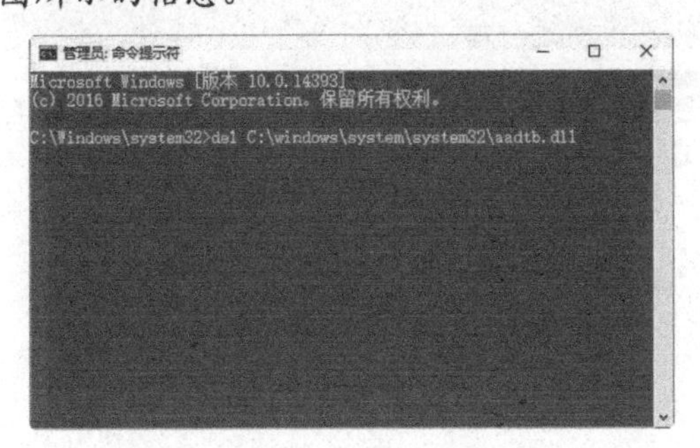

Step 03 最后通过运行“net start msftpsvc”命令，再打开msftpsvc服务。

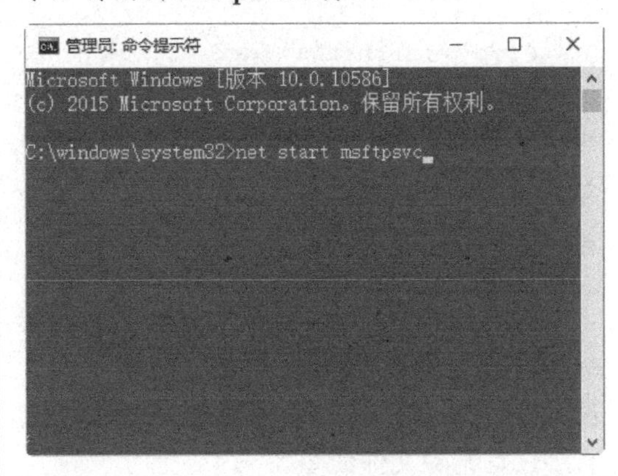

提示：也可修改目标计算机中的日志文件，其中WWW日志文件存放在w3svc1文件夹下，FTP日志文件存放在msftpsvc文件夹下，每个日志都是以eX.log命名的（其中X代表日期）。

11.3.2 使用批处理清除远程主机日志

一般情况下，日志会忠实地记录它接收到的任何请求，用户会通过查看日志发现入侵的企图，从而保护自己的系统。所以，黑客在入侵系统成功后，首先便是清除该计算机中的日志，擦去自己的行迹。除手工删除外，还可以通过创建批处理文件来删除日志。

具体操作步骤如下。

第1步：在记事本中编写一个可以清除日志的批处理文件，其具体内容如下。

```
    @del C:\Windows\system32\
logfiles\*.*
    @del C:\Windows \system32\
config\*.evt
    @del C:\Windows \system32\
dtclog\*.*
    @del C:\Windows \system32\*.log
    @del C:\Windows \system32\*.txt
    @del C:\Windows \*.txt
    @del C:\Windows t\*.log
    @del c:\del.bat
```

第2步：把上述内容保存为del.bat备

用。再新建一个批处理文件，并将其保存为clear.bat文件，其具体内容如下。

```
@copy del.bat \\1\c$
@echo 向肉鸡复制本机的del.bat……OK
@psexec \\1 c:\del.bat
@echo 在肉鸡上运行del.bat，清除日志文件……OK
```

在上述代码中，echo是DOS下的回显命令，在它的前面加上“@”前缀字符，表示执行时本行在命令行或DOS里面不显示，它是删除文件命令。

第3步：与目标主机进行IPC连接，然后在【命令提示符】窗口中输入“clear.bat 192.168.0.10”命令，即可清除该主机上的日志文件。

11.4 Windows日志清理工具

当日志每天都忠实地为用户记录着系统发生的一切时，用户同样也需要经常规范管理日志，但庞大的日志记录却又令用户茫然失措。此时就需要使用工具对日志进行分析、汇总。日志分析可以帮助用户从日志记录中获取有用的信息，以便用户可以针对不同的情况采取对应的措施。

11.4.1 elsave工具

elsave是一款由小榕制作的清除日志工具，使用该工具不仅可以清除本地计算机的日志，还可以远程删除“事件查看器”中的相关日志。

其命令格式为elsave [-s\\server] [-l log] [-F file] [-C] [-q]，其中各个参数的含义如下。

- -s\\server：指定远程计算机。
- -l log：指定日志类型，其中application为应用程序日志；system为系统日志；security为安全日志。
- -F file：指定保存日志文件的路径。
- -C：清除日志操作，注意“-C”要大写。
- -q：把错误信息写入日志。

使用elsave.exe删除远程主机中日志的具体操作步骤如下。

Step 01 在本地【命令提示符】窗口中输入“net use \\192.168.0.7\ipc$ /user:administrator”命令，会出现“输入密码”提示信息。在其中输入远程主机的密码后，即可与远程主机/服务器用IPC$连接。

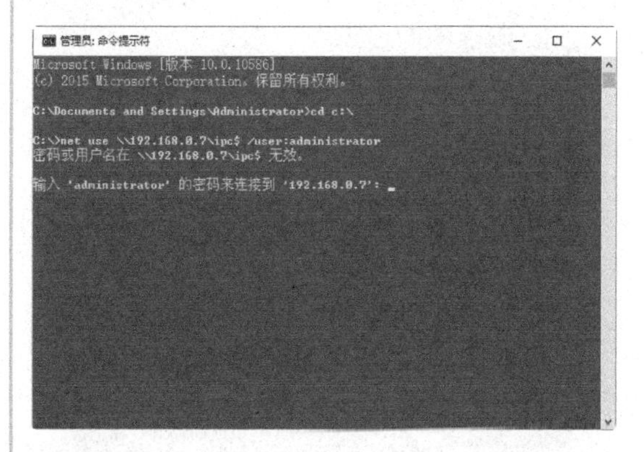

Step 02 在本地【命令提示符】窗口中输入“elsave –s\\192.168.0.7 –l application –C”命令，删除远程计算机中的应用程序日志。

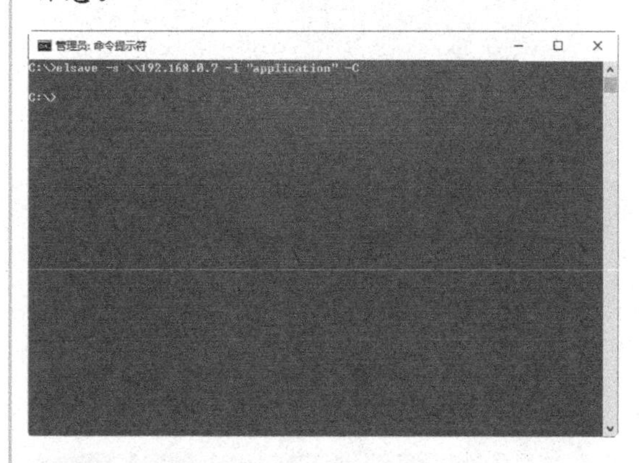

Step 03 如果想删除该远程主机中的系统日志，则在【命令提示符】窗口中输入“elsave –s\\192.168.0.7 –l system –C”命令，将其删除。

Step 04 在【命令提示符】窗口中输入“elsave –s\\192.168.0.7 –l security –C”命令，清除远程主机的安全日志。

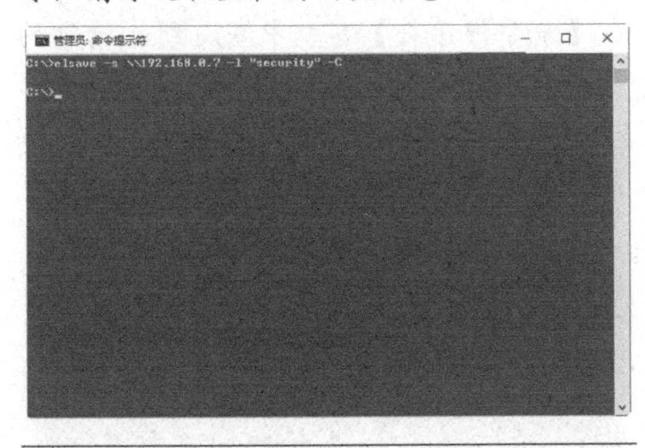

提示：输入命令时，要注意命令的最后一个参数C，该参数一定要大写，否则命令在运行时就会出错。

Step 05 在本地【命令提示符】窗口中输入“net use\\192.168.0.7\ipc$/ del”命令，即可断开IPC$连接。这样，黑客便成功地删除了远程主机中的事件日志。

Step 06 另外，也可以编写一个批处理文件clear.bat，具体内容如下。

```
net use \\%1\ipc$ %3 /user:%2
elsave -s \\%1 -l "application"
-C
elsave -s \\%1 -l "system" -C
elsave -s \\%1 -l "secturtity"
-C
net use \\%1\ipc$ /del
```

Step 07 把该文件存储到和Elsave.exe文件相同的文件夹下之后，在【命令提示符】窗口中运行“Clear.bat 192.168.0.7 Administrator "037971"”命令，即可清除远程计算机的日志记录。

11.4.2　ClearLogs工具

ClearLogs是一款可以不留痕迹地清除具体IP连接记录的日志处理工具，但是ClearLogs只能在本地运行，而且必须具有Administrators权限。

用法：clearlogs [logfile] [.] [cleanIP] ..

- logfile表示清除的日志文件。
- []中的“.”代表所有清除的日志中的IP地址记录。
- 最后面的“.”代表所有IP记录。

使用ClearLogs工具删除事件日志的具体操作步骤如下。

Step 01 在【命令提示符】窗口中输入“net use \\192.168.0.10\ipc$ “037971” /Administrator”命令与远程主机建立IPC$连接。

Step 02 如果在本地【命令提示符】窗口中输入“clearlogs \\192.168.0.10 -app”命令，即可清除远程计算机的应用程序日志。

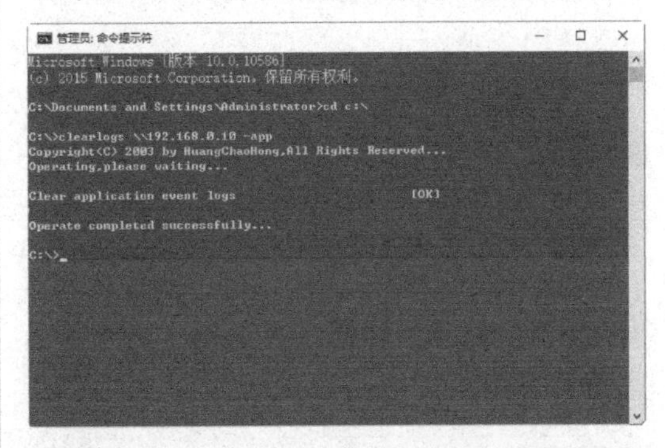

Step 03 如果在本地【命令提示符】窗口中输入“clearlogs \\192.168.0.10 -sec”命令，即可清除远程计算机的安全日志。

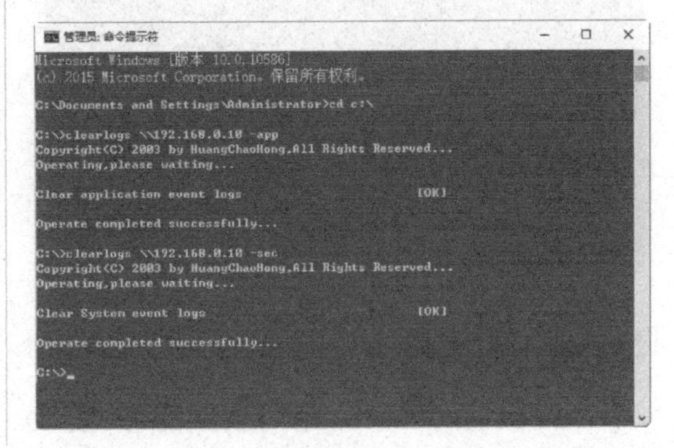

Step 04 如果想清除远程计算机的系统日志，则可在【命令提示符】窗口中输入“clearlogs \\192.168.0.10 –sys”。

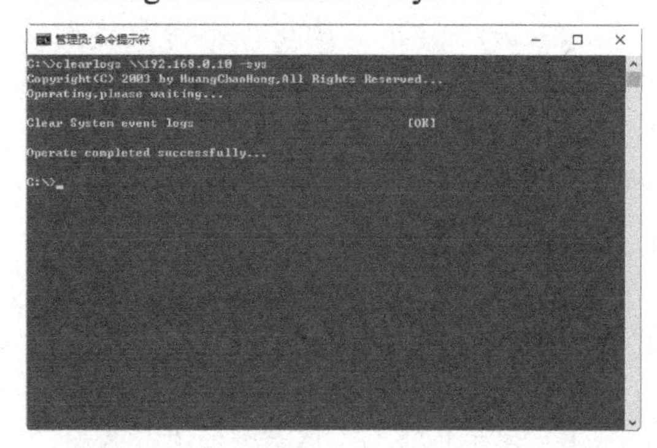

Step 05 通过上述操作，黑客可以成功删除目标主机/服务器中的事件日志。为了简化命令的输入过程，可以建立一个批处理文件clear.bat。其具体内容如下。

```
@echo off
clearlogs -app
clearlogs -sec
clearlogs -sys
del clearlogs.exe
del c.bat
exit
```

Step 06 将该bat文件保存为clear.bat，并与工具clearlogs.exe存放在同一个文件夹中。在【命令提示符】窗口中输入“clear.bat 192.168.0.10 administrator 037971”命令，按【Enter】键，将该远程主机上的事件日志全部清除。

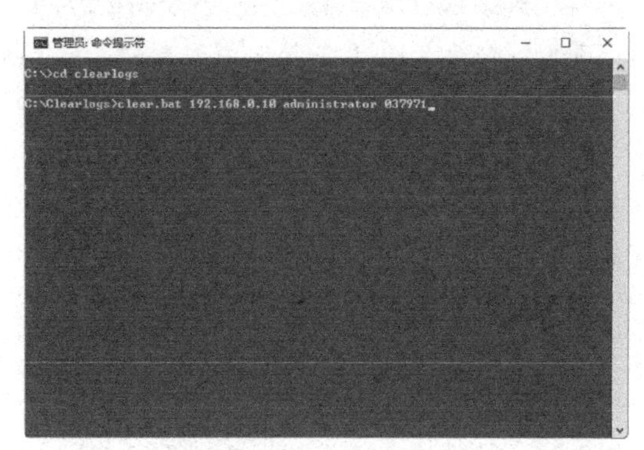

11.4.3 Mt工具

Mt工具清除入侵记录的参数为“-clog”，其运行的命令格式为“mt –clog <app | sec | sys | all>”，其中，“<app | sec | sys | all>”参数为用户选择要清除的日志记录类型。

- <app>参数表示清除程序日志。
- <sec>参数表示清除安全日志。
- <sys>参数表示清除系统日志。
- <all>参数表示清除所有日志。

使用Mt工具清除入侵记录的操作步骤如下。

Step 01 在【命令提示符】窗口中输入“mt –clog”命令，按【Enter】键执行命令，即可在【命令提示符】窗口中查看到mt清除的日志记录参数。

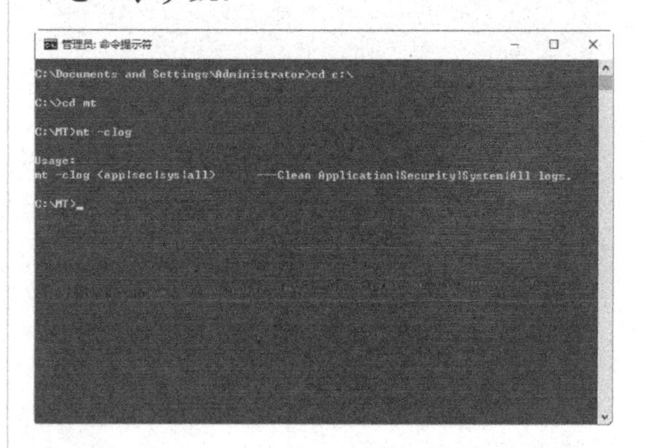

Step 02 一般情况下，入侵者会删除所有的入侵记录，因此常常在【命令提示符】窗口中输入“mt –clog all”命令，按【Enter】键，清除所有的入侵记录。

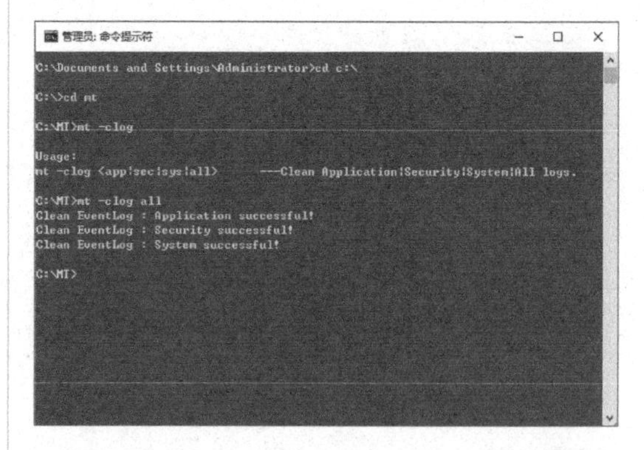

Step 03 一些比较谨慎的入侵者，除了清除入侵日志记录外，甚至还会将已删除的文件彻底清空，在溢出窗口中输入“mt –secdel –z”命令，然后按【Enter】键执行命令，

即可开始清除当前硬盘中所有空闲空间中的残留信息。操作完成后，管理员就再也无法清除已被删除的系统日志了。

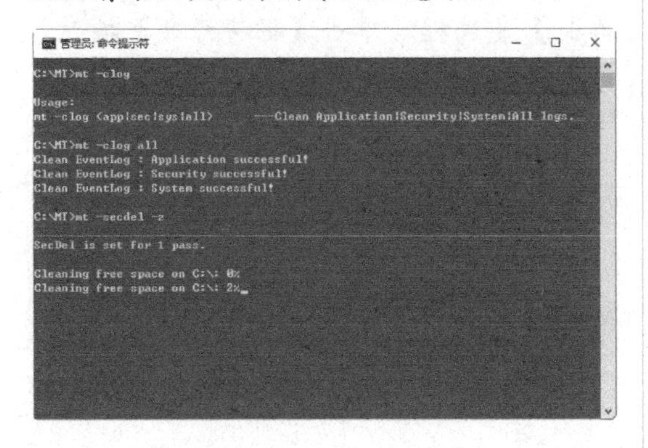

11.5　实战演练

11.5.1　实战演练1——禁止访问控制面板

黑客可以通过控制面板进行多项系统的操作，用户若不希望它们访问自己的控制面板，可以在【本地组策略编辑器】窗口中启用【禁止访问控制面板】功能。具体操作步骤如下。

Step 01 右击【开始】按钮，从弹出的快捷菜单中选择【运行】命令，打开【运行】对话框，在【打开】文本框中输入gpedit.msc命令。

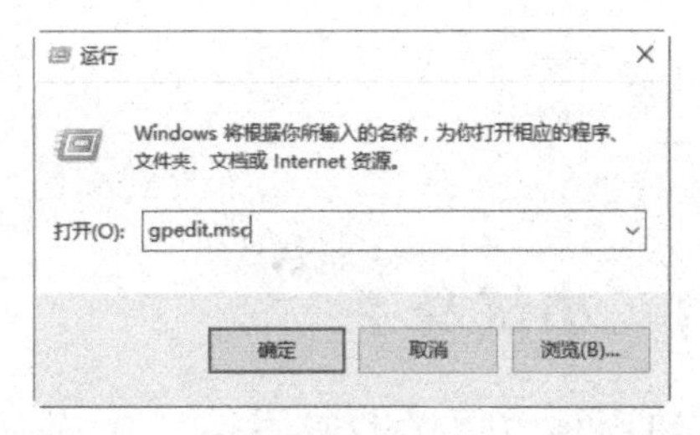

Step 02 单击【确定】按钮，打开【本地组策略编辑器】窗口，在其中依次展开【用户配置】→【管理模板】→【控制面板】项，进入【控制面板】设置界面。

Step 03 右击【禁止访问“控制面板”和PC设置】选项，在快捷菜单中选择【编辑】命令，或双击【禁止访问“控制面板”和PC设置】选项。

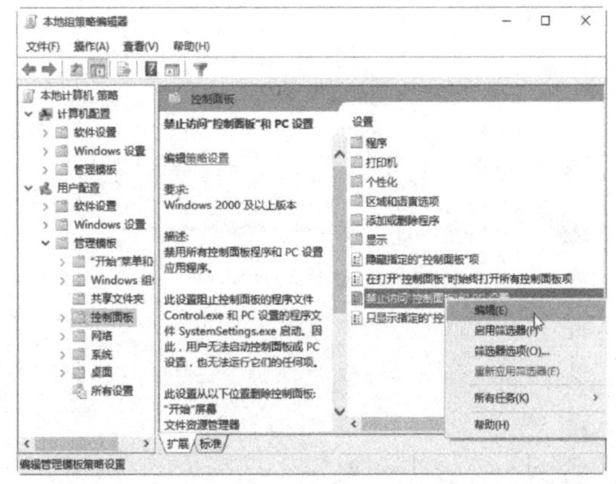

Step 04 打开【禁止访问“控制面板”和PC设置】窗口，选择【已启用】单选按钮，单击【确定】按钮，即可完成禁止控制面板程序文件的启动，使得其他用户无法启动控制面板。此时还会将【开始】菜单中的【控制面板】命令、Windows资源管理器中的【控制面板】文件夹同时删除，彻底禁止访问控制面板。

11.5.2 实战演练2——启用和关闭快速启动功能

使用系统中的“启用快速启动”功能，可以加快系统的开机启动速度。启用和关闭快速启动功能的操作步骤如下。

Step 01 单击【开始】按钮，在打开的【开始屏幕】中选择【控制面板】选项，打开【控制面板】窗口，单击查看方式右侧的下拉按钮，在弹出的下拉列表中选择【大图标】选项，即可打开【所有控制面板项】窗口。

Step 02 单击【电源选项】图标，打开【电源选项】设置界面。

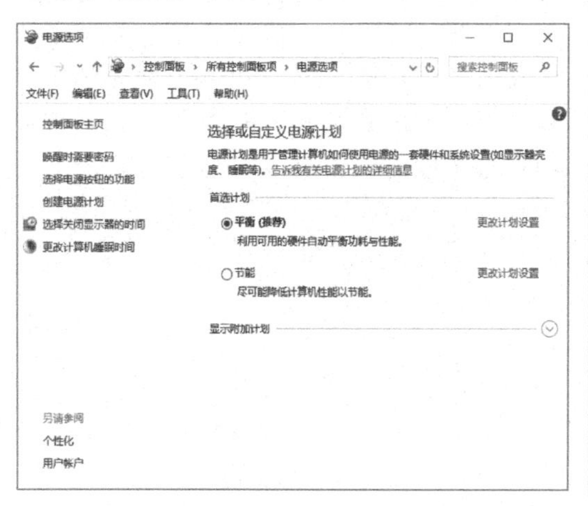

Step 03 单击【选择电源按钮的功能】超链接，打开【系统设置】窗口，在【关机设置】区域中勾选【启用快速启动（推荐）】复选框，单击【保存修改】按钮，即可启用快速启动功能。

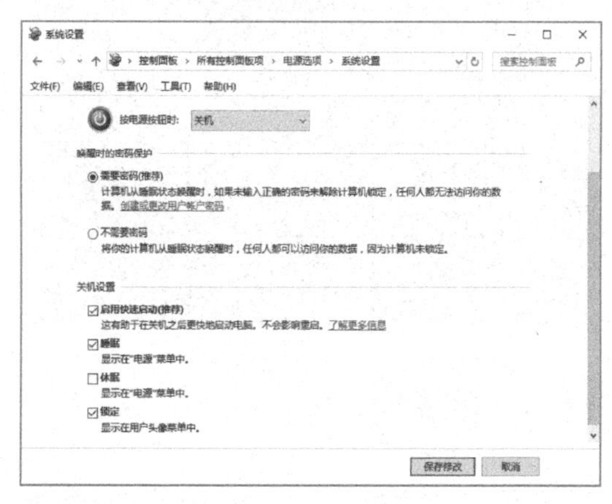

Step 04 如果想关闭快速启动功能，则可以取消【启用快速启动（推荐）】复选框的勾选状态，然后单击【保存修改】按钮。

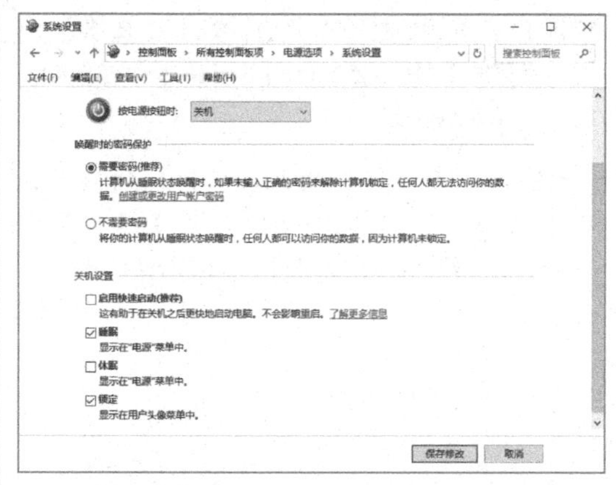

11.6 小试身手

练习1：分析入侵日志。

练习2：清除服务器日志文件。

练习3：利用工具清除日志文件。

第12章 数据备份与恢复工具

计算机系统中的大部分数据都存储在磁盘中，而磁盘又是一个极易出现问题的部件。为了能够保护计算机的系统数据，最有效的方法是将数据进行备份，这样，一旦磁盘出现故障，就能把损失降到最低。

12.1 数据丢失概述

硬件故障、软件破坏、病毒的入侵、用户自身的错误操作等，都有可能导致数据丢失，但大多数情况下，这些找不到的数据并没有真正丢失，这就需要根据数据丢失的具体原因而定。

12.1.1 数据丢失的原因

造成数据丢失的主要原因有如下几个方面。

（1）用户的误操作。由于用户错误操作而导致数据丢失的情况，在数据丢失的主要原因中所占比例很大。用户极小的疏忽都可能造成数据丢失，如用户的错误删除或不小心切断电源等。

（2）黑客入侵与病毒感染。黑客入侵和病毒感染已越来越受关注，由此造成的数据破坏更不可低估。而且有些恶意程序具有格式硬盘的功能，这对硬盘数据可以造成毁灭性的损失。

（3）软件系统运行错误。由于软件不断更新，各种程序和运行错误也随之增加，如程序被迫意外中止或突然死机，都会使用户当前运行的数据因不能及时保存而丢失。如在运行Microsoft Office Word编辑文档时，常常会发生应用程序出现错误而不得不中止的情况，此时，当前文档中的内容就不能完整保存，甚至全部丢失。

（4）硬盘损坏。硬盘损坏主要表现为磁盘划伤、磁组损坏、芯片及其他元器件烧坏、突然断电等，这些损坏造成的数据丢失都是物理性质，一般通过Windows自身无法恢复数据。

（5）自然损坏。风、雷电、洪水及意外事故（如电磁干扰、地板振动等）也有可能导致数据丢失，但这种情况的可能性比上述几种情况要小很多。

12.1.2 发现数据丢失后的操作

当发现计算机中的硬盘丢失数据后，应当注意以下事项。

（1）当发现自己硬盘中的数据丢失后，应立刻停止一些不必要的操作，如误删除、误格式化之后，最好不要再往磁盘中写数据。

（2）如果发现丢失的是C盘数据，应立即关机，以避免数据被操作系统运行时产生的虚拟内存和临时文件破坏。

（3）如果是服务器硬盘阵列出现故障，最好不要进行初始化和重建磁盘阵列，以免增加恢复难度。

（4）如果是磁盘出现坏道读不出来时，最好不要反复读盘。

（5）如果是磁盘阵列等硬件出现故障，最好请专业的维修人员对数据进行恢复。

12.2 使用工具备份各类磁盘数据

磁盘中存放的数据有很多类，如分区表、引导区、驱动程序等系统数据，还有电子邮件、系统桌面数据、磁盘文件等本地数据，对这些数据进行备份可以在一定程度上保护数据。

12.2.1 使用DiskGenius备份分区表数据

分区表损坏会造成系统启动失败、数据丢失等严重后果。这里以使用DiskGenius V4.9软件为例，讲述如何备份分区表，具体操作步骤如下。

Step 01 打开软件DiskGenius V4.9，选择需要保存备份分区表的分区。

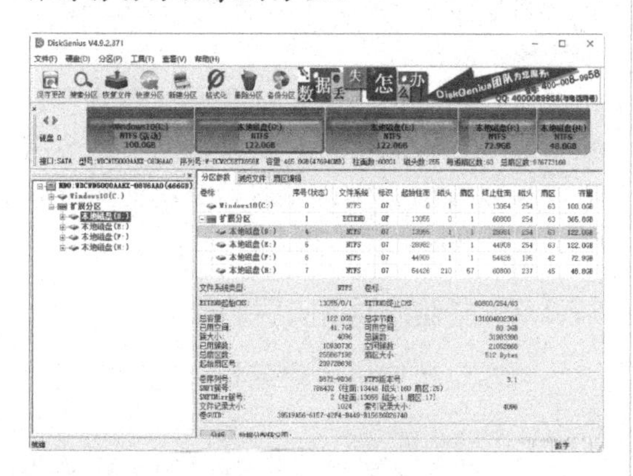

Step 02 选择【硬盘】→【备份分区表】菜单项，用户也可以按【F9】键备份分区表。

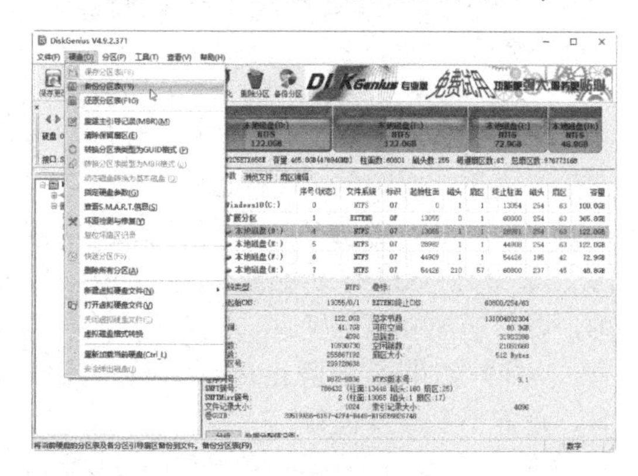

Step 03 弹出【设置分区表备份文件名及路径】对话框，在【文件名】后的文本框中输入备份分区表的名称。

Step 04 单击【保存】按钮，开始备份分区表，当备份完成后，弹出【DiskGenius】提示框，提示用户当前硬盘的分区表已经备份到指定的文件中。

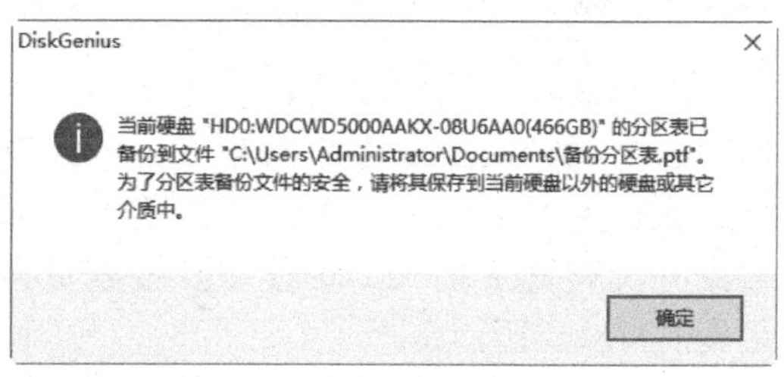

提示： 为了分区表备份文件的安全，建议将其保存到当前硬盘以外的硬盘或其他存储介质中，如优盘、移动硬盘、光碟等。

12.2.2 使用瑞星全功能安全软件备份引导区数据

在操作系统中，引导区起着非常重要的作用，它记录着一些硬盘最基本的信息，如硬盘的分区信息等，这些信息可以保证硬盘能正常工作，但如果这些信息被修改了，那么，硬盘里的数据就会丢失。因此，计算机用户要对引导区进行备份，以便在引导区受到病毒和木马的攻击时，来还原引导区。

备份引导区的工具有多种，下面介绍如何利用瑞星全功能安全软件来备份引导区。具体操作步骤如下。

Step 01 单击【开始】按钮，从弹出的菜单中选择【瑞星全功能安全软件】菜单项，打开【瑞星全功能安全软件】主窗口。

Step 02 单击【瑞星工具】按钮，打开【瑞星工具】窗口，在其中单击【引导区还原】按钮。

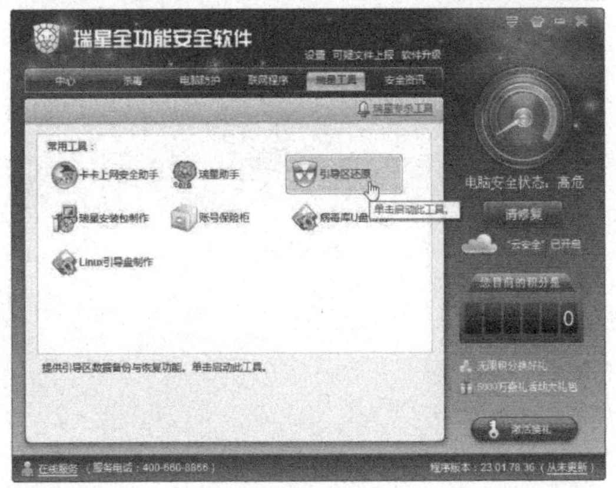

Step 03 打开【引导区还原】窗口，选择【备份引导区】单选按钮。

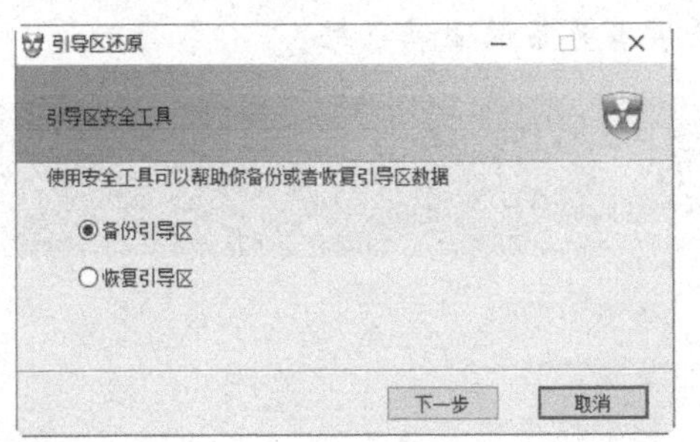

Step 04 单击【下一步】按钮，打开【引导区还原】窗口，在其中可以设置引导区备份的保存目录。

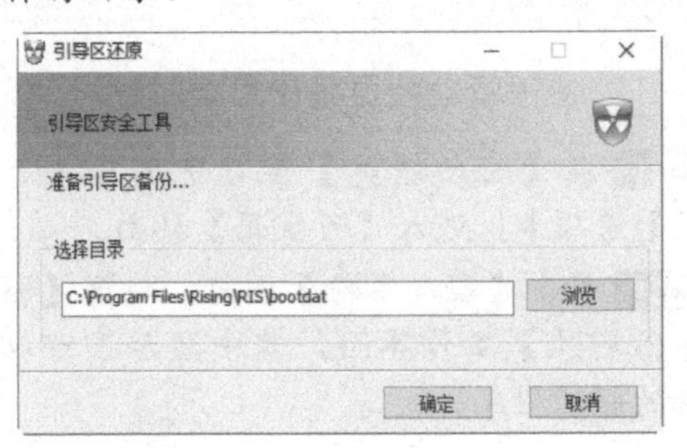

Step 05 单击【浏览】按钮，打开【浏览文件夹】对话框，在【选择目录】列表框中选择用于保存备份文件的文件夹。

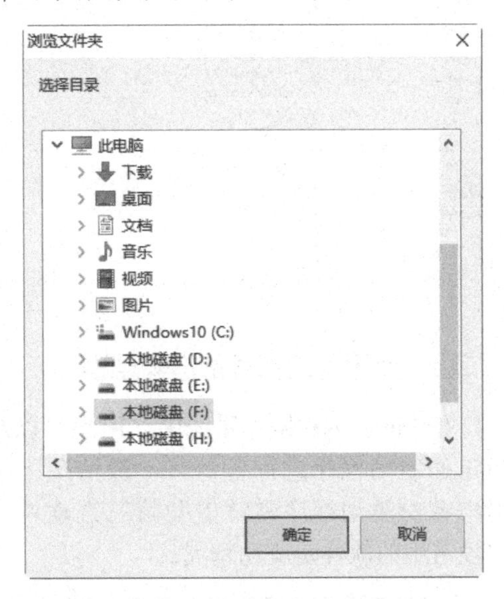

Step 06 单击【确定】按钮，返回到【引导区还原】对话框中。

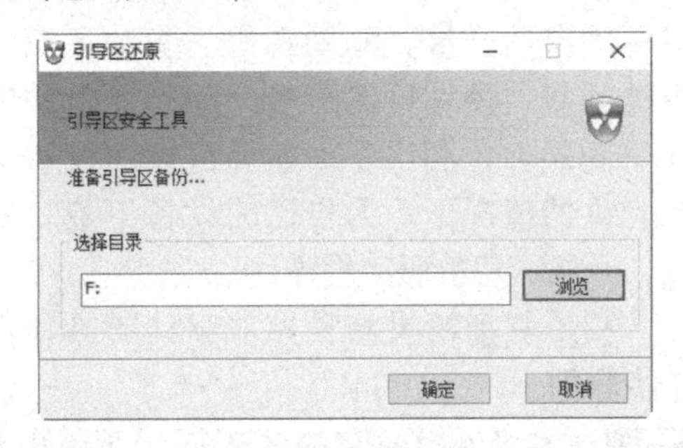

Step 07 单击【确定】按钮，开始备份引导区文件，由于引导区文件不是很大，所以很快弹出【提示信息】对话框，提示用户备份成功。

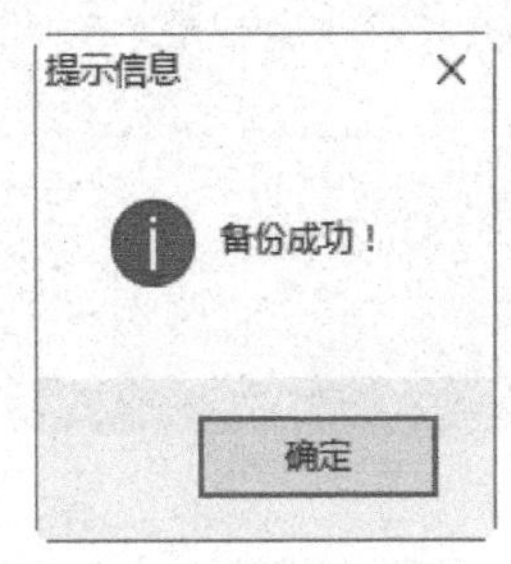

Step 08 单击【确定】按钮，关闭【提示信息】对话框。打开备份文件保存的位置，即可在其中看到备份的引导区文件。

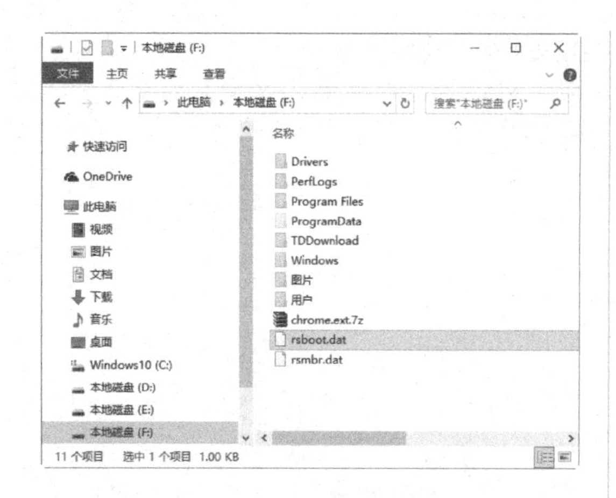

12.2.3 使用驱动精灵备份驱动程序

在Windows10操作系统中，用户可以对指定的驱动程序进行备份。一般情况下，用户备份驱动程序常常借助第三方软件，比较常用的软件是驱动精灵。

1. 使用驱动精灵修复有异常的驱动

驱动精灵是由驱动之家研发的一款集驱动自动升级、驱动备份、驱动还原、驱动卸载、硬件检测等多功能于一身的专业驱动软件。利用驱动精灵可以在没有驱动光盘的情况下，为自己的设备下载、安装、升级、备份驱动程序。

利用驱动精灵修复异常驱动的具体操作步骤如下。

Step 01 下载并安装好驱动精灵后，直接双击计算机桌面上的【驱动精灵】图标，打开该程序。

Step 02 在【驱动精灵】窗口中单击【立即检测】按钮，开始对计算机进行全面检测。

Step 03 检测完成后，会在【驱动管理】界面中给出检测结果。

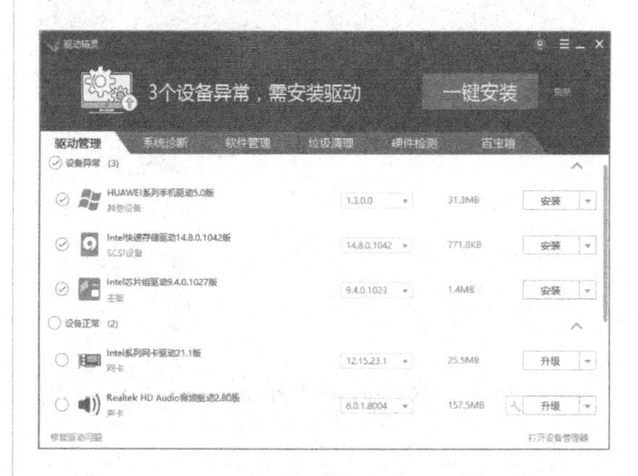

Step 04 单击【一键安装】按钮，开始下载并安装有异常的驱动程序。

2. 使用驱动精灵备份单个驱动

Step 01 在【驱动精灵】窗口中选择【百宝箱】选项卡，进入【百宝箱】界面。

Step 02 单击【驱动备份】图标，打开【驱动备份还原】工作界面，其中显示了可以备份的驱动程序。

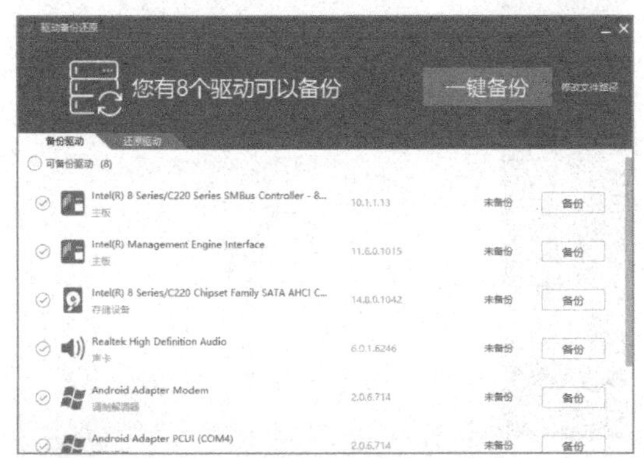

Step 03 单击【修改文件路径】链接，打开【设置】对话框，在其中可以设置驱动备份文件的保存位置和备份设置类型，如将驱动备份的类型设置为ZIP文件或备份驱动到文件夹两个类型。

设置

驱动备份

文件路径　（恢复默认路径）

D:\MyDrivers

选择目录　　打开目录

备份设置

◉ 备份驱动到文件夹

○ 备份驱动到ZIP文件

确定

Step 04 设置完毕后，单击【确定】按钮，返回到【驱动备份还原】工作界面，在其中单击某个驱动程序右侧的【备份】按钮，即可开始备份单个硬件的驱动程序，并显示备份的进度。

Step 05 备份完毕后，会在硬件驱动程序的后侧显示“备份完成”的信息提示。

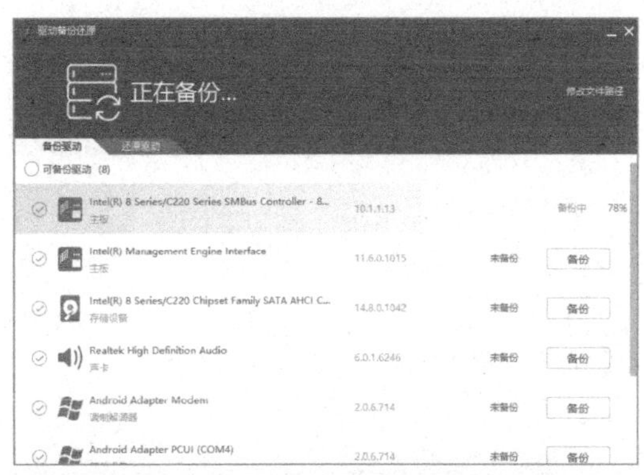

3. 使用驱动精灵一键备份所有驱动

一台完整的计算机包括主板、显卡、网卡、声卡等硬件设备，要想这些设备能够正常工作，就必须在安装好操作系统后，安装相应的驱动程序。因此，备份驱动程序时，最好将所有的驱动程序都进行备份。

具体操作步骤如下。

Step 01 在【驱动备份还原】工作界面中单击【一键备份】按钮。

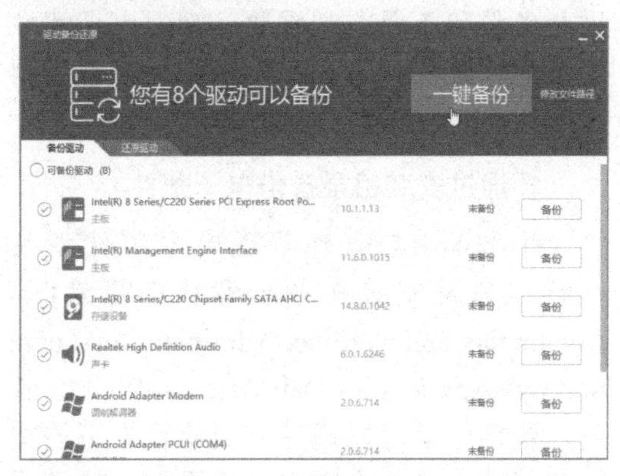

Step 02 开始备份所有硬件的驱动程序，并在后面显示备份的进度。

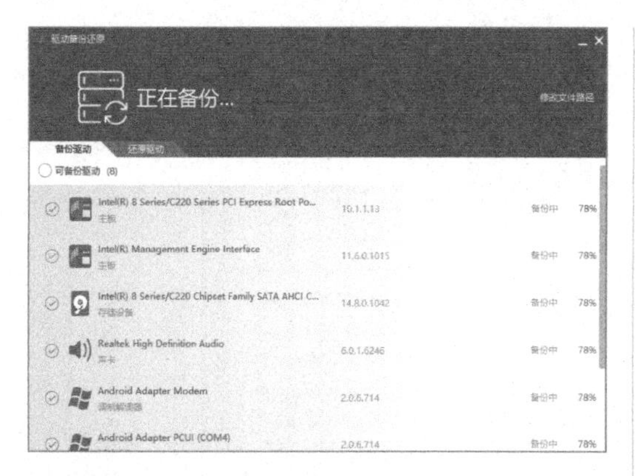

Step 03 备份完成后，会在硬件驱动程序的右侧显示“备份完成”的信息提示。

12.2.4 使用Outlook备份电子邮件

随着网络的日益普及，越来越多的人使用电子邮件进行学习、交流、娱乐以及办公等。显然，电子邮件的内容多数是比较重要的信息。因此，为了防止病毒与木马的攻击导致电子邮件丢失，对电子邮件进行备份和还原非常重要。管理电子邮件的工具有很多，这里以常见的Outlook为例介绍其备份还原电子邮件的方法。

1. 通过安装目录备份电子邮件

Outlook与其他管理电子邮件工具一样，通常安装在系统默认的目录C:\Documents and Settings\Administrator\Local Settings\Application Data\Microsoft\Outlook下，这样，就可以通过复制此目录下的文件到其他磁盘中来完成备份操作，如果要还原，只要重新复制回来即可。

2. 通过向导备份电子邮件

Outlook还可以运用【导入/导出向导】来实现备份还原操作，具体操作步骤如下。

Step 01 启动Outlook 2016主程序，选择【文件】选项卡，进入到【文件】界面，在该界面中选择【打开和导出】选项区域内的【导入/导出】选项。

Step 02 打开【导入和导出向导】对话框，在【请选择要执行的操作】列表框中选择【导出到文件】选项。

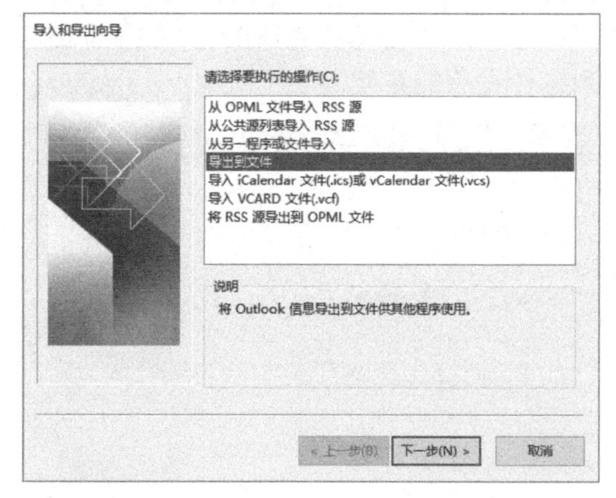

Step 03 单击【下一步】按钮，打开【导出到文件】对话框，在【创建文件的类型】列表框中选择【Outlook 数据文件（pst）】选项。

Step 04 单击【下一步】按钮，打开【导出Outlook数据文件】对话框，在【选定导出的文件夹】列表框中选择要导出的文件夹。

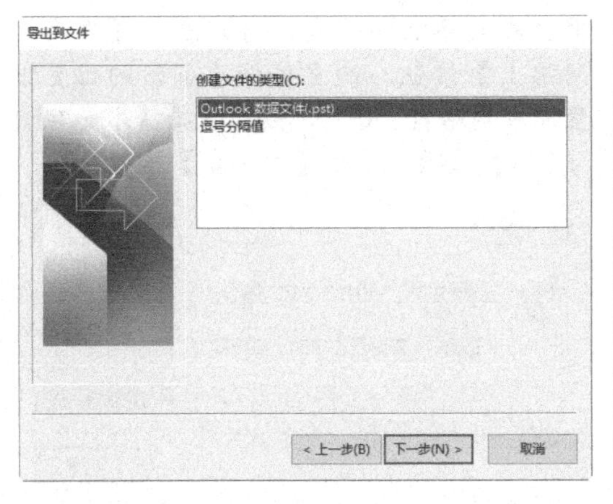

Step 05 单击【下一步】按钮，打开【导出Outlook数据文件】对话框，在【选项】选项组中选择【用导出的项目替换重复的项目】单选按钮，在【将导出文件另存为】下的文本框中输入文件保存的路径。

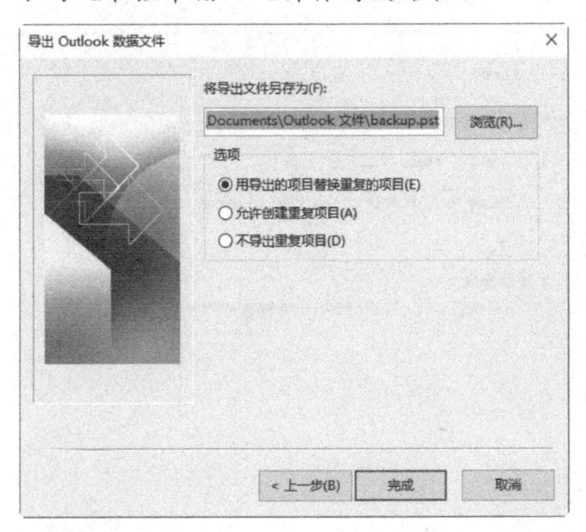

Step 06 单击【完成】按钮，打开【创建Outlook数据文件】对话框，在【密码】和【验证密码】文本框中输入相同的文件密码。

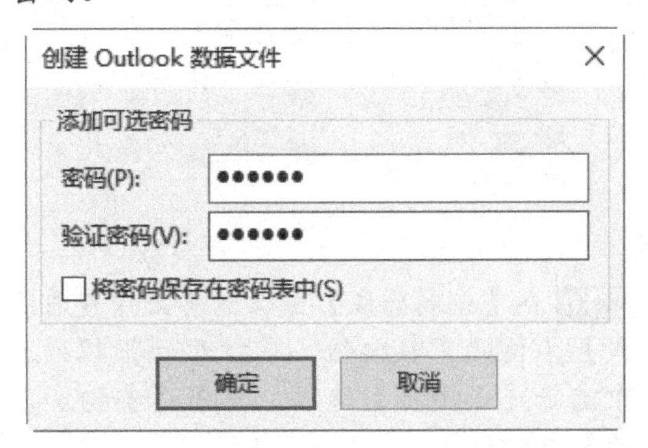

Step 07 单击【确定】按钮，打开【Outlook数据文件密码】对话框，在【密码】中输入文件的密码。单击【确定】按钮，完成备份电子邮件的操作。

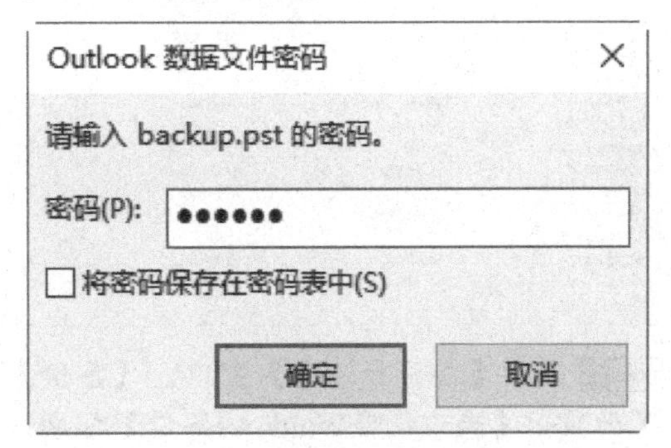

12.2.5 使用系统自带功能备份磁盘文件数据

随着计算机和互联网的普及，越来越多的人喜欢用计算机来存储文件。然而，由于木马和病毒入侵或个人的误操作，可能会使文件丢失。为此，用户有必要对文件进行备份，当原文件丢失后，还可以通过备份文件来恢复。

Windows 10操作系统为用户提供了备份文件的功能，用户只进行简单的设置，就可以确保文件不会丢失。备份文件的具体操作步骤如下。

Step 01 右击【开始】按钮，在打开的快捷菜单中选择【控制面板】命令，弹出【控制面板】窗口。

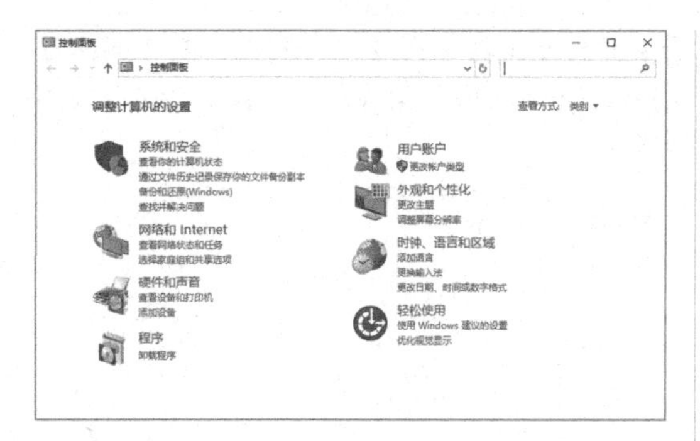

Step 02 在【控制面板】窗口中单击【查看方式】右侧的下拉按钮，在打开的下拉列表中选择【小图标】选项，单击【备份和还原】链接。

Step 03 弹出【备份和还原】窗口，【备份】下面显示【尚未设置Windows备份】信息，表示还没有创建备份。

Step 04 单击【设置备份】按钮，弹出【设置备份】对话框，系统开始启动Windows备份，并显示启动的进度。

Step 05 启动完毕后，弹出【选择要保存备份的位置】对话框，在【保存备份的位置】列表框中选择要保存备份的位置。如果想保存在网络上的位置，可以选择【保存在网络上】按钮。这里将保存备份的位置设置为本地磁盘（G），因此选择【本地磁盘（G）】选项，单击【下一步】按钮。

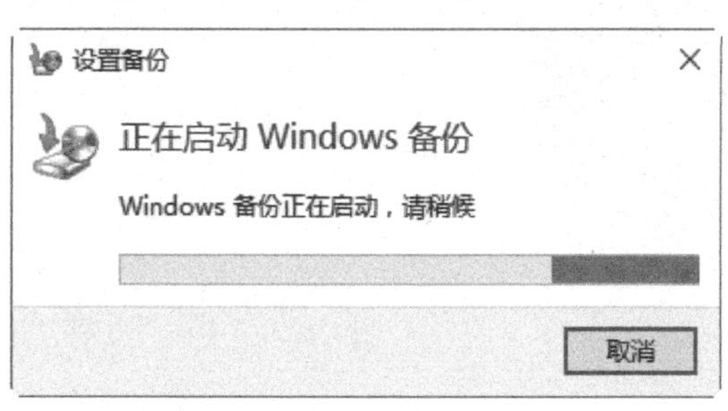

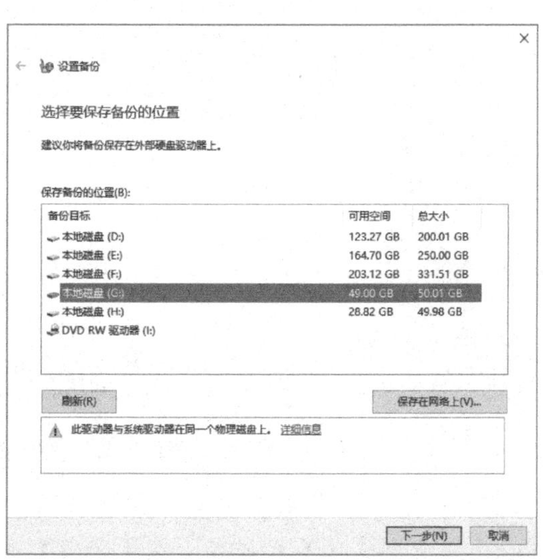

Step 06 弹出【你希望备份哪些内容】对话框，选择【让我选择】单选按钮，单击【下一步】按钮。

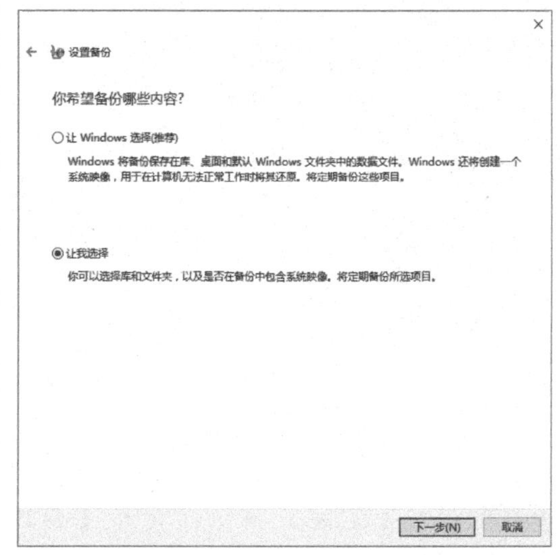

Step 07 在打开的对话框中选择需要备份的文件，如勾选【Excel办公】复选框，单击【下一步】按钮。

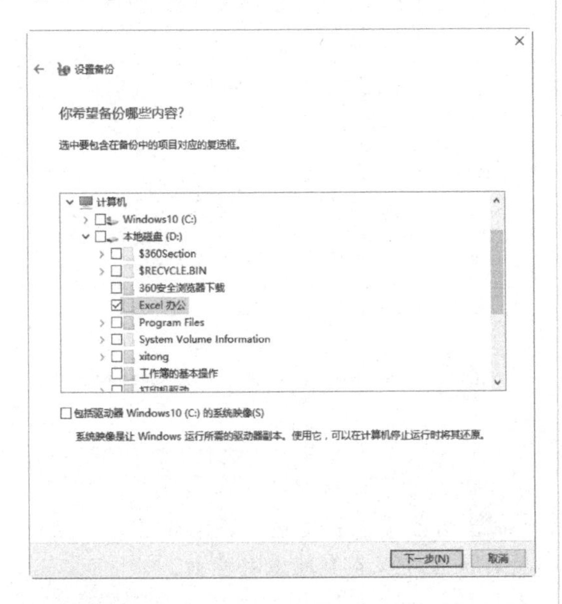

Step 08 弹出【查看备份设置】对话框，【计划】右侧显示了自动备份的时间，单击【保存设置并运行备份】按钮。

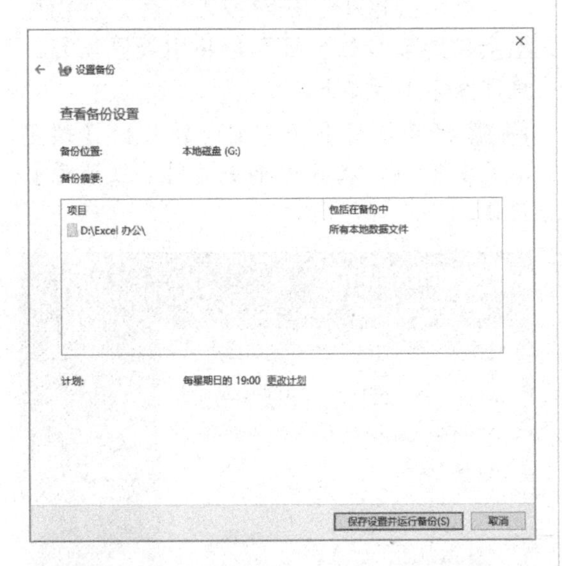

Step 09 弹出【你希望多久备份一次】对话框，单击【哪一天】右侧的箭头，在打开的下拉列表中选择【星期二】选项。

Step 10 单击【确定】按钮，返回到【查看备份设置】对话框。

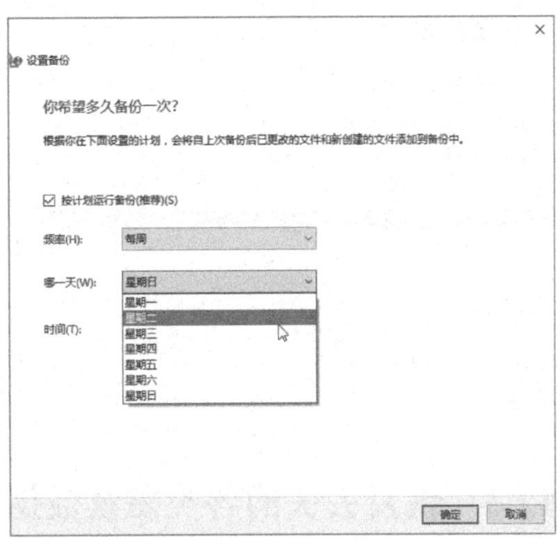

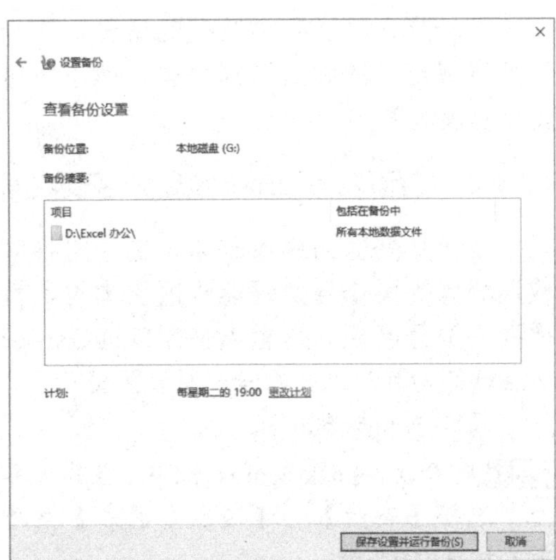

Step 11 单击【保存设置并运行备份】按钮，弹出【备份和还原】窗口，系统开始自动备份文件并显示备份的进度。

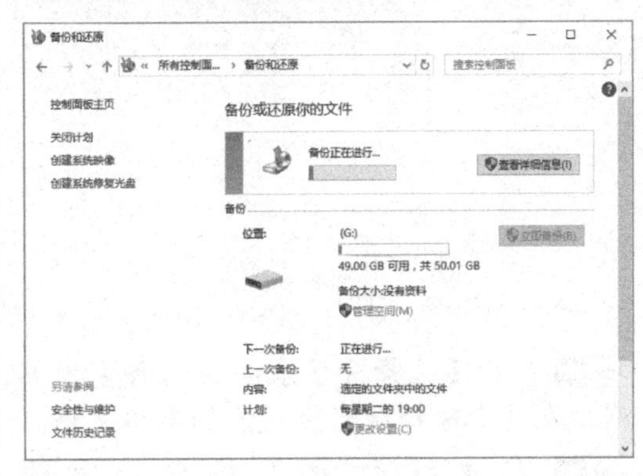

Step 12 备份完成后，将弹出【Windows备份已成功完成】对话框，单击【关闭】按钮

完成备份操作。

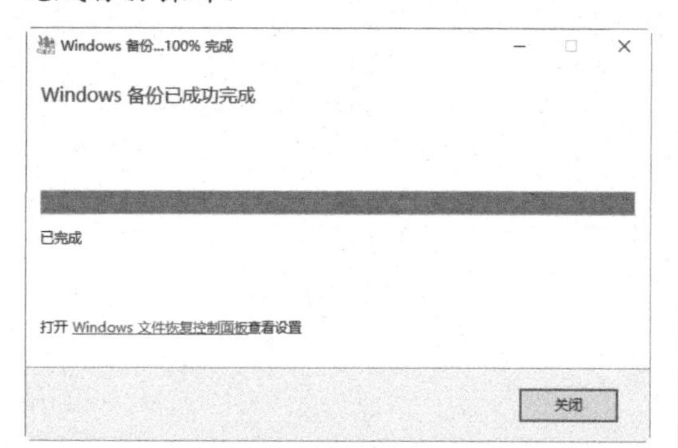

12.3 恢复丢失的各类磁盘数据

上一节介绍了各类数据的备份，这样一旦发现自己的磁盘数据丢失，就可以进行恢复操作了。

12.3.1 使用DiskGenius恢复分区表数据

当计算机遭到病毒破坏、加密引导区或误分区等操作导致硬盘分区丢失时，就需要还原分区表。这里以使用DiskGenius V4.9软件为例，讲述如何还原分区表。

具体操作步骤如下。

Step 01 打开软件DiskGenius V4.9，在其主界面中选择【硬盘】→【还原分区表】菜单项或按【F10】键。

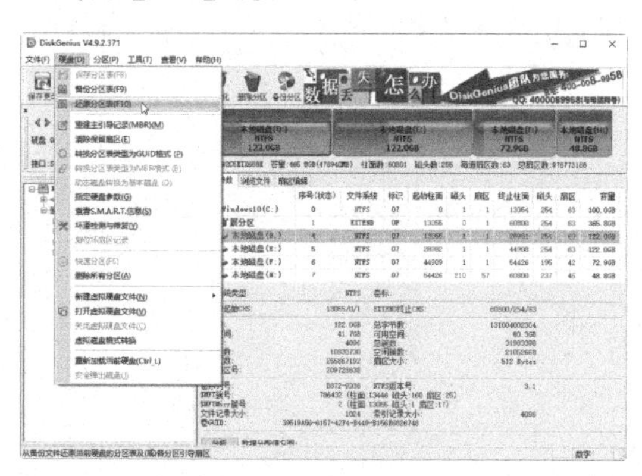

Step 02 打开【选择分区表备份文件】对话框，在其中选择硬盘分区表的备份文件。

Step 03 单击【打开】按钮，打开【DiskGenius】信息提示框，提示用户是否从这个分区表备份文件还原分区表。

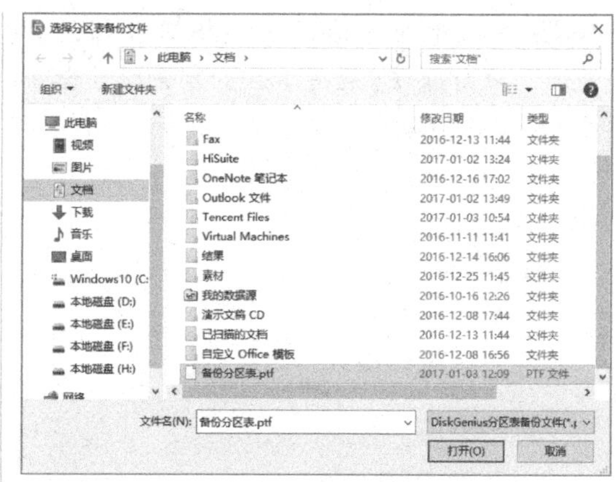

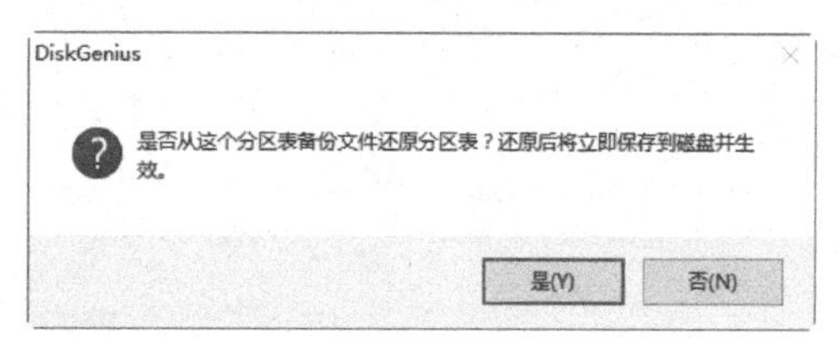

Step 04 单击【是】按钮，还原分区表，且还原后将立即保存到磁盘并生效。

12.3.2 使用瑞星全功能安全软件恢复引导区数据

当引导区中了病毒或被损坏，使用瑞星全功能安全软件还可以将引导区恢复。具体操作步骤如下。

Step 01 打开瑞星全功能安全软件的【瑞星工具】窗口，在其中单击【引导区还原】按钮。

Step 02 打开【引导区还原】窗口，选择【恢复引导区】单选按钮。

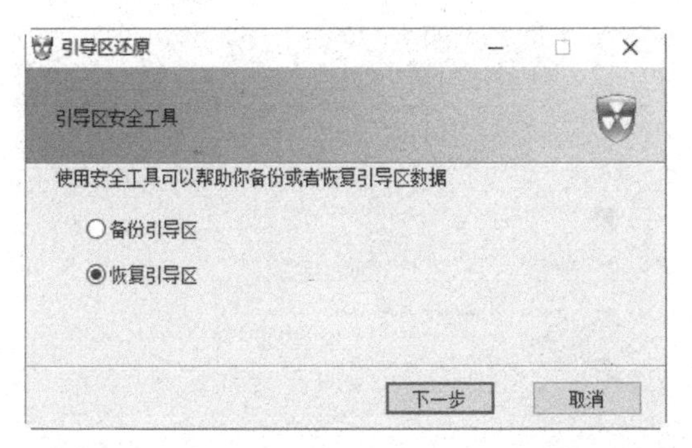

Step 03 单击【下一步】按钮，打开【引导区还原】窗口，在【选择目录】文本框中输入引导区备份文件保存的位置。

Step 04 或单击【浏览】按钮，打开【浏览文件夹】对话框，在【选择目录】列表框中选中引导区备份文件保存的位置。

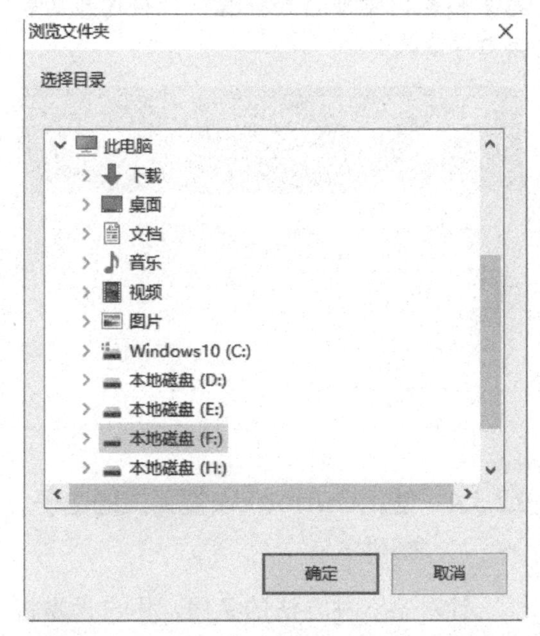

Step 05 单击【确定】按钮，返回到【引导区还原】对话框。

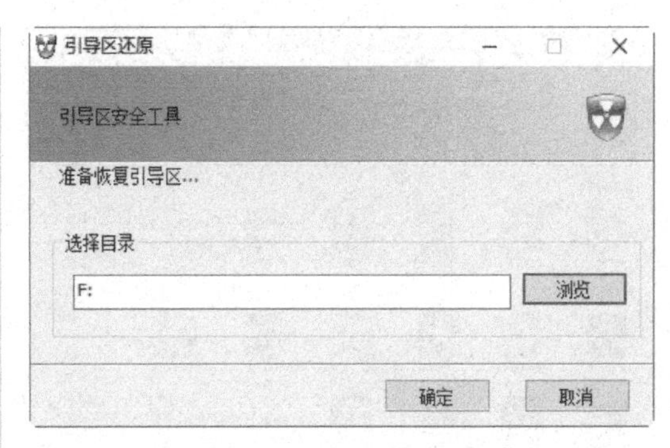

Step 06 单击【确定】按钮，开始恢复引导区，恢复完毕后，打开【提示信息】对话框，提示用户恢复成功。

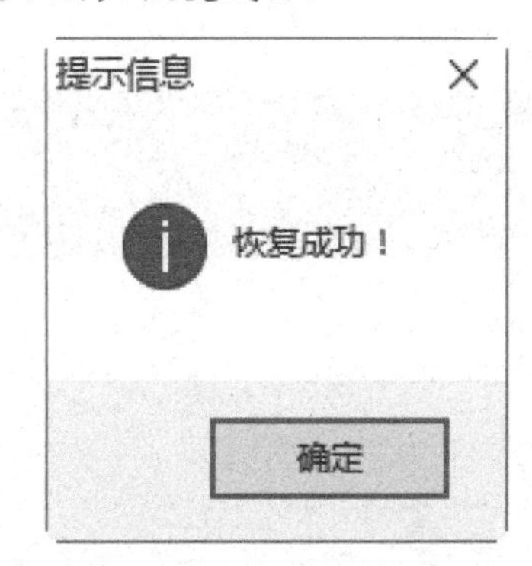

12.3.3 使用驱动精灵恢复驱动程序数据

前面介绍了使用驱动精灵备份驱动程序的方法，下面介绍使用驱动精灵驱动程序的方法。

具体操作步骤如下。

Step 01 在驱动精灵的主窗口中单击【百宝箱】按钮。

Step 02 进入百宝箱操作界面，在其中单击【驱动还原】图标。

Step 03 进入【还原驱动】选项卡，打开还原驱动操作界面。

Step 04 在【还原驱动】列表中选择需要还原的驱动程序。

Step 05 单击【一键还原】按钮，驱动程序开始还原，这个过程相当于安装驱动程序的过程。

Step 06 还原完成以后，会在驱动列表的右侧显示还原完成的信息提示。

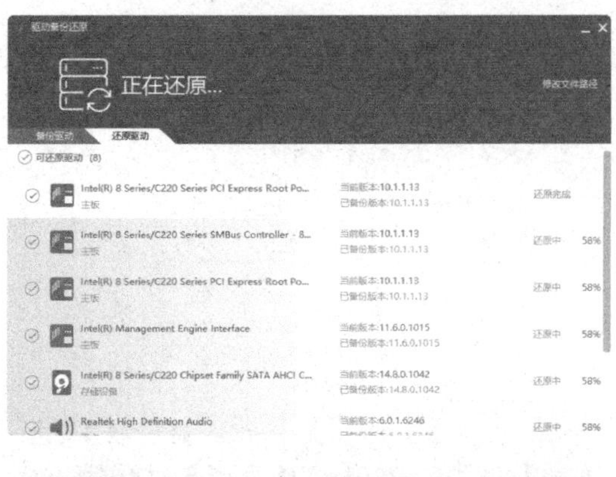

Step 07 还原完成以后，会在【驱动备份还原】工作界面显示还原完成，重启后有生效的信息提示，这时可以单击【立即重启】按钮，重新启动计算机，使还原的驱动程序生效。

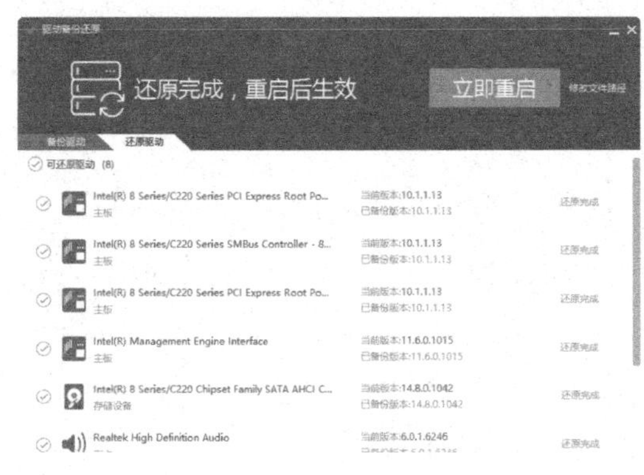

12.3.4 使用Outlook恢复丢失的电子邮件

针对第一种方法的备用，用户只需将复制到别的磁盘中的文件，再次复制到原来的目录位置即可。

使用向导还原电子邮件的操作步骤如下。

Step 01 启动Outlook 2016主程序，选择【文件】选项卡，进入【文件】界面，在该界面中选择【打开和导出】选项区域内的【导入/导出】选项。

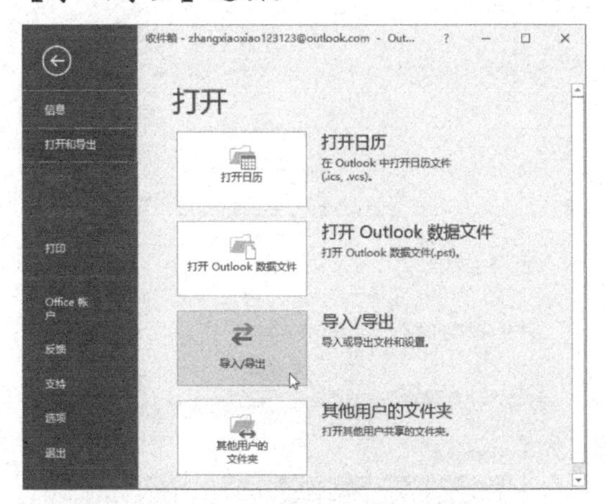

Step 02 打开【导入和导出向导】对话框，在【请选择要执行的操作】列表框中选择【从另一程序或文件导入】选项。

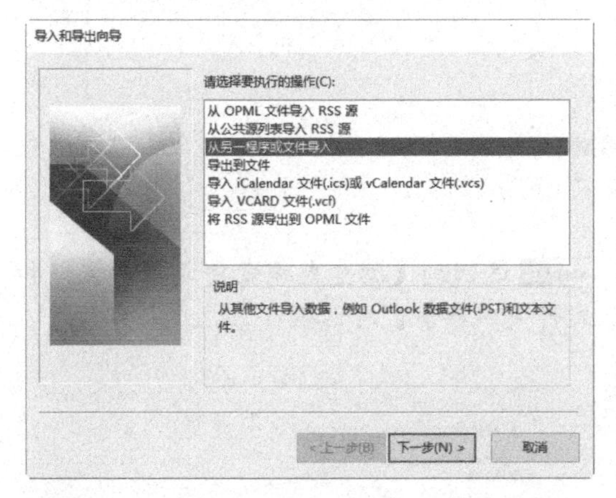

Step 03 单击【下一步】按钮，打开【导入文件】对话框，在【从下面位置选择要导入的文件类型】中选择【Outlook 数据文件（pst）】选项。

Step 04 单击【下一步】按钮，打开【导入Outlook数据文件】对话框，在【选项】列表中选择【用导入的项目替换重复的项目】单选按钮，在【导入文件】下的文本框中输入导入文件的路径，或单击【浏览】按钮，打开【导入Outlook数据文件】对话框，在其中选择备份的数据文件。

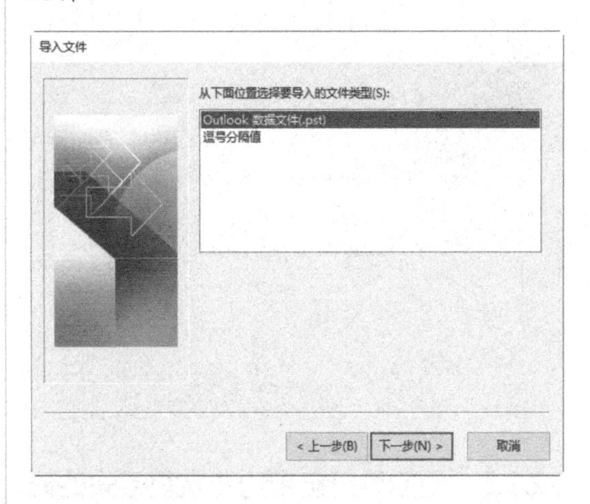

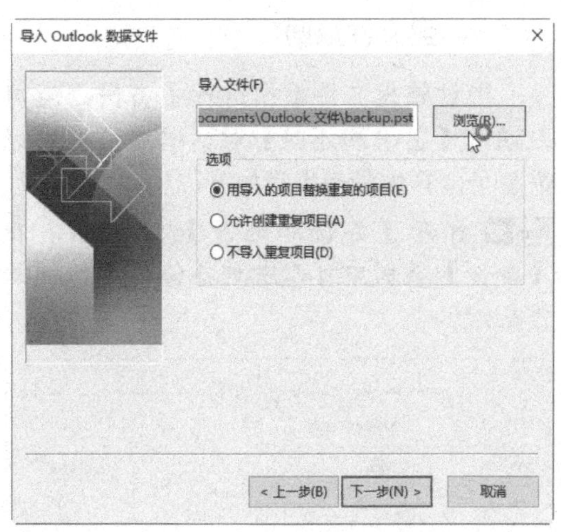

Step 05 单击【下一步】按钮，打开【Outlook数据文件密码】对话框，在【密码】文本框中输入数据文件的密码。

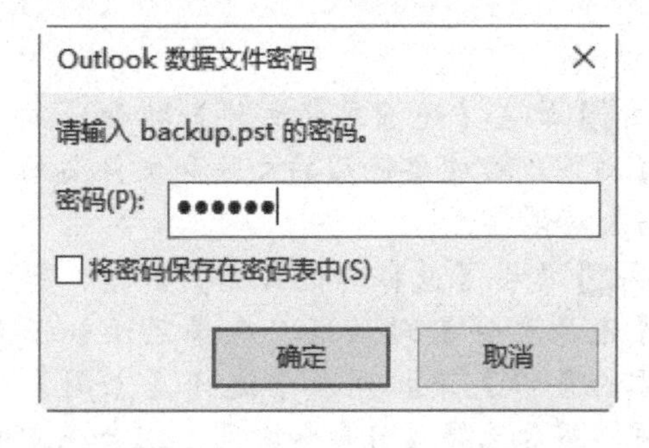

Step 06 单击【确定】按钮，打开【导入Outlook数据文件】对话框，选择需要恢复的邮件，单击【完成】按钮即可。

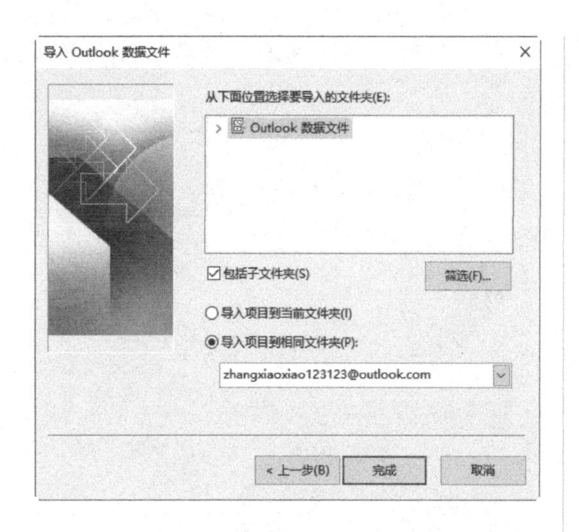

12.3.5 使用系统自带功能恢复丢失的磁盘文件数据

当对磁盘文件数据进行了备份，就可以通过【备份和还原】对话框对数据进行恢复了，具体操作步骤如下。

Step 01 打开【备份和还原】对话框，在【备份】类别中可以看到备份文件的详细信息。

Step 02 单击【还原我的文件】按钮，弹出【浏览或搜索要还原的文件和文件夹的备份】对话框。

Step 03 单击【选择其他日期】链接，弹出【还原文件】对话框，在【显示如下来源的备份】下拉列表中选择【上周】选项，然后选择【日期和时间】组合框中的【2016/1/29 12.54.49】选项，将所有的文件都还原到选中日期和时间的版本，单击【确定】按钮。

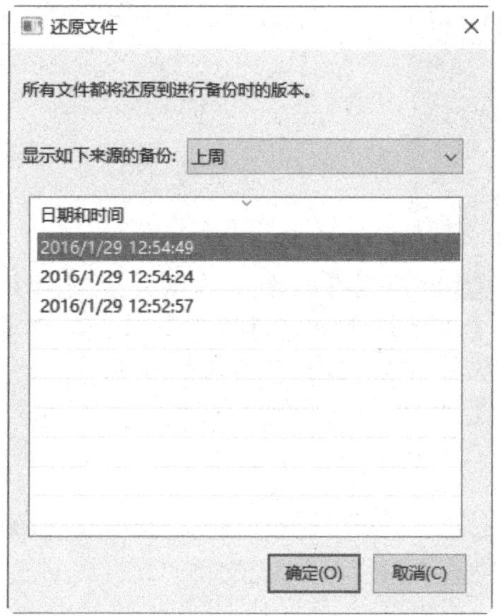

Step 04 返回到【浏览或搜索要还原的文件和文件夹的备份】对话框。

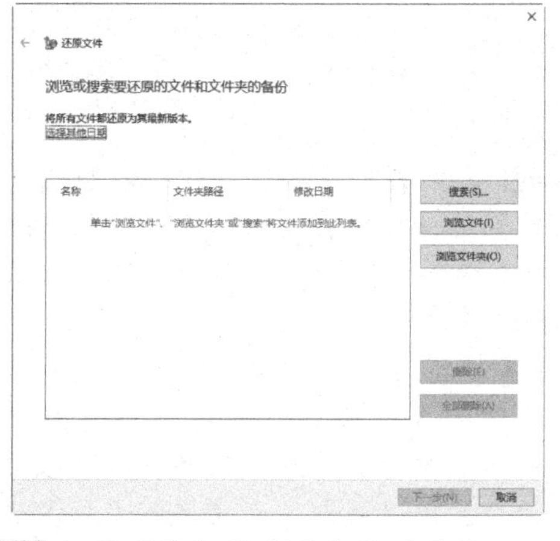

Step 05 如果用户想要查看备份的内容，可以单击【浏览文件】或【浏览文件夹】按钮，

在打开的对话框中查看备份的内容。这里单击【浏览文件】按钮，弹出【浏览文件的备份】对话框，在其中选择备份文件。

Step 06 单击【添加文件】按钮，返回到【浏览或搜索要还原的文件和文件夹的备份】对话框，可以看到选择的备份文件已经添加到对话框的列表框中。

Step 07 单击【下一步】按钮，弹出【您想在何处还原文件】对话框，选择【在以下位置】单选按钮。

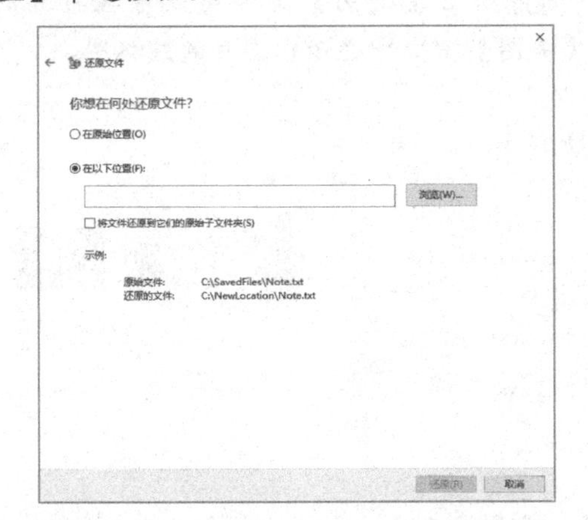

Step 08 单击【浏览】按钮，弹出【浏览文件夹】对话框，选择文件还原的位置。

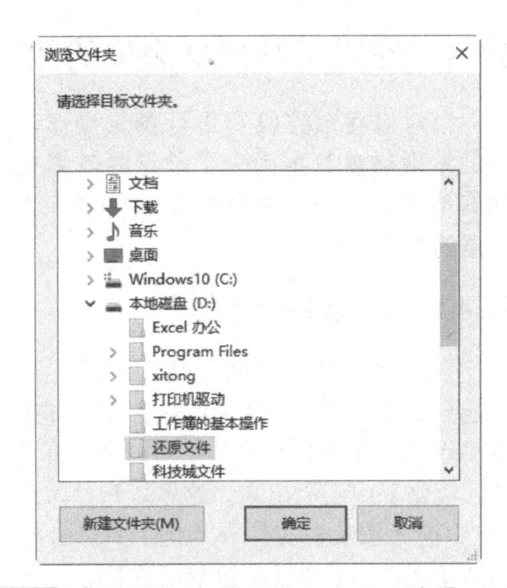

Step 09 单击【确定】按钮，返回到【还原文件】对话框。单击【还原】按钮，弹出【正在还原文件……】对话框，系统开始自动还原备份的文件。

Step 10 当出现【已还原文件】对话框时，单击【完成】按钮，完成还原操作。

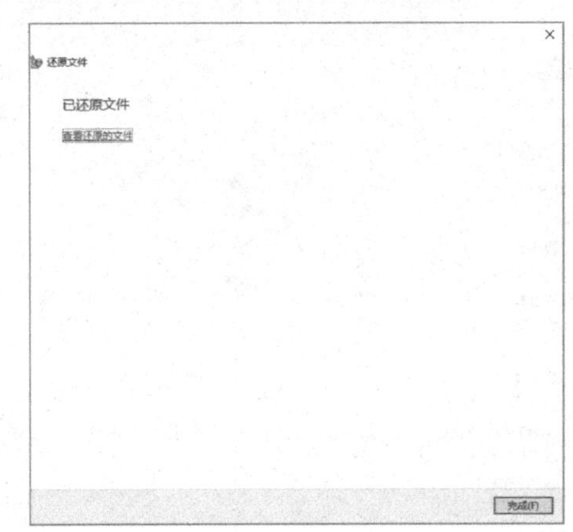

12.4　使用工具恢复丢失的数据

当对磁盘数据没有进行备份操作，而且又发现磁盘数据丢失了，这时就需要借助其他方法或使用数据恢复软件进行丢失数据的恢复。

12.4.1　从回收站中还原

当用户不小心将某一文件删除，很有可能只是将其删除到【回收站】中，如果还没清除【回收站】中的文件，则可以将其从【回收站】中还原出来。这里以删除本地磁盘F中的【图片】文件夹为例，具体介绍如何从【回收站】中还原删除的文件。

具体操作步骤如下。

Step 01 双击桌面上的【回收站】图标，打开【回收站】窗口，在其中可以看到误删除的【美图】文件夹。

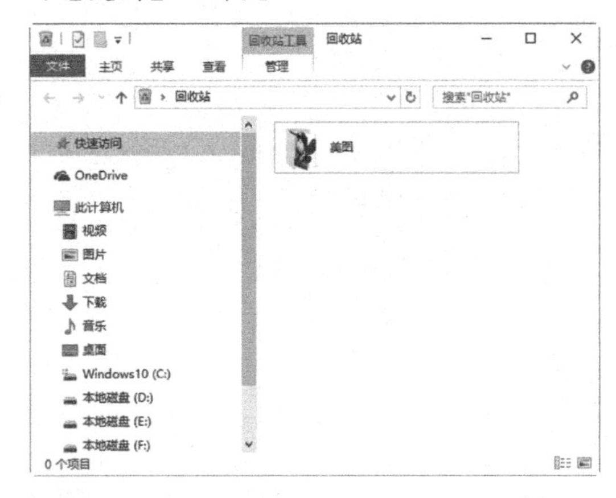

Step 02 右击该文件夹，从弹出的快捷菜单中选择【还原】菜单项。

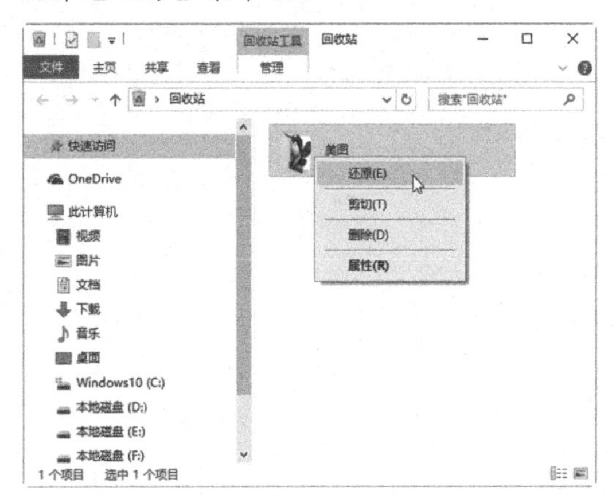

Step 03 即可将【回收站】中的【美图】文件夹还原到其原来的位置。

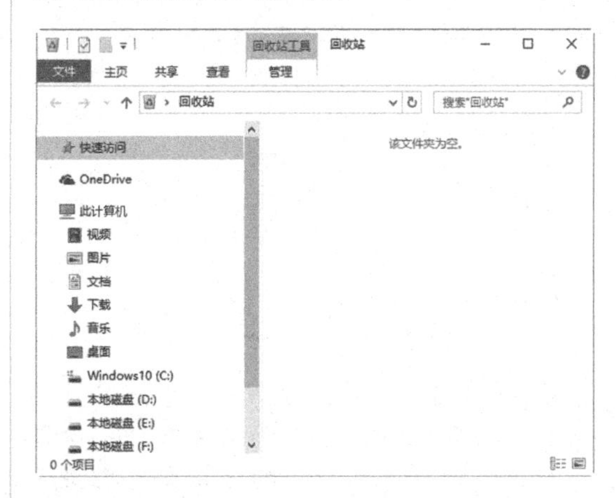

Step 04 打开本地磁盘F，即可在【本地磁盘F】窗口中看到还原的【美图】文件夹。

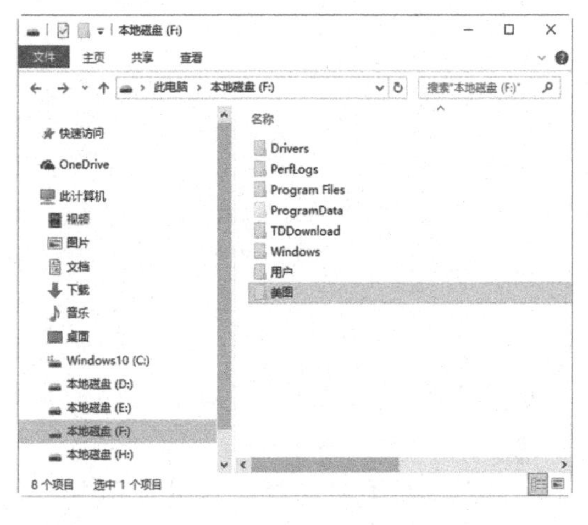

Step 05 双击【美图】文件夹，可在打开的【美图】窗口中显示出图片的缩略图。

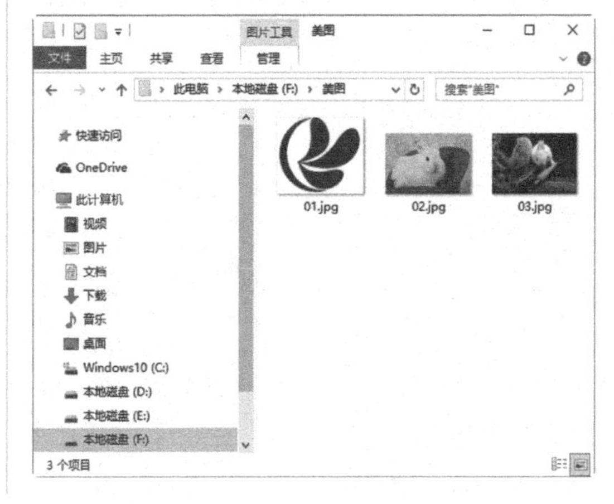

12.4.2 清空回收站后的恢复

当把回收站中的文件清除后，用户可以使用注册表恢复清空回收站后的文件，具体操作步骤如下。

Step 01 右击【开始】按钮，从弹出的快捷菜单中选择【运行】菜单项。

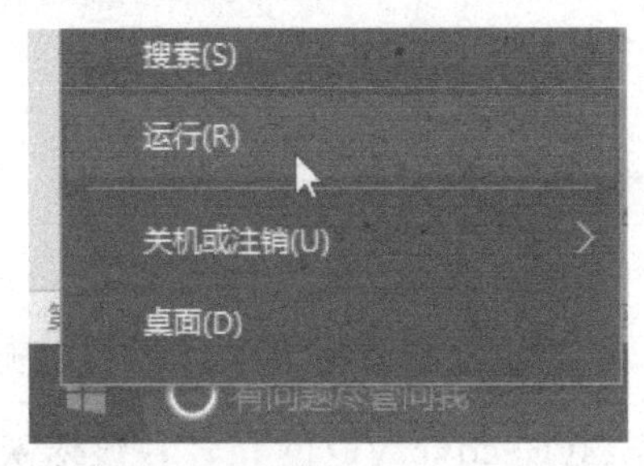

Step 02 打开【运行】对话框，在【打开】文本框中输入regedit命令。

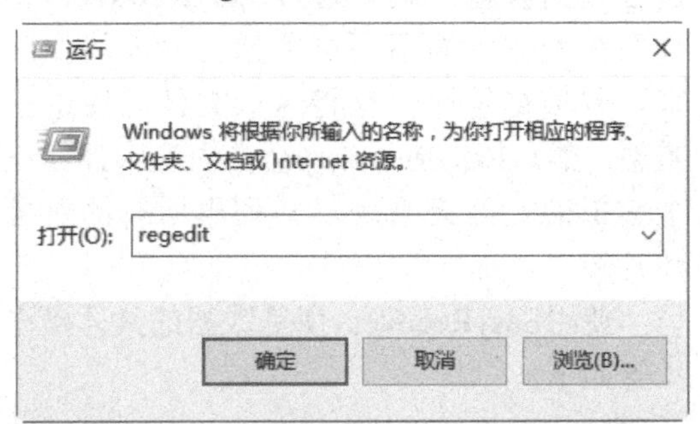

Step 03 单击【确定】按钮，打开【注册表编辑器】窗口。

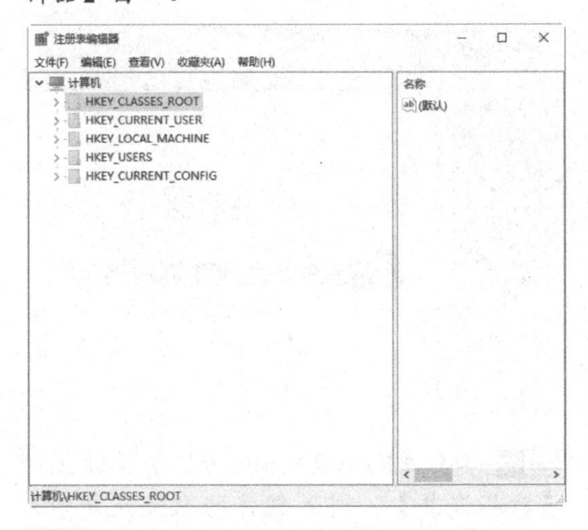

Step 04 在窗口的左侧展开【HKEY-LOCAL-MACHINE/Software/Microsoft/Windows/Currentversion/Desktop/NameSpace树形结构。

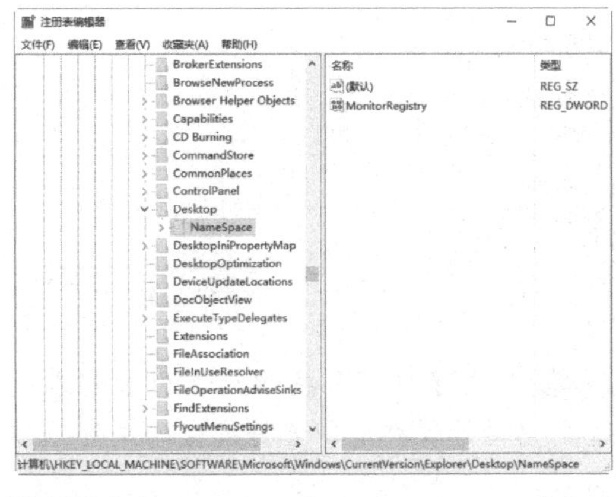

Step 05 在窗口的左侧空白处右击，从弹出的快捷菜单中选择【新建】→【项】菜单项。

Step 06 新建一个项，并将其重命名为【645FFO40-5081-101B-9F08-00AA002F954E】。

Step 07 在窗口的右侧选中系统默认项并右击，从弹出的快捷菜单中选择【修改】菜单项，打开【编辑字符串】对话框，将数

值数据设置为【回收站】。

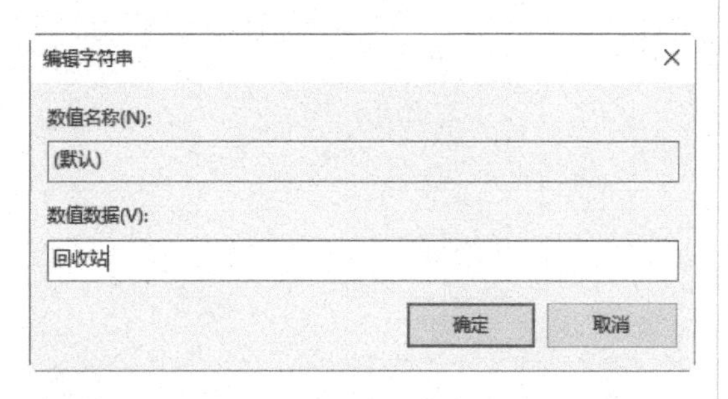

Step 08 单击【确定】按钮，退出注册表，重新启动计算机，即可将清空的文件恢复出来。

Step 09 右击该文件夹，从弹出的快捷菜单中选择【还原】菜单项。

Step 10 即可将【回收站】中的【美图】文件夹还原到其原来的位置。

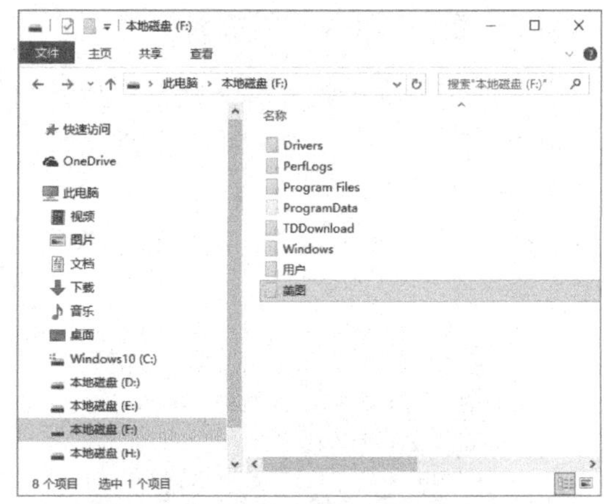

12.4.3 使用EasyRecovery恢复数据

EasyRecovery是世界著名数据恢复公司Ontrack的技术杰作。利用EasyRecovery进行数据恢复，就是通过EasyRecovery将分布在硬盘上的不同位置的文件碎块找回来，并根据统计信息将这些文件碎块进行重整，然后EasyRecovery会在内存中建立一个虚拟的文件夹系统，并列出所有的目录和文件。

使用EasyRecovery恢复数据的具体操作步骤如下。

Step 01 双击桌面上的EasyRecovery图标，进入【EasyRecovery】主界面。

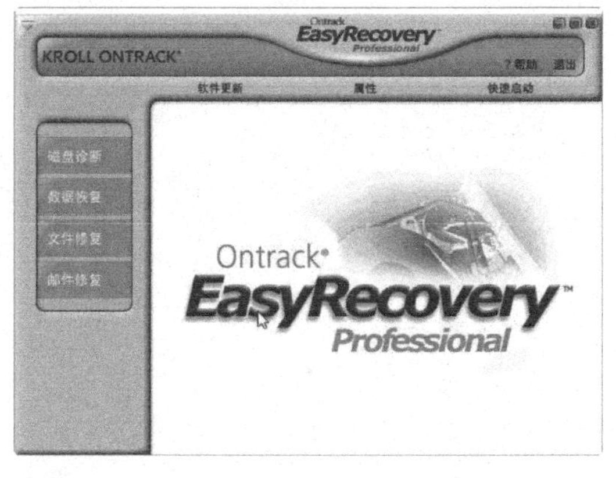

Step 02 单击【EasyRecovery】主界面上的【数据恢复】，进入软件的数据恢复子系统窗口，其中显示了【高级恢复】、【删除恢复】、【格式化恢复】、【原始恢复】等项目。

Step 03 选择F盘上的【美图.rar】文件将其彻底删除，单击【数据恢复】项中的【删除恢复】按钮，开始扫描系统。

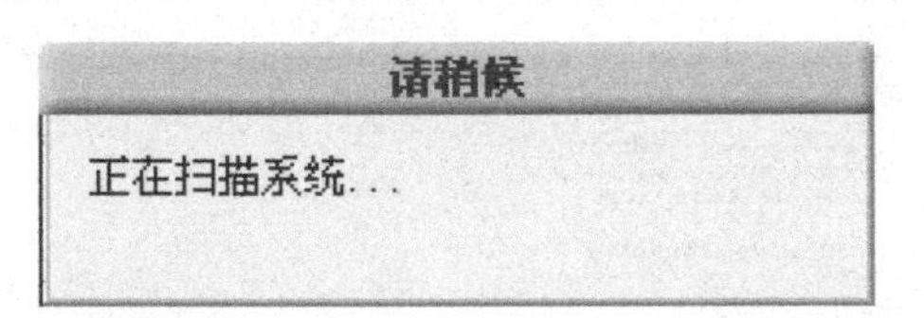

Step 04 扫描结束后，将会弹出【目的地警告】提示，建议用户将文件复制到不与恢复来源相同的一个安全位置。

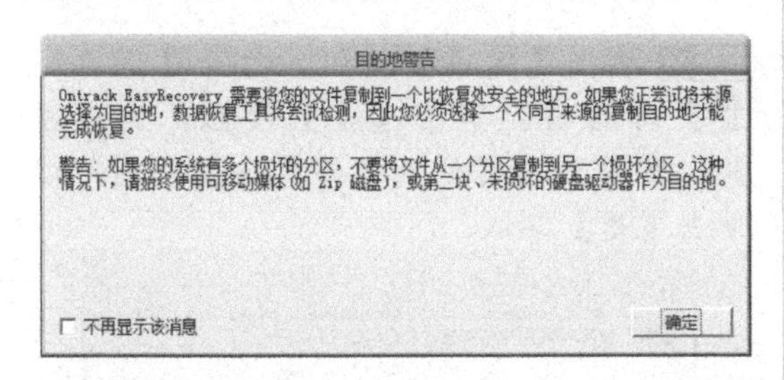

Step 05 单击【确定】按钮，自动弹出如下图所示的对话框，提示用户选择一个要恢复删除文件的分区，这里选择F盘。在【文件过滤器】中进行相应的选择，如果误删除的是图片，则在文件过滤器中选择【图像文档】选项。但若用户要恢复的文件是不同类型的，则可直接选择【所有文件】，再选中【完全扫描】选项。

Step 06 单击【下一步】按钮，软件开始扫描选定的磁盘，并显示扫描进度，如已用时间、剩余时间、找到目录、找到文件等。

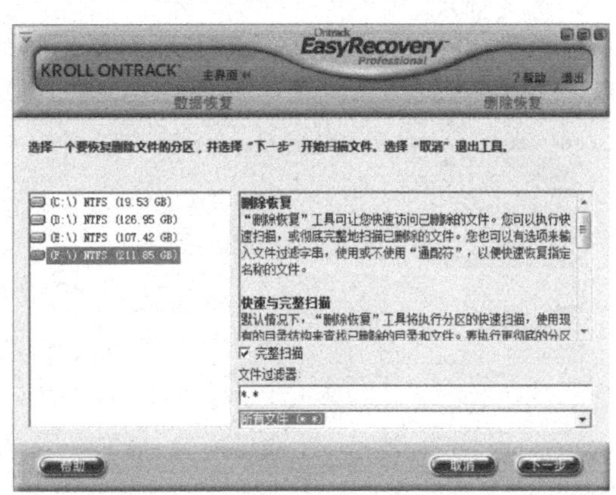

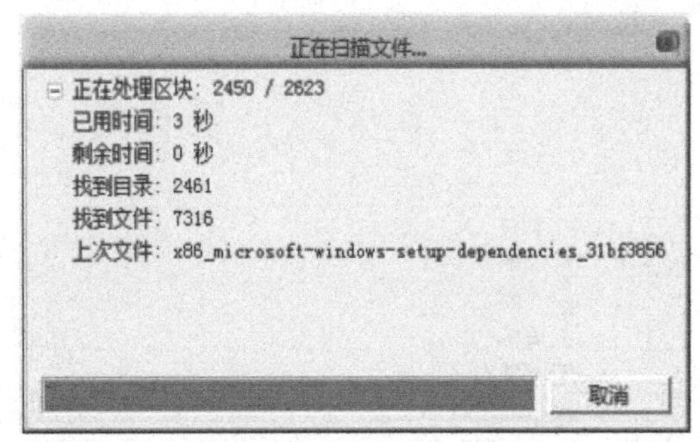

Step 07 扫描完毕后，将扫描到的相关文件及资料在对话框左侧以树状目录列出来，右侧则显示具体删除的文件信息。在其中选择要恢复的文档或文件夹，这里选择【图片.rar】文件。

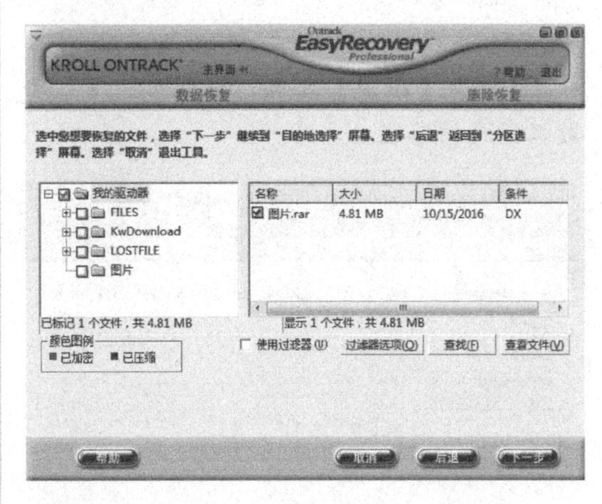

Step 08 单击【下一步】按钮，可从弹出的对话框中设置恢复数据的保存路径。

Step 09 单击【浏览】按钮，打开【浏览文件夹】对话框，在其中选择恢复数据保存的位置。

Step 10 单击【确定】按钮，返回到设置恢复数据保存的路径。

Step 11 单击【下一步】按钮，软件自动将文件恢复到指定的位置。

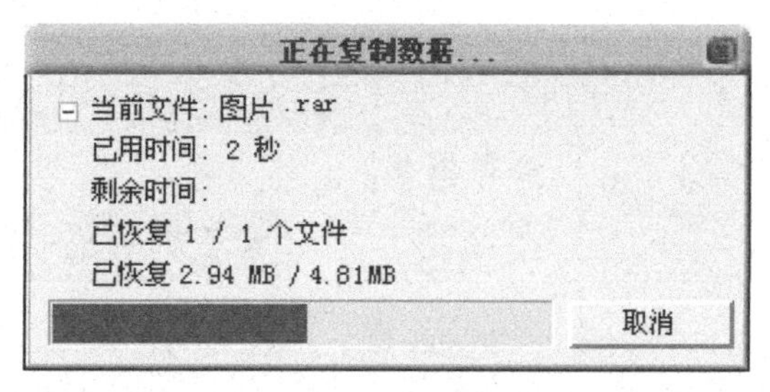

Step 12 完成文件恢复操作之后，EasyRecovery将会弹出一个恢复完成的提示信息窗口，其中显示了数据恢复的详细内容，包括源分区、文件大小、已存储数据的位置等内容。

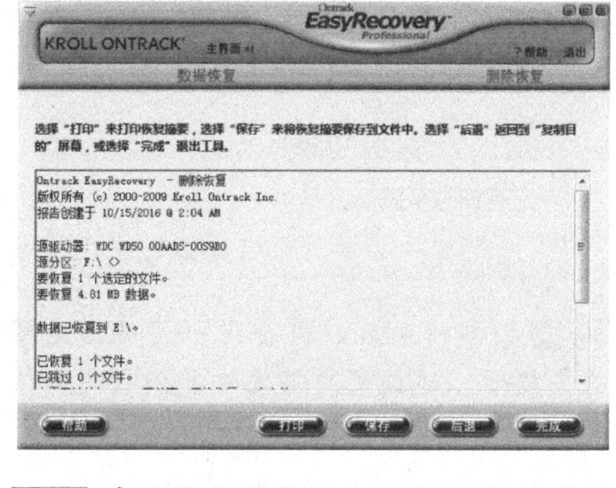

Step 13 单击【完成】按钮，打开【保存恢复】对话框。单击【否】按钮，完成恢复，如果还有其他的文件要恢复，则可以单击【是】按钮。

12.4.4 使用“数据恢复大师”恢复数据

数据恢复大师DataExplore是一款功能强大、提供了较低层次恢复功能的硬盘数据恢复软件，支持FAT12、FAT16、FAT32、NTFS文件系统，可以导出文件夹，能够找出被删除、快速格式化、完全格式化、删除分区、分区表被破坏或者Ghost破坏后的硬盘文件。

1. 恢复已删除的文件

Step 01 在【数据恢复大师】主窗口中单击

【数据】按钮，打开【选择数据】对话框。

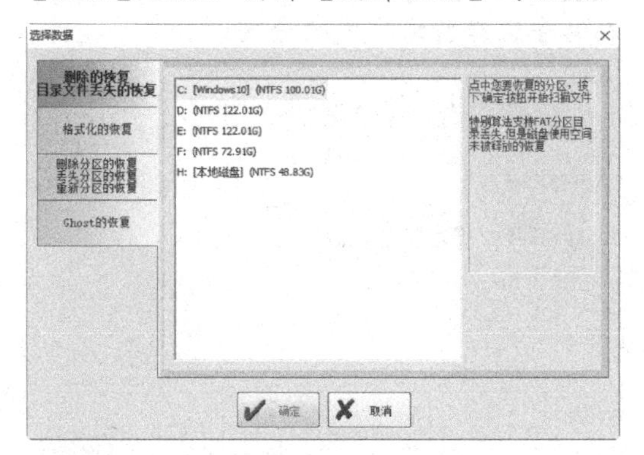

Step 02 选择左侧的【删除的恢复】选项，在其中选择所需恢复的分区。

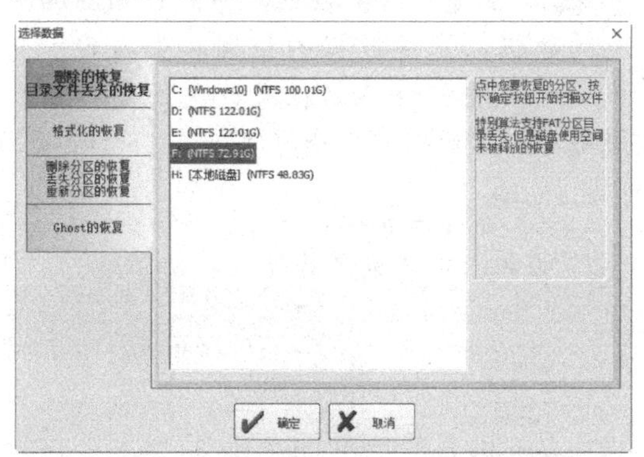

Step 03 单击【确定】按钮，系统开始扫描丢失的数据，完成数据的扫描和查找后，查找到的文件将会显示在文件夹视图和列表视图中。

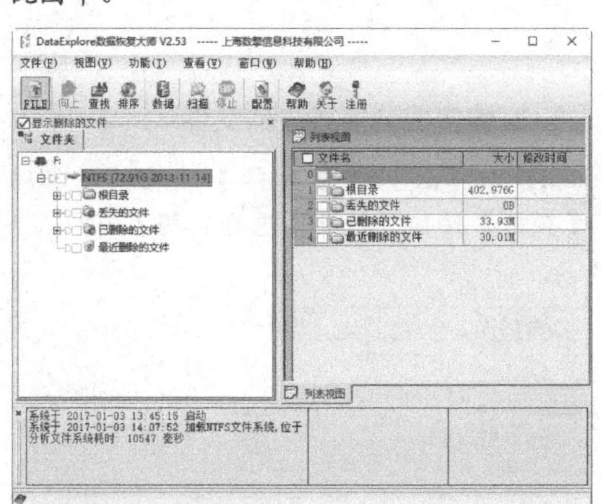

Step 04 在【数据恢复大师】窗口的左侧选择【已删除的文件】选项，即可在右侧窗格中显示出其具体数据列表，可将其导出到别的分区或硬盘。

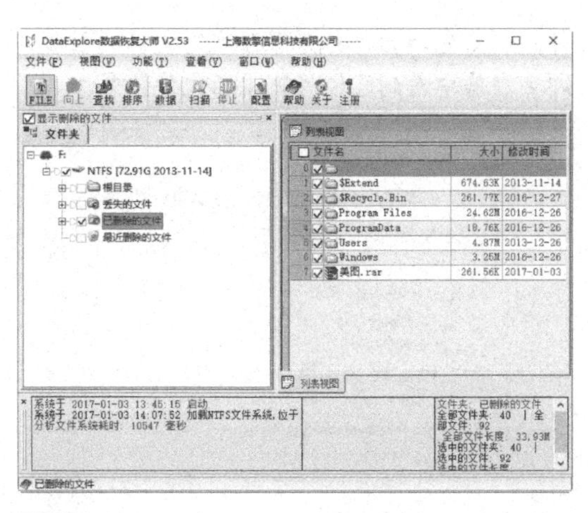

Step 05 在【列表视图】窗格中选中需要恢复的数据并右击，从弹出的快捷菜单中选择【导出】菜单项。

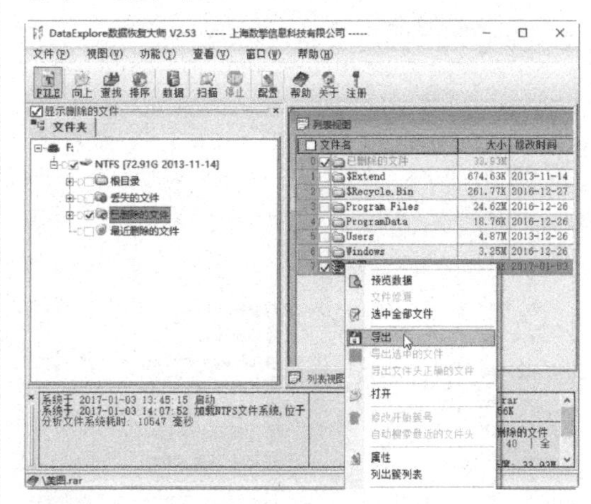

Step 06 打开【提示】对话框，提示用户把文件导出到别的硬盘或者分区上，切记不要往要恢复的分区上写入新文件，以免破坏数据。

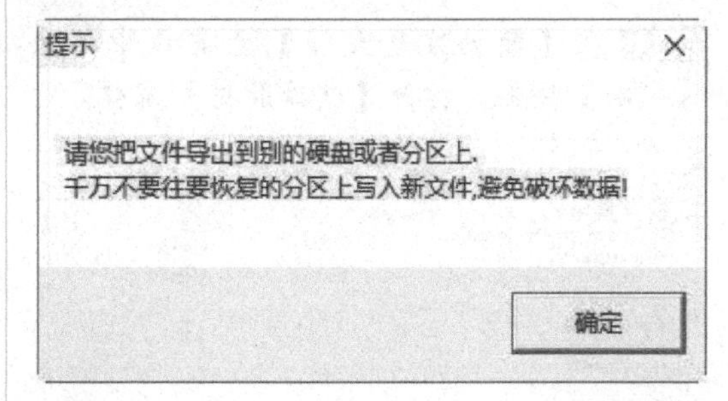

Step 07 单击【确定】按钮，打开【浏览文件夹】对话框，在其中选择要恢复文件的保存位置。

Step 08 单击【确定】按钮，开始恢复丢失的文件，恢复完毕后，打开保存恢复文件的位置，即可在其中看到已经将删除的文件恢复。

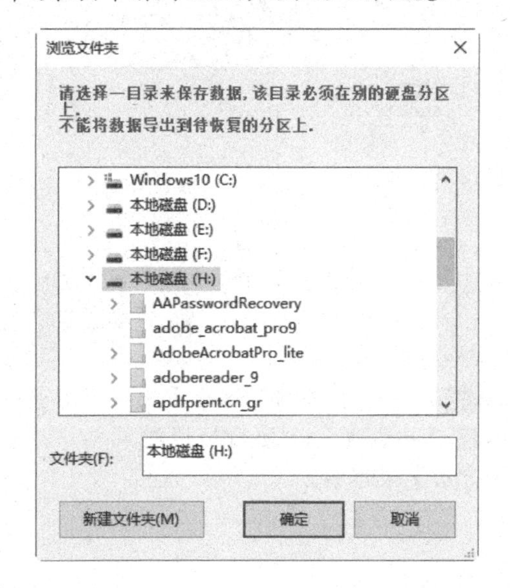

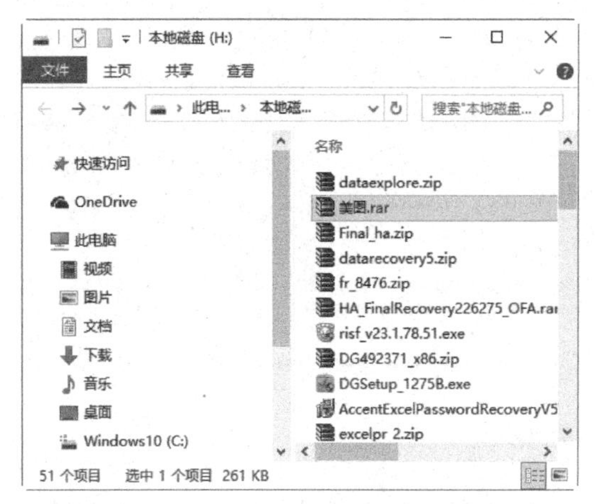

2. 恢复格式化后的文件

Step 01 在【数据恢复大师】主窗口中单击【数据】按钮，打开【选择数据】窗口。

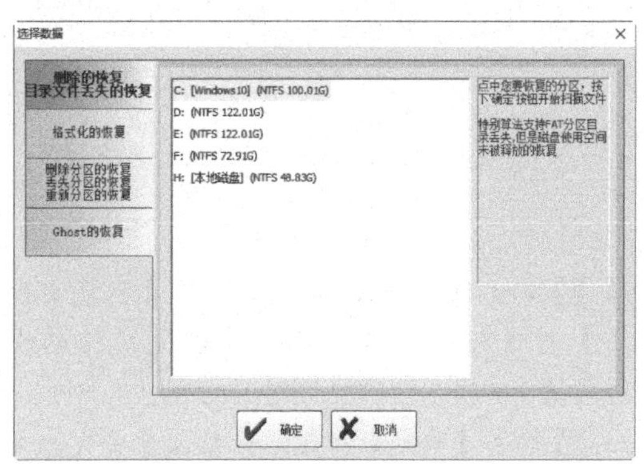

Step 02 选择左侧的【格式化的恢复】选项，在其中选择所需恢复的分区。

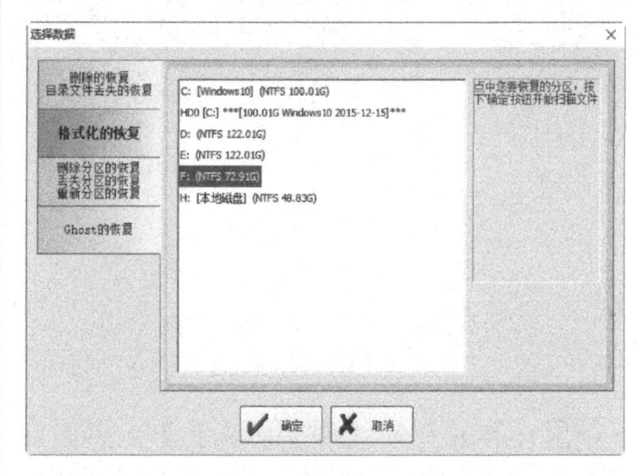

Step 03 单击【确定】按钮，系统开始扫描丢失的数据，完成数据的扫描和查找后，查找到的文件将会显示在文件夹视图和列表视图中，然后将其导出即可。

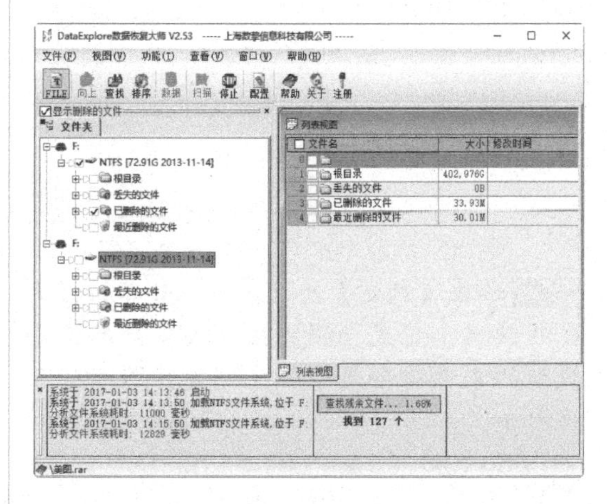

3. 恢复因分区丢失的文件

Step 01 在【数据恢复大师】主窗口中单击【数据】按钮，打开【选择数据】窗口。

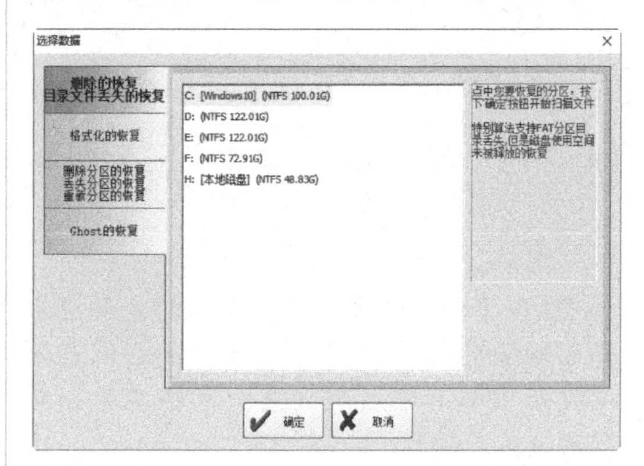

Step 02 选择左侧的【丢失分区的恢复】选项，在其中选择所需恢复的分区。

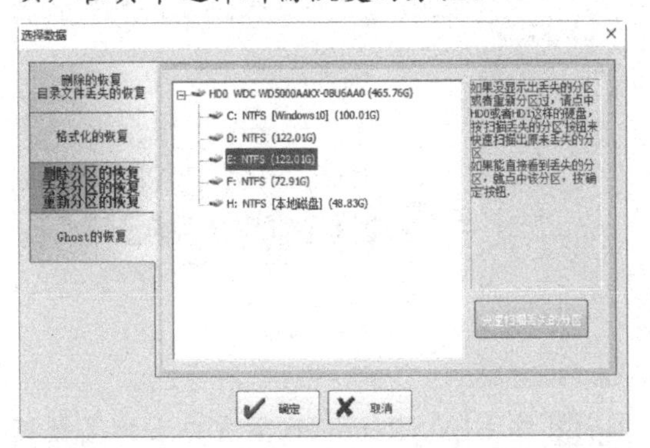

Step 03 单击【确定】按钮，系统开始扫描丢失的分区，完成扫描和查找后，查找到的文件将会显示在文件夹视图和列表视图中，然后将其导出即可。

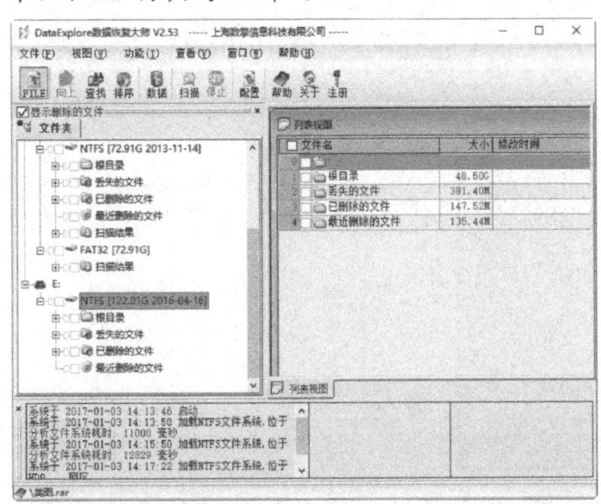

Step 04 如果看不到，则可在选中所要恢复数据的硬盘HD0或HD1之后，单击【快速扫描丢失的分区】按钮，打开【快速扫描分区】对话框。单击【开始扫描】按钮，快速扫描出原来丢失的分区。

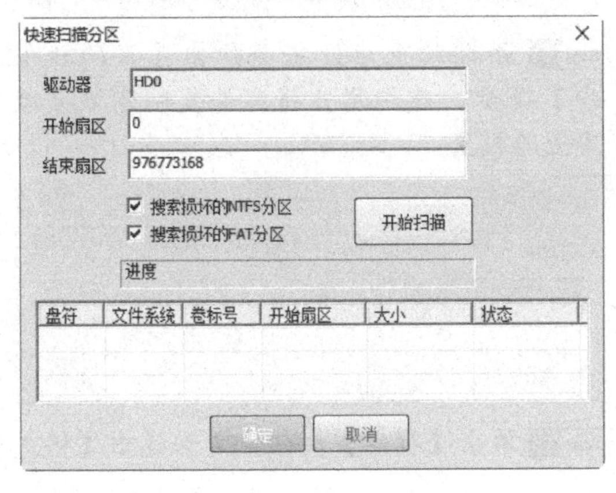

4. Ghost的恢复

Step 01 在【数据恢复大师】主窗口中单击【数据】按钮，打开【选择数据】窗口。

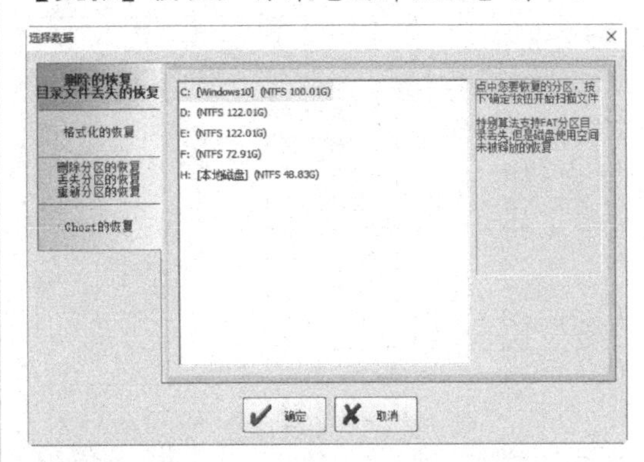

Step 02 选择左侧的【Ghost的恢复】选项，在其中选择所需恢复的分区。

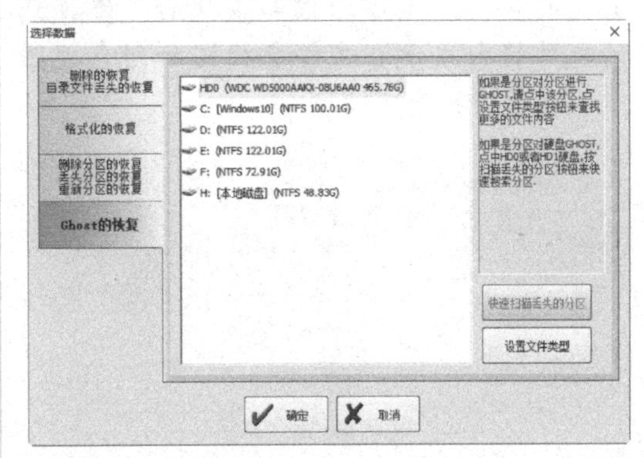

提示：如果是分区对硬盘Ghost，则选择所要恢复数据的硬盘HD0或HD1，单击【快速扫描丢失的分区】按钮，打开【快速扫描分区】对话框。单击【开始扫描】按钮，即可快速扫描出原有分区。

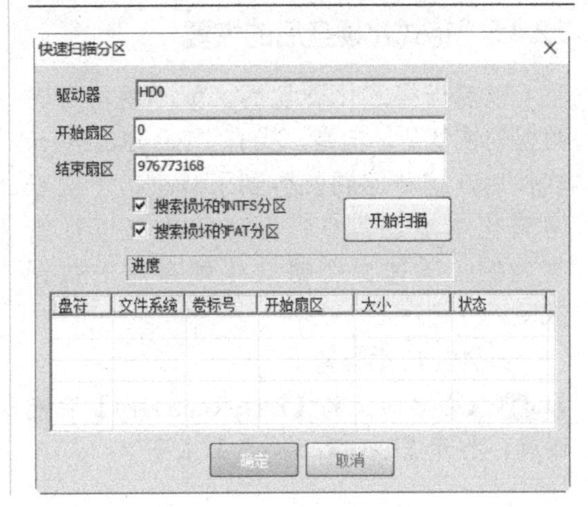

Step 03 单击【确定】按钮，打开【属性对话框】，在其中进行相应的设置，查找更多的文件内容。

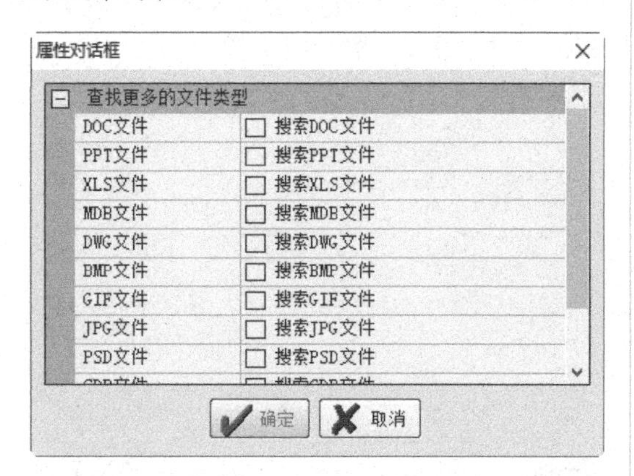

Step 04 单击【确定】按钮，系统开始扫描丢失的数据，完成扫描和查找后，查找到的文件将会显示在文件夹视图和列表视图中，然后将其导出即可。

12.4.5 格式化硬盘后的恢复

以前当格式化硬盘后，就不用再考虑数据的恢复了，但是，当有了EasyRecovery软件后，这一问题就得到了解决。下面以格式化本地磁盘D后再对其数据进行恢复为例，具体介绍格式化硬盘后的数据恢复。

具体操作步骤如下。

Step 01 双击桌面上的【EasyRecovery】快捷图标，打开【EasyRecovery】主窗口。

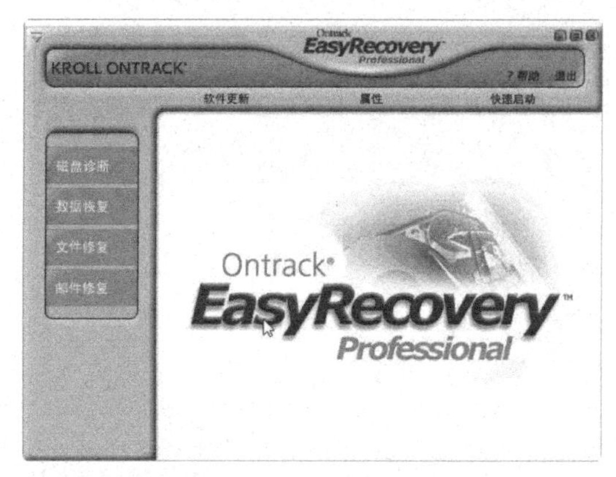

Step 02 单击EasyRecovery主窗口上的【数据恢复】功能项，进入软件的数据恢复子系统窗口，其中显示了【高级恢复】、【删除恢复】、【格式化恢复】、【原始恢复】等项目。

Step 03 单击【数据恢复】功能项中的【格式化恢复】按钮，开始扫描系统。

Step 04 扫描结束后，将会弹出【目的地警告】提示，建议用户将文件复制到恢复处安全的位置。

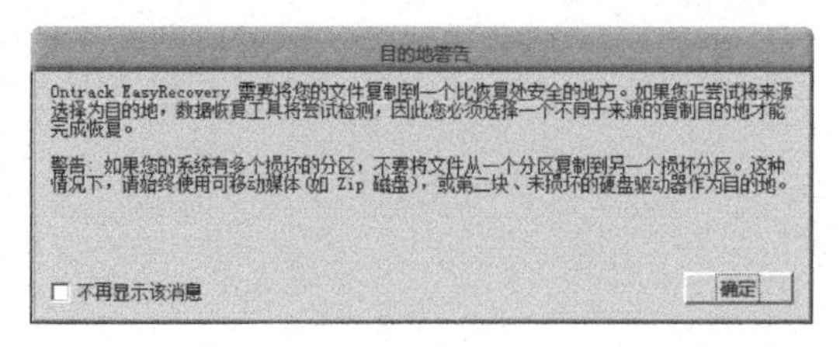

Step 05 单击【确定】按钮，自动弹出【格式

化恢复】对话框，提示用户选择一个要恢复删除文件的分区，这里选择D盘。

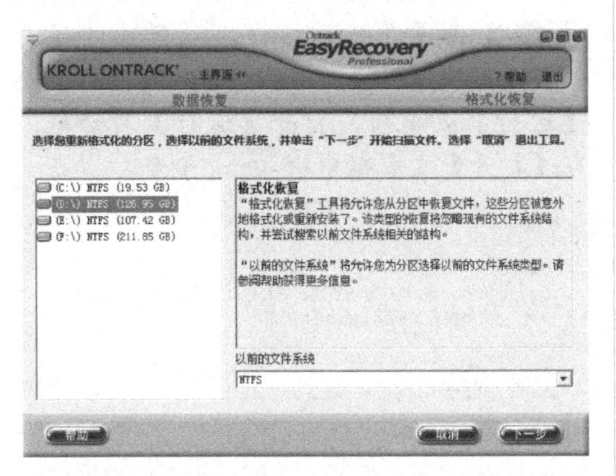

Step 06 单击【下一步】按钮，开始扫描选定的磁盘，并显示扫描进度，如已用时间、剩余时间、找到目录、找到文件等。

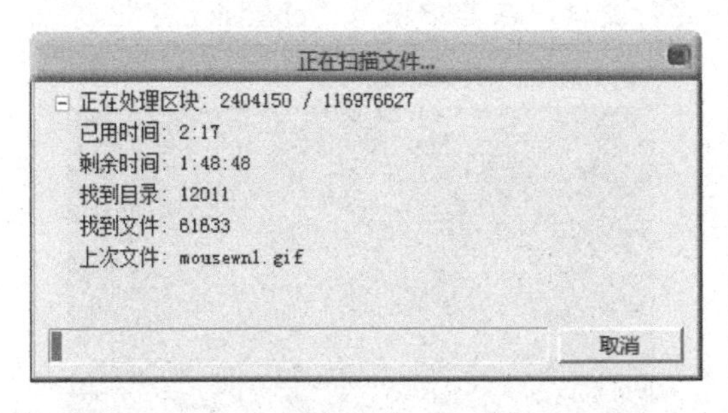

Step 07 扫描完毕之后，将扫描到的相关文件及资料在对话框左侧以树状目录列出来，右侧则显示具体删除的文件信息。在其中选择要恢复的文档或文件夹，这里选择【图片.rar】文件。

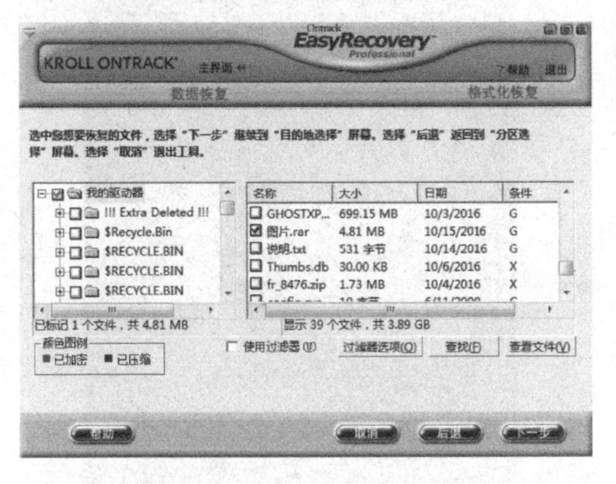

Step 08 单击【下一步】按钮，可从弹出的对话框中设置恢复数据的保存路径。

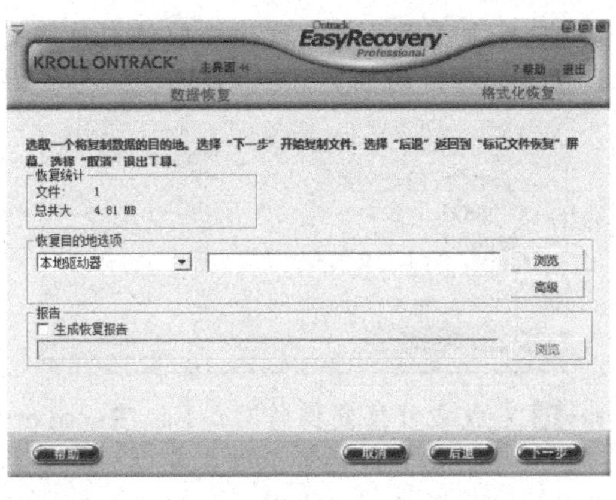

Step 09 单击【浏览】按钮，打开【浏览文件夹】对话框，在其中选择恢复数据保存的位置。

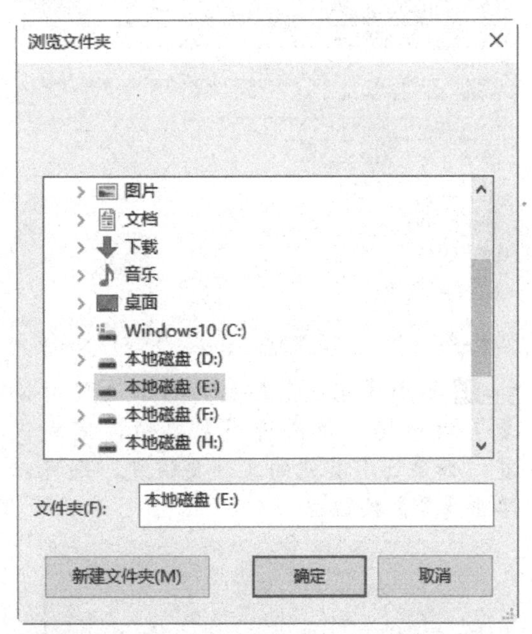

Step 10 单击【确定】按钮，返回到设置恢复数据保存的路径。

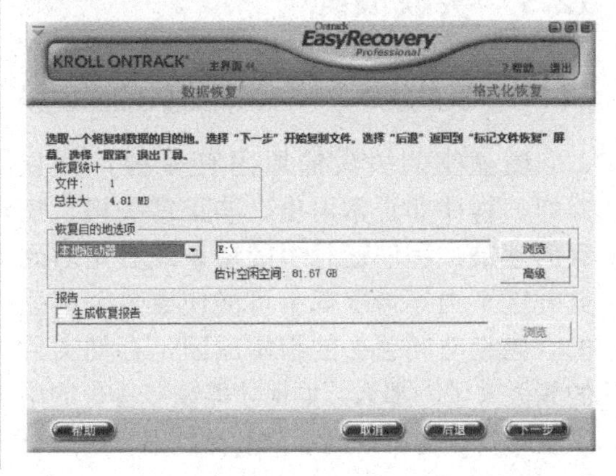

Step 11 单击【下一步】按钮，软件自动将文件恢复到指定的位置。

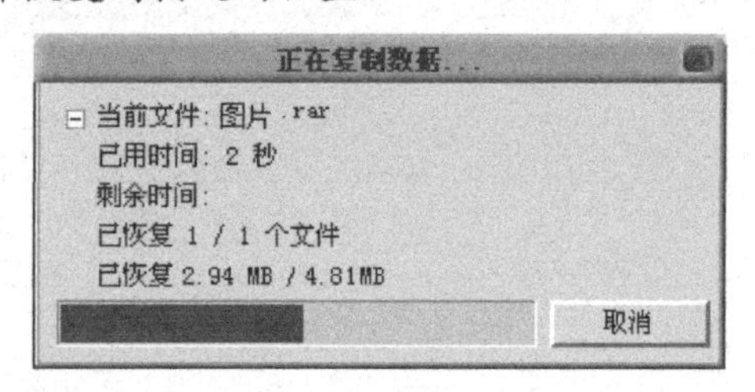

Step 12 完成文件恢复操作后，EasyRecovery弹出一个恢复完成的提示信息窗口，其中显示了数据恢复的详细内容，包括源分区、文件大小、已存储数据的位置等内容。

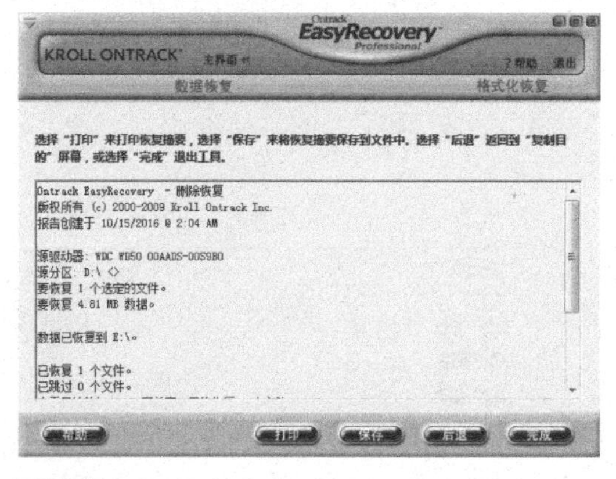

Step 13 单击【完成】按钮，打开【保存恢复】对话框。单击【否】按钮，完成恢复，如果还有其他的文件要恢复，则可以单击【是】按钮。

12.5 实战演练

12.5.1 实战演练1——恢复丢失的磁盘簇

磁盘空间丢失的原因有多种，如误操作、程序非正常退出、非正常关机、病毒的感染、程序运行中的错误或者是对硬盘分区不当等情况都有可能使磁盘空间丢失。磁盘空间丢失的根本原因是存储文件的簇丢失了。那么，如何才能恢复丢失的磁盘簇呢？在【命令提示符】窗口中，用户可以使用CHKDSK/F命令找回丢失的簇。

具体操作步骤如下。

Step 01 单击【开始】按钮，从弹出的【开始】面板中选择【所有程序】→【附件】→【运行】菜单项，打开【运行】对话框，在【打开】文本框中输入cmd命令。

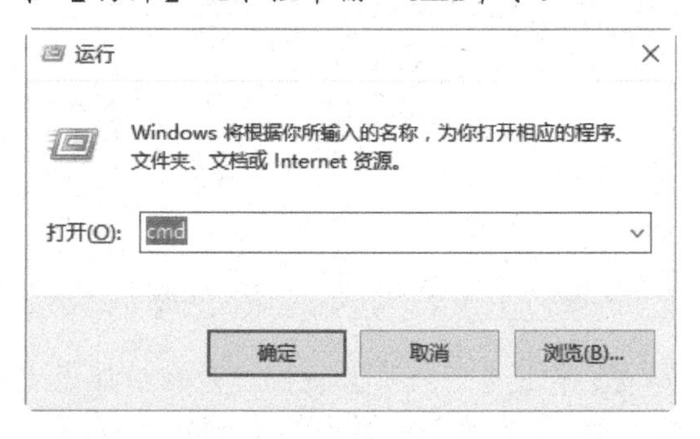

Step 02 单击【确定】按钮，打开【cmd.exe】运行窗口，在其中输入“chkdsk e:/f”。

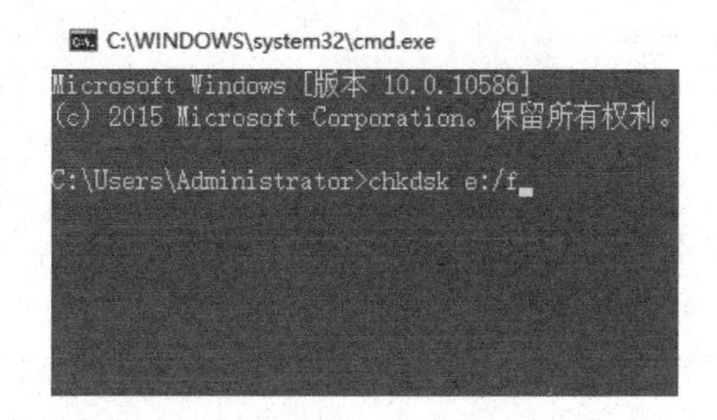

Step 03 按【Enter】键，此时会显示输入的E盘文件系统类型，并在窗口中显示chkdsk状态报告，同时列出符合不同条件的文件。

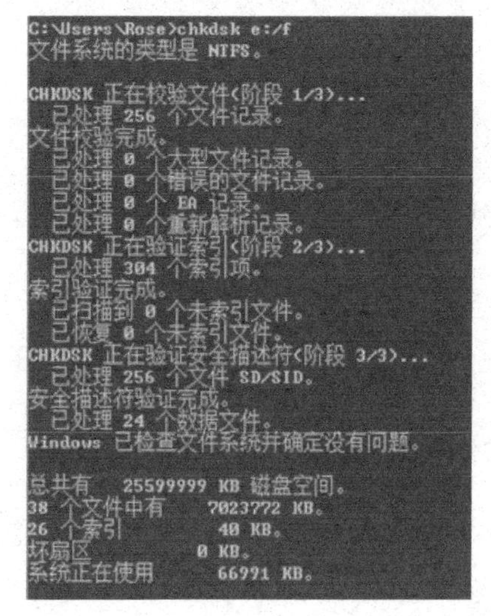

Step 04 再在窗口中输入exit命令，并按

【Enter】键，退出【cmd.exe】运行窗口。

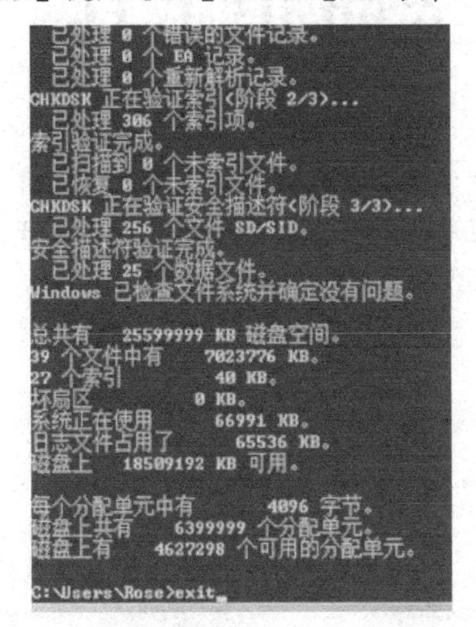

12.5.2　实战演练2——还原已删除或重命名的文件

如果意外删除或重命名了文件或文件夹，则可还原该文件或文件夹的以前版本，但需要保存该文件或文件夹的位置。具体操作步骤如下。

Step 01 选择被删除文件或文件夹后右击，从弹出的快捷菜单中选择【还原以前的版本】命令。

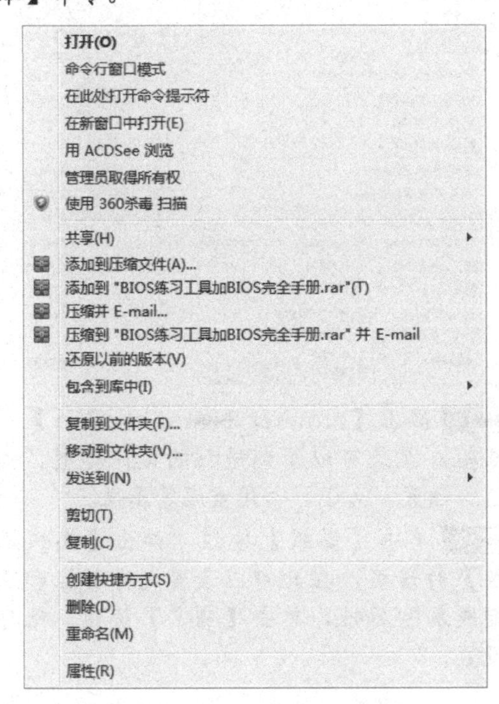

Step 02 从弹出的对话框中选择系统保存的还原点，单击【还原】按钮，将删除的文件恢复过来。

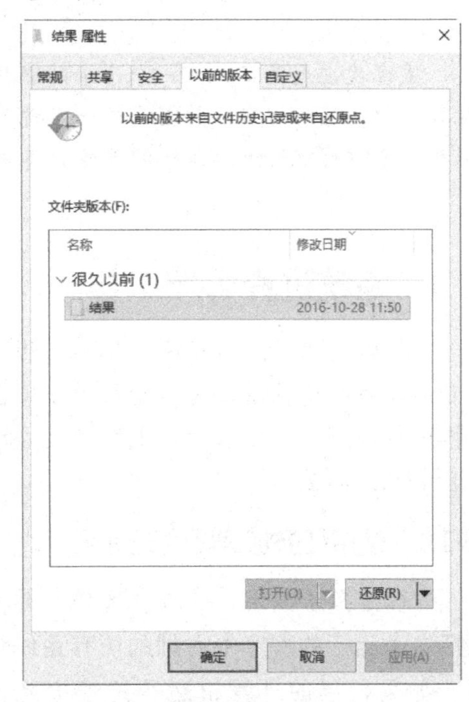

12.6　小试身手

练习1：使用工具备份各类磁盘数据。
练习2：各类数据丢失后的补救恢复。
练习3：使用工具恢复丢失的数据。

第13章　系统安全防护工具

黑客攻击无孔不入，一个小小的漏洞就很有可能使整个系统瘫痪，因此，在对个人计算机的防范工作中，最重要的一点就是不能忽视系统的安全细节问题，只有做好自我保护，才能有效地保障系统的安全。本章介绍如何使用工具防护系统安全。

13.1　系统进程管理工具

在使用计算机的过程中，用户可以利用专门的系统进程管理工具对计算机中的进程进行检测，以发现黑客的踪迹，及时采取相应的措施。

13.1.1　使用任务管理器管理进程

进程是指正在运行的程序实体，并且包括这个运行的程序中占据的所有系统资源，如果自己的计算机运行速度突然慢了，就需要到【任务管理器】窗口中查看是否有木马病毒程序正在后台运行。打开【任务管理器】的具体操作步骤如下。

Step 01 按下键盘上的【Ctrl+Alt+Del】组合键，打开【任务管理器】界面。

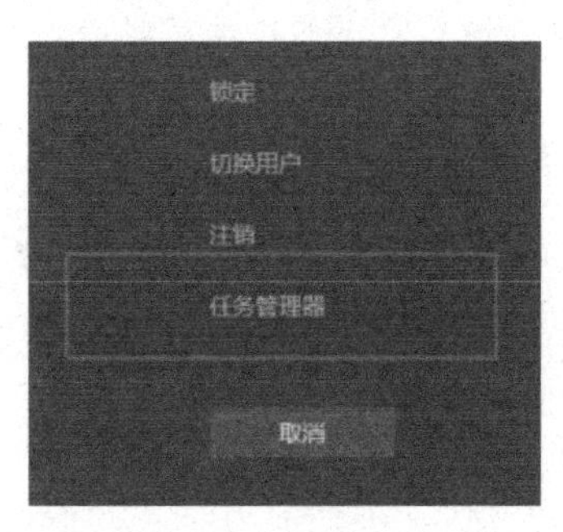

Step 02 单击【任务管理器】选项，打开【任务管理器】窗口，选择【进程】选项卡，可看到本机中开启的所有进程。

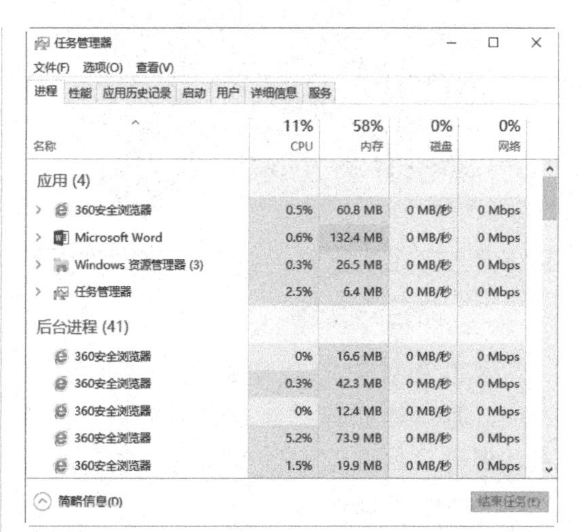

Step 03 在进程列表中选择需要查看的进程右击，从弹出的快捷菜单中选择【属性】命令。

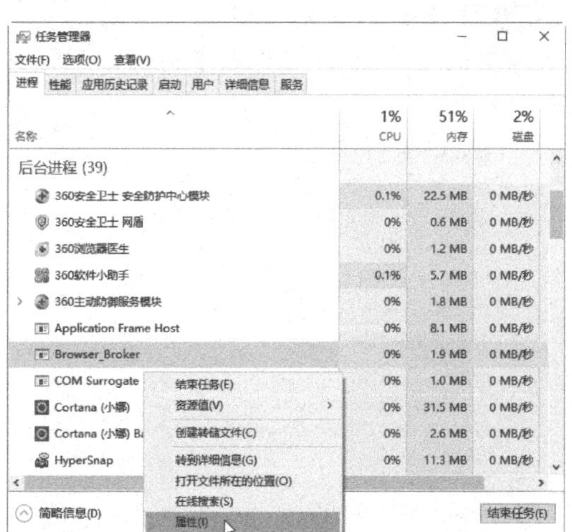

Step 04 弹出【browser_broker.exe属性】对话框，在此可以看到进程的文件类型、描述、位置、大小、占用空间等属性。

Step 05 单击【高级】按钮，弹出【高级属性】对话框，在此可以设置文件属性和压缩或加密属性，单击【确定】按钮，保存设置。

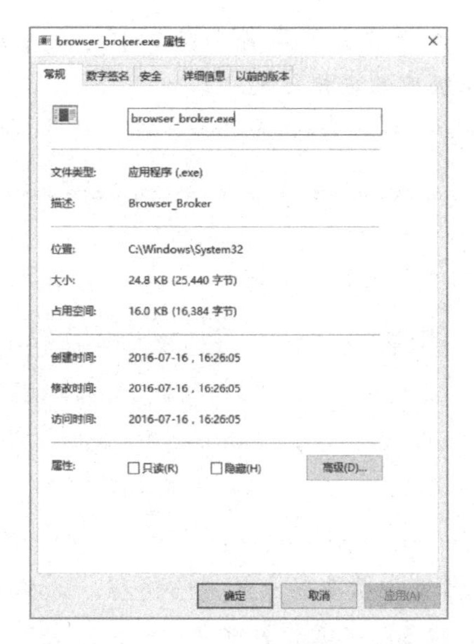

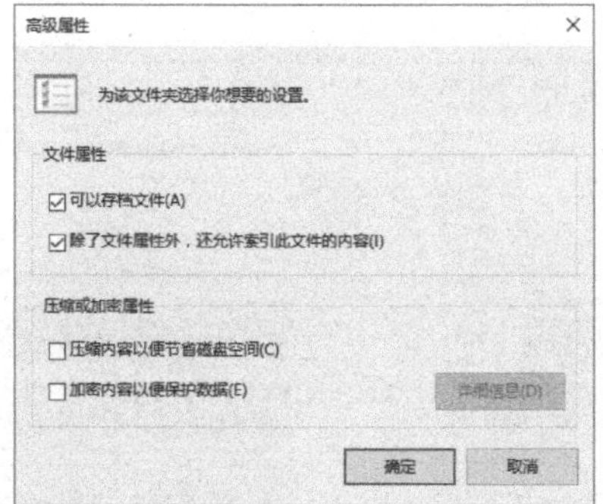

Step 06 选择【数字签名】选项卡，可以看到签名人的相关信息。

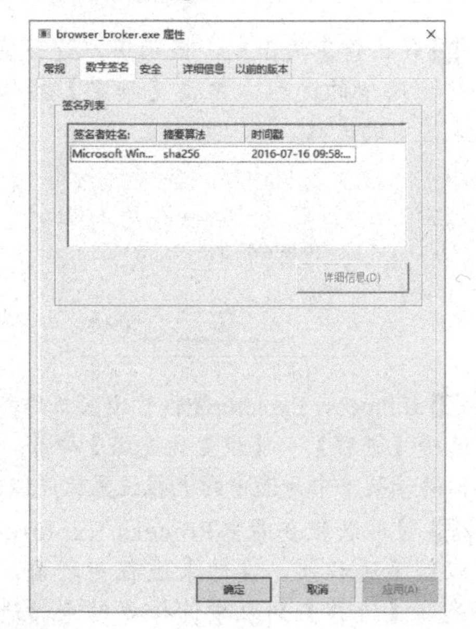

Step 07 单击【安全】选项卡，可以看到不同用户的权限，单击【编辑】按钮，可以更改相关权限。

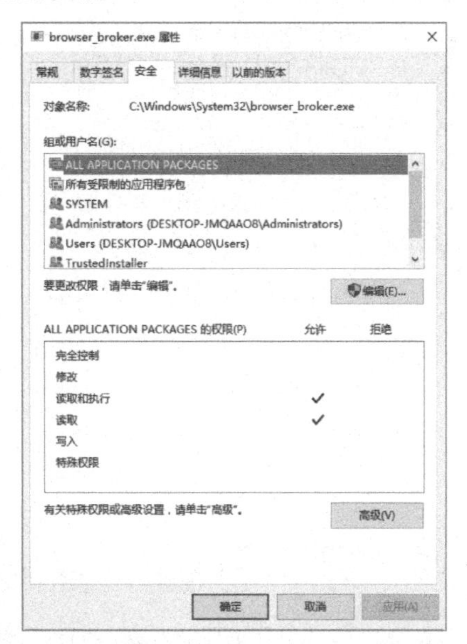

Step 08 选择【详细信息】选项卡，可以查看进程的文件说明、类型、产品版本、大小等信息。

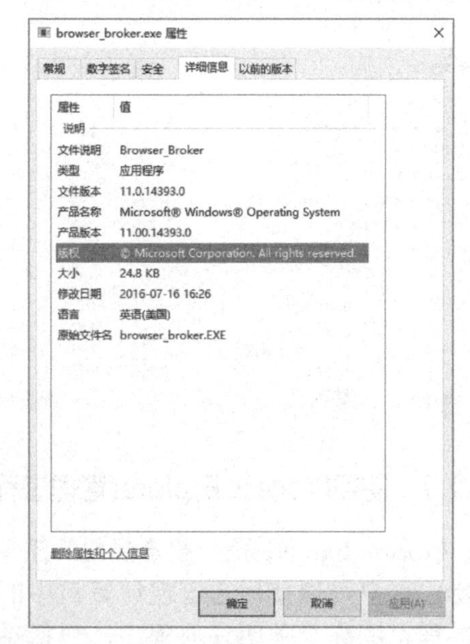

Step 09 选择【以前的版本】选项卡，可以恢复到以前的状态，查看完成后，单击【确定】按钮。

Step 10 在后台进程列表中查找多余的进程，然后在映像上右击，从弹出的快捷菜单中选择【结束任务】命令，结束选中的进程。

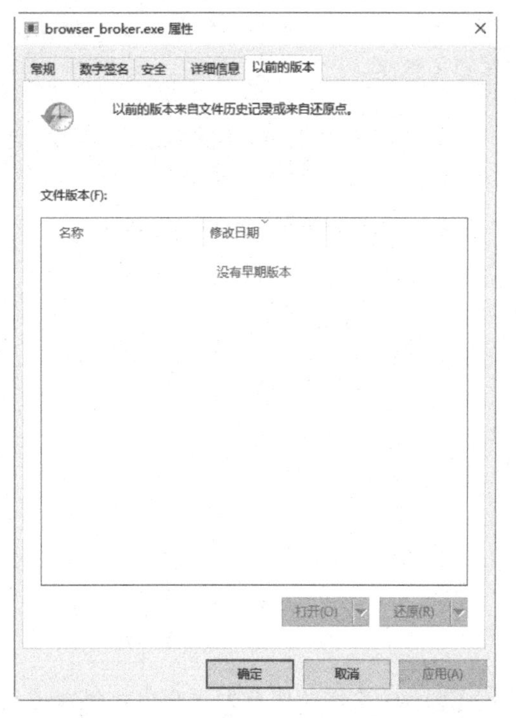

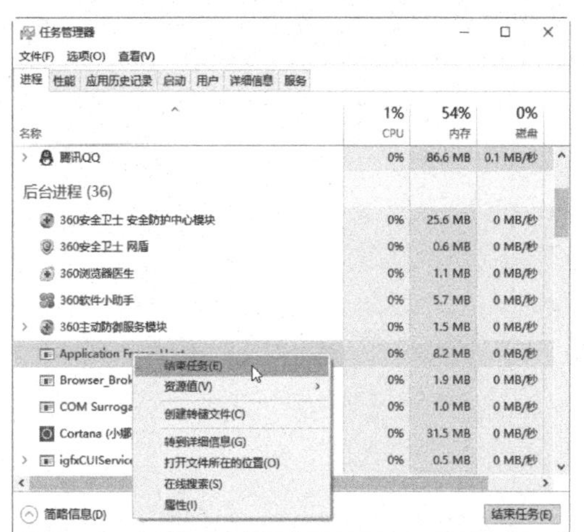

13.1.2 使用Process Explorer管理进程

Process Explorer是一款增强型的任务管理器，用户可以使用它管理计算机中的程序进程，能强行关闭任何程序，包括系统级别的不允许随便终止的“顽固”进程。除此之外，它还详尽地显示计算机信息，如CPU、内存使用情况等。

使用Process Explorer管理系统进程的操作步骤如下。

Step 01 双击下载的Process Explorer进程管理器，打开其工作界面，在其中可以查看当前系统中的进程信息。

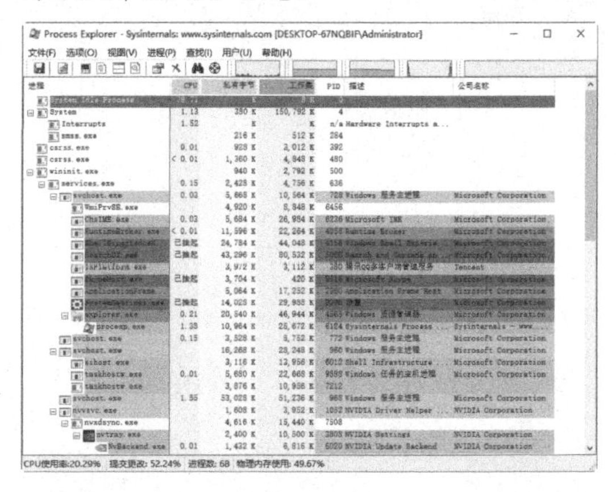

Step 02 选中需要结束的危险进程，选择【进程】→【结束进程】命令。

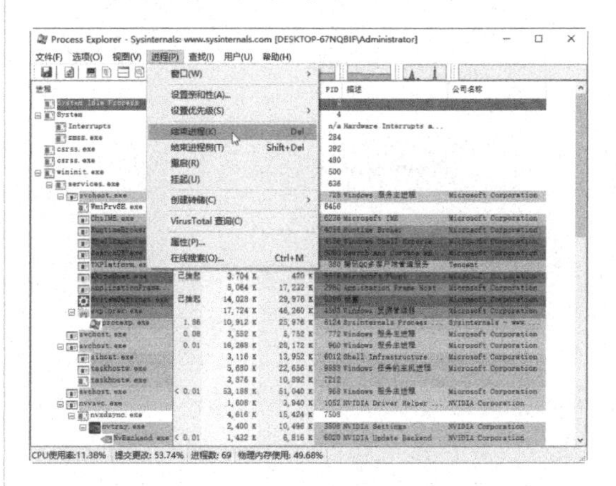

Step 03 弹出信息提示框，提示用户是否确定要终止选中的进程，单击【确定】按钮，结束选中的进程。

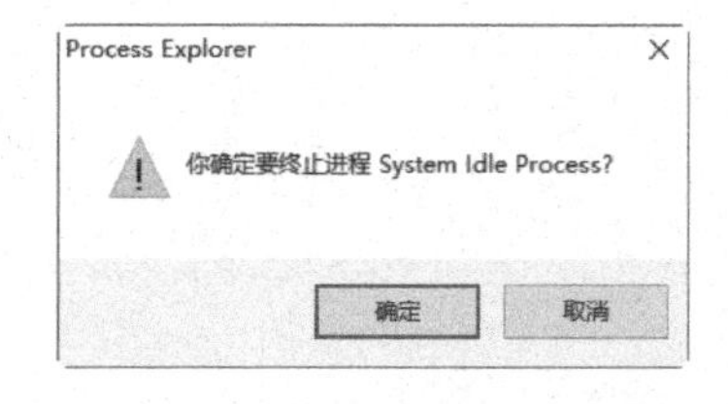

Step 04 在Process Explorer进程管理器工作界面中选择【进程】→【设置优先级】命令，从弹出的子菜单中为选中的进程设置优先级。

Step 05 利用进程查看器Process Explorer还可以结束进程树。在结束进程树之前，需要先在【进程】列表中选择要结束的进程树，右击，从弹出的快捷菜单中选择【结束进程树】选项。

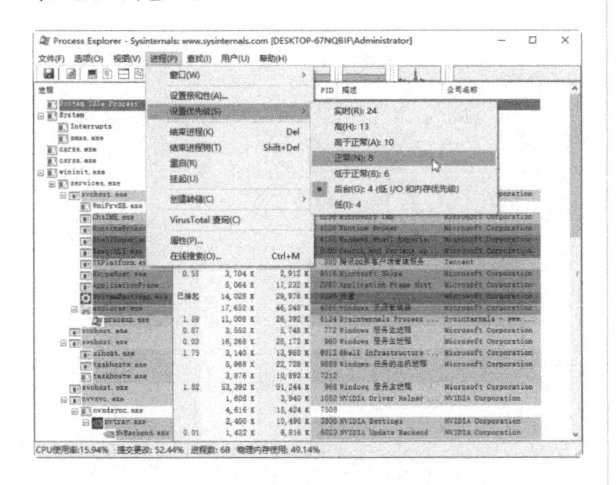

Step 06 打开【是否要结束进程树】对话框，单击【确定】按钮结束选定的进程树。

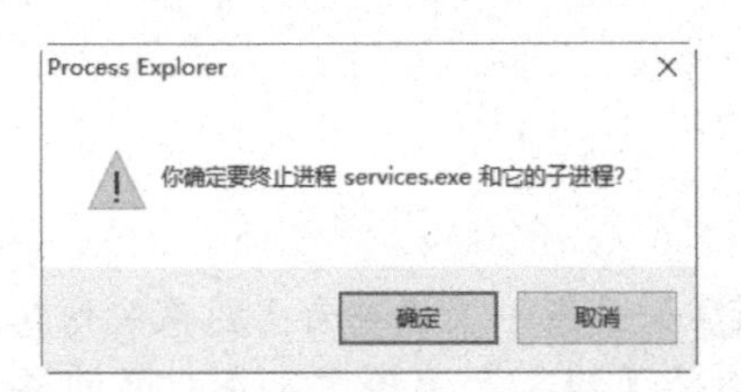

Step 07 在进程查看器Process Explorer中还可以设置进程的处理器关系，右击需要设置的进程，从弹出的快捷菜单中选择【设置亲和性】选项，打开【处理器亲和性】对话框。勾选相应的复选框后，单击【确定】按钮即可设置哪个CPU执行该进程。

Step 08 在进程查看器Process Explorer中还可以查看进程的相应属性，右击需要查看属性的进程，从弹出的快捷菜单中选择【属性】选项，打开【SkypeHost.exe:3756属性】窗口。

Step 09 在进程查看器Process Explorer中还可以找到相应的进程。在【Process Explorer】主窗口中选择【查找】→【查找进程或句柄】菜单项，打开【Process Explorer搜索】对话框，在其中的文本框中输入“dll”。

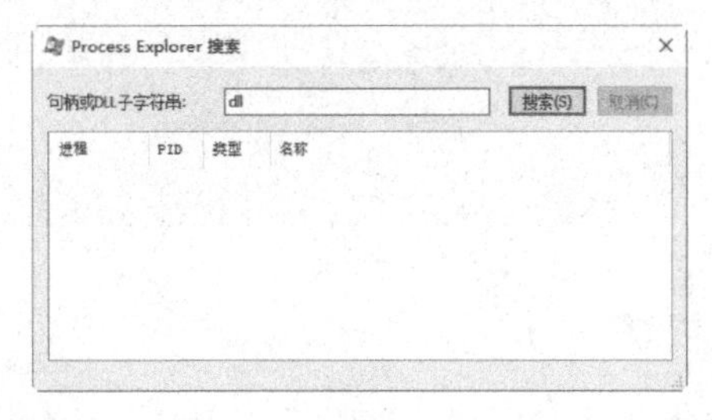

Step 10 单击【搜索】按钮，可列出本地计算机中所有“dll”类型的进程。

Step 11 在进程查看器Process Explorer中可以查看句柄属性。在【Process Explorer】主窗口的工具栏中单击【显示下排窗口】按钮，然后在【进程】列表中单击其中一个进程，即可在下面的窗格中显示出该进程包含的句柄。

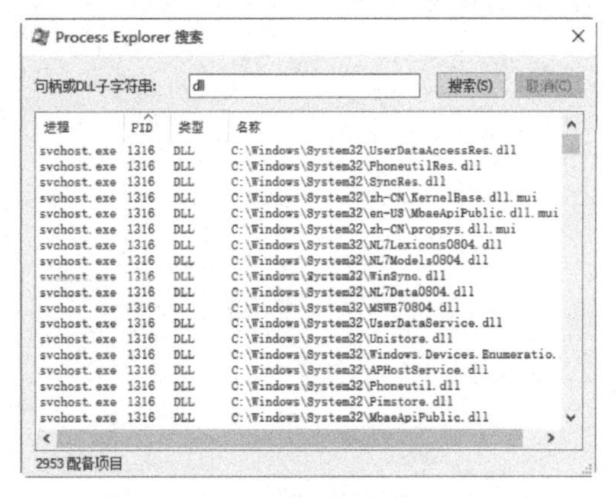

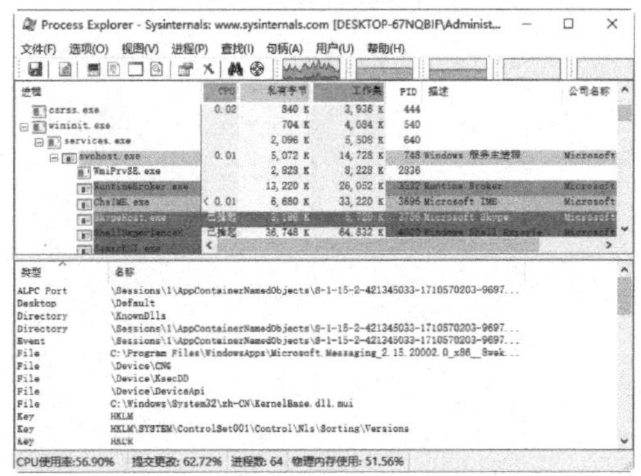

Step 12 在Process Explorer进程管理器工作界面中，单击工具栏中的【CPU】方块，打开【系统信息】对话框，在【CPU】选项卡下可以查看当前CPU的使用情况。

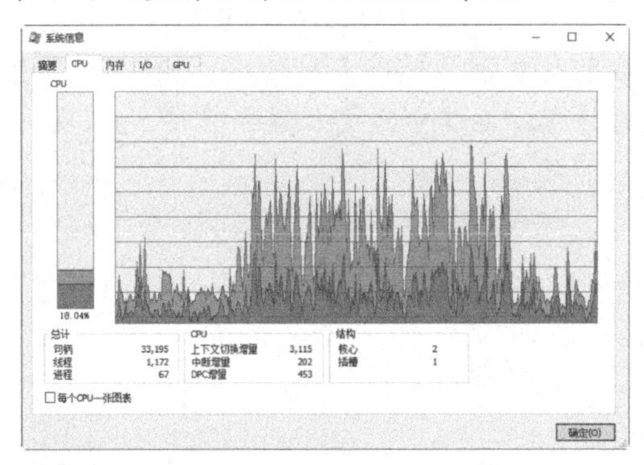

Step 13 选择【内存】选项卡，在其中可以查看当前系统的系统提交、物理内存以及提交更改等信息。

Step 14 选择【I/O】选项卡，在其中可以查看当前系统的I/O信息，包括读取增量、写入增量、其他增量等。

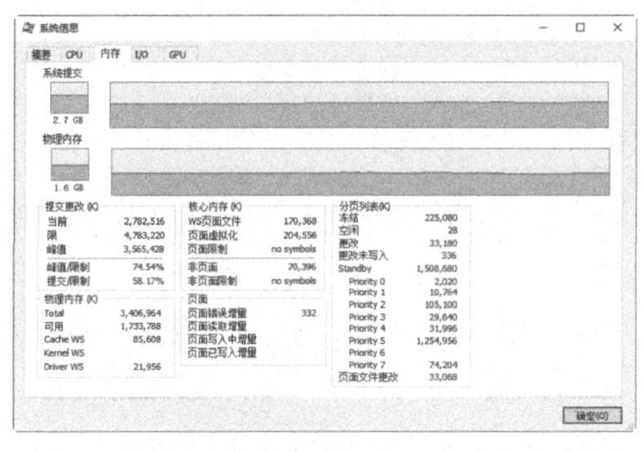

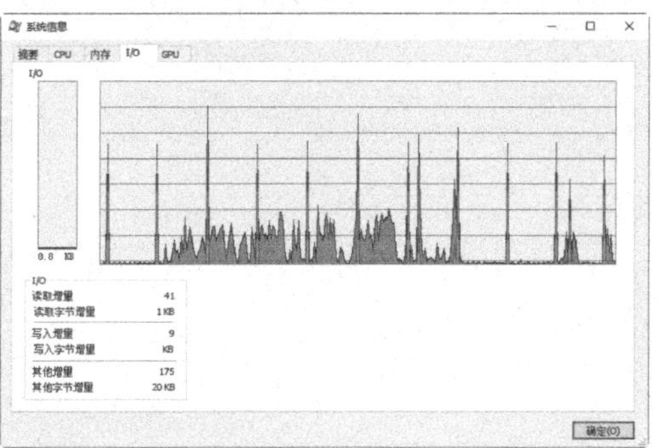

Step 15 选择【GPU】选项卡，在其中可以查看GPU使用、专用显存和系统显存的使用情况。

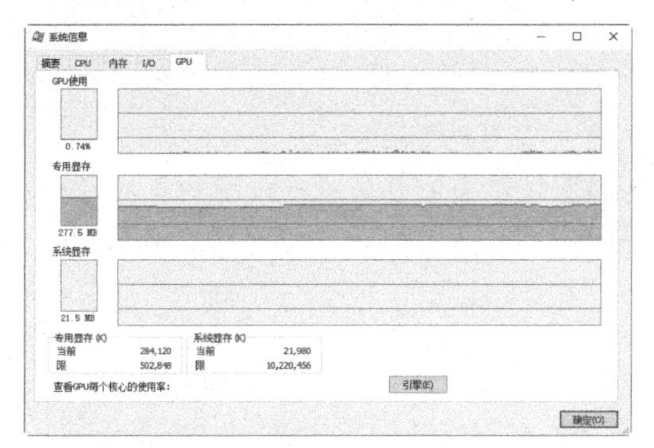

Step 16 如果想一次性查看当前系统信息，可以选择【摘要】选项卡，在打开的界面中查看当前系统的CPU、系统提交、物理内存、I/O的使用情况。

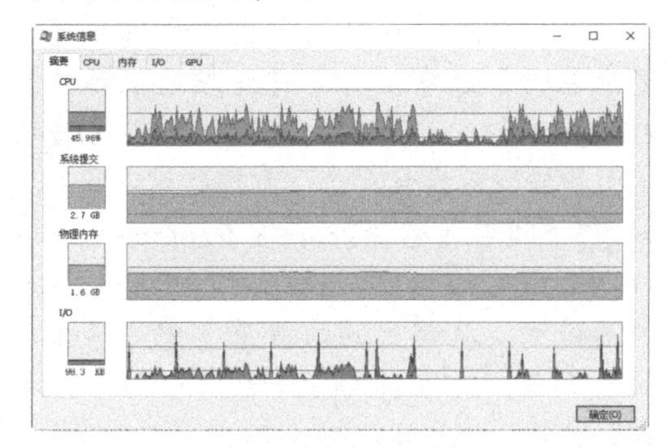

13.1.3　使用Windows进程管理器管理进程

Windows进程管理器具有丰富强大的进程信息数据库，包含了几乎全部的Windows系统进程和大量的常用软件进程以及不少的病毒和木马进程，并且按其安全等级进行区分。另外，本软件提供查看进程文件路径的功能，用户可以根据进程的实际路径判断它是否为正常进程，对于危险进程，可以使用“删除文件”功能将其结束并删除。这一切对用户维护系统安全与稳定都很有帮助。

使用Windows进程管理器管理系统进程的操作步骤如下。

Step 01 双击Windows进程管理器可执行文件，打开【Windows进程管理器】窗口，其中显示了当前系统的进程信息。

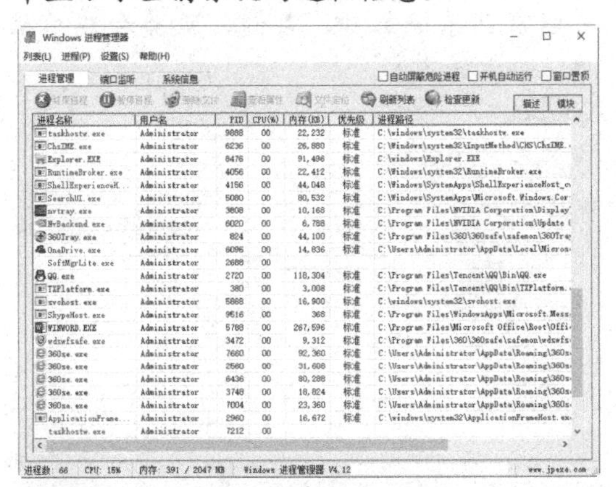

Step 02 选中需要结束的进程，单击【进程管理】选项卡下的【结束进程】按钮，弹出一个【提示】对话框，提示用户是否确定要结束选中的进程，单击【是】按钮，结束进程。

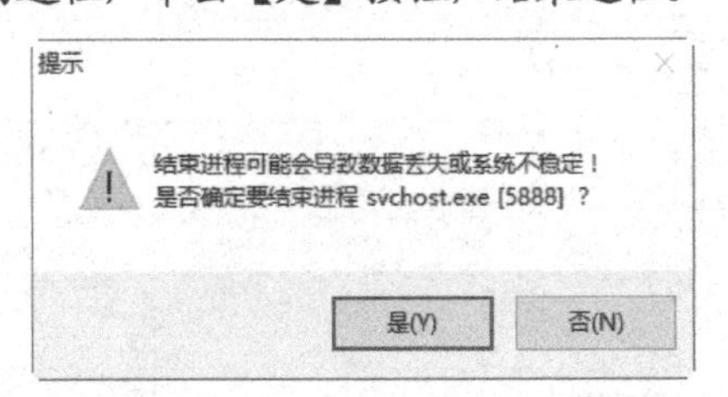

Step 03 选中需要暂停的进程，单击【进程管理】选项卡下的【暂停进程】按钮，弹出一个【提示】对话框，提示用户是否确定要暂停选中的进程，单击【是】按钮，暂停进程。

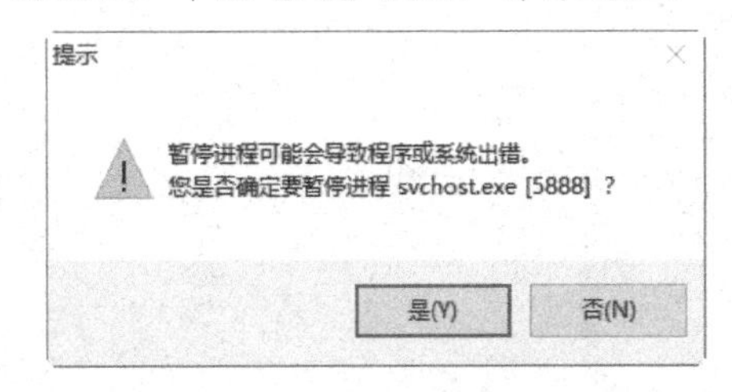

Step 04 选中需要删除的进程，单击【进程管理】选项卡下的【删除进程】按钮，弹出一个【提示】对话框，提示用户是否确定要删除选中的进程，单击【是】按钮，删除进程。

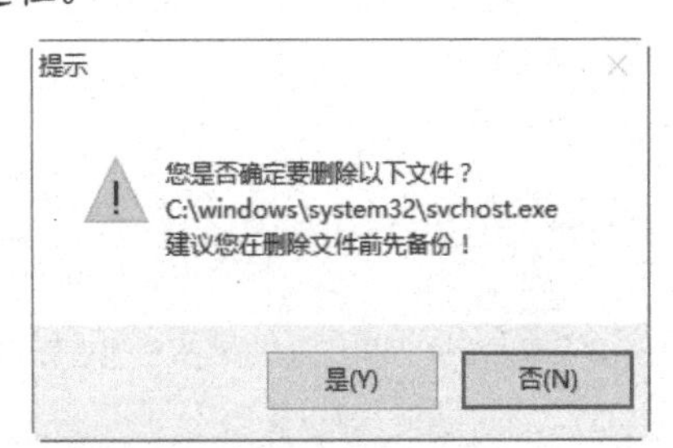

Step 05 选中需要查看属性的进程，单击【进程管理】选项卡下的【查看属性】按钮，弹出【属性】对话框，在其中可查看选中进程的属性，包括文件类型、大小、占用空间、创建时间等信息。

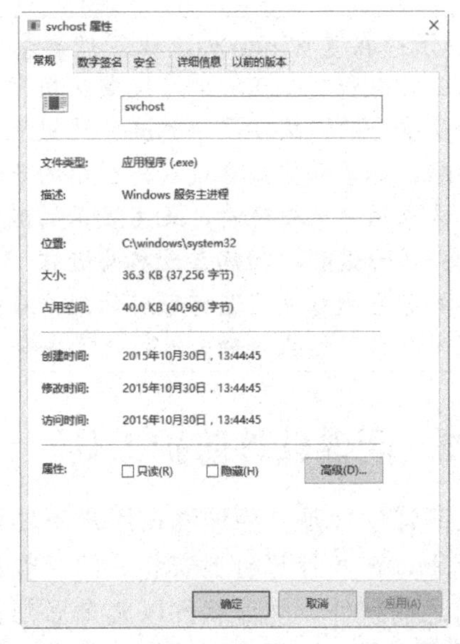

Step 06 单击【确定】按钮，即可弹出【应用程序工具】窗口，其中显示了进程文件在Windows系统中的位置，从而定位文件的位置。

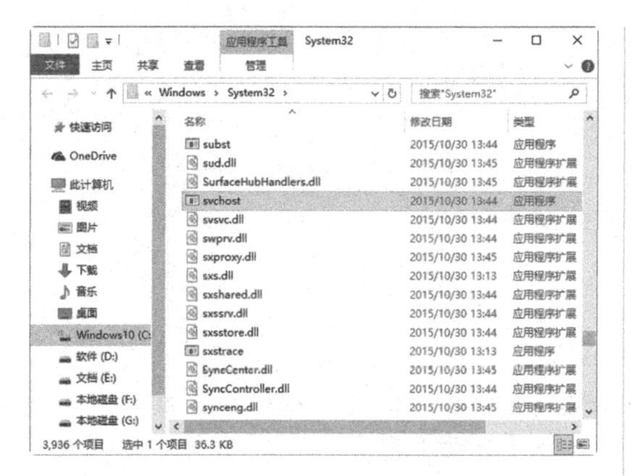

Step 07 选中需要处理的进程文件，右击，从弹出的快捷菜单中对进程进行结束、暂停、删除等操作。

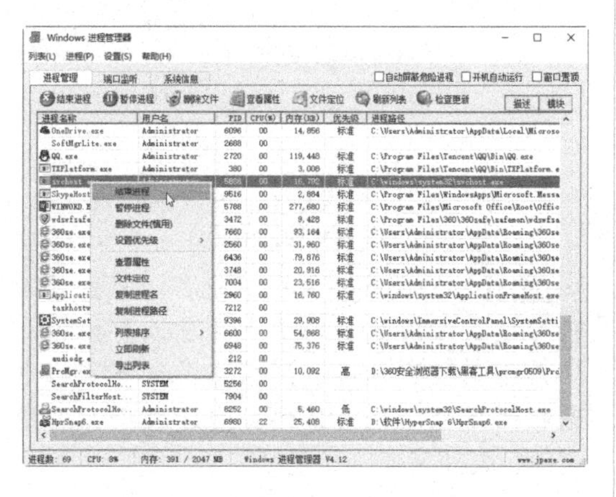

提示：在【Windows进程管理器】窗口中，正常进程，如正常的系统或应用程序进程，是安全的，文字显示的颜色为黑色；可疑进程，如容易被病毒或木马利用的正常进程，要求用户留心观看，文字显示的颜色为绿色；危险进程，如病毒或木马进程，文字显示的颜色为红色，这样可以让用户在查询进程时一目了然地分辨出进程是否安全。

13.2 间谍软件防护工具

间谍软件是一种能够在用户不知情的情况下，在其计算机上安装后门、收集用户信息的软件。间谍软件以恶意后门程序的形式存在，该程序可以打开端口、启动FTP服务器，或者搜集击键信息，并将信息反馈给攻击者。

13.2.1 通过事件查看器抓住隐藏的间谍软件

不管我们是不是计算机高手，都要学会根据Windows自带的“事件查看器”对应用程序、系统、安全和设置等进程进行分析与管理。

通过事件查看器查找间谍软件的操作步骤如下。

Step 01 右击【此计算机】图标，从弹出的快捷菜单中选择【管理】命令。

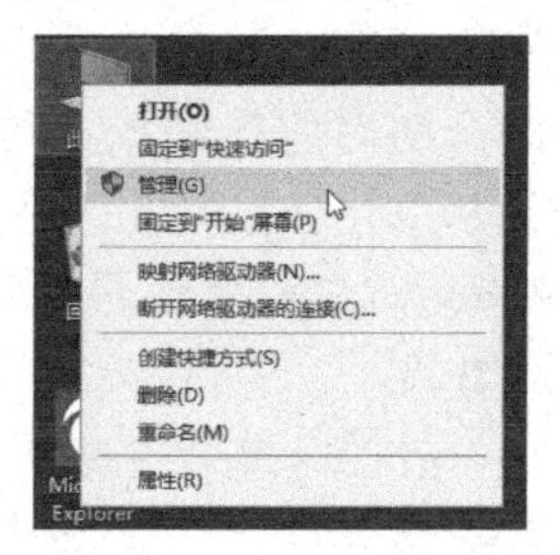

Step 02 弹出【计算机管理】对话框，在其中可以看到系统工具、存储、服务和应用程序三方面的内容。

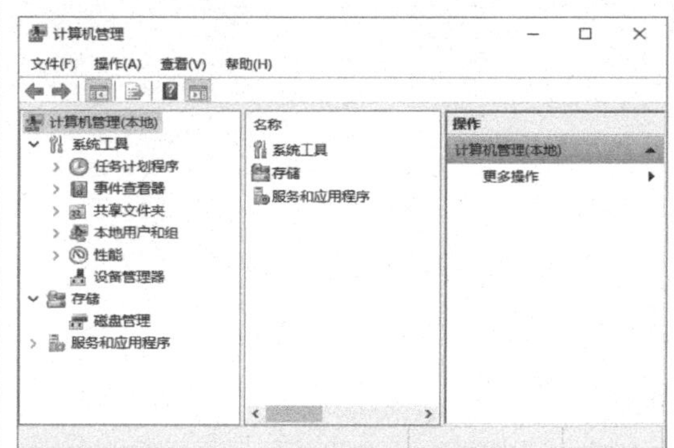

Step 03 左侧依次展开【计算机管理（本地）】→【系统工具】→【事件查看器】选项，可在下方显示事件查看器包含的内容。

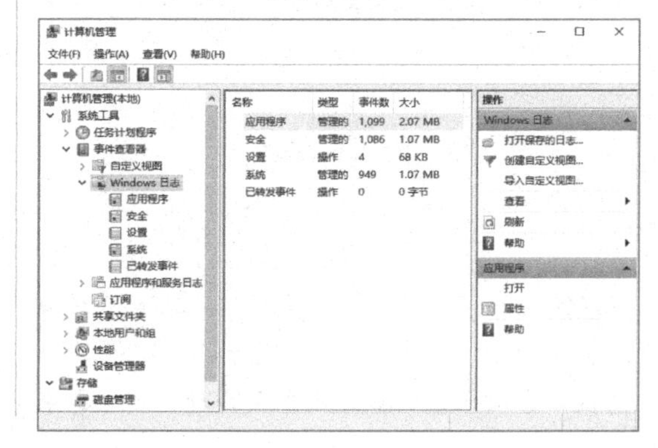

Step 04 双击【Windows日志】选项，即可在右侧显示有关Windows日志的相关内容，包括应用程序、安全、设置、系统和已转发事件等。

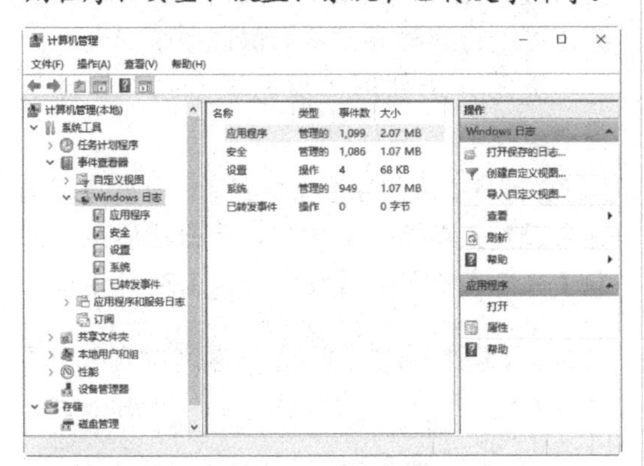

Step 05 双击右侧区域中的【应用程序】选项，即可在打开的界面中看到非常详细的应用程序信息，其中包括应用程序被打开、修改、权限过户、权限登记、关闭以及重要的出错或者兼容性信息等。

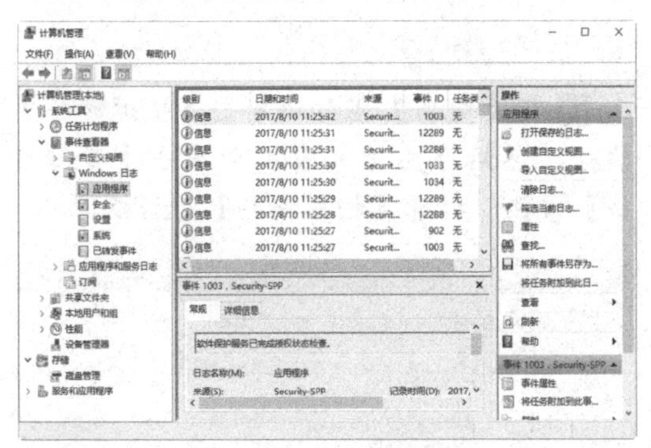

Step 06 右击其中任意一条信息，从弹出的快捷菜单中选择【事件属性】命令。

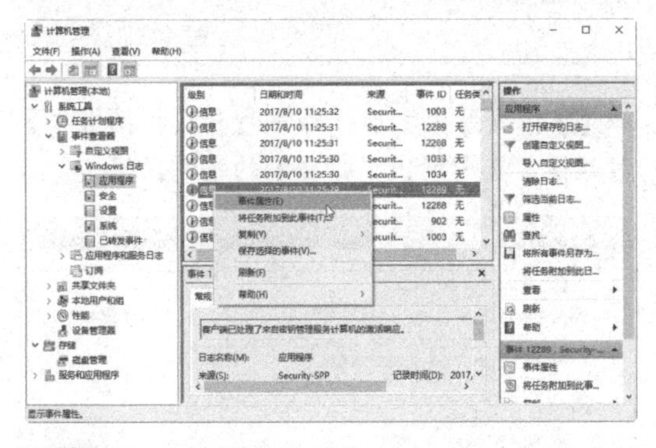

Step 07 打开【事件属性】对话框，在该对话框中可以查看该事件的常规属性以及详细信息等。

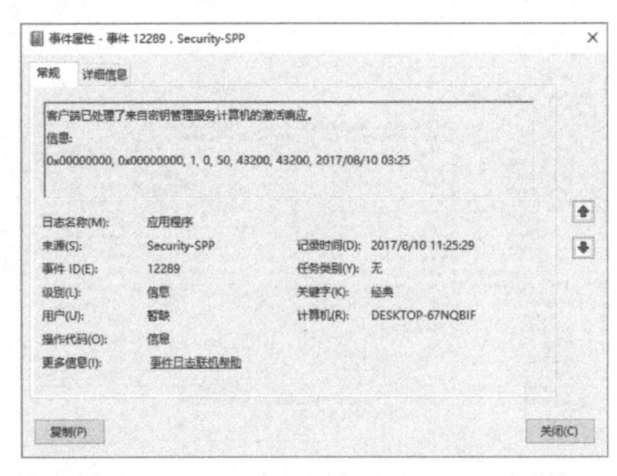

Step 08 右击其中任意一条应用程序信息，从弹出的快捷菜单中选择【保存选择的事件】命令，弹出【另存为】对话框，在【文件名】后的文本框中输入事件的名称，并选择事件的保存类型。

Step 09 单击【保存】按钮，保存事件，并弹出【显示信息】对话框，在其中设置是否要在其他计算机中正确查看此日志，设置完毕后，单击【确定】按钮保存设置。

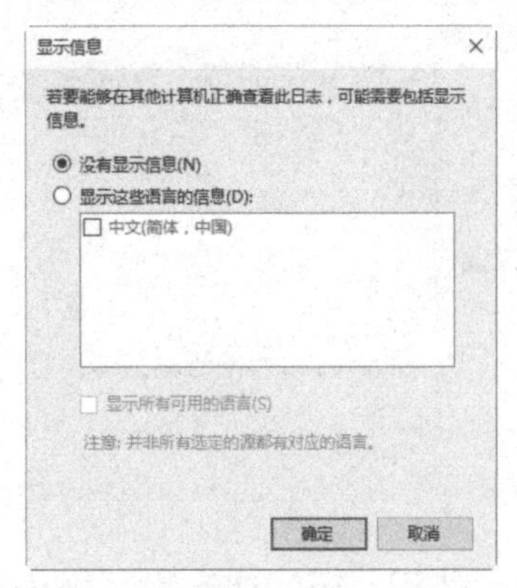

Step 10 双击左侧的【安全】选项，可以将计算机记录的安全性事件信息全都枚举于此，用户可以对其进行具体查看和保存、

附加程序等。

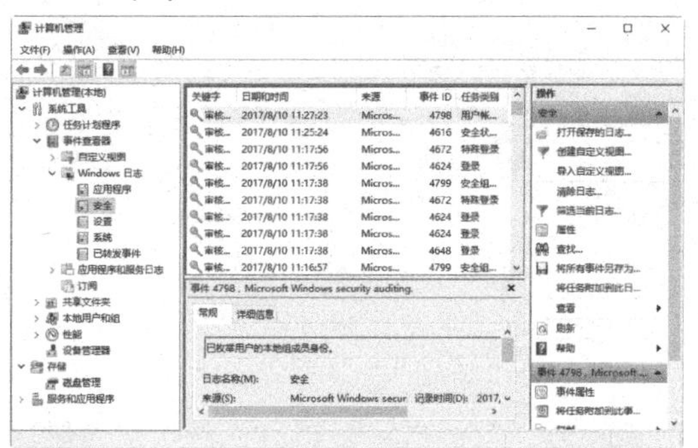

Step 11 双击左侧的【设置】选项，右侧将会展开系统设置详细内容。

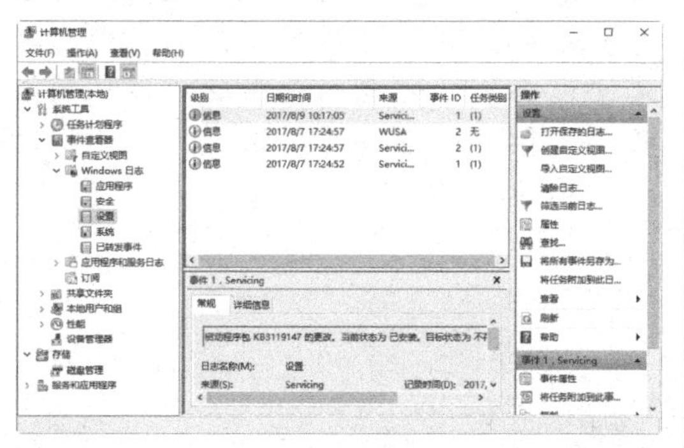

Step 12 双击左侧的【系统】选项，会在右侧看到Windows操作系统运行时内核以及上层软硬件之间的运行记录，这里会记录大量的错误信息，是黑客们分析目标计算机漏洞时最常用的信息库，用户最好熟悉错误码，这样可以提高查找间谍软件的效率。

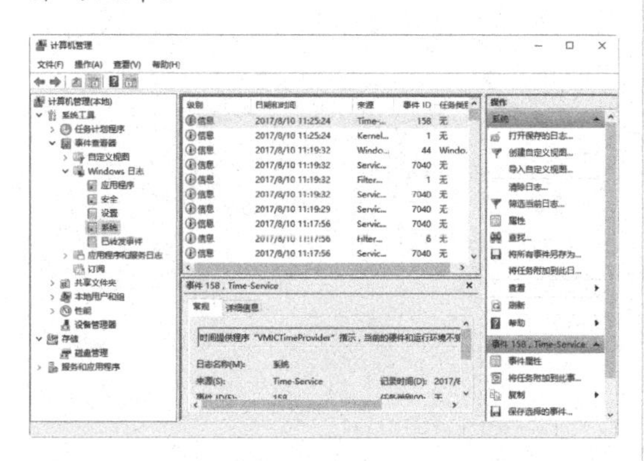

13.2.2 使用“反间谍专家”揪出隐藏的间谍软件

使用“反间谍专家”可以扫描系统薄弱环节以及全面扫描硬盘，智能检测和查杀超过上万种木马、蠕虫、间谍软件等，终止它们的恶意行为。当检测到可疑文件时，该工具还可以将其隔离，从而保证系统安全。

下面介绍使用“反间谍专家”软件的基本步骤。

Step 01 运行“反间谍专家”程序，打开【反间谍专家】主界面，从中可以看出反间谍专家有【快速查杀】和【完全查杀】两种方式。

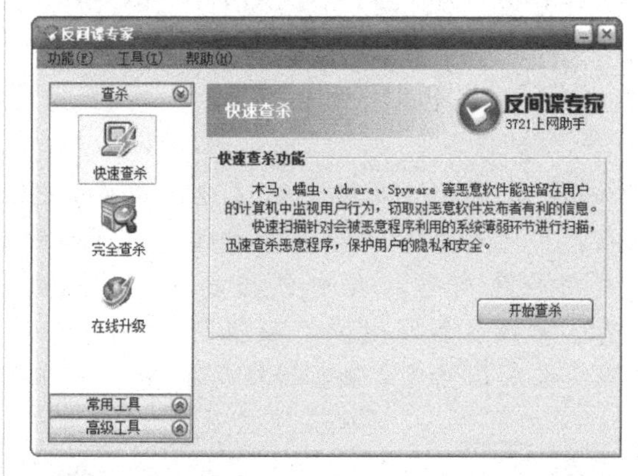

Step 02 在【查杀】栏目中单击【快速查杀】按钮，然后在右边的窗口中单击【开始查杀】按钮，打开【扫描状态】对话框。

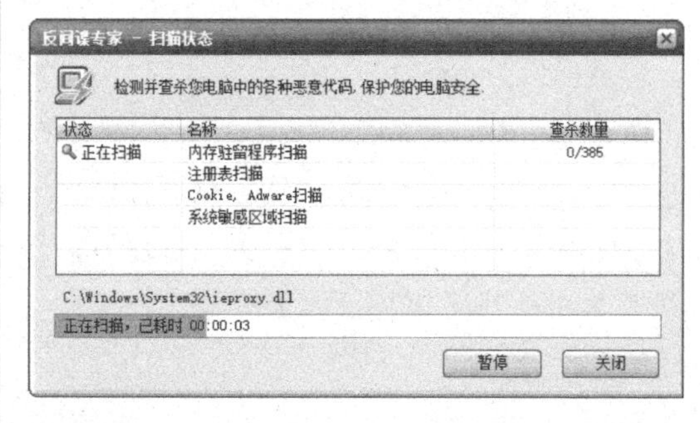

Step 03 扫描结束之后，即可打开【扫描报告】对话框，其中列出了扫描到的恶意代码。

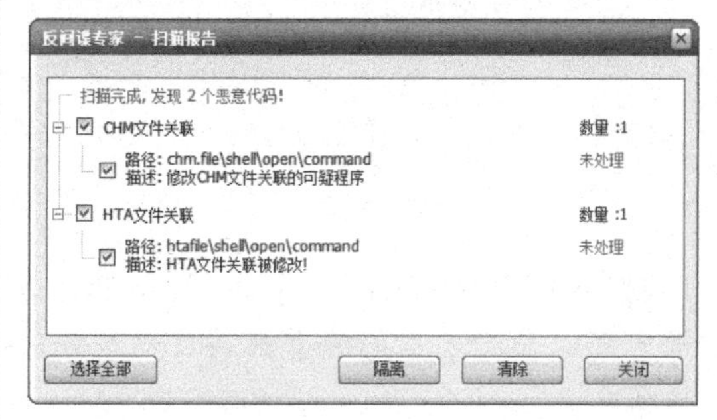

Step 04 单击【选择全部】按钮选中全部恶意代码，然后单击【清除】按钮，快速清除扫描到的恶意代码。

Step 05 如果要彻底扫描并查杀恶意代码，则须采用【完全查杀】方式。在【反间谍专家】主窗口中单击【完全查杀】按钮，打开【完全查杀】对话框。从中可以看出完全查杀有3种快捷方式供选择，这里选择【扫描本地硬盘中的所有文件】单选项。

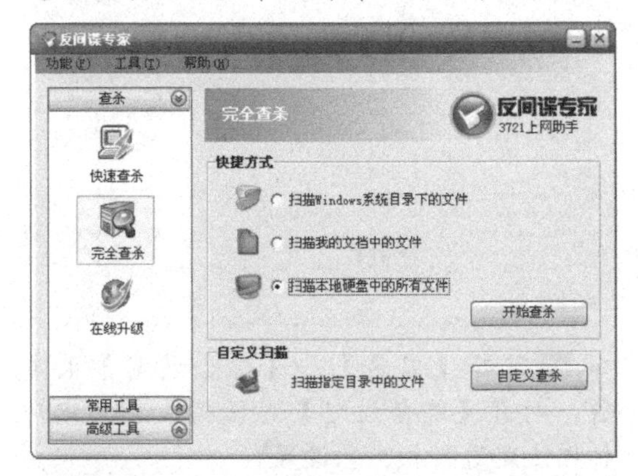

Step 06 单击【开始查杀】按钮，打开【扫描状态】对话框，在其中可以查看查杀进程。

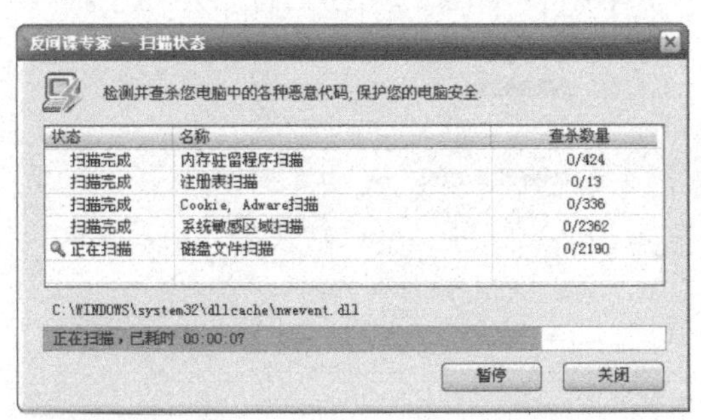

Step 07 待扫描结束后，即可打开【扫描报告】对话框，其中列出了扫描到的恶意代码。勾选要清除的恶意代码前面的复选框后，单击【清除】按钮删除这些恶意代码。

Step 08 在【反间谍专家】主界面中切换到【常用工具】栏目，单击【系统免疫】按钮打开【系统免疫】对话框，单击【启用】按钮，确保系统不受恶意程序的攻击。

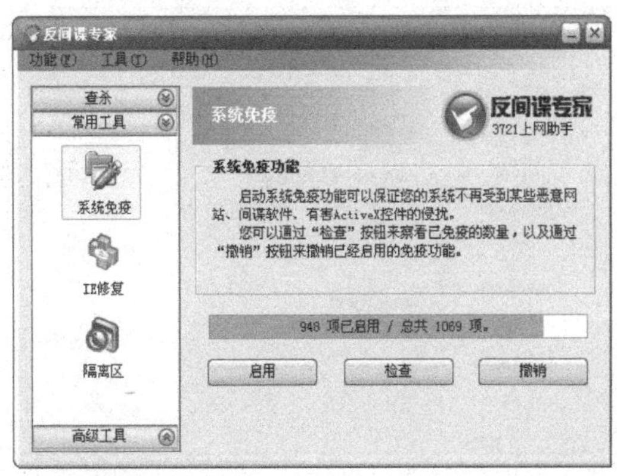

Step 09 单击【IE修复】按钮，打开【IE修复】对话框，在选择需要修复的项目之后，单击【立即修复】按钮，将IE恢复到其原始状态。

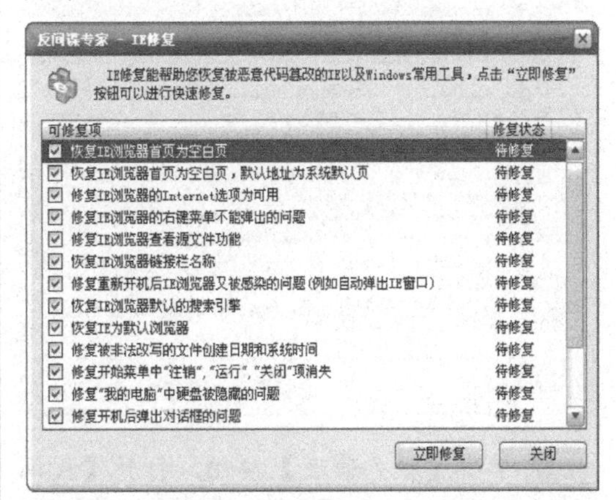

Step 10 单击【隔离区】按钮，可查看已经隔离的恶意代码，选择隔离的恶意项目可以对其进行恢复或清除操作。

Step 11 切换到【高级工具】栏目，进入【高级工具】设置界面。

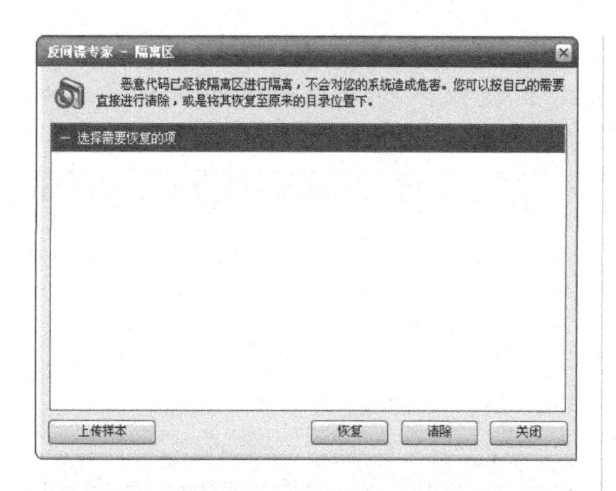

Step 12 单击【进程管理】按钮，打开【反间谍专家-进程管理器】对话框，在其中对进程进行相应的管理。

Step 13 单击【服务管理】按钮，打开【反间谍专家-服务管理器】对话框，在其中对服务进行相应的管理。

Step 14 单击【网络连接管理】按钮，打开【反间谍专家-网络连接管理器】对话框，在其中对网络连接进行相应的管理。

Step 15 选择【工具】→【综合设定】菜单项，打开【综合设定】对话框，在其中对扫描设定进行相应的设置。

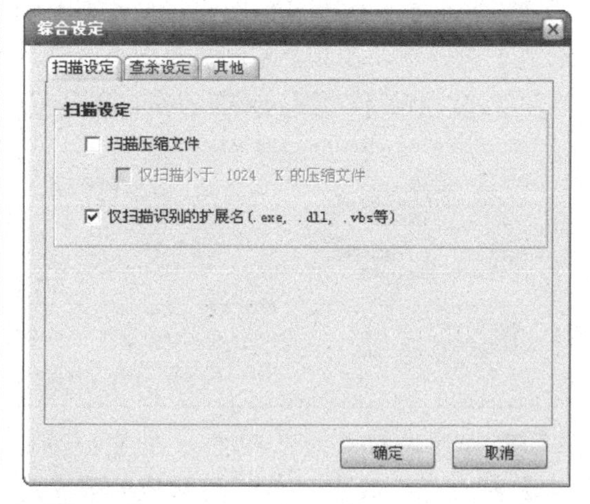

Step 16 选择【查杀设定】选项卡，进入【查杀设定】设置界面，在其中设定发现恶意程序时的默认动作。

Step 17 选择【其他】选项卡，进入【其他】设置界面，在其中勾选【允许右键菜单选择扫描】复选框，单击【确定】按钮，完成设置操作。

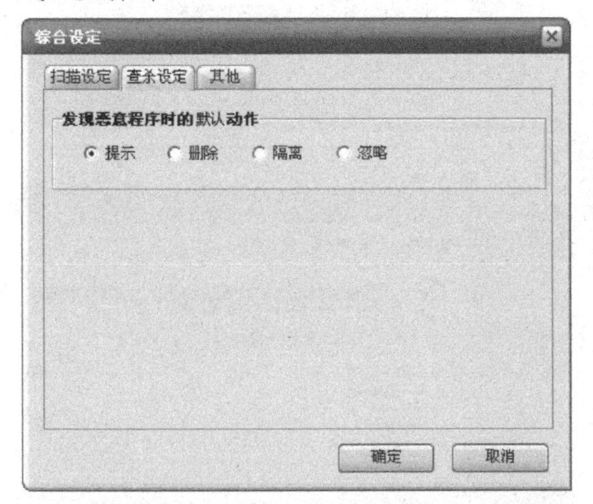

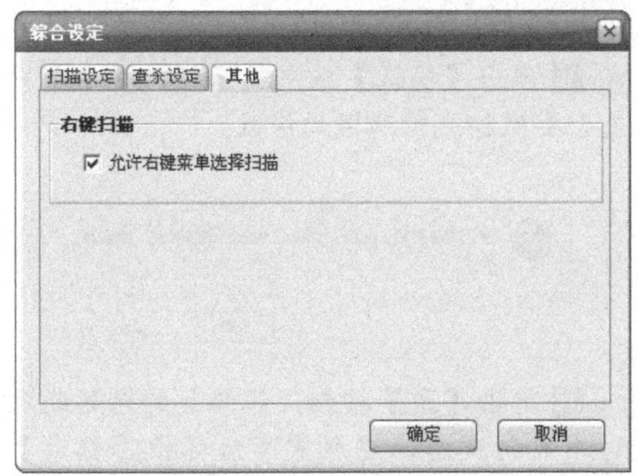

13.2.3　用SpyBot-Search&Destroy查杀间谍软件

SpyBot-Search&Destroy是一款专门用来清理间谍程序的工具。到目前为止，它已经可以检测一万多种间谍程序（Spyware），并对其中的一千多种间谍程序进行免疫处理。而且这个软件是完全免费的，并有中文语言包支持。可以在Server级别的操作系统上使用。

下面介绍使用SpyBot软件查杀间谍软件的基本步骤。

Step 01 安装SpyBot-Search&Destroy并初始化后，打开其主窗口。

Step 02 由于该软件支持多种语言，所以在其主窗口中选择【Languages】→【简体中文】命令，即可将程序主界面切换为中文模式。

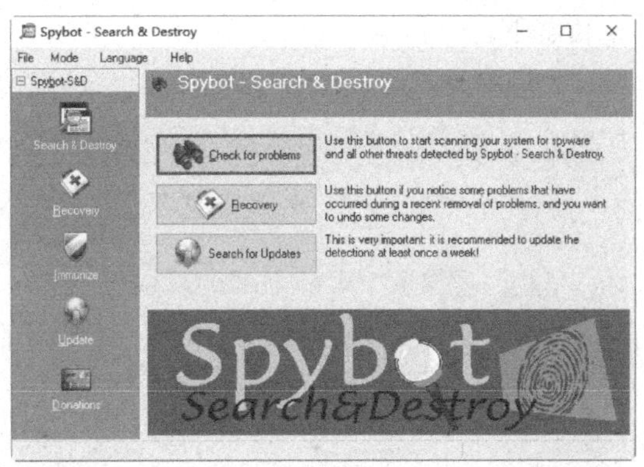

Step 03 单击其中的【检测】按钮或单击左侧的【检查与修复】按钮，打开【检测与修复】窗口，并单击【检测与修复】按钮，SpyBot即可开始检查系统找到的间谍软件。

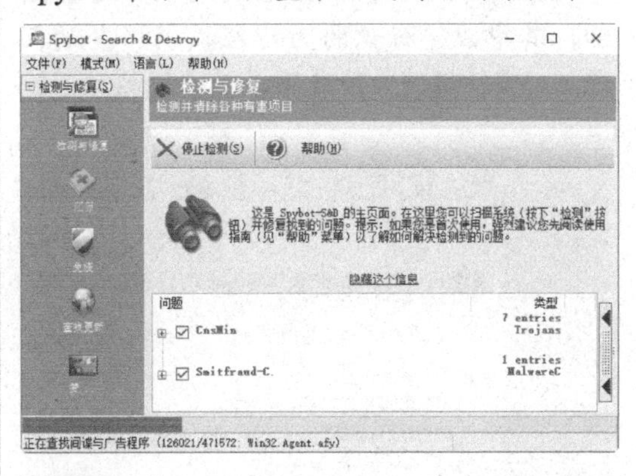

Step 04 软件检查完毕之后，检查页上将会列出在系统中查到可能有问题的软件。选取某个检查到的有问题的软件，再单击右侧的分栏箭头，即可查询到有关该问题软件的发布公司、软件功能、说明和危害种类等信息。

Step 05 选中需要修复的问题程序，单击【修复】按钮，打开【将要删除这些项目】提示信息框。

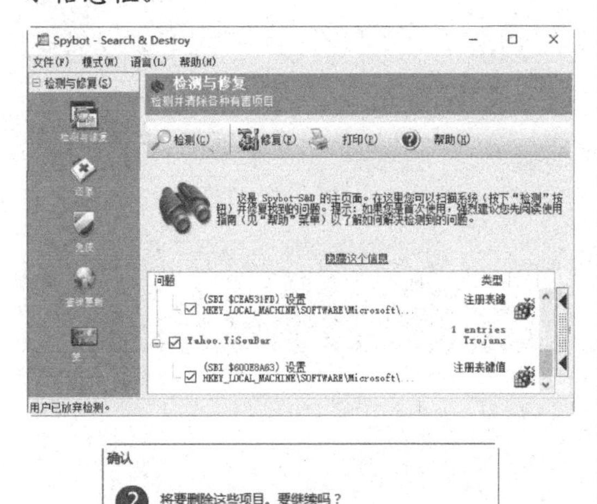

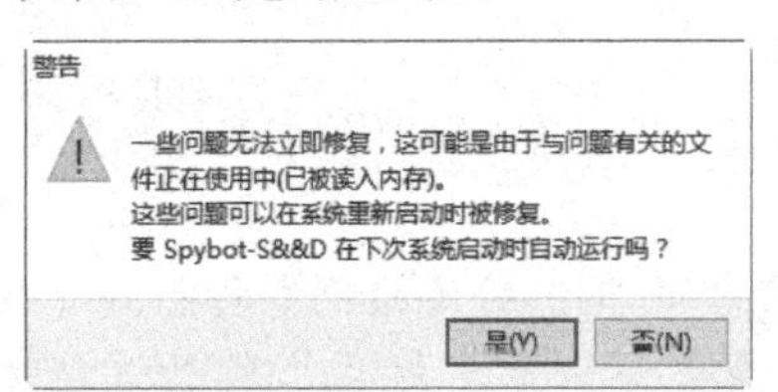

Step 06 单击【是】按钮，可看到【下次系统启动时自动运行】提示框。

Step 07 单击【是】按钮，可将选取的间谍程序从系统中清除。修复后的结果如下图所示，其中以✔标识的为已经成功修复的问题，以⊗标识的为修复不成功的问题。

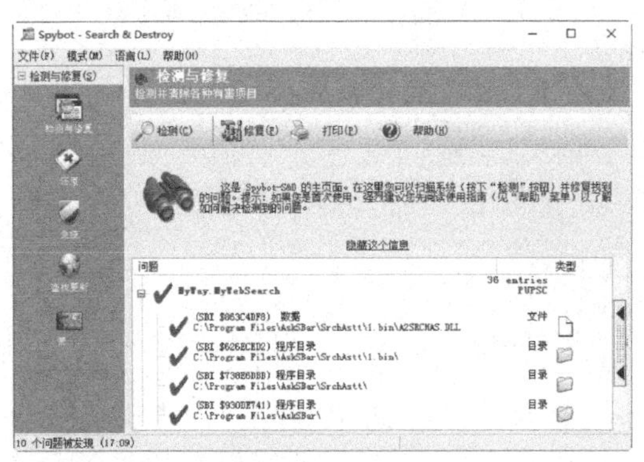

Step 08 修复完成后，即可看到【确认】对话框。其中显示了成功修复以及尚未修复问题的数目，并建议重新启动计算机。单击【确定】按钮重新启动计算机修复未修复的问题。

Step 09 选择【还原】选项，在打开的界面中选择需要还原的项目，单击【还原】按钮。

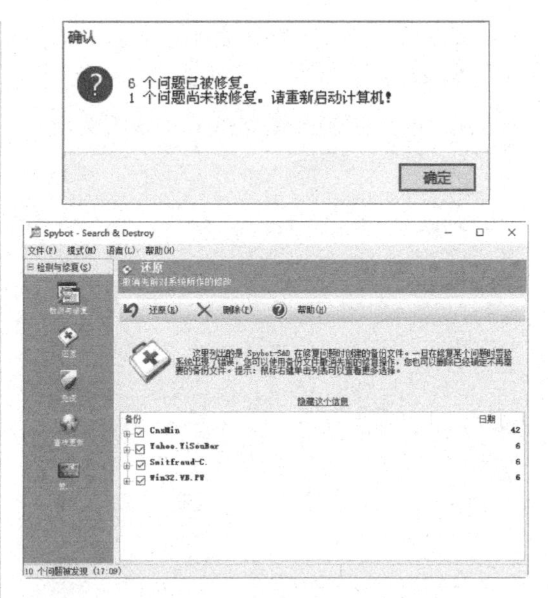

Step 10 弹出【确认】信息提示框，提示用户是否要撤销先前所做的修改。

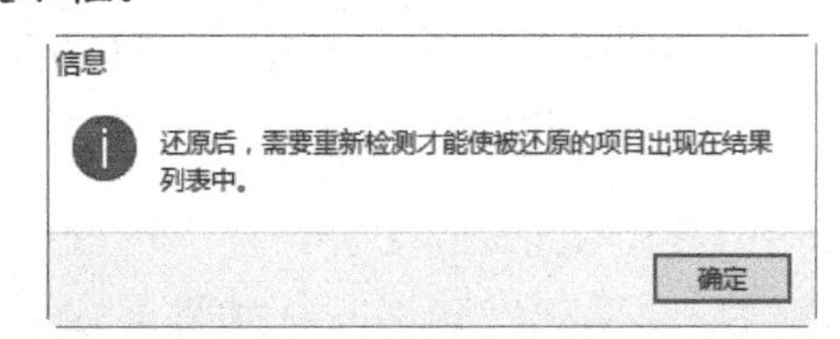

Step 11 单击【是】按钮，将修复的问题还原到原来的状态，还原完毕后弹出【信息】提示框。

Step 12 选择【免疫】选项，进入【免疫】设置界面，免疫功能能使用户的系统具有抵御间谍软件的免疫效果。

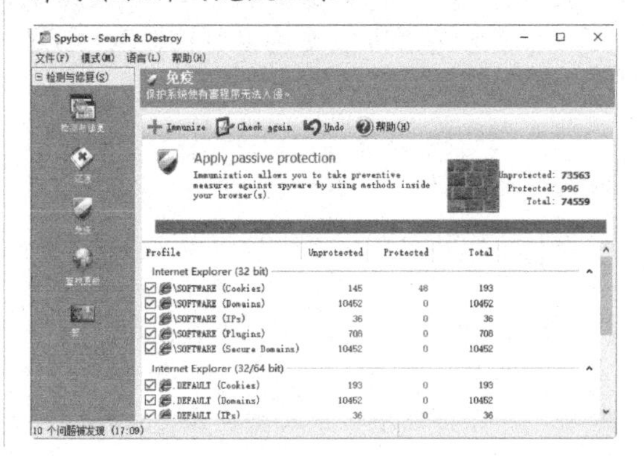

Step 13 单击【查找更新】按钮，弹出【Spybot-S&D Updater】对话框，其中显示了需要更新的项目。

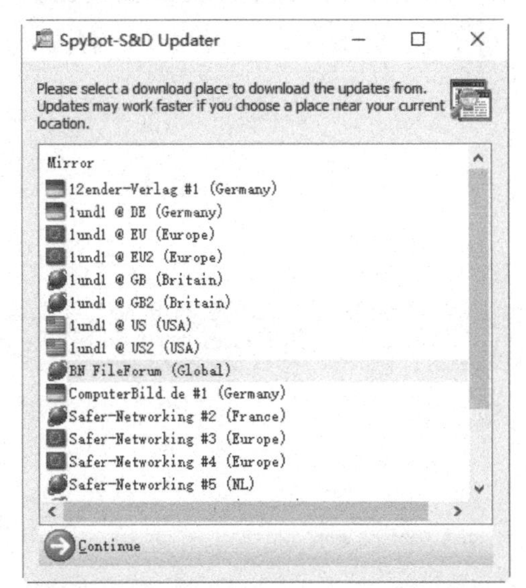

Step 14 单击【Continue】按钮，弹出【Spybot-S&D Updater】对话框，在其中选择要更新的文件信息。

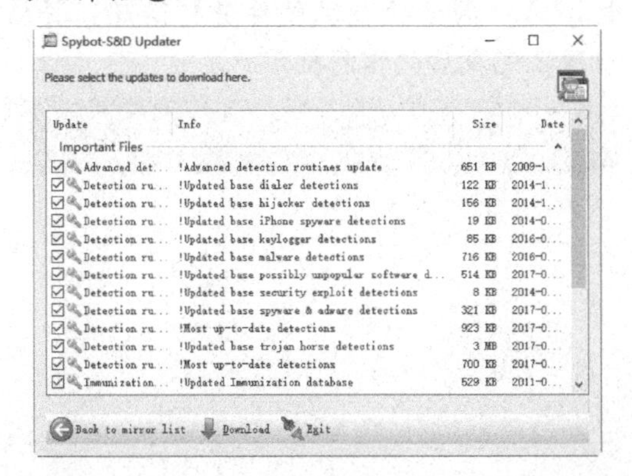

Step 15 单击【Download】按钮，开始下载更新文件，并在下方显示下载的进度。

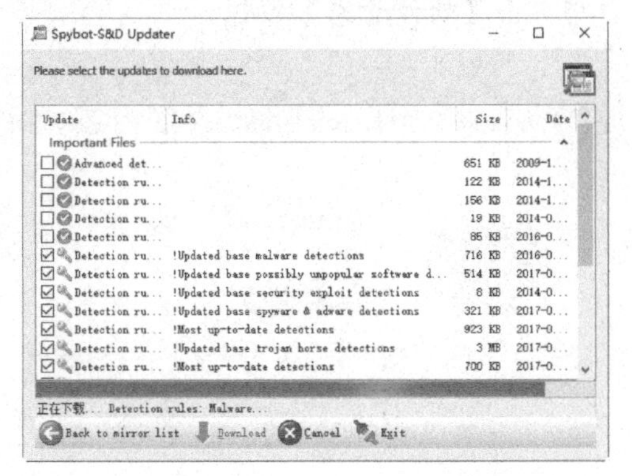

13.2.4 微软“反间谍专家”Windows Defender

Windows Defender是Windows 10的一项功能，主要用于帮助用户抵御间谍软件和其他潜在的有害软件的攻击，但在系统默认情况下，该功能是不开启的。下面介绍如何开启Windows Defender功能，具体操作步骤如下。

Step 01 单击【开始】按钮，从弹出的快捷菜单中选择【控制面板】，在打开的【控制面板】窗口中单击查看方式右侧的下拉按钮，选择【大图标】，打开【所有控制面板项】窗口。

Step 02 单击【Windows Defender】，打开【Windows Defender】窗口，提示用户此应用已经关闭。

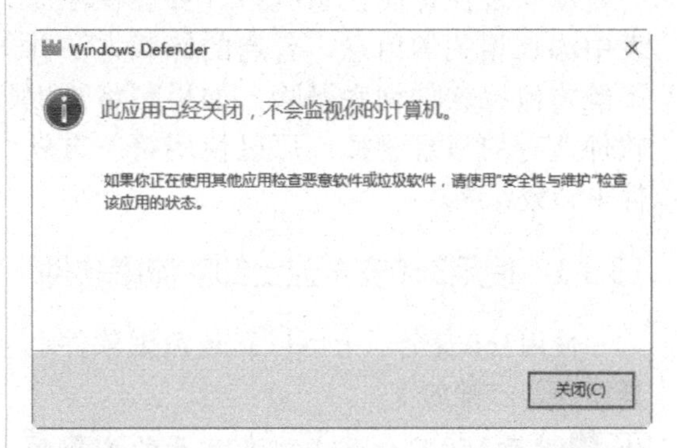

Step 03 在【控制面板】窗口中单击【安全性与维护】，打开【安全性与维护】窗口。

Step 04 单击【间谍软件和垃圾软件防护】后面的【立即启用】按钮，弹出下图所示的对话框。

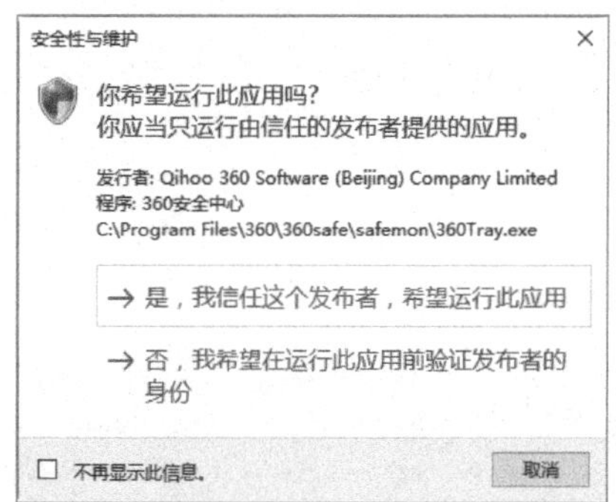

Step 05 单击【是，我信任这个发布者，希望运行此应用】超链接，即可启用Windows Defender服务。

13.3 流氓软件清除工具

软件在安装的过程中，一些流氓软件会自动安装在计算机系统中，并会在注册表中添加相关的信息，普通的卸载方法并不能将流氓软件彻底删除，如果想将流氓软件所有的信息删掉，可以使用第三方软件来卸载程序。

13.3.1 使用360安全卫士卸载流氓软件

使用360安全卫士可以卸载流氓软件，具体操作步骤如下。

Step 01 启动360安全卫士，在打开的主界面中选择【计算机清理】选项，进入计算机清理界面。

Step 02 在计算机清理界面中选择【清理插件】选项，然后单击【一键扫描】按钮，可扫描系统中的流氓软件。

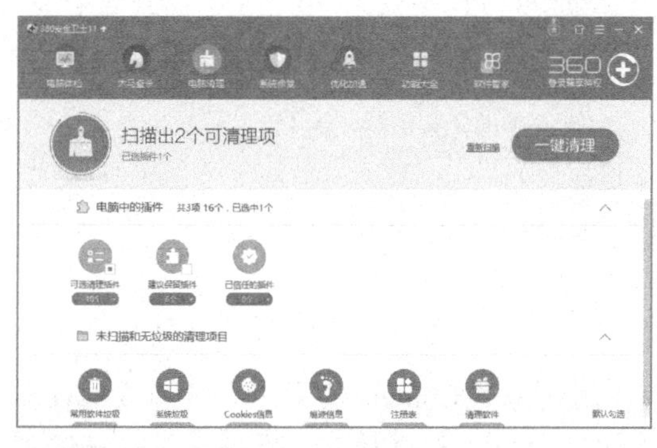

Step 03 扫描完成后，单击【一键清理】按钮，对扫描出的流氓软件进行清理，并给出清理完成后的信息提示。

Step 04 另外，还可以在【360安全卫士】窗口中单击【软件管家】按钮。

Step 05 进入【360软件管家】窗口，选择【卸载】选项卡，在【软件名称】列表中选择需要卸载的软件，如这里选择360手机助手，单击其右侧的【卸载】按钮。

Step 06 弹出【360手机助手卸载】对话框。

Step 07 单击【直接卸载】按钮，开始卸载选中的软件。

Step 08 卸载完成后，会弹出一个信息提示框。

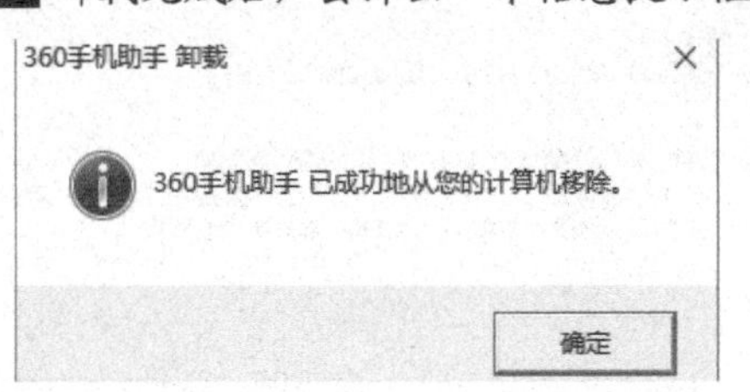

13.3.2　“金山清理专家”清除恶意软件

“金山清理专家”的首要功能是查杀恶意软件。安装完金山清理专家系统之后，就可以对本地机器上的恶意软件进行查杀了，具体操作步骤如下。

Step 01 双击桌面上的【金山清理专家】快捷图标，进入【金山清理专家】主窗口。

Step 02 在【恶意软件查杀】选项卡中，可以对恶意软件、第三方插件和信任插件进行查杀，单击【恶意软件】选项，即可自动对恶意软件进行扫描。

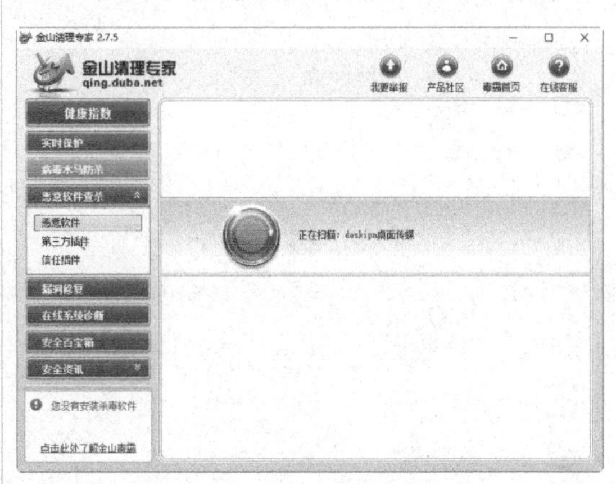

Step 03 扫描结束后将显示出扫描结果，如果本机中有恶意软件，只在选中扫描出的恶意软件之后，单击【清除选定项】按钮，即可将恶意软件删除。

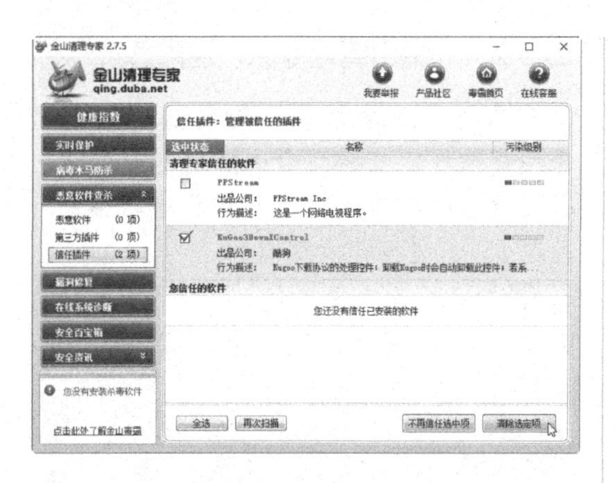

13.4　实战演练

13.4.1　实战演练1——删除上网缓存文件

用户可以通过【Internet选项】对话框来删除平时上网的缓存文件，具体操作步骤如下。

Step 01 右击【开始】按钮，从弹出的快捷菜单中选择【控制面板】，在打开的【控制面板】窗口中单击查看方式右侧的下拉按钮，选择【大图标】选项，打开【所有控制面板项】窗口，单击【Internet选项】图标。

Step 02 弹出【Internet属性】对话框，单击【浏览历史记录】下的【删除】按钮。

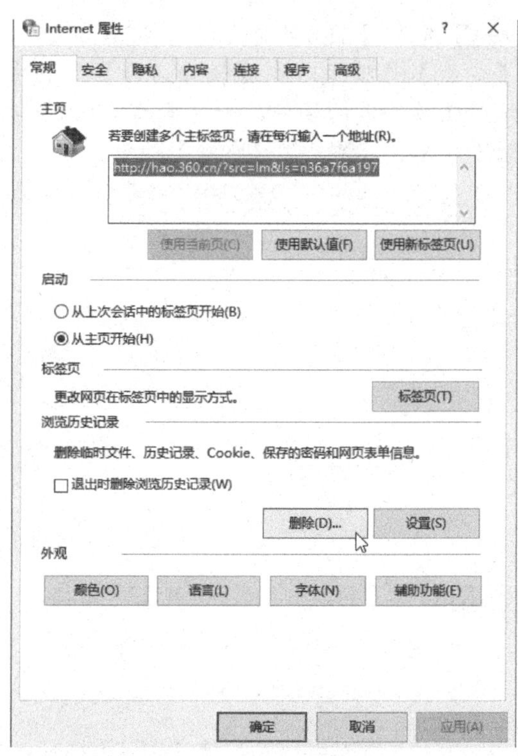

Step 03 弹出【删除浏览历史记录】对话框，选择需要删除的缓存文件类型，单击【删除】按钮。

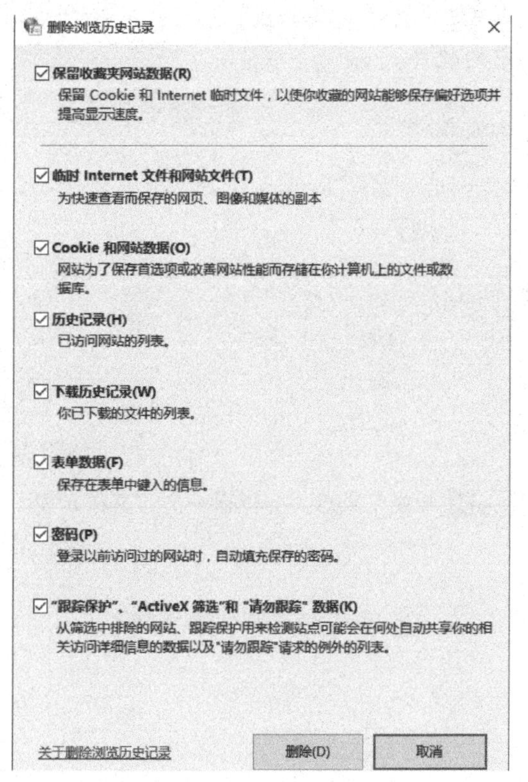

Step 04 弹出【删除浏览历史记录】窗口，系统开始自动删除上网的缓存文件。

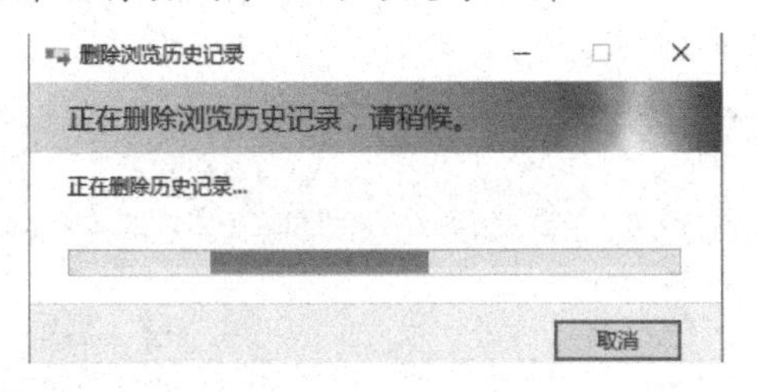

Step 05 删除完成后，返回到【Internet选项】对话框，单击【浏览历史记录】下的【设置】按钮，弹出【网站数据设置】对话框，设置缓存的大小和保存天数，单击【移动文件夹】按钮，转移缓存文件的位置，单击【确定】按钮，完成设置。

13.4.2 实战演练2——删除系统临时文件

删除系统临时文件的方法有两种：手动删除系统临时文件和使用第三方软件删除临时文件。

1. 手动删除系统临时文件

在没有安装专业的清理垃圾的软件前，用户可以手动清理垃圾临时文件，具体操作步骤如下。

Step 01 右击【开始】按钮，从弹出的快捷菜单中选择【运行】命令。

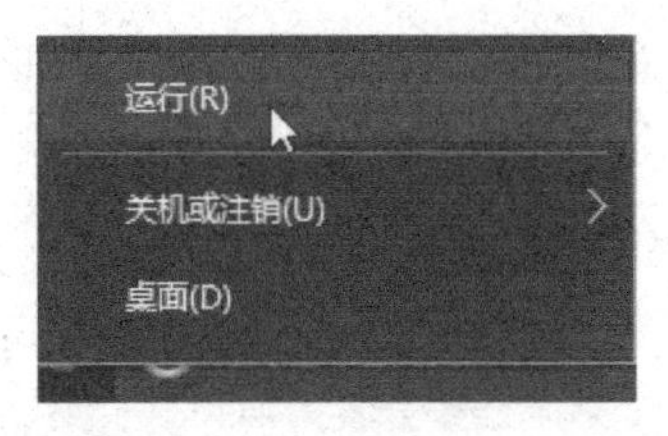

Step 02 打开【运行】对话框，在【打开】后的文本框中输入cleanmgr命令，按【Enter】键确认。

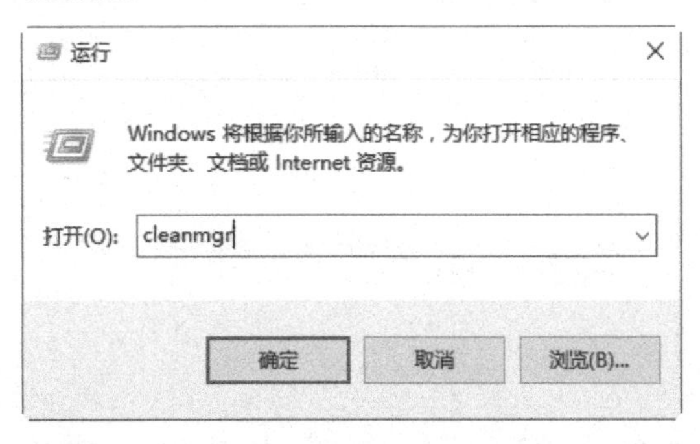

Step 03 弹出【磁盘清理：驱动器选择】对话框，单击【驱动器】下面的向下箭头，从弹出的下拉列表中选择需要清理临时文件的磁盘分区，本实例选择【Window 10(C:)】选项。

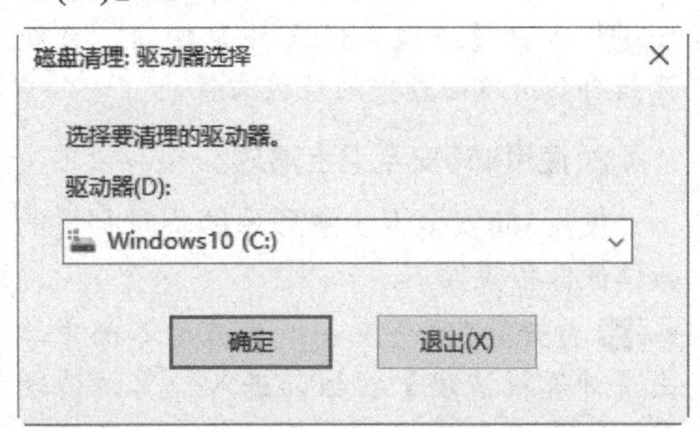

Step 04 单击【确定】按钮，弹出【磁盘清理】对话框，并开始自动清理磁盘垃圾。

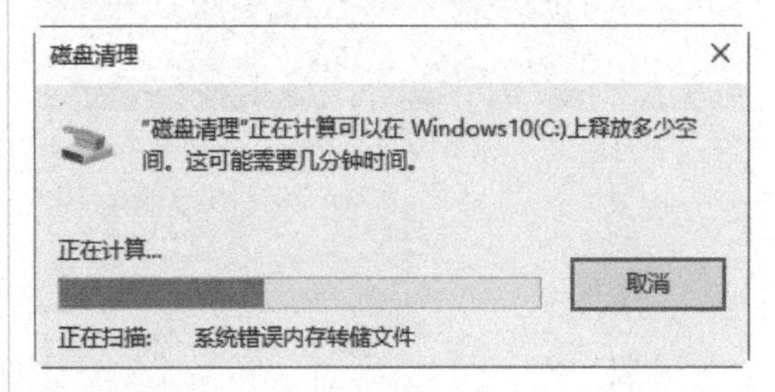

Step 05 之后弹出【Window 10(C:)的磁盘清理】对话框，【要删除的文件】列表中显

示了扫描出的垃圾文件和大小，选择需要清理的临时文件。

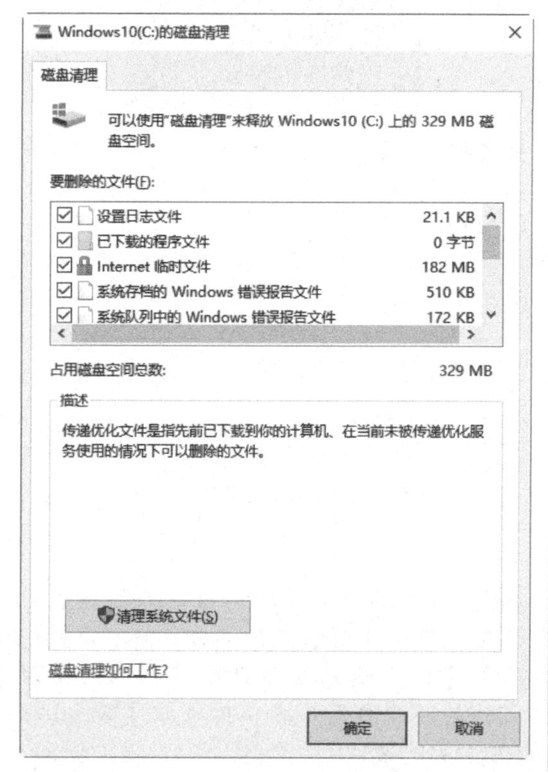

Step 06 单击【清理系统文件】按钮，系统开始自动清理磁盘中的垃圾文件。

2. 使用360安全卫士清理

使用360安全卫士清理系统临时文件的具体操作步骤如下。

Step 01 打开360安全卫士，在其主界面中单击【计算机清理】按钮，进入计算机清理界面，在其中选择需要清理的项目类别，如下图所示。

Step 02 单击【一键扫描】按钮，系统开始自动扫描系统垃圾文件，并显示具体扫描文件的目录。

Step 03 扫描完成后，软件显示垃圾文件的个数和大小，单击【一键清理】按钮，即可清理系统中的临时文件以及系统垃圾。

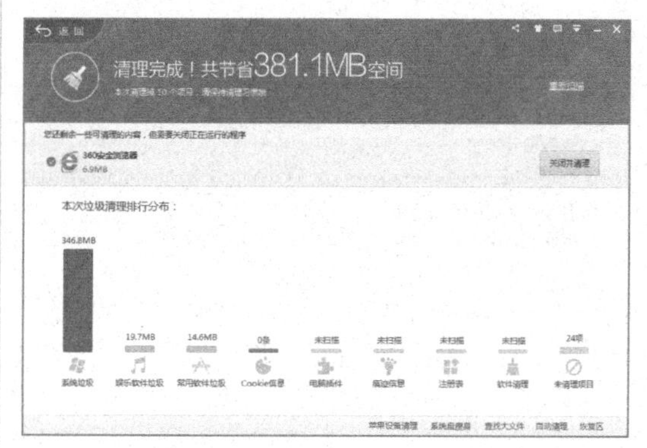

13.5 小试身手

练习1：使用进程管理工具管理系统进程。

练习2：使用防护工具查杀间谍软件。

练习3：清除系统临时文件与流氓软件。

第14章　系统备份与恢复工具

系统安全的终极防护就是系统的重装或还原。用户在使用计算机的过程中，有时会不小心删除系统文件，或系统遭受病毒与木马的攻击等，都有可能导致系统崩溃或无法进入操作系统，这时用户就不得不重装系统，但是，如果系统进行了备份，那么就可以直接将其还原，以节省时间。本章就来介绍如何使用防护工具对系统进行重装、备份和还原。

14.1　为什么进行系统重装

由于种种原因，如用户误删除系统文件、病毒程序将系统文件破坏等，导致系统中的重要文件丢失或受损，甚至系统崩溃无法启动，此时就不得不重装系统了。另外，有些时候，系统虽然能正常运行，但是却经常出现不定期的错误提示，甚至系统修复之后也能消除这一问题，那么就必须重装系统了。

14.1.1　什么情况下重装系统

具体来讲，当系统出现以下3种情况之一时，就必须考虑重装系统了。

1. 系统运行变慢

系统运行变慢的原因有很多，如垃圾文件分布于整个硬盘，而又不便于集中清理和自动清理，或者是计算机感染了病毒或其他恶意程序而无法被杀毒软件清理等，这样就需要对磁盘进行格式化处理并重装系统了。

2. 系统频繁出错

众所周知，操作系统是由很多代码和程序组成的，在操作过程中可能因为误删除某个文件或者是被恶意代码改写等原因，致使系统出现错误，此时如果该故障不便于准确定位或轻易解决，就需要考虑重装系统了。

3. 系统无法启动

导致系统无法启动的原因有多种，如DOS引导出现错误、目录表被损坏或系统文件Nyfs.sys丢失等。如果无法查找出系统不能启动的原因或无法修复系统以解决这一问题时，就需要重装系统了。

另外，一些计算机爱好者为了能使计算机在最优的环境下工作，也会经常定期重装系统，这样就可以为系统减肥。但是，不管是哪种情况下重装系统，重装系统的方式都分为两种：一种是覆盖式重装；一种是全新重装。前者是在原操作系统的基础上进行重装，其优点是可以保留原系统的设置，缺点是无法彻底解决系统中存在的问题。后者则是对系统所在的分区重新格式化，其优点是彻底解决系统的问题，因此，重装系统时，建议选择全新重装。

14.1.2　重装前应注意的事项

重装系统前，用户需要做好充分的准备，以避免重装之后造成数据的丢失等严重后果。那么，在重装系统之前应该注意哪些事项呢？

1. 备份数据

在因系统崩溃或出现故障而准备重装系统前，首先应该想到的是备份好自己的数据。这时，一定要静下心来，仔细罗列一下硬盘中需要备份的资料，把它们一项一项地写在一张纸上，然后逐一对照进行备份。如果硬盘不能启动，就需要考虑用其他启动盘启动系统，然后复制自己的数据，或将硬盘挂接到其他计算机上进行备份。但是，最好的办法是在平时就养成每天备份重要数据的习惯，这样可以有效避免硬盘数据不能恢复的现象。

2. 格式化磁盘

重装系统时，格式化磁盘是解决系统问题最有效的办法，尤其是在系统感染病毒后，最好不要只格式化C盘，如果有条件将硬盘中的数据备份或转移，尽量将整个硬盘都进行格式化，以保证新系统的安全。

3. 牢记安装序列号

安装序列号相当于一个人的身份证号，标识着安装程序的身份，如果不小心丢掉自己的安装序列号，那么在重装系统时，如果采用的是全新安装，安装过程将无法进行下去。正规的安装光盘的序列号会在软件说明书或光盘封套的某个位置上。

14.2 常见系统的重装

在安装有一个操作系统的计算机中，用户可以利用安装光盘重装系统，而无须考虑多系统的版本问题，只需将系统安装盘插入光驱，并设置从光驱启动，然后格式化系统盘后，就可以按照安装单系统一样重装单系统。

14.2.1 重装Windows 7 操作系统

重装Windows 7操作系统时，如果用户只在现有的磁盘中重装Windows 7操作系统，就需要对系统盘进行格式化操作。

重装Windows 7操作系统的具体操作步骤如下。

Step 01 将系统的启动项设置为从光驱启动，当界面中出现【Press any key to boot from CD or DVD…】提示信息时，迅速按下键盘上的任意键。

Step 02 进入Windows 7操作系统安装程序的运行窗口，提示用户安装程序正在加载文件。

Step 03 系统文件加载完毕后，将弹出【现在安装】界面。

Step 04 单击【现在安装】按钮，进入【请阅读许可条款】对话框，在其中勾选【我接受许可条款】复选框。

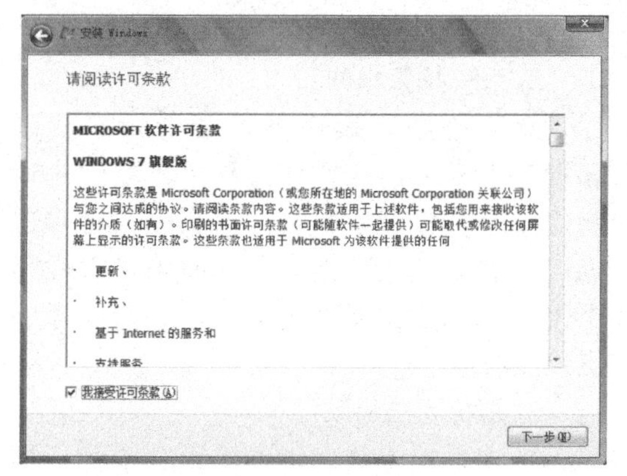

Step 05 单击【下一步】按钮，进入【您想进行何种类型的安装】对话框。

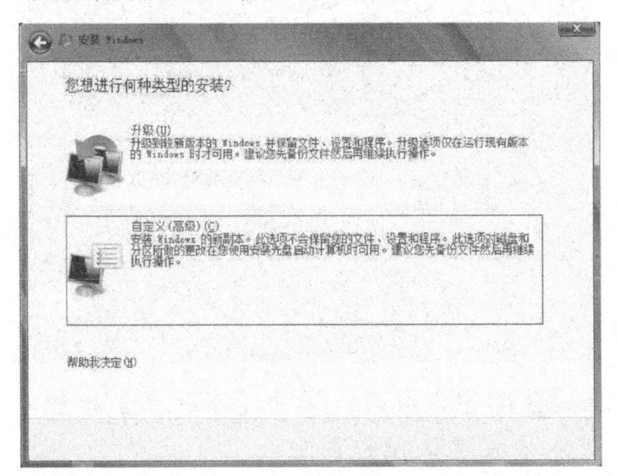

Step 06 在其中单击【自定义（高级）】选项，打开【兼容性报告（已保存至桌面）】对话框。

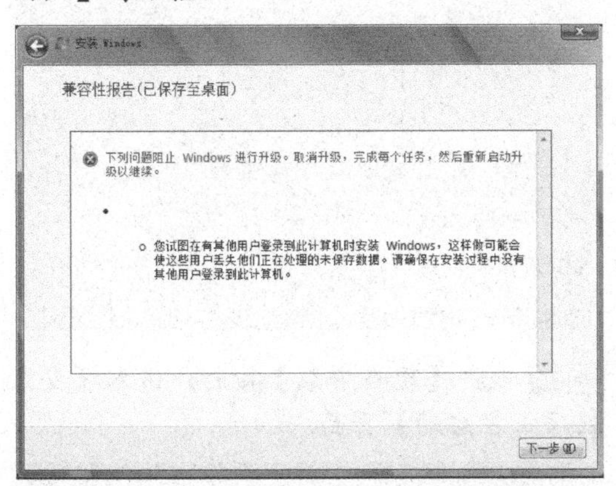

Step 07 单击【下一步】按钮，打开【您想将Windows安装在何处】对话框，这里选择【分区1】选项。

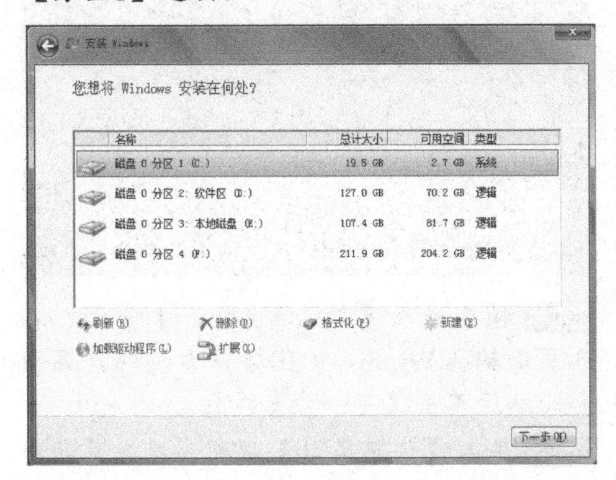

Step 08 单击【格式化】超链接，将弹出一个信息提示框，提示用户分区可能包含恢复文件，系统文件或计算机制造商提供的重要软件，如果确实需要格式化，则其上存储的所有数据都将丢失。

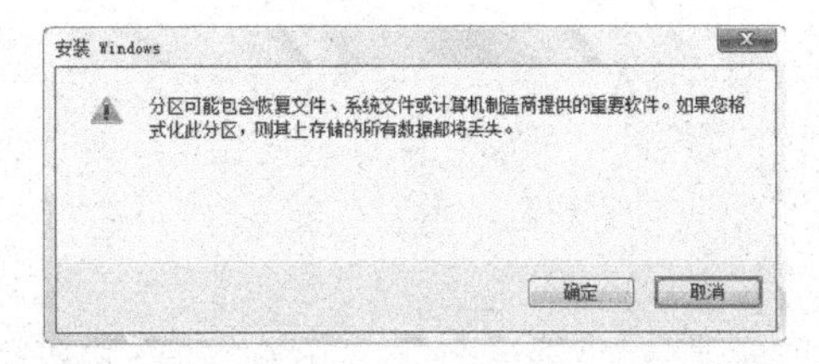

Step 09 单击【确定】按钮，开始格式化分区。格式化完毕后，磁盘的总计大小与可用空间一样大。

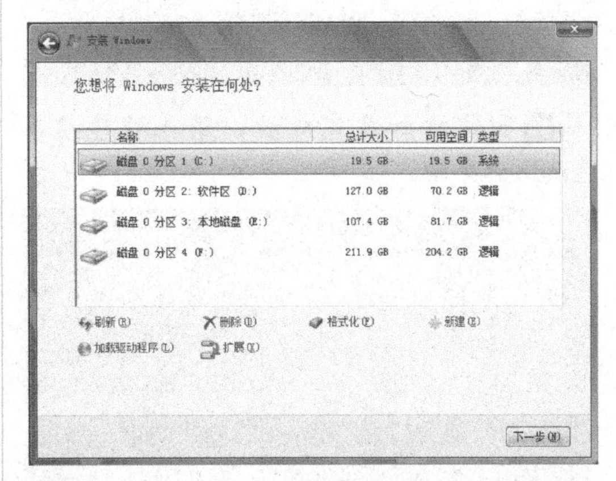

Step 10 单击【下一步】按钮，进入【正在安装Windows】对话框，以下的操作和安装单操作系统一样，这里不再重述。

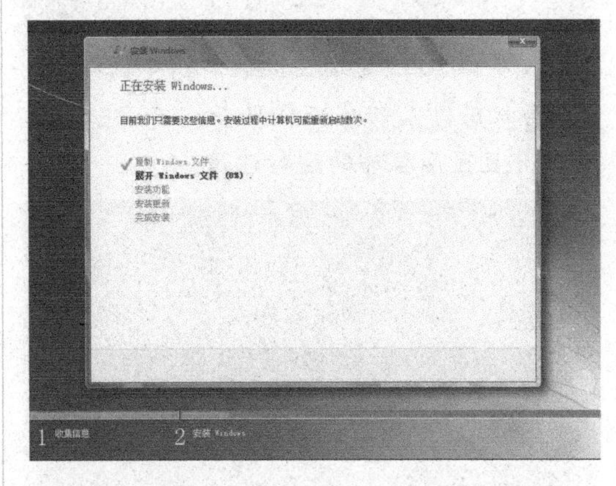

14.2.2　重装Windows 10操作系统

Windows 10作为新一代操作系统，备受关注，本节将介绍Windows 10操作系统的重装，具体步骤如下。

Step 01 将Windows 10操作系统的安装光盘

放入光驱中，重新启动计算机，这时会进入Windows 10操作系统安装程序的运行窗口，提示用户安装程序正在加载文件。

Step 02 当文件加载完成后，进入程序启动Windows界面。

Step 03 然后进入程序运行界面，开始运行程序，并且显示程序的运行速度。

Step 04 运行程序完成，会弹出安装Windows对话框，根据需求进行设置，一般采取默认设置。

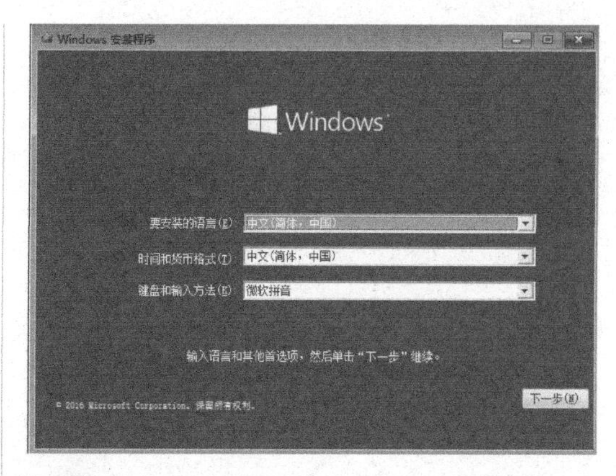

Step 05 设置完成后，单击【下一步】按钮，进入安装确认操作页面。

Step 06 单击【现在安装】按钮，进入【安装程序正在启动】页面。

Step 07 稍后进入【激活Windows】页面，在此页面输入Windows 10操作系统的产品密匙，然后单击【下一步】按钮。

Step 08 进入【许可条款】页面，在此页面勾选【我接受许可条款】复选框，并且单击【下一步】按钮。

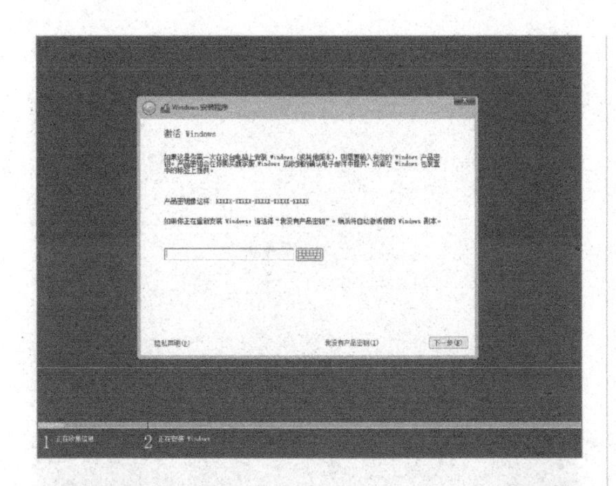

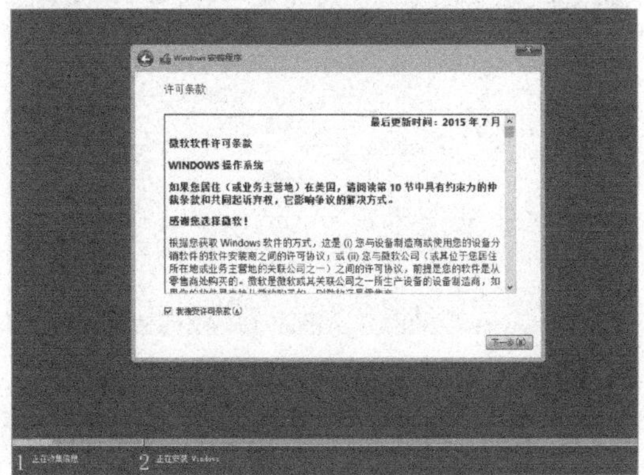

Step 09 完成【下一步】按钮操作后，进入【你想执行哪种类型的安装】页面，这里选择【自定义：仅安装Windows（高级）】选项，如果需要升级，则单击【升级：安装Windows并保留文件、设置和应用程序】选项。

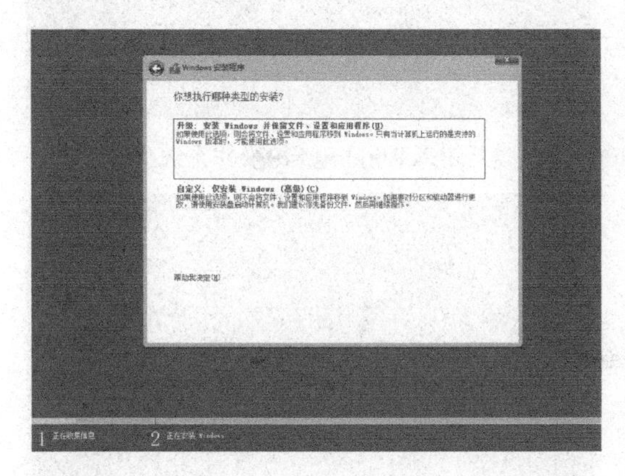

Step 10 稍后进入【你想将Windows安装在哪里】界面，单击【新建】链接，开始创建硬盘分区，填写硬盘分区的大小，并单击【应用】按钮。

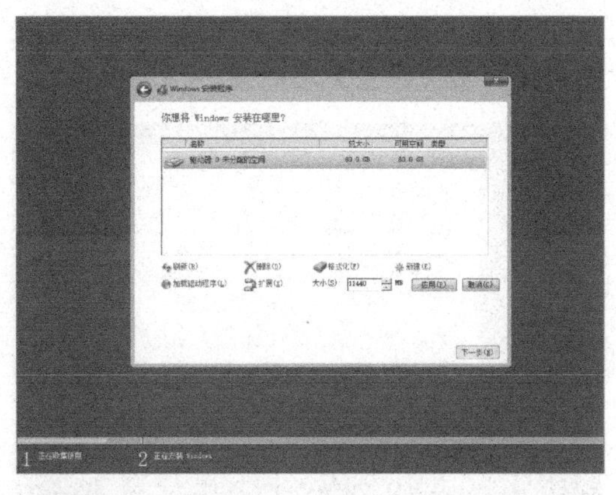

Step 11 弹出【确认】提示框，单击【确定】按钮。

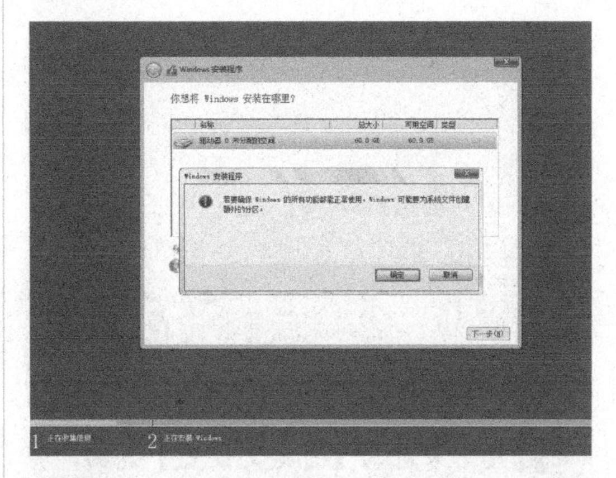

Step 12 第一个分区完成，如果还想继续为硬盘分区，单击【新建】链接即可。

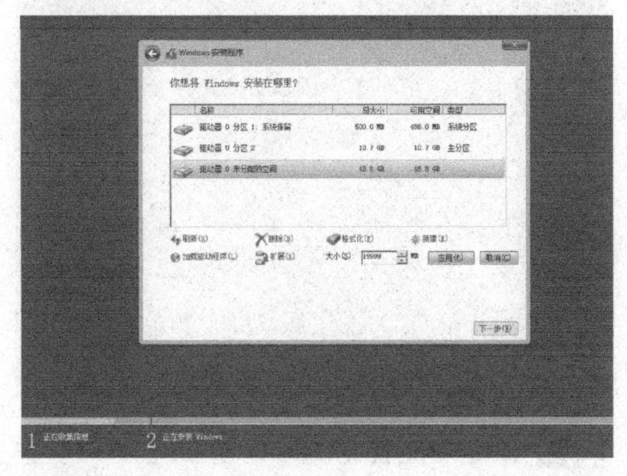

Step 13 硬盘分区完成后，单击【下一步】按钮。

Step 14 驱动准备完成以后，接下来进入系统的设置引导界面，对Windows 10进行设置，可以直接单击右下角的【使用快速设置】按钮使用默认设置，也可以单击屏幕左下角的【自定义设置】逐项安排。这里单击【自定义设置】超链接。

Step 15 接下来进入【自定义设置】页面，根据需要设置快捷方式。

Step 16 自定义设置完成后，单击【下一步】按钮，进入【设置账户】页面，根据用户的使用选择计算机的所有者，这里选择【我拥有它】选项，单击【下一步】按钮。

Step 17 进入【个性化设置】页面，拥有Microsoft账户的可以进行登录，没有账户的可以创建，这里单击【跳过此步骤】超链接。

Step 18 进入【为这台计算机创建一个账户】页面，输入用户名、密码和密码提示，并且单击【下一步】按钮。

Step 19 随后进入Windows 10操作系统引导页面。

Step 20 跳过系统引导页面，进入Windows 10操作系统主页面，系统安装完成。

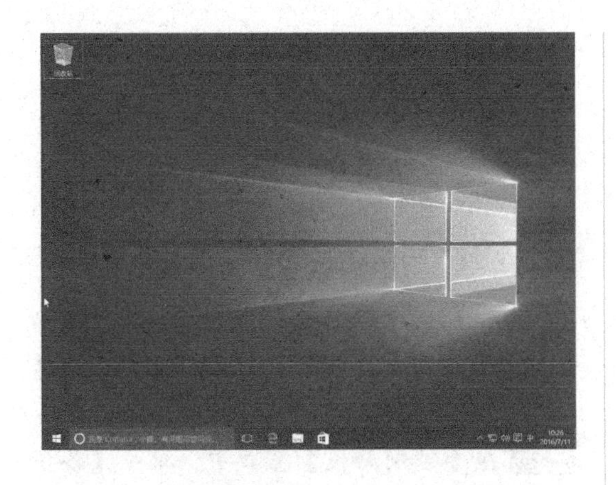

14.3　使用备份工具对系统进行备份

常见的备份系统的方法为使用系统自带的工具备份和使用Ghost工具备份。下面介绍使用备份工具对系统进行备份的方法。

14.3.1　使用系统工具备份系统

Windows 10操作系统自带的备份还原功能更加强大，为用户提供了高速度、高压缩的一键备份还原功能。

1. 开启系统还原功能

要想使用Windows系统工具备份和还原系统，首先需要开启系统还原功能，具体操作步骤如下。

Step 01 右击计算机桌面上的【此计算机】图标，在打开的快捷菜单中选择【属性】命令。

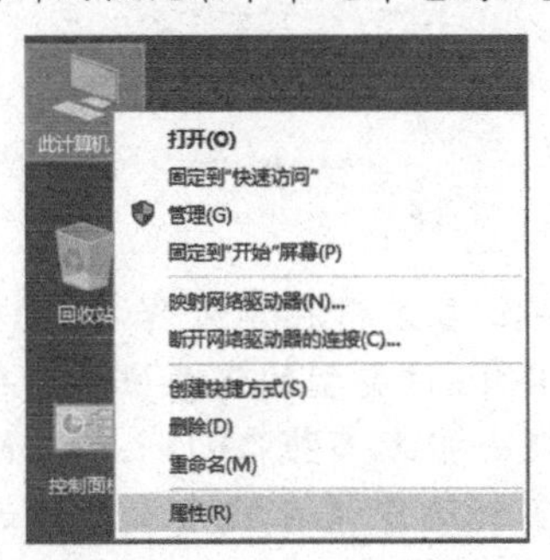

Step 02 在打开的窗口中单击【系统保护】超链接。

Step 03 弹出【系统属性】对话框，在【保护设置】列表框中选择系统所在的分区，并单击【配置】按钮。

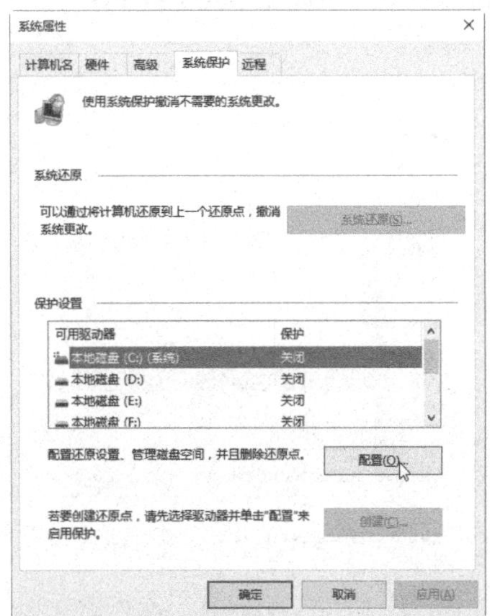

Step 04 弹出【系统保护本地磁盘】对话框，选中【启用系统保护】单选按钮，单击鼠标调整【最大使用量】滑块到合适的位置，然后单击【确定】按钮。

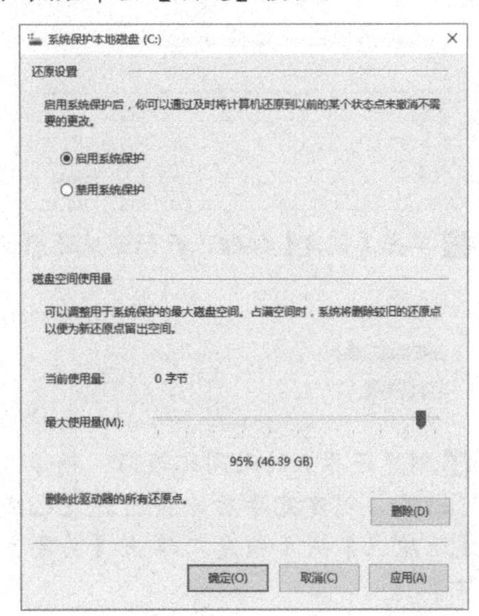

2. 创建系统还原点

用户开启系统还原功能后，默认打开保护系统文件和设置的相关信息，保护系统。用户也可以创建系统还原点，当系统出现问题时，就可以方便地恢复到创建还原点时的状态。

Step 01 在上面打开的【系统属性】对话框中选择【系统保护】选项卡，然后选择系统所在的分区，单击【创建】按钮。

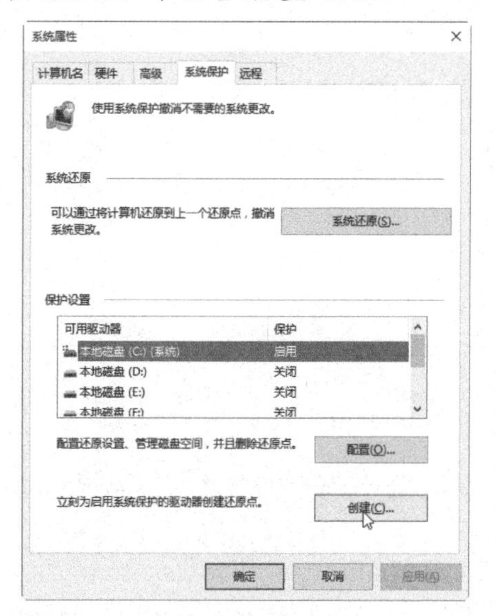

Step 02 弹出【创建还原点】对话框，在文本框中输入还原点的描述性信息。

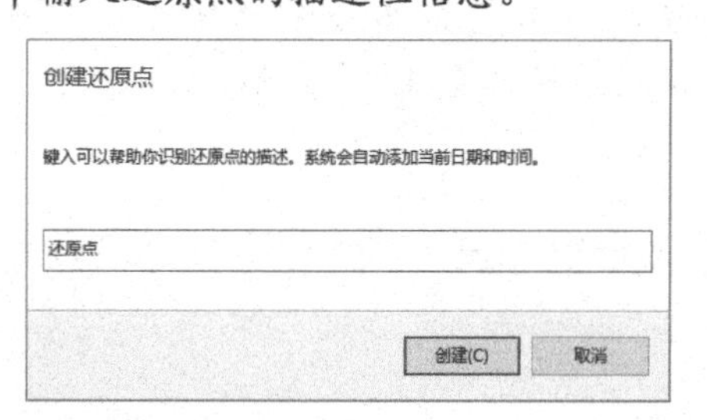

Step 03 单击【创建】按钮，开始创建还原点。

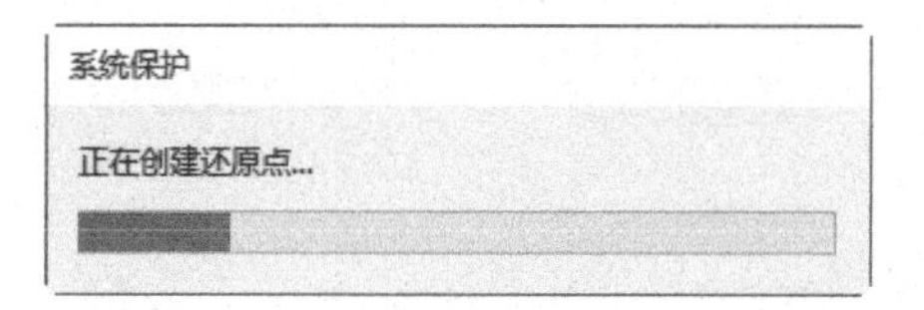

Step 04 创建还原点的时间比较短，稍等片刻就可以了。创建完毕后，将打开【已成功创建还原点】提示信息，单击【关闭】按钮即可。

14.3.2 使用系统映像备份系统

Windows 10操作系统为用户提供了系统映像的备份功能，使用该功能，用户可以备份整个操作系统，具体操作步骤如下。

Step 01 在【控制面板】窗口中，单击【备份和还原（Windows）】超链接。

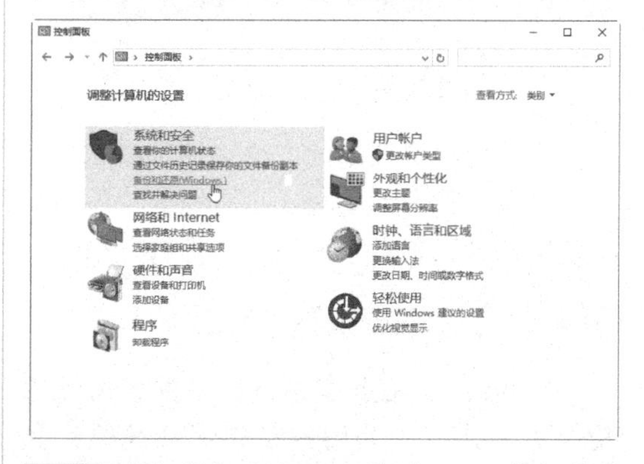

Step 02 弹出【备份和还原】窗口，单击【创建系统映像】超链接。

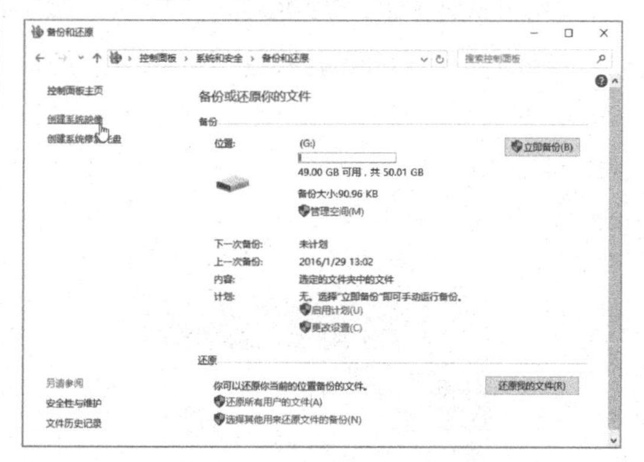

Step 03 弹出【你想在何处保存备份】对话框，这里有3种类型的保存位置，包括在硬盘上、在一张或多张DVD上和在网络位置上，本实例选中【在硬盘上】单选按钮，单击【下一步】按钮。

Step 04 弹出【你要在备份中包括哪些驱动器】对话框，这里采用默认的选项，单击【下一步】按钮。

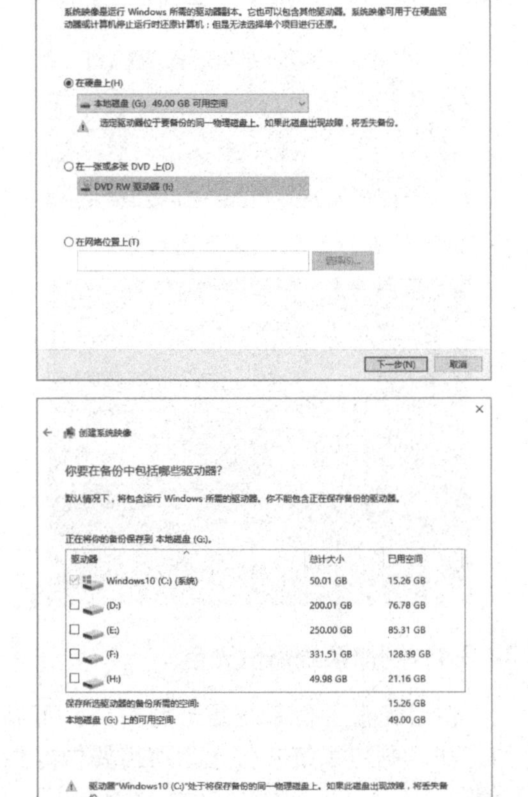

Step 05 弹出【确认你的备份设置】对话框，单击【开始备份】按钮。

Step 06 系统开始创建系统映像，并显示备份的进度。

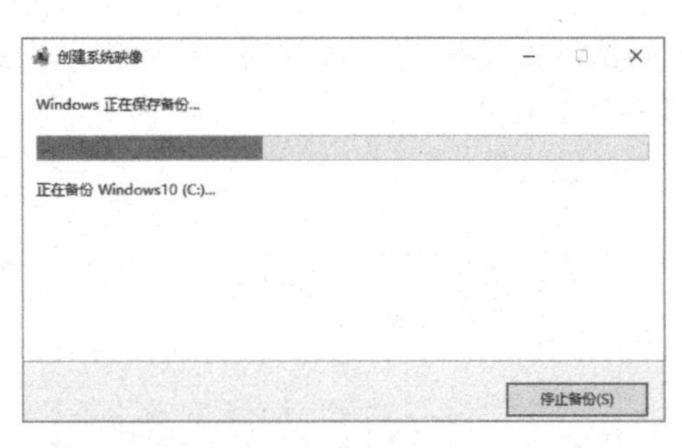

Step 07 备份完成后，单击【关闭】按钮。

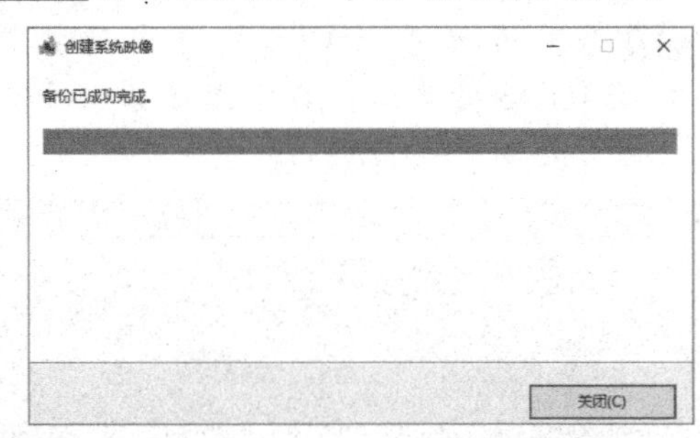

14.3.3　使用GHOST工具备份系统

一键GHOST是一个图形安装工具，主要包括一键备份系统、一键恢复系统、中文向导、GHOST、DOS工具箱等功能。

使用一键GHOST备份系统的操作步骤如下。

Step 01 下载并安装一键GHOST后，弹出【一键备份系统】对话框，此时一键GHOST开始初始化。初始化完毕后，将自动选中【一键备份系统】单选按钮，单击【备份】按钮。

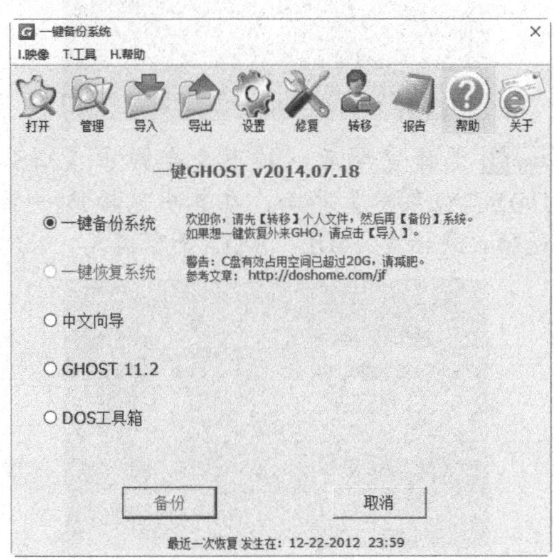

Step 02 弹出【一键GHOST】提示框，单击【确定】按钮。

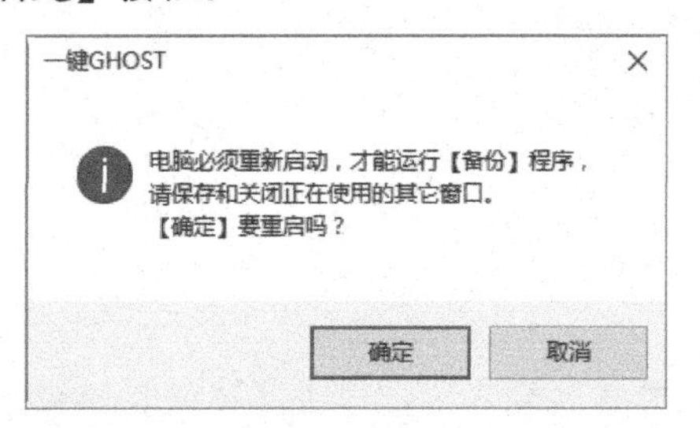

Step 03 系统开始重新启动，并自动打开GRUB4DOS菜单，在其中选择第一个选项，表示启动一键GHOST。

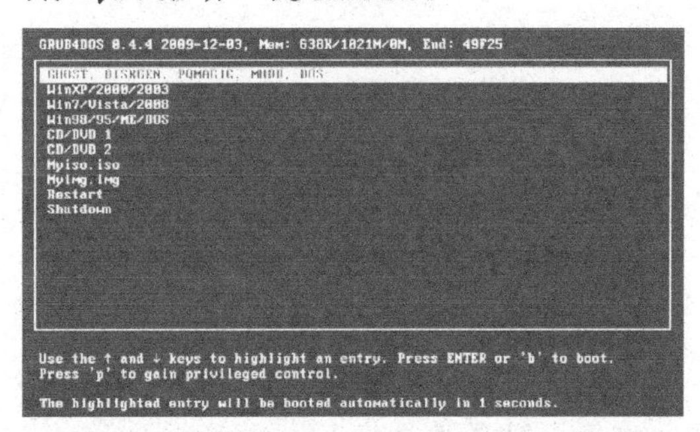

Step 04 系统自动选择完毕后，接下来会弹出【MS-DOS一级菜单】界面，在其中选择第一个选项，表示在DOS安全模式下运行GHOST 11.2。

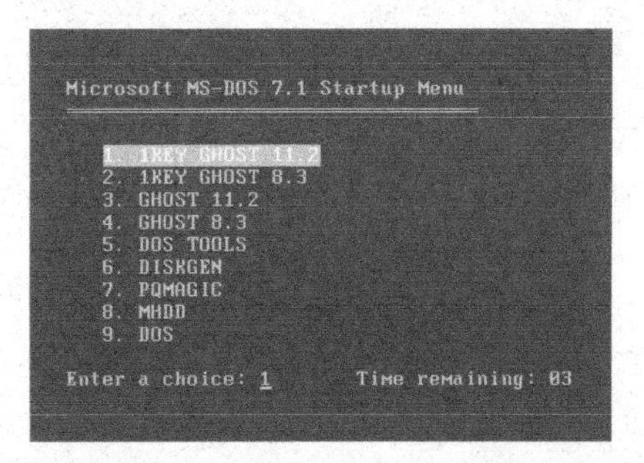

Step 05 选择完毕后，接下来会弹出【MS-DOS二级菜单】界面，在其中选择第一个选项，表示支持IDE、SATA兼容模式。

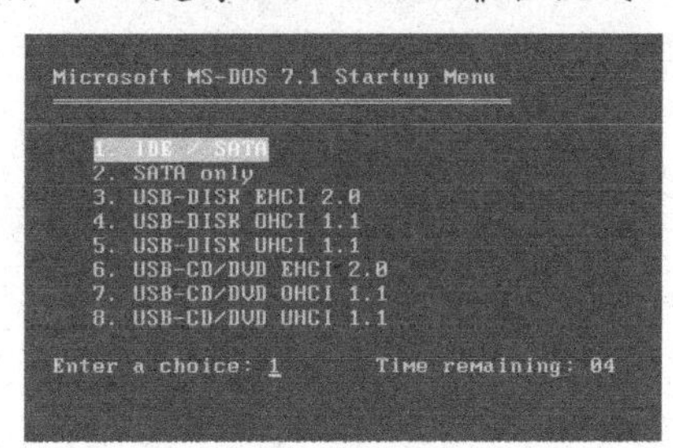

Step 06 根据C盘是否存在映像文件，将会从主窗口自动进入【一键备份系统】警告窗口，提示用户开始备份系统，单击【备份】按钮。

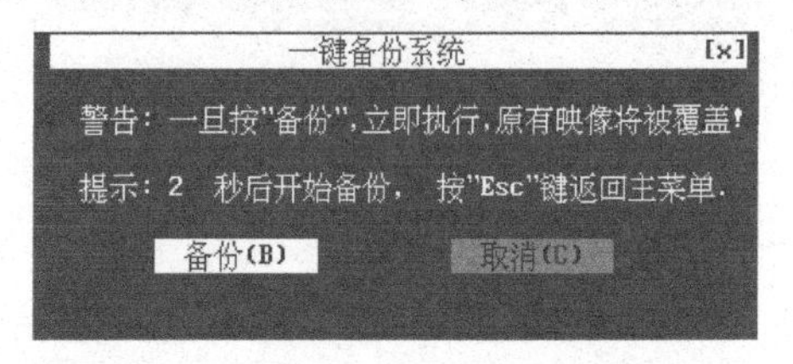

Step 07 开始备份系统，如下图所示。

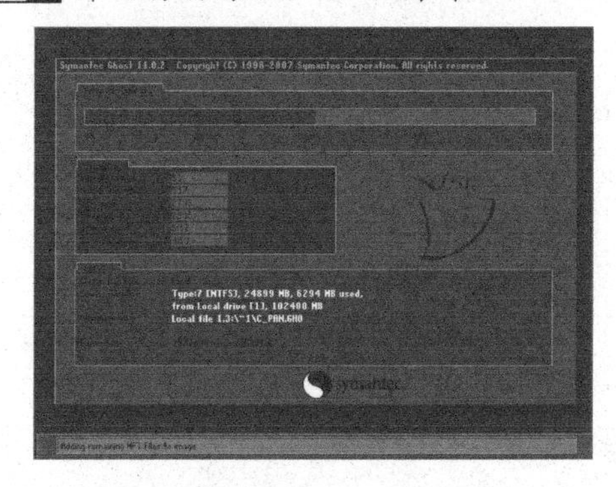

14.3.4 制作系统备份光盘

使用光盘备份系统是一种安全、可靠的方法。制作系统备份光盘前需要做好如下准备。

第一步：准备空白光盘。

第二步：安装好操作系统带驱动的计算机。

第三步：将光盘插入计算机开始制作系统备份光盘。

准备工作完成后，就可以制作系统备份光盘了，具体操作步骤如下。

Step 01 右击【开始】按钮，从弹出的快捷菜单中选择【控制面板】菜单项。

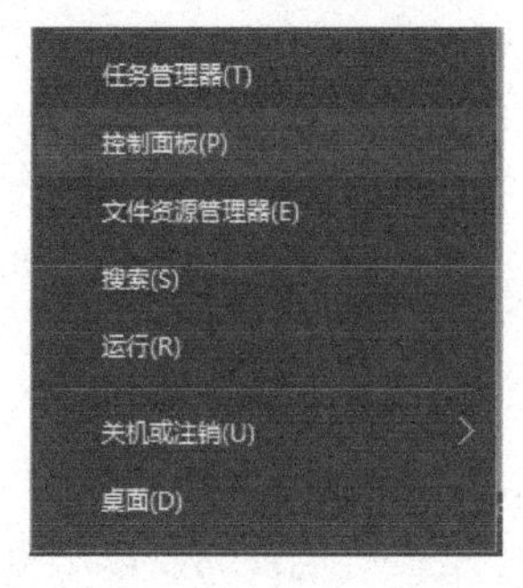

Step 02 弹出【控制面板】，单击【系统和安

全】超链接。

Step 03 弹出【系统和安全】窗口，单击【备份和还原】超链接。

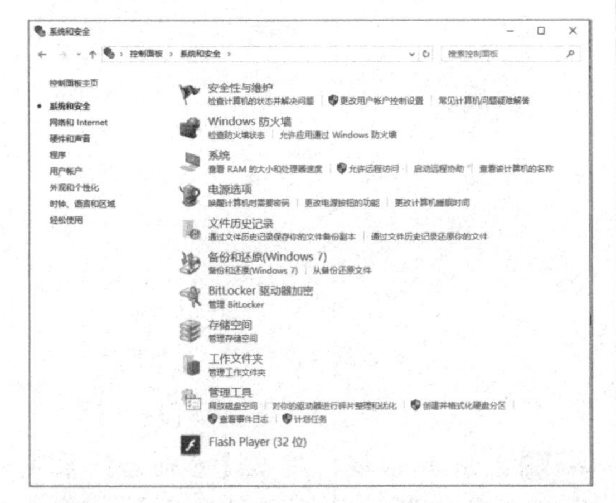

Step 04 打开【备份和还原】窗口，在【备份和还原】窗口中的左侧窗格中单击【创建系统修复光盘】超链接。

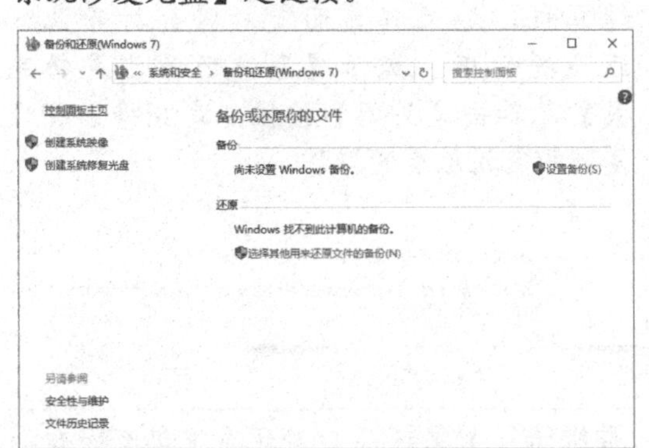

Step 05 弹出【创建系统修复光盘】窗口，在其中选择一个CD/DVD驱动器，并在此驱动器中插入空白光盘。最后单击【创建光盘】按钮，开始刻录系统备份光盘。

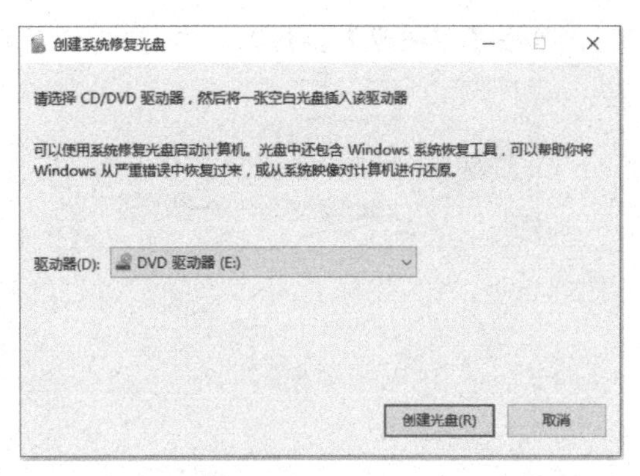

14.4 使用还原工具对系统进行恢复

系统备份完成后，一旦系统出现严重的故障，即可还原系统到未出故障前的状态。下面介绍使用还原工具对系统进行还原的方法。

14.4.1 使用系统工具还原系统

在为系统创建好还原点之后，一旦系统遭到病毒或木马的攻击，致使系统不能正常运行，这时就可以将系统恢复到指定还原点。

下面介绍如何还原到创建的还原点，具体操作步骤如下。

Step 01 在【系统属性】对话框的【系统保护】选项卡下单击【系统还原】按钮。

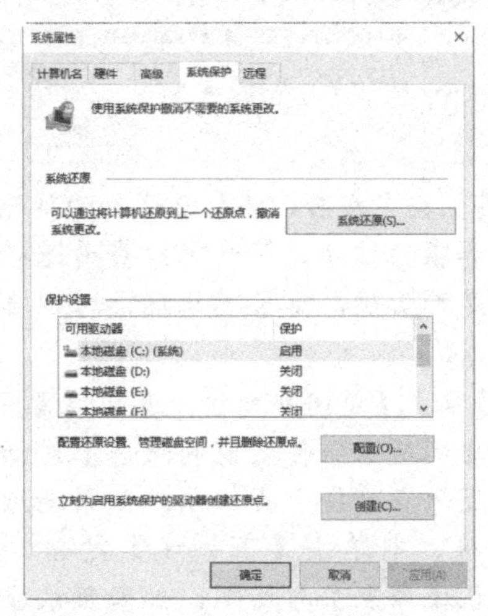

Step 02 弹出【还原系统文件和设置】对话框

框，单击【下一步】按钮。

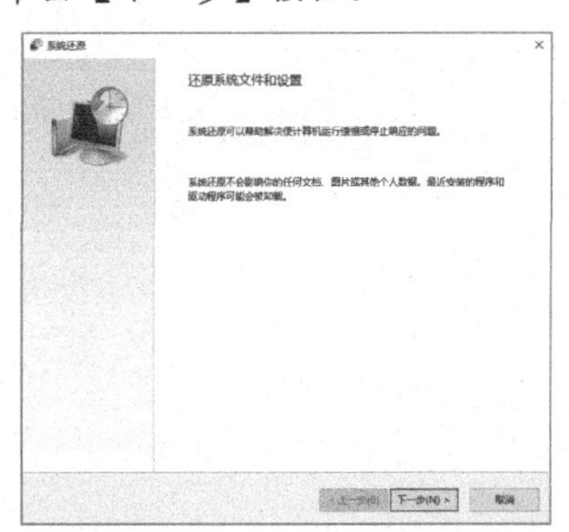

Step 03 弹出【将计算机还原到所选事件之前的状态】对话框，选择合适的还原点，一般选择距离出现故障时间最近的还原点，单击【扫描受影响的程序】按钮。

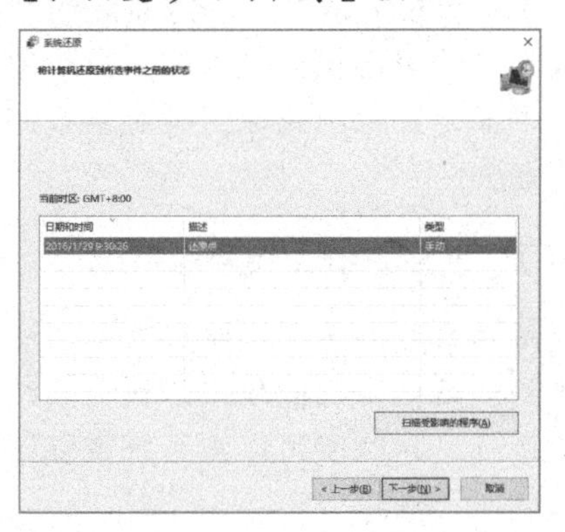

Step 04 弹出【正在扫描受影响的程序和驱动程序】对话框。

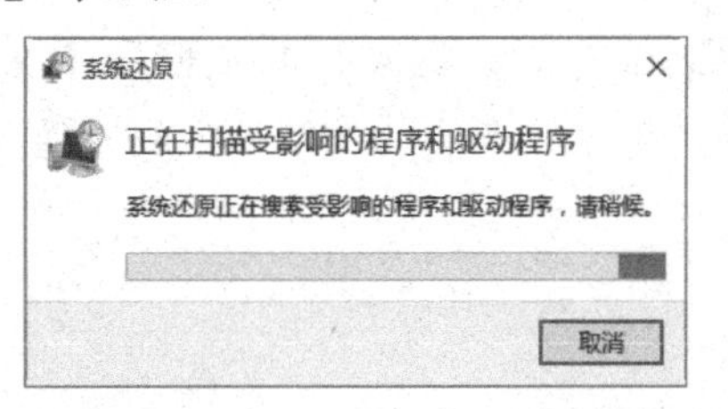

Step 05 扫描完成后，将打开详细的被删除的程序和驱动信息，用户可以查看选择的还原点是否正确，如果不正确，可以返回重新操作。

Step 06 单击【关闭】按钮，返回到【将计算机还原到所选事件之前的状态】对话框，确认还原点选择是否正确，如果还原点选择正确，则单击【下一步】按钮，弹出【确认还原点】对话框，如果确认操作正确，则单击【完成】按钮。

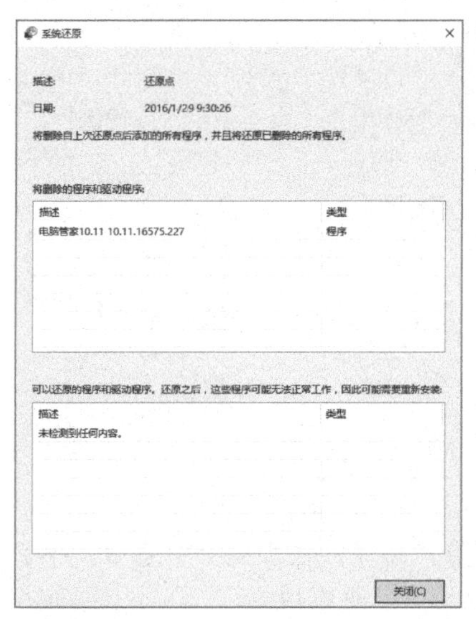

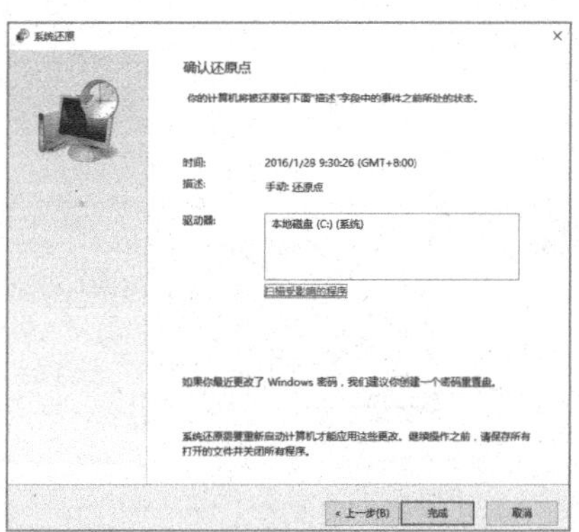

Step 07 打开提示框，提示【启动后，系统还原不能中断，您希望继续吗】，单击【是】按钮。计算机自动重启后，还原操作会自动进行，还原完成后再次自动重启计算机，登录到桌面后，将会打开系统还原提示框，提示【系统还原已成功完成】，单击【关闭】按钮，完成将系统恢复到指定还原点的操作。

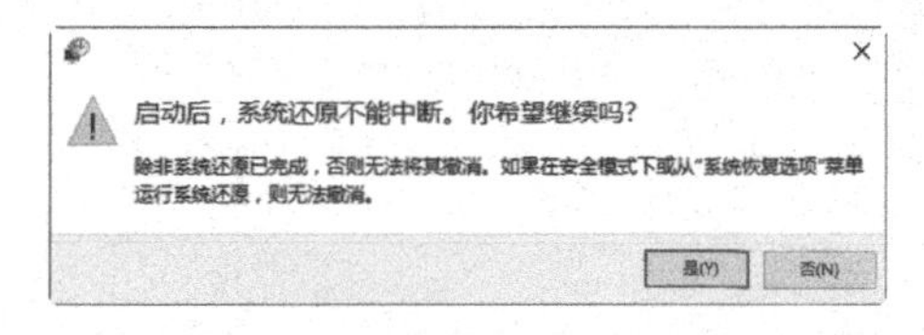

提示： 如果还原后发现系统仍有问题，则可以选择其他的还原点进行还原。

14.4.2 使用GHOST工具还原系统

当系统分区中的数据被损坏或系统

遭受病毒和木马的攻击后，就可以利用CHOST的镜像还原功能将备份的系统分区完全还原，从而恢复系统。

使用一键GHOST还原系统的操作步骤如下。

Step 01 在【一键GHOST】对话框中选中【一键恢复系统】单选按钮，单击【恢复】按钮。

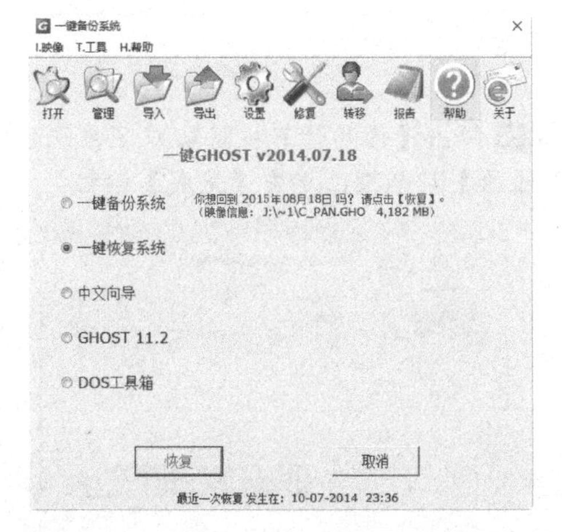

Step 02 弹出【一键GHOST】对话框，提示用户计算机必须重新启动，才能运行【恢复】程序，单击【确定】按钮。

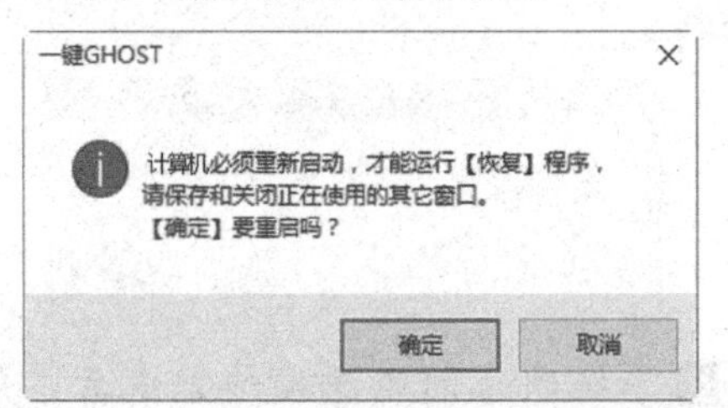

Step 03 系统开始重新启动，并自动打开GRUB4DOS菜单，在其中选择第一个选项，表示启动一键GHOST。

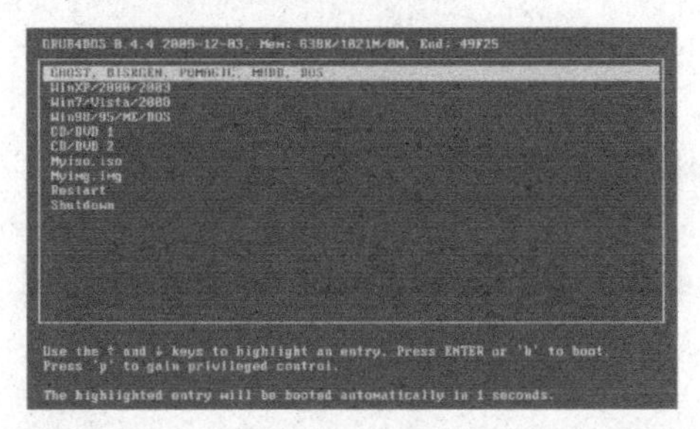

Step 04 系统自动选择完毕后，接下来会弹出【MS-DOS一级菜单】界面，在其中选择第一个选项，表示在DOS安全模式下运行GHOST 11.2。

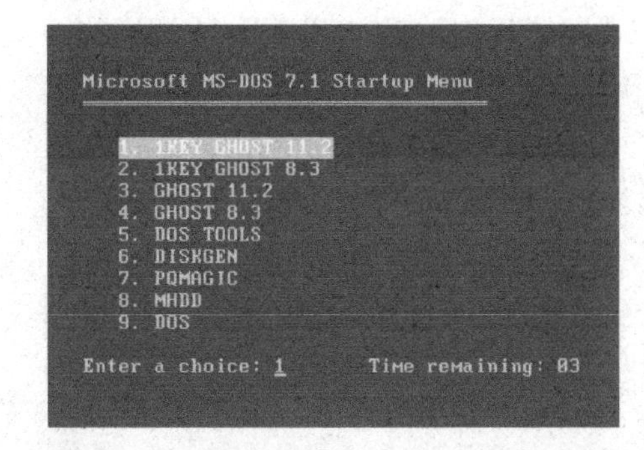

Step 05 选择完毕后，接下来会弹出【MS-DOS二级菜单】界面，在其中选择第一个选项，表示支持IDE、SATA兼容模式。

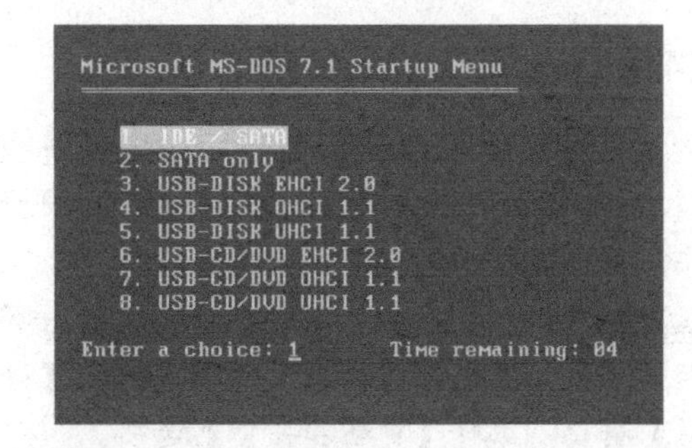

Step 06 根据C盘是否存在映像文件，将会从主窗口自动进入【一键恢复系统】窗口，提示用户开始恢复系统，单击【恢复】按钮。

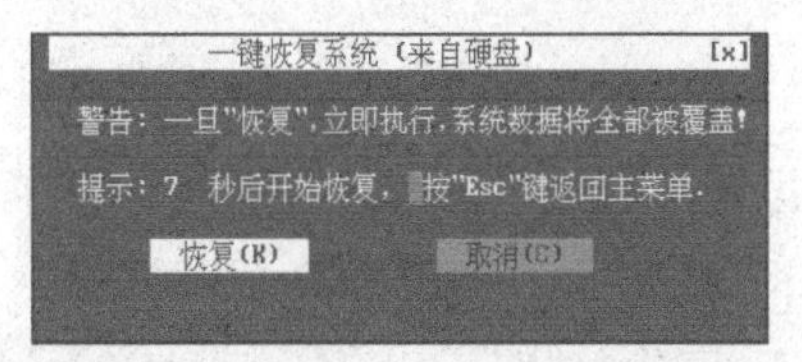

Step 07 开始恢复系统，如下图所示。

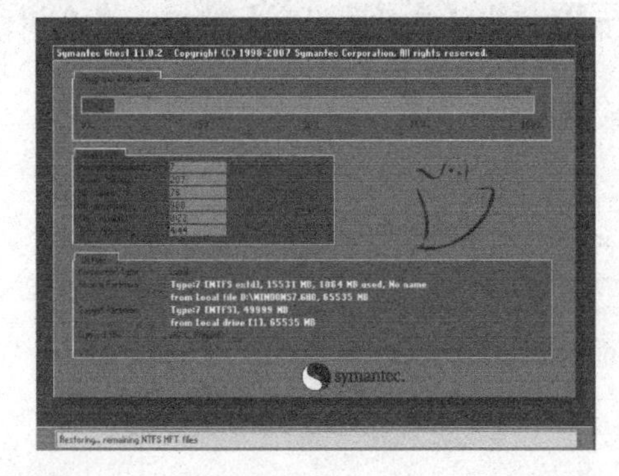

Step 08 系统还原完毕后，将打开一个信息提示框，提示用户恢复成功，单击【Reset

Computer】按钮重启计算机，然后选择从硬盘启动，即可恢复到以前的系统。至此，就完成了使用GHOST工具还原系统的操作。

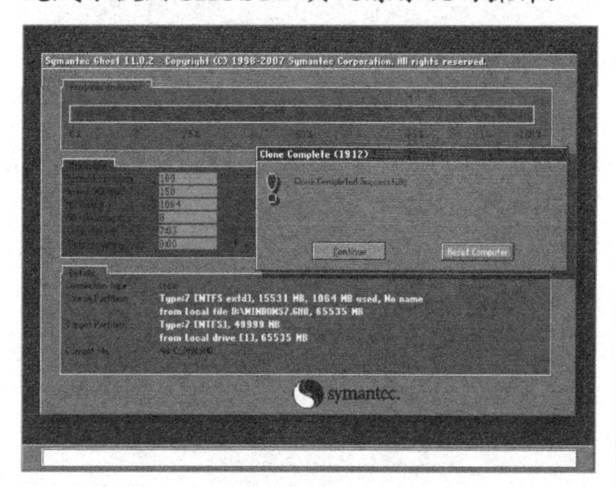

14.4.3 使用系统映像还原系统

完成系统映像的备份后，如果系统出现问题，仍可以利用映像文件进行还原操作，具体操作步骤如下。

Step 01 在桌面上右击【开始】按钮，在打开的快捷菜单中选择【设置】命令，弹出【设置】窗口，选择【更新和安全】选项。

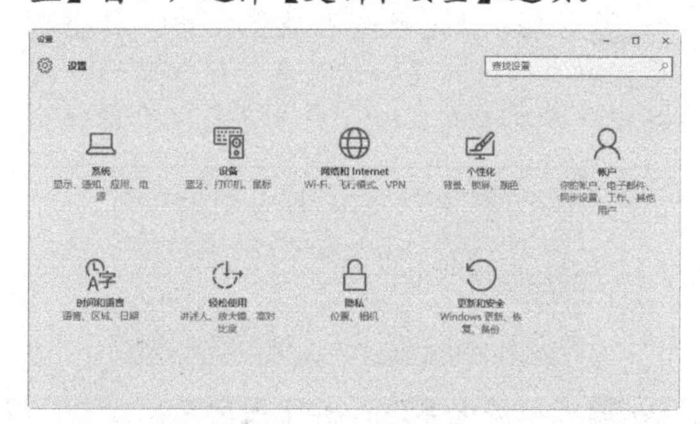

Step 02 弹出【更新和安全】窗口，在左侧列表中选择【恢复】选项，在右侧窗口中单击【立即重启】按钮。

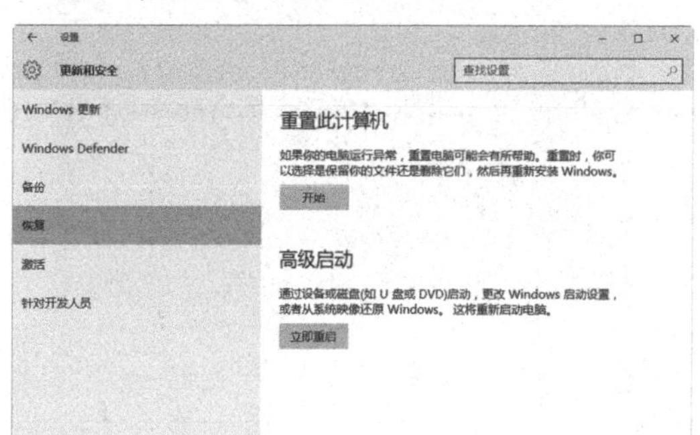

Step 03 弹出【选择其他的还原方式】对话框，采用默认设置，直接单击【下一步】按钮。

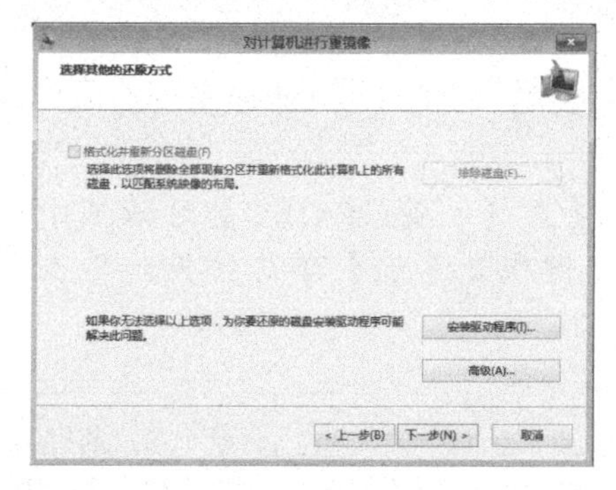

Step 04 弹出【你的计算机将从以下系统映像中还原】对话框，单击【完成】按钮。

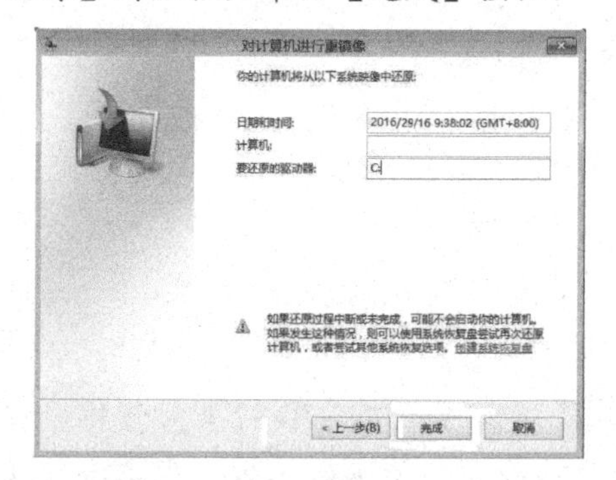

Step 05 打开提示信息对话框，单击【是】按钮。

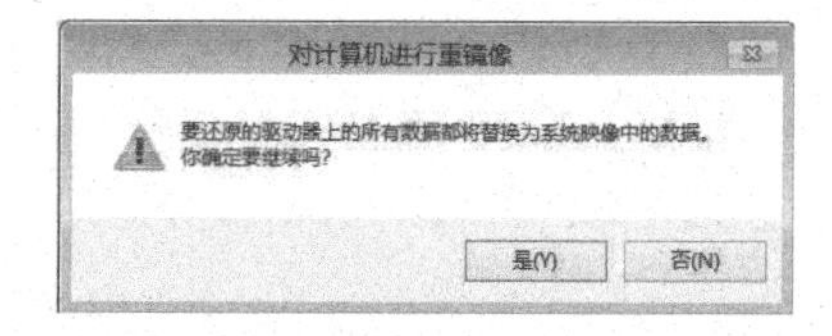

Step 06 系统映像的还原操作完成后，弹出【是否要立即重新启动计算机】对话框，单击【立即重新启动】按钮即可。

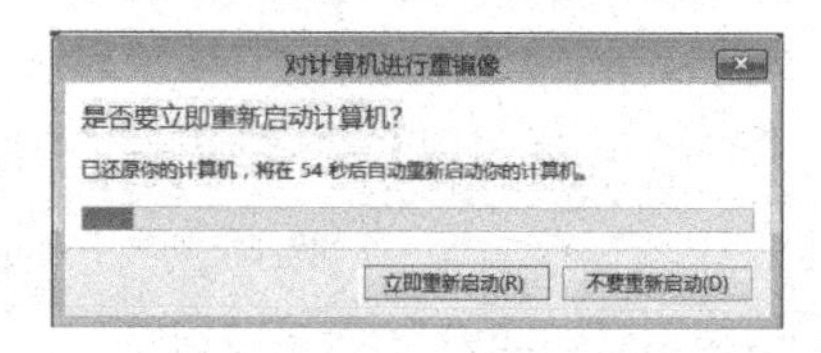

14.5 使用命令与重置功能修复系统

对于系统文件出现丢失或者异常的情况，可以通过命令或者重置的方法来修复系统。

14.5.1　使用修复命令修复系统

SFC命令是Windows操作系统中使用频率比较高的命令，主要作用是扫描所有受保护的系统文件并完成修复工作。该命令的语法格式如下。

```
    SFC  [/SCANNOW]  [/SCANONCE]  [/SCANBOOT] [/REVERT] [/PURGECACHE] [/CACHESIZE=x]
```

各个参数的含义如下。

/SCANNOW：立即扫描所有受保护的系统文件。

/SCANONCE：下次启动时扫描所有受保护的系统文件。

/SCANBOOT：每次启动时扫描所有受保护的系统文件。

/REVERT：将扫描返回到默认设置。

/PURGECACHE：清除文件缓存。

/CACHESIZE=x：设置文件缓存大小。

下面以最常用的sfc/scannow为例进行讲解，具体操作步骤如下。

Step 01 右击【开始】按钮，从弹出的快捷菜单中选择【命令提示符（管理员）（A）】命令。

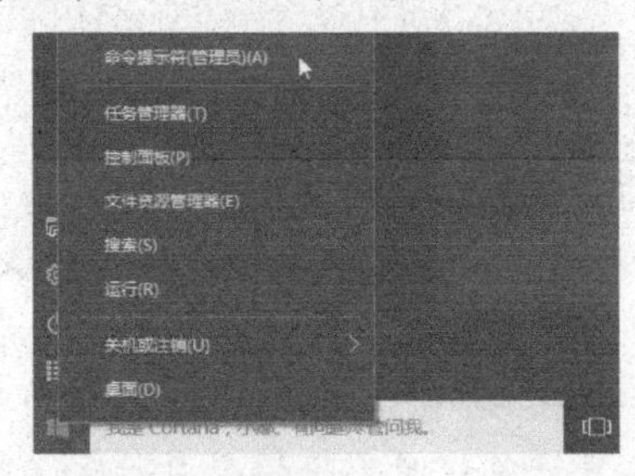

Step 02 弹出【管理员：命令提示符】窗口，输入“sfc/scannow”命令，按【Enter】键确认。

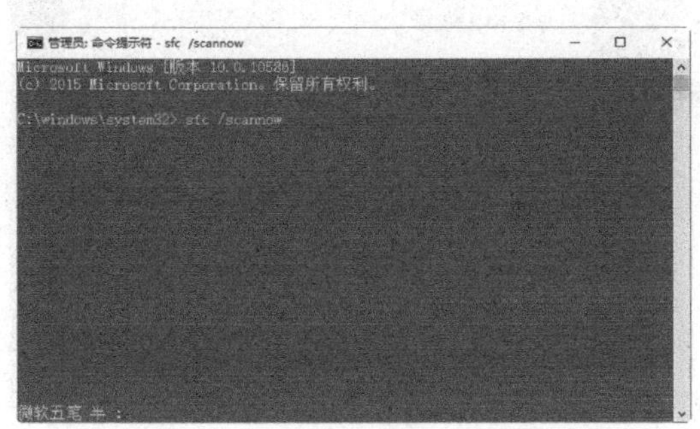

Step 03 开始自动扫描系统，并显示扫描的进度。

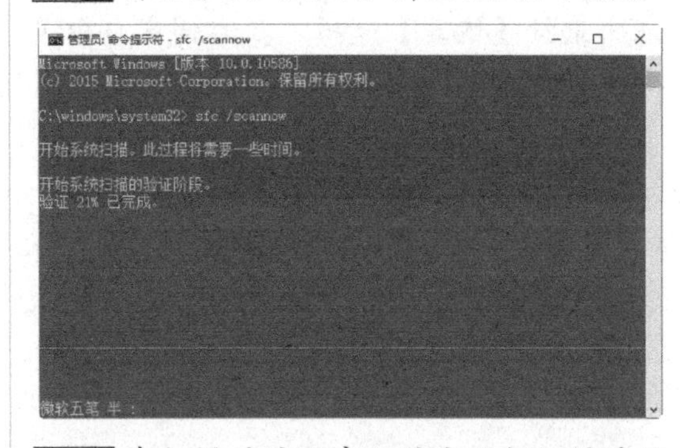

Step 04 在扫描的过程中如果发现损坏的系统文件，会自动进行修复操作，并显示修复后的信息。

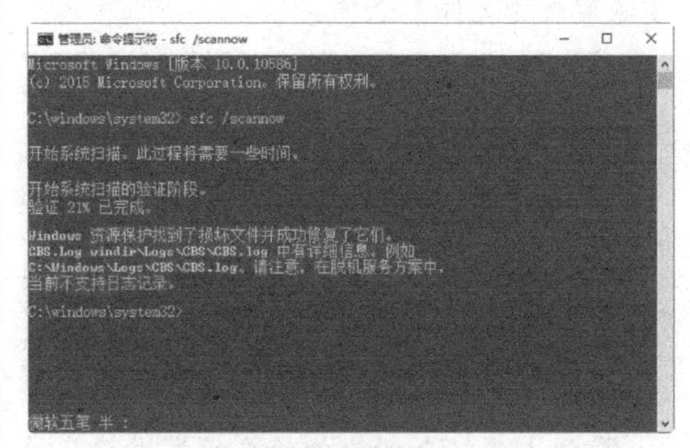

14.5.2　使用重置功能修复系统

重置计算机可以在计算机出现问题时方便地将系统恢复到初始状态，而不需要重装系统。

1. 在可开机状态下重置计算机

在可以正常开机并进入Windows 10操作系统后重置计算机的具体操作步骤如下。

Step 01 右击【开始】按钮，在打开的快捷菜单中选择【设置】命令，弹出【设置】窗口，选择【更新和安全】选项。

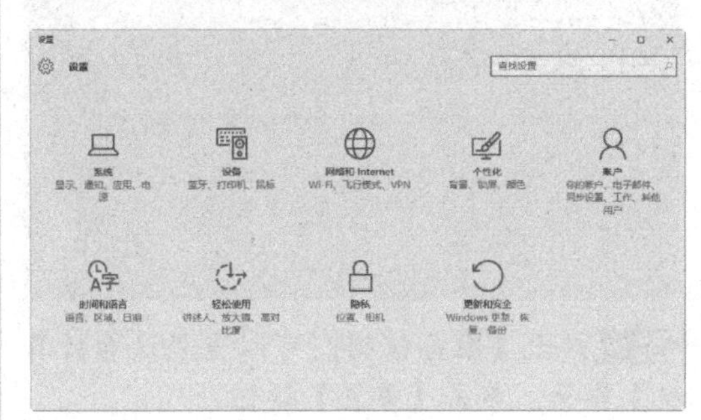

Step 02 弹出【更新和安全】窗口，在左侧列表中选择【恢复】选项，在右侧窗口中单击【立即重启】按钮。

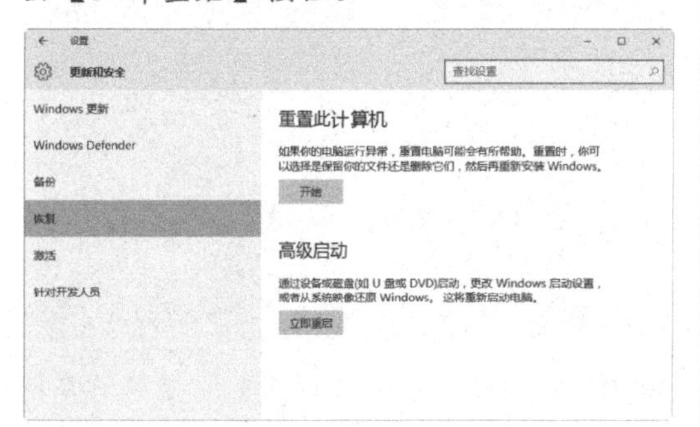

Step 03 弹出【选择一个选项】界面，选择【保留我的文件】选项。

选择一个选项
保留我的文件
删除应用和设置，但保留个人文件。
删除所有内容
删除所有个人文件、应用和设置。
取消

Step 04 弹出【将会删除你的应用】界面，单击【下一步】按钮。

将会删除你的应用
许多应用可以通过应用商店重装，但以下应用将需要通过 Web 或安装光盘重装。在你重置此电脑后，此列表将保存到桌面。
2345好压
360安全浏览器6
Microsoft Visual C++ 2008 Redistributable - x86 9.0.30729.4148
Tencent QQMail Plugin
VMware Tools
WinRAR 5.20 (32-位)
分区助手6.0
腾讯QQ
迅雷极速版
下一步 取消

Step 05 弹出【警告】界面，单击【下一步】按钮。

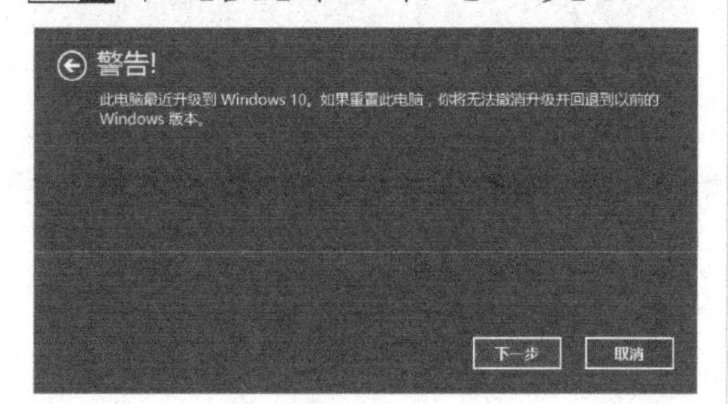

Step 06 弹出【准备就绪，可以重置这台计算机】界面，单击【重置】按钮。

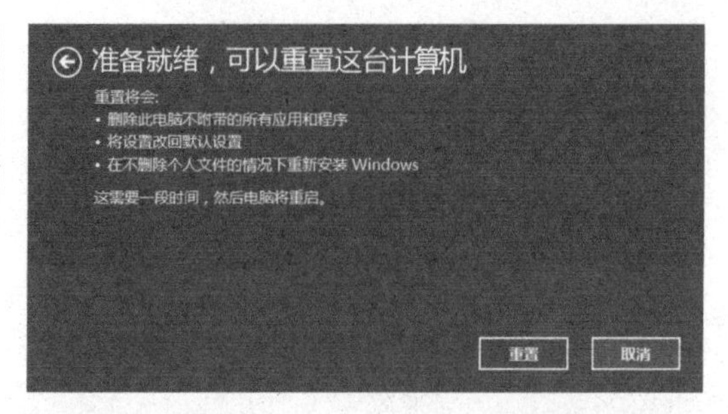

Step 07 计算机重新启动，进入【重置】界面。

Step 08 重置完成后，进入Windows 安装界面。

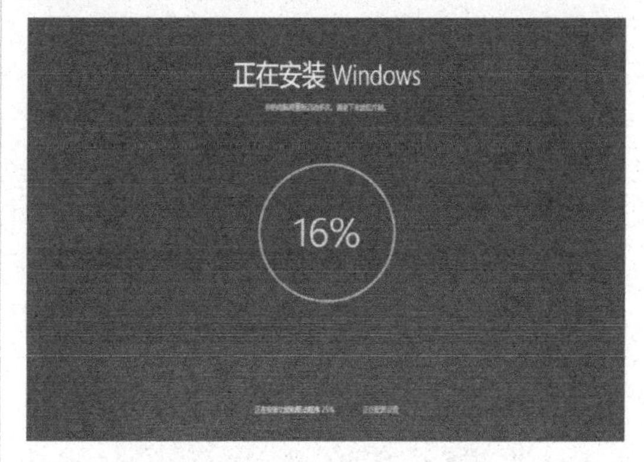

Step 09 安装完成后，自动进入Windows 10桌面，并弹出一个浏览器窗口，在该窗口中可以看到恢复计算机时删除的应用列表信息。

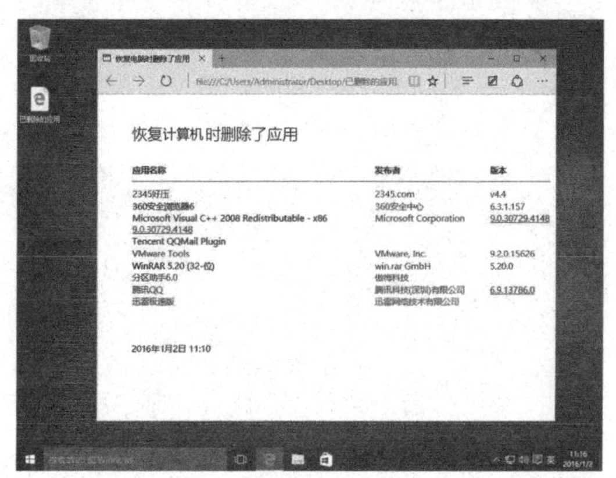

2. 在不可开机情况下重置计算机

如果Windows 10操作系统出现错误，开机后无法进入系统，此时可以在不开机的情况下重置计算机，具体操作步骤如下。

Step 01 在开机界面中单击【更改默认值或选择其他选项】。

Step 02 进入【选项】界面，单击【选择其他选项】。

Step 03 进入【选择一个选项】界面，单击【疑难解答】。

Step 04 在打开的【疑难解答】界面中单击【重置此计算机】选项即可。其后的操作与在可开机的状态下重置计算机操作相同，这里不再赘述。

14.6 实战演练

14.6.1 实战演练1——设置系统启动密码

在Windows 10操作系统中，用户可以设置系统启动密码，具体操作步骤如下。

Step 01 按下【WIN+R】组合键，打开运行命令，输入cmd。

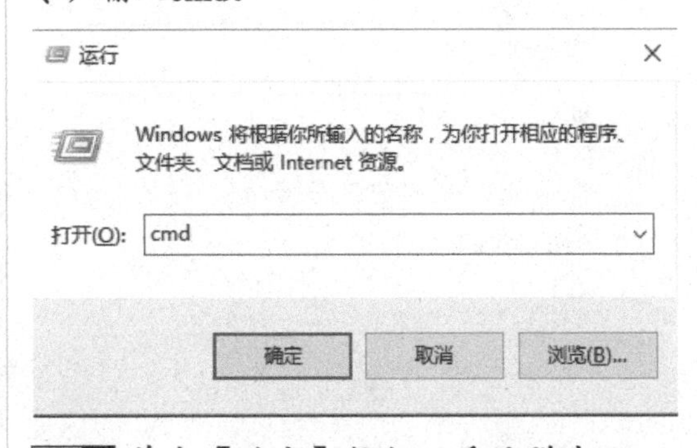

Step 02 单击【确定】按钮，系统弹出CMD命令窗口，输入syskey。

Step 03 按【Enter】键，弹出【保证Windows账户数据库的安全】窗口。

Step 04 单击【更新】按钮，弹出【启动密钥】对话框，选中【密码启用】单选按钮，并输入启动密码。

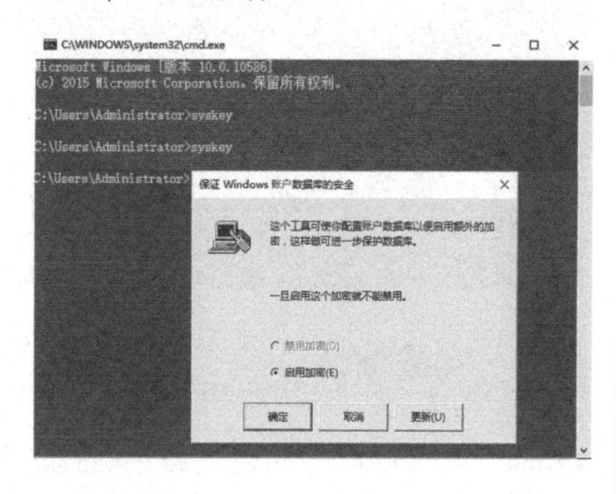

启动密钥
密码启动(P)
在系统启动时需要键入一个密码。
密码(W): ***
确认(C): ***
系统产生的密码(S)
在软盘上保存启动密钥(D)
在系统启动时需要插入一张软盘。
在本机上保存启动密钥(L)
保存一个密钥作为操作系统的一部分，在系统开始时不需要任何交互操作。
确定　取消

Step 05 单击【确定】按钮，重启计算机，弹出【启动密码】对话框，在其中输入密码。

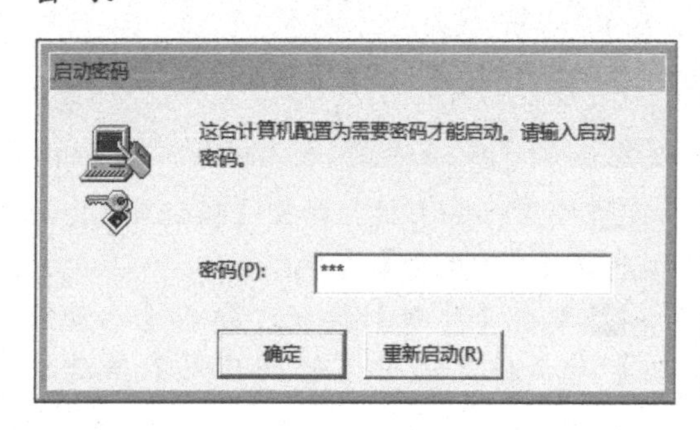

Step 06 单击【确定】按钮，进入操作系统，显示开机主页。

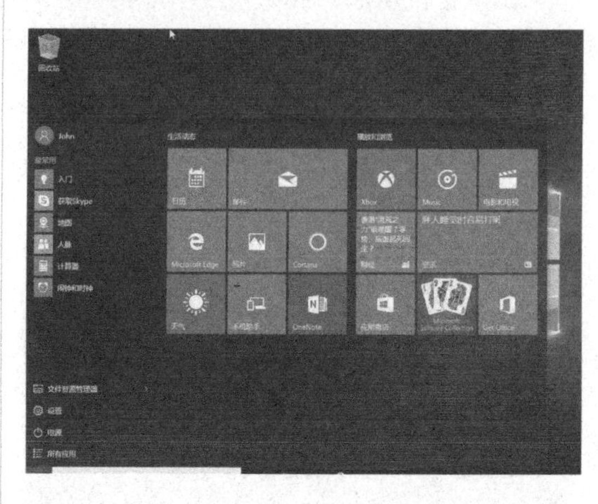

提示：如果要取消系统启动密码，在运行中输入syskey，按【Enter】键，从弹出的对话框中选择【更新】，然后选择【系统产生的密码】和【在本机上保存启动密钥】单选按钮，单击【确定】按钮即可，这样这个系统开机密码就被取消了。

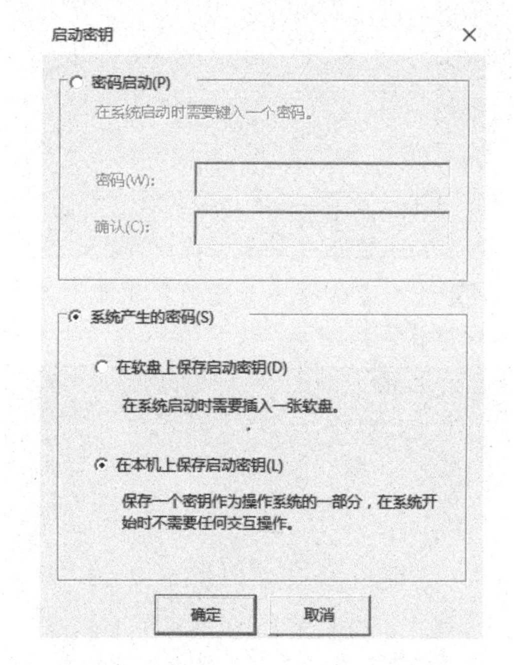

14.6.2 实战演练2——还原指定盘符中的数据

前面介绍了如何备份和还原系统和重要文件，下面介绍一款工具，它可以实现对指定盘符的还原，这样，病毒和木马程序即使入侵了系统，也可以通过该工具的还原功能马上恢复过来。

具体操作步骤如下。

Step 01 下载并安装Shadow Defender（影子防御者），双击桌面上的快捷图标，打开【Shadow Defender】主窗口，选择【Mode Setting（模式设置）】选项，然后选择右侧的C、D盘进行保护。

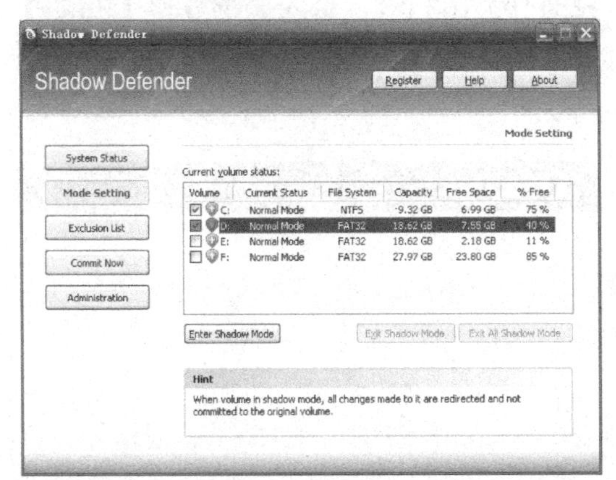

Step 02 单击【Enter Shadow Mode】按钮，进入影子模式，此时会弹出一个进入影子模式的窗口，里面有两个选择项。【Exit Shadow Mode when shutdown】选项，表示本次重启之后就退出还原保护；【Continue Shadoe Mode after reboot】选项，表示本次重启后持续保持还原，这里选择第一个选项，单击【OK】按钮，保存设置。

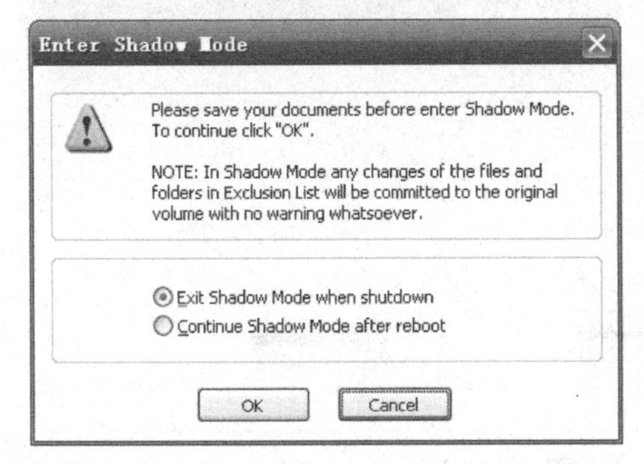

Step 03 在【Shadow Defender】主窗口中单击【Exclusion List（排除列表）】按钮，在其右侧单击【Add Folder（增加文件夹）】按钮，从弹出的【浏览文件夹】对话框中选择桌面。

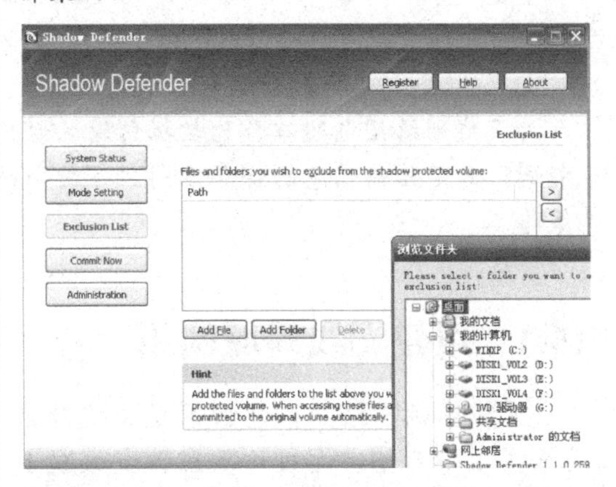

Step 04 在【Shadow Defender（影子防御者）】主窗口中单击【Administration（管理）】按钮，打开【Set Password】对话框，在其中输入相应的密码，然后单击【OK】按钮即可。这样，如果别人没有输入正确的密码，就无法实现还原的操作了。

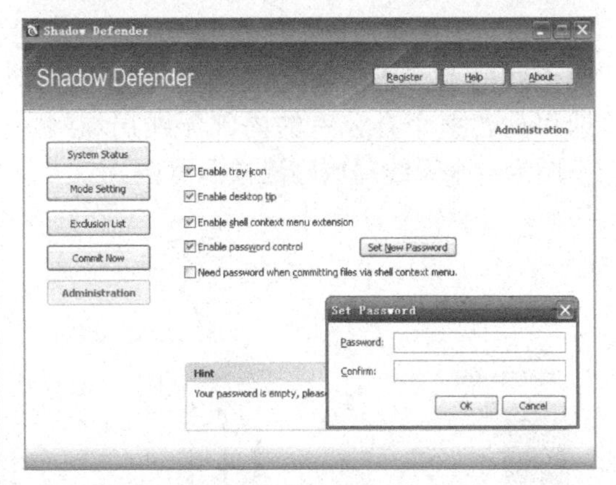

14.7　小试身手

练习1：使用系统工具备份还原系统。

练习2：使用GHOST工具备份还原系统。

练习3：制作系统备份光盘。

练习4：重置计算机系统。

第15章　无线网络安全防御工具

无线网络用电磁波作为数据传输的媒介。就应用层面而言，与有线网络的用途完全相同，只是传输信息的媒介不同。下面介绍安全防御工具的使用与防止无线网络入侵的策略。

15.1　组建无线局域网络

无线局域网络的搭建给家庭无线办公带来了很多方便，而且可随意改变家庭里的办公位置，大大满足了现代人的需求。

15.1.1　搭建无线网环境

搭建无线局域网的操作比较简单，在有线网络到户后，用户只需连接一个具有无线WiFi功能的路由器，然后各房间里的计算机、笔记本电脑、手机和iPad等设备利用无线网卡与路由器之间建立无线连接，即可构建整个办公室的内部无线局域网。下图为一个无线局域网连接示意图。

15.1.2　开启路由无线功能

建立无线局域网的第一步是开启路由无线功能，具体操作步骤如下。

Step 01 打开IE浏览器，在地址栏中输入路由器的网址。一般情况下，路由器的默认网址为192.168.0.1，输入完毕后按【Enter】键，可打开路由器的登录窗口。

Step 02 在【请输入管理员密码】文本框中输入管理员的密码，默认情况下管理员的密码为123456。

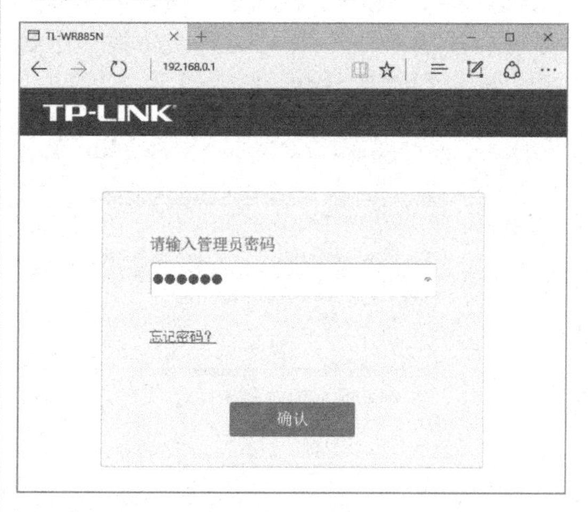

Step 03 单击【确认】按钮，进入路由器的【运行状态】工作界面，在其中可以查看路由器的基本信息。

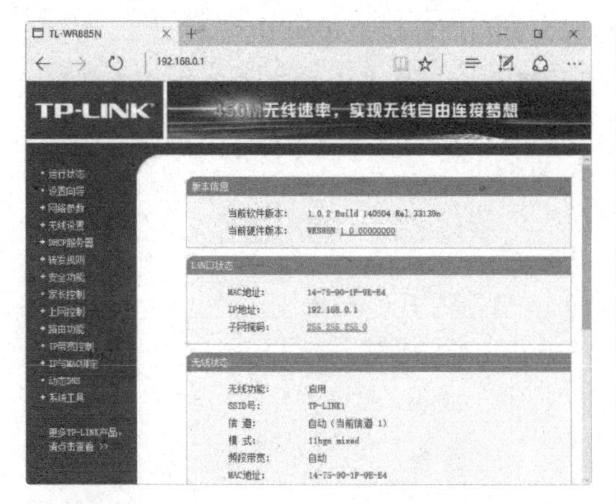

Step 04 选择窗口左侧的【无线设置】选项，在打开的子选项中选择【基本设置】选项，即可在右侧的窗格中显示无线设置的基本功能。分别勾选【开启无线功能】和【开启SSID广播】复选框。

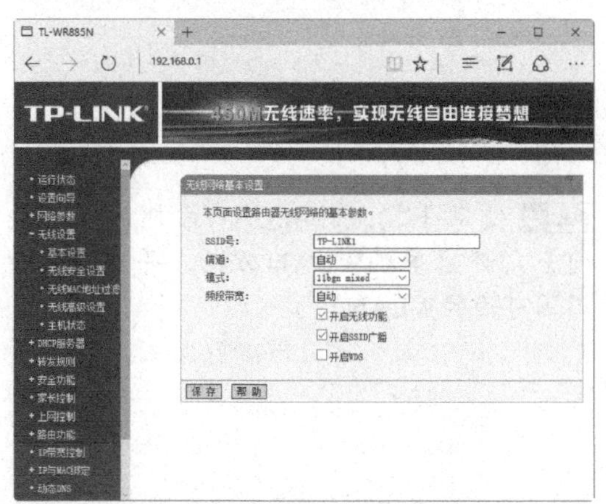

Step 05 当开启了路由器的无线功能后，单击【保存】按钮进行保存，然后重新启动路由器，即可完成无线网的设置。这样，具有WiFi功能的手机、计算机、iPad等电子设备就可以与路由器进行无线连接，实现共享上网了。

15.1.3　将计算机接入无线网

笔记本电脑具有无线接入功能，台式计算机要想接入无线网，需要购买相应的无线接收器。这里以笔记本电脑为例，介绍如何将计算机接入无线网，具体操作步骤如下。

Step 01 双击笔记本电脑桌面右下角的无线连接图标，打开【网络和共享中心】窗口，在其中可以看到本台计算机的网络连接状态。

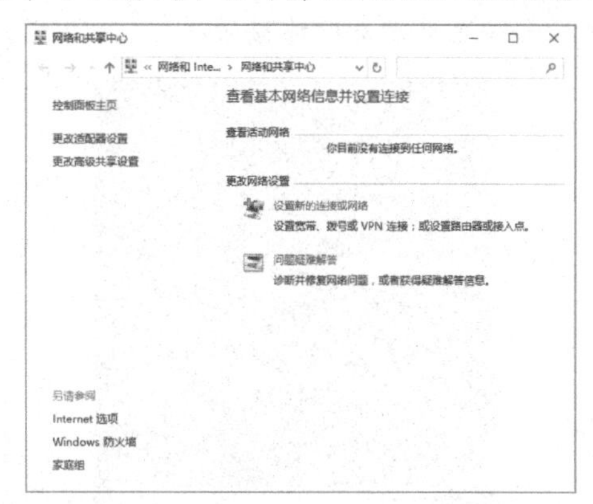

Step 02 单击笔记本电脑桌面右下角的无线连接图标，打开的界面中显示了计算机自动搜索的无线设备和信号。

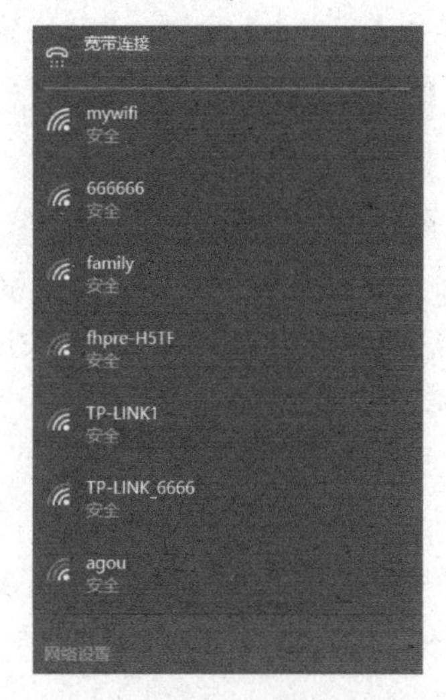

Step 03 单击一个无线连接设备，展开无线连接功能，在其中勾选【自动连接】复选框。

Step 04 单击【连接】按钮，在打开的界面中输入无线连接设备的连接密码。

Step 05 单击【下一步】按钮，开始连接网络。

Step 06 连接到网络后，桌面右下角的无线连接设备显示正常，并以弧线的方法给出信号的强弱。

Step 07 再次打开【网络和共享中心】窗口，在其中可以看到这台计算机当前的连接状态。

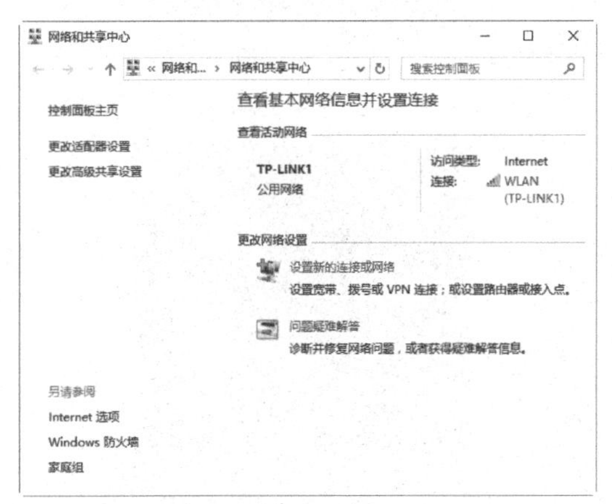

15.1.4 将手机接入WiFi

无线局域网配置完成后，用户可以将手机接入WiFi，从而实现无线上网。手机接入WiFi的操作步骤如下。

Step 01 在手机界面中用手指点按【设置】图标，进入手机的【设置】界面。

Step 02 使用手指点按WLAN右侧的【已关闭】，开启手机WLAN功能，并自动搜索周围可用的WLAN。

Step 03 使用手指点按下面可用的WLAN，弹出连接界面，在其中输入密码。

Step 04 点按【连接】按钮，即可将手机接入该WiFi，并在其名称下方显示【已连接】字样。这样，手机就接入了WiFi，然后就可以使用手机上网了。

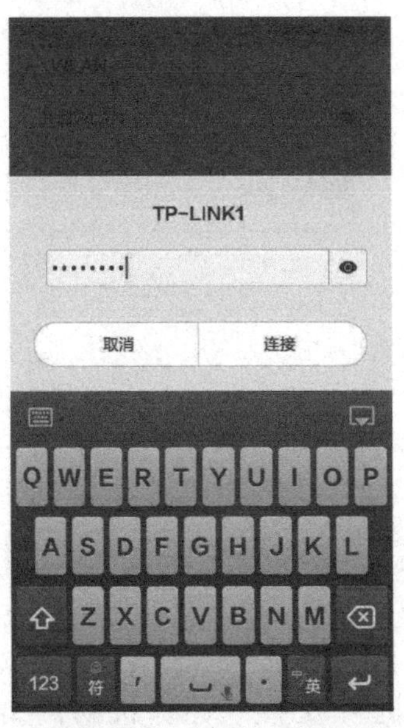

15.2 手机与计算机共享无线上网

计算机和手机的网络是可以互相共享的，这在一定程度上方便了用户。例如，如果手机共享计算机的网络，则可以节省手机的上网流量；如果自己的计算机不在有线网络环境中，则可以利用手机上网。

15.2.1 手机共享计算机的网络

借助第三方软件可以使计算机和手机的网络互相共享，整个操作简单、方便。这里以360免费WiFi软件为例介绍。

Step 01 将计算机接入WiFi环境中。

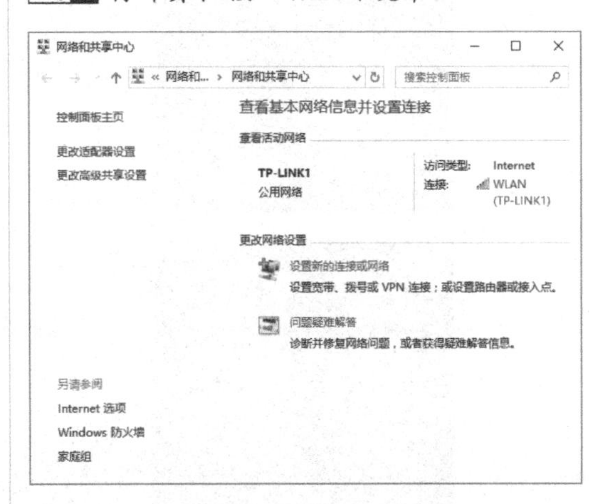

Step 02 在计算机中安装360免费WiFi软件，然后打开其工作界面，在其中设置WiFi名称与WiFi密码。

Step 03 打开手机的WLAN搜索功能，可以看到搜索出来的WiFi名称，这里是LB-LINK1。

Step 04 使用手指点按LB-LINK1，可打开WiFi连接界面，在其中输入密码。

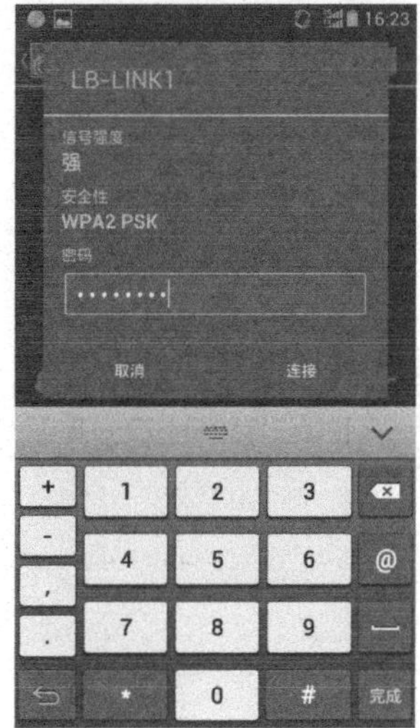

Step 05 点按【连接】按钮，手机就可以通过计算机发出来的WiFi信号进行上网了。

Step 06 返回到计算机工作环境中，在【360免费WiFi】的工作界面中选择【已连接的手机】，可以在打开的界面中查看通过此计算机上网的手机信息。

15.2.2 计算机共享手机的网络

手机可以共享计算机的网络，计算机也可以共享手机的网络，具体操作步骤如下。

Step 01 打开手机，进入手机的设置界面，在其中使用手指点按【便携式WLAN热点】，开启手机的便携式WLAN热点功能。

Step 02 返回到计算机的操作界面，单击右下角的无线连接图标，打开的界面中显示了计算机自动搜索的无线设备和信号，这里可以看到手机的无线设备信息【HUAWEI C8815】。

Step 03 单击手机无线设备，可打开其连接界面。

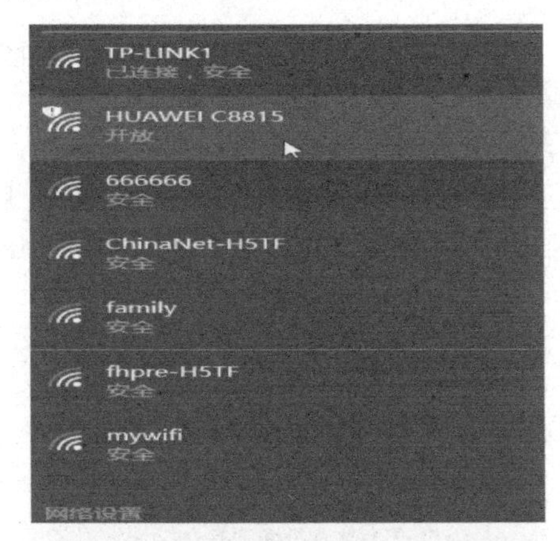

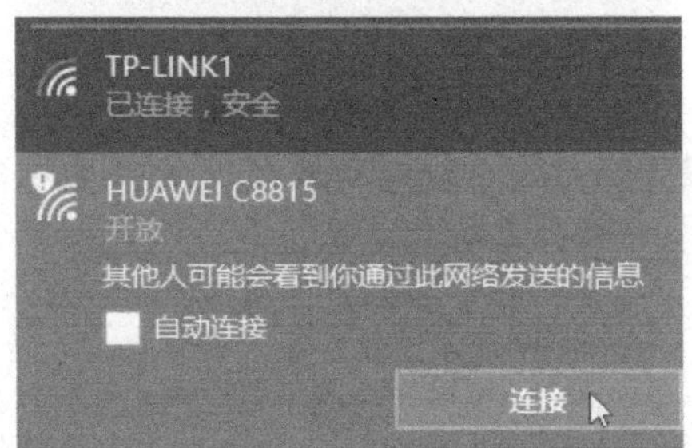

Step 04 单击【连接】按钮，将计算机通过手机设备连接到网络。

Step 05 连接成功后，在手机设备下方显示【已连接，开放】信息，其中的“开放”表示该手机设备没有进行加密处理。

提示：至此，就完成了计算机通过手机上网的操作。务必注意手机的上网流量。

15.3　无线网络的安全防御

无线网络不需要物理线缆，非常方便，但正因为无线网络需要靠无线信号进行信息传输，而无线信号又管理不便，因此，数据的安全性更是遭到了前所未有的挑战，于是，各种各样的无线加密算法应运而生。

15.3.1　设置管理员密码

路由器的初始密码比较简单，为了保证局域网的安全，一般需要修改或设置管理员密码，具体操作步骤如下。

Step 01 打开路由器的Web后台设置界面，选择【系统工具】选项下的【修改登录密码】选项，打开【修改管理员密码】工作界面。

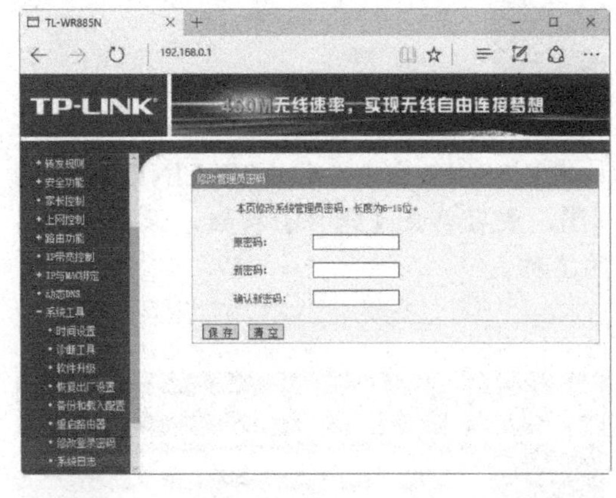

Step 02 在【原密码】文本框中输入原来的密码，在【新密码】和【确认新密码】文本框中输入新设置的密码，最后单击【保存】按钮。

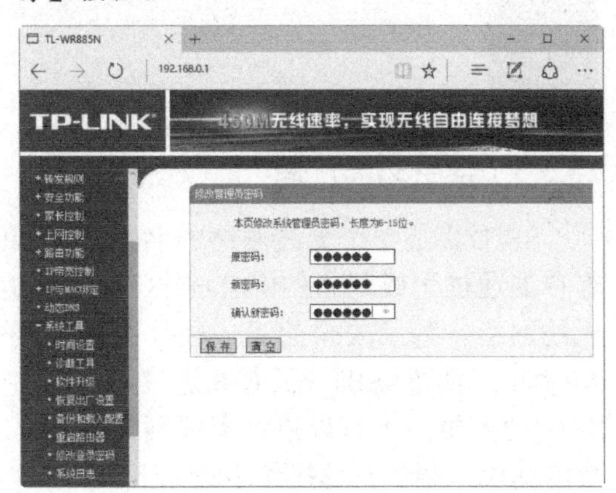

15.3.2 修改WiFi的名称

WiFi的名称通常是指路由器中SSID号的名称，该名称可以根据自己的需要进行修改，具体操作步骤如下。

Step 01 打开路由器的Web后台设置界面，在其中选择【无线设置】选项下的【基本设置】，打开【无线网络基本设置】工作界面。

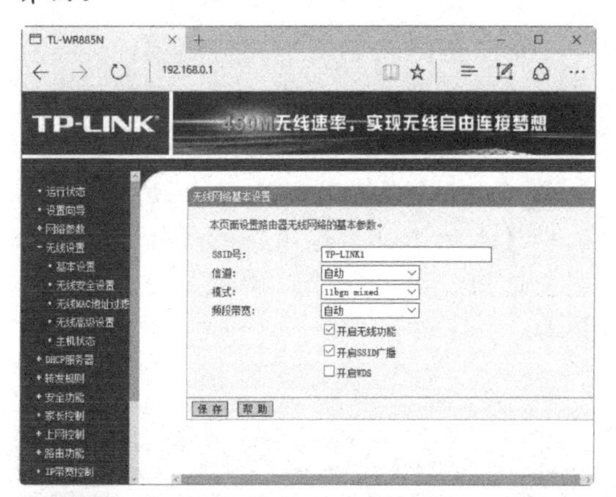

Step 02 将SSID号的名称由TP-LINK1修改为wifi，最后单击【保存】按钮，保存修改后的名称。

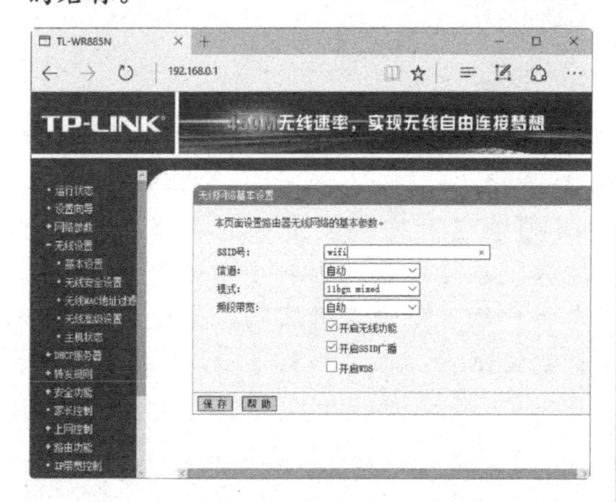

15.3.3 禁用SSID广播

SSID就是一个无线网络的名称。无线客户端通过无线网络的SSID来区分不同的无线网络。为了安全起见，往往要求无线AP禁止广播该SSID，只有知道该无线网络SSID的人员，才可以进行无线网络连接。禁用SSID广播的具体操作步骤如下。

1. 设置无线路由器禁用SSID广播

无线路由器禁用SSID广播的具体操作步骤如下。

Step 01 打开路由器的Web后台设置界面，设置自己无线网络的SSID信息，取消勾选【允许SSID广播】复选框，单击【保存】按钮。

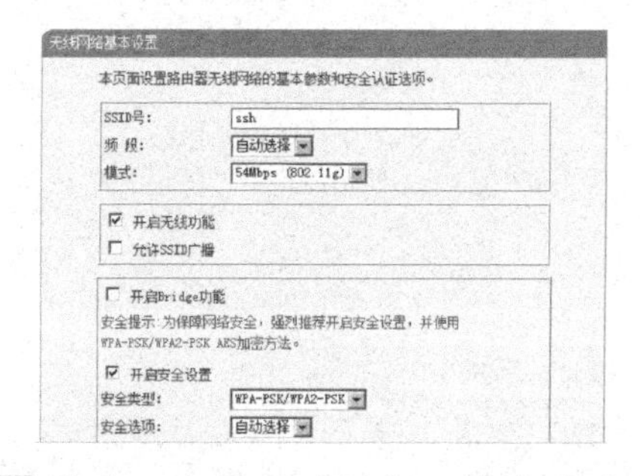

Step 02 弹出一个提示对话框，单击【确定】按钮，重新启动路由器。

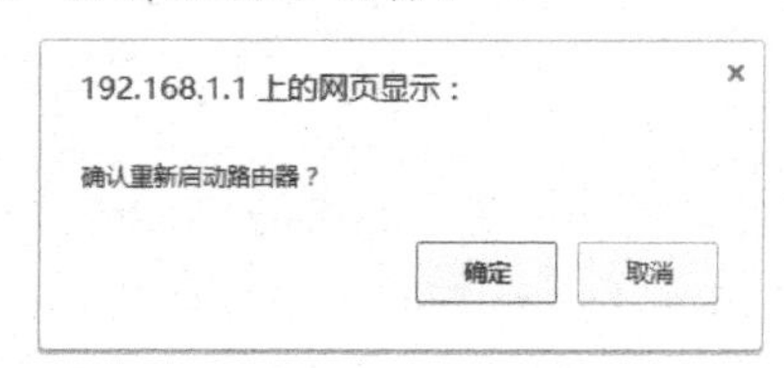

2. 客户端连接

禁用SSID广播的无线客户端连接的具体操作步骤如下。

Step 01 单击桌面右下角的图标，会看到无线客户端自动扫描到区域内的所有无线信号，发现其中没有SSID为ssh的无线网络，但是会出现一个名称为【其他网络】的信号。

Step 02 右击【其他网络】，从弹出的快捷菜单中选择【连接】选项。

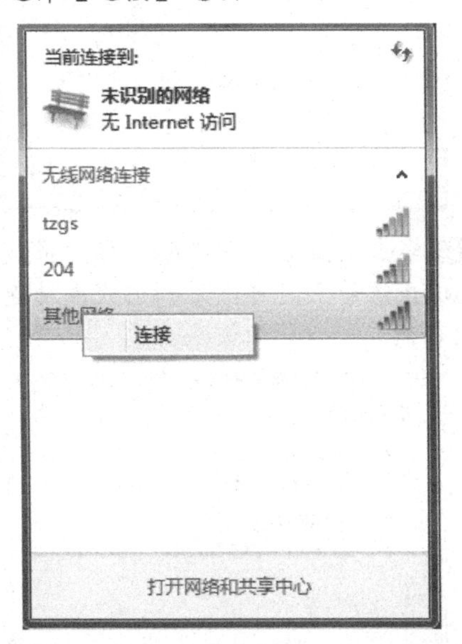

Step 03 弹出【连接到网络】对话框，在【名称】文本框中输入要连接网络的SSID号，这里输入ssh，单击【确定】按钮。

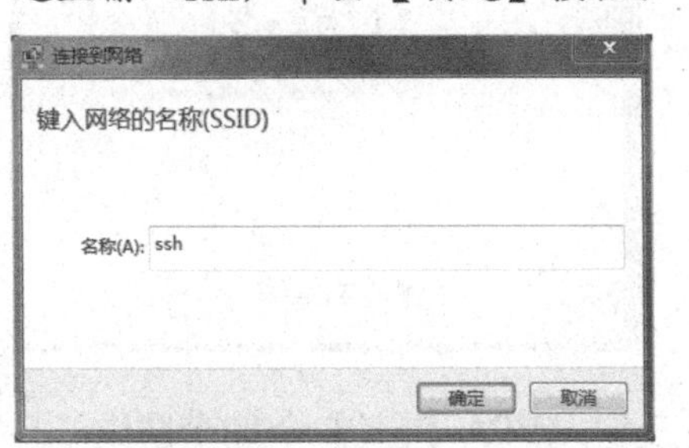

Step 04 在【安全密钥】文本框中输入无线网络的密钥，这里输入密钥sushi1986，单击【确定】按钮。

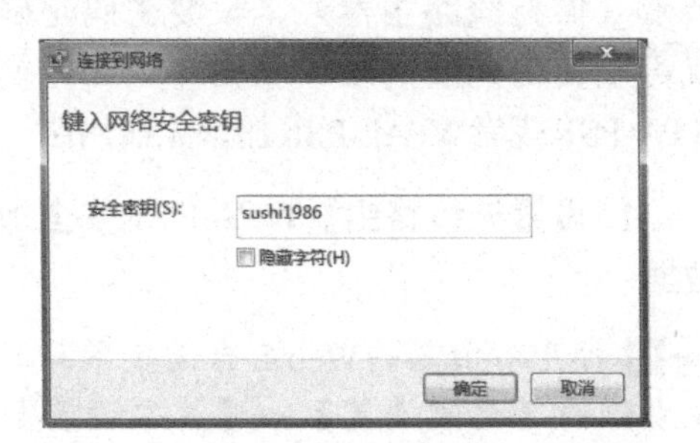

Step 05 单击系统右下角的图标，将鼠标放在ssh信号上可以看到无线网络的连接情况，如下图所示表明无线客户端已经成功连接到无线路由器。

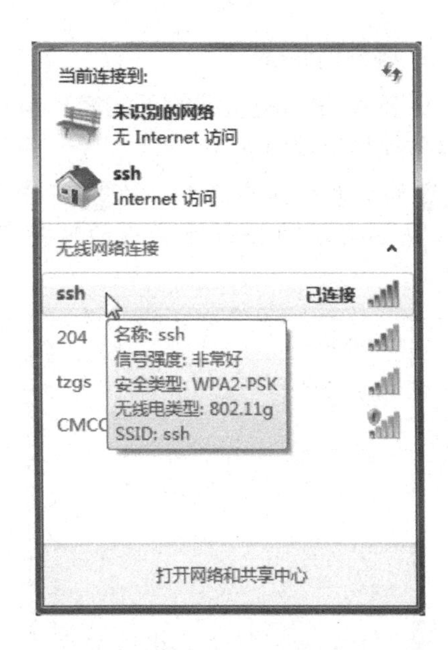

15.3.4　无线网络WEP加密

WEP采用对称加密机理，即数据的加密和解密采用相同的密钥和加密算法。下面详细介绍无线网络WEP加密的具体方法。

1. 设置无线路由器WEP加密数据

打开路由器的Web后台设置界面，单击左侧的【无线设置】→【基本设置】，勾选【开启安全设置】复选框，在【安全类型】下拉列表中选择【WEP】选项，在【密钥格式选择】下拉列表中选择【ASCII码】选项。设置密钥，在【密钥1】后面的【密钥类型】下拉列表中选择【64位】选项，在【密钥内容】文本框中输入要使用的密码，本实例输入的密码为cisco，单击【保存】按钮。

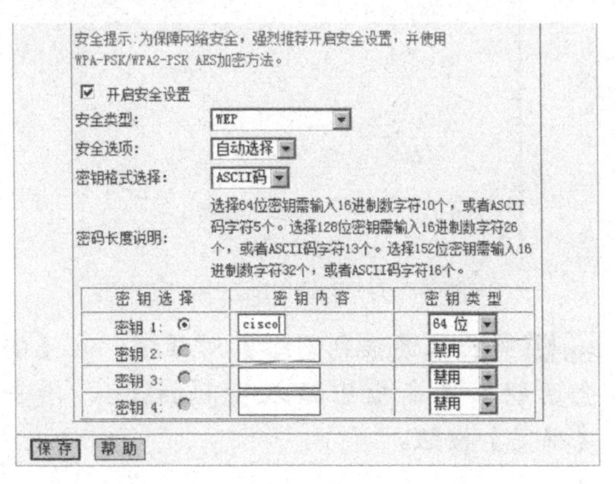

2. 客户端连接

需要WEP加密认证的无线客户端连接的具体操作步骤如下。

Step 01 单击系统桌面右下角的图标，无线客户端自动扫描到区域内的所有无线信号。

Step 02 右击tp-link信号，从弹出的快捷菜单中选择【连接】选项。

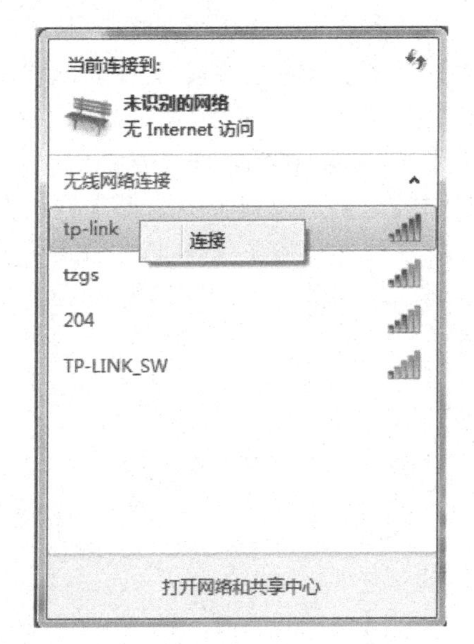

Step 03 弹出【连接到网络】对话框，在【安全密钥】文本框中输入密码cisco，单击【确定】按钮。

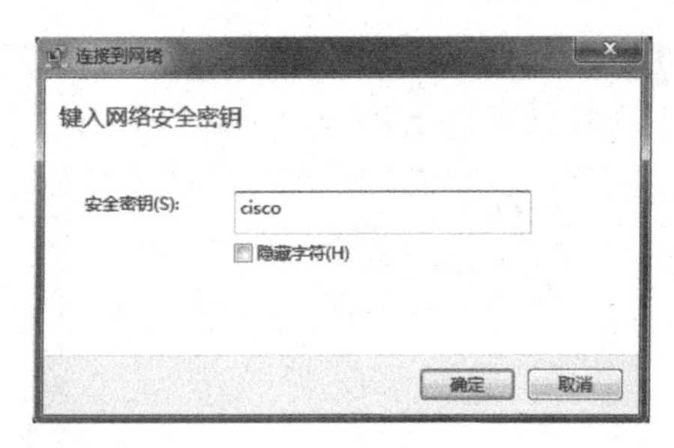

Step 04 单击桌面右下角的图标，将鼠标放在tp-link信号上，可以看到已经成功连接无线路由器。

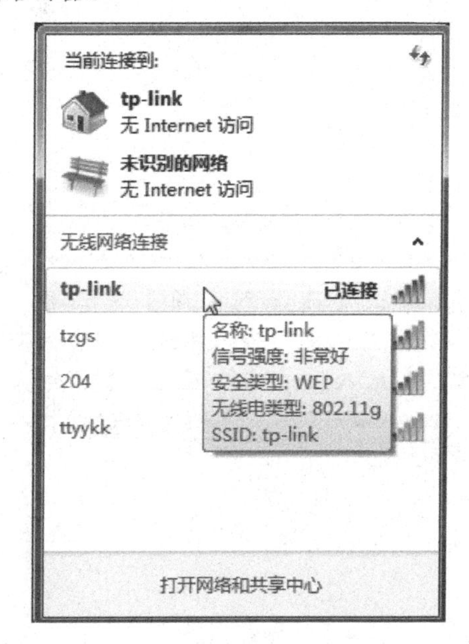

15.3.5 WPA-PSK安全加密算法

WPA-PSK可以看成是一个认证机制，只要求一个单一的密码进入每个无线局域网节点（如无线路由器），只要密码正确，就可以使用无线网络。下面介绍如何使用WPA-PSK或者WPA2-PSK加密无线网络。

1. 设置无线路由器WPA-PSK安全加密数据

Step 01 打开路由器的Web后台设置界面，选择左侧的【无线设置】→【基本设置】，勾选【开启安全设置】复选框，在【安全类型】下拉列表中选择【WPA-PSK/WAP2-PSK】选项，在【安全选项】和【加密方法】下拉列表中均选择【自动选择】选项，在【PSK密码】文本框中输入加密密码，本实例设置密码为sushi1986。

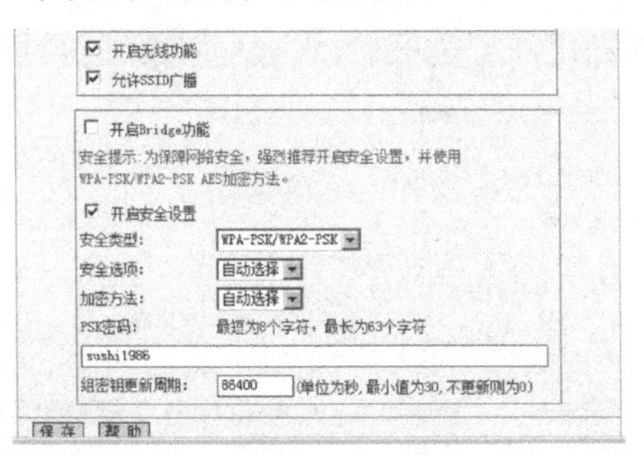

Step 02 单击【保存】按钮，弹出一个提示对话框，单击【确定】按钮，重新启动路由器即可。

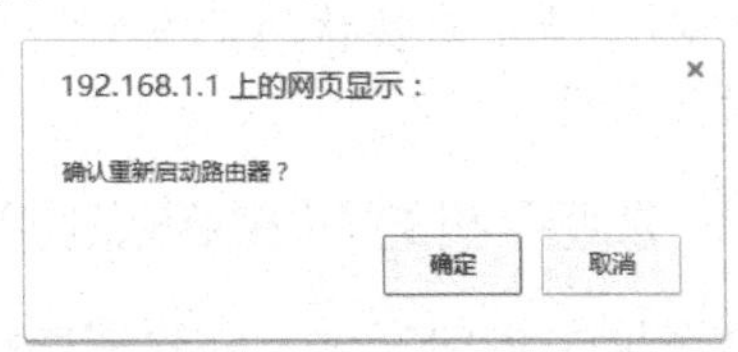

2. 使用WPA-PSK安全加密认证的无线客户端

Step 01 单击桌面右下角的图标，无线客户端会自动扫描区域内的无线信号。

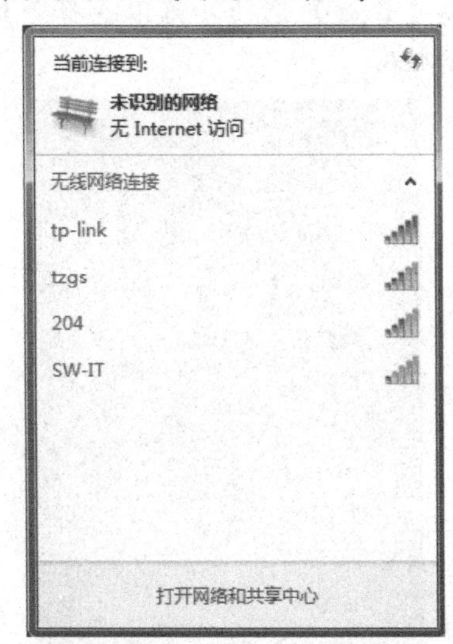

Step 02 右击tp-link信号，从弹出的快捷菜单中选择【连接】命令。

Step 03 弹出【连接到网络】对话框，在【安全密钥】文本框中输入密码sushi1986，单击【确定】按钮。

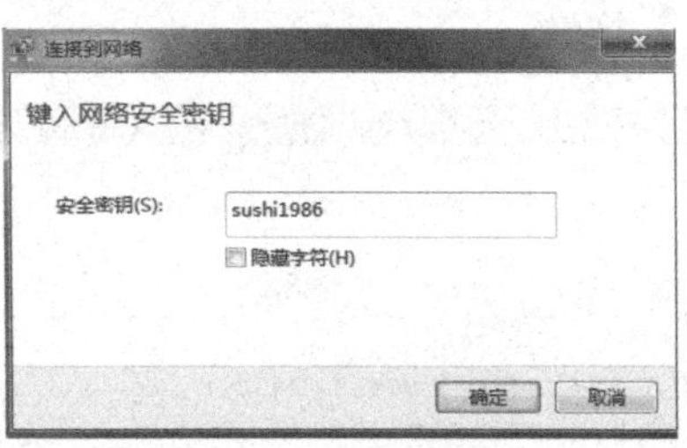

Step 04 单击桌面右下角的图标，将鼠标放在tp-link信号上，可以看到已经成功连接无线路由器。

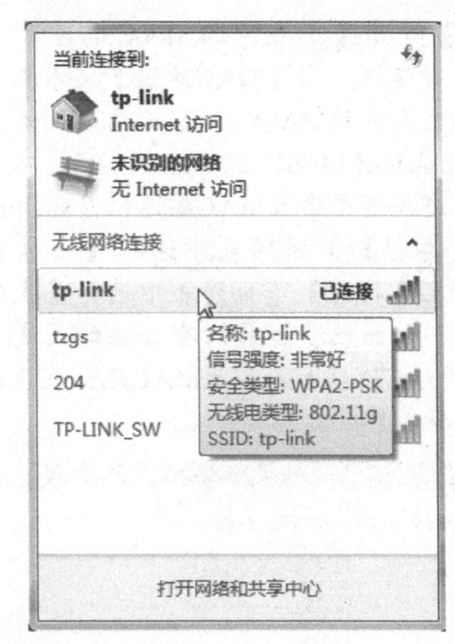

提示：在WPA-PSK加密算法的使用过程中，密码设置应该尽可能复杂，并且要定期更改密码。

15.3.6 媒体访问控制地址过滤

网络管理的主要任务之一是控制客户端对网络的接入和对客户端的上网行为进行控制，无线网络也不例外。通常，无线AP利用媒体访问控制（MAC）地址过滤的方法来限制无线客户端的接入。

使用无线路由器进行MAC地址过滤的具体操作步骤如下。

Step 01 打开路由器的Web后台设置界面，单击左侧的【无线设置】→【无线MAC地址过滤】选项。默认MAC地址过滤功能是关闭状态，单击【启用过滤】按钮，开启MAC地址过滤功能，单击【添加新条目】按钮。

无线网络MAC地址过滤设置
本页设置MAC地址过滤来控制计算机对本无线网络的访问。
MAC地址过滤功能： 已关闭 启用过滤
过滤规则
允许 列表中生效规则之外的MAC地址访问本无线网络
禁止 列表中生效规则之外的MAC地址访问本无线网络
ID MAC地址 状态/类型 描述 编辑
添加新条目 所有条目生效 所有条目失效 删除所有条目
上一页 下一页 帮助

Step 02 打开【无线网络MAC地址过滤设置】对话框，在【MAC地址】文本框中输入无线客户端的MAC地址，本实例输入的MAC地址为00-0C-29-5A-3C-97，在【描述】文本框中输入MAC描述信息sushipc，在【类型】下拉列表中选择【允许】选项，在【状态】下拉列表中选择【生效】选项，依照此步骤将所有合法的无线客户端的MAC地址加入到此MAC地址表后，单击【保存】按钮。

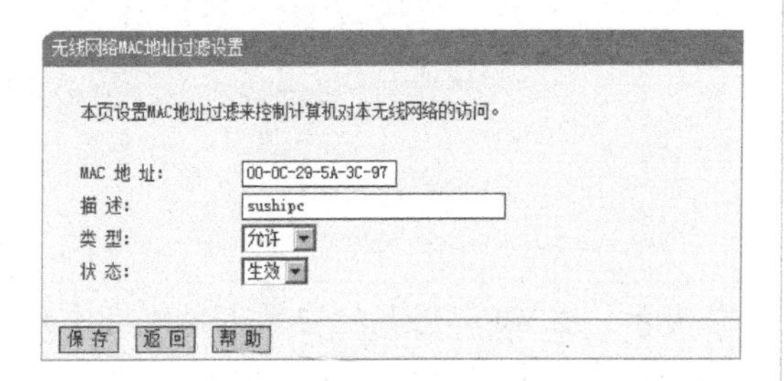

Step 03 选择【过滤规则】选项下的【禁止】单选按钮，表明在下面MAC列表中生效规则之外的MAC地址不可以访问无线网络。

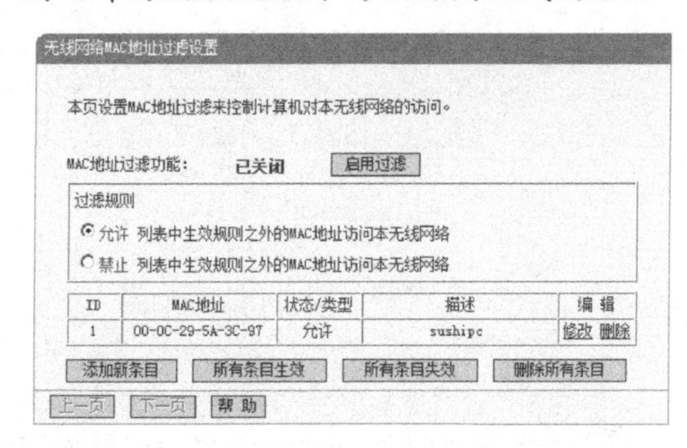

Step 04 这样，无线客户端访问无线AP时，会发现除了MAC地址表中的MAC地址外，其他的MAC地址无法访问无线AP，也就无法访问互联网。

15.3.7 加密手机的WLAN热点功能

为保证手机的安全，一般需要给手机的WLAN热点功能添加密码，具体操作步骤如下。

Step 01 在手机的移动热点设置界面中点按【配置WLAN热点】功能，从弹出的界面中点按【开放】选项，可以选择手机设备的加密方式。

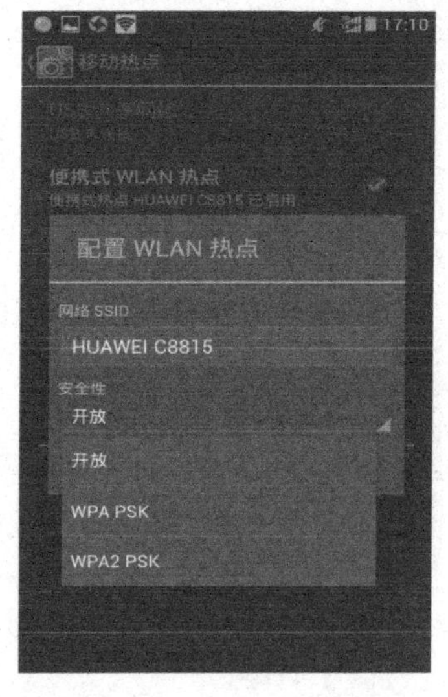

Step 02 选择好加密方式后，可在下方显示密码输入框，输入密码，然后单击【保存】按钮。

Step 03 加密完成后，使用计算机再连接手机设备时，系统提示用户输入网络安全密钥。

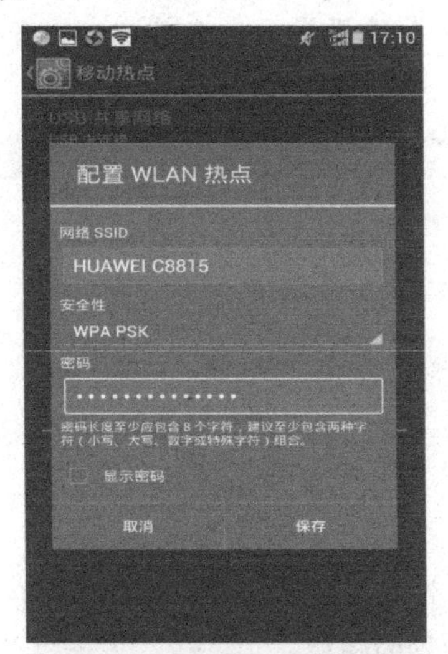

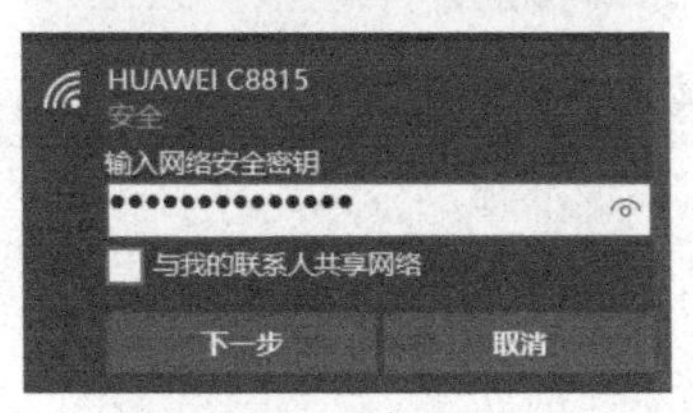

15.4　无线路由安全管理工具

15.4.1　360路由器卫士

360路由器卫士是一款由360官方推出的绿色免费的家庭必备无线网络管理工具。360路由器卫士软件功能强大，几乎支持所有的路由器。在管理的过程中，一旦发现蹭网设备，想踢就踢。下面介绍使用360路由器卫士管理网络的操作方法。

Step 01 下载并安装360路由器卫士，双击桌面上的快捷图标，打开【路由器卫士】工作界面，提示用户正在连接路由器。

Step 02 连接成功后，弹出【路由器卫士提醒您】对话框，在其中输入路由器账号和密码。

Step 03 单击【下一步】按钮，进入【我的路由】工作界面，可以看到当前的在线设备。

Step 04 如果想对某个设备限速，可以单击设备后的【限速】按钮，打开【限速】对话框，在其中设置设备的上传速度与下载速度，设置完毕后单击【确认】按钮即可保存设置。

限速
上传速度限制: 5 KB/s
下载速度限制: 6 KB/s
0表示不限速，最高限速10M
确认　取消

Step 05 在管理的过程中，一旦发现有蹭网设备，可以单击该设备后的【禁止上网】按钮。

Step 06 禁止上网完成后，单击【黑名单】选项卡，进入【黑名单】设置界面，可以看到被禁止的上网设备。

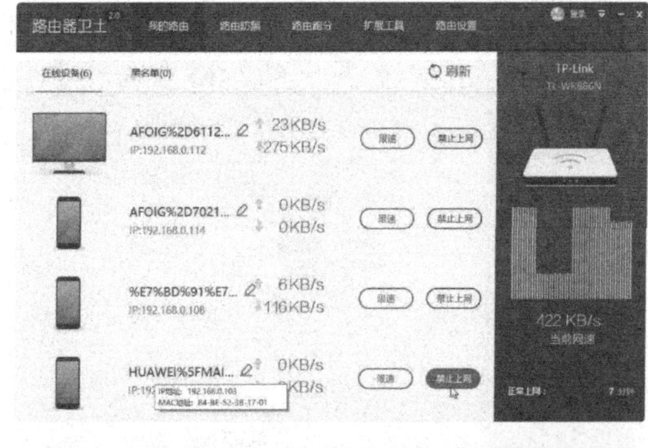

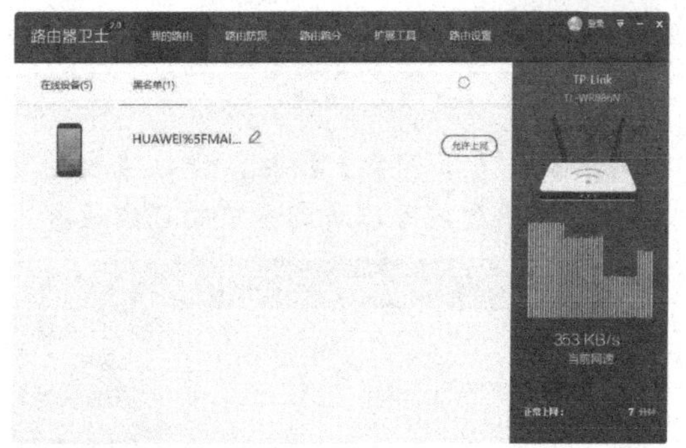

Step 07 选择【路由防黑】选项卡，进入【路由防黑】设置界面，在其中可以对路由器进行防黑检测。

Step 08 单击【立即检测】按钮，开始对路由器进行检测，并给出检测结果。

Step 09 选择【路由跑分】选项卡，进入【路由跑分】设置界面，在其中可以查看当前的路由器信息。

Step 10 单击【开始跑分】按钮，开始评估当前路由器的性能。

Step 11 评估完成后，会在【路由跑分】界面中给出跑分排行榜信息。

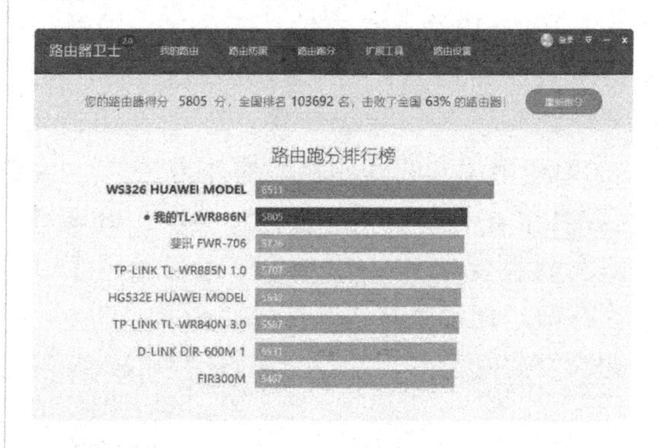

Step 12 选择【路由设置】选项卡，进入【路由设置】设置界面，在其中可以对宽带上网、WiFi密码、路由器密码等选项进行设置。

Step 13 选择【路由时光机】选项，在打开的界面中单击【立即开启】按钮，打开【时光机开启】设置界面，在其中输入360手机账号与密码，然后单击【立即登录并开启】按钮，开启时光机。

登录您的360手机账号即可开启时光机

账号：您的360手机账号就是时光机账号

密码：密码(6-20个字符区分大小写)

立即登录并开启

忘记密码　立即注册

Step 14 选择【宽带上网】选项，进入【宽带上网】界面，在其中输入网络运营商给出的上网账号与上网密码，单击【保存设置】按钮，保存设置。

Step 15 选择【WiFi密码】选项，进入【WiFi密码】界面，在其中输入WiFi密码，单击【保存设置】按钮，保存设置。

Step 16 选择【路由器密码】选项，进入【路由器密码】界面，在其中输入路由器密码，单击【保存设置】按钮，保存设置。

Step 17 选择【重启路由器】选项，进入【重启路由器】界面，单击【重启】按钮，可对当前路由器进行重启操作。

另外，使用360路由器卫士在管理无线网络安全的过程中，一旦检测到有设备通过路由器上网，就会在计算机桌面的右上角弹出信息提示框。

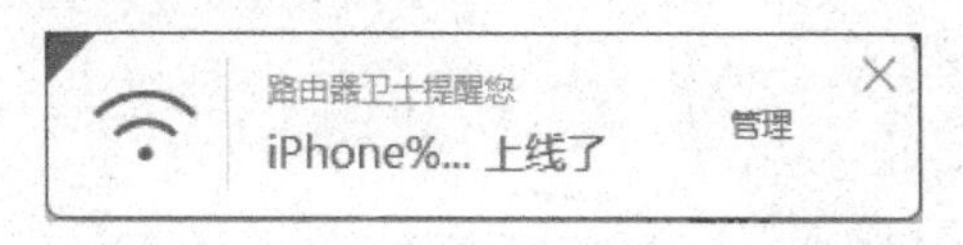

单击【管理】按钮，可打开该设备的详细信息界面，在其中可以对网速进行限制管理，最后单击【确认】按钮。

15.4.2 路由优化大师

路由优化大师是一款专业的路由器设置软件，其主要功能有一键设置优化路由、屏广告、防蹭网、路由器全面检测及高级设置等，从而保护路由器的安全。

使用路由优化大师管理无线网络安全的操作步骤如下。

Step 01 下载并安装路由优化大师，双击桌面上的快捷图标，打开【路由优化大师】界面。

Step 02 单击【登录】按钮，打开【RMTools】窗口，在其中输入管理员密码。

Step 03 单击【确定】按钮，进入路由器工作界面，在其中可以看到主人网络和访客网络信息。

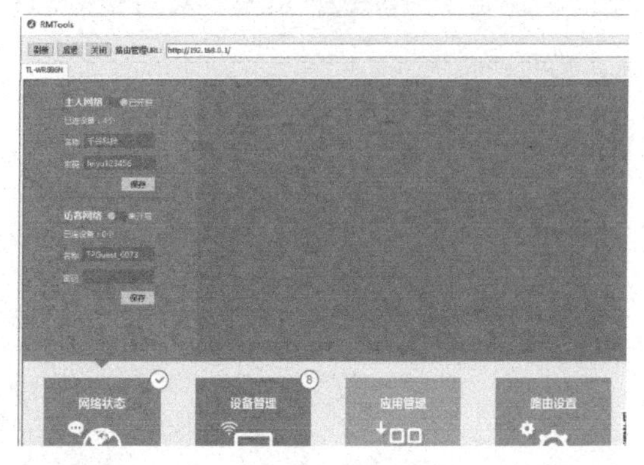

Step 04 单击【设备管理】图标，进入【设备管理】工作界面，在其中可以看到当前无线网络中的连接设备。

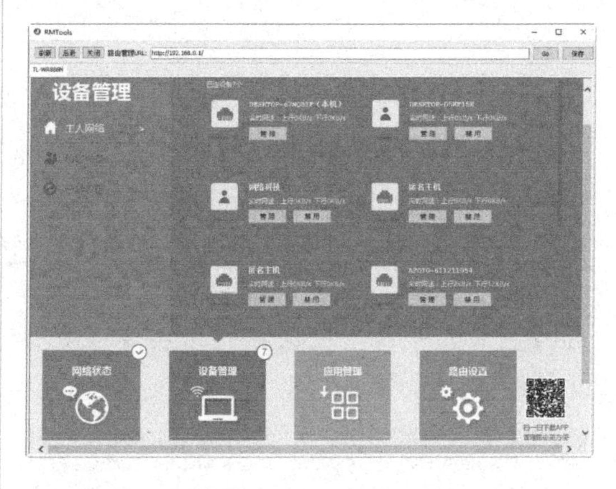

Step 05 如果想对某个设备进行管理，可以单击【管理】按钮，进入该设备的管理界面，在其中可以设置设备的上传速度、下载速度以及上网时间等信息。

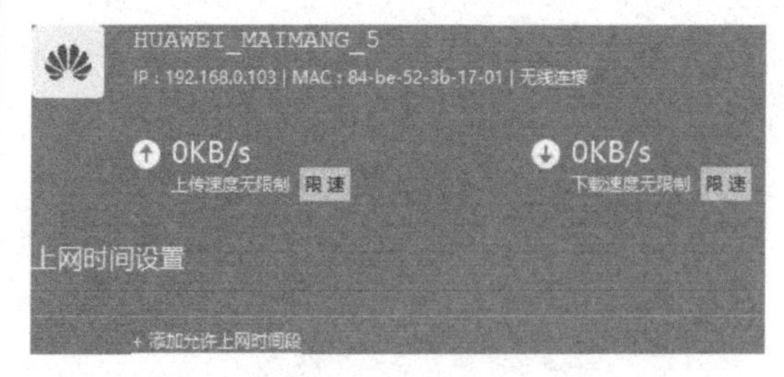

Step 06 单击【添加允许上网时间段】超链接，可打开上网时间段的设置界面，在其中可以设置时间段描述、开始时间、结束时间等。

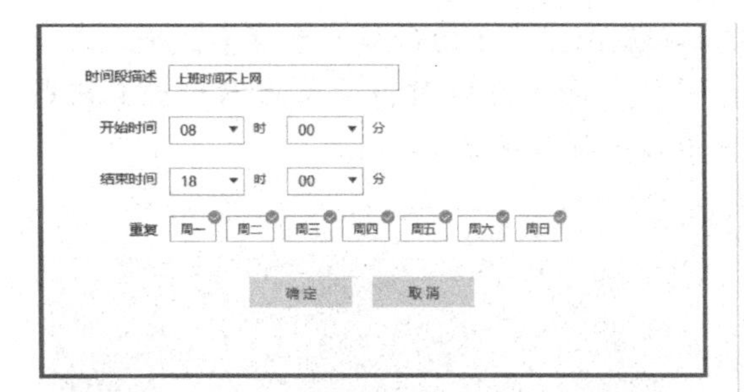

Step 07 单击【确定】按钮，完成上网时间段的设置操作。

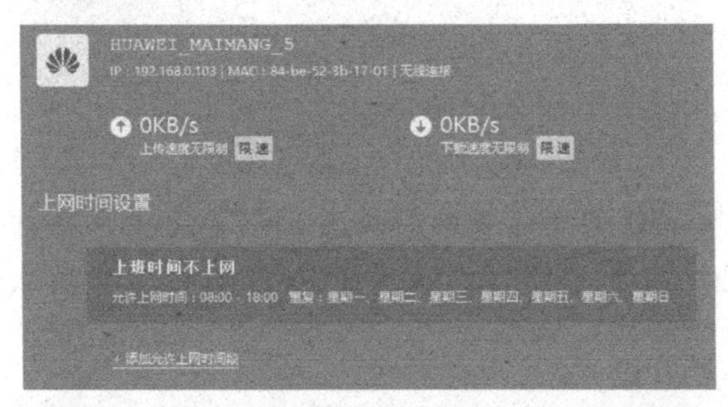

Step 08 单击【应用管理】图标，进入应用管理工作界面，在其中可以看到路由优化大师为用户提供的应用程序。

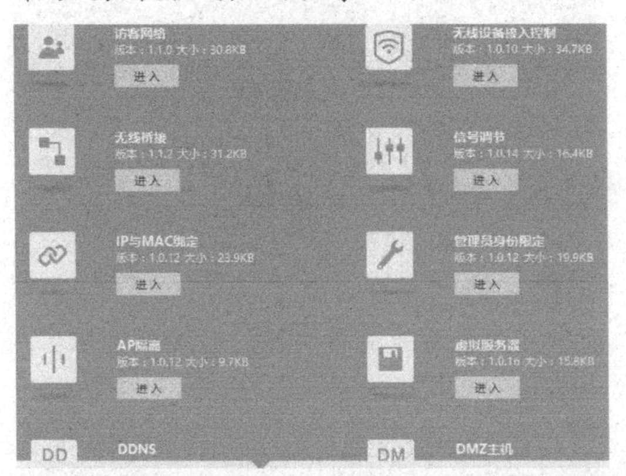

Step 09 如果想使用某个应用程序，可以单击该应用程序下的【进入】按钮，进入应用程序的设置界面。

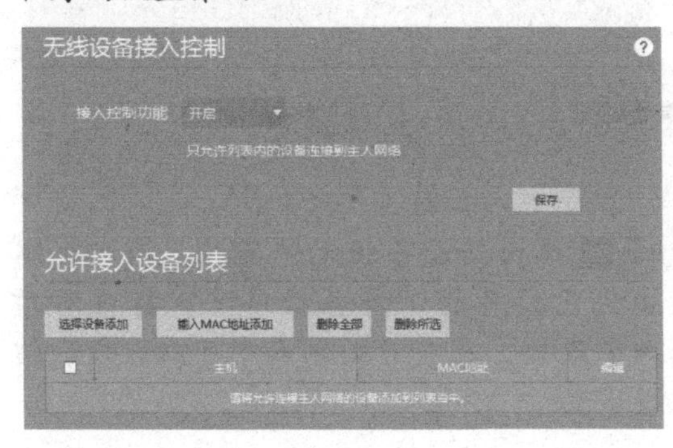

Step 10 单击【路由设置】图标，在打开的界面中可以查看当前路由器的设置信息。

Step 11 选择左侧的【上网设置】选项，在打开的界面中可以对当前的上网信息进行设置。

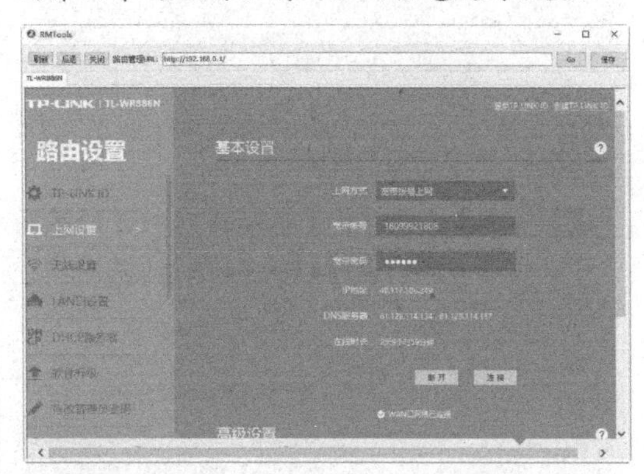

Step 12 选择【无线设置】选项，在打开的界面中可以对路由的无线功能进行开/关、名称、密码等设置。

Step 13 选择【LAN口设置】选项，在打开的界面中可以对路由的LAN口进行设置。

Step 14 选择【DHCP服务器】选项，在打开的界面中可以对路由的DHCP服务器进行设置。

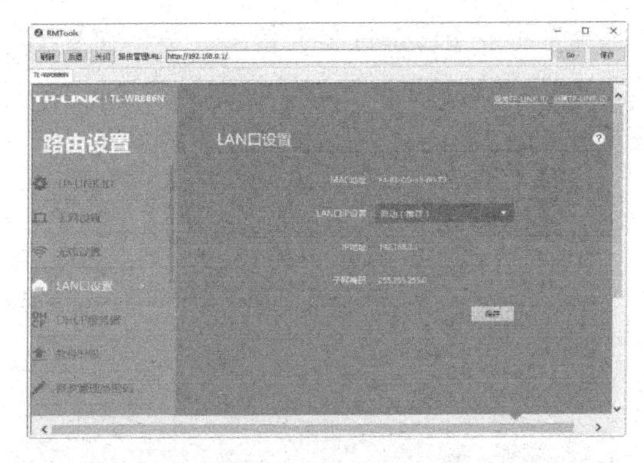

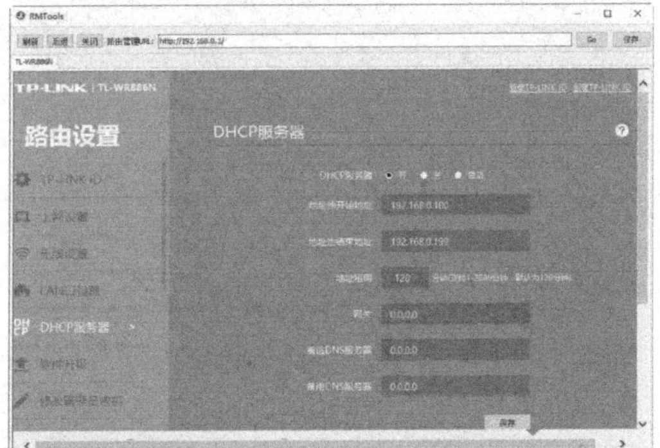

Step 15 选择【软件升级】选项，在打开的界面中可以对路由优化大师的版本进行升级操作。

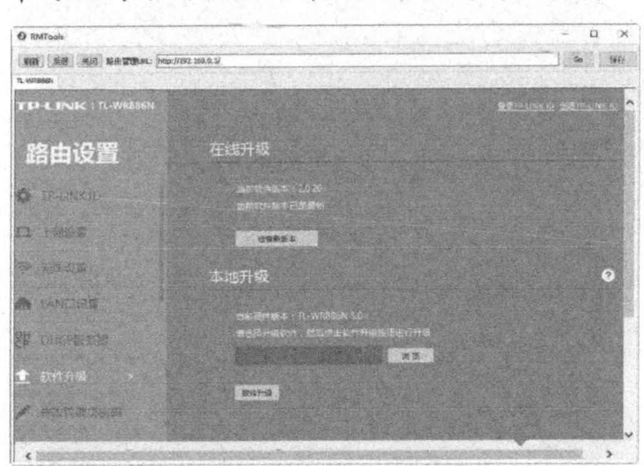

Step 16 选择【修改管理员密码】选项，在打开的界面中可以对管理员密码进行修改设置。

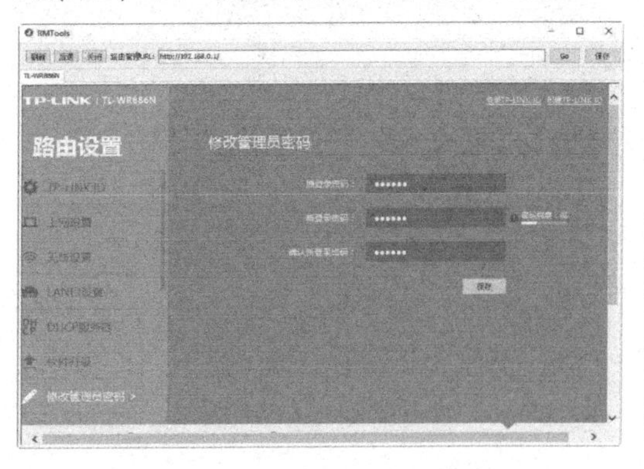

Step 17 选择【备份和载入配置】选项，在打开的界面中可以对当前路由器的配置进行备份和载入设置。

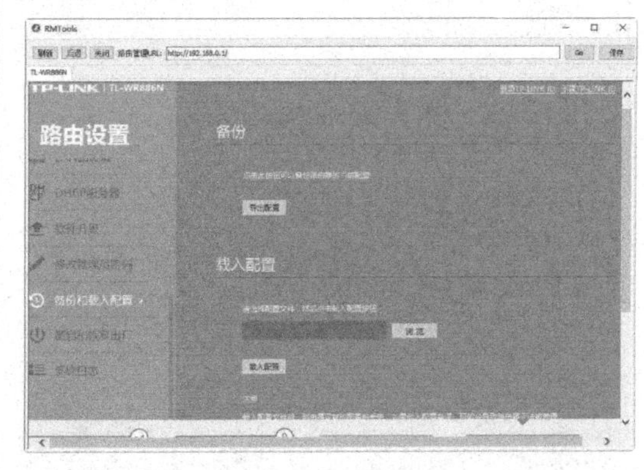

Step 18 选择【重启和恢复出厂】选项，在打开的界面中可以对当前路由器进行重启或恢复出厂设置。

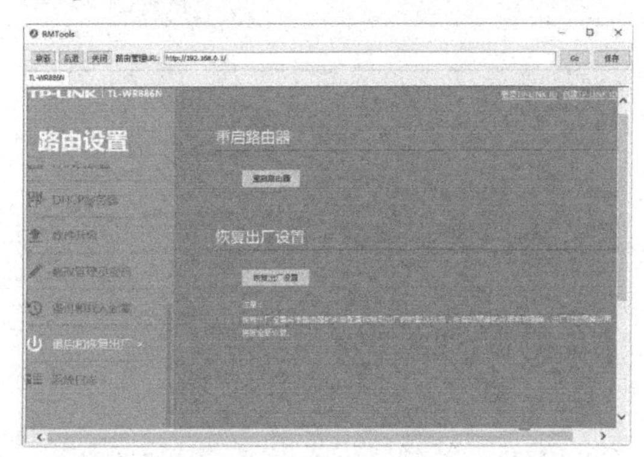

Step 19 选择【系统日志】选项，在打开的界面中可以查看当前路由器的系统日志信息。

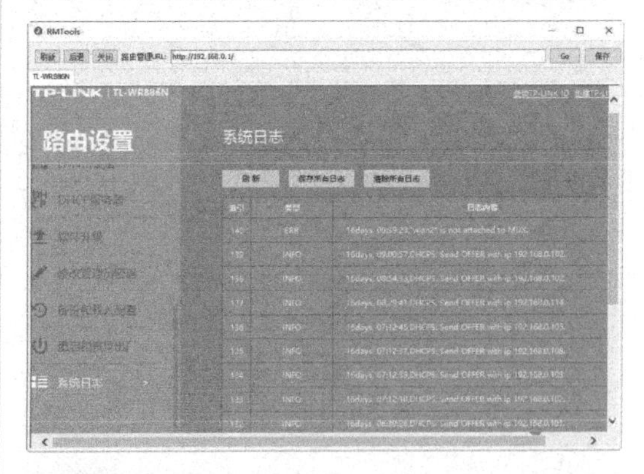

Step 20 路由器设备设置完毕后，返回到路由优化大师的工作界面中，选择【防蹭网】选项，在打开的界面中可以进行防蹭网设置。

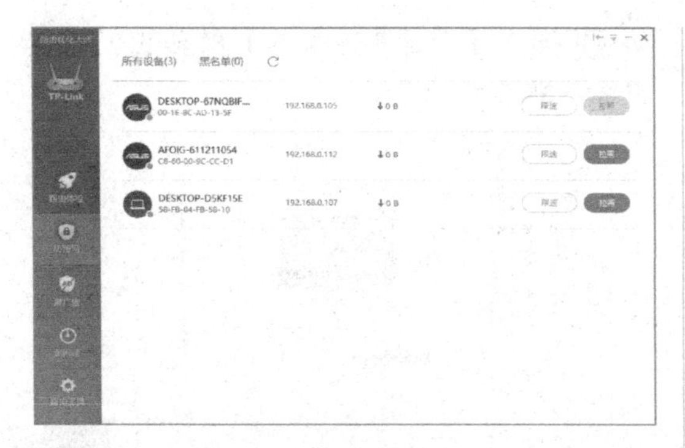

Step 21 选择【屏广告】选项，在打开的界面中可以设置过滤广告是否开启。

Step 22 单击【开启广告过滤】按钮，即可开启视频过滤广告功能。

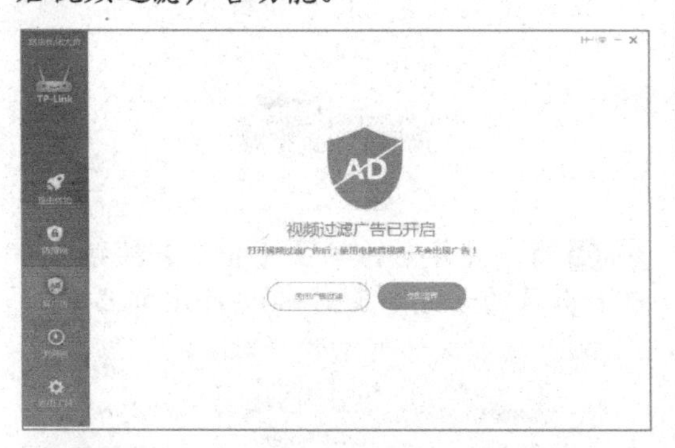

Step 23 单击【立即清理】按钮，即可清理广告信息。

Step 24 选择【测网速】选项，进入网速测试设置界面。

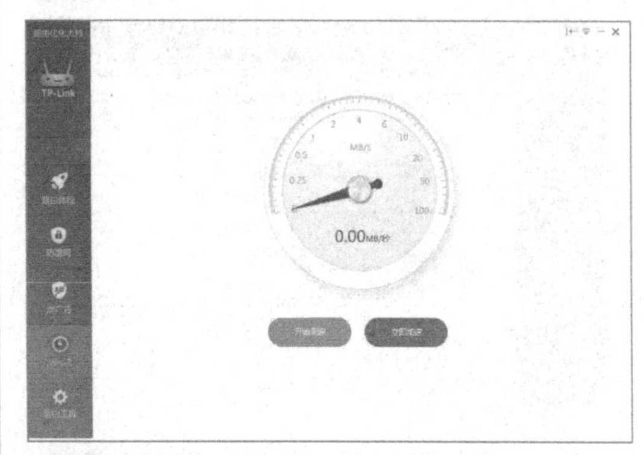

Step 25 单击【开启测速】按钮，可对当前网络进行测速操作，测出来的结果显示在工作界面中。

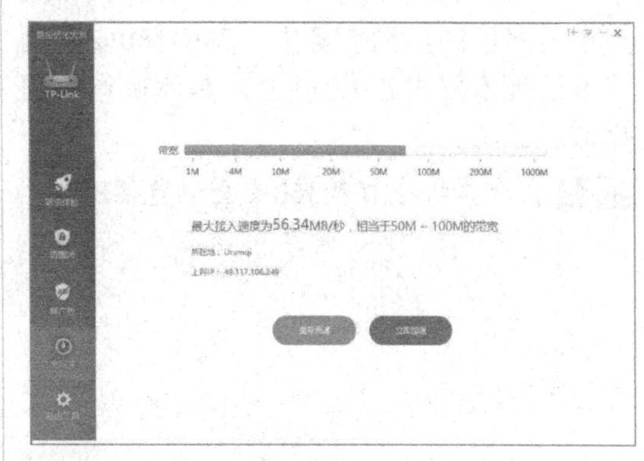

15.5　实战演练

15.5.1　实战演练1——控制无线网中设备的上网速度

在无线局域网中，所有的终端设备都是通过路由器上网的。为了更好地管理各个终端设备的上网情况，管理员可以通过路由器控制上网设备的上网速度，具体操作步骤如下。

Step 01 打开路由器的Web后台设置界面，在其中选择【IP带宽控制】选项，在右侧的窗格中可以查看相关的功能信息。

Step 02 勾选【开启IP带宽控制】复选框，可在下方的设置区域中对设备的上行总带宽和下行总带宽数进行设置，进而控制终端设备的上网速度。

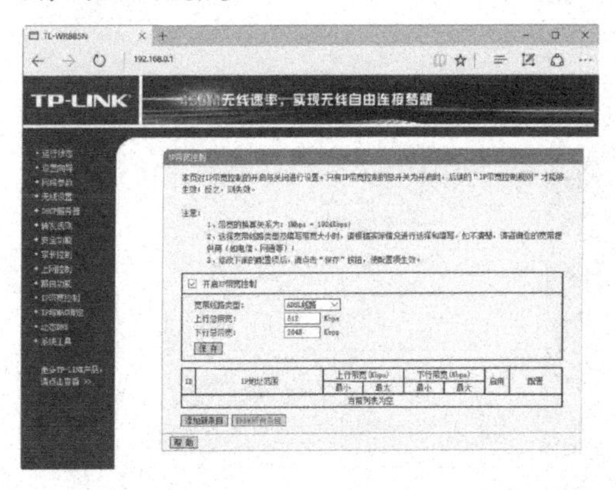

15.5.2 实战演练2——将计算机收藏夹网址同步到手机

使用360安全浏览器可以将计算机收藏夹中的网址同步到手机中，其中360安全浏览器的版本要求在7.0以上，具体操作步骤如下。

Step 01 在计算机中打开360安全浏览器8.1。

Step 02 单击工作界面左上角的浏览器标志，从弹出的界面中单击【登录账号】按钮。

Step 03 弹出【登录360账号】对话框，在其中输入账号与密码。

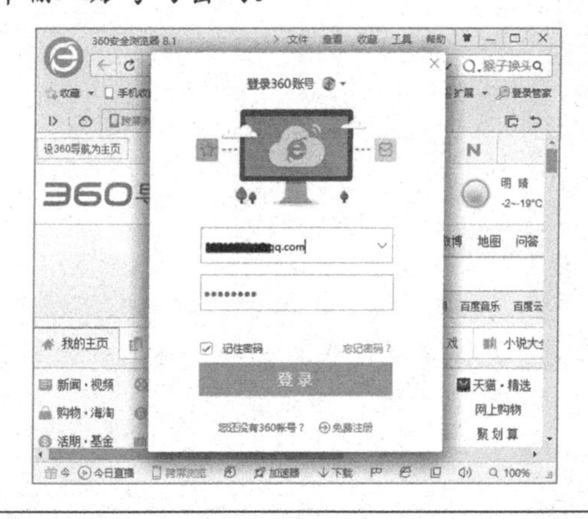

提示：如果没有账号，则可以单击【免费注册】按钮，在打开的界面中输入账号与密码进行注册操作。

Step 04 输入完毕后，单击【登录】按钮，即可以会员的方式登录到360安全浏览器中。

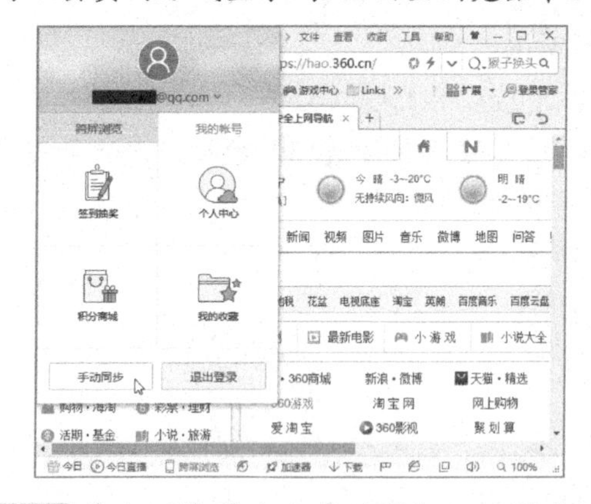

Step 05 单击浏览器左上角的图标，从弹出的下拉列表中单击【手动同步】按钮，即可将计算机中的收藏夹进行同步操作。

Step 06 在手机操作环境中，点按360手机浏览器图标，进入手机360浏览器工作界面。

Step 07 点按页面下方的☰按钮，打开手机360浏览器的设置界面。

Step 08 点按【收藏夹】图标，进入手机360浏览器的收藏夹界面。

Step 09 点按【同步】按钮，打开【账号登录】界面。

Step 10 在登录界面中输入账号与密码，这里需要注意的是，手机登录的账号、密码与计算机登录的账号、密码必须一致。

Step 11 单击【立即登录】按钮，即可以会员的方式登录到手机360浏览器中，在打开的界面中可以看到【计算机收藏夹】选项。

Step 12 点按【计算机收藏夹】，打开【计算机收藏夹】操作界面，在其中可以看到计算机中的收藏夹的网址信息出现在手机浏览器的收藏夹中，这就说明收藏夹同步完成。

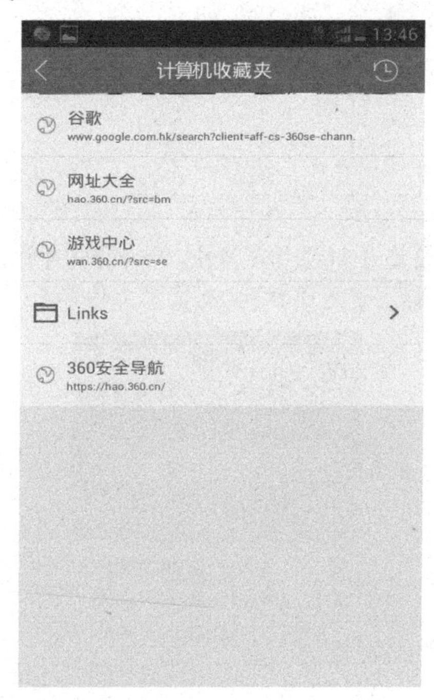

15.6 小试身手

练习1：建立无线网络。

练习2：计算机与手机共享上网。

练习3：无线网络的安全防御。

练习4：无线路由安全管理工具的使用。